“十四五”国家重点图书出版规划项目

深部热储地球物理探测技术联合研究

付国强　赵惊涛　王瑞贞　吴燕冈
谢兴隆　解经宇　李建慧　等　著

中国矿业大学出版社
·徐州·

内 容 简 介

深部热储有望成为解决我国能源结构问题，实现“双碳”目标的重要途径。我国深部热储勘探开发起步较晚，目前尚未实现商业化开发，面临基础理论研究薄弱、三维精细刻画困难、储层评价存在较大不确定性等诸多难题。本书从深部热储成因机理分析入手，阐明了深部热储地球物理响应机理，详细阐述了深部高温地热体的地球物理综合探测、解译及评价技术理论和方法，重点对深部热储空间展布预测技术、高精度热储物性参数模型构建技术、深部热储非线性评价技术、地震与其他地球物理方法的联合反演技术、地温场刻画技术等进行了详细分析研究，并在此基础上介绍了研究成果在青海共和盆地和西藏山南古堆地区开展示范应用的详情。

图书在版编目(CIP)数据

深部热储地球物理探测技术联合研究/付国强等著
.—徐州：中国矿业大学出版社，2023.7

ISBN 978-7-5646-5767-3

Ⅰ.①深…　Ⅱ.①付…　Ⅲ.①热储—地球物理勘探—研究　Ⅳ.①P631

中国国家版本馆 CIP 数据核字(2023)第 047819 号

书　　名　深部热储地球物理探测技术联合研究
著　　者　付国强　赵惊涛　王瑞贞　吴燕冈
　　　　　　谢兴隆　解经宇　李建慧　等
责任编辑　周　红
出版发行　中国矿业大学出版社有限责任公司
　　　　　　(江苏省徐州市解放南路　邮编 221008)
营销热线　(0516)83885370　83884103
出版服务　(0516)83995789　83884920
网　　址　http://www.cumtp.com　**E-mail**:cumtpvip@cumtp.com
印　　刷　苏州市古得堡数码印刷有限公司
开　　本　787 mm×1092 mm　1/16　**印张** 25　**字数** 640 千字
版次印次　2023 年 7 月第 1 版　2023 年 7 月第 1 次印刷
定　　价　138.00 元

《深部热储地球物理探测技术联合研究》撰写委员会

主要撰写人：

付国强　赵惊涛　王瑞贞　吴燕冈　谢兴隆
解经宇　李建慧　李海东　周　帅　明圆圆
白旭明　晏　丰　郭增虎　王金宽　林　朋
宋　健　武佩佩　汪关妹　王　丹　李闯建
耿嘉璐　卢鹏羽　高万里　唐美珍　任政委

参与人员：

袁胜辉　杨　艺　韩　波　田安乐　王　伟
王晓东　陈宗南　谭治宇　张学银　王德昭
韩　力　田蒲源　刘　营　李秋辰　祁王宁
周　赏　盛同杰　郭淑君　管彦武　周　乐
李风哲　万照飞　王永君　林　涛　纪晓亮
杨建涛　王　卓　张　浩　崔宏良　姜丹丹

序

常规能源短缺已成为各国制约经济发展的共同难题。深部地热资源(水热和干热岩)具有储量巨大、清洁环保等优点,已成为世界各国重点布局的可再生能源。同时,随着习近平主席"碳达峰、碳中和"目标的提出,可再生清洁能源发展进入了新阶段。深层地热资源以其储量大、稳定性好、分布广泛、绿色环保等优势备受世界瞩目,并已成为国际清洁能源领域的前沿研究热点。目前,深层地热能开发利用正处于试验探索阶段,面临着基础理论研究薄弱、三维精细刻画困难、可采资源评价难以落实、规模化储层改造技术尚未突破、长效取热调控机制不清等诸多挑战。

本书聚焦国家战略需求与能源领域基础理论和实践研究,全面总结了深部热储地球物理勘查、预测和评价配套技术系列。这些配套的关键技术主要包括深部热储地质与地球物理模型构建技术;深部热储地震与非地震勘探数据的获取、处理和表征技术;深部热储单源地球物理正反演和多源地球物理联合反演技术;深部热储属性特征预测和刻画表征技术;深部热储建模评价及开发场地选址技术等。这一系列的新技术立足我国独特地热地质条件与国情特色的研究成果,具有一定的系统性、全面性和创新性,对于推动中国深部地热能开发进程,促进经济社会绿色低碳转型,对于提高人民的生活环境和幸福指数具有重要理论价值,为今后的研究指明方向,对未来的实践具有重要指导意义。

期望本书的出版可以为我国地热领域的科学研究与技术服务提供参考,为深部地热资源的勘探开发提供指南,为推动我国地热事业的发展和"地热加"产业链的形成发挥重要作用。本书也是项目团队近年来科研成果的概括和凝练,可为国家能源环境管理人员、国内外科研院所及企业相关部门提供参考,也可供非常规能源开发、矿区地热资源开发、地球科学、环境科学、能源科学、深地科学等领域的本科生、研究生及工程技术人员使用和参考。

中国工程院院士:彭苏萍

2022 年 12 月

前　言

近年来，出于战略资源考虑，地热能勘探已向深部水热和干热岩进军，深部地热资源有望成为解决我国能源结构问题，促进经济社会发展和环境保护共赢，实现“双碳”目标的重要途径。但由于深部热储埋藏深，多呈似块状结构，不仅坚硬致密、高温高压，而且勘探难度大、开发风险高，与发达国家相比，我国深部热储勘探开发研究起步较晚，至今尚未成功实现一处商业化开发，规模化压裂造储至今仍没有突破，是目前亟待解决的关键科学和技术难题。因此，迫切需要大力开展深部热储地球物理勘查技术研究，精细刻画和表征深部热储的空间分布，查明其内部结构特征，优选开发前景靶区，并圈定在现有技术条件下能够实施规模化压裂的工程场址，指导井网部署和井位设计。

地球物理勘查是深部地热资源勘探开发中的主要技术手段之一，贯穿于深部热储开发利用全过程。虽然非地震地球物理勘查方法在早期识别和圈定热储分布、推断其成因等方面具有成本低、周期短等优势，但由于我国大多数地区地质构造复杂破碎，且多为断陷盆地，不仅岩性、物性纵横向变化快，而且还受深层高温高压影响，进而严重制约了非地震勘探正反演模型的构建精度，特别在勘探程度较低的深部探区，仅靠少量的钻井以及地质露头等信息，很难获得精度较高且符合实际的勘探效果，更无法克服定深困难、块状效应以及分辨能力不足等技术缺陷，预测评价和定量解释困难，具有很强的不确定性和多解性。因此，在我国深部热储地球物理勘查中，有必要立足于本国的独特的地质条件和国情特色，重视和加强地震勘探的投入，充分利用地震波的强穿透、高分辨、准定深的技术优势，极大可能地提高深部高温地热体三维精细刻画能力，有效地融合非地震勘探数据信息，准确预测热储特征参数，大大提高深部地热资源勘探开发的成功率，实现优势互补。

本书紧密结合近年来深部热储地球物理勘探技术发展和工程实践，依托国家重点研发计划项目“深部热储地球物理探测技术联合研究（2020YFE0201300）”的最新研究成果，阐明深部热储地球物理场与温度场的耦合机理，建立深部热储地质-地球物理场响应关联理论，为优选物探组合方法和敏感地球物理属性参数提供依据；详细论述深部热储综合地球物理勘查配套技术，创新形成深部热储地震勘探弱地球物理信号的采集和处理技术、重磁勘探数据场源分离和电磁勘探数据噪声分离新技术，使得深部热储三维精细刻画成为可能；系统梳理单源地球物理数据正反演技术，提出分尺度联合反演策略，发展地震与其他地球物理方法联合反演新技术，为数据融合、温度场预测和定量解释指明了方向；形成深部热储定量预测、特征参数建模和非线性评价技术方法，直接服务于靶区优选和开发场地选址，指导规模化储层改造施工，为实现深部热储商业化开发提供支撑。

本书由付国强、赵惊涛、王瑞贞、吴燕冈、谢兴隆、解经宇、李建慧等所著。中国工程院院士彭苏萍、中国地质调查局水文地质环境地质调查中心副主任郭建强、吉林大学曾昭发教授、中国地质大学（武汉）胡强云教授、中国石油集团东方地球物理勘探有限责任公司邓志文教授级高工、中国地质调查局发展研究中心张万益教授级高工和中国地质调查局水文地质环境地质调查中心张福存教授级高工对本书提出了具体的修改意见。中国工程院院士多吉、中国石油大学（北京）副校长鲍志东、中国地质调查局水文地质环境地质调查中心主任文冬光、吉林大学许天福教授、长安大学王文科教授、自然资源部高咨中心黄宗理研究员、中国矿业大学李晓昭教授、成都理工大学王绪本教授、中国科学技术大学吴小平教授、中国石油大学（华东）印兴耀教授、中国地质大学（武汉）蒋国盛教授、中国地质大学（武汉）窦斌教授、中国科学院地质与地球物理研究所研究员胡圣标研究员、中国地质科学院地球深部探测中心吕庆田研究员、中国科学院地质与地球物理研究所兰海强研究员、中国石油大学（华东）杜启振教授、中国地质大学（北京）钱荣毅、中国矿业大学刘志新教授、河北地质大学曹静杰教授、中国石油大学（北京）袁三一教授、北京工业大学李方昱教授、中国矿业大学王勃教授、中国石化石油勘探开发研究院邱振高级工程师给予了具体的指导。中国地质调查局水文地质环境地质调查中心张发旺书记、朱庆俊教授级高工、曹福祥教授级高工以及相关部门领导和同志均给予了大力支持和帮助，在此一并表示衷心的感谢！

著　者

2023 年 2 月

目　　录

第一章 绪 论

第一节 地热资源概述

地热资源是指赋存于地球内部岩体、流体和岩浆体中一种永久的、可再生的、储量丰富的清洁热能资源。按地热储层富水性和孔渗条件等因素，其可分为水热型和干热岩型。据统计，水热型地热资源约占地热资源总量的10%，世界上目前业已开发利用的多为浅层水热型地热资源，仅占地热资源很小一部分。赋存于地球深部的干热岩型地热资源不仅储量巨大，而且取之不尽、用之不竭，具有较高的经济开发价值。我国地热资源丰富，资源探明率和动用程度较低，尤其是深部地热资源开发利用潜力巨大。近年来，我国深部地热资源勘探、开发及利用技术获得了持续创新，地热能利用装备水平不断提高，水热型地热资源利用快速发展，利用率持续增长，干热岩型地热资源勘查开发在全国各地逐渐起步，地热能产业体系初步形成。

中深层水热型地热资源一般以热水形式存在，埋深于地下200～3 000 m深度范围内。受构造、岩浆活动、地层岩性、水文地质条件等因素的影响，水热型地热资源的分布具有明显的规律性和区带性。依据构造成因，水热型地热资源可分为沉积盆地型和隆起山地型。隆起山地型中低温水热资源主要分布于我国东南沿海、胶东、辽东半岛等山地丘陵地区，而隆起山地型高温水热资源主要分布在我国台湾、藏南、滇西、川西等地区；沉积盆地型水热资源主要分布于我国东部中、新生代平原盆地，包括华北平原、江淮平原、松辽平原等地区。据统计，我国水热型地热资源总量折合标准煤约1.25万亿t，水热型地热资源年可采资源量折合标准煤约18.65亿t(回灌情况下)。

深部干热岩型地热资源是指蕴藏在埋深大于3 000 m、温度超过150 ℃的干热岩体中的地热资源。我国干热岩型地热资源可分为高放射性产热型、沉积盆地型、近代火山型和强烈构造活动带型4种。高放射性产热型干热岩地热资源多集中分布在我国东南沿海地区，如海南、广东、福建、江西以及广西部分地区等，以燕山期形成的大范围酸性岩为赋存体，形成多个干热岩有利目标区；沉积盆地型干热岩地热资源主要分布在关中、咸阳、贵德、共和、松辽、苏北等白垩系形成的盆地下部，上部为新生界盖层，下部为酸性岩体，且其下深部壳源具有产热机制；近代火山型干热岩地热资源分布在我国吉林长白山、山东蓬莱、海南琼北、台湾基隆、黑龙江五大连池、云南腾冲、新疆南部和青藏高原西南部等地区，热源特征与底部岩浆活动历史和特征密切相关；强烈构造活动带型干热岩地热资源主要分布在我国青藏高原地区，受欧亚板块和印度洋板块的挤压，新生代以来我国青藏高原逐渐隆升，局部有岩浆入侵。有开发潜力的干热岩地热资源一般分布在新火山活动区和地壳较薄区的板块或构造体边缘。我国陆域地下3～10 km范围内干热岩地热资源量可折合标准煤约2.5×10^{25} J(折合856万亿t标准煤),若以其2%作为可开采资源量计算,约为2022年全国能源总消耗量的3 000倍,其中埋深在5 500 m以浅的地热资源量约为3.1×10^{24} J(折合106万亿t标准煤)。

鉴于干热岩型地热资源勘查开发难度和技术发展趋势,埋深在5 500 m以浅的干热岩型地热资源将是未来15～30年我国地热资源勘查开发研究的重点领域。深部地热资源储量巨大,开采前景十分广阔。虽然我国地热资源开发利用世界第一,但经济效益和使用率都不高。因此,重视地热梯级开发,发展配套的"地热加"产业链,提高地热资源综合利用率,对于调整能源结构、促进经济发展、实现城镇化战略等具有重要的理论意义和实践价值。

第二节　研究目的及意义

能源是关系国家经济社会发展的全局性、战略性问题。习近平总书记在二十大报告中提出:加快规划建设新型能源体系,积极参与应对气候变化全球治理。这说明能源的重要性与紧迫性,强国需要能源的保证,更需要清洁能源的支撑。地热能是蕴藏在地球内部的热能,是一种清洁低碳、分布广泛、资源丰富、安全优质的可再生能源,不仅广泛应用于发电、供暖、医疗、保健、种植、养殖、旅游等诸多领域,而且还可从中提取溴、碘、硼砂、钾盐、铵盐等工业原料,已成为世界各国重点关注和研究的新型能源,显现出非常广阔的开发应用价值。地热能开发利用具有持续供能稳定、高效循环利用、可再生的特点,可减少温室气体排放,改善生态环境,在清洁能源发展中占有重要地位,有望成为能源结构转型的新方向。高效开发深部地热资源,建立强大的绿色能源系统,保证能源供应安全,对于助力"双碳"目标的实现具有重要意义。

深层地热储层埋藏深,地质条件复杂而难以精细刻画,靶区优选存在较大的不确定性,勘探开发风险高。我国深部地热资源的勘探开发在地质条件和国情特色上同国外存在显著差异(蔺文静 等,2021),无法照搬国外已经取得的一些成功经验和先进技术,特别在靶区或场地热储的精细勘查方面,存在基础理论研究薄弱、物理力学性质变化规律不明、三维精细刻画困难、地温场预测不准、资源量评价具有较大的不确定性等关键技术问题,亟待优先研究,进而使得后期开发涉及的压裂造缝、循环取热、长效开采等技术瓶颈问题在此基础上获得解决和突破。地质上,我国处于欧亚板块的东南边缘,在东部与太平洋板块连接,在南部与印度洋板块连接,拥有青藏高原地热带、海南和东南沿海地热带以及长白山、京津、胶东半岛等地热带等。因此,在这些地区,均有可能发育着储量巨大的深部高温地热体(杨丽 等,2016;陈作 等,2019)。但受多期构造活动叠加改造影响,深部热储内部复杂发育不同尺度的软弱结构(断裂结构、破碎结构、孔隙结构、风化溶蚀结构等),造就了我国特殊的复杂地热地质条件。国情上,我国人口密度较大、基础设施纵横分布,严重制约了深部高温地热体储层压裂改造施工,无法像国外那样进行大排量高强度作业,且在大多数情况下,只能使用中小排量中低强度作业,这是由储层压裂改造存在诱发地震风险决定的(Majer et al.,2007;甘浩男 等,2020;谢文苹 等,2020)。从某种意义上说,规模化的压裂造储至今仍未突破，一直是制约我国深部热储开发利用最大的技术难题。因此，如何科学有效地优选开发靶区，并准确圈定在现有技术条件下能够实施规模化压裂的工程场址是决定深部地热资源勘探开发成败的最为关键问题之一（杨吉龙 等，2001）。大量的深部热储勘查评价与开发试验工程实践证实，若深部热储内部原生软弱结构不发育，是很难通过压裂造储的途径获得理想的 EGS(enhanced geothermal system)缝网结构，仅 200～300 m 左右的井距无法实现有效的循环取热，更谈不上规模化长效开采。因此，查明深部热储内部不同程度发育的软弱结构，实现真正意义上的深部热储三维精细刻画是目前我国深部地热资源商业开发必须解决的首要问题。

同时，我们也应看到，我国地热能发展也存在不充分不协调的深层次问题，对深部地热资源的研究相对较晚。自 2000 年以来，不同的研究机构开展了国内深部地热资源的评估，并钻有一些勘探井。2017 年 9 月，中国地质调查局联合青海省自然资源部在青海共和盆地 3 705 m 深度，钻获 236 ℃的高温干热岩体，这是我国首次钻获埋藏最浅温度最高的干热岩体，实现了我国深部地热勘查的重大突破。为成功推进深部地热开发，我国迫切需要形成一套适合我国特定地质条件的深部热储综合地球物理勘探技术。综合地球物理勘探技术是目前寻找地热资源的重要手段，对地下寻找隐伏断裂构造、圈定地热异常范围、刻画和表征热储空间分布特性等均有良好的效果。

本书以“基础研究—综合勘查—联合反演—储层预测—建模评价”为研究主线，以深部热储成因机制研究为基础，重点以青海共和盆地干热岩调查评价与勘查示范区、西藏山南古堆水热型高温地热区为依托，研发深部高温地热体的地球物理综合探测、解译及评价技术；以预测深部热储空间展布和建立高精度热储物性参数模型为目标，构建深部热储地质-地球物理模型，研发地震与其他地球物理方法的联合反演技术、综合地球物理场的热储层评价技术，揭示深部高温热储地质特征与地球物理响应规律，制定深部热储地球物理数据采集、处理、解释、预测与评价技术路线，开展地震与其他地球物理方法多元数据联合反演研究，构建可复制的深部热储地球物理联合研究技术体系，明确未来深部地热能勘探技术发展思路，突破联合反演和地温场刻画技术瓶颈，支撑压裂造储，推进干热岩规模化、商业化开发进程和“双碳”目标的实现，为中国地热能快速发展汇集多方力量，凝聚广泛共识。

第三节 地热资源地球物理勘探现状

一、深部地热资源地球物理勘探现状

目前，深部地热资源开发利用正处于试验探索阶段，仅美国、欧洲和澳大利亚等少数发达国家通过政府引导开展技术研发和工程实践，建有深部地热和干热岩开发示范场地，发展较完备的深部热能勘探开发技术体系，为其他国家提供了可借鉴的理论及实践经验。

2006 年，麻省理工学院发布《地热能的未来：21 世纪增强型地热系统对美国的影响》研究报告，提出了美国干热岩勘探的靶区，明确指出美国借助 EGS(enhanced geothermal system)技术，到 2050 年干热岩发电装机容量可超过 10 万 MW。2015 年美国能源部启动了“地热能研究前沿瞭望台”计划（frontier observatory for research in geothermal energy，FORGE)计划，包括美国地质调查局在内的 5 个团队分别在加利福尼亚、爱达荷等 5 个州选

择候选场地开展详细的地质和地球物理勘查，最终选择桑迪亚国家实验室(sandia national laboratories，SNL)和犹他大学两个试验场地进入第二阶段研究，开展了人工地震、天然地震、重磁、大地电磁测量，建立了精细的三维地质-地球物理模型和地质力学模型，形成了深部地热勘查和靶区优选的方法技术体系，为工程开发提供了重要的指导(张森绮 等，2019；毛翔 等，2019)。在深部地热资源勘探中，基于前期收集的大量地质、地球化学和地球物理数据，确定 EGS 目标靶区，获得干热岩目标的地质工程参数、水文属性和评估压裂试验效果至关重要的基础数据(Xing et al.，2020)；采用综合评价技术最大限度地减少解释和决策中的不确定性，选择风险最小的钻探场所；对 EGS 试验场地进行精确的建模，为地球物理方法技术监测压裂效果提供了基础。另外，美国能源部资助下的太平洋西北国家实验室(pacific northwest national laboratory，PNNL)成功开发了能够更好地进行地下成像的“E4D-RT”(european technology and innovation platform on deep geothermal)工具，利用地表测量或井孔中的电极对地下条件进行快速成像；美国太平洋西北国家实验室和桑迪亚国家实验室使用联合地震和电性变化的探测技术进行裂隙网络成像，提高了目前模型预测裂隙网络的能力。

2013 年，欧盟委员会启动了“欧洲 2020”战略，全面整合了欧盟的多项科技计划，形成了欧盟“地平线 2020(Horizon 2020)”计划，以支撑和配合“欧洲 2020”战略。该计划中地热科技研发工作覆盖了主要的地热资源类型，如浅层地温能、深部水热型地热能和干热岩型地热能(郑人瑞 等，2017)；欧洲深部地热能技术与创新平台(european technology and innovation platform on deep geothermal，ETIP-DG)开展了地表勘查与监测技术的研究，优先研发具有较低成本、较高效益的钻前地热储层地球物理成像技术，如重力、电磁、被动源地震、2D-3D-4D 反射波地震、热流与应力测量等；开展了评估储层温度、化学与流动特性，记录地震活动，以及开展联合野外采集和先进数值反演的方法研究，并利用现场数据的时移分析完善储层信息。2018 年，欧盟委员会发布了欧洲深部地热能实施计划，计划投入 9.36 亿欧元，以研发储层精确勘探、低成本钻井、储层改造和评估等深部地热资源开发的前沿技术。另外，澳大利亚在 Cooper 盆地、日本在山形地区开展干热岩勘探开发试验研究(陆川 等，2015；杨冶 等，2019)；菲律宾、马来西亚、印度尼西亚、冰岛、法国等均建有一定量的水热型高温地热开发应用示范基地，取得了良好的效果。

我国水热型地热资源勘探开发具有较早历史，已在西藏羊八井、京津冀、辽河油田等地取得一定成果。我国深部热储勘探开发起步较晚，但在技术水平、工程实践和研发资金投入等方面均具有较大的提高，例如：在青海共和、贵德，福建漳州，山东日照、威海，海南澄迈，江苏兴化等地均取得较大的突破，已初步形成了综合地球物理勘探方法技术体系(李根生 等，2022；陈永鹏，2021)。目前，我国地热资源地球物理勘探一般使用重磁、电磁法，即在遥感及航磁研究的基础上，利用重力法确定基底起伏和深大断裂构造的空间展布；利用磁法确定隐伏火山岩体的分布及其与深大断裂的关系；利用大地电磁法确定热储、岩浆房的位置和规模；利用电磁法圈定热异常和热储体的范围及埋藏深度等(牛璞 等，2021；陈昌昕等，2020；周超，2016；龙作元 等，2009；黄力军 等，2004)。已有的工程实践证实，对深部复杂高温热储来说，仅仅使用上述这些传统矿产资源领域普遍采用的地球物理勘查工作模式和技术方法还是远远不够的，存在地层结构认识不清、断层和裂缝等软弱结构面刻画困难、热储参数预测不准、地热资源量评价不确定性强等问题，某些基础理论甚至处于空白状态，迫切需要紧跟国际前沿开展更深入研究。

二、地球物理勘探方法

不同岩石之间的物理性质（如密度、波速、磁性、放射性和电阻率等）的差异是利用地球物理勘查方法探查地热资源的基础条件，采用不同的地球物理方法对地球深部以及靠近地表空间的物质成分、介质结构和演化过程进行勘探，从而进一步深入了解和研究深部热储的空间分布及物性参数的变化规律。目前，我国应用于地热资源勘探的地球物理方法主要有重力勘探、磁法勘探、重磁勘探、电法勘探、电磁法勘探和地震勘探等几种方法。

（一）重力勘探

重力勘探是一种较为常见的矿产资源勘探手段，其发展历史悠久，技术手段相对成熟，理论体系也较为完善。重力勘探的发展最早可追溯到17世纪意大利物理学家伽利略测定重力加速度，此后随着万有引力定律的提出，重力在科学实践应用中得到了更大范围的推广；到了19世纪末期，匈牙利物理学家厄缶发明了扭称，使重力测量应用于地质勘探；随着重力测量仪器的进一步发展，如1934年拉科斯特研制出了高精度的金属弹簧重力仪，沃登研制出了石英弹簧重力仪，使得重力测量的精度越来越高；20世纪30年代，重力仪的出现使重力测量在地质勘探中得到了广泛的应用；进入21世纪，伴随着RTK测地技术、高程转换方法的改进、重力近区地形改正仪器系统的形成及中区地形改正方法的改进，重力勘探技术取得了巨大的进步，使探测小尺度的目标体成为可能（陈昌昕 等，2020；廖建华，2018；鹿清华 等，2012；刘瑞德，2008）。

重力勘探工作原理是通过测量由地下密度不均匀引起的重力异常并且结合地质知识来推断测区内的地质构造或者矿产分布情况，其勘探的物性前提是地层以及地质体的密度具有分布不均匀性。对于地热资源来说，在高温影响下，含蒸汽地层的孔隙度可能变大，导致岩石密度变低，从而引起重力出现负异常；又有可能因地热体长期处于高温环境状态引发变质作用，使地热岩体密度增大，从而引起重力正异常。地热储层多位于深大断裂或者沉积盆地之中，用重力勘探法推断基底起伏情况和断层，分析地热区的地质构造对于地热资源的开发利用来说是一项重要工作。对于沉积岩而言，其密度一般小于结晶岩，Aboud等（2023）利用重力勘查方法，指出了沙特阿拉伯西北部沿海地区附近的厚异常沉积盆地；侵入岩与热源有着一定程度的关系，如Wall等（2019）通过使用重力梯度数据计算花岗岩体侵入的可能深度来了解巴伐利亚东北部佛朗哥盆地的热异常；断裂和蚀变也会受到地热的影响，如果重力异常呈密集线性带分布，一般就可以确定测区内断裂带的位置，从而确定热区。近年来卫星重力观测技术由于其覆盖面广、精度高等优点得到了广泛应用，极大地弥补了地面重力测量的不足，如Jiang（2021）与Zhao（2023）等基于高精度卫星重力数据对长白山地区与共和盆地进行三维反演，根据高分辨率的地下密度分布模型推断研究区地热体的主要热源。

重力勘探手段简单，成本低且效率高，适用于确定盆地范围和较大断裂带，但由于其操作方法受限，不能很好地确定断层的位置或者大小等属性。因此在进行深部热储勘查时，重力勘探一般作为前期工作的物探方法，快速圈出主要的异常区域（闵丹，2018；任丽 等，2013；何志勇 等，2020）。重力异常反演存在一定的多解性，究其原因主要是不同埋深、大小及组合的地质异常体可以引起相同的重力异常效应，以及重力数据的不完整性。因此，在解释过程中应尽可能地结合现有的地质资料，综合应用多种地球物理勘探方法，从而尽可能地降低其多解性，提高其反演精度。近年来，重力勘探在地热勘查工作中发挥着越来越重要的作用，目前其主要的发展趋势为：伴随便携式创新型重力仪的使用（如：原子绝对重力仪等），实测数据精度进一步提高；伴随多方向矢量测量、静态测量与动态监测并重等测量技术的发展，数据的采集处理将进一步完善；伴随场源分离、弱信号提取、联合反演等数据处理与解释水平的提高，地质解释的准确度和精确度将得到进一步提升（王子豪，2016；隋少强 等，2019；杨亚斌 等，2022）。

（二）*磁法勘探*

磁法勘探是物探方法中最古老的一种，其原理是以介质的磁性差异为基础，来研究地磁场变化情况。区域内之所以会有磁异常产生，是由于不同的岩矿石拥有的磁化强度不同，按照磁异常的分布特征，可以大致了解磁异常的分布情况以及地质体之间的相互关系，便可以推断出相应的地质情况，并做出相应的地质解释（李星海，2017；周权 等，2021）。

磁法勘探的发展经历了多个阶段。在17世纪中叶，瑞典人就掌握了用带磁性的罗盘寻找磁铁矿的技术。磁法勘探正式用于生产始于19世纪70年代末，塔伦制造了简单的磁力仪。20世纪初，石英刃口磁力仪被发明，磁法才开始大规模用于找矿，同时磁法勘探应用于研究小面积范围内的地质构造。20世纪30年代，感应式航空磁力仪由苏联罗加乔夫研制成功，使得大面积的磁场分布得以快速而经济地被观测到，且磁场分布规律也被较系统地分析和总结。其后，磁法开始应用于研究大地构造，并解决地质填图中的一些问题。20世纪50年代到60年代，苏联和美国将质子磁力仪移装到船上，开展海洋磁测。通过研究和分析观测结果，复活了大陆漂移学说，发展了海底扩张和板块构造学说。20世纪80年代开始，高精度磁测开始广泛应用于油气勘探、煤田勘探、工程勘探、军事等领域（王芳，2004；张华，2011）。

磁法勘探操作方便、效率高、成本低，其应用领域广、不受地域限制，在地热勘查中也有广泛的应用，如追索断裂、断裂带、褶皱构造等（吴强，2018；Hunt et al.，1995；Pandarinath et al.，2014）。火山岩如玄武岩、安山岩、英安岩和流纹岩等是地热系统的特征，大量存在的亚铁磁性矿物（例如磁铁矿、钛磁铁矿等）使得火山岩具有较高磁化率值，如 Kebede 等（2022）通过地面磁力测量研究 Ziway-Shala 湖盆地 Aluto-Langano 地热田的地下结构，发现 SDFZ 和 Wonji 断层带上出现磁异常最大值，结合地质资料推断为浅层（<5 km）火成岩侵入引起。火山岩中的许多原生亚铁磁性矿物等在热液环境中与热液流体相互作用后，会转变为热液矿物（如：黄铁矿、白铁矿和黏土矿物等），通常新的热液矿物与原始的主要矿物相比具有低得多的磁化率值，同样在 Kebede 等在对 Aluto-Langano 地热田的研究中发现了磁异常最小值，推断其由温暖的地热水引起。因为热液矿物的类型、浓度和分布由主要矿物的组分、温度、流体的物理化学性质、岩石的渗透性、流岩相互作用的持续时间以及蚀变形成的动力学过程等因素控制。因此，热液矿物的分布提供了有关地热系统的大小、流岩相互作用过程的特征以及深部热储普遍存在的热条件等信息。这些方面在地热勘探的初始阶段非常重要，而研究地热井不同深度岩屑的磁化率有助于确定其与热液蚀变程度和系统热梯度的关系。因此，在地热区以高磁化率为特征的均质岩石单元中岩石的低磁化率值异常对于地热蚀变带、地热异常范围和热储体空间分布的圈定具有重要意义（吴强，2018；Hunt et al.，1995；Pandarinath et al.，2014）。

近年来航空磁测由于其不受水域、森林、沙漠等自然条件的限制，且测量速度快、效率高，被广泛应用于地热勘查中。如 Frey 等(2023)对上莱茵河地堑西北边缘的德国西南部奥登瓦尔德进行了一次基于无人机的航磁调查，获取了 Tromm 花岗岩的高分辨率航磁数据集，其中过滤后的磁北极(RTP)异常显示出 100 多条潜在的可渗透断层和断裂带，TDR 异常图为矿山地热实验室的选址提供了重要的决策依据；杜威等(2022)利用航磁资料对青海省居里点深度进行反演，初步预测出两个可能存在干热岩的区域。我国的航空磁测技术也在飞速发展，目前中国地质科学院地球物理地球化学勘查研究所，根据我国的地质条件自主研发的无人机磁/放综合测量系统等地球物理勘查技术均达到国际先进水平，初步形成了空中-地面-地下综合地球物理立体探测技术体系。磁法勘探与其他地球物理方法相结合是地热勘查的主要方式，如 Elmasry 等(2022)通过机载磁测与重力勘探对埃及 Abu Gharadig 盆地地热资源进行调查，通过居里点深度(CPD)和 3-D 密度反演研究温度梯度、热流状态及储层空间分布，发现基底岩石是盆地地热资源的主要热源；An 等(2023)通过航空磁测、重力勘探和深部地震勘探，综合分析了区域地热地质条件，查明了银川平原热源、热储和热通等，建立了银川平原地热概念模型。

近年来高精度的磁法勘探技术已逐渐成熟，取得了较好的成果，适合我国地质条件的磁法勘探理论和方法正在快速研发与发展。随着技术进步，现阶段高精度磁测总误差可以达到 5 nT，勘探深度达到 1 000 m，但传统勘探中磁场随着深度呈二次方衰减，伴随储层的埋深加大，其反映在地表的观测值就会急剧减弱，圈定和解释这些微弱的异常便会存在较大困难。将高精度磁法与勘探深度较大的电磁法如瞬变电磁法、大地电磁法等相结合，为电法勘探结果提供地磁信息。多种地球物理方法相结合、地面与航空物探相结合，是今后进行深部热储勘查的主要方向。

（三）重磁勘探

位场勘探(重磁勘探)以位场理论及《自然哲学之数学原理》为基础，通过测量地下地质体的密度或磁化率在时间和空间上的变化，估计推断异常体的水平位置、形状、大小和埋藏深度等，从而研究地下地质体的空间分布特征及物性特征，是解决矿产资源勘探、研究区域构造和地质灾害预防等地质问题的有效技术手段(焦新华 等，2009；黄诚，2011；李毅，2019；郝梦成，2019)。

重磁勘探技术是一种非常久远的物探技术，自第一次世界大战后开始较广泛地应用于地质勘探。重磁勘探技术的施工范围广、作业面积大，始终对测量精度有着很高的要求。20 世纪 60～70 年代，我国测绘行业较为落后，主要使用经纬仪加测绳的模式进行重磁测量；随后激光测距仪、卫片航片定点等逐步取代了导线测量，测量精度才逐渐提高。但这些方法受控于导线的布设，工作效率低，测量作业进度缓慢。20 世纪 90 年代，随着 GPS 全球定位技术的不断完善，大批 GPS 定位仪凭借着其全天候、精度高、速度快和成本低等优点广泛应用于重磁勘探施工；后又陆续出现普通差分型 GPS 定位仪、相位差分 GPS 定位仪与实时动态差分定位(real time kinematic，RTK)测量技术，RTK 测量技术具有实时性、高效性和精度高的优点，可以实时提供测点的三维定位结果，并能达到厘米级精度。随着计算机技术的日渐成熟，仪器的精度有了很大提升，二维、三维重磁正反演方法也越来越完善，使得矿产勘查中重磁勘探技术的应用更加广泛(张玮 等，2010；郑福龙，2013；王林飞 等，2011；王风帆 等，2022)。

重磁勘探技术在地热勘查中有许多成功的实例，如 Alqahtani 等(2022)利用重磁勘探反演了 Harrat Rahat 火山场(HRVF)的基底起伏，为 HRVF 未来的地热能勘探绘制了前景更高的区域地图；Afshar 等(2017)针对 Sabalan 地热场进行重磁测量，发现该地热区的大地热流值高于 152 mW/m，地热资源的厚度在 5.4～9.1 km 之间。我国许多学者在青海共和盆地进行了地热勘查，Wang 等(2021)和 Zhao 等(2020)使用磁力与重力勘探反演了青海共和盆地内和周围的莫霍面深度及居里点深度，发现共和盆地的热源、热储、热通等关键信息，为我国地热资源的开发提供了强有力的依据。利用多种物探方法联合反演，是目前地质勘探的主要发展方向，如 Ars 等(2019)利用重磁法与环境噪声层析成像技术联合反演对法国中部 Massif 的 Sioule 山谷非常规深层地热资源的潜力进行分析，获得储层空间分布特征等信息；Ayling 等(2020)对美国西部霍桑地热勘探区进行了重磁及地震反射勘探，于 Wassuk 山脉前约 1 500 m 的深度处测得最高温约为 115 ℃，地热资源潜力为 7 MWe(P50)。针对位场勘探中多维多尺度重磁位场数据的融合，Carrillo 等(2021)将模糊聚类方法应用于重磁数据联合反演，对墨西哥的 Los Humeros 地热田进行研究，实现了增强地球物理响应的目标；Zhang 等(2022)提出了数据空间(DS)和截断高斯-牛顿(TGN)相结合的算法(DS-TGN)来求解联合反演目标函数，以降低重磁数据三维联合反演的计算成本。

目前，随着惯性导航系统、差分全球定位系统及灵敏度和稳定性更高的重力传感器技术的发展，重磁勘探技术已经可以实现大面积快速的测量(闵丹，2018)。我国重磁勘探使用的采集仪器也与国际的先进水平基本同步，CG-5、Lacoste D 等重力仪精度达(5～10)×10^{-6} cm/s^2，HC9OK 等磁力仪分辨率达 0.002 5 nT 以上(刘云祥 等，2019)。另外重磁数据的采集处理技术越来越完善，近年来重磁采集技术发展为三维复式(或面元正交)复测采集，观测精度提高了 15%～30%；重磁解释技术已发展到空间域和波数域两大处理系统。正反演计算方法也在逐步提升，如针对多层密度界面的反演已提出了线性迭代反演法和 U 函数法等各种计算方法(郭信，2020)。重磁勘探理论、仪器设备与数据处理技术的进一步发展，为地热勘探提供更高精度的数据、绘制更高分辨率的储层模型，将为深部热储的勘查开发起到非常良好的促进作用。

(四) 电法勘探

电法勘探是根据地壳中各类岩石或矿体的电磁学性质(如导电性、导磁性、介电性)和电化学特性的差异，通过对人工或天然电场、电磁场或电化学场的空间分布规律和时间特性的观测和研究，从而查明地质构造及解决地质问题的地球物理勘探方法。电法勘探的应用领域也比较广，主要用于寻找金属与非金属矿床、勘查地下水资源和能源、解决某些工程地质及深部地质问题(王建明，2017；贺建鹏，2022)。

电法勘探的研究工作是从 19 世纪初开始的，1815 年首先在英国库瓦尔铜矿上观测到了由矿体产生的自然电位，1920 年法国科学家施伦贝尔热发现了激电效应，并发表了关于电法勘探的著作，1919—1922 年间瑞典科学家进一步创立了电法勘探理论基础。真正利用地电场进行电法勘探工作的是 1835 年英国福克斯。首先用自然电场法发现了一个硫化矿床，但直到 1912 年电法勘探才用于商业勘探；其后又形成了激发极化法、电磁剖面法等(刘瑞德，2008)。20 世纪 80 年代以来，随着经济建设的迅猛发展及电子技术与计算机技术的不断进步，整个电法勘探得到了高速发展。频率测深法、瞬变测深法、大地电磁测深法、可控音频大地电磁法、探地雷达法和高密度电阻率法等相继出现，在资源、工程与环境等方面都得到迅猛发展和应用。

电法勘探在地热勘查中也得到了广泛应用，如蒋国华等(2018)利用高密度电法勘测地热温泉，证明了高密度电法在地热勘探中的可行性；王涛(2021)和许力(2021)等分别利用电阻率测深法和激电测深法推断勘查济南西部地区与陕西石泉的主要控热、导热构造，以此判断热储的埋藏深度，在此基础上圈定了地热靶区和布设地热钻孔的最优位置。我国地热资源多分布于城市地区，附近存在输电线和移动信号基站等较多的电磁干扰源，陈浩等(2022)采用高密度电阻率法作为电磁法测量的重要补充，分辨出湖北省谷城县地热区的岩性层及断裂构造。电法勘探在地热勘探的过程中，往往不是使用单一的电法勘探方法，而是多种电法勘探方法综合利用，如任磊等(2020)在河北省西部山区的地热勘查中利用电阻率法和激发极化法等多种电法勘探方法，对探区进行地质分层和构造圈定，并结合钻井测深等资料判断断裂构造的富水性等地质特征；李洪嘉(2020)在丹东金山的地热勘查中，利用了高密度电法、对称四极测深法等方法，成功确定了地热井的位置。

电法勘探可以实现现场自动化、快捷化的数据采集，同时还能减小因人工作业造成的误差，能够获得丰富的地电结构状态的地质信息，且能进行数据的预处理，并在离线后对不同的结果进行图形的自动绘制与输出，可以为地热资源的勘查工作提供更便捷、更准确的科学依据(李洪嘉，2020；刘晓 等，2018；崔玉贵 等，2020)。另外，为了改善城市环境的电磁干扰、电极与硬化地面的耦合问题、建筑物或场地限制等对勘查的不良影响，电法勘探仪器设备正朝着高分辨率、高灵敏性、高抗干扰性、高数字化程度等方向发展；勘查过程中也要尽可能地通过多方法、多参数的紧密结合，相互补充与验证，获得更精确的科学数据，圈定最优靶区，为地热勘探井位的布置提供依据(陈飞，2020)。

(五) 电磁法勘探

电磁法勘探是地球物理电法勘探的重要分支，常作为地震勘探的有效辅助手段，其原理是利用地下介质的电性(介电性、导电性)和磁性差异，应用电磁感应原理观测和研究电磁场的空间与时间分布规律(频率特性和时间特性)，从而解决地质问题、寻找地下矿床(Tikhonov，1950；Cagniard，1953；Colombo et al.，2012)。

电磁法勘探的发展已经有百余年的历史，最早由1917年美国工程师Conklin提出电磁感应法；20世纪50年代苏联学者Tikhonov和法国学者Cagniard提出了大地电磁法(MT)，此方法成本低，工作便捷，但观测时间较长，生产效率较低；在此基础上，形成了音频大地电磁法(AMT)，AMT法工作频率较高，探测深度更符合勘探开采需求，但由于天然大地电磁场的强度较弱，应用受到了极大的限制；为解决上述问题，加拿大学者Strangway D. W. 提出人工源音频大地电磁法(CSAMT)，电磁场由人工输出的音频电流产生，而场强、频率、电磁场方向都由人工控制；针对CSAMT法存在的本质不足(近场效应等)，何继善提出广域电磁法(WFEM)，使用伪随机信号发射源，多台接收机、多测点、多频率同时测量，实现了真正意义上的三维电磁法勘探(何继善，2010；戴前伟 等，2013；蒋喜昆，2022；袁刚 等，2021；田红军 等，2020)。

目前电磁法勘探的研究和应用逐渐渗透到各个领域，如资源勘探、工程与环境勘查、地震等灾害监测等。由于电阻率与地热储层环境中的孔隙度、渗透率、温度和蚀变等关键参数紧密相关，而电磁法能够揭示地下介质的电性结构特征，具有探测范围广、深度大、精度高且经济高效等特点，在高温地热资源的探测过程中具有独特优势，因此近年来被广泛用于地热资源勘探。其中人工源电磁法(瞬变电磁法、人工源音频大地电磁法等)用于浅层、中深层地热资源探测,天然源电磁法(大地电磁法和音频大地电磁法)由于勘探深度大,是确定深部高温热源最有效的方法,在实际应用中,两者互为补充,能实现对地热资源的高效探测(彭国民 等,2020;唐显春 等,2023)。目前电磁法勘探在地热勘察中已有很多成功的实例,如朱怀亮等(2019)、裴发根等(2021)和王军成等(2023)通过大地电磁法、人工源音频大地电磁法和广域电磁法等分别对我国银川盆地、齐齐哈尔龙安桥和江苏省滨海县等地进行地热资源勘查,通过分析地热成因和地热资源的热源、通道、热储及盖层的空间配置关系等圈定研究区有利地热资源储藏范围。基于地质学、地球化学和同位素数据的间接地质温度计可以用来估算地下温度,但其精度较低,深部热储层的特性变化同地温场存在一定的联系,使用地球物理属性数据预测和刻画地温场具有一定的可行性,Spichak 等(2022)通过电磁探测方法获得电阻率数据,根据电导率和温度之间的依赖关系建立经验公式,利用电磁地温仪(EM)建立了 Hengill(冰岛)地热区的 3D 温度模型,定位到 2～5 km 的高温岩浆囊,初步确定了冰岛温度异常区。利用电磁探测法可以确定热储、岩浆房的位置和规模,圈定热异常、热储体的范围和埋藏深度等。在此技术上,将多种地球物理手段相结合进行探测,可以进一步提高地热勘探的精度和准确度,帮助研究者了解地热系统。

随着地热勘探不断向深处发展,对于电磁法勘探的应用要求也在不断提高,西北太平洋国家实验室(PNNL)开发了 E4D-RT 成像工具,利用地表测量或井孔中的电极来对地下条件进行快速成像,并联合桑迪亚国家实验室(SNL)使用地震和电磁探测技术进行裂隙系统成像,提高了预测裂隙系统的能力;我国自主研发的频率域和时间域航空电磁测量系统、大深度三维电磁测量系统、三分量高温超导瞬变电磁系统、大透距地下电磁波层析成像系统和 2 000 m 深井三分量地-井瞬变电磁系统等地球物理勘探技术均达到国际先进水平,并成功研制出 IFTEM-Ⅱ型固定翼时间域航空电磁探测系统。为了实现深部地热工程勘探的目标,电磁勘探方法在获取高质量电磁数据、可靠电磁成像结果和解释反演手段等方面仍需要进一步研究,如地热电磁数据的采集可考虑对人工场源与天然场源信号进行同时观测,从而获取更宽频带范围的电磁场数据;地热电磁成像应结合多物性参数进行联合反演,并利用机器学习方法提升联合反演计算效率。目前重点研究领域为电磁法应用过程中的机电效应特征、3D 反演、抗干扰技术及智能化设备等(何继善,2020;刘玮,2023)。

(六) 地震勘探

在地球物理勘探工作中,地震勘探是一种常用的勘探方法,它主要基于弹性波理论来完成勘探,常用的弹性波包括 P 波和 S 波。其中,P 波是一种压缩波,其传播方向与震动方向一致;S 波传播方向与震动方向垂直且只能在固体介质中传播。地震勘探技术的原理是:采用人工方式激发所产生的地震波或者监测地质应力场的变化引起岩石破裂而产生强度较弱的地震波,依据地震波的传播特性,当地层介质存在弹性和密度差异时,就会出现反射和折射等现象;工作人员利用地震检波器在地面或井中观测地下目标体的回波信号,当这些信号传输到地震仪后就被记录下来;然后结合相关地震波理论知识,对这些信号进行技术处理,就可以给出相应的地质解释,通过分析地下岩层的速度和密度响应,就可以推断岩层的性质及地层的结构、构造等方面的信息。相比其他的物探方法,地震勘探在地层信息获取和构造特征揭示上具有更高的精度及可靠性(张淑梅 等,2014;周永波 等,2020)。

在地热资源的勘查中,地震勘探技术的主要优点是:精度高、探测深度大,这一优势在中深层热储的勘探中尤为明显(许飞龙 等,2020)。对于浅层水热型地热资源勘探来说,可以通过地震勘探对地下的地质结构,尤其是对地热区的断层空间展布进行有效地识别,据此推断出地下水热资源的富集区(陈煊 等,2008);而对于深部高温地热体,由于深部地热的高温作用,岩石的弹性波速度会伴随着温度的升高而逐渐降低,进而使得地震波相位变宽、频率降低,这就是利用地震勘探查找中深层热储的识别标志。例如,可以利用地震波的传播时间差异,通过速度分析来获取地下介质的地震波波速分布的三维精细结构,从而圈定和落实深部热储的展布范围及埋深。另外,热储层内的热水和蒸汽的对流运动也会使储层岩石产生微小震动,甚至发生局部爆炸,从而产生地面可以观测到的微震信号,被埋置地表和井中的各种检波器所接收,进而可利用微震数据反演来圈定热储层的热水通道及热水分布范围。

传统的地震勘探主要针对浅层,由于勘探深度浅,所以使用的炸药药量小,有时还会使用机械震源,观测系统设计也相对简单。而中深层地热勘探地质体普遍规模较大,埋藏较深,具有一定的特殊性。所以在实际应用中,必须采取与常规地震勘探不同的技术手段,不仅要重新选择采集参数,还要对观测系统进行特定的设计(孙党生 等,2002)。利用高分辨率反射波法地震勘探对地热异常区进行勘探,可以高精度地连续追踪标准反射层,细致反映构造,其不仅能够探测断裂的确切位置,而且还能反映构造断裂的产状、形态、断距、破碎带宽度等一系列地质参数。如德国 Molasse 盆地使用地震相分析、地震地层学、构造解释、地震反演、属性分析等反射地震技术,获取了大量有效的储层模型信息(Wawerzinek et al.,2021)。但在使用该方法进行勘探时,若没有较多的钻孔地质资料作为参考进行校正的话,在地震资料的处理、解释过程中难免出现技术针对性不强等问题,导致产生三维地震偏移速度百分比难以界定、片面强调信噪比造成的小断层反应模糊以及地震时一维转换速度不准等问题。另外,我国相当一部分的地热潜力区分布在城市、工厂以及居民区中,在城市范围内布设高密度的地震观测台阵时,需要大量的布设维护成本,近年来发展的分布式声波传感技术(DAS),能够以低成本实现超密集观测,在高分辨率多尺度地震勘探中具有巨大潜力(苟量 等,2022;李广才 等,2023;Nayak et al.,2021)。然而,在城市区使用地震勘探进行勘查时,不免会受到各种人工活动、建筑物、隐蔽设施等施工环境的干扰,而由于各种类型的强噪声,DAS 数据的信噪比(SNR)较低,需要设计降噪方法抑制特定类型噪声(Chen et al.,2023)。为了抑制施工环境噪声的影响,环境噪声层析成像法得到了发展,其使用环境噪声作为信号,克服了干扰波的影响,Sánchez-pastor 等(2021)在 Hengill 火山区域研究了环境地震噪声层析成像的适用性,结果表明,环境地震噪声层析成像不仅可以获得与地震层析成像和电法勘探基本一致的结果,而且对于微小异常的识别展现出了其优越性;Cabrera-pérez 等(2023)在大加那利岛利用环境噪声层析成像确定该岛的 3-D S 波速度模型,发现了两个高速异常区及三个低速区,为掌握该岛的地质情况及其地热潜力提供了依据。微震测量法(MSM)作为一种新兴的非侵入式地球物理方法,与环境噪声层析成像法类似,将压力、海浪和潮汐的变化及人类来源和生物活动作为微震信号,通过阵列收集信号,Tian 等(2022)利用微震测量法根据地热勘探目标选择不同的观测参数与反演方法分别对三个研究区进行试验,验证了该方法用于地热勘探的准确性和可靠性,为开发城市地区地热资源提供了新途径。

随着电子技术、计算机技术、信息技术等相关学科的飞速发展,地震勘探已经从最初的一维勘探发展到现在的三维甚至是四维勘探，从单分量发展到现在的多分量，从简单的构造勘探发展到寻找深部地热储层。以地震相干解释技术、地震相分析技术、波阻抗反演技术、三维可视化技术等为代表的一系列新技术的出现，以及神经网络在数字处理中的应用，地震勘探在实际工作中得到了全面推广应用和发展。与此同时，其他非地震勘探技术也在飞快进步。因此，在地热资源勘查中，有必要采用综合物探手段，充分利用地震勘探的高分辨与准定深技术优势，有效地融合非地震数据，实现优势互补，达到准确圈定地热靶区，精细刻画地热储层之目的，其意义非常重大。

第四节　地热资源地球物理勘探发展趋势

一、深部地热资源地球物理勘探面临的问题

近年来，出于战略资源考虑，地热资源的勘探已向深部热储进军，这是由深部地热资源具有绿色、清洁、储量巨大等特点决定的。但由于深部热储一般埋藏较深，且大多具有似块状结构，不仅勘探难度大，而且勘探风险高，其地球物理勘探类似于油气勘探领域的潜山内幕，但较潜山内幕勘探复杂(单俊峰 等，2005；陈敬国 等，2014)。尽管深部热储内部可能发育大小不一的断层、裂缝、孔洞等这样的结构面，但其物理力学特性在纵横向上的差异一般较盖层和围岩小，致使地面观测地球物理信号弱、规律性差，使得深部热储地球物理勘探面临以下实际问题：

① 针对地震勘探来说，深部热储与盖层之间的接触面大多为时代地层的分界面，界面两侧地层不仅岩性差异大，且物理力学特性也不相同，大多为地震强反射界面，对地震波向下传播产生强烈的阻抗作用，使到达目标层的能量非常有限(吴志强 等，2014)。再加上深部热储一般呈似块状结构，成层性差，热储体内部地层反射系数小，致使高温地热体内部地层反射波能量弱，常常表现为平静反射，信噪比低，成像及可描述性差(高卓亚，2020；陈昌昕 等，2020；杨冶 等，2019)。

② 针对非地震勘探来说，因受块状效应和趋肤效应影响，在地表浅层一定深度范围内存在一定范围的探测盲区，这对深层勘探来说，不仅定深困难，而且分辨率低，再加上开发前期钻井相对较少，严重缺乏先验知识，根据现有的资料无法了解井间以及井外地层结构信息和物性分布的细节变化，进而难以构建高精度初始反演模型，使得非地震数据的反演结果可靠性低、多解释性强，难以识别和分辨深部高温地热体内部发育的较小尺度的地质异常(吴佳文 等，2023；陈飞，2020；何继善，2020；郭信，2020)。

③ 深部热储受高温高压影响，储层非均质性强，不仅热储结构复杂多样，而且热储几何、物理和力学特性的空间分布连续性差，致使地震射线路径复杂，反射能量弱，且信噪比低，地球物理响应存在较强的多解性。目前常规的处理技术难以满足深部热储复杂构造地层勘查的需要，尚缺乏有针对性的精细刻画表征技术，难以分辨和解释，预测评价困难(蔺文静 等，2021)。

④ 深部高温地热体温度随深度具有明显非线性变化，表现出奇异性特征，温度随深度的变化特征和模式不清，且温度变化对岩石的热膨胀系数与热变形有显著影响，进而诱导其岩石物理特性产生变化，利用地球物理数据刻画表征温度场困难，资源量预测和评价精

度低，勘探开发存在较大风险（吴星辉，2022；凌璐璐 等，2015；胡剑 等，2014）。

⑤ 深部热储勘探开发尚处于试验探索的初期阶段，不仅资金、技术力量以及仪器装备缺乏，而且专业人才队伍严重不足，前期勘查程度低，在很大程度上受地域经济制约，缺乏相应的配套资料和技术，无法开展更为系统和深入的研究（洪爱花，2017；时光伟，2015）。虽已初步形成深部热储综合地球物理勘查技术方法，但仍存在基础理论研究薄弱、地下结构复杂而难以进行三维精细刻画、靶区优选和井位论证具有较强的不确定性等实际困难。

针对以上问题，本书强调地震勘探在深部热储勘查评价中的作用，旨在利用地震勘探具有强穿透、高分辨、准定深的技术优势。通过野外现场试验，制定优化的地球物理采集方案，获取含有敏感地球物理信息的高质量原始数据；针对采集数据静校正、去噪和深层有效信号弱等处理难点，开展高精度静校正、叠前去噪、弱信号区广角反射和精细速度分析等特殊处理方法攻关，获取深部热储内部地层高质量成像，揭示其空间展布规律，确定其埋深、盖层以及空间分布的接触和叠置关系，精细刻画深部热储内部发育的断层、裂缝等软弱结构面；开展地震与其他地球物理方法联合反演和数据融合研究，建立高精度正反演模型，提高非地震勘探的探查精度，实现深部热储非线性定量预测和评价；综合多种地球物理属性数据预测深部热储岩性、物性以及温度等特征参数，以期准确评价热储的开发潜力，供同行借鉴和参考。

二、岩石物理与地球物理响应研究

岩石物理作为数据处理和解释评价的中间环节，能够通过高温高压条件下岩石物理实验、地震波反演与数字岩石物理帮助建立储层物性、热储参数与地震等地球物理属性之间的联系，可为深部高温地热体综合地球物理勘探与重磁电震联合反演提供基础信息、理论依据与物理模型，是研究深层高温地热体的物理性质、结构和运动规律的重要方法之一（王家华 等，2010；曹磊 等，2013）。

目前国内外关于高温下深部热储的岩石物理响应研究主要集中于室内试验，如在高温条件下进行岩石物理力学特性的演变规律研究，获得了随着温度升高其波速、密度、强度减小而峰值应变和渗透率增大等规律或结论（张洪伟 等，2021；肖勇，2017；苏小鹏，2020）。许多学者针对高温花岗岩遇水冷却与自然冷却两种情况做了实验研究，如解元等（2019）、石晓巅等（2021）与崔翰博等（2019）对自然冷却和遇水冷却后高温花岗岩进行单轴压、拉和声波测定试验，研究不同方式冷却后花岗岩的温度与纵（横）波速度、弹性模量、泊松比、抗压强度、抗拉强度等特性间的关系。针对高温高压原位条件下的特性演变也有学者做了一些研究，如徐小丽等（2015）进行了实时高温状态下花岗岩的单轴压缩试验，研究得出了实时高温下花岗岩抗压强度随着温度的变化规律；罗生银等（2020）对自然冷却后与实时高温下的花岗岩物理力学性质进行对比试验研究，获得两种处理方式下花岗岩试样的应力-应变曲线。

在深部热储探测过程中，常将地震波反演与岩石物理试验结合，利用岩石物理参数变化的规律以探测深层结构与微小构造等，进而获得储层的空间特征、几何参数与热储参数等。地震波反演技术已从直接、线性、叠后反演发展到模型、非线性与叠前反演的阶段，反演结果的分辨率与精度逐渐提高（张永刚，2002；衡亮，2017）。当前，声波波阻抗与弹性波阻抗结合成为地震波反演的主要发展方向，国内外学者针对不同的储层进行了大量研究，如Li等(2022)和Guo等(2022)针对裂缝性储层中由于裂缝引起的各向异性,发明了一种新的具有方位角的贝叶斯弹性波阻抗变化反演方法获取更准确的裂缝参数。近年来,智能化方法与波阻抗反演结合,使反演效果、计算效率都显著提高,如Zhang等(2021)针对地震数据的有限性,开发了以先验初始模型约束的神经网络框架进行地震反演,以加拿大西部沉积盆地为例证实了其有效性;王泽峰等(2022)选取全卷积神经网络(FCN)、卷积循环神经网络(CRNN)与时域卷积网络(TCN)等三种网络,进行网络结构、适用性与反演效果的对比、分析,并将反演结果进行井震对比,为智能波阻抗反演优选提供参考。

由于深层地热资源处于高温高压环境中,储层温度场的变化会引起地球物理响应的改变,但这种改变会叠加在热储其他特性引起的地球物理响应异常之上,使得地球物理数据预测和评价更加复杂。数字岩石物理(DRP)是近年来发展起来的一项新技术,其通过三维成像技术构建的高分辨率数字岩心模型与数值模拟结合,来模拟多个物理场的响应。此方法便捷高效、成本较低,可以用于花岗岩等岩石的声学特性分析(Fourier,2017;Yin et al.,2016;Liu et al.,2014)。如Wang等(2022)进行了多次扫描试验,对干热岩数字岩心进行了声学特性的分析,并获得了其体积模量、剪切模量、纵(横)波速度等随温度变化的规律。另外,Yasin等(2022)通过结合结构力学、岩石物理学、岩相学等多学科方法优化储层特征,分别提高了对地热潜力评估的准确性,确定了EGS水力压裂起裂的最佳位置。

目前常规的室内试验,对于深部热储的多尺度天然孔隙/裂隙的形态特征研究还相对较少,缺少基于原位的地球物理测试和正反演技术(付世豪,2021;种照辉 等,2020;Cheng et al.,2020);且目前进行的多数高温高压试验,其对象大多为花岗岩,而我国的深部热储涉及多个类型,研究对象未覆盖不同岩性结构的岩石,对于我国工程实例开发指导并无太大价值(罗生银 等,2020;Zhang et al.,2022);当前深层热储的宏观裂缝空间展布形态与地球物理属性间的关联及响应机制尚不清晰(罗天雨 等,2017)。因此,迫切需要开展干热岩热储实时高温高压条件下(似原位条件)的物理力学特性测试;同时,通过利用地震波阻抗反演新方法对原生软弱结构的形成机制和分布规律进行研究;在软弱结构定量描述的基础上,应当通过数字岩石物理等新技术对储层参数、热储参数与地球物理响应之间的关联映射关系进行系统、深入及更高层次的研究(刘贺娟 等,2020;姜晓宇 等,2020;Gui et al.,2007;曾昭发 等,2012;庄庆祥 等,2020)。

三、深部热储地球物理勘探方法研究

地球物理勘探是深层热储勘探开发不可缺少的技术手段,贯穿于深层热储开发利用全过程(蒋恕 等,2020)。通过地球物理勘探可以了解深部探区的地层结构、地质构造及含水性等,可以查明热源类型、储盖组合和供热通道等,可以预测表征热储空间分布、落实地热资源存在的可能性,进而为地热资源勘探开发提供可靠的地质依据及数据支撑(Kana et al.,2015;Spichak et al.,2009;van der Meer et al.,2014;Zhang et al.,2018)。

针对深部热储非地震勘探来说,其在早期地热勘探中发挥了巨大作用,具有成本低、快速高效等特点。何雪琴等(2019)和吴云霞等(2019)等利用遥感技术优选深层干热岩热储发育的前景区;曹彦荣等(2017)和危志峰等(2020)提出使用广域电磁法勘查深层地热资源,用于划分地层分界和断层等地质信息,推断地热成矿有利部位;曹彦荣等(2017)和危志峰等(2020)使用时域电磁学勘查深层地热资源,提供了地热储层的基岩深度和基本地质构

造信息;吴真玮等(2015)利用重磁数据分析深层干热岩形成的条件、分布特征及利用前景;张德祯(2017)、杨冶等(2018)、郑克棪等(2017)和陈雄(2016)在地球物理特征分析的基础上,深入探讨了深层干热岩地球物理勘查方法,提出了靶区优选和井位论证相关技术对策。

针对深部热储地震勘探来说,现有的研究成果主要集中在深部水热型地热储层,而针对干热岩型地热储层的研究成果相对较少,特别是花岗岩型干热岩,在热储特征揭示、软弱结构面刻画和热储参数预测等方面基本空白。Pussak 等(2014)提出使用地震共反射点道集代替动校正道集叠加,有利于改善深部热储地震属性数据的成像效果;Wawerzinek 等(2021)为揭示深部碳酸岩热储特征,在地震勘探中使用了三分量检波器,获取转换横波(TS)、联合纵波(P)信息,综合识别和评价热储特征;Krawczyk 等(2019)利用 3D 地震技术,揭示和刻画了深部水热型储层内部发育的断裂系统;Lüschen 等(2015)通过地震勘探获得了花岗岩体内部构造及其组合的很好成像,指出三维地震反射技术是深部地热勘探不可或缺的工具。

面对深部复杂高温热储来说,仅仅使用单一物探方法显然是不足的,这是由物探方法存在多解性决定的,有必要使用综合物探法,相互验证和补充,精细刻画表征深部热储的分布,具有降低勘探风险、提高勘探精度之优势(陈怀玉 等,2020;李丛 等,2021;Zhu et al.,2022)。这同浅层地热地球物理勘探是有区别的,在浅层,由于钻探成本低,基于丰富钻探资料,结合露头信息,就能准确推断地热储层结构、构造、厚度和埋深等,进而为非地震勘探构建高精度正反演模型准备条件,提供支撑(席卓恒,2022;赵振海,2021);在深层,由于钻探成本高,特别在勘探程度较低的地热探区,很难也不可能获得大量的钻井资料,虽阵列时频域电磁数据采集和高精度重磁数据的综合解释已取得了良好的应用效果,但仅仅依据少量的钻井资料很难建立符合实际的正反演模型,进而严重制约了重磁电资料的处理和解译质量,存在较强的不确定性和多解性(索孝东 等,2023;李丛 等,2021)。再者,深部热储内部发育的原生断层、裂缝等软弱结构面,一般规模较小,基于位场理论的非地震勘探,因受体积效应影响,采用剥离法反演,不仅存在定深困难,而且分辨率严重不足,无法或难以精细刻画和表征,只能借助于分辨率更高且能准确定深的地震勘探手段(吕天江 等,2021;崔健 等,2018)。另外,不同的地球物理方法,其对深部热储反应的敏感程度是不同的,以地震数据为基础,在空间上深度融合和挖掘多种不同的地球物理信息,更有利于识别和刻画深部热储特征。赵丛等(2018)和黄金辉等(2020)提出了利用航空和地面物探综合勘查深层热储的思路,并探索快速勘查深层干热岩技术方案;李丛等(2021)和孙冰(2006)在深层地热勘查中使用综合物探方法,给出钻井建议,尝试解决地质结构不清、目标不明、钻探风险大等地质问题;Oliver-Ocaño 等(2019)探讨了利用地球物理联合反演方法获取深部热储高质量的地球物理成像,揭示深部热储地层结构和构造特征。Zhao 等(2020)为了更好地了解干热岩的区域和垂直分布,利用二维手动反演和基于最小支持功能稳定器约束的三维交叉梯度联合反演,对重力和磁力数据进行了反演。

因此,对于深部热储地球物理勘探而言,重视和加强地震勘探,优选物探组合方法和敏感地球物理属性参数,制定优化的采集方案,探究提高深部热储软弱结构弱地球物理信号成像效果的数据处理流程和方法,确定相关的处理参数,获取高质量的数据成像,极大可能地提高深部热储三维精细刻画能力;开展综合地球物理方法的数据采集、处理、解释及预测一体化技术攻关研究,研发适于深部热储地球物理勘探定量解释的联合反演软件系统,有效地融合多种地球物理数据信息，准确预测热储特征参数，有助于提高深部地热资源勘探开发的成功率，意义非常重大。

四、重磁电震联合反演研究

近年来，重磁电震联合反演技术越来越受到国内外地热领域的专家和学者的高度重视和关注，旨在使用联合反演这一新技术去融合来自同一地热目标体不同属性与分辨率的多种地球物理信息，以落实热储的构造、预测岩性和物性、刻画温度场、圈定热储内部软弱结构带等。联合反演是联合应用多种地球物理信息，分别从不同的角度反演同一地质目标不同属性，实现数据融合，使得研究结果更接近于实际地质情况。联合反演的基础或依据就是统一地质模型(结构、物性)；整个反演过程就是通过迭代模拟不断优化统一地质模型的构造、岩性和物性参数等，使之逐渐逼近并同时满足重磁电震记录响应的反演结果。不同学者对联合反演有不同的定义。谢里夫等(1999)认为联合反演是综合应用各种类型的数据，得到对地下地质情况更合理的解释。刘光鼎等(1987)认为联合反演是一种多种地球物理方法在反演过程中的综合，而非单一的地球物理方法反演后的综合。贾红义等(2003)还认为联合反演是综合不同的地球物理场数据建立统一的反演算法，在对各种地球物理场观测数据模拟或主观解释都达到最佳逼近的情况下，得到最终的各种不同物性参数有机统一的地球物理模型。

联合反演于20世纪70年代中期问世于国外，历经50多年的发展和完善，现已得到广泛推广和应用。国内联合反演虽起步较晚，始于20世纪90年代，但发展非常迅速，特别在地震与重力、地震与电磁法之间的反演方面，进展较快，成果显著。重磁电震联合反演是多种方法多种信息的立体交叉综合，即重、磁、电的多种解释参数与地震数据，地质、钻探和测井数据及其他地质地球物理信息在空间相互约束的综合，实际上是互关联的正反演，进而有助于提高解决复杂地质构造以及岩性、物性的空间展布问题的能力，最大限度地提高解释精度、减少解的非唯一性。

纵观国内外地球物理联合反演，按反演过程可分为约束外推法、异常剥离法、顺序修正法和统一修正法这四大类；按数据融合方式可分为基于岩石物性关系耦合的联合反演和基于空间分布结构性耦合的联合反演这两大类。基于岩石物性关系耦合的联合反演实现的前提是需要不同物性之间的岩石物性关系函数并建立一种对应关系，例如利用不同物性之间的对应关系，研究不同物性的联合反演(Moorkamp et al.，2011；Zhang et al.，1996)。该方法具有一定的缺陷，不同区域岩石物性关系函数不同，很难找到准确唯一的物性函数关系。因此，基于岩石物性关系耦合的联合反演具有一定的局限性，制约了其发展。基于空间分布的结构性耦合联合反演不需要借助岩石物性关系，而是依靠不同物性模型的空间结构相似性来耦合数据。结构性耦合联合反演通过模型曲率来约束结构相似性(Haber et al.，1997)，一般利用交叉梯度函数来识别结构边界，实现了基于交叉梯度约束的二维地震走时数据和重、磁、电的联合反演(Gallardo et al.，2004；Gallardo，2007；Fregoso et al.，2009；Gallardo et al.，2011；彭淼 等，2013；李桐林 等，2016)。李云平等(2002)应用合肥盆地地震测线提供的资料，进行了重、磁、电、震的统计推断联合反演，取得了较好的效果。

对深部热储地球物理勘探来说，不仅地面观测地球物理信号微弱，而且地球物理属性受温度等热储参数影响严重，存在一定的多解性和局限性。因此，面对日益复杂的深部热储地球物理勘探，不同的物探方法可从不同侧面反映同一地质体，具有不同的敏感性。因此，仅仅使用单一地球物理信息是很难客观正确地描述和刻画深部热储特性的。为提高深部高温地热体地球物理勘探成果的解释精度，极大可能地降低物探解释成果的多解性，满足复杂深部热储综合地球物理勘探的客观需求，突破地温场刻画和热储特征参数预测技术瓶颈，实现真正意义上的多地球物理属性综合定量解释，研发适于深部热储定量预测和评价的重、磁、电、震联合反演新技术已刻不容缓。林涛(2022)以青海共和地区为研究区域，使用基于位场数据的交叉梯度联合反演和子空间反演的地球物理联合反演(重、磁、电磁)方法，研究了青海共和地区的热储分布和热源位置，建立了青海共和地区地热模式成因模型，为该地区地热资源的进一步开发提供了依据。李杰(2020)将基于非结构化三角形网格的大地电磁二维正反演与地热资料二维正反演相结合进行联合反演，反演地下热导率参数分布，探讨了干热岩型地热资源的形成条件，对于圈定干热岩型地热资源具有非常重要的实际意义。唐钊(2018)对长白山研究区采集到的地球物理数据进行重、磁、电剖面的联合反演与解释，比单一的地球物理方法的反演和解释更加准确和有效，较好地揭示了长白山研究区玄武岩盖层下的地质信息和地热靶区。Oliver-Ocaño(2019)认为：通过多种地球物理数据的联合反演，可以揭示塞罗普列托拉开盆地(Cerro Prieto Pull-apart basin，CPPAB)下覆的地层构造，且从联合模型中可清晰地分辨出盆地的主要几何形态，并根据其特征地球物理标志划分了基底单元，进而提出了各类侵入岩的产状。

重、磁、电、震联合反演技术在地热领域的下一步工作重点主要集中在以下几个方面：

① 数据融合与处理：随着多种地球物理勘探技术的发展和应用，基于地震的重、磁、电联合反演是未来发展的主流。地震数据与重、磁、电数据是在地震属性域内进行融合的；联合反演模型在数据融合时不断更新；更新的重、磁、电数据被融合到地震反演中。通过将这些数据相互融合，可以提高地热资源勘查的精度和效率(曹丹平 等，2009；Koketsu，2016)。

② 高性能计算与机器学习：与传统的模型空间联合反演相比，地热资源勘查领域的数据量逐渐增加，数据空间联合反演对内存和计算速度的要求也在不断提高(Zhang et al.，2020)。此外，机器学习和深度学习等人工智能技术在地球物理数据处理和解释方面具有巨大潜力，有望进一步提高重、磁、电、震联合反演的精度(Spichak，2020；Saibi et al.，2022)。

③ 三维及四维建模：随着观测技术的发展，地球物理数据的空间分辨率不断提高，对地下结构的三维和四维表征需求也更加迫切，未来深部热储将更加关注三维及四维的地球物理模型构建及联合反演方法。

五、深部热储预测与表征研究

在高温、致密、低渗的深部热储中高效实施压裂储层改造开发一直是人们特别关心的问题。因此，在深部热储开发或压裂改造前，查明热储层内部结构形态(发育的断层、裂隙、节理等软弱结构面)的分布情况，预测其物理特性(孔隙度、渗透率、温度等)和力学特性等，并圈定其分布范围、描述其空间展布规律，意义非常重大(谭现锋 等，2023)。

深部热储预测是指利用地球物理勘探、地球化学勘探、钻井数据、地质调查和数值模拟等技术手段，对埋藏深度较大、难以勘探的地热资源进行预测(胡子旭，2022)。深部热储预测包含了多种方法，包括：① 地质模型方法。通过测井数据、钻孔岩心数据、地震资料等数据构建地质模型，对热储体地质特征进行研究，预测其热储性质和存储潜力（陈金龙 等，2021）。② 数值模拟方法。运用数值模拟软件建立数值模型进行模拟计算，确定热储体温度、压力、流动等特征，并且对热储开采过程进行模拟预测（黎明 等，2006；Hasbi et al.，2020；Shi et al.，2013）。③ 地震数据反演方法。通过测量地面物理场的变化情况，分析反演地下构造和物性特征，预测以及初步评估热储潜力和开发前景。④ 热响应试验法。该方法通过在地下注入一定量的液体，测量其温度分布及其对地层的影响，分析其热传递特性，提取热储体的热参数，从而预测热储潜力（曹袁 等，2012）。⑤ 机器学习或深度学习方法。利用各种神经网络模型可以对热储参数进行预测，确定地热资源的开发潜力。

国内外众多学者对深部热储预测进行了大量研究，如在构造、岩性及结构特征预测方面，Aminzadeh 等（2013）使用微地震勘探方法，对地热储层的天然裂缝和压裂重新激活的裂缝进行监测，对储层的地下裂缝网络进行表征；Dong 等（2022）在常规裂缝指示参数法的基础上，采用三种人工智能方法建立了用于裂缝网络建模的井间裂缝密度模型，提高了致密碳酸盐岩储层裂缝预测准确率；Yasin 等（2022）针对深部、非均质性储层提出了一种利用常规测井和地震反射数据来识别碳酸盐岩储层天然裂缝的新方法，并开发了一种基于深度学习神经网络（DNN）和聚类分析的混合模型，以预测岩性、孔隙度和裂缝参数的空间变化情况；Tabasi 等（2022）使用岩石物理测井和机器学习（ML）预测 Asmari 裂缝性碳酸盐岩储层的天然裂缝，并证实了此方法用于裂缝密度预测具有高精度性。在物性参数预测方面，Zhang 等（2014）在预测深层地热储层的渗透率分布时，结合了温度数据，可以提高渗透率分布剖面随深度的分辨率；Maldonado-Cruz 等（2022）基于机器学习的代理模型，以地下预测器特征、孔隙度、渗透率、井位作为输入，预测了地下响应特征、压力和饱和度。针对热储参数预测，Ishitsuka 等（2018）利用深度神经网络方法对日本 kakkonda 地热田进行 3 km 以下的温度分布预测，并与实际钻井结果进行对比后发现深部存在 500 ℃以上的热异常分布，证实了机器学习方法在深部热源探测方面的有效性；沈春强等（2020）基于实测数据利用灰色理论的预测方法建立灰色预测模型，对地热勘探孔孔底温度动态变化进行了预测；白利舸（2022）利用机器学习方法对已有的地热储层数据进行分类，预测储层大地热流、地温梯度等热源参数变化规律。

由于深部热储的物理和力学等特征参数的空间分布连续性较差，非均质性相对较强，通过钻井以外的方式刻画和表征裂缝性和渗透性储层还是非常困难的，且采用地震属性对裂缝、热储参数等进行预测，对不同地震属性裂缝预测体的信息融合技术还存在权重系数随机性强、效率低、一级裂缝预测精度不理想等问题。利用测井资料对储层进行表征时，由于不同测井参数对裂缝识别能力不同，因此利用层次分析法、模糊扩展层次分析法与客观赋权法等确定各条测井曲线的权重对储层预测极为重要（邓龙鑫 等，2022；任宇飞 等，2023）。同时，应结合机器学习、常规测井和地震反射等方法，对深部热储进行多尺度裂缝预测，对深部热储的空间分布进行刻画与表征，为构建深部高温地热体储层多参数模型与综合评价提供热储信息。

第二章　深部热储岩石物理与波场特征分析

地球物理响应(geophysical behaviors)是指地面上测得的研究对象的物理量(重力、磁场、电阻率、波的旅行时等)。地球物理方法以研究地层中的地球物理响应为基础,通过在地表观测地层中各种物理现象,进而推断和了解地下地质结构、构造与接触关系等信息。深部热储岩石的速度、密度、电阻率、磁化率等岩石物理参数与岩层的弹性常数、孔隙度等性质紧密相关,对地球物理勘探的数据采集、处理、解释与反演至关重要。

本章系统介绍了干热岩高温高压岩石物理实验与波场特征分析,为利用地球物理方法勘探深部地热资源提供理论基础。

第一节　高温高压岩石物理实验

岩石物理学(petrophysics)既是物理学的一个独立分支,又是地球物理学的一个重要组成部分,主要研究岩石的各种物理性质及其形成机制。地球物理勘探涉及各类岩石和矿物的物理性质,例如岩石的密度、弹性波传播速度、磁化率、电阻率、热导率、放射性等,地层介质存在物性差异是地球物理勘探的前提和基础。

一、干热岩样品制取

青海共和盆地位于秦昆接合处,是整体呈北西西向菱形特征的新生代断陷盆地,该盆地总面积达 15 000～17 000 km^2。共和盆地位于黄河上游,每年平均气温 4 ℃,平均海拔 3 000 m 左右。它的北界是宗务隆-青海南山断裂,长度超过 650 km,走向是北西方向,它是一条接近直立的断面且微向南倾的超岩石圈的活动断裂带。青海共和盆地在区域上向西延至新疆,东部与位于甘肃的勉略断裂相接。青海共和盆地受喜马拉雅造山运动的影响,新构造运动时期活动强烈,深部水的热活动也相较于其他地区强烈,这是该盆地具有地热资源的地质构造原因。此外根据重力或航磁等物探手段勘测,盆地的中部存在深大隐伏断裂带,具有形成对流型高温地热田的有利条件。与我国大多数强烈构造活动带型干热岩地热资源类似,共和盆地活动隆起大概起源于新近纪而且至今仍保持活跃,其中酸性侵入体仍存在比较高的辐射热,这些都有利于干热岩的形成。

一般来讲,上部比较厚的第四纪地层可作为干热岩的盖层,通过阻止深部熔融体的热量外散,保存了热量,这是高温地热田能够保存的地质原因。该类型干热岩地热资源,由于埋藏相对较浅,侵入岩多数仅被浅层覆盖,易于开采。

本实验共收集青海共和盆地干热岩探区岩石样品 36 块。按照实验要求,对这些岩样进行钻、切、磨等加工处理，制作测试样本，其中地表样品制成直径(38±1) mm、高度(60±1) mm 的标准圆柱体，3 口井中的 8 块深层样品制成直径(25±1) mm、高度(50±1) mm 的标准圆柱体，如图 2-1 所示。

本次实验 36 块样品中 7 块 25 mm×50 mm 的小块样本取自地下 2 000～4 000 m 井中，岩性为二长花岗岩和闪长岩。29 块 38 mm×60 mm 的大块样本取自地表露头，为中下三叠时期花岗岩；砂岩为新近系临夏组和新近系咸水河组；砂砾岩为新近系咸水河组，图 2-1 与图 2-2 所示为岩石样品及样品局部放大图。

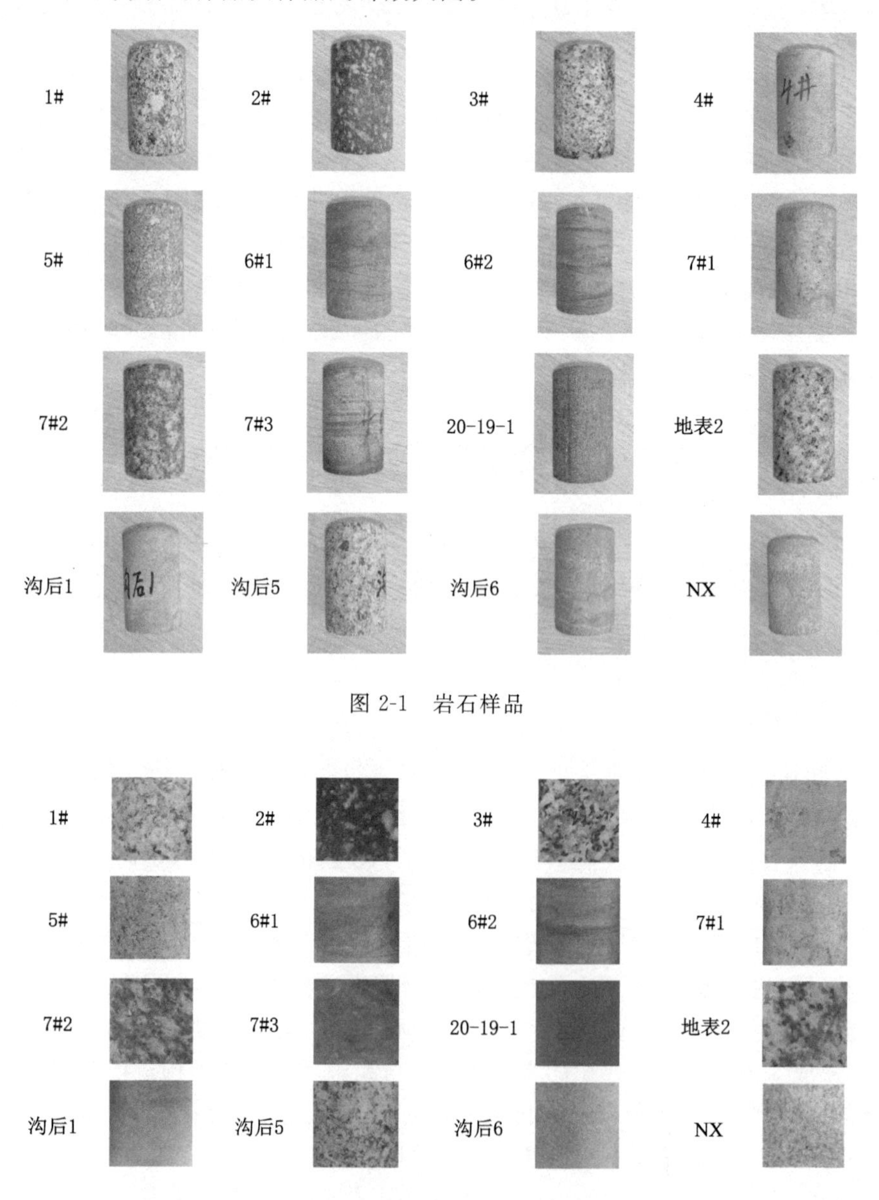

图 2-1　岩石样品

图 2-2　岩石照片局部放大图

二、基础物性参数测量

（一）密度

密度是岩石的基本物理属性之一，许多重要参数的获取都与岩石密度相关。密度可分为视密度、真密度和堆密度等。计算真密度值时排除了孔隙等其他因素的影响，求得的密度值最接近或者等于岩石的真正密度，通常又被称为比重。一般情况下，通过实验所获得的密度值为岩石本身质量与表观体积的比值，该密度值又被称为视密度。视密度是一定体积内的质量，等于物体的质量与其体积的比值。其公式如下：

$$\rho=\frac{m}{V}=\frac{4m}{\pi d^2 h} \tag{2-1}$$

式中，ρ 为岩石样品的视密度；m 为岩石样品的质量；V 为岩石样品的体积；d 为岩石样品的直径；h 为岩石样品的高度。

以上参数均可通过室内实验直接测得，具体如下：

① 采用高精度电子秤和游标卡尺测量待测样品的质量、高度和直径；

② 按照《煤和岩石物理力学性质测定方法 第3部分：煤和岩石块体密度测定方法》（GB/T 23561.3—2009），利用量积法对加工成标准规则的样品，进行两次质量测量；

③ 由于实际的圆柱形样品外形上易有差异，对高度每隔90°测量4次，对直径每隔60°测量6次；

④ 为去除干扰，对测得的质量、高度和直径等参数分别做数值平均作为最终结果，去除干扰影响，最终获得室内各参数平均后的数值，并计算出密度。

经分析可知，干热岩岩石的密度分布较为平均，多数分布在2.6～2.8 g/cm^3 之间，且不同岩性和结构的岩石间密度存在一定差异和分组情况，实验结果表明依据密度区分岩性的做法具有一定的可行性。

（二）孔隙度

孔隙度是指岩石中的孔隙和裂隙发育的程度，它与岩石的力学强度、变形特性及渗透性密切相关。在岩石物理学中，孔隙度被认为是与密度同等重要的物性参数，许多理论和公式都是以密度和孔隙度为基础建立起来的，孔隙结构和孔隙类型是目前岩石物理学研究的重点和热点。

本次实验基于玻意耳定律的氦气法测定孔隙度，该方法的优势主要体现在以下方面：

① 氦气相对分子质量很低，与空气区别明显（氦气：2，空气：29），测量更加准确；

② 氦气是惰性气体，极不易与其他物质发生化学反应，安全可靠；

③ 氦气的价格低廉，经济实用。

玻意耳定律描述了气体体积与压强的关系，但由于所测样品多数为花岗岩，孔隙度很低，测量时间较长，难以适应温度变化，因而本次实验通过结合查理定律的综合理想气体状态方程表征理想气体处于平衡状态时，压强（p）、体积（V）、温度（T）之间的状态关系方程：

$$pV=nRT \tag{2-2}$$

式中，R 为理想气体常数；n 为气体的物质的量。

在本次实验过程中，首先在对比室中输入一定量氦气，然后分压至装有样品的测量室，得到骨架颗粒体积，再利用状态关系方程，计算出孔隙度。

本实验的测量原理为：

$$\frac{p_1}{T_1}\cdot V_1=\frac{p_2}{T_2}\cdot(V_1+V_2-V_g) \tag{2-3}$$

式中，p 和 T 表示压强和温度，下标 1，2 为分压前和分压后；V_1 为对比室体积；V_2 为测量室体积；V_g 为骨架颗粒体积。

计算孔隙度方程为：

$$\varphi=\frac{V_0-V_g}{V_0} \tag{2-4}$$

式中，φ 为孔隙度；V_0 为样品外观视体积。

孔隙度测量仪器及原理图如图 2-3 所示。

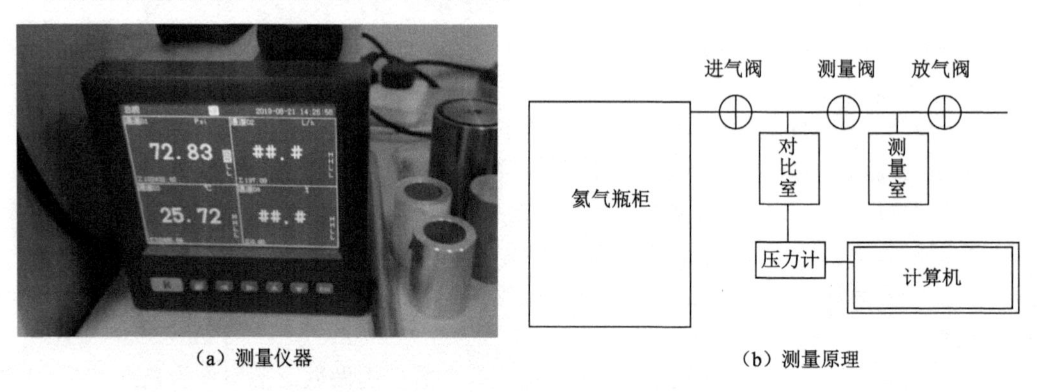

(a) 测量仪器　　(b) 测量原理

图 2-3　孔隙度测量仪器及原理图

三、声学参数变压测量

(一) GCTS 测试系统

超声波实验室波速测量用来模拟在现场剪切条件下地质材料的弹性状态。超声测试是一种无损的检测方法，可获得纵波(P 波)和横波(S 波)的波速信息，这些波速用来计算弹性常数，如泊松比(σ)、杨氏模量(E)、体积模量(K)和剪切模量(G)等参数。本次实验采用的是美国 GCTS(geotechnical consulting and testing systems)公司的 RTR-1000 高温高压多功能岩石三轴测试系统。该系统是一套完整的数字伺服控制装置，可以设置围压和温度等参数模拟不同环境中相应的地下条件，是目前比较完善的岩石物理实验成套装置。图 2-4 展示了 RTR-1000 的高温高压多功能岩石三轴测试装置和操作界面。

在该实验装置中，围压(confining pressure)通过三轴加压装置实现，孔压(pore pressure)由注入的孔隙流体的压力来实现。它的测试原理(图 2-5)是使超声波在穿过一定空间距离的介质后接收超声波，超声探头集纵横波换能器于一体，信号激发换能器中的压电陶瓷片受到电信号的刺激而振动，将电信号转化为振动信号；信号接收换能器将接收到的机械信号转化为电信号，并由计算机记录下声波的传播时间和振幅等参数，进而分析介质的物理特性。利用 GCTS 测试系统及 100 kHz 的换能器对纵波速度和横波速度进行测量，速度计算公式为：

$$v=\frac{L}{t_1-t_0} \tag{2-5}$$

式中，t_1 为测试仪器中的损耗时间；t_0 为测试仪器系统中的零延时；L 为样品的长度。

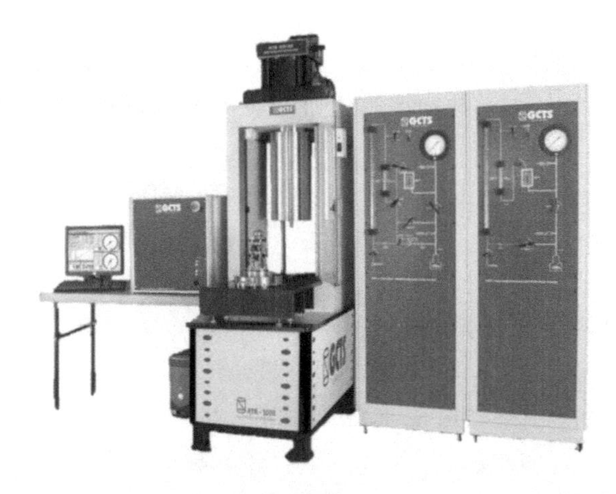

（a）三轴测试装置

（b）加载装置

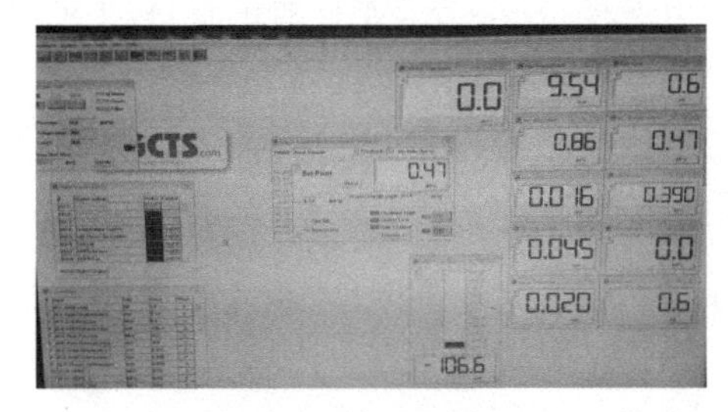

（c）参数设置

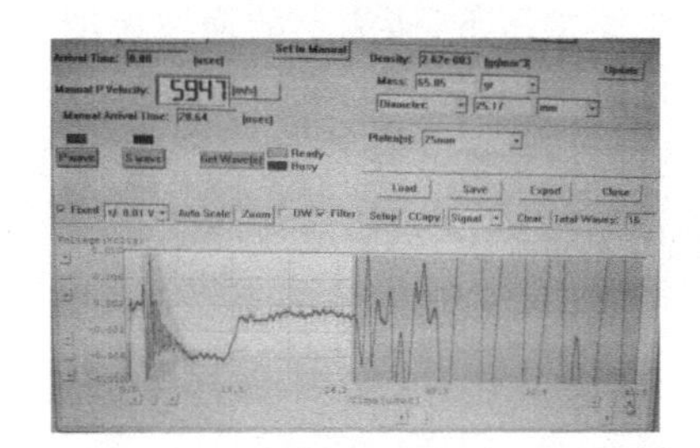

（d）测试结果显示

图 2-4　实验设备及系统界面

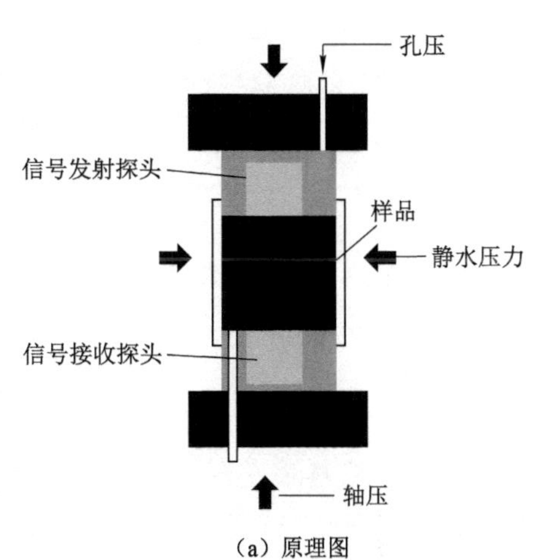

（a）原理图

（b）关键探头部件

图 2-5　超声波测量

（二）纵波速度的测量

纵波速度测量主要包括以下步骤：

① 打开设备，输入岩样基本信息，在岩样两端涂抹蜂蜜作为耦合剂，先用热缩管将样品

和压头固定在一起，推入腔室内。

② 先向岩样施加 0.5 MPa 左右的轴向压力，将岩样压实，再将轴压和围压设置为固定差值，目的是通过腔室内的注油来控制围压；通过固定差值自动调节轴压，使样品所受压力始终处于平衡状态。

③ 下降腔室外围，注油，然后进行实验，围压由 0 MPa 开始，以 5 MPa 递增，最大压力达到 30 MPa，共测试 7 个压力点的纵波速度。

④ 抽油，上升腔室，卸下岩样，清理设备，完成测试。

注意：所测围压值为 0 MPa 并非真的零兆帕。

（三）横波速度的测量

横波速度测试所用的仪器为超声波脉冲发射接收器及 DSOX2014A 型数字存储示波器。将探头对准岩样两侧，读取示波器上的横波初至时间，结合各岩样的长度，即可计算出样品横波速度。在测试过程中，可在探头处涂抹适量蜂蜜增加耦合性。

在常温常压下，所测定的横波速度也可以用于模拟 0～30 MPa 时的横波速度，这是因为在弹性限度内，较小的纵向与横向应力应变情况下材料的泊松比几乎不变。泊松比是指材料在单向受拉或受压时，横向正应变与轴向正应变的绝对值，也是一种对于材料性质的描述。在地震学中，纵横波速度比与泊松比间的关系如下：

$$\sigma = \frac{0.5 \cdot \left(\frac{v_P}{v_S}\right)^2 - 1}{\left(\frac{v_P}{v_S}\right)^2 - 1} \tag{2-6}$$

式中，σ 为泊松比；v_P 为纵波速度；v_S 为横波速度。

四、电磁参数测量

（一）电阻率

岩石的导电性通常利用电阻率或电导率来描述。在一定温度下，材料的电阻定义为：

$$R = \rho \cdot \frac{L}{S} \tag{2-7}$$

式中，ρ 为电阻率；L 为材料长度；S 为材料横截面积。

由式(2-7)可知电阻与材料长度成正比，与横截面积成反比。因此，电阻率(Ω·m)可定义为：

$$\rho = \frac{RS}{L} \tag{2-8}$$

岩石的电阻率与其矿物成分有关，也与矿物的孔隙度以及所含水分的多少有关。同种岩石可有不同的电阻率值，不同种岩石也可能有相同的电阻率值。

电阻率剖面法测试时选择对称四极装置测量试块的电阻率，原理如图 2-6 所示，其中 A、B 为供电电极，读取电极之间的电流；M、N 为测量电极，读取电极之间的电压。按照上述观测方式和实验仪器，对岩样的电阻率进行测量计算。电阻率测量仪器如图 2-7 所示。

当 AM＝NB 时，记录点取在 MN 中点，装置系数 K_{AB} 的计算非常容易，为 $2\pi l_{AM}$。由于本次实验测试的岩石样品尺寸较小，因此测量电极和供电电极都不移动，即极距不变。

本次实验采用吉林大学工程技术研究所的 RES2D 和 E60_3D 读取某一时刻的电流值和电压值。

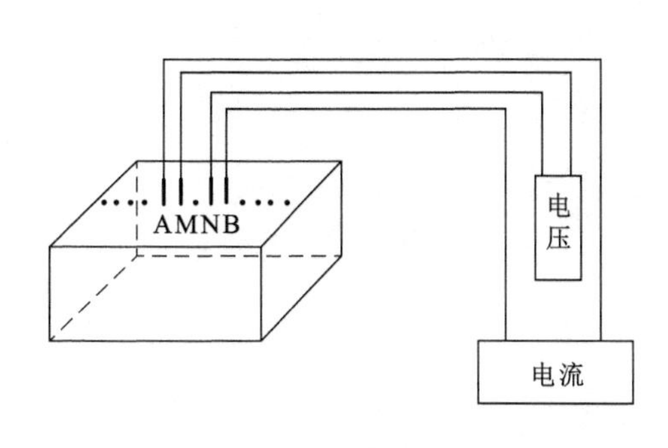

图 2-6　电阻率剖面法对称四极装置原理图

图 2-7　电阻率实验设备图

（二）磁化率测量

磁化率是表征物质被磁化难易程度的物理量，岩石磁化率主要取决于其内部矿物成分（尤其是磁铁矿类型的矿物含量）、岩石结构、矿物颗粒大小和形状等因素，且随着矿物的粒度、温度、纯度等的变化而变化。测量的基本原理是，当线圈绕制的电感探头接近岩石时，探头的电感量将随样品的磁化率而变化，再由电路设备记录。

目前常用的便携式磁化率仪中，MS-I 仪器虽然精度更高、读数可重复性强，但接近零值附近的读数存在误差，受周围噪声影响较大。SM-30 仪器小巧但数据导出困难。综上所述，本次实验选用应用更为广泛的 KT-10 仪器作为实验设备（图 2-8）。

在实验中，选择单点模式而非实时模式。首先将设备对准空气（距离样品 0.8 m 以上）读取一次数值，作为基准；再次接近岩石的表面读取一次，即获得该样品磁化率。

图 2-8　磁化率测量仪

五、变温实验

对干热岩岩石样品进行了常温至 220 ℃的密度、波速、视电阻率和磁场强度的测试，首先将试样加热到目标温度后，然后分别用天平、游标卡尺、质子螺旋磁力仪和纵横波波速仪进行测试；视电阻率测试时，将试样连接好电极，然后放在加温炉中，用耐高温导线引出来进行实时高温测试。实验所用仪器如图 2-9 所示。

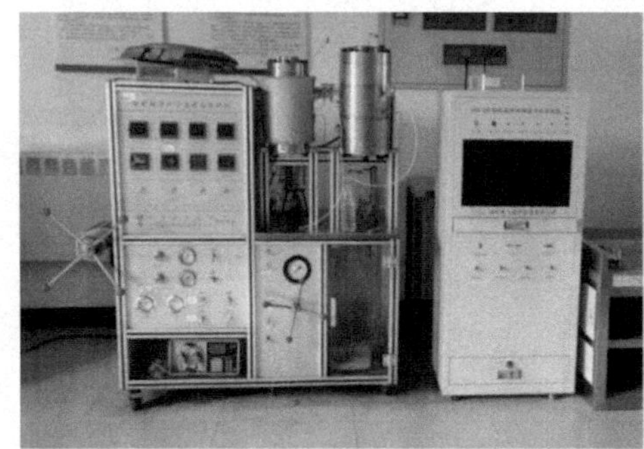

(a) 纵横波波速仪

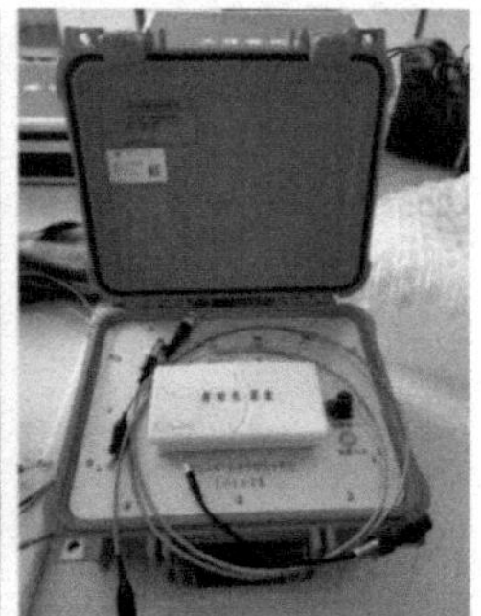

(b) 全波形阻抗仪

(c) 质子螺旋磁力仪

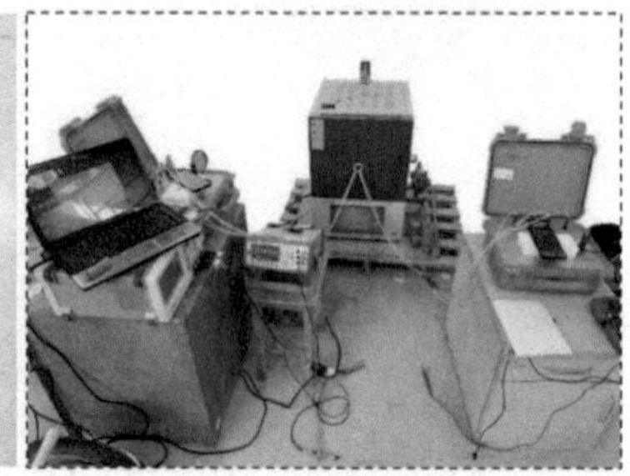

(d) 高温实时电阻率测仪

图 2-9　变温条件下的实验仪器

第二节　干热岩岩石物理特征分析

一、弹性参数经验关系

(一) 纵、横波速度的关系

关于纵、横波速度关系，有很多理论公式及专门的横波预测技术。目前最常用的纵、横波速度关系获取方式，是岩石物理实验和声波测井，二者的经验拟合通常是基于一种参考的孔隙流体，建立纵、横波速度和孔隙度的经验关系，进而映射转化到其他孔隙流体。衡量该理论方法可靠性的准则是将这些经验关系推广到不同的孔隙流体或不同的测量频率。

Castagna 等(1985)基于水饱和碎屑硅质岩的超声波实验数据，研究了水饱和状态下的横波速度相对于孔隙度和黏土含量的经验回归公式，针对主要由黏土和粉砂组成的碎屑硅质岩，给出了著名的“泥岩线”公式：

$$v_S = 0.862 v_P - 1.172 \tag{2-9}$$

基于上述研究成果，Han 通过分析测得的数据提出：

$$v_S = 0.794 v_P - 0.787 \tag{2-10}$$

Pickeet 分析了白云岩的纵、横波速度关系式：

$$v_S = v_P / 1.8 \tag{2-11}$$

甘利灯等通过对渤海湾地区的研究，拟合出了砂岩的 v_P-v_S 关系式：

$$v_P = 1.568\ 2 v_S + 11.12 \tag{2-12}$$

（二）速度与围压的关系

储层中存在两种不同的压力：上覆岩层压力和储层压力。上覆岩层压力也称为围岩压力，是整个上覆岩石地层所施加的压力。储层压力也称为孔隙流体压力，是岩石孔隙中的流体所施加的压力。上覆岩层压力和储层压力之间的差值称为上覆岩层净压力，而对于固结岩石，净压力可视为有效压力。

有学者总结了压力对岩石纵、横波速度影响的基本规律：随着有效压力的增加岩石纵、横波速度随之增加，但对于储层岩石来说，通常趋于一类渐近线，有时显示出持续增加而非趋向平坦的限值。

在温度不变的情况下，岩石的纵、横波速度均随有效压力的升高而增大。岩石纵、横波速度和有效压力之间的关系是非线性的，在有效压力低的地方岩石纵、横波速度增加更快。可以用式(2-13)来表示岩石纵、横波速度与有效压力的关系：

$$v(P) = aP^2 + bP + c \tag{2-13}$$

式中，P 为有效压力，MPa；a，b，c 为拟合参数。

施行觉等(1998)在1995—1998年间开展了大量的研究工作，通过对砂岩样品的研究，给出了岩石纵、横波速度变化与压力和温度的经验公式。从经验公式(2-14)中，可以看出岩石纵、横波速度随有效压力增加而增加，随温度增加而减小。

$$v(P,T) = v_0 + A\ln\frac{P}{P_0} - B(T-20) \tag{2-14}$$

式中，$v(P,T)$为有效压力 P 及有效温度 T 下的岩石的纵、横波速度。

（三）速度与密度的关系

密度为岩石质量的简单体积平均，反映的是岩石的综合性质，与孔隙度存在一定关系。在很多地震模型和解释方法中，需要纵波速度和岩石密度两个物理参数。尽管在测井测量中能够获得密度等参数，但多数情况下，实际数据处理时只有纵波速度，因此进行纵波速度和密度之间的经验估算就显得尤为重要。

在这一方面，1974年 Gardner 和 Gregory 给出了这一重要经验关系式：

$$\rho \approx 0.23 v_P^{0.25} \tag{2-15}$$

式中，v_P 的单位为 km/s；ρ 的单位为 g/cm^3。

尽管上述公式所给出的是基于多种不同岩石类型的平均，但对岩石物理的经验公式研究具有重要的意义。通过岩石物理实验与数据分析，笔者也提供了一种表述 v_P-ρ 关系的计算公式：

$$\rho \approx 1.71 v_P^{0.25} \tag{2-16}$$

（四）速度与孔隙度的关系

岩石的纵波速度与孔隙度关系是岩石物理中研究最多的，这不仅因为速度-孔隙度的关系非常重要，而且岩石孔隙度对速度的影响复杂多变。速度和波阻抗随着孔隙度的增高而减小。然而，速度或波阻抗与孔隙度的关系仅在统计意义上有效，因为与孔隙度相比，岩石的地震特性受孔隙形状的影响更大。

根据岩石的矿物组分和孔隙流体，孔隙度与速度的时间平均方程是一种广泛用于估算岩石纵(横)波速度的方法，或根据测得的岩石纵(横)波速度、岩石类型及孔隙流体成分来估算孔隙度。1956年，Wyllie 等(1956)在高压、矿物成分均匀、液体饱和等情况下，测量固结岩石和水饱和的岩石，并推导出了以下的关系式：

$$\frac{1}{v_P}=\frac{\varphi}{v_f}+\frac{1-\varphi}{v_m} \tag{2-17}$$

式中，v_P 是岩石中的纵波速度；v_f 是流体速度；v_m 是基质速度；φ 是孔隙度。

该关系式并不是经验关系，通过简单推导可知，其表示的是纵波在矿物中的传播时间加上在孔隙流体中的传播时间，等于总传播的时长。

二、速度影响因素分析

（一）纵波速度与横波速度的关系

纵、横波速度关系是地震或测井资料确定岩性的重要依据，受到地球物理学家的普遍重视。尽管一些有效介质模型基于理想化的孔隙几何形态，预测了纵波和横波速度，事实上最可靠和常用的纵、横波速度关系是通过实验室或测井数据的经验性拟合获得的。

利用 27 块近地表岩石样本的实测数据，进行了纵波速度与横波速度关系拟合，结果如表 2-1 和图 2-10 所示。

表 2-1　纵波速度与横波速度关系拟合结果

拟合类型	系数 a	系数 b	系数 c	R^2
一次多项式	0.455 3	528.7	0	0.931 6
二次多项式	4.4×10^{-5}	0.837 4	528.7	0.938

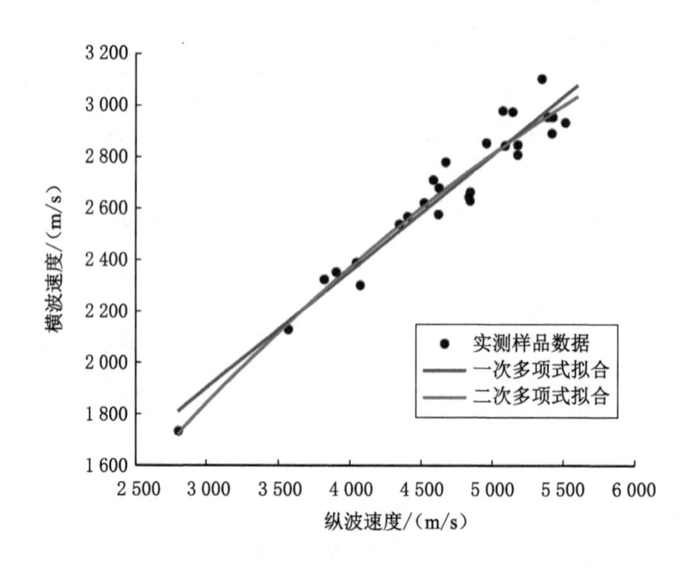

图 2-10　纵波速度与横波速度关系拟合

在地球物理勘探中很难获得准确的横波速度数据。尽管横波速度预测技术已经有了较大的发展，但是基于实验室或测井数据或两者的经验拟合关系式，仍是目前最可靠和常用的方式。本次实验在没有对岩样进行分组的情况下，对纵、横波速度进行了一次多项式和二次多项式的拟合，得到的相关系数 R^2 均在 0.9 以上，说明纵、横波速度的拟合关系较好，正如前文中所述纵、横波速度关系，或经典弹性力学中均匀各向同性介质中的纵、横波速度基本关系式。纵、横波速度拟合效果较好可能是因为岩性差异不大，或者满足上述各个关系式的适用条件。

（二）速度与密度的关系

岩石纵、横波速度与密度经验关系能够为合成地震记录提供缺失的声波或密度曲线，或者定量分析由孔隙度变化引起的地震振幅变化，也可以提供远景区的异常岩性信息，对问题区段测井曲线开展质量监控和地震振幅异常的解释等工作。

大多数的纵波速度与密度的拟合曲线形状相似，在这里仅展示纵波速度与密度的Castagna拟合曲线（图2-11）和Gardner拟合曲线（图2-12）。由图2-11和图2-12可得出以下结论：

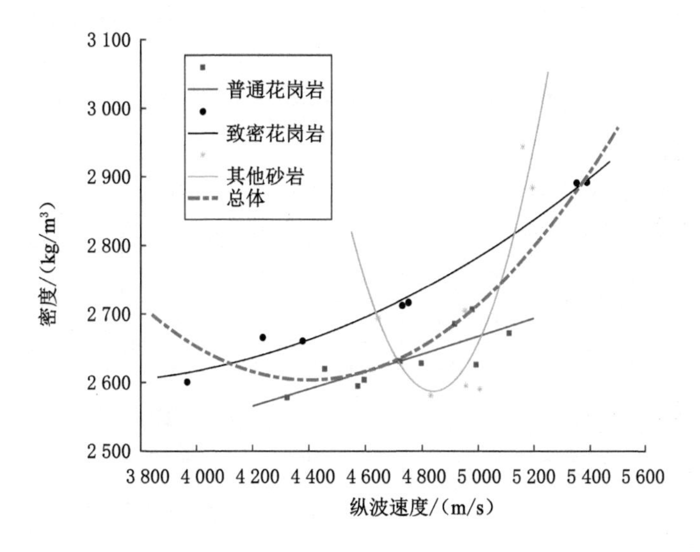

图2-11　纵波速度与密度的Castagna拟合曲线

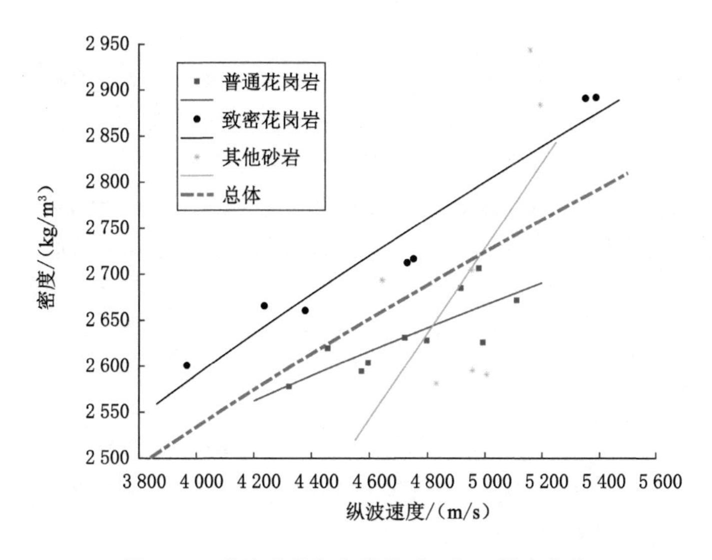

图2-12　纵波速度与密度的Gardner拟合曲线

① 致密花岗岩组拟合效果较好，普通花岗岩次之，泥岩、砂岩等拟合效果较差，总体效果介于花岗岩组和其他组之间。

② 致密花岗岩组与花岗岩成分相同，经历了风化作用、碎屑作用，却未被搬运，在原地进行沉积压实，进而组分较平均，孔隙度很小，密度与纵波速度的回归关系更为明显。

在这些拟合关系中，普通花岗岩的 R^2 约为 0.5。如果仅以 R^2 作为指标，普通花岗岩的拟合效果较差，在前人的研究中也存在此类问题。同时，因为岩性存在一定的差异也导致拟合效果过差，如果存在 R^2 值较小的拟合曲线，可适当舍弃。

（三）速度与围压的关系

研究纵波速度与压力的关系对地震勘探学中的地层压力预测至关重要，特别是钻井工程中超压地层的预测问题。通常，超压分析是从正常的速度-深度趋势线上，寻找低速度异常的分析方法。地震岩石物理研究人员已经在这方面做了大量的基础工作，取得了很多有价值的认识与进展。

在本次实验中，由于花岗岩样品固结好且孔隙度小，将实验测得的压力值视为与净压力相差较小的有效压力值。

为了便于作图，对岩样进行编号，如图 2-13 所示。

实验编号	1	2	3	4	5	6	7	8	9	10
试样编号	砂岩	砂岩	20-19，1-2	20-19，1-1	地表2	沟后1	沟后1（2）	1#	2#	2#2
实验编号	11	12	13	14	15	16	17	18	19	20
试样编号	3# 2	4#	4#2	5#1	5#2	沟后5	沟后5（2）	6#1	6#1（2）	6#2
实验编号	21	22	23	24	25	26	27	28	29	
试样编号	沟后6	沟后6（2）	7#1	7#1（2）	7#2	7#2（2）	7#3	7#3（2）	3#1	

图 2-13　岩样编号

图 2-14 所示为纵波速度随围压变化关系和经验拟合曲线。随着围压的增大，纵波速度的增幅逐步减缓。在本次实验中，在 0～30 MPa 的围压范围内，普通花岗岩纵波速度的变化非常明显，在 20 MPa 附近或者更低的范围时，纵波速度逐渐趋于稳定。而对于砂岩类或致密花岗岩，这一趋势并不明显，纵波速度没有明显增幅减缓的趋势，或者说，围压对它们的影响较小。通过对围压(0 MPa、5 MPa、10 MPa、15 MPa、20 MPa、25 MPa、30 MPa)与纵波速度进行拟合，在围压继续增大的情况下，纵波速度的变化趋势逐渐减缓并趋于稳定。对于其他未达到稳定状态的岩石样本，按照经验公式的结果，大概在 70～100 MPa 的范围时，纵波速度逐渐趋于稳定。

（四）速度与孔隙度的关系

地震岩石物理学研究的目的是通过对岩石物理性质的分析，特别是岩石孔隙中流体的变化对岩石弹性性质的影响，定量确定含流体岩石与地震属性参数之间的关系，以提高地热储层预测的可靠性与准确性。

由图 2-15 可知，三组实验的拟合效果较差，原因在于：① 数据量较少，测量孔隙度的耗

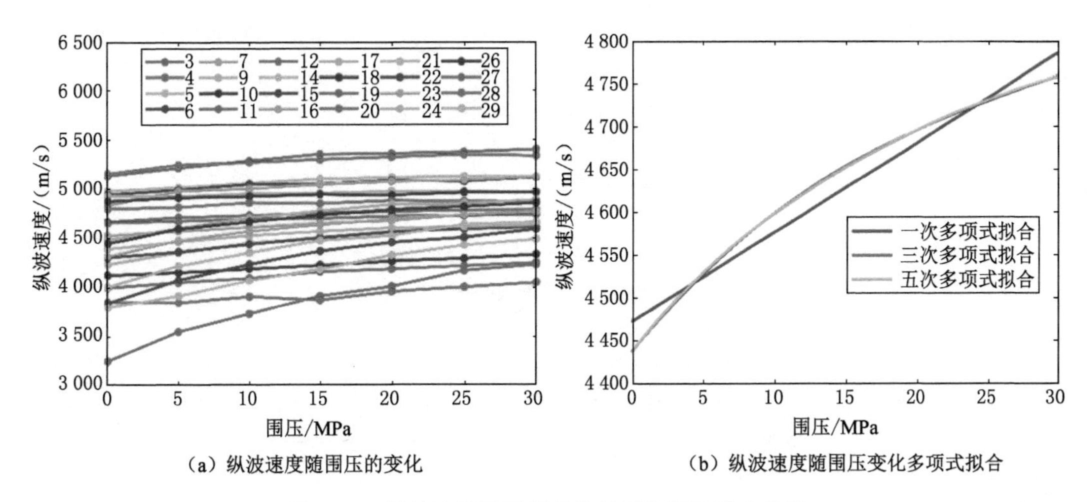

（a）纵波速度随围压的变化　　（b）纵波速度随围压变化多项式拟合

图 2-14　纵波速度随围压变化关系和经验拟合曲线

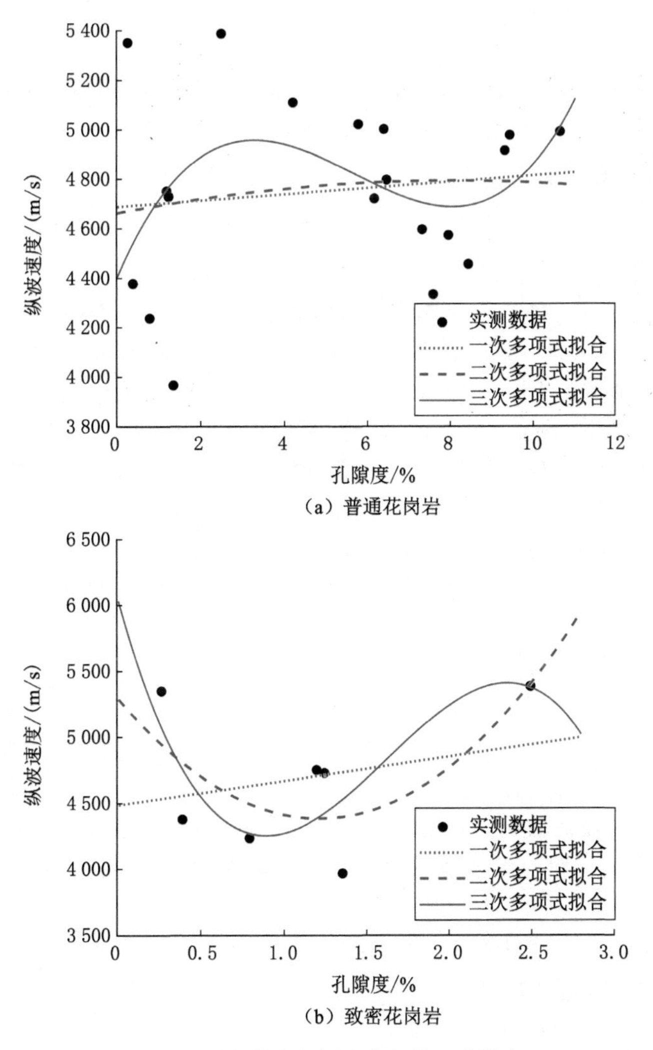

（a）普通花岗岩

（b）致密花岗岩

图 2-15　纵波速度与孔隙度的经验拟合

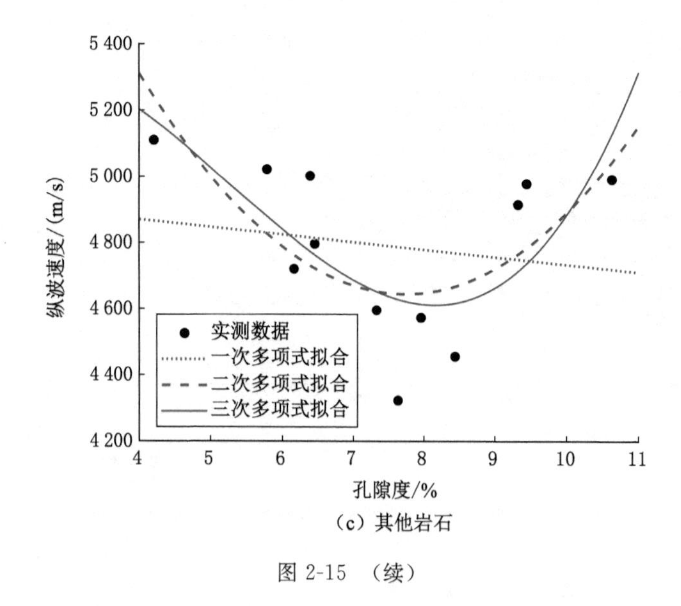

(c) 其他岩石

图 2-15 (续)

时较长,并且设备自身存在一定的误差;② 岩石的岩性和组分存在差异,影响纵波速度的测量;③ 孔隙结构、孔隙类型等因素也会影响纵波速度。

三、温度对岩石物性参数的影响

温度是干热岩研究的重要参数,研究温度变化对干热岩物性参数的影响是本书研究内容。实验数据处理分析的方法和原理如下:

首先,绘制岩石参数(密度、纵波速度、横波速度、磁场强度、电阻率等)随温度变化的曲线图,从整体上判断是否存在异常的数据,进而将相同温度下对应的测量数据求和取平均,得到单一的趋势变化图。

其次,对每个岩样在不同温度下的岩石参数进行多项式拟合,以 R^2 值来评价拟合曲线的吻合程度。在岩石参数的拟合曲线中,电阻率的 R^2 值为 0.4~0.5,拟合效果较差,而岩石参数的拟合曲线的 R^2 值均能达到 0.9 以上,拟合效果较好。

最后,建立岩石参数对温度敏感程度的方程,将拟合后的曲线求导,温度 t 从 20 ℃至 220 ℃,获得每个温度对应的导数值,分析温度每变化 1 ℃,对应的预期物理性质变化情况,公式表示如下:

$$Y(i)=\sum_{t}^{201} m'(i) \quad (20 < t < 220) \tag{2-18}$$

$$y=\frac{Y}{n}=\sum_{i}^{n}\frac{Y(i)}{n} \tag{2-19}$$

式中,$m'(i)$为某一物理量的导数;t 为温度;$Y(i)$为某块样品的 201 个温度点所对应值的数列;y 为代表各个岩石参数对温度敏感程度变化图的纵坐标,数值上等于 n 个样品的 $Y(i)$值取平均。

特别注意:本次实验使用样品全部为花岗岩。另外,磁场强度项的正负号仅表示方向,对它的计算仍然按照数值的加减法处理。

(一) 密度随温度变化情况

岩石密度是指单位体积内岩石的质量,除与矿物组成有关外,还与岩石的孔隙及含水状态密切相关。随着温度的升高，岩石中吸附水、层间水、结晶水、结合水和有机质逐步挥发，岩石的质量减小，同时，由于热膨胀作用，岩石的尺寸和内部孔隙也发生变化，因此岩石的密度也会发生变化。一般情况下，密度随温度增大而变小，且密度的变化幅度比较稳定，大多数集中在 2.9～2.5 g/cm^3 范围内。

通常不同的岩石，其密度变化会有相对明显的差异，如图 2-16(a)中的密度曲线，可大致分为 3～4 组。因此，密度可作为岩性划分的依据之一。

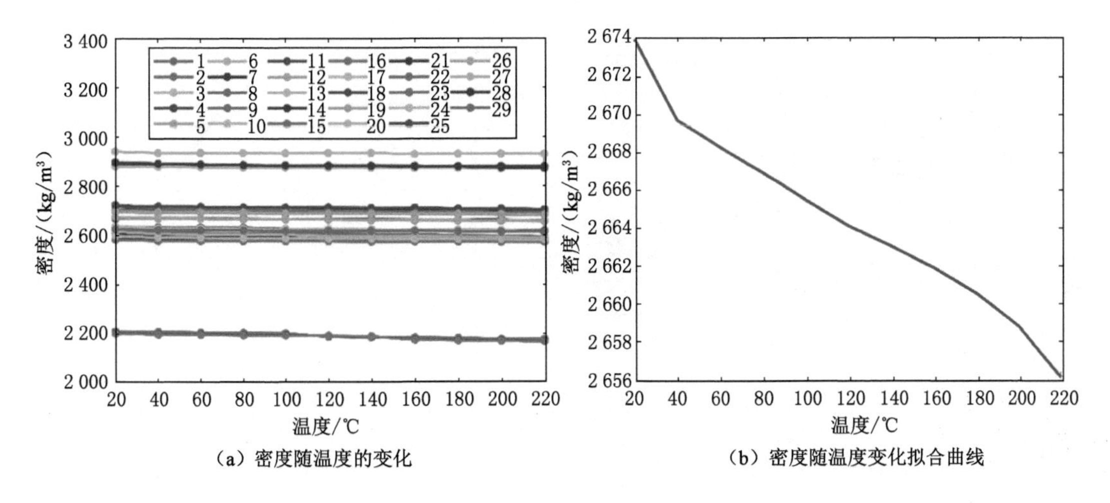

(a) 密度随温度的变化　　(b) 密度随温度变化拟合曲线

图 2-16　密度随温度变化分析图

由图 2-17 分析可知，随着温度的升高密度持续减小，且密度对温度最敏感的区间在 20～50 ℃，而后变化幅度趋于稳定；在 150 ℃之后，温度对密度的影响又变得明显；但是，整体上讲，在 0～220 ℃范围内时，温度对密度的衰减作用较弱，温度升高 200 ℃，密度的衰减量仍不足 1%。

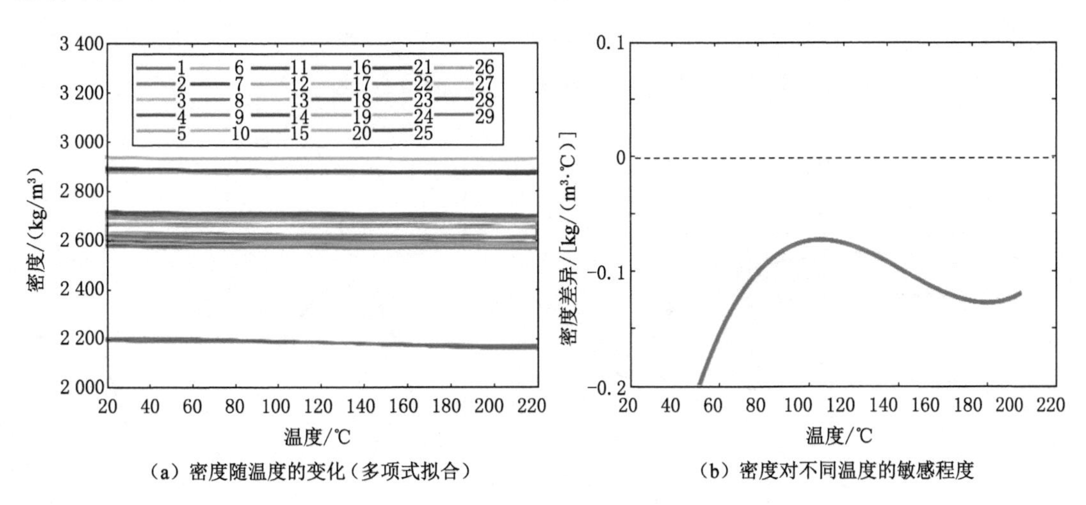

(a) 密度随温度的变化（多项式拟合）　　(b) 密度对不同温度的敏感程度

图 2-17　密度随温度变化分析图

（二）纵、横波速度随温度变化情况

当岩石所含矿物成分一定时，含水量增加对纵波速度具有一定的影响，但岩石的孔隙和微裂隙是决定纵波速度的主要因素。温度变化改变了岩石内水分和孔隙的状态，且对岩石纵波速度影响很大。纵波速度对岩石孔隙和结构变化非常敏感，能够反映岩石的力学性能。超声波法广泛应用于岩石特性研究中。本次实验获得的花岗岩加热前后纵波速度变化及规律如图 2-18 所示。

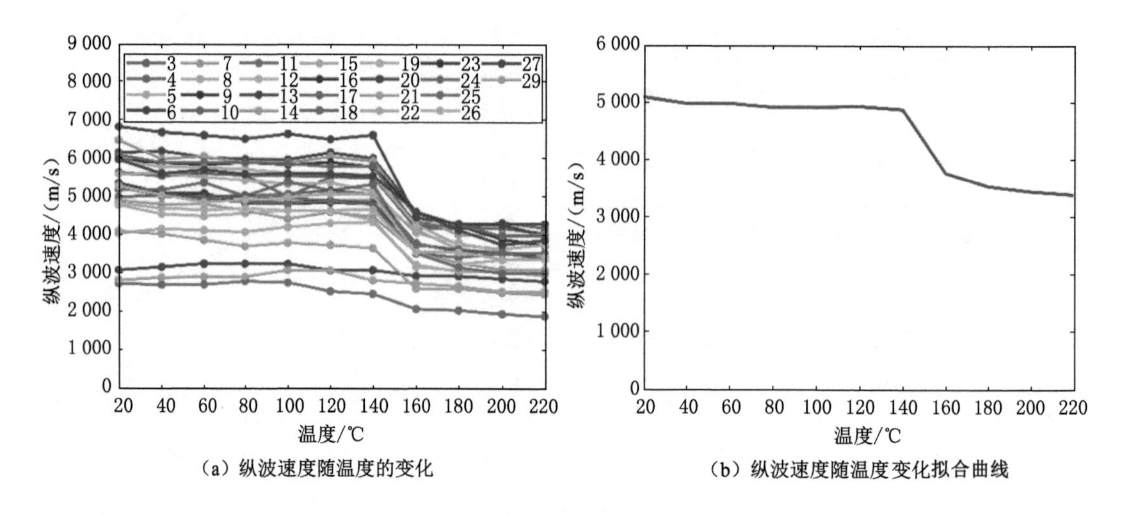

(a) 纵波速度随温度的变化

(b) 纵波速度随温度变化拟合曲线

图 2-18　纵波速度随温度变化分析图

图 2-18 表明：纵波速度随温度升高而降低，在 140 ℃～160 ℃时降低幅度非常明显，由此推断 140～160 ℃这个温度范围是“令纵波速度发生显著变化”的区间段，纵波速度会大幅减小。

通过分析图 2-19 得出，20～50 ℃左右的低温范围内，纵波速度对温度的变化比较敏感，而后趋于稳定。在 120～140 ℃以后，纵波速度衰减明显，其中 160～180 ℃时衰减最为明显。然后，随着温度的升高，纵波速度会有略微升高的情况。

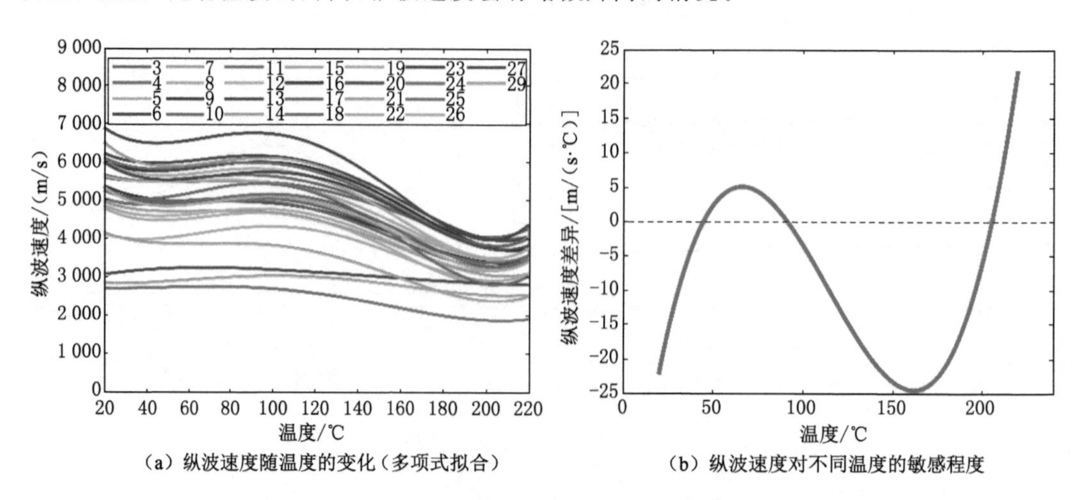

(a) 纵波速度随温度的变化(多项式拟合)

(b) 纵波速度对不同温度的敏感程度

图 2-19　纵波速度随温度变化分析图

同样，由图 2-20 可知，横波速度的变化趋势与纵波速度的变化趋势相似，且横波速度与纵波速度比值约为 0.6。当温度升高至 220 ℃时，二者比值没有明显变化。据此推测，在 220 ℃以内的温度条件下，岩石样品的物理性质、化学成分及内部结构的断裂现象等均未发生明显变化。

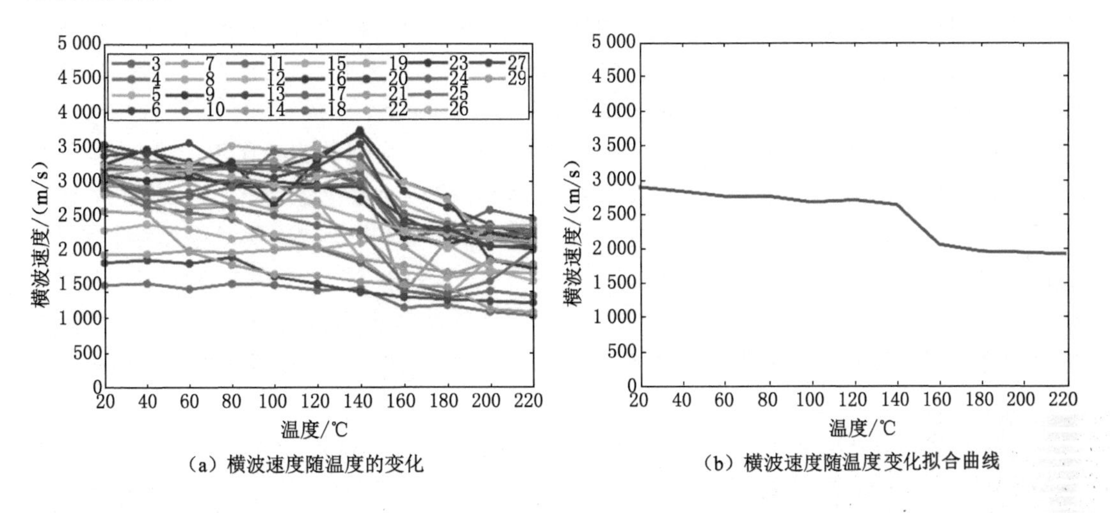

(a) 横波速度随温度的变化　　(b) 横波速度随温度变化拟合曲线

图 2-20　横波速度随温度变化分析图

图 2-21 为横波速度随温度变化分析图，横波速度对温度变化的敏感区间和整体变化趋势与纵波速度相似。

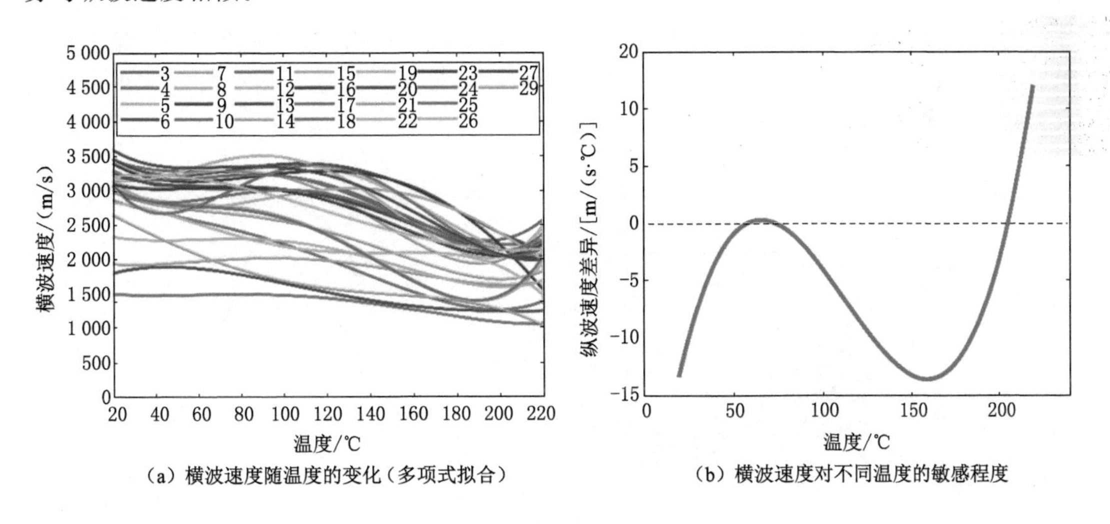

(a) 横波速度随温度的变化（多项式拟合）　　(b) 横波速度对不同温度的敏感程度

图 2-21　横波速度随温度变化分析图

干热岩矿物组成比较复杂，每种矿物的热膨胀率不同及各向异性差异，使得干热岩所表现出的热弹性性质也不同。在 20～100 ℃之间弹性模量出现局部升高，岩石纵、横波速度增大，这与矿物颗粒受热膨胀、原生孔隙逐渐闭合有关；在 100 ℃之后，受干热岩的热裂化影响，伴随温度升高，岩石中矿物颗粒继续膨胀，并超过孔隙体积，颗粒之间的应力逐渐变大，产生新的微小裂缝或使原生孔隙扩大，进而使得岩石纵、横波速度逐渐减小。

（三）磁场强度随温度变化情况

有一大类岩石，在磁场作用下，其磁化率不高（一般为 $10^{-4}\sim10^{-6}$ 数量级），磁化方向和外加磁场方向一致，当磁场去掉后岩石磁性立即消失，这种磁化特征称为顺磁性，常见的矿物有辉石、云母和角闪石。矿物的磁化强度取决于两种过程：外加磁场（B）的增加使得分子磁矩排列有序，磁化强度增加；而温度的增加使磁矩排列随机化，磁化强度降低。由于温度引起的效应占主导地位，所以这类矿物的磁化率都很低。因此，随着温度的升高，磁化强度反而降低，磁感应强度增加，磁场强度增加。

有些铁磁性矿物则不同，它们分子磁矩之间还存在着强烈的相互作用，外加磁场使分子磁矩定向排列的过程是主要的。因此，这类矿物有很高的磁化率，它们可以在磁场作用下沿磁场方向磁化，但当磁场去掉后会留下一定的剩余磁场，这类矿物就是铁磁性矿物。它们大多为铁的氧化物或硫化物，如磁铁矿、磁赤铁矿、钒钛磁铁矿、磁黄铁矿等。在这些矿物中，原子具有非常强的固有磁矩，致使矿物内部的晶格排列具有一定的次序。这种有次序的排列形成具有一定磁化的小区域（约 10^{-6} m），称为磁畴。铁磁性矿物的磁畴中原子磁矩是互相平行排列的。

对于本次研究区岩样而言，一般铁磁性矿物含量很少，所以很少考虑它。主要研究岩石随温度的升高，磁化强度减小、磁场强度增加的过程。这对于我们了解研究区磁场响应具有重要的意义。

根据实验，岩样的磁场强度分布在“－30～50 A/m”范围内，温度在 20～220 ℃范围升高时，磁场强度会随温度升高而逐渐升高并达到“峰值”，然后逐渐减小，在 200 ℃后出现负值情况。

磁场强度随温度变化情况如图 2-22 所示，随着温度的升高，磁场强度的变化幅度没有明显的突变，呈现先逐渐升高，在 100～120 ℃出现“峰值”，然后逐渐减小趋势。图 2-23 所示为磁场强度随温度变化分析图。

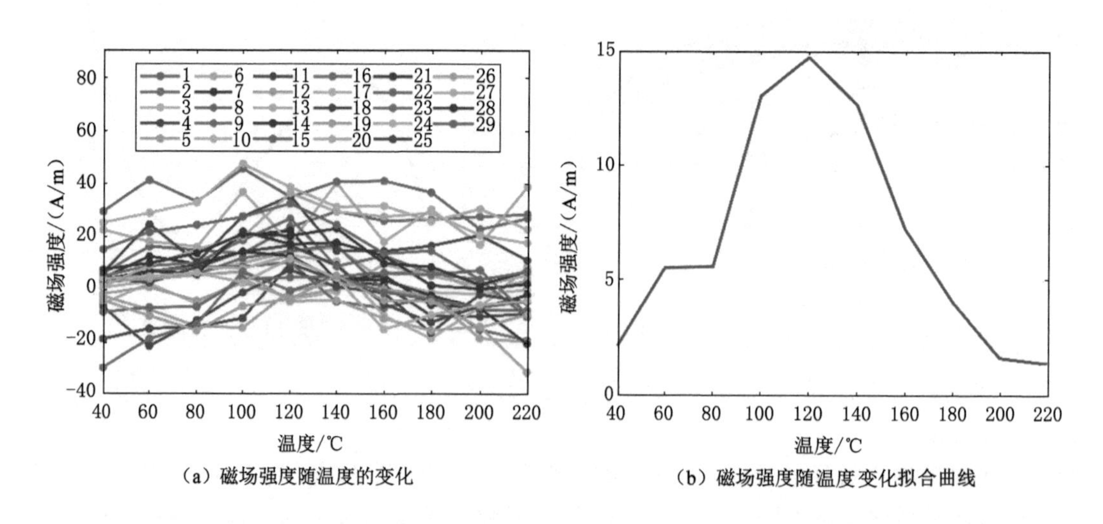

（a）磁场强度随温度的变化　　（b）磁场强度随温度变化拟合曲线

图 2-22　磁场强度随温度变化情况图

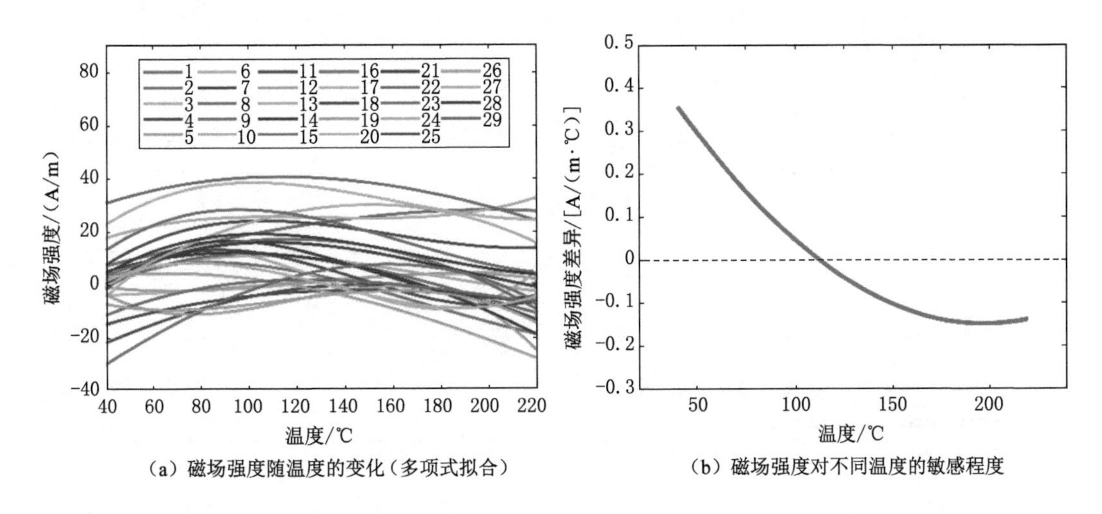

(a) 磁场强度随温度的变化(多项式拟合)

(b) 磁场强度对不同温度的敏感程度

图 2-23 磁场强度随温度变化分析图

(四) 电阻率随温度变化情况

岩石电阻率受温度变化影响明显。通常,地热热储介质的电阻率受岩石的岩性、含水程度、孔隙度以及所含水的矿化程度和热储构造温度影响。本次实验中假定以上的影响因素保持不变,只研究温度和岩石完整程度对岩层电阻率的影响。当温度升高时,地下水的一些物理性质也随之发生变化,如溶解能力随密度和黏滞性减小而增强,可导致电阻率降低。

含水岩层的电阻率,主要取决于岩石的岩性(即岩石本身的物质组分、结构、构造)、岩石含水量、水矿化度、岩石孔隙率、岩石完整程度、岩石含泥质的多少以及地下温度、湿度和压力等;另外区域地质作用对岩石后期改造,也会破坏岩石的完整性。

岩石的岩性是决定岩层电阻率的主要因素。一般来说,火成岩和变质岩的电阻率较高,沉积岩电阻率较低。但也有特殊情况,如变质岩中的石墨、泥质板岩的电阻率较低,沉积岩中的碳酸岩电阻率较高。

影响岩层电阻率的主要因素是岩石固相介质的主要化学成分。当固相介质矿物体积含量高的时候,其电阻率通常较低。浸染状结构中良导体矿物被不导电的矿物包围,其电阻率比良导体矿物彼此相连的细脉状结构岩石的高。液相介质对岩层电阻率也具有一定的影响。岩石的液相介质含量占比越大,电阻率越低;液相介质中水的矿化度越高,电阻率越低;在同一温度下,岩石的泥质含量越高,电阻率越低;岩石越破碎,电阻率越低;岩石的围压越高,孔隙率降低,电阻率升高;温度越高,岩石的黏滞性减小,离子的迁移率增大,同时溶液的溶解性增加,矿化度提高,电阻率降低;当外界温度低于 0 ℃,岩石中的孔隙水由液态变为固态,电阻率增大。当然,由于区域的地质作用对岩石的后期改造,破坏了它的完整性,含水量增加,电阻率降低;在第四系地层中,作为隔水层的黏土,其透水性差,所含水分停滞久,含盐分高,电阻率低;而潜水层粗颗粒的砂砾含水层电阻率反而升高。岩石所处环境的湿度越高,电阻率越低。

岩样的电阻率较低,大多都在 30 Ω·m 以下。大部分岩样的电阻率随温度增加呈现出“降低—升高—降低”的变化趋势(图 2-24),并在 140~180 ℃达到峰值,也有一部分样品会随着温度的变化，电阻率表现为逐渐降低的趋势。另外，有 4 个样品测试数据出现异常，其电阻率异常高。

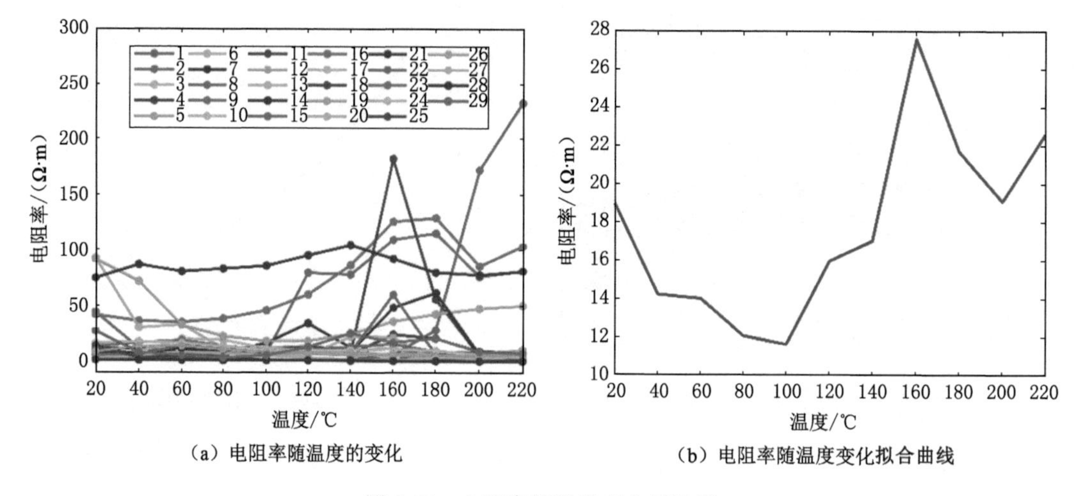

(a) 电阻率随温度的变化　　(b) 电阻率随温度变化拟合曲线

图 2-24　电阻率随温度变化情况图

进一步分析电阻率随温度变化的敏感性可知(图 2-25)：在低温时，电阻率会随温度升高而略微减小，衰减率大约为 0.1 Ω · m/℃，而后趋于稳定并有略微升高，之后再出现衰减的现象，推测其可能随温度的变化而发生周期性变化。

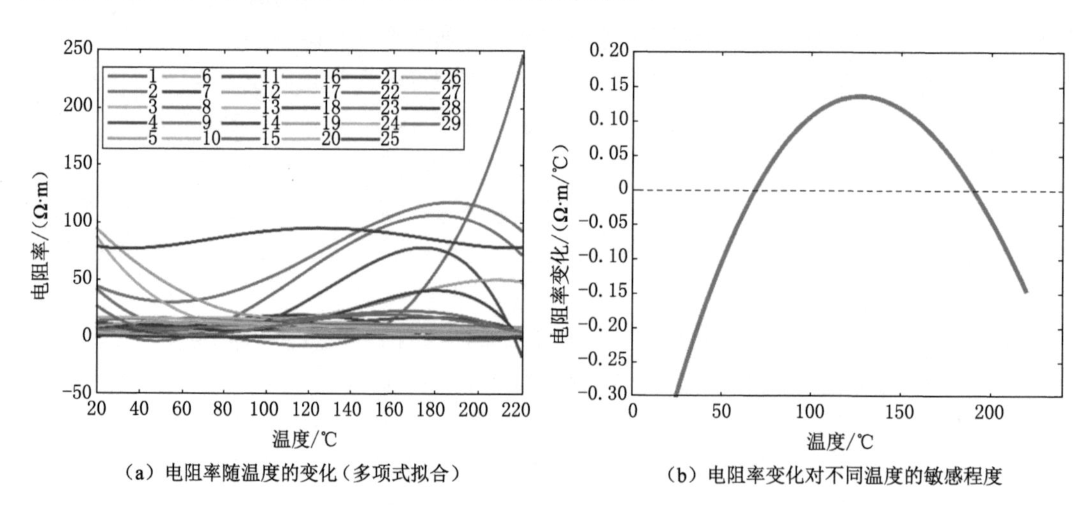

(a) 电阻率随温度的变化(多项式拟合)　　(b) 电阻率变化对不同温度的敏感程度

图 2-25　电阻率随温度变化分析图

四、干热岩岩石物理实验小结

地热地球物理主要研究温度与岩石物性参数的关系。只要存在热量的差别，就会有热传递。而温度的差别，就是热能差别的直接体现，从而产生热量的传递。在地壳中，有固态和液态两种介质，所以地热的热量传递也是以热传导和热对流为主的。因地壳结构比较复杂，温度差导致地壳深部的热量间断向地表传递，地下热水赋存在地下断裂带、破碎带或裂隙中，还有部分热水存在于空间较大的空洞中，所以热量的传递就是一个比较复杂的过程，当然这中间也掺杂了热辐射传递热量的过程。

本节主要包括两个方面研究内容：一是研究温度对岩石某一声波物理性质影响的总体变化趋势；二是研究每单位温度的变化，会对密度、纵(横)波速度、磁场强度、电阻率等岩石物性产生的具体影响。

(1) 密度：随温度增大而变小。密度的范围比较稳定，主要集中在2.5～2.9 g/cm^3。在20～40 ℃时，温度对密度的影响最大。而后密度变化幅度趋于稳定，在150 ℃之后，温度对密度变化的影响又变得逐渐明显。密度的整体衰减非常小，多数不足0.3%，仅有少数能达到1%。

(2) 纵(横)波速度：纵波和横波速度随温度升高而降低，在140～160 ℃时波速降低幅度尤为明显。在温度处于20～50 ℃时，纵、横波速度会有明显降低，而在温度达到200 ℃以上时，纵、横波速度并不会一直减小下去，这与干热岩地震勘探的实际情况较为吻合。

(3) 磁场强度：在20～220 ℃范围内，磁场强度的变化呈现“增大—减小”的变化趋势，约在120 ℃出现“峰值”，且磁场强度最大数值可为基础数值的十倍左右。温度对磁场强度变化的影响比较平均，且磁场强度存在负值情况。

(4) 电阻率：大部分样品的电阻率呈现“轻微减小—增大至峰值—减小”的变化趋势，最小值点出现在60 ℃左右，最大值点出现在200 ℃左右。还有一部分样品的电阻率会随着温度的变化逐渐降低。

高温是地热最直观的反映。利用地球物理场来研究目标区的地热，就要全面了解温度对这些地球物理场的影响，从而利用地球物理参数的变化，来研究地层温度的变化。通过这些物理参数的变化，来研究地热，是间接寻找地热的一种有效方法。通过高温高压岩石物理实验，揭示了岩石物性、流体性质与地球物理属性间的联系，为地球物理反演地层温度场提供了研究基础。

第三节　深部热储地震波响应特征

地球物理正演(geophysical forward calculation)是指在地球物理资料解释理论中，由地质体的赋存状态(形状、产状、空间位置)和物性参数(密度、磁性、电性、弹性、速度等)计算该地质体引起的场异常或效应的过程。实际资料的处理表明，地震波在传播过程中机械能有所损失，这种现象称为介质的吸收。深部热储的介质就表现出一定的非弹性特征，在地震波传播过程中存在能量吸收的问题。本节研究了这种地震波吸收效应并在深部热储地震波场正演模拟过程中引入黏弹性参数(品质因子 Q)，这将使塑性介质地震波响应规律的正演研究更具实际意义。

一、黏弹性介质与干热岩波场模拟

(一) 黏弹性波动方程低秩近似解

正演得到波场的过程，就是求解波动方程。本节主要介绍考虑品质因子 Q 的黏弹性波动方程低秩近似解，并于下一小节应用该理论进行正演模拟。将品质因子 Q 引入分数拉普拉斯算子的波动方程，研究黏弹性声波正演模拟和成像。当 Q 用于描述地震波衰减补偿时，通常利用低阶波外推与常数，基于分数-拉普拉斯波动方程，研究衰减介质的地震模拟和偏移成像。若把级别低的 Q 应用于黏声数据的逆时偏移中，还能够从声学数据中产生高质量的地震成像结果。

地震衰减是能量损失和速度弥散的综合作用。衰减效应可通过在时域波动方程中引入品质因子 Q 来建立模型。经典方法是利用机械元素(例如 Maxwell 和标准线性实体元素)的叠加以表征 Q，通常称为近似常数 Q 模型。近似常数 Q 模型的地震波模拟方法计算量和内存需求大(裴江云 等，1994)。Kjartansson 提出了一个常数 Q 模型，该模型假定衰减系数和频率之间存在一种线性关系。但是，常数 Q 模型的早期研究涉及分数时间导数，这需要存储波场的整个历史记录。即使在某个时间段后分数运算符被截断，该要求也使得存储器成本对于实际应用而言太昂贵。为了克服这个问题，引入了分数-拉普拉斯算子来近似常数 Q 的黏声波方程，分数-拉普拉斯方法可以使用傅立叶变换方便地在波数域中公式化，而无须引入任何额外的方程式或变量。基于这种方法，Zhu 和 Harris(2014)开发了一个解耦波动方程，分别解释了幅度衰减和相位色散效应，从而通过反转衰减算符的正负号在反向传播期间正确补偿这两个因素，而离散算子不变。

分数-拉普拉斯方法可通过伪谱方法实现，该方法是将拉普拉斯算子的分数幂平均作为近似值，或者采用有限差分方法。基于低秩逼近方案，在波外推中可解耦分数-拉普拉斯算子，以精确捕获目标空间变化分数功率。利用低秩近似方法最突出的一个优点就在于，它能够以一种几乎可以被分离开的计算方式，精确地表示或者直接地近似一个混合域的波外推算子。该方法可直接实现在每个特定时间步长情况下的快速傅立叶变换，并做到计算数量的最小化。同时，也推导了正向模拟的伴随算子，它可以正确补偿速度色散，但不能补偿振幅损失。所提出的算子及其伴随算子，可用于最小二乘逆时偏移，通过迭代偏移和模拟过程恢复衰减介质的真实反射率。

在石油勘探和地震学中，连续的 Q 模型能够较好地参数化岩石中的地震衰减，通过减少参数的数量，可以改善地震反演。此外，有物理证据表明，在许多频带中，衰减几乎与频率呈线性关系(Q 为常数)。针对常数 Q 模型，可分别计算复数模量、相速度和衰减因数与频率的关系，并在此基础上，用分数形式重构时域中的声波方程导数，进而获得 Grunwald-Letnikov 和中心差分近似，并通过比较来研究时间离散化的准确性和有限差分的相位速度和衰减因子。这将模型离散化在网格上，并通过使用快速傅立叶变换计算空间导数。对于具有小于网格的截止空间波数的带限周期函数，这种近似是无限精确的。最后，使用针对二维均匀介质的解决方案测试建模算法。

(二) 深部干热岩热储建模

本节进行的深部热储地震模拟中，使用了上一小节介绍的引入了品质因子 Q 的波动方程。由于充分考虑地下高温引起的地震波吸收衰减效应，得到的模拟结果可以增强正演地震波场与实际情况的匹配度，达到快速、低成本探究深部热储地震波场响应的目的。根据共和盆地干热岩的实际地质构造，建立速度模型，该模型长 12 012.5 m，深 3 637.5 m。模型在 291×961 的网格上离散化，水平和垂直方向上间距均为 12.5 m，其中主要勘探对象为深部高温花岗岩。花岗岩中发育有裂缝，裂缝大多分布在 2 000～3 000 m 之间，模型中还存在岩浆侵入后形成的高温花岗岩。速度模型的纵向样点数为 251 个，样点间隔为 24 m；横向样点数为 961 个，样点间隔为 1.04 m。速度模型各层速度如表 2-2 所示，建立的速度模型如图 2-26 所示。

表 2-2　正演速度模型岩石物理参数表

地层	速度/(m/s)	密度/(kg/m³)
背景速度	1 000	0
第一层	2 000	2 010
第二层	3 900	2 610
第三层	5 666.67	2 600
第四层	5 666.67	2 600
高温花岗岩	6 781.25	2 900
裂缝	6 500	2 810
高温花岗岩	7 093.75	3 000
高温花岗岩	7 093.75	3 000
高温花岗岩	7 093.75	3 000
裂缝 2	6 700	2 874
裂缝 3	6 600	2 810
高温花岗岩	6 968.75	2 960
裂缝 4	6 800	2 906

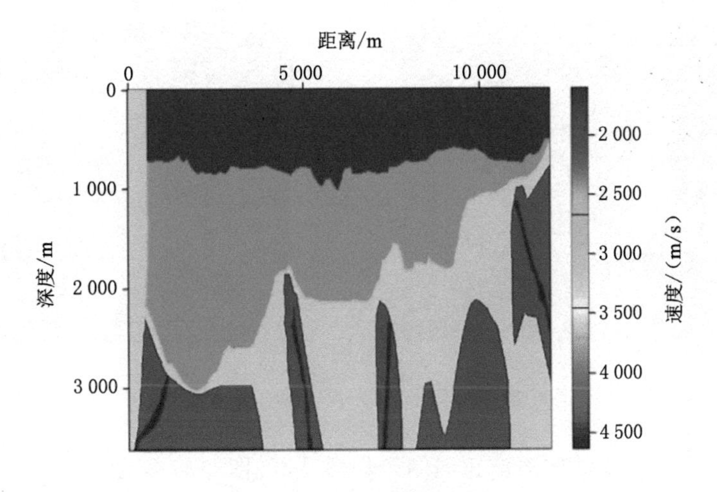

图 2-26　干热岩速度模型

基于频散理论，根据频率和振幅的比率，能够获得所测花岗岩的 Q 值范围，通常是 35～75。

本书中所建立的常数 Q 模型，Q 不随频率变化，但考虑了 Q 值的空间变化。因此建立了一个浅层衰减较小而深部花岗岩吸收衰减较高的 Q 模型，其中花岗岩内部发育的裂缝同样具有较强吸收衰减特性。建立的 Q 模型如图 2-27 所示。

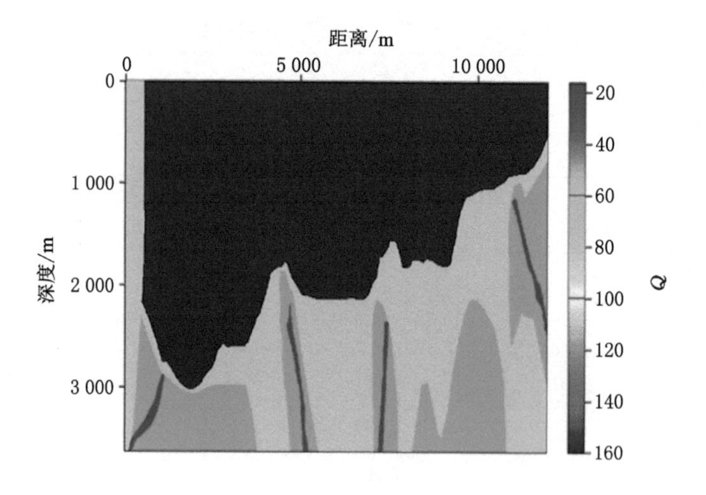

图 2-27　干热岩 Q 模型

（三）深部干热岩地震波特征分析

在正演模拟过程中，震源位于模型横向坐标 5 750 m 处，使用 Ricker 子波，接收器间隔为 12.5 m，从 0 m 处开始至 12 012.5 m 处结束。数据的采样时间为 2 ms，剖面长度为 8 s，基于黏弹性波动方程低秩近似解，得到不同震源激发下的结果。

炮点在中心位置处的声波正演结果如图 2-28、图 2-29 所示。

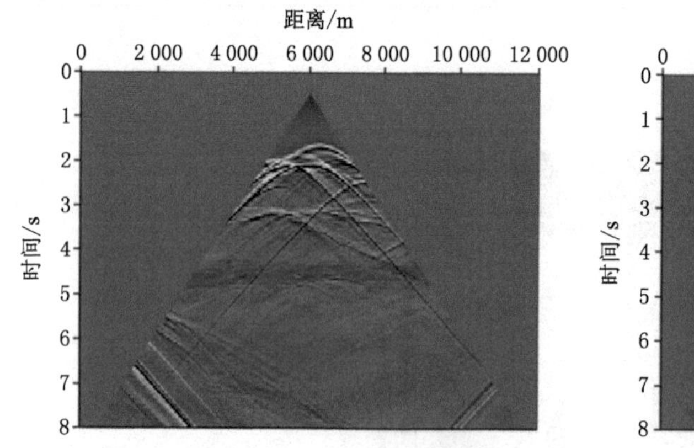

图 2-28　炮点在中心位置处的声波正演结果

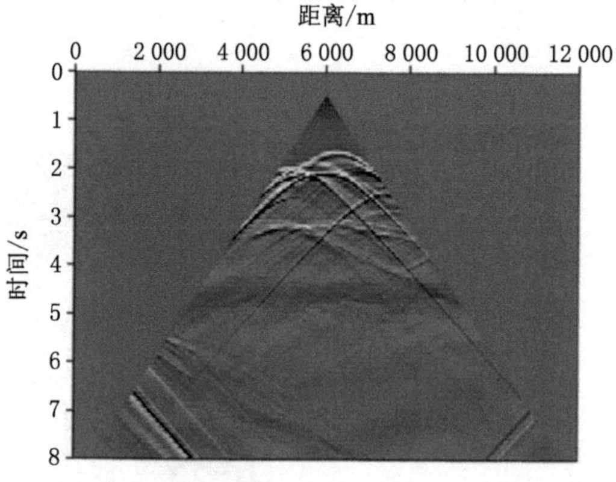

图 2-29　炮点在中心位置处的黏弹声波正演结果

炮点在左侧 3 000 m 处的声波正演结果如图 2-30、图 2-31 所示。

炮点在右侧 9 000 m 处的声波正演结果如图 2-32、图 2-33 所示。

速度模型自激自收正演结果如图 2-34 所示，Q 模型自激自收正演结果如图 2-35 所示。

对模型抽取第 480 道进行单道显示：

基于正演结果开展地震波响应与储层吸收衰减特性关联关系分析。不论震源位于模型中心处、左侧 3 000 m 处，还是右侧 9 000 m 处时，通过声波正演和黏弹性声波正演所得到的两个地震记录中，都可以清楚地观察到形状为双曲线的反射波，以及振幅微弱的绕射波；两种正演记录对比发现，黏弹性声波正演的深部波场更加微弱（正演模拟地震记录 7 s 以下部分）。

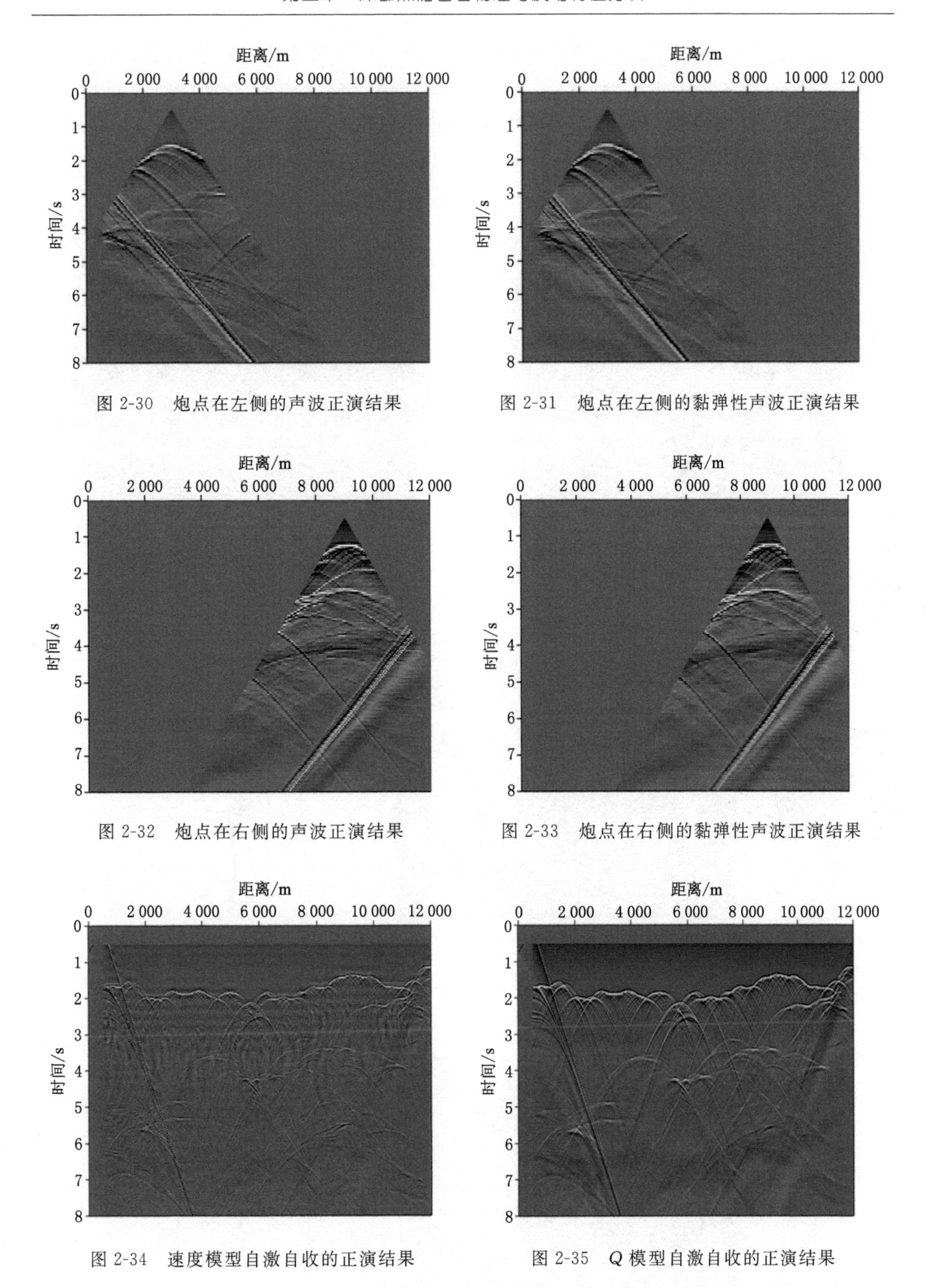

图 2-30　炮点在左侧的声波正演结果

图 2-31　炮点在左侧的黏弹性声波正演结果

图 2-32　炮点在右侧的声波正演结果

图 2-33　炮点在右侧的黏弹性声波正演结果

图 2-34　速度模型自激自收的正演结果

图 2-35　Q 模型自激自收的正演结果

由图 2-34 和图 2-35 对比分析，可以更清晰地看出 Q 模型自激自收的正演效果比速度模型要好，波形更加清晰，对地下绕射波的反映更精细；两种方法在界面处的反射波都很清楚，对初始速度模型和 Q 模型的拟合效果也比较好；两个自激自收的正演记录对模型深部花岗岩内部的裂缝也有明显的体现，如图 2-36 和图 2-37 所示。从图 2-38 和图 2-39 中的单道记录也可以明显地看出黏弹性声波的衰减变化相对要小一些，剖面记录 3 s 以下的波形对衰减变化的体现表现得更明显。

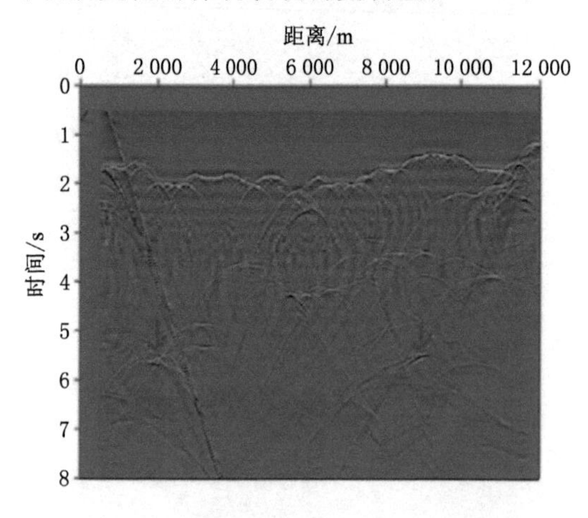

图 2-36 速度模型地震记录中的裂缝显示

图 2-37 Q 模型地震记录中的裂缝显示

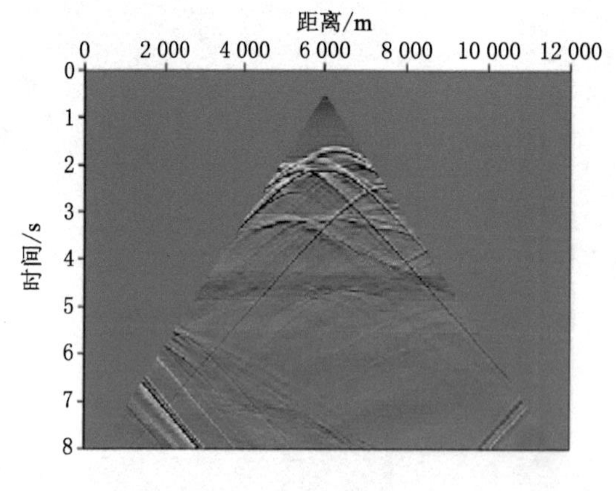

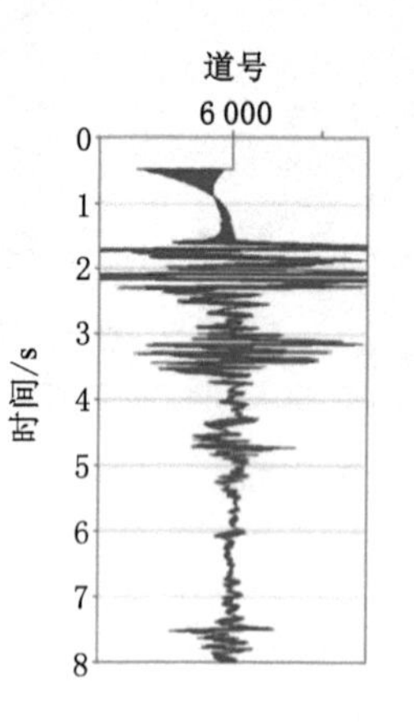

图 2-38 声波单道显示

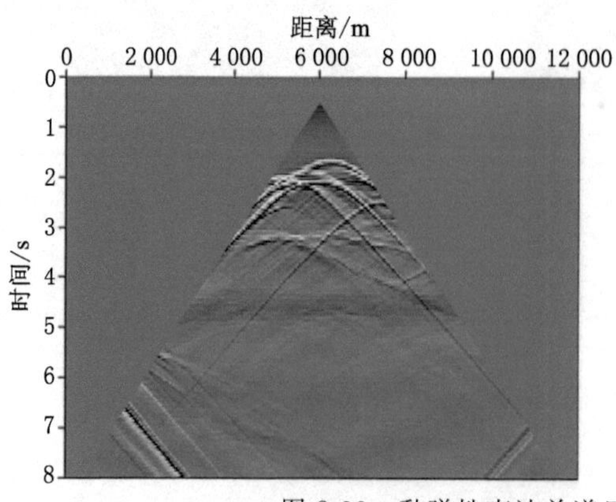

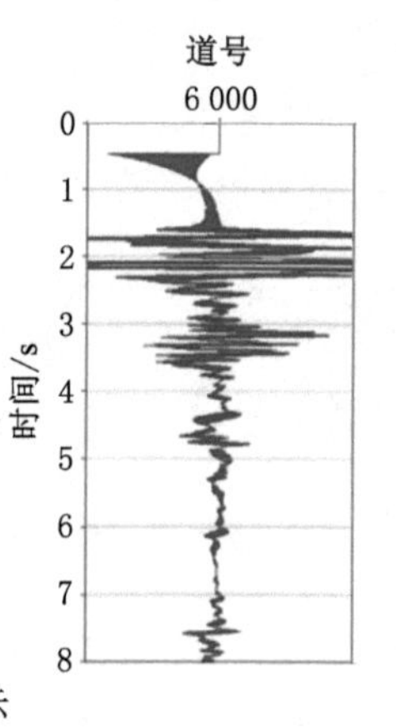

图 2-39 黏弹性声波单道显示

二、裂缝介质与水热型地震场模拟

（一）裂缝介质波动方程

当地震波在包含固相和流体相的双相介质中传播时，应考虑两者之间的相互作用。Biot(1956) 是第一个提出双相介质中弹性波传播理论的人。根据 Biot 理论，骨架由含有孔隙的弹性各向同性固体组成；孔隙空间充满可压缩流体；固体和流体的相对运动会导致摩擦。假设模型为各向同性的双相介质，考虑固相和流相应变与应力的关系，可得到双相介质的刚度矩阵。

分析式(2-20)双相各向同性介质的刚度矩阵，只需要 A，N，Q，R 四个参数，其中 A 和 N 分别等效于单相各向同性介质中的 λ 和 μ；Q 表示固相和液相之间体积变化的耦合系数；R 是描述孔隙流体的弹性参数，它是当一定体积的流体被迫流入双相介质的体积元，同时保持总体积不变时，作用在流体上力的度量。刚度矩阵可以通过对等效介质的矩阵求逆得到 $\boldsymbol{c}=\boldsymbol{s}^{-1}$。因此，具有复杂形状裂缝的双相各向同性介质的刚度矩阵可表示为：

$$\boldsymbol{c}=\begin{bmatrix} 2N+A & A & A & 0 & 0 & 0 & Q \\ A & 2N+A & A & 0 & 0 & 0 & Q \\ A & A & 2N+A & 0 & 0 & 0 & Q \\ 0 & 0 & 0 & N & 0 & 0 & 0 \\ 0 & 0 & 0 & 0 & N & 0 & 0 \\ 0 & 0 & 0 & 0 & 0 & N & 0 \\ Q & Q & Q & 0 & 0 & 0 & R \end{bmatrix} \tag{2-20}$$

$$\boldsymbol{c}=\begin{bmatrix} (2N+A)(1-r^2\delta_{\mathrm{N}}) & A(1-r\delta_{\mathrm{N}}) & A(1-\delta_{\mathrm{N}}) & 0 & 0 & 0 & Q \\ A(1-r\delta_{\mathrm{N}}) & (2N+A)(1-r^2\delta_{\mathrm{N}}) & A(1-\delta_{\mathrm{N}}) & 0 & 0 & 0 & Q \\ A(1-\delta_{\mathrm{N}}) & A(1-\delta_{\mathrm{N}}) & (2N+A)(1-\delta_{\mathrm{N}}) & 0 & 0 & 0 & Q \\ 0 & 0 & 0 & N(1-\delta_{\mathrm{T}}) & 0 & 0 & 0 \\ 0 & 0 & 0 & 0 & N(1-\delta_{\mathrm{T}}) & 0 & 0 \\ 0 & 0 & 0 & 0 & 0 & N & 0 \\ Q & Q & Q & 0 & 0 & 0 & R \end{bmatrix} \tag{2-21}$$

其中，$r=A/(A+2N)$，$\delta_{\mathrm{T}}=NS_{\mathrm{T}}/(L+NS_{\mathrm{T}})$，$\delta_{\mathrm{N}}=(A+2N)S_{\mathrm{N}}/[L+(A+2N)S_{\mathrm{N}}]$。

此外，Biot 预测双相介质中有两种类型的 P 波，即快 P 波(第一种 P 波)和慢 P 波(第二种 P 波)。基于该理论，双相各向同性弹性波的运动方程可表示为：

$$\begin{aligned} \frac{\partial v_x}{\partial t} &= (D_2+D_3)\,b_{11}(v_x-V_x)-D_3\left(\frac{\partial \tau_{xx}}{\partial x}+\frac{\partial \tau_{xz}}{\partial z}\right)+D_2\frac{\partial s}{\partial x} \\ \frac{\partial v_z}{\partial t} &= (D_2+D_3)\,b_{33}(v_z-V_z)-D_3\left(\frac{\partial \tau_{xz}}{\partial x}+\frac{\partial \tau_{zz}}{\partial z}\right)+D_2\frac{\partial s}{\partial z} \\ \frac{\partial V_x}{\partial t} &= -(D_1+D_2)\,b_{11}(v_x-V_x)+D_2\left(\frac{\partial \tau_{xx}}{\partial x}+\frac{\partial \tau_{xz}}{\partial z}\right)-D_1\frac{\partial s}{\partial x} \\ \frac{\partial V_z}{\partial t} &= -(D_1+D_2)\,b_{33}(v_z-V_z)+D_2\left(\frac{\partial \tau_{xz}}{\partial x}+\frac{\partial \tau_{zz}}{\partial z}\right)-D_1\frac{\partial s}{\partial z} \end{aligned}$$

$$\frac{\partial \tau_{xx}}{\partial t}=c_{11}\frac{\partial v_x}{\partial x}+c_{13}\frac{\partial v_z}{\partial z}+Q_1\left(\frac{\partial V_x}{\partial x}+\frac{\partial V_z}{\partial z}\right)$$

$$\frac{\partial \tau_{zz}}{\partial t}=c_{13}\frac{\partial v_x}{\partial x}+c_{33}\frac{\partial v_z}{\partial z}+Q_3\left(\frac{\partial V_x}{\partial x}+\frac{\partial V_z}{\partial z}\right)$$

$$\frac{\partial \tau_{xz}}{\partial t}=c_{55}\left(\frac{\partial v_x}{\partial z}+\frac{\partial v_z}{\partial x}\right)$$

$$\frac{\partial s}{\partial t}=Q_1\frac{\partial v_x}{\partial x}+Q_3\frac{\partial v_z}{\partial z}+R\left(\frac{\partial V_x}{\partial x}+\frac{\partial V_z}{\partial z}\right) \tag{2-22}$$

式中，t 表示时间；v 和 V 分别表示固相介质和液相介质的粒子速度；τ 和 S 分别代表固体和流体介质的应力分量；下标 $x(xx,zz)$ 和 $z(xz)$ 分别代表法向分量和切向分量；Q 表示固相和液相之间体积变化的耦合系数；$D_1=\rho_{11}/(\rho_{12}^2-\rho_{11}\rho_{22})$、$D_2=\rho_{12}/(\rho_{12}^2-\rho_{11}\rho_{22})$、$D_3=\rho_{22}/(\rho_{12}^2-\rho_{11}\rho_{22})$、$\rho_{11}=\rho_s(1-\varphi)+\varphi\rho_f(\kappa-1)$ 和 $\rho_{22}=\kappa\varphi\rho_f$ 分别表示单位体积介质中固相和液相的有效质量；$\rho_{12}=\varphi\rho_f(1-\kappa)$ 是双相介质中固液耦合的质量；ρ_s 表示固体骨架的密度；ρ_f 表示孔隙流体的密度；$\kappa=1-r(1-1/\varphi)$ 代表弯曲参数，它与孔隙率和孔隙形状有关。式(2-22)的刚度系数包括裂缝项，因此可用于模拟双相复杂形状裂缝介质中的地震波传播。

（二）深部地热储层建模

首先考虑在 x 和 z 方向具有相同网格间距的双相各向同性弹性介质。本节中描述的第一个模型表示插入各向同性均匀背景中的不规则裂缝界面。模型的相关参数是纵波速度 $v_P=2\ 800$ m/s 和横波速度 $v_S=1\ 400$ m/s。模型介质固相组分的有效质量 $\rho_{11}=2\ 250$ kg/m^3，液相的有效质量 $\rho_{22}=211$ kg/m^3，固相与液相之间的质量耦合系数 $\rho_{12}=-91$ kg/m^3。固相与液相体积变化的耦合系数 $Q_1=0.9\times10^9$ 和 $Q_3=0.9\times10^9$。液相对于固相的耗散系数 $B_{11}=0.5$ kg/m^3 和 $B_{33}=0.5$ kg/m^3。流体相参数 $R=0.331\times10^9$。模型大小为 1 000 m×1 000 m，网格参数 $\Delta x=\Delta z=2$ m，时间步长 $\Delta t=0.000\ 1$ s。图 2-40(a)显示在模型中，裂缝的形状是不规则的。震源埋藏在模型水平中心，裂缝参数为法向柔量 $S_N=5.29\times10^{10}$ m/Pa 和切向柔量 $S_T=5.29\times10^{10}$ m/Pa。该模型使用主频率 $f=35$ Hz 的 Ricker 子波作为震源能量。新方案的长期稳定性通过运行时间为 5 s 的模拟来测试，保持参数不变，使用纯反射边界来估计模拟中的能量。图 2-40(b)和(c)分别显示了波场 V_x 和长期稳定性结果。结果表明，所提出的方案对于长期波传播是稳定的。

为了分析由线性滑动裂缝界面引起的地震波，使用单个水平裂缝并将模型尺寸扩大到 1 000 m×1 000 m。震源位于模型中心，水平裂缝位于震源下方 100 m 处，裂缝参数为法向柔量 $S_N=1.27\times10^9$ m/Pa 和切向柔量 $S_T=1.27\times10^9$ m/Pa。其余参数保持不变。

图 2-41 所示为 0.24 s 时的波场快照以及模型的地震波传播。图 2-41(a)和(b)分别表示固相的 x 和 z 分量，(c)和(d)分别表示流体相的 x 和 z 分量。当 P 波源被激发时，在双相各向同性介质中同时观察到快 P 波(第一类波)和慢 P 波(第二类波)。对比图 2-41(a)～(d)中 P 波和 S 波，固相和液相中的波速相同；对比图 2-41(a)和(b)可知，固相和液相的快 P 波相同，而固相和液相的慢 P 波相反，这是由流体粒子和固体骨架粒子的不同振动导致。这些都与 Biot 的结论一致。图 2-41(c)和(d)表明慢 P 波的能量远大于快 P 波的能量，因此在液相中更容易观察到慢 P 波，这表明快 P 波主要在固体骨架中传播，而慢 P 波主要在流体中传播。但慢 P 波速度低，衰减和色散强，在实际地震波场中难以观测。然而，这种现象

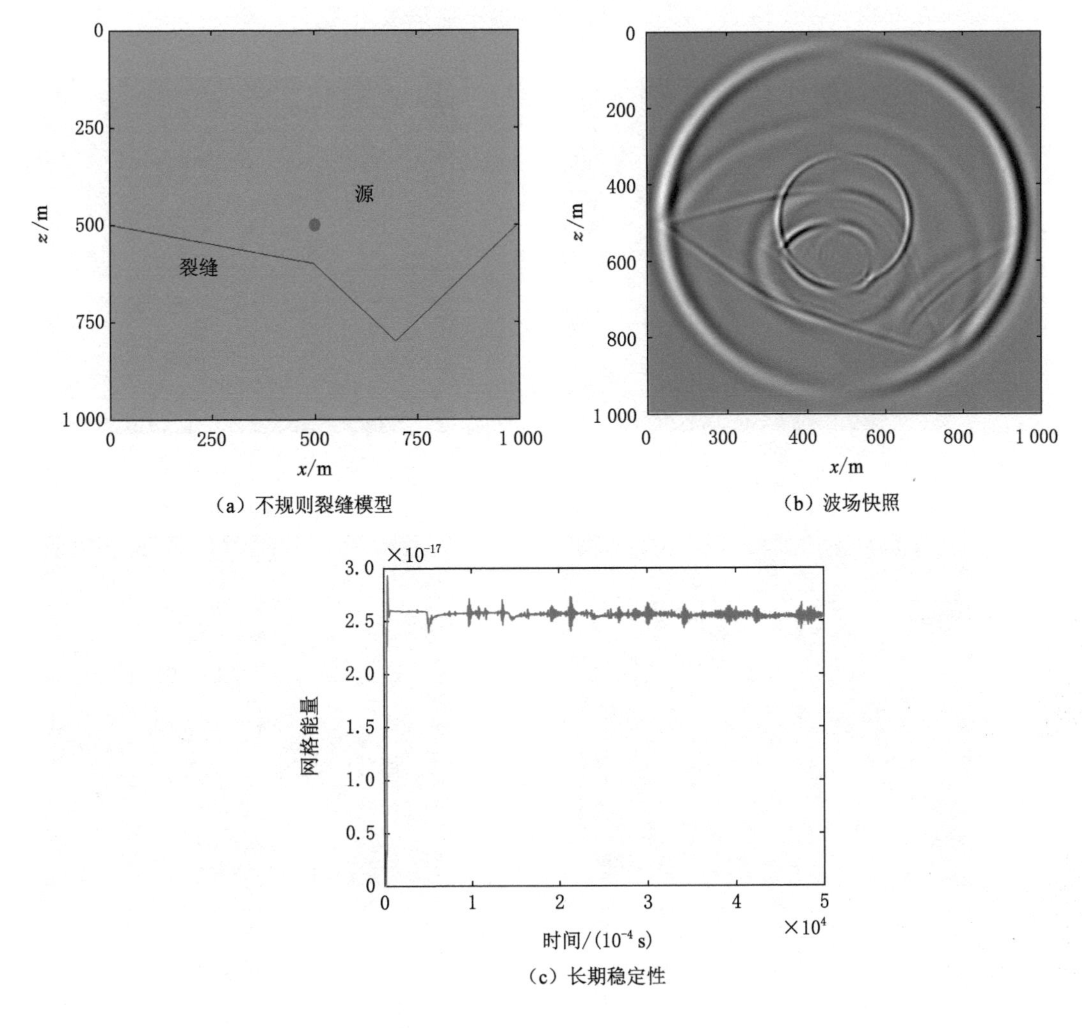

(a) 不规则裂缝模型

(b) 波场快照

(c) 长期稳定性

图 2-40 不规划裂缝及其波场

不能被忽视。

在双相介质线性滑移裂缝界面处，由于粒子的不连续位移，双相各向同性裂缝介质的波场为快 P 波。快 P 波的反射波和透射波包括快 P 波、快 P 波转换 S 波和快 P 波转换慢 P 波。慢 P 波的反射和透射波包括慢 P 波转换快 P 波、慢 P 波转换慢 P 波和慢 P 波转换 S 波。综上所述，弹性波会在双相裂缝的界面上产生三种波，即快 P 波、慢 P 波和转换 S 波。快 P 波和慢 P 波在遇到界面时会相互转换并产生透射或反射。这与双相介质界面产生的波形一致。这也证明了 Backus 假设，该假设将裂缝视为厚度接近于零的薄层。此外，由于震源靠近裂缝界面并达到临界角，还可以观测到由慢 P 波引起的两个绕射波，分别连接反射和透射的快 P 波和 S 波。由于慢 P 波衰减强，快 P 波引起的反射和透射慢 P 波非常微弱。因此，在液相的垂直分量中几乎没有观察到这一现象[图 2-41(d)]。图 2-41 中数字 1 表示快 P 波，数字 2 表示从快 P 波转换而来的反射快 P 波，数字 3 表示从快 P 波转换而来的反射 S 波，数字 4 表示从快 P 波转换而来的反射慢 P 波。从图中可以观察到由慢 P 波引起的反射和传输过程中的慢 P 波。对比图 2-41(a)、(b)、(c)、(d)，固相横波明显，液相横波

弱。这说明在液相中存在横波。即使它们很小，也不应该被忽视。

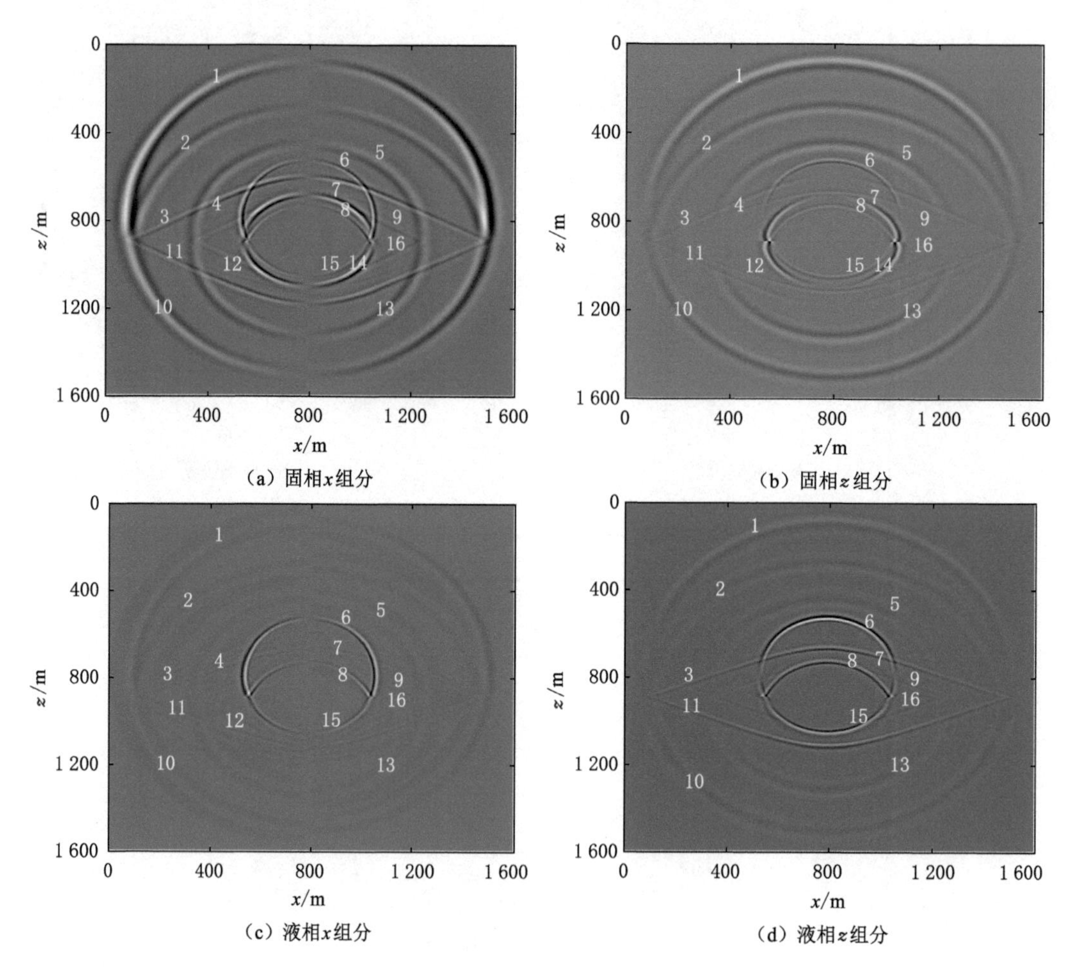

(a) 固相x组分　(b) 固相z组分　(c) 液相x组分　(d) 液相z组分

图 2-41　双相各向同性裂隙介质的波场快照

为了更好地分析双相裂缝介质的波场特性，设计了一个模型，其中上层和下层介质均为双相介质，裂缝和阻抗界面重合。裂缝的柔度矩阵被添加到背景介质的柔度矩阵中，得到裂缝等效介质的柔度矩阵。换言之，裂缝介质是裂缝与背景介质的线性和，即具有阻抗对比的裂缝介质振幅值等于裂缝引起的振幅值与背景阻抗引起的振幅值之和。图 2-42 说明了这种关系：图 2-42(a)显示了具有阻抗对比的背景介质中快 P 波的幅度，图 2-42(b)显示了均匀背景介质中裂缝引起的幅度，图 2-42(c)显示了两者的总和以及具有阻抗对比的破裂介质中的快 P 波的幅度。由于合成反射波形与新方案模拟的波形基本一致，快 P 波反射可分为裂缝反射和背景介质反射，证实了勋伯格和缪尔观点的准确性。因此，在具有裂缝的阻抗介质中，可以从地震数据中减去裂缝引起的响应，从而更好地得到阻抗引起的响应。

（三）裂缝-孔隙介质 AVO 特征

前人在背景介质饱和时采用各向同性的 P 波反射系数公式，其中 P 波速度由干燥岩石骨架和混合流体控制，表明半饱和背景介质本质上是均匀的。当背景介质均匀时，水平裂

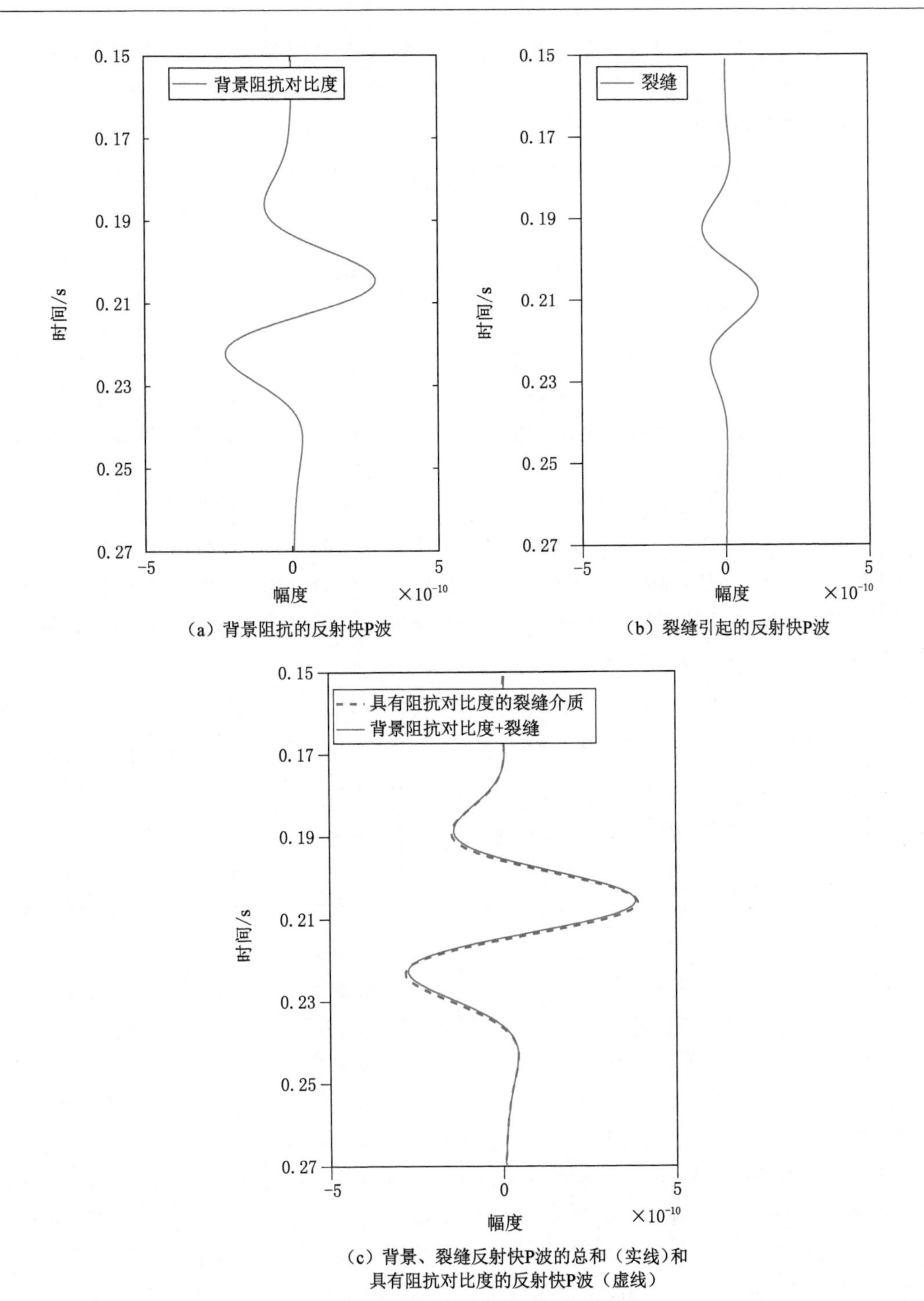

图 2-42　反射快纵波对比图

缝介质可视为 VTI 介质。Thomsen(1986)提出了 VTI 介质的各向异性参数。在本研究中，裂缝嵌入半饱和多孔岩石背景介质中。因此，本研究中提出的裂缝-孔隙模型可以视为 VTI 介质。Ruger(1998)给出了各向异性 VTI 介质中 P 波的反射系数，证明该方程适用于各向同性(ISO)和 VTI 介质之间的界面。通过在 VTI 介质的 Ruger 方程中引入频率相关的等效刚度张量,可以计算出 P 波在 ISO/VTI 界面处的反射系数。反射系数是频率、角度、裂缝和流体饱和度的函数:

$$R_{\mathrm{PP}}(\theta)\approx\frac{\Delta Z}{2\hat{Z}}+\left[\Delta\delta-\Delta\varepsilon-\left(\frac{2\hat{\beta}}{\hat{\alpha}}\right)^{2}\frac{\Delta G}{\hat{G}}\right]\frac{\sin^{2}\theta}{2}+\left(\frac{\Delta\alpha}{\hat{\alpha}}+\Delta\varepsilon\right)\frac{\tan^{2}\theta}{2} \tag{2-23}$$

$$G=\rho\beta^{2}$$

$$Z=\rho\alpha$$

$$\Delta\alpha=\alpha_{2}-\alpha_{1}$$

$$\hat{\alpha}=(\alpha_{2}+\alpha_{1})/2$$

其中,R_{PP} 是 P 波的反射系数;θ 是波矢量与对称轴之间的角度;α、β、δ、ξ 分别为介质的各向异性参数。下标 1 和 2 分别为模型上部分的各向同性介质和下部分的 VTI 介质。式(2-23)适用于 ISO/VTI 界面。此外,VTI 介质中的岩石模量、流体和裂缝会影响介质的刚度张量,并且可以得到反射系数随介质参数的变化。在这种介质中,均匀 P 波速度的变化可以直接描述介质参数对均匀纵波衰减的影响。对于均匀 P 波,传播方向与衰减方向一致,其速度和衰减与频率和角度有关。基于前人提出了 P 波复速度随波矢量与对称轴夹角 θ 变化的方程,如下所示:

$$V_{\mathrm{P}}=(2\rho)^{-1/2}\sqrt{C_{11}\sin^{2}\theta+C_{33}\cos^{2}\theta+C_{44}+K} \tag{2-24}$$

其中 $K=\sqrt{[(C_{11}-C_{44})\sin^{2}\theta-(C_{33}-C_{44})\cos^{2}\theta]^{2}+(C_{13}+C_{44})^{2}\sin^{2}(2\theta)}$。P 波的相速度和衰减由 $Q=-\mathrm{real}(V_{\mathrm{p}})^{2}/\mathrm{imag}(V_{\mathrm{p}})^{2}$,$V_{\mathrm{p}}=[\mathrm{real}(V_{\mathrm{p}}^{-1})]^{-1}$ 给出,其中 Q 是一个品质因子,表示为复相速度的虚部与实部之比,这是材料耗散程度的度量。

在均匀波的情况下,根据“对应原理”,黏弹性方程与相应的纯弹性方程具有相同的形式。同时,笔者还提出,这一结果原则上只适用于均匀平面波,表明复波矢量的实部和虚部是共线的。

对于在衰减介质中传播的平面波,波矢量的实部和虚部的方向通常不同。然而,当波场由弱衰减均匀介质中的点源激发时,波矢量的不均匀角通常非常小,接近传播方向。Zhu 等(2006)在弱衰减和速度各向异性极限下对 P 波的衰减系数和相速度的分析表明,非均匀性角只对二阶项有贡献,而对衰减系数的影响可以忽略。因此,对于方位各向异性地层,包括对齐裂缝介质,波矢量的实部和虚部彼此平行,这对应于均匀平面波传播。

频率和入射角是影响 AVO 分析的重要因素。多孔介质中流体流动引起的频散和衰减效应对 AVO 响应有重要影响。有学者从频率和入射角两个方面考察了岩石性质参数对反射系数的影响,发现影响反射系数的主要因素包括背景岩石和裂缝。背景介质对反射系数的影响反映了背景岩石的孔隙流体饱和度,而裂缝对反射系数的影响则反映在裂缝的软弱性上。

图 2-43 显示了流体饱和度对 AVO 纵波反射系数的影响,反射系数随着含水饱和度的增加而增加。图 2-43(a)表明反射系数随着入射角的增加而减小。P 波反射系数在小入射角(小于 5°)时变化缓慢,而当入射角大于 5°时,反射系数的斜率变化显著。当地震波入射到裂缝界面上时,地震波的水平分量沿裂缝方向传播。因此,裂缝中的流体不会进入背景孔隙。然而,地震波的垂直分量挤压裂缝,导致裂缝中的流体进入孔隙,导致地震波发生衰减。该模

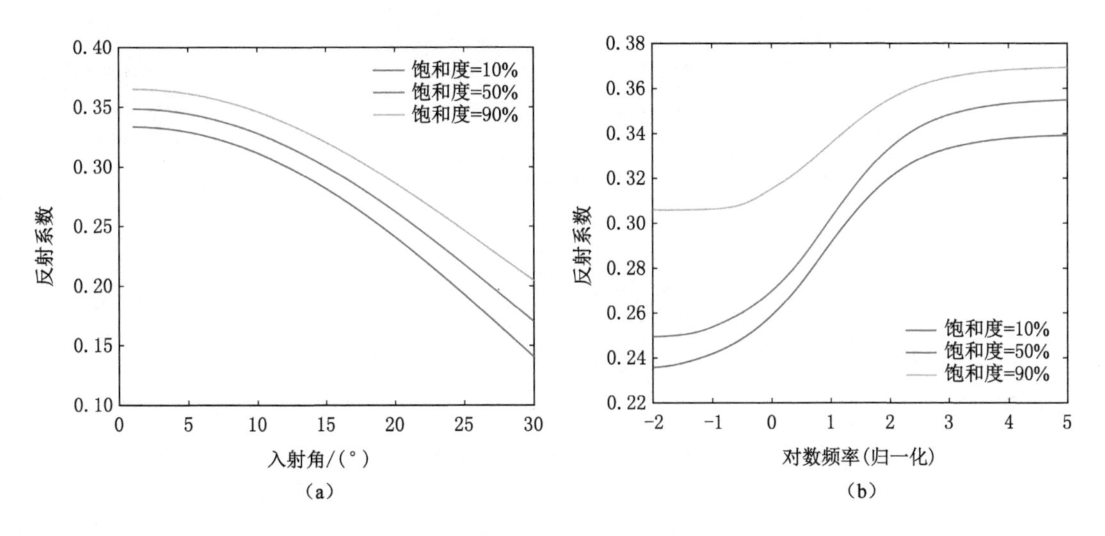

图 2-43　背景介质对纵波反射系数的影响

型中的反射率随着偏移的增加而降低，通常出现在硬岩勘探区。图 2-43(b)表明，随着频率的增加，反射系数先增大后趋于定值。在该模型中，孔隙中液气饱和引起的频散主要发生在低频和中频。随着频率的增加，纵波模量逐渐接近高频极限，纵波反射系数趋于稳定。

图 2-44(a)所示为裂缝充满流体时不同裂缝弱度对应的 P 波反射系数。P 波反射系数随着频率的增加而增加。不同裂缝弱度对 P 波反射系数的影响在中、低频有很大差异。在高频下，裂缝的弱度不影响 P 波反射系数，使得 P 波反射系数最终接近一定的极限。图 2-44(b)所示为裂缝干燥时不同裂缝弱度对应的 P 波反射系数。P 波反射系数随着频率的增加而增加。与裂缝被流体饱和的情况不同，在高频范围内，弱度的增加会导致 P 波反射系数的增加。在高频极限处，P 波模量随着裂缝弱度的增加而增加。图 2-44(c)显示了 10 Hz 频率下裂缝弱度随 P 波反射系数的变化，P 波反射系数随着弱度和入射角的增加而减小。裂缝弱度影响 AVO 中 P 波反射系数。图 2-44(d)显示了在 1 000 Hz 频率下裂缝弱度对 P 波反射系数的影响。P 波反射系数随着入射角的增加而减小，但不随裂缝弱度的增加而变化。

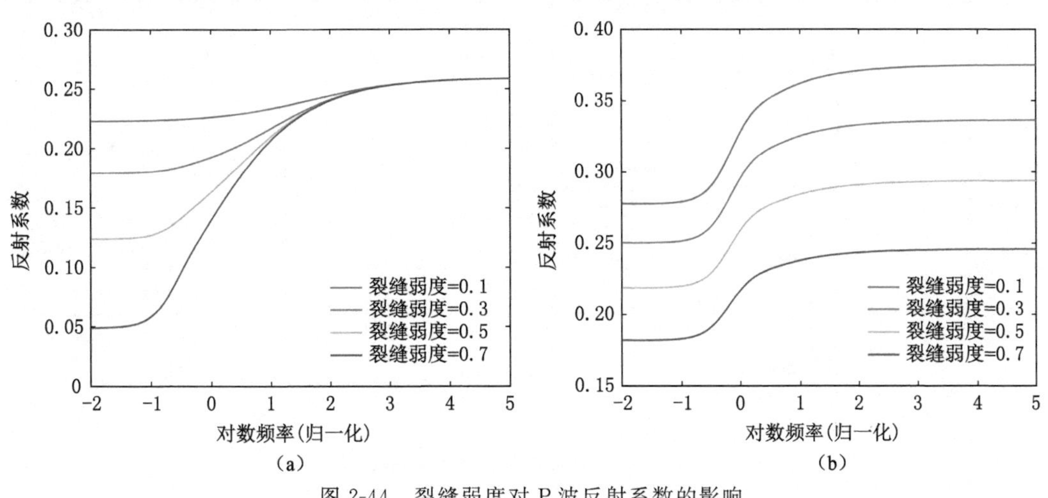

图 2-44　裂缝弱度对 P 波反射系数的影响

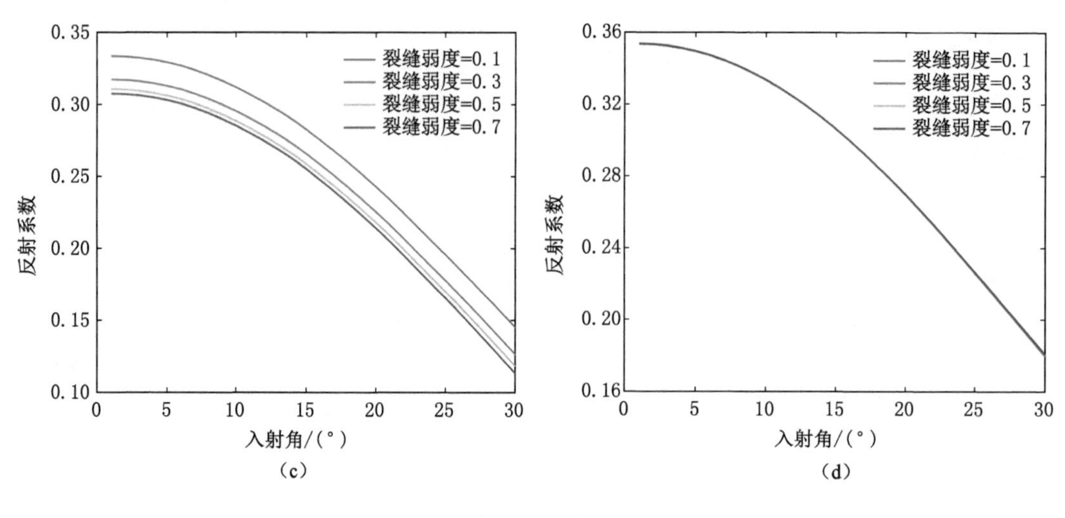

(c)　　　(d)

图 2-44 (续)

各向异性参数 ε 反映了 P 波速度在垂直方向和水平方向上的差异，从而解释了 P 波各向异性。地震波在叠加模型中传播时，会发生频散和衰减，这使得 P 波各向异性参数为复数。衰减各向异性参数量化了 P 波的水平和垂直衰减系数之间的差异。图 2-45(a)显示了干燥和饱和条件下孔隙和裂缝的速度各向异性。当裂缝干燥时，速度各向异性随着干燥或流体饱和背景介质中频率的增加而增加。在低频极限，有足够的时间进行孔隙与裂缝之间的压力平衡。在中频和高频情况下，孔隙干燥时，速度各向异性的变化很小。当孔隙饱和时，由于孔隙中的流体进入裂缝，速度各向异性增加。同时，当裂缝充满流体时，无论孔隙是否饱和，速度各向异性都随着频率的增加而减小。在中、低频情况下，当背景介质充满流体时，流体从孔隙进入裂缝，速度各向异性参数较小。当背景介质干燥时，流体从裂缝进入孔隙，速度各向异性参数较大。高频时，由于流体充填，裂缝变硬，流体停止流动，因此，速度各向异性接近于零。图 2-45(b)显示了衰减各向异性参数随频率的变化。当裂缝充满液体时，波致流使得液体从裂缝进入孔隙，在这种情况下，衰减各向异性参数为正，表示水平

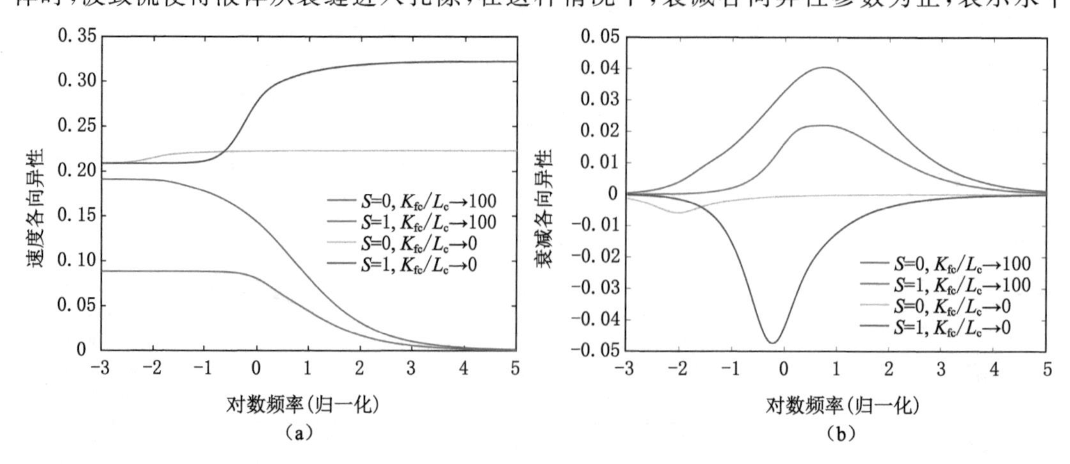

(a)　　　(b)

图 2-45　各向异性参数 ε 的频率依赖性

方向的衰减系数大于垂直方向的衰减系数。当裂缝干燥时，衰减各向异性参数为负，表明水平方向的衰减系数小于垂直方向的衰减系数，而在高频和低频限制下，波不会发生衰减。在中频，衰减各向异性参数先增加后减小，当裂缝和背景孔隙都干燥时，衰减的频率范围和幅度最小，而归一化频率为 10^{-2} 时衰减最大。当叠加模型包含流体（孔隙或裂缝）时，衰减各向异性参数在归一化频率为 10 时达到峰值。

图 2-46 显示了不同条件下 P 波反射系数的变化特征。概况如下：

① 情况 1：孔隙干燥，裂缝被流体饱和，即 $S=0$，$K_{fc}/L_c=100$；

② 情况 2：孔隙被流体和气体饱和，裂缝被流体饱和，即 $S=0.8$ 和 $K_{fc}/L_c=100$；

③ 情况 3：孔隙和裂缝完全被流体饱和，即 $S=1$，$K_{fc}/L_c=100$；

④ 情况 4：孔隙和裂缝均干燥，即 $S=0$，$K_{fc}/L_c \to 0$；

⑤ 情况 5：孔隙部分饱和，裂缝干燥，即 $S=0.8$，$K_{fc}/L_c \to 0$；

⑥ 情况 6：孔隙完全被流体饱和，裂缝干燥，即 $S=1$，$K_{fc}/L_c \to 0$。

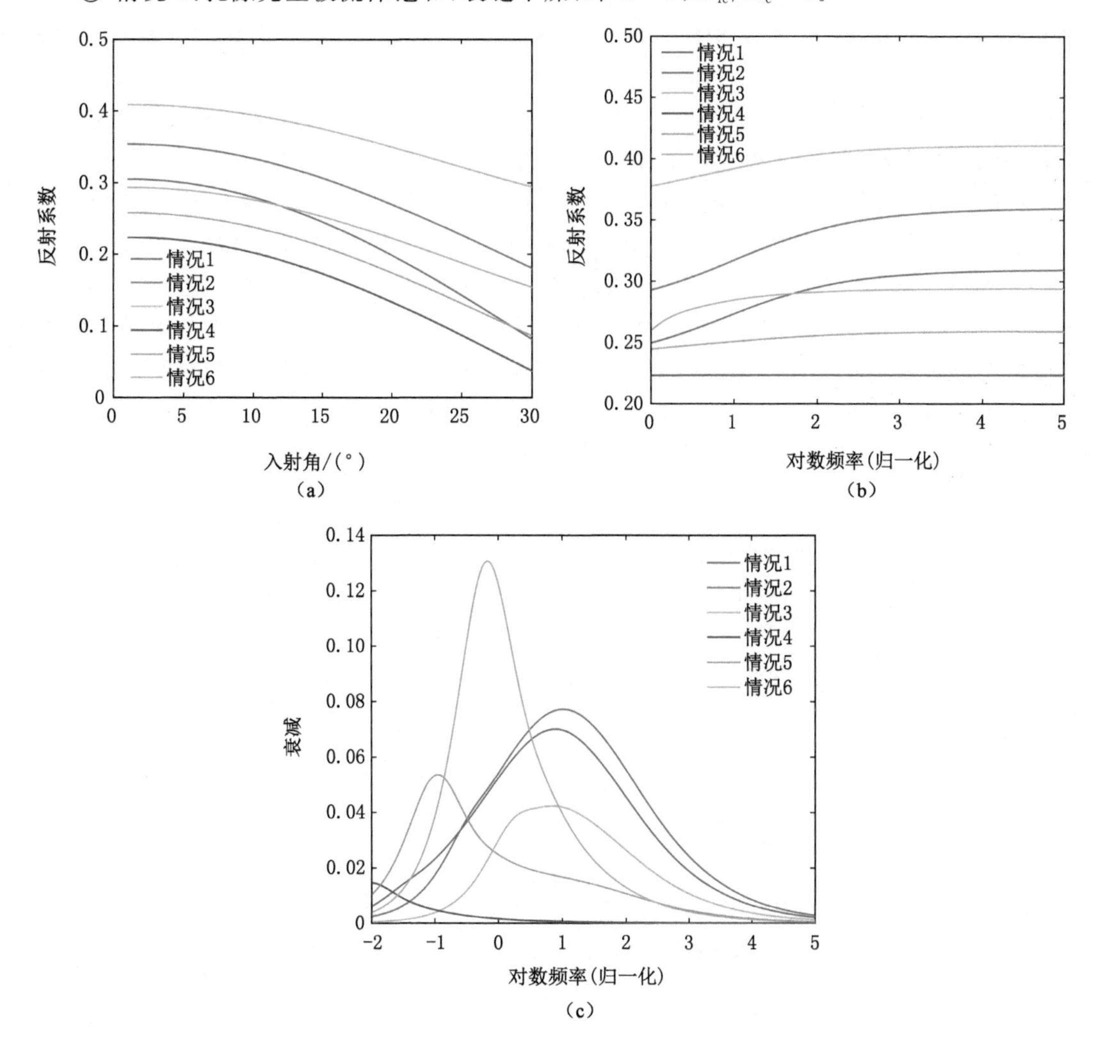

图 2-46　不同情况下 P 波反射系数

图 2-46(a)和(b)表明,P 波反射系数随入射角的增大而减小,随频率的增大而增大;背景岩石孔隙和裂缝干燥时,P 波反射系数最小;当孔隙和裂缝被流体完全饱和时,P 波反射系数最大。首先,根据情况 1、2 和 3 以及情况 4、5 和 6 的曲线,P 波反射系数随着流体饱和度的增加而增加,这是因为背景介质中流体饱和度越高,相应的 P 波模量和 P 波反射系数越大。根据情况 1 和情况 4,当孔隙干燥时,P 波反射系数大于裂缝被流体饱和时的反射系数,在这些情况下,地震波压缩裂缝,使流体从裂缝进入背景孔隙。当裂缝干燥时,P 波反射系数较小,使得地震波直接作用于岩石骨架,没有流体流动。因此,P 波反射系数不随频率的增加而改变。情况 3 和情况 6 表明,由于地震波压缩裂缝,当孔隙饱和时,P 波反射系数较高;当裂缝干燥时,P 波反射系数较低。由于裂缝比背景岩石要软,当裂缝中的流体进入背景岩石中,其衰减较低,而当裂缝干燥时,孔隙流体进入裂缝呈现显著衰减。在情况 1 和情况 6 中,当流体从背景孔隙流向裂缝时,衰减较大,而当流体从裂缝流向孔隙时,衰减较小。如图 2-46(c)所示,当裂缝干燥时,主要衰减频率在中低频范围,衰减随背景介质流体饱和度的增加而增加。当孔隙被流体饱和时,衰减的频率范围大于背景介质干燥时的频率范围。

图 2-47 显示了不同流体饱和度条件下,P 波速度随频率的变化特征。根据本节中提出的叠加模型,假设背景多孔介质同时被流体和气体饱和,其中裂缝为流体饱和(情况 1)或干燥(情况 2)。假设裂缝和孔隙是流体饱和的(情况 3),而孔隙是流体饱和的,裂缝是干燥的(情况 4)。情况 3 的结果与 Brajanovski 提出的模型一致。基于 Muller(1981)提出的模型,该模型考虑了孔隙之间的流体流动,假设背景孔隙同时被气体和流体饱和(情况 5)。图 2-47 显示了三种模型的 P 波速度随频率的变化。当背景孔隙的流体含量一致时,叠加模型中的 P 波速度低于 Muller 模型中的 P 波速度。这些结果表明,孔隙中或裂缝与孔隙之间的流体流动引起的衰减将导致更大的 P 波速度模拟结果。

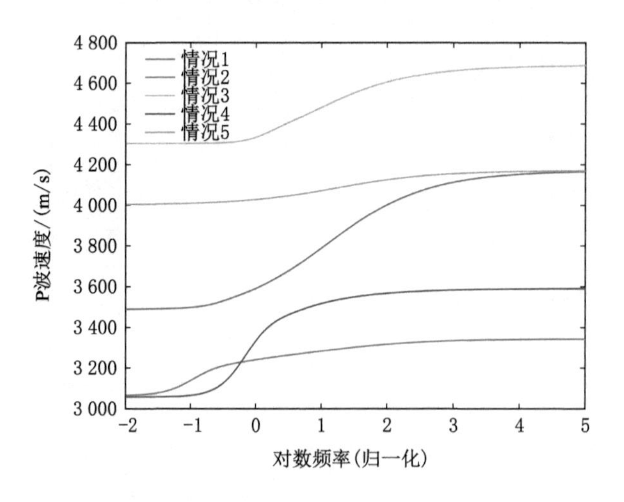

图 2-47　三种模型在不同流体饱和度条件下的 P 波速度对比

第三章　深部高温地热体综合地球物理勘查

在特定的地质条件下，地下地层形成了干热岩地热资源，而干热岩自身的特点（高温、高压等）直接或间接地影响了储层自身及其附近地层的岩石物理学性质（如电阻率、磁化率、弹性波速等）。这就是我们能够利用地球物理探测方法来圈定干热岩储层的基础。在干热岩的地球物理勘探中，不同的地球物理探测方法对干热岩的不同地球物理参数具有不同的敏感度，因此根据不同勘探目的，可以选择不同的勘探方法。利用重力法可以确定地热田基底起伏（凸起和凹陷）及断裂构造的空间展布，利用磁法可以确定水热蚀变带位置和隐伏火成岩体的分布、厚度及其与断裂带的关系，利用电法可以圈定热异常和确定热储体的范围、深度，利用大地电磁法可以确定高温地热田的岩浆房及热储位置与规模，利用人工地震法可以准确测定断裂位置、产状和热储构造。在众多地球物理探测方法中，地震勘探技术有着探测深度大、探测精度和分辨率高等优点，能够精确推测断层位置、产状、地层埋深等（陆基孟，1993），还可以通过地震波速分布，圈定地热田的范围等，是地热田开发最有效的方法。

根据地热资源的性质和赋存状态将热储层分为干热岩型和水热型。两种类型的热储层具有类似的地震反射特征，即深部热储层与上覆地层间的强波阻抗界面对地震反向波具有强的屏蔽作用，热储层内幕成层性差、反射系数小，致使地震反射波能量弱，信噪比低，地震资料获取困难。常规三维地震勘探已不能满足深部高温地热体勘探任务的要求，因此高精度三维地震勘探技术应运而生。宽频地震勘探是实现高精度地震勘探的重要方法之一，它能够获得薄层和裂隙条件表层的高分辨率图像，并实现深部目标体的清晰成像，提供更多的地层结构细节信息，提供更丰富的地震资料的解释成果，为地震地层属性的反演打下了基础。

目前，国外先进的宽频地震勘探技术采用单点激发、单点接收、室内组合处理的方式，形成了采集-处理-解释一体化的宽频地震勘探技术方案。在国内，通过炸药震源或可控震源实现宽频激发，采用中低频检波器接收，设计合理的三维地震观测系统参数，提高空间采样率，全面提高数据采集的原始质量（张军华 等，2009）。

第一节　深部高温地热体重磁电勘探技术

重磁方法不仅应用于构造或区域岩石的分类与判别，间接地辅助地热勘查，还能够直接用于地热区的评价。由于地热流体或干热岩的地热田电阻率低值与温度良好的相关性，可采用电法和电磁法进行地热直接勘查。在具有较好的钻孔资料或其他资料的情况下，根据电阻率的分布，直接确定地下目标体的温度分布规律(吴真玮 等，2015；刘天佑，1993；刘耀光，1982；刘益中 等，2012)。

一、磁场测量

磁法勘探是通过观测和分析岩矿石的磁性差异以及地磁场的特征，来研究地质构造及其分布形态和寻找矿产的。在所有物探方法中，它是发展最早的一种方法。随着人类对地球磁场研究的不断深入，特别是20世纪以来科学迅速发展，通过人造资源卫星获得了大量的有关地磁场的数据。高速电子计算机的应用，使磁测结果的数据处理、成图及异常解释逐步实现自动化，使磁法勘探作为地球物理勘探中的一个基本分支在地学研究中发挥着重要作用(李成立 等，2015)。

(一) 磁异常

在消除了各种短期磁场变化以后，实测地磁场与基本磁场(即正常磁场)间存在的差异，称为磁异常。磁异常是地下岩、矿体或地质构造受到地磁场磁化后，在其周围空间形成并叠加在地磁场上的次生磁场。因此它属于内源磁场，但只占内源磁场中很小的一部分。磁异常中，由分布范围较大的深部磁性岩层或区域地质构造引起的部分，称为区域异常；而由分布范围较小的浅部磁性岩、矿体或地质构造引起的部分，称为局部异常。实际工作中，磁异常(即局部异常与区域异常)与正常场的概念具有相对的意义，要根据解决的地质问题和勘探对象来确定。

在磁测中，根据所测定的地磁要素的不同，可把磁异常分为垂直磁异常(用 Z_a 表示)和水平磁异常(H_a)两种。其中垂直磁异常是地磁场垂直分量的相对变化值，在数值上等于实测地磁场垂直分量(Z)与正常场垂直分量(Z_0)之差。水平磁异常是指地磁场水平分量的相对变化值。在数值上等于实测地磁场水平分量(H)与正常场水平分量(H_0)之差。在航空磁测和海洋磁测中，都是测定总磁场磁感应强度的相对变化值 ΔT，称之为总磁场标量异常。在数值上 ΔT 等于实测总磁场磁感应强度(T)与正常场总磁场磁感应强度(T_0)之差。

(二) 质子磁力仪

地面磁测最常用的质子磁力仪又称质子旋进磁力仪。目前在我国广泛使用的地面质子磁力仪有以下几种：一种是重庆奔腾数控技术研究所生产的 WCZ-1 型质子磁力仪和北京地质仪器厂生产的 CZM-3 型质子磁力仪，这两种仪器分辨率均为 0.1 nT。一种由加拿大引进并在我国批量生产的 IGS-2/MP-4 高分辨率微机质子磁力仪也以 0.1 nT 的分辨率进行总场和垂直梯度的测量。还有一种为加拿大生产的 ENVI 型 GSM-19T 型质子磁力仪(分辨率 0.1 nT)以及美国乔麦特公司生产的 G-856AX 质子磁力仪(分辨率 0.1 nT)。这类仪器，除广泛用于地面测量外，还用于航空和海上磁测中(李舟波 等，2006)。

质子旋进磁力仪是根据煤油、蒸馏水、酒精等含氢原子溶液中的氢原子核(质子)在地磁场中产生一定频率的旋进作用而制成的。仪器感受外磁场的部分是一个充满了煤油或蒸馏水等碳氢氧化合物溶液的圆柱状有机玻璃容器，其外绕有螺线管线圈，称之为探头。

大家知道，构成各种物质分子的原子都是由带正电的原子核和绕核旋转的带负电的电子组成的，原子核又由带正电的质子和不带电的中子组成。氢的原子核最简单，只有一个质子。探头中的煤油、蒸馏水等这些含氢原子的物质，其分子中的电子轨道磁矩与电子自旋磁矩都成对地彼此抵消了，除氢以外的原子核自旋磁矩也都互相抵消了，只有氢原子核的自旋磁矩没有抵消。故该原子显出微弱的磁矩。在溶液中氢的质子磁矩,在无外磁场作用时,它们任意指向。当氢溶液处于地磁场 T 中时,这些质子磁矩将在 T 作用下,将各自沿着 T 的方向排列。当在近于垂直地磁场 T 的螺旋管轴中通以电流(1 A左右),使之产生与地磁场垂直的近(50×103/4π)A/m(即50 Oe)的人工磁场时,由于这一磁场远大于地磁场,则原沿地磁场方向的质子自旋轴都转至磁化磁场方向。当切断电流,使人工磁场突然消失,氢质子则将在原有的自旋惯性力及地磁场力的共同作用下,各以相同的相位绕地磁场方向旋进运动(又叫拉莫尔旋进),这种现象称为质子旋进,也称核子旋进。

由于宏观磁矩旋进时,切割探头中的线圈,因此在线圈中产生与旋进频率相同的感应电压。十分明显,测出这一感应电信号的频率就测定了地磁场总强度的绝对值。

(三)测区、比例尺和测网的确定

(1)测区:测区范围应根据任务要求和工区地质、矿产及以往物化探工作等情况合理确定。尽量使磁测结果轮廓完整规则,并尽可能包括地质、物探工作过的地段,周围有一定面积的正常场背景,以利于数据处理与解释推断。

(2)比例尺:基础地质调查的磁测工作比例尺,应等于相应地质工作比例尺或较大一级比例尺。

(3)测网:线距大体为该工作比例尺图上一厘米所代表的长度,点距可根据需要选定,一般为线距的1/10~1/2。普查性磁测工作的线距不大于最小探测对象的长度,点距应保证至少有三个测点能反映有意义的最小异常。详查或勘探性磁测工作,应有5条测线通过主要磁异常或所要研究的地质体,点距应满足反映异常特征的细节及解释推断的需要,尽可能密一些。测线应垂直于测区内总的走向或主要探测对象的走向,必要时可在同一测区内布置不同方向的测线。常用比例尺的线距、点距列于表3-1,表中线距变动范围为2%。

表3-1 不同比例尺点、线距

比例尺	长方形测网		正方形测网
	线距/m	点距/m	线距、点距相同
1∶50 000	500	50~200	500 m
1∶25 000	250	25~100	250 m
1∶10 000	100	10~40	100 m
1∶5 000	50	5~20	50 m
1∶2 000	20	4~10	20 m
1∶1 000	10	2~5	10 m
1∶500	5	1~2	5 m

(四)野外观测、磁测精度

1. 磁异常的野外观测

野外观测是通过测量磁感应强度随空间位置的变化来研究地质体所产生的磁异常。如果利用机械式磁力仪,那么在野外进行观测前,必须首先要建立基点,以便用来确定仪器零点漂移校正量。另外,基点还是一个测区磁异常的起算点,即将基点的磁场视为测区磁场的零点。所谓磁异常的强弱、正负,都是测点与基点相比较而言的。可见,任何野外磁测工作都必须首先建立基点。如果测区较大，还必须建立基点网，以便在各个基点附近开展各测区上的磁测，然后统一归算到一个总基点上，因而求得较大区域上磁异常的分布情况。因此，基点可分成不同的等级，如总基点、基点、分基点等，通过联测及平差后，求得基点与总基点之间的关系。

如果野外观测使用的是电子式磁力仪，该类仪器是测量地磁场总磁感应强度的，又没有零点漂移，原则上可不设基点。但目前使用这类仪器进行野外测量时，往往选择一个相对基点作为当天测量的起始点和终止点，并以这个点的两次读数差值作为考查仪器是否处于正常工作状态的标志。

地面磁测是按一定的测网进行的，测点按一定的线距沿测线分布。点、线距要与设计的比例尺相适应，并与磁测的地质任务和探测对象的大小有关。

2. *磁测精度的确定*

磁测工作采用的磁力仪类型不同，可以达到的磁测精度也不同。目前，机械式磁力仪在我国已很少使用，广泛使用的是高精度电子式（质子，光泵）磁力仪。根据此实际情况，可将磁测精度分为如下级别：

高精度：均方误差≤5 nT；

中精度：均方误差在 6～15 nT 之间；

低精度：均方误差＞15 nT。

其中均方误差小于 2 nT 的高精度磁测，可定为特高精度磁测。

采用何种磁测精度，首先要考虑磁测的地质任务以及探测对象能够引起最小而又可靠的磁异常值（$\Delta T_{\min}$）。根据误差理论可知，大于三倍均方误差的异常是可靠的。根据物探图件要求，能正确刻画某地质体异常形态至少要有两条非零的等值线，等值线的间距不得小于三倍均方误差。因此，通常确定磁测精度应小于 $\Delta T_{\min}$ 的五分之一到六分之一。在考虑上述原则的同时，在不影响完成磁测约定的主要任务下，考虑到将来磁测资料的应用，可适当提高磁测精度。

为了保证达到规定的精度，除使用高精度磁力仪外，若有多台仪器在同一工区施工，必须做仪器的一致性检查。此外，为了保证磁力仪的观测精度，在野外要安排一定数量的检查点，一般规定，测区总检查点数要大于总测点数的 3%，绝对数不得少于 30 个点；异常场检查点数为总检查点数的 5%～30%。检查应均匀分布全区。磁测质量检查评价应以平稳场为主。检查观测应贯穿野外施工的全过程，做到不同时间，同点位、同探头高度。

（五）*磁测数据的各项改正*

野外所获磁测数据，需经各项改正才能得到测点上的磁异常值。其中较重要的改正有：

（1）日变改正：对地面磁测数据的日变改正与对重力仪零点漂移改正相似。其目的是消除地磁场日变对读数的影响。在目前的磁测精度下，100 km^2 的范围内，可以认为日变是相同的。当进行高精度磁测时，一般以半径 25 km 设一个站为宜。所以工区的日变资料可自己观测或向附近的地磁台索取。并将日变观测结果绘制成日变曲线，以便查用。

日变观测站必须设立在正常场（或平稳场）内，且温度变化小，无外界磁干扰和地基稳固的地方。观测时要早于出工的第一台仪器，晚于收工的最后一台仪器。机械式磁力仪每隔 5～10 min 记录一次读数。电子式仪器，要注意与测线观测仪器的时钟严格同步，采用自动记录方式，记录时间不大于 0.5 min。

(2) 正常梯度改正：这项改正包括正常场水平梯度改正与正常场垂向梯度改正。

正常场水平梯度改正又称正常场改正。其目的是消除地磁场强度随地理纬度和经度的正常变化。通常是参考本国或国际地磁参考场(IGRF)模型提供的 T_0、Z 的区域等值线图来进行，或者自己计算。

当进行高精度磁测且工区高差变化较大时，应进行正常场垂向梯度改正。沿垂向的正常地磁场梯度在一级近似情况下，满足$\frac{\partial T_0}{\partial R}=-\frac{3T_0}{R}$。式中 R 为地球平均半径，取 6 371 000 m。当正常地磁场 T_0 取 50 000 nT 时，地磁场垂向梯度为－0.024 nT/m，即高差变化 42 m 时，地磁场垂向变化为 1 nT。当测点高程比总基点高 42 m 加 1 nT，反之则减 1 nT。

(3) 零点改正：这项改正的目的是消除因仪器内部结构受外界影响而产生的读数随时间的变化，即零点掉格。仪器的零点掉格大致呈线性变化，其绝对值随观测时间的增长而加大。仪器间隔一定时间到基点重复观测；求出此时基点磁场的变化值，从中减去日变值即得到各次重复观测时的零点掉格数值，取其反号即为零点改正值。

(4) 温度改正的目的是消除温度变化引起磁力仪性能的变化而对读数的影响。

以上四项改正中的后两项改正是对机械式磁力仪而言的。对于电子式磁力仪既没有零点漂移，也不受温度影响，可不进行这两项改正。

二、重力测量

重力测量是地球物理测量中的一个主要分支。它是通过测量地面各点重力场值之变化来研究并解决各类地质构造、矿产分布、水文资源(包括热水资源)以及与之相关的各类地质问题(曾华霖，2005)。

自从牛顿发现了万有引力定律之后，一切物体之间的相互吸引作用已被认为是普遍的自然现象。这个现象还说明了一个众所周知的事实，即在地球表面附近空间落向地球的物体将以逐渐增加的速度降落，下降速度的递增率是重力加速度，简称重力，用 g 来表示。伽利略首先证明了地球上某一固定点上所有物体的重力加速度都是一样的。

假设地球是一个均匀的或者是具有同心层状结构的理想球体，则地球对位于地球表面上的物体的吸引力应当到处相同，且重力应当有唯一的恒定值。事实上，地球是非球形的并且是旋转的，内部构造与物质成分是不均匀的，其表面也是起伏不平的。所有这些实际情况都使地球表面上的重力值发生变化。但是，这种变化是很微小的，只有借助于非常灵敏的仪器，才能对它作出精确的测定。

测定和分析地球表面的重力变化，已成为地学研究中的一个很重要的内容。其中与地球偏离球形有关的重力变化，为大地测量学研究地球形状提供了有意义的依据。而反映地下岩石密度横向差异的重力变化，对研究地质构造及寻找各种矿产等方面极为重要。此外，在对远程导弹、人造地球卫星和宇宙飞船运行轨道的精确推算上，重力数据都是不可缺少的。

(一) 重力仪及野外工作前的各种试验

1. 重力仪

现代用于相对重力测量的仪器主要是各种重力仪。它们的基本原理是某种弹性体在重力作用下发生形变，当弹性体的弹性力与重力平衡时，则弹性体处于某一平衡位置。当重力改变时，则弹性体的平衡位置也发生改变。观测两次平衡位置的变化，就可以测定两点的重力差。重力仪按制作弹性系统材料的不同，可分为石英弹簧重力仪和金属弹簧重力仪两种类型。

石英弹簧重力仪的弹性系统全是由熔融后的石英材料制成的。它的类型很多，目前我国地震、地质及测绘部门等使用较多的是北京地质仪器厂制造的 ZSM 重力仪（测量精度±0.3 g. u.）；加拿大先达利（Scientrex）公司的 CG-3 型（分辨率 0.05 g. u.，精度 0.1 g. u.）；CG-5 型（分辨率 0.01 g. u.，精度 0.05 g. u.）重力仪。这类仪器采用零点读数原理，即在每一观测点，使石英摆杆均恢复到零点位置上再读数。

为了消除温度对重力仪的影响，除采用保温瓶隔热装置外，仪器弹性系统加有自动温度补偿装置。为了减小外界气压变化对重力仪读数的影响，弹性系统做得很小，并密封在一个内压仅为 15～20 mmHg 的小容器内。

重力仪内部的弹簧及有关的连接件，不可能做到完全稳定，即使在仪器罩内保持恒温和恒压也是如此。例如，仪器的弹簧并不是完全弹性的，通过较长时间的作用，它会发生缓慢的蠕变；此外，仪器在搬运中要受到微小机械震动的影响，这些都会使仪器在外界条件不变的情况下，仪器读数随时间发生连续变化。重力仪读数随时间的这种连续变化称为“零点漂移”或叫“零点掉格”。在重力测量中，对零点漂移要进行改正。从经过漂移改正后的测点读数中减去基点读数再乘以仪器的格值便得到基、测点之间的重力差。

除石英弹簧重力仪外，还有金属弹簧重力仪。这类仪器的工作原理与石英弹簧重力仪相似。具有代表性的金属弹簧重力仪是美国拉科斯特-隆贝尔格（Lacoste & Romberg）重力仪。仪器本身质量 3.2 kg，加上蓄电池等配件后总质量约 9 kg。它分有 G 型（精度±0.1 g. u.）、D 型（精度±0.05 g. u.）、ET 型（精度±0.01 g. u.）三种，是当今较好的相对测量重力仪。

自 20 世纪中期起，一些国家先后研制海洋重力仪和航空重力仪，几十年来，海洋重力仪已广泛地应用到海洋重力测量中，精度在±(10～20) g. u.。航空重力测量在有利的条件下，精度也可达到 50～100 g. u.。

(1) 野外工作前重力仪的准备

① 重力仪的检查与调节

重力观测使用的重力仪，在投入野外作业前，均应参照仪器说明书进行检查与调节。石英弹簧重力仪应进行测程、光线灵敏度和水准器的检查与调节，这项工作至少每半个月进行一次；金属弹簧重力仪应进行光线灵敏度、正确读数线、横水准器和电子灵敏度的检查与调节，至少每月进行一次；CG-5 型自动重力仪应进行漂移改正和倾斜传感器零点调节，至少每月一次。当仪器长途运输及搬运后，应及时检查与调节。

② 重力仪性能的试验

静态试验：对于用于生产的仪器，均应进行这项试验。主要是了解仪器静态零点性能。试验过程中，要求试验时间不少于 24 h。同上每隔 30 min 观测一次；CG-5 自动重力仪每隔 10 min 读数一次。观测结果应进行固体潮改正（CG-5 仪器除外）。

动态试验：重力仪的动态试验是了解仪器动态零点位移和观测可能达到的精度的一种重要试验，这项工作开工前应进行，其后野外工作每三个月进行一次，野外工作结束后再进行一次。野外工作中如仪器受到震动或进行检修后也需要进行这项试验。要求实验时间不短于 10 h，试验点间重力差大于 3×10^{-5} m/s^2，两点间单程观测时间间隔小于 20 min。

对于动态观测结果应进行固体潮校正(CG-5 仪器除外)和绘制动态零点位移曲线,并根据该曲线计算出仪器的动态零点位移率和零点位移线性部分的持续时间。

多台重力仪的一致性试验:当工作区内同时有几台仪器工作时,投入野外工作前应进行一致性试验。一致性对比剖面应布置在测区内重力值变化足够大的地区,一致性试验的观测点数不少于 30 个;多台仪器间的一致性测定精度要求,可在设计书中规定。

(2) 重力仪格值和重力尺度比例因子标定

正确标定重力仪格值和重力尺度比例因子(简称比例因子)是消除系统误差的重要环节。

凡在建立重力基点网时使用的重力仪,其格值或比例因子应在国家级格值标定场进行标定,格值和比例因子测定的相对均方误差应不大于 1/5 000;进行重力测点观测使用的重力仪,其格值或比例因子可在工作地区内国家级标定场进行标定,也可以在各省或各单位自建的标定场上进行。测定的相对均方误差应不大于 1/3 000;相邻两次标定的相对变化应不大于 1/500。

重力仪格值或比例因子计算标定的时间间隔以及测定应满足的要求详见《金属矿地球物理勘探指导手册》。

2. 重力测量、测点布置、观测及精度评价

(1) 重力测量

与地质勘探方法相似,根据任务的不同,重力测量可分为重力预查、普查、详查和精查(细测)。不同阶段所解决的地质任务也不同。

重力预查的目的是在短时间内获得大地构造基本轮廓或者研究深部地壳构造以及地壳均衡状态等。普查的地质任务是划分区域构造、圈定大岩体和储油气构造的范围,比较确切地指出成矿有利地带。详查是在已知成矿远景区,寻找并圈定储油气、煤田以及地下水有希望的盆地及局部构造。精查目的是在已发现的储油、气构造、煤田盆地以及成矿有利的岩矿体上确定矿体构造或产状要素等,用来直接找矿(包括地下水)。

不同的测量方法其测量技术及精度要求也不同,具体见表 3-2。

表 3-2　重力测量工作比例尺、点、线距及精度要求

工作阶段	工作比例尺	等异常线间隔 /(10 g.u.)	异常均方差 /(10 g.u)	测点距离 /m	测点密度 /(点/km^2)
预查	1∶100 万 1∶50 万	10 5～10	±4 ±2～4	7 000～10 000 3 000～5 000	0.01～0.02 0.04～0.1
普查	1∶20 万 1∶10 万	2～5 2	±0.8～2.0 ±0.8	1 500～2 000 500～1 000	0.25～0.5 1～4
详查	1∶5 万 1∶2.5 万	1～2 0.5～1	±0.4～0.8 ±0.2～0.4	200～500 100～200	4～25 25～100
精查	1∶1 万 1∶5 000 1∶2 000	0.1～1.0	±0.04～0.4	50～100 25～50 10～20	100～400 400～1 600 2 500～10 000

注:1 g.u. =10^{-6} m/s^2。

重力测量形式可分为路线测量、剖面测量及面积测量。面积测量是重力测量的基本形式，而路线测量和剖面测量的方向应尽可能与地质构造走向垂直。各种重力测量的具体原则如下：

① 测点的密度保证在相应比例尺的图上每平方厘米要有1～2个测点。

② 重力异常等值线的间距，应为异常均方差的2.5～3倍，以保证异常体能被1～2条等值线所圈闭。

③ 重力异常的均方差应小于勘探对象引起最大异常的1/3～1/4。

(2) 重力基、测点观测

① 重力基点布设与观测

在进行相对重力测量时，必须设立一个标准点即总基点，其他各点的重力值都是相对总基点的重力差。但是在大面积的重力测量中，为了提高重力测量的工作效率和精度，除了总基点之外，在测区内还要建立若干个重力基点，这些基点(包括总基点)通过特殊方法联系起来，叫作重力基点网。

基点网中各基点相对总基点的重力差，是在普通点重力测量之前，用精度比较高的一台或几台重力仪，采用比较特殊的观测方法测定的。测定基点重力差的精度，一般要求高于普通重力点观测精度的几倍。建立基点及基点网的主要目的是：a. 提高普通点重力测量精度，减少误差积累；b. 作为每次重力测量的起算点，求出每一普通点相对起始基点的重力差以便求出它们相对总基点的重力差；c. 确定零点漂移校正量。

建立基点应考虑以下几点：a. 基点应均匀分布于全区，基点的密度应根据重力仪零点漂移的规律和对普通点重力测量精度要求而定。b. 应该使用精度较高的一台或几台重力仪，采用快速的运输工具，观测路线应按闭合环路进行，环路中的首尾点必须联测。c. 基点应建立在交通方便、标志明显以及相对稳定的地方。

基点网的联测方式有重复观测法和三程循环观测法。各种观测法测量路线具体见《金属矿地球物理勘探指导手册》。

② 重力测点布设与观测

测点又称普通点，是测区内为获得探测对象引起的重力异常而布设的观测点。它应按设计书中提出的测网形状、点线距离均匀布设在全区。测点上应有临时标志，并标出点线号，以便后来的质量检查。布点时，若因地物、地形限制，测线或测点均容许偏移，一般不超过设计点线距离的20%，最大不超过40%。

测点的观测一般可采用单点观测。在利用已知基点网的前提下，应从某一个基点出发，经过一些测点测量后回到该基点或到另一个基点进行闭合观测。闭合时间长短可根据仪器性能或观测精度而定。

③ 检查点的布设与观测

为了检查测点观测的质量，需要抽取一定数量的点做检查观测。

检查点的布设应在时间与空间上都大致均匀，即每天的观测和某一条测线上都应有检查点。检查观测应贯穿野外施工全过程，做到按同一点位、同一高程和不同时间、不同仪器、不同操作员的原则进行。检查点应占普通点总数的5%～10%，在大面积的区域调查中也不应少于3%。当在施工中发现了重力异常，或可能是寻找的目标异常时，有时需要布置补充或加密观测。补充、加密观测可在原测网上进行，还可在原测线上延伸。

3. 重力测量中的测地工作

在重力测量工作中，为了准确对重力测量结果进行各项改正，绘制重力异常图，确定重力异常的位置，必须配有测地工作。测地工作的主要任务是：

① 按照重力测量设计书的要求布设测网，确定重力测点的坐标，以便对重力观测结果进行正常改正。

② 确定重力测点的高程，以便进行高度和中间层改正。

③ 在地形起伏较大地区，地形影响不能忽视时，还应作相应比例尺的地形测量，以便进行地形改正。

测地工作与重力测量本身具有同样的重要性，它的质量直接影响重力异常的精度。因此，在重力测量工作中，测地工作是一项既重要而又繁重的任务。

在大、中比例尺的重力测量中，重力测网和测点位置与高程的获取，以往多用经纬仪和水准仪来进行，随着科技的发展，现代直接利用全球定位系统(GPS)来完成。由于测地工作量大、技术要求高，常由专门从事测绘技术的人员来完成。

4. 重力数据的各项改正与重力异常

(1) 重力数据的各项校正

利用重力仪在野外测量的结果经过零点漂移改正之后，再将各测点相对于基点的读数差换算成重力差。这种重力差值并不能算作重力异常值，因为地面重力测量是在实际的地球表面上进行的，由于地球表面的起伏不平，这种重力差值包含了各种干扰因素的影响，并且干扰程度随测点而变化。为了使各测点的重力差值有一个相同的标准，就需要将观测资料进行整理，求得真正的重力异常值，以便在外界条件一致的前提下，对各个测点的重力异常进行比较。重力资料的整理主要包括纬度改正、地形改正、中间层改正及高度改正。

① 纬度改正

纬度改正又称正常场改正。地球的正常重力场是纬度 φ 的函数，从赤道到两极逐渐增大。不同纬度的测点即使地下地质条件一样，各测点的重力值也不同。所以这项改正的目的是消除测点重力值随纬度变化的影响。

当进行大中比例尺重力测量时，勘探范围有限，此时纬度改正可按下式计算

$$\Delta g_{纬} = -8.14\sin 2\varphi \cdot D(\text{g.u.}) \tag{3-1}$$

式中，φ 为总基点纬度或测区平均纬度；D 为测点与总基点间的纬向距离，km。在北半球，当测点在基点以北时，D 取正，反之取负。

② 地形改正

自然地形的起伏常常使重力观测点周围的物质不处于同一水平面上，因此需要把观测点周围的物质影响消除掉。地形改正的目的就是消除测点周围地形起伏对观测点重力值的影响。改正方法是把测点平面以上的多余物质去掉，而把测点平面以下空缺的部分充填起来。负地形(即空缺)部分相对于测点平面缺少一部分物质，相当于该点引力不足，也使得仪器读数减小，影响值亦为负。所以，不论正地形或负地形，其地形改正值总是正值。地形改正的过程可简称为相对测点平面去高补低。

地形改正的半径一般取 166.7 km，改正的密度选取 2.0～2.67 g/cm^3 之间。当进行小范围的金属矿勘探时，改正半径根据需要可减小，一般取 7～10 km 即可。

目前还有一种地形改正的方法，它将中间层改正与前述地形改正(即相对测点平面进

行改正的方法)合并进行,其作用是消除实际地球表面的地形起伏与大地水准面之间的物质质量(当地形表面在大地水准面之上时)或物质质量的亏损(当地形表面在大地水准面之下时)对测点重力值的影响。这种改正又可称为广义地形改正。广义地形改正的基准面是大地水准面,改正密度取 2.67 g/cm^3。但对于大的湖泊和海洋,应另选合适的密度。这种改正的半径仍取 166.7 km,但在远区改正时,还要考虑到地球表面的弯曲对地形改正的影响。

进行地形改正,无论是野外的地形测量,还是室内的计算工作,都相当繁重,而且难以改正完善。地形越恶劣,改正的工作量越大且改正的误差也越大。过去进行这项工作,都是利用专门的图表进行的。现在都改用电子计算机直接计算或向专业部门直接索取改正数据,从而大大加速了这项工作的进行。但必须指出,密度选取和地形测量出现的误差,必然造成地形改正的不完善,常导致出现与地形相关的假异常,这种情况在山区尤为突出。

③ 中间层改正

通过地形改正之后,测点周围已变成平面了。但是,测点平面与改正基准面之间还存在一个水平物质层。消除这一物质层对测点重力值的影响,称为中间层改正。

如果把中间层当作厚度为 Δh、密度为 ρ 的均匀无限大水平物质层来处理,则该无限大物质层厚度每增加 1 m,重力值大约增加 0.419ρ(g.u.)。因此中间层改正公式为

$$\Delta g_{中} = -0.419\rho\Delta h\,(\text{g.u.}) \tag{3-2}$$

式中 Δh 以 m 为单位,ρ 以 g/cm^3 为单位。当测点高于基准面时,Δh 取正,反之取负。

实际工作中,测区内密度的变化和测定出现的误差,都将导致中间层改正的误差。另外,由于地形改正的半径是有限的,而中间层改正采用无限大的水平层来处理,由于二者的不匹配,也势必造成中间层改正出现误差,特别在山区尤为突出,所以目前已有人采用中间层改正的半径与地形改正半径一致的有限范围内的中间层改正公式。

④ 高度改正

经过中间层改正,只是消除了测点平面与改正基准面之间物质层对测点重力值的影响。但测点离地心远近的影响还未消除。所以高度改正的目的就是消除测点重力值随高度变化的影响。其改正的实质是将处于不同高度的测点重力值换算到同一基准面(一般指大地水准面)上来。高度改正又称自由空气改正或法伊改正。

如果把地球当作密度呈同心层状均匀分布的圆球体时,可以推导出在地面上每升高 1 m,重力值减少约 3.086 g.u.,所以球体的高度改正公式为

$$\Delta g_{高} = 3.086\Delta h\,(\text{g.u.}) \tag{3-3}$$

式中 Δh 以 m 为单位。当测点高于基准面时,Δh 取正值;反之取负值。需要指出的是,高度改正系数 3.086 是把地球当作物质密度呈同心层状均匀分布的球体推导出来的。但实际地球并不是这样的球体,且外壳密度分布也有差异,所以导致高度改正系数在不同地区是变化的。虽然这种变化是微小的,但实际工作中也必须注意到这一点。

如果把地球当作密度呈同心层状均匀分布的椭球体时,可推导出更精确的高度改正公式:

$$\Delta g_{高} = 3.086(1 + 0.0007\cos 2\varphi)\Delta h - 7.2 \times 10^{-7}(\Delta h)^2\,(\text{g.u.}) \tag{3-4}$$

目前区域重力测量都要求使用式(3-4)。如果把高度改正和中间层改正合并进行,即称为布格改正,公式形式为:

$$\Delta g_{布}=[3.086(1+0.0007\cos 2\varphi)\Delta h-7.2\times 10^{-7}-0.419\rho\Delta h](\text{g. u.})\tag{3-5}$$

或者写成：

$$\Delta g_{布}=(3.086-0.419\rho)\Delta h(\text{g. u.})\tag{3-6}$$

(2) 重力异常

① 布格重力异常

布格重力异常是经过纬度改正(又称正常场改正)、地形改正及布格改正(即中间层改正加上高度改正)后获得的异常,简称布格异常。在研究地质体和各种构造上,重力异常主要是由地质体和构造上所引起的重力异常。这种异常的物理意义是剩余质量所产生的引力在垂直方向上的分量(或在正常重力方向上的分量)。

布格重力异常是勘探部门应用最为广泛的一种重力异常。从物理意义上讲,它经过地形改正和布格改正后,相当于把大地水准面以上多余的物质(具有 2.67 g/cm^3 正常密度)校正掉了;作了正常场改正后,又把大地水准面以下按正常密度分布的物质也去掉了。因而布格异常主要包含地表的各种偏离正常密度分布的场源体剩余质量即矿体与局部构造的影响,也包括了地表下界面(即莫霍界面)起伏在横向上的相对变化。所以,布格重力异常除有局部的起伏变化外,从大范围讲,在陆地上,特别是山区,是大面积的负位区;山越高,异常负值越大;在海洋区,则属大面积正值区。

布格重力异常可分为绝对异常和相对异常。但在研究局部构造和寻找矿体上,一般用相对异常。相对异常是取总基点所在的水准面作为比较各测点异常值大小的基准面,观测值是相对重力值,布格改正用的高程是测点相对总基点的相对高程,密度是用当地地表实测的平均密度值,而正常场改正用式(3-30)进行。这种异常多用于小面积大比例尺的局部构造和金属矿勘探中,以便对局部地区的异常作较深入的分析。

② 自由空气异常

在重力观测值中,只经过纬度和高度改正的异常叫作自由空气异常,又称自由空间异常或法伊异常。该异常是形式上最简单的重力异常。这是因为它对海平面以上或以下的岩石密度都没有做出任何假定,但是这种异常同样是很有意义的。

在研究地壳构造时,主要应用布格异常和自由空气异常。一般在地形平缓地区,自由空气异常往往接近于零,而大范围内(1°×1°的范围)的自由空气异常平均值也很低,只有几十到上百个重力单位,只有很少的情况下才超出这个范围。自由空气异常对地表和近地表的质量分布很敏感,所以在陆地上有明显的唯地形变化特征,即与地形高程呈正相关。在海洋上,这种相关关系较弱。因此,在海洋上广泛使用自由空气异常。这是因为海洋上自由空气异常计算十分简单,在各测点的重力观测值中减去相应点的正常重力值即可得到自由空气异常。

5. 重磁异常的处理与转换

随着重、磁测量精度的不断提高,重、磁测量结果中所含的信息不断扩大。为突出异常中的有用信息,即提高信噪比,使异常接近解释理论所要求的条件,满足某些解释方法的要求,必须对异常进行处理和转换。实践证明,采用适当的处理、转换方法,可提高重、磁异常解释的地质效果(焦新华 等,2009;Parker,1973;Oldenburg,1974)。

1) 对异常处理、转换的目的与原因

① 使实际异常接近解释理论所要求的假设条件。例如,当用于计算的异常只由界面起

伏所引起时，才能用它计算界面深度。但实际上异常往往既含有界面起伏所产生的异常成分，也含有其他地质体的异常成分。为此，必须削弱与界面起伏无关的异常成分。

② 使异常满足某些解释方法的要求。目前，在重力测量中只测定重力异常 Δg，在磁测中一般只测定单一分量 ΔT。但是，在有些解释方法需要 V_{xz}、V_{zz}，有些需要$\frac{\partial \Delta T}{\partial x}$。为此，必须由实际异常计算它们。

③ 突出实际异常中的有用信息。有时为某一地质目的将区域场视为有用信息，而将局部场视为干扰场；有时又反之，视局部场为有用信息。为达到不同目的，必须突出异常中的有用信息，压抑其中的干扰成分。随着观测精度的提高，实际异常中的信息量也不断增加，如何从中提取出有用信息以深化解释，一直是重、磁测量中的重要研究内容。

2）异常处理步骤

（1）数据网格化

进行重、磁测量的野外工作时，由于某些客观原因，有时某些点位上无法进行测量，结果会出现漏点或造成实测点分布不均匀；另外，如果利用某些原始的重、磁异常图件进行有用信息的再开发，必要时需要用数字化仪重新取数，这样的取样点也可能呈不规则分布。当对重、磁异常进行反演计算时，一般要求数据必须均匀地规则分布，因此，必须将不规则的实测数据或数字化仪取出的数据换算成规则网格节点上的数据，这个过程就是数据的网格化。数据网格化的实质问题就是对不规则的数据进行插值。插值的方法很多，有拉格朗日多项式法、克里格法（Kriging）、最小二乘拟合法（多项式回归法）和加权平均法（近邻法）等，这里介绍一种简单常用的方法——拉格朗日多项式法。

拉格朗日多项式法是利用拉格朗日插值多项式进行计算的一种较精确的方法。拉格朗日插值多项式的形式为

$$f(x,y)=\sum_{j=0}^{n}\sum_{i=0}^{m}f(x_i,y_j)\left[\prod_{\substack{l=0\\l\neq j}}^{n}\prod_{\substack{k=0\\k\neq 0}}^{n}\left(\frac{x-x_k}{x_i-x_k}\right)\left(\frac{y-y_l}{y_j-y_l}\right)\right] \tag{3-7}$$

式中，x_i、x_k、y_j、y_l 为插值节点的坐标；$f(x_i,y_j)$为各插值节点上的重、磁场值；x、y 为计算点的坐标；$f(x,y)$为计算点上的重、磁场值。

对于剖面异常，用一元拉格朗日插值多项式，即

$$f(x)=\sum_{i=0}^{m}f(x_i)\left[\prod_{\substack{k=0\\k\neq i}}^{m}\frac{x-x_k}{x_i-x_k}\right] \tag{3-8}$$

用拉格朗日插值多项式进行计算时，节点不应选择过多，即插值多项式的阶次不宜过高。一般选 4～6 个插值节点。当插值区间比较大、节点较多时，为了改善插值效果，可以采用三次样条（或双三次样条）函数进行插值。

（2）解析延拓

重磁异常是随着场源深度的变化而变化的，当叠加异常的场源深度不同时，它们随着观测平面高度的变化而增减的速度也不同。浅部地质因素所引起的异常随观测平面高度的变化具有较高的敏感性，而深部地质因素所引起的异常却显得比较迟钝。因此，在异常的划分中，人们提出用异常的空间换算方法来划分不同深度的叠加异常。这项工作称为异常的解析延拓。常用的解析延拓方法有向上延拓和向下延拓两种。向上延拓是将地面实

测的异常换算为地面以上另一高度观测面上的异常；而向下延拓则是根据地面实测异常求取地下某一深度(场源深度以上)观测面上的异常。

一般来讲，向上延拓总是给出比原来更平滑的异常图，对于划分起因于较深场源的异常效果较好。向上延拓使叠加异常中的浅部地质因素的影响减弱，而深部地质因素的影响相对得到加强，而向下延拓可以使浅部地质因素的影响相对增强，深部地质因素的影响相对减弱。但是，当向下延拓的深度大于或接近于场源深度时，延拓后的场会显示出急剧的波动。在某种情况下，波动开始时的水平面可能给出场源异常物体的顶部深度。从上面讨论可知，解析延拓对于划分来自不同深度的场源异常特别有用。

(3) 磁异常水平方向导数

磁异常水平方向导数即水平一阶导数，在磁法勘探的解释中得到广泛的应用。

① 水平一阶导数的计算

在测线上，当取 Δx 较小时，磁异常(或重力异常)可以用差商近似地代替微商(即导数)，这样

$$\frac{\partial \Delta T}{\partial x} \approx \frac{\Delta T(x+\Delta x)-\Delta T(x)}{\Delta x} \tag{3-9}$$

由于观测值中不可避免地存在误差和浅部小磁性体的干扰，因此，直接利用上式计算水平一阶导数误差较大。实际工作中，先对实测异常进行圆滑，然后再计算便可取得较好的效果。

② 水平一阶导数的作用

可对磁异常任一水平方向求导数，如对某一方向(例如 45°)求水平导数，则对该方向的垂直方向(即 135°)上的异常高频成分有放大作用。因此实践中常用方向导数分析区内某一方向上的构造线特征。例如断层、不同磁性的构造分界线，它们在平面图上对应是水平导数异常高值点的连线位置。这个高值异常值相对周围较大，即使在周围出现伴生反向异常，这种反向异常也只占辅助地位，不影响主异常形态。

水平方向导数能消除或削弱背景场。当区域性背景场为常数或近于线性变化时，对场求水平方向导数，则因常数的导数为零，或因线性变化方向上的方向导数为常数，所以求导后可消除或削弱背景场的影响。

除此之外，水平方向导数还有区分水平(即横向)叠加异常等作用。

(4) 化向磁极

在垂直磁化条件下，磁异常的形态及其与磁性体的对应关系都比较简单，因此，便于进行正确的地质解释。但我国大部分国土均处在中纬度地区，磁异常具有斜磁化的特征。即一个完整的异常总是由正、负两部分伴生组成，且异常极值与磁性体的位置关系比较复杂，这就增添了解释推断的困难。通过数学换算可以将斜磁化转变为"垂直磁化"。这一过程相当于人为地将磁性体移到地球磁极区，又可解释为将实测磁性体的磁化方向换算成这个磁性体在地球磁极时的磁化方向，故称为"化向磁极"。

实际测量中，ΔT 异常比 ΔZ 异常更容易受到斜磁化的影响，而现在野外磁测基本都用电子式磁力仪，即测量 ΔT 异常，所以化向磁极这项工作已成为磁异常处理中的一项重要内容。

化向磁极后，一可简化磁异常图像，比较容易识别磁异常性质；二可使地面磁异常位置

与地下磁性体的位置相符。

化向磁极的换算可在空间域中进行，也可在频率域中进行。空间域化向磁极换算时，假定磁体为均匀磁化体，化向磁极有以下几个步骤：首先由 ΔT 积分求出磁位；再由磁位求出磁源重力位；然后由磁源重力位的垂向二阶导数求出垂直磁化时垂直磁异常。异常分量转换中介绍的将斜磁化 ΔT 转化成垂直磁化垂直磁异常 $Z_{a}^{\perp}$（总磁化强度方向垂直向下，而磁化强度的数值不变）的过程即为空间域的化向磁极。

化向磁极后的磁异常一般会向北偏移，偏移的距离与磁倾角和磁化倾角有关，角度越小偏移的距离越大。

化向磁极时通常假定磁化方向与地磁场方向一致，但是由于剩余磁化强度的存在和退磁作用的结果，磁性体的磁化方向与地磁场方向几乎总是不一致，以致化向磁极结果出现畸变；此外，数据的离散性及有限性和磁化方向不准也是影响化向磁极效果的一个主要原因。

(5) 异常分量转换

重力异常的分量转换包括由重力异常计算 x 和 y 方向分量，磁异常的分量转换包括由 ΔT 计算 Z_{a}、H_{ax}、H_{ay} 等各个分量，或者做反向计算由 Z_{a} 计算 H_{ax}、H_{ay}，不同磁化方向异常的相互转换等。下面以二度异常为例，说明异常分量间转换的原理和方法。

① 同平面上的 Z_{a} 与 H_{ax} 间的转换及 Δg 与 V_{x} 间的转换

为解决这个问题，需要给出拉普拉斯方程诺依曼问题的解。对于二度体来说，其解的形式称为半平面诺依曼问题。其基本解为

$$f(x,z)=-\frac{1}{\pi}\int_{-\infty}^{\infty}\frac{\partial f(\xi,0)}{\partial z}\ln[(\xi-x)^{2}+z^{2}]^{1/2}\mathrm{d}\xi \tag{3-10}$$

令上式中的 $f(x,z)$ 为磁位 U_{m}，这样根据场位间的关系，有

$$Z_{a}(\xi,0)=-\mu_{0}\frac{\partial U_{m}}{\partial z} \tag{3-11}$$

$$H_{ax}=-\mu_{0}\frac{\partial U_{m}}{\partial x} \tag{3-12}$$

$$\Delta g(\xi,0)=\frac{\partial V}{\partial x} \tag{3-13}$$

$$V_{x}=\frac{\partial V}{\partial x} \tag{3-14}$$

故由式(3-12)可得

$$\begin{aligned}H_{ax}(x,z)&=-\frac{1}{\pi}\int_{-\infty}^{\infty}Z_{a}(\xi,0)\frac{\partial}{\partial x}\ln[(\xi-x)^{2}+z^{2}]^{\frac{1}{2}}\mathrm{d}\xi\\&=-\frac{1}{\pi}\int_{-\infty}^{\infty}\frac{Z_{a}(\xi,0)(x-\xi)}{(x-\xi)^{2}+z^{2}}\mathrm{d}\xi\end{aligned} \tag{3-15}$$

同理

$$V_{x}(x,z)=-\frac{1}{\pi}\int_{-\infty}^{\infty}\frac{\Delta g(\xi,0)(x-\xi)}{(x-\xi)^{2}+z^{2}} \tag{3-16}$$

在同一平面上，通常取计算点为坐标原点($x=0$)，当进行分量转换($z=0$)时，有

$$H_{ax}(0,0)=\frac{1}{\pi}\int_{-\infty}^{\infty}\frac{Z_a(\xi,0)\mathrm{d}\xi}{\xi} \tag{3-17}$$

$$V_x(0,0)=\frac{1}{\pi}\int_{-\infty}^{\infty}\frac{\Delta g(\xi,0)\mathrm{d}\xi}{\xi} \tag{3-18}$$

可见，实现同平面分量间转换的问题，就变成求上述二式的数值积分问题(能够证明上式的积分是奇异积分，且在主值范围内是收敛的)。为计算上述积分，把积分区间$(-\infty,\infty)$分为：$(-\infty,-\xi_N)$、$(-\xi_N,-\xi_1)$、$(-\xi_1,\xi_1)$、(ξ_1,ξ_N)和(ξ_N,∞)5个区间，并分别计算它们的积分近似值。下面以由Z_a计算H_{ax}为例。

在$(-\xi_1,\xi_1)$内，将$Z_a(\xi,0)$展开成麦克劳林级数，且只取前两项，即

$$Z_a(\xi,0)=Z_a(0,0)+\frac{Z'_a(0,0)}{1!}\xi \tag{3-19}$$

有

$$\begin{aligned}\int_{-\xi_1}^{\xi_1}\frac{Z_a(\xi,0)}{\xi}\mathrm{d}\xi&=\int_{-\xi_1}^{\xi_1}Z_a(0,0)\frac{\mathrm{d}\xi}{\xi}+\int_{-\xi_1}^{\xi_1}Z'_a(0,0)\frac{\xi\mathrm{d}\xi}{\xi}\\&=\int_{-\xi_1}^{-\varepsilon}Z_a(0,0)\frac{\mathrm{d}\xi}{\xi}+\int_{\varepsilon}^{\xi_1}Z_a(0,0)\frac{\mathrm{d}\xi}{\xi}+\int_{-\xi_1}^{\xi_1}Z'_a(0,0)\mathrm{d}\xi\\&=Z_a(0,0)\ln\xi\Big|_{-\xi_1}^{-\varepsilon}+Z_a(0,0)\ln\xi\Big|_{\varepsilon}^{\xi_1}+Z'_a(0,0)\xi\Big|_{-\xi_1}^{\xi_1}\\&=Z_a(\xi_1,0)-Z_a(-\xi_1,0)\end{aligned} \tag{3-20}$$

将(ξ_1,ξ_N)分为数个子区间，并对各个子区间运用中值定理，对于(ξ_1,ξ_2)子区间，有

$$\int_{-\xi_1}^{\xi_2}\frac{Z_a(\xi,0)}{\xi}\mathrm{d}\xi=\frac{Z_a(\xi_2,0)+Z_a(\xi_1,0)}{2}\ln\frac{\xi_2}{\xi_1} \tag{3-21}$$

故

$$\begin{aligned}\int_{\xi_1}^{\xi_N}\frac{Z_a(\xi,0)}{\xi}\mathrm{d}\xi=&\Big[\frac{1}{2}Z_a(\xi_1,0)\ln\frac{\xi_2}{\xi_1}+Z_a(\xi_2,0)\ln\frac{\xi_3}{\xi_1}+Z_a(\xi_3,0)\ln\frac{\xi_4}{\xi_2}+\cdots+\\&Z_a(\xi_{N-1},0)\ln\frac{\xi_N}{\xi_{N-2}}+Z_a(\xi_N,0)\ln\frac{\xi_N}{\xi_{N-1}}\Big]\end{aligned} \tag{3-22}$$

在(ξ_N,∞)区间内，设Z_a随距离平方反比衰减，即

$$Z_a(\xi,0)=Z_a(\xi_N,0)\frac{\xi_N^2}{\xi^2} \tag{3-23}$$

故有

$$\int_{\xi_N}^{\infty}\frac{Z_a(\xi,0)}{\xi}\mathrm{d}\xi=\frac{1}{2}Z_a(\xi_N,0) \tag{3-24}$$

对$(-\infty,-\xi_N)$和$(-\xi_N,-\xi_1)$两个区间变换积分限，再取负值，所得的积分结果与(ξ_N,∞)和(ξ_1,ξ_N)区间结果相同。将这5个区间的积分结果累加后，其和为

$$H_{ax}(0,0)=\sum_{i=1}^{N}a_i\left[Z_a(\xi_i,0)-Z_a(-\xi_i,0)\right] \tag{3-25}$$

式中：$a_1=\frac{1}{\pi}(1+\frac{1}{2}\ln\frac{\xi_2}{\xi_1}),\cdots,a_i=\frac{1}{2\pi}\ln\frac{\xi_{i+1}}{\xi_{i-1}},a_N=\frac{1}{2\pi}\ln\frac{\xi_N}{\xi_{N-1}}$，其中$i=2,3,\cdots,N-1$。

当$N=10$，以点距为单位划分区间时，系数$a_1,a_2,\cdots,a_N$的值见表3-3。

表 3-3　由 Z_a 转换计算 H_{ax} 时的相关系数

$\xi_{\pm i}$	ξ_1	ξ_2	ξ_3	ξ_4	ξ_5	ξ_6	ξ_7	ξ_8	ξ_9	ξ_{10}
a_i	0.428 6	0.174 9	0.110 3	0.081 3	0.064 5	0.053 6	0.045 8	0.040 0	0.035 5	0.175 9

用式(3-25)计算时,应注意没有 $\xi_i=0$ 项,或计算点 $Z_a(0,0)$ 的异常值不在其内。另外,最后一个点的系数很大,因为它考虑了由这个点一直到无穷远的影响。

当由重力异常 Δg 计算 V_x 时,只需要将式(3-25)中的 Z_a 换为 Δg、H_{ax} 换成 V_x 即可。将式(3-25)右端乘以−1,且 Z_a 和 H_{ax} 互换后,可用其由 H_{ax} 计算 Z_a,或由 V_x 计算 Δg。

利用几个分量同时进行解释,可提高结果的可靠性,或可使问题容易解决。如,利用 $H_{ax}-Z_a$ 参量图,可判断地质体的形状和确定磁化特征角;由 H_{ax} 和 Z_a 可求得总磁异常矢量 T_a,便于推断某些地质体的倾向。此外,利用 V_x 与 Δg 或 H_{ax} 与 Z_a 间的转换可进行重磁场正常场改正。

② 不同磁化方向异常间的转换

磁化方向对磁异常曲线的特征有很大的影响。如果将实测异常换算成垂直磁化或顺层磁化的异常,则可以使推断解释工作变得更加方便。

(a) 将 Z_a 转换成垂直磁化的 $Z_a^{\perp}$、$H_{ax}^{\perp}$ 异常

前面已指出,在垂直磁化的条件下,水平圆柱体、直立板状体的 $Z_a^{\perp}$ 异常是对称的,解释比较简单,再如由 $Z_a^{\perp}$ 的分布特征可推断倾斜台阶或倾斜板的倾向。此外,垂直磁化异常的反演也较斜磁化简单易行。可见将实测的任意磁化方向的 Z_a 异常换算成垂直方向上的异常对解释工作是有利的。

$$H_{ax}=\frac{\mu_0 M_s}{4\pi G\rho}(-V_{zz}\cos i_s+V_{xz}\sin i_s)$$

$$Z_a=\frac{\mu_0 M_s}{4\pi G\rho}(V_{xz}\cos i_s+V_{zz}\sin i_s)$$

上式中有效磁化强度倾角 $i_s=90°$,可得有效磁化强度 M_s,垂直向下的磁异常公式为:

$$\left.\begin{aligned}H_{ax}^{\perp}&=\frac{\mu_0 M_s}{4\pi G\rho}V_{xz}\\ Z_a^{\perp}&=\frac{\mu_0 M_s}{4\pi G\rho}V_{zz}\end{aligned}\right\}\tag{3-26}$$

于是,二度体的异常公式可写成:

$$\left.\begin{aligned}H_{ax}&=\frac{\mu_0 M_s}{4\pi G\rho}(-V_{zz}\cos i_s+V_{xz}\sin i_s)=H_{ax}^{\perp}\sin i_s-Z_s^{\perp}\cos i_s\\ Z_a&=\frac{\mu_0 M_s}{4\pi G\rho}(V_{xz}\cos i_s+V_{zz}\sin i_s)=H_{ax}^{\perp}\cos i_s+Z_s^{\perp}\sin i_s\end{aligned}\right\}\tag{3-27}$$

在总磁化强度 M 与正常地磁场 T_0 方向一致时,式(3-27)变为

$$\left.\begin{aligned}H_{ax}&=\frac{\mu_0 M}{4\pi G\rho}(-V_{zz}\cos I_0\cos A'+V_{xz}\sin I_0)=H_{ax}^{\perp}\sin I_0-Z_a^{\perp}\cos I_0\cos A'\\ Z_a&=\frac{\mu_0 M}{4\pi G\rho}(V_{xz}\cos I_0\cos A'+V_{zz}\sin I_0)=H_{ax}^{\perp}\cos I_0\cos A'+Z_a^{\perp}\sin I_0\end{aligned}\right\}\tag{3-28}$$

式中，$Z_a^{\perp}$ 和 $H_{ax}^{\perp}$ 分别为总磁化强度 M 垂直向下($i=90°$)的水平和垂直磁异常，即

$$\left.\begin{aligned} H_{ax}^{\perp} &= \frac{\mu_0 M}{4\pi G\rho} V_{xz} \\ Z_a^{\perp} &= \frac{\mu_0 M}{4\pi G\rho} V_{zz} \end{aligned}\right\} \tag{3-29}$$

由式(3-29)中两式联立可解出

$$\left.\begin{aligned} H_{ax}^{\perp} &= \frac{1}{\cos^2 I_0 \cos^2 A' + \sin^2 I_0}(Z_a \cos I_0 \cos A' + H_{ax} \sin I_0) \\ Z_a^{\perp} &= \frac{1}{\cos^2 I_0 \cos^2 A' + \sin^2 I_0}(Z_a \sin I_0 - H_{ax} \cos I_0 \cos A') \end{aligned}\right\} \tag{3-30}$$

当用式(3-28)代替上式中的 H_{ax} 时，则有

$$\left.\begin{aligned} H_{ax}^{\perp}(0,0) &= \frac{1}{\cos^2 I_0 \cos^2 A' + \sin^2 I_0}\left(Z_a(0,0)\cos I_0 \cos A' + \frac{\sin I_0}{\pi}\int_{-\infty}^{\infty} \frac{Z_a(\xi,0)\mathrm{d}\xi}{\xi}\right) \\ Z_a^{\perp}(0,0) &= \frac{1}{\cos^2 I_0 \cos^2 A' + \sin^2 I_0}\left(Z_a(0,0)\sin I_0 - \frac{\cos I_0 \cos A'}{\pi}\int_{-\infty}^{\infty} \frac{Z_a(\xi,0)\mathrm{d}\xi}{\xi}\right) \end{aligned}\right\} \tag{3-31}$$

该公式就是将斜磁化二度体垂直磁异常 Z_a 转换成垂直磁化(总磁化强度方向转到垂直向下方向，而总磁化强度的大小不变)的磁异常公式。

应注意，式(3-31)只适用总磁化强度 M 与地磁场 T_0 方向一致的情况。

(b) 将 Z_a 转换成顺层磁化的 $Z_a^{\parallel}$、$H_{ax}^{\parallel}$ 异常

磁化特征角 $\gamma(\gamma=\beta-i_s)$ 对板状体磁异常的分布特征影响很大。顺层磁化时，无限延深的板状体的 Z_a 曲线呈对称分布，对有限延深顺层磁化板状体，虽 $Z_a^{\parallel}$ 的曲线是不对称的(除直立者外)，但 $Z_a^{\parallel}$ 曲线在拐点之内近于对称，Z_{amax} 在原点附近，板状体的倾向一侧有明显负值，而斜磁化下没有这些特征。因此，将 Z_a 转换成 $Z_a^{\parallel}$ 和 $H_{ax}^{\parallel}$，对异常解释是有益的。

若

$$H_{ax} = \frac{2\mu_0 M_s}{4\pi}\sin\beta\left[\cos\gamma \ln\frac{r_C}{r_A} - \sin\gamma(\varphi_A - \varphi_C)\right]$$

$$Z_a = \frac{2\mu_0 M_s}{4\pi}\sin\beta\left[\sin\gamma \ln\frac{r_C}{r_A} - \cos\gamma(\varphi_A - \varphi_C)\right]$$

根据板状体的磁异常公式即可得顺层磁化板状体 $H_{ax}^{\parallel}$ 和 $Z_a^{\parallel}$ 的公式，将 $H_{ax}^{\parallel}$ 和 $Z_a^{\parallel}$ 再代回式(3-28)有

$$\left.\begin{aligned} H_{ax} &= H_{ax}^{\parallel}\cos\gamma - Z_a^{\parallel}\sin\gamma \\ Z_a &= H_{ax}^{\parallel}\sin\gamma + Z_a^{\parallel}\cos\gamma \end{aligned}\right\} \tag{3-32}$$

由上式可解出

$$\left.\begin{aligned} Z_a^{\parallel}(0,0) &= Z_a(0,0)\cos\gamma - \frac{\sin\gamma}{\pi}\int_{-\infty}^{\infty}\frac{Z_a(\xi,0)\mathrm{d}\xi}{\xi} \\ H_{ax}^{\parallel}(0,0) &= Z_a(0,0)\sin\gamma + \frac{\cos\gamma}{\pi}\int_{-\infty}^{\infty}\frac{Z_a(\xi,0)\mathrm{d}\xi}{\xi} \end{aligned}\right\} \tag{3-33}$$

第二节　深部高温地热体地震勘探技术

一、宽频地震勘探技术

（一）宽频地震勘探的定义

1. 频带宽度的定义

一般采用倍频程来定义相对频带宽度，倍频程的数学表达式为：

$$n=\frac{\lg \frac{f_H}{f_L}}{\lg 2} \tag{3-34}$$

式中，n 为倍频程；f_L 为下限频率；f_H 为上限频率。

倍频程说明了在频带宽度范围内的最高频率和最低频率的关系。对于可控震源而言，传统的扫描频率范围为 8～64 Hz，仅为 3 个倍频程，属于窄频带。而真正意义的宽频带应该在 5 个倍频程以上，如频率为 2～64 Hz 或 3～96 Hz 等；若达到 6 个倍频程，频率则为 1.5～96 Hz 或者 2～128 Hz。

2. 频带宽度与分辨率的关系

通常情况下，人们用楔形地层模型合成反射波的调谐振幅来定义垂向分辨率，可分辨的薄层厚度为四分之一主波长，即：

$$\Delta h=\frac{v_n}{4f_b}=\frac{\lambda_b}{4} \tag{3-35}$$

式中，Δh 为薄层厚度；v_n 为速度；f_b 为子波主频；λ_b 为主波长。

式(3-35)对分辨率的讨论有一定的局限性，主要是没有考虑子波的频带宽度和相位性质。用零相位子波制作不同绝对频带宽度的理论记录，说明子波的绝对频带宽度与时间分辨率的关系(图 3-1)。

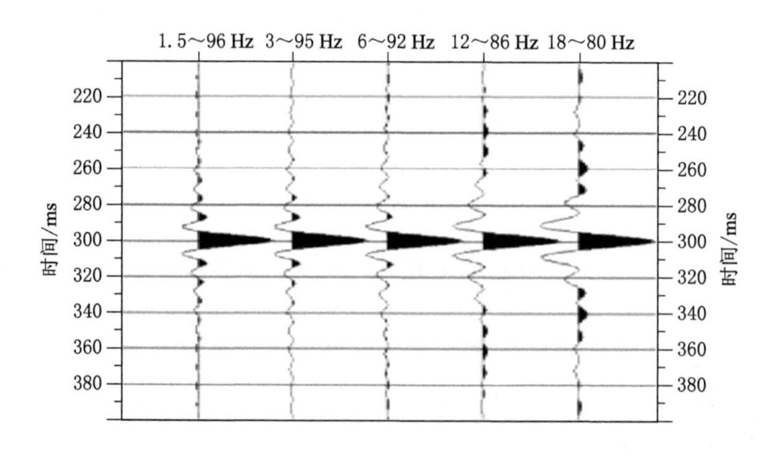

图 3-1　子波的绝对频带宽度与时间分辨率的关系

采用 Widess 准则定义分辨率 R_a，并对子波的分辨率进行量化计算。

$$R_a=\frac{\left|\int_{-\infty}^{\infty}A(f)\cos\theta(f)\mathrm{d}f\right|^2}{\int_{-\infty}^{\infty}A^2(f)\mathrm{d}f}=\frac{a_m^2}{E} \tag{3-36}$$

式中，$A(f)$为子波振幅谱；$\theta(f)$为子波相位谱；a_m 为子波最大振幅（主峰极值）；E 为子波总能量。

当子波为零相位的带通子波时，式(3-36)所表示的时间分辨率为：

$$R_a=\frac{1}{2\Delta f} \tag{3-37}$$

式中，Δf 为绝对频带宽度。

由式(3-37)可以计算出图 3-1 中 5 种不同频带宽度子波的时间分辨率，计算结果见表 3-4。

表 3-4　零相位带通子波对应的时间分辨率

频带宽度/Hz	1.5～96	3～95	6～92	12～86	18～80
分辨率/ms	5.3	5.4	5.8	6.8	8.1

对于普通地震勘探而言，8～60 Hz 是最常见的频带宽度，在无噪和子波零相位的前提下，可分辨的时间厚度为 9.6 ms；如果低频拓展到 1 Hz，频带宽度为 1～60 Hz 时，可分辨的时间厚度则为 8.4 ms。因此，按照 Widess 准则，分辨率是由频带宽度决定的，子波的频带越宽，可分辨的时间厚度越小，即分辨率越高（张进铎 等，2006）。

3. *频带宽度与保真度的关系*

设计 3 个大小不等的正反射系数，分别是 0.3、0.1 和 0.2，时间间隔为 30 ms，与 4 个不同频带宽度的零相位子波褶积，形成合成记录（图 3-2）。由图 3-2 可见，在无噪情况下，随着频带加宽，合成记录的分辨率逐步提高，旁瓣减小，合成记录中的峰值振幅与反射系数的一致性增强，振幅的保真度更高。

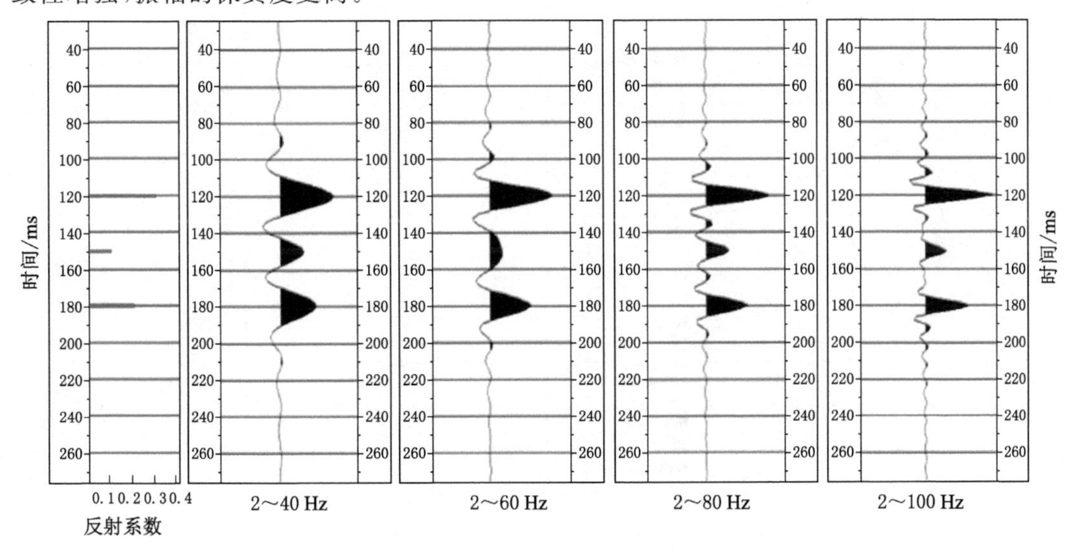

图 3-2　不同频带宽度子波的合成记录

图 3-1 的理论记录与图 3-2 的合成记录均说明了宽频带在分辨率和保真度方面的优势。当数据中有效信号的高频、低频都很丰富时，才能完成一个尖锐的子波。绝对频带越向高频移动，信号的分辨率就越高。因为现在的震源设备已有了足够的高、低频扫描功能，完全能满足宽频勘探信噪比和分辨率方面的要求。不过，还需要根据实际情况，有针对性地设计频带宽度和施工参数，以达到高分辨率勘探的目的(Ninassi et al.,2008)。

(二) 宽频地震勘探的优越性

1. 地震勘探发展历程及其特点

到目前为止，三维地震勘探大致经历了 4 个发展阶段：① 常规三维勘探阶段(1990—2000 年)，覆盖次数为 20～48 次，面元为 25 m×50 m，横纵比为 0.2～0.3，多是窄方位采集，能解决构造成像和断层识别问题；② 二次三维勘探阶段(2001—2008 年)，覆盖次数为 50～100 次，面元为 20 m×20 m 或 25 m×25 m，可控震源扫描频率一般在 4 个倍频程以内，横纵比为 0.2～0.5，仍属于窄方位勘探，试图解决储层预测问题；③ 高精度三维勘探阶段(2009—2012 年)，覆盖次数增至 100 次以上，面元减小到 10 m×20 m 或 12.5 m×25 m，横纵比一般大于 0.5，可控震源扫描频率仍在 4 个倍频程以内，但由于空间采样密度的增加，能够有效解决复杂区的成像问题，也可用于成熟区的储层预测；④ "两宽一高"(宽频带、宽方位、高密度)勘探阶段(2013 年后)，覆盖次数大于 200 次，甚至高达数千次，面元为 10 m×10 m 或 12.5 m×12.5 m，甚至小到 5 m×5 m，横纵比为 0.5～1，采用宽频可控震源激发，扫描频率大于 5 个倍频程，服务于地层属性分析、裂缝预测、流体识别等油气藏方面的精细研究。

2. 数据频带宽度对地震反演精度的影响

影响地震反演精度的因素很多，其中地震数据的不完备是主要障碍之一，反射波的频带有限性严重影响了波阻抗反演的质量。图 3-3 为从某地区一口实际测井资料中提取的反

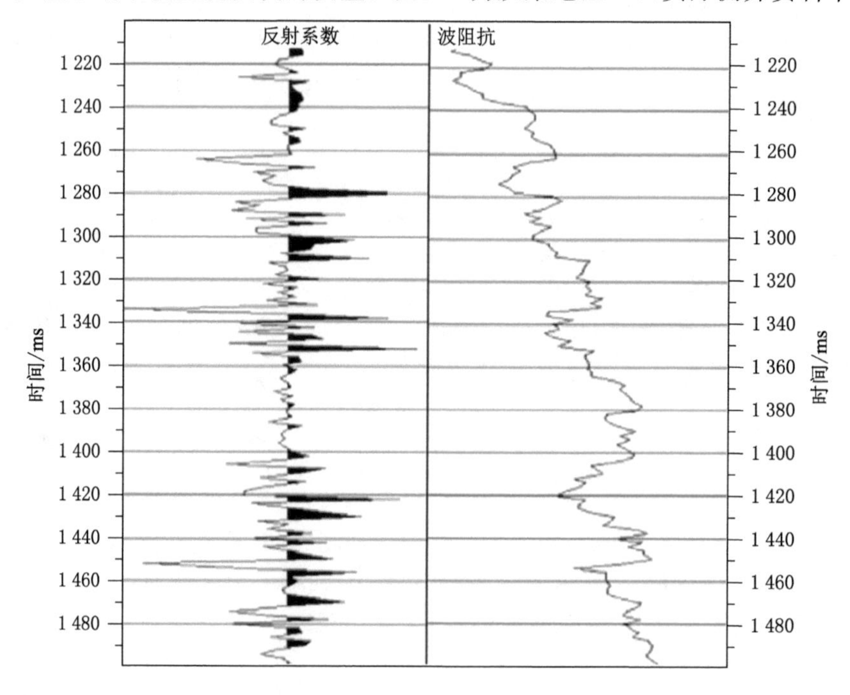

图 3-3　反射系数及波阻抗

射系数及计算出的波阻抗，图 3-4 为不同相对频带宽度的零相位子波制作的合成记录及其反演出的波阻抗。

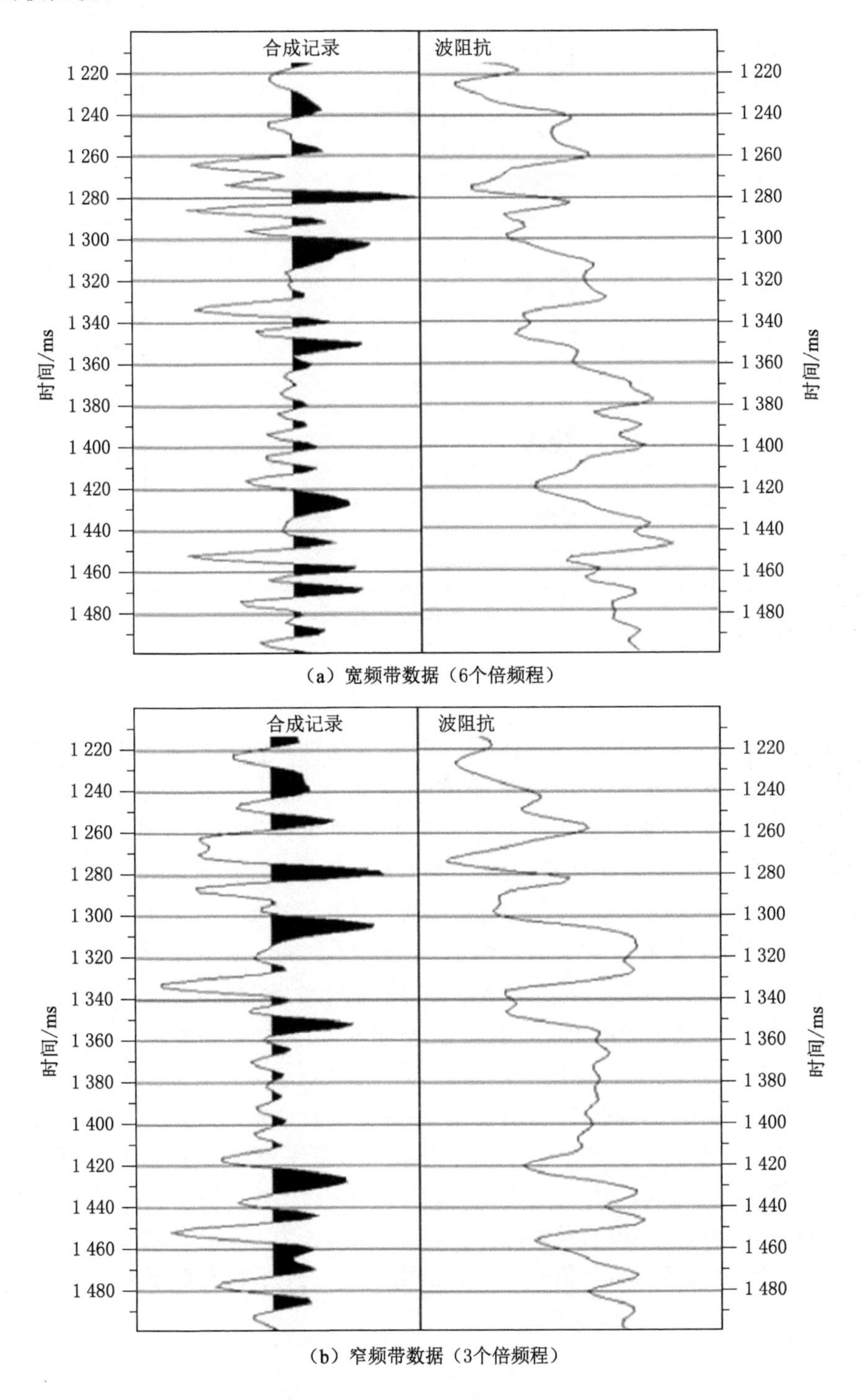

（a）宽频带数据（6个倍频程）

（b）窄频带数据（3个倍频程）

图 3-4　不同相对频带宽度的合成记录及其反演出的波阻抗

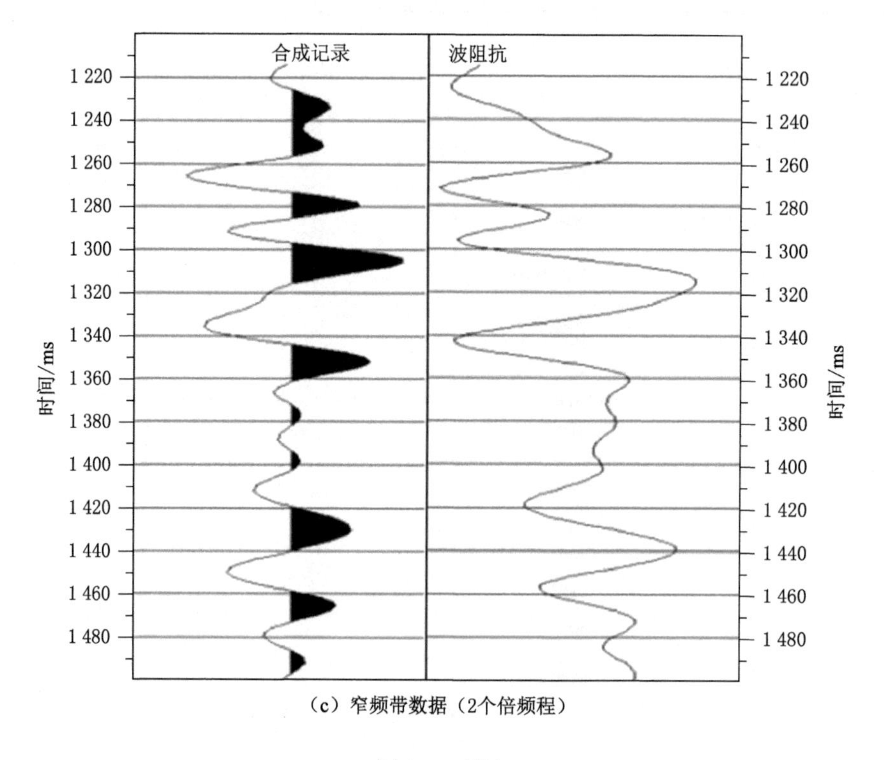

(c) 窄频带数据（2个倍频程）

图 3-4 （续）

当频带宽度为 6 个倍频程(1.5～96 Hz)时，反演的波阻抗虽然无法完全恢复一些超高频的薄层信息，但基本上可以反映原阻抗的趋势和形态；而当频带宽度减小至 2 个倍频程(10～40 Hz)时，对应的波阻抗丢失了大量的信息，包括低频趋势和精细的薄层信息。若缺少低频成分，反演出的阻抗值不准确；若缺少高频成分，就会丢失薄层和小层的细节。

对比图 3-4 中不同频带宽度的合成记录以及在其频带数据上反演的波阻抗，不难看出，数据的倍频程越大，波阻抗反演的精度越高。可见，波阻抗反演精度对数据的频带宽度有较强的依赖性。因此，为了减小地震反演的非唯一性，提高反演结果的可靠性，需要在采集、处理过程中增加有效信号的频带宽度，扩大倍频程(俞寿朋，1993)。

3. 低频信号在特殊地震体勘探中的作用

特殊岩性体(火成岩体、膏盐体、潜山等)的存在增加了地层非均质性，而非均匀介质对波场的散射作用与所传播信号的波长密切相关，低频信号具有较强的穿透非均匀层的能力；同时，地层对地震波的吸收衰减作用也随着频率的增加呈指数增强，频率越高，吸收和散射作用越强。而低频信号衰减缓慢，具有较强的抗吸收和抗散射能力，更易于穿透具有强散射和强吸收性的特殊岩性体，所以利用低频信号可以改善深层特殊岩性体成像的质量。

（三）宽频地震勘探的影响因素

1. 地震采集因素

地震数据采集方法是地震勘探的基础，除地表、地下地震地质条件直接影响着勘探效果外，就目前的宽频地震采集方法而言，制约数据频带宽窄的因素概括起来主要有以下几个方面。

激发方面，对于炸药震源而言，主要有：炸药类型、激发井深、激发药量、组合井数等。对于可控震源而言，主要有：震源类型、组合台数、振动次数、起止频率、扫描长度、驱动幅度、扫描方式等。总之要求激发出能量足够、频带较宽的地震信号。

接收方面，主要有：地震仪器的动态范围、采用间隔、检波器的类型、自然频率、组合形式、组合个数、组合基距、组内距及耦合程度等，以保证不畸变地接收反射信号。

观测系统方面，主要有：CMP 面元、覆盖次数、最大炮检距、最小炮检距、横纵比、观测系统属性的均匀性等，以保证勘探工作顺利实施，利于地震资料的采集、处理和综合研究。

2. 资料处理因素

要获得宽频的地震信息，不仅要在野外尽可能激发、接收较宽的频谱，还要在数据处理过程中尽量保持宽频信息。因此，在保证信噪比不受过大影响的前提下，提高主频和频带宽度是资料处理中提高纵向分辨率的关键所在。可见，影响数据频带宽度的处理模块参数主要有：信号归一化静校正（静校正、剩余静校正等）、反褶积、速度分析、Q 补偿与谱白化、偏移方法等。

综上所述，激发、接收是基础，资料处理是关键。各方面都要做好试验工作，采用合理的参数和适用的流程，才能够保证宽频采集的成功。

（四）宽频激发技术

1. 炸药震源激发技术

陆上地震勘探最常用的激发方式是炸药激发。而炸药的性能、爆炸速度、阻抗耦合（激发深度、激发岩性）、几何耦合等对地震子波的初始波频率都有一定程度的影响。地震资料的频率取决于激发的初始子波频带，所以在讨论激发参数对地震资料频率的影响时，必须要在选择合理的炸药类型的基础上，依据噪音强度、反射能量、潜水面深度、低降速层厚度和岩性大致确定药量及井深范围后，再进行严格的试验分析来确定最佳的激发药量及激发井深（钱绍湖，1999）。

（1）炸药类型的选择

从提高分辨率的角度来讲，炸药类型的选择既要满足阻抗耦合的要求，又要求初始子波具有较宽的频带范围和足够的下传能量（李庆忠，1993）。

目前冀中某凹陷的地震勘探都在高速层中激发，该区高速层多为含饱和水地层，速度在 1 600～1 900 m/s。从冀中凹陷的表层激发围岩与不同炸药的阻抗比分析（表 3-5），从理论上讲，低密硝胺与围岩的阻抗比接近 1，应该适合于高分辨率勘探。

表 3-5　不同类型炸药与冀中凹陷表层激发围岩的阻抗耦合

炸药类型	密度/(g/cm^3)	爆速/(m/s)	炸药阻抗	围岩阻抗	阻抗比	备注
低密硝铵	0.9～1.0	4 500	4 275	2 160	1.98	
中密硝铵	1.2～1.4	4 500	5 850	2 160	2.71	
高密硝铵	1.4	5 700	7 980	2 160	3.69	
高爆速炸药	1.4	6 800～7 200	9 800	2 160	4.54	
高能值炸药	1.4	5 000	7 000	2 160	3.24	
胶质炸药	1.5	6 000	9 000	2 160	4.17	

从相同当量的炸药激发实际资料分析，在 30～60 Hz 频率段记录上(图 3-5)，不同炸药类型的 T4 以上主要目的层资料信噪比基本相当，但胶质炸药、高密硝铵激发的资料 T4 以上的层间反射和 T4 以下主要目的层反射信噪比要高，说明胶质、高密硝铵炸药的激发子波 30～60 Hz 频率段的能量更强。单纯从阻抗耦合分析，理论数据与实际资料信噪比不完全相符。实际资料的信噪比不仅与初始子波的频带范围、能量有关，同时决定于地层对不同频率地震波的能量衰减。因此在炸药类型选定时，阻抗耦合可以作为参考因素，同时要参考激发的初始子波能量、频带，要分析经过地层吸收衰减后有效反射的能量与采集系统噪音的相对关系。

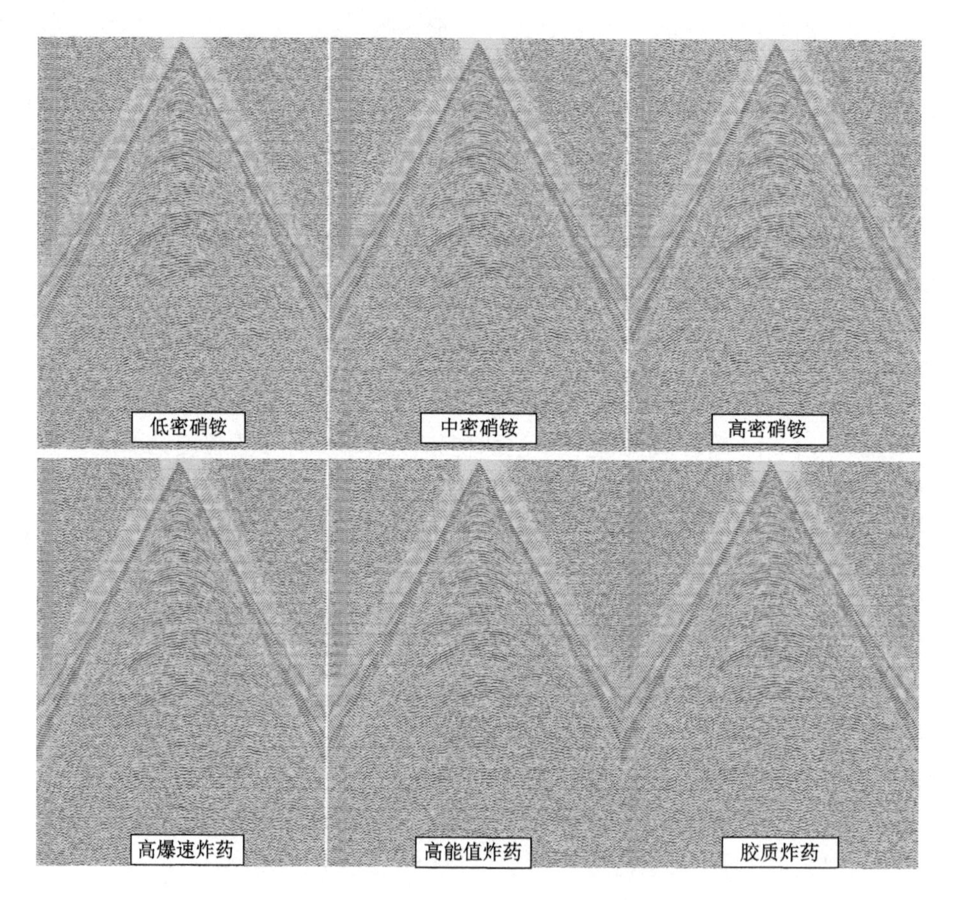

图 3-5　冀中某凹陷激发药型分频 30～60 Hz 单炮

(2) 激发深度的选择

激发深度首先要考虑激发围岩的岩性和速度，其次是强阻抗界面的虚反射对资料分辨率的影响。

根据前面分析，激发围岩的岩性对激发子波能量和频率起着重要的作用，在不同的岩性中激发初始地震子波的特性参数不同。根据冀中某凹陷的表层调查资料可知，冀中地区近地表存在较为稳定的高速层(或潜水面)，阻抗系数与激发药型的阻抗比最接近 1，良好的激发岩性在高速层(或饱和水层)中，因此激发深度必须大于表层的低降速带厚度。

在高速层(或饱和水层)中激发，一般在激发点上面存在两套较强阻抗界面——自由表面和高速层顶界面。虽然自由表面属于强阻抗界面，但是激发子波经过近地表的低降速层的衰减后能量较弱，因此即使初始子波在球面扩散过程中遇到自由表面，产生向下反射波的能量级别更低，基本上对有效地震反射波没有影响。冀中地区的激发井深都在高速层中激发，而且激发点距高速层顶界距离小、地震子波的衰减量较小，因此在该界面产生的虚反射能量较强，有可能影响有效反射波能量和频率(图 3-6)。

如图 3-7 所示，当激发点距虚反射界面较近，两个地震子波的时差小于 1/4 周期时，有效波在一定的频率范围内得以加强。否则，有效波能量被削弱(邓志文，2006)。

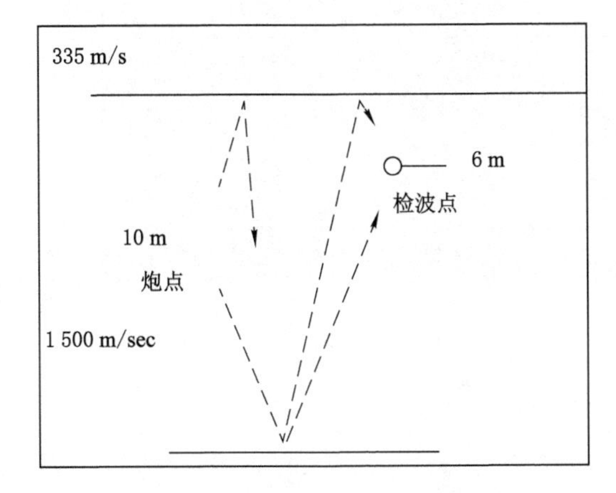

图 3-6　激发接收虚反射示意图

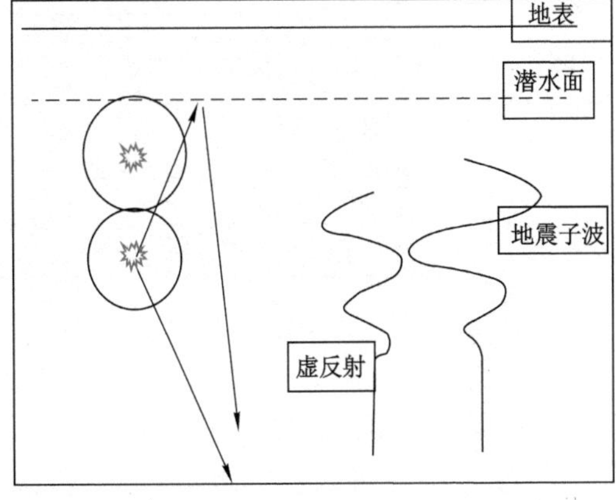

图 3-7　不同深度激发地震子波示意图

依据阻抗耦合和虚反射的理论，激发深度的确定应遵循以下两个原则：

激发点深度(H)应大于低降速带厚度(H_0)，即

$$H > H_0 \tag{3-38}$$

炸药震源距虚反射界面的距离 h 要小于最高主频子波波长的八分之一，即

$$\Delta t = 2h/v \leqslant T/4 \tag{3-39}$$

式中，v 为激发高速层速度；T 为主要目的层周期。

$$h \leqslant \lambda/8 \tag{3-40}$$

式中，λ 为主要目的层波长。

根据××区块以往表层调查资料可知，区内的高速层速度在 1 600～1 900 m/s 之间。目前××区块的高分辨率勘探要求主要目的层段最高主频达到 30～40 Hz，主要目的层需要保护的最高频率为 60 Hz。按以上公式计算，激发深度应该在高速层顶界下 3.5 m 以内。

地震资料的频率不仅受激发的初始子波频带和虚反射的影响，同时也受制于传播过程中的衰减，所以在讨论激发深度对地震资料频率的影响时，必须考虑地震波在表层的吸收衰减差异(赵贤正 等，2009)。

① 低降速带厚度较薄的地区

从目标区的试验点表层调查资料分析：低降速带厚度 H_0=4.8 m；表层衰减量：50 Hz 地震子波能量衰减 3 dB、60 Hz 地震子波能量衰减 4 dB。对比的激发深度有 7 m、9 m、11 m、13 m。从分频 60～120 Hz 来看(图 3-8)，在高速层顶界以下 2 m 激发的记录上，1.5 s 可以见到清晰的反射信息；在高速层顶界以下 4 m 激发的记录上，1.5 s 可以见到断续的反

射信息；在高速层顶界以下 6 m、8 m 激发的记录上，1.5 s 基本上不可分辨反射信息。这与理论分析结论基本吻合，即在高速层顶界（虚反射界面）以下 2 m 激发的地震子波频率高、频带宽。

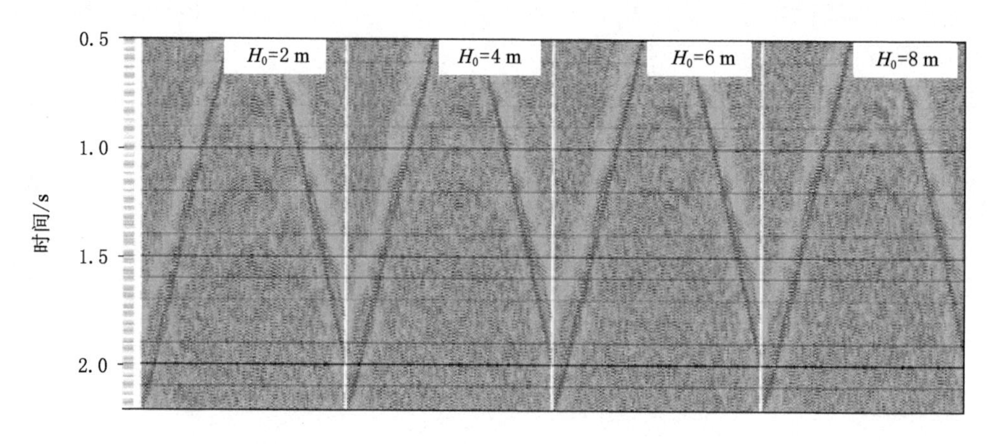

图 3-8　××区块井深试验分频 60～120 Hz 单炮

② 低降速带厚度较厚的地区

从目标区的试验点表层调查资料分析：低降速带厚度 H_0=24.8 m；表层衰减量：40 Hz 地震子波能量衰减 19 dB、50 Hz 地震子波能量衰减 24 dB、60 Hz 地震子波能量衰减 28 dB。对比的激发深度有 28 m、30 m、32 m、34 m。从分频 40～80 Hz 来看（图 3-9），在高速层顶界以下 5 m、7 m 激发的记录上，目的层段 1.8 s 以下可以见到清晰的反射信息；在高速层顶界以下 3 m、9 m 激发的记录上，目的层段 1.8 s 以下可以见到断续的反射信息。通过上述资料对比分析，在表层吸收衰减量较大的地区，目的层段的资料频率不高（有效频率 40 Hz 左右），难以达到高分辨率勘探的要求。从反射波有效频率段的信噪比分析，最佳激发深度在高速层顶界以下 5～7 m。

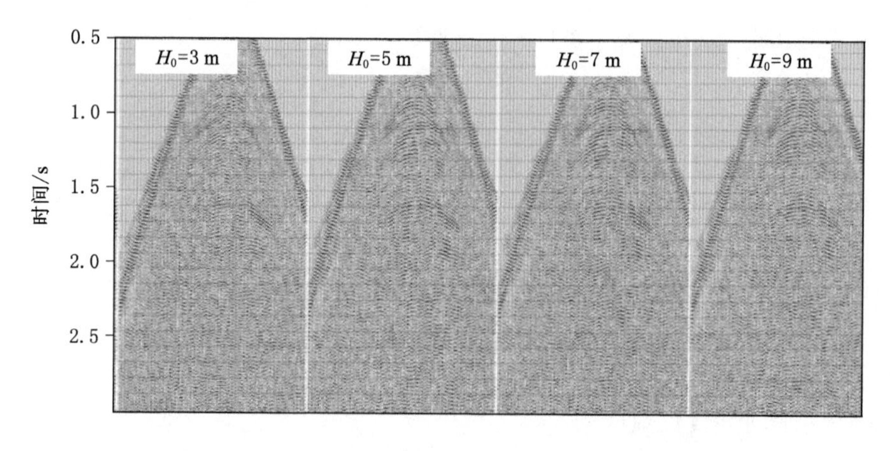

图 3-9　××区块井深试验分频 40～80 Hz 单炮

根据上述不同地区的分频资料分析，由于表层结构和深层地震地质条件的差异，资料的有效频带范围差异较大，因此开展高分辨率勘探必须根据不同地区的实际地震地质条件进行具体分析。

(3) 激发药量的选择

在陆上高分辨率地震勘探中，一般认为使用小激发药量有利于提高地震资料的分辨率。根据激发药量与激发能量和激发频宽的关系：

激发能量：

$$N = \sqrt[3]{Q} \tag{3-41}$$

式中，N 为激发能量；Q 为激发药量。

爆炸频宽：

$$\Delta F = \frac{1}{\sqrt[3]{Q}} \tag{3-42}$$

式中，ΔF 为激发频宽。

从激发频宽的角度分析，激发药量越小，激发子波的频带越宽，越有利于提高频率；但是如果激发药量过小，激发子波的能量也较小，经过表层、深层地层吸收衰减，有效反射波能量必将较弱，从而导致地震资料的信噪比过低。激发药量的选择首先要保证地震资料具有足够的信噪比，在保证信噪比的前提下，再拓展激发子波的频带范围。

从××地区的试验资料对比分析可以看出：该点 $H_0=8.1$ m，$v_0=466$ m/s。从激发药量为 2 kg、4 kg、6 kg 单炮的 50～100 Hz 分频记录上(图 3-10)，4 kg、6 kg 的主要目的层段可以见到清晰的反射信息，而 2 kg 的主要目的层段难以见到连续的反射信息，说明该区 4 kg 激发高频段信噪比较高，而小药量 2 kg 激发的资料高频段信噪比较低。

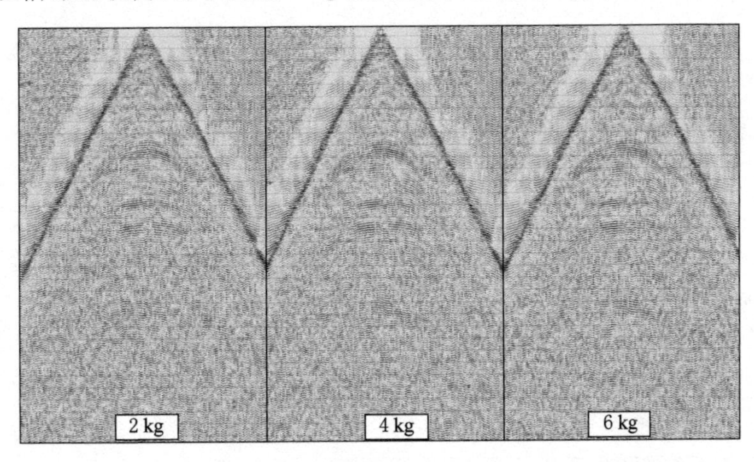

图 3-10　××地区不同激发药量试验 50～100 Hz 分频记录

从××地区不同激发药量分频剖面对比(图 3-11)，2 kg 与 4 kg 效果相差不大。30～60 Hz 频段深层 4 kg 激发效果略好，但不特别明显，50 Hz 分频以上，浅层资料 2 kg 激发效果好，频率高，说明在资料采集中必须根据地质目标选择激发药量，针对浅层可以选用小药量激发提高频率，针对深层首先要得到有效反射，再考虑提高频率。

2. 可控震源激发技术

可控震源勘探原理是通过电子控制箱体，将设计的一个扫描信号通过驱动平板产生连续震动信号，将能量可控地传送给大地，然后通过参考扫描与反射扫描互相关等运算方法，

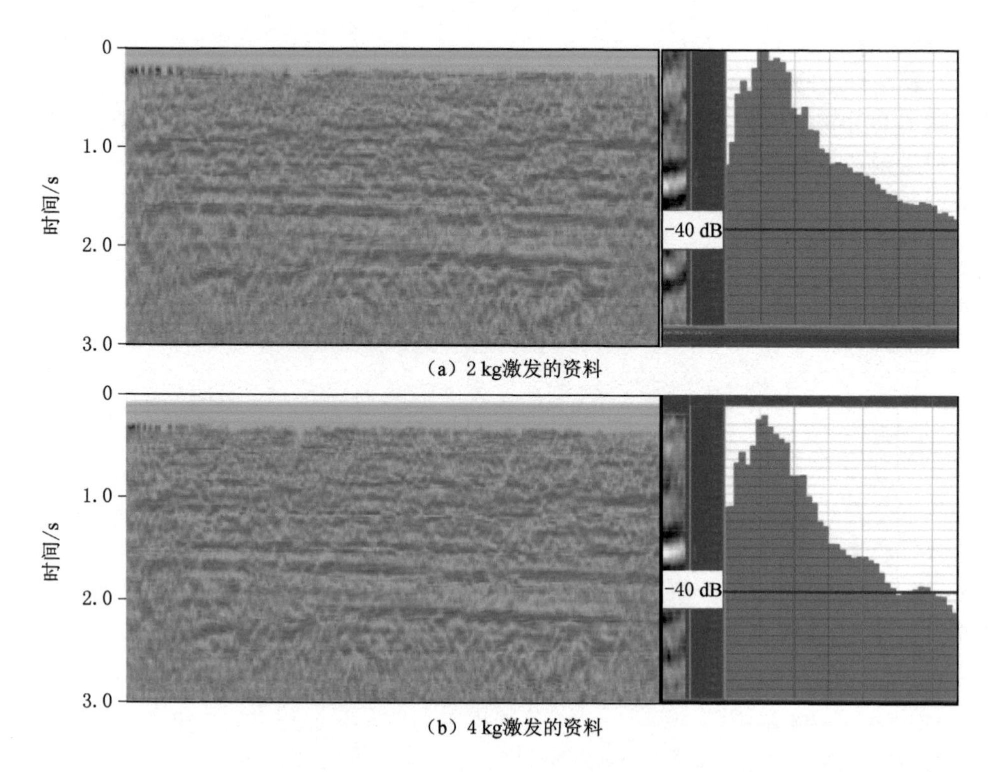

图 3-11　××地区不同药量激发的剖面资料和频谱分析

最终获得与炸药震源记录相当的地震资料。它具有环保、适于在城镇施工、施工效率高、成本低、激发频率和振幅可以控制等优点。

(1) 可控震源激发参数的确定

在可控震源地震勘探野外施工过程中，不同的地质条件需要设置不同的激发参数，主要包括：震源台数、振动次数、起止扫频、扫描长度、驱动幅度、扫描方式、斜坡长度等参数。这些参数的设计可通过制作合成记录在室内进行验证，但最终还需通过试验，确定合理的激发参数(薛海飞 等，2010)。

① 震源台数的选择

可控震源是一种低功率信号源，在激发过程中，使用多台震源可以加强向地下发射扫描信号的能量，增强对地表干扰波的压制效果。根据勘探区主要干扰波的特点，利用震源组合的统计效应选择震源的激发台数和组合方式(白旭明 等，2015)。

从不同震源台数试验的单炮记录可以看出(图 3-12)，2、3 台震源激发所得到的单炮记录在目的层位置反射波的同向轴比较明显，也就是说其激发后接收到的能量比 1 台激发的要强，这是由于单台激发的能量总是有限的，而震源组合后则发挥了能量的垂直叠加效应。因此，一般情况下，选择 2 台震源同时激发，以提高地震记录的能量和信噪比。

② 振动次数的选择

从统计效应来分析，振动次数相当于垂直叠加次数，n 次震动对随机干扰的压制能力提高 $\sqrt{n}$ 倍，即有效波的振幅相对于随机噪声来说补偿了 $\sqrt{n}$ 倍；从能量角度分析，n 次振动相对于随机噪声来说对有效波的补偿量为：

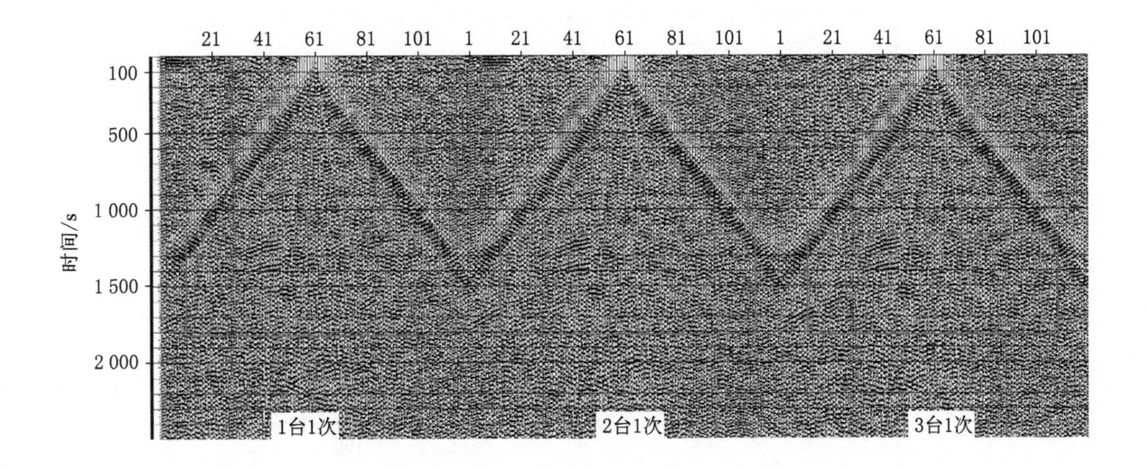

图 3-12　不同可控震源台数试验单炮记录(30～60 Hz)

$$W = 20\lg n \tag{3-43}$$

式中，n 为振动次数；W 为有效波能量补偿量。

从不同振动次数的试验结果可以看出，在单炮记录上(图 3-13)，随着振动次数的增加，资料的信噪比稍有提高，这与理论上压制随机干扰相符合。同时从单炮频谱上可以看出(图 3-14)，随着振动次数的增加，有效波的主频能量也未明显降低，但过多的振动次数，有增加干扰、降低资料分辨率的风险，所以，在勘探参数设计的时候应考虑分辨率、叠加次数、面元大小等，选择适当的振动次数。

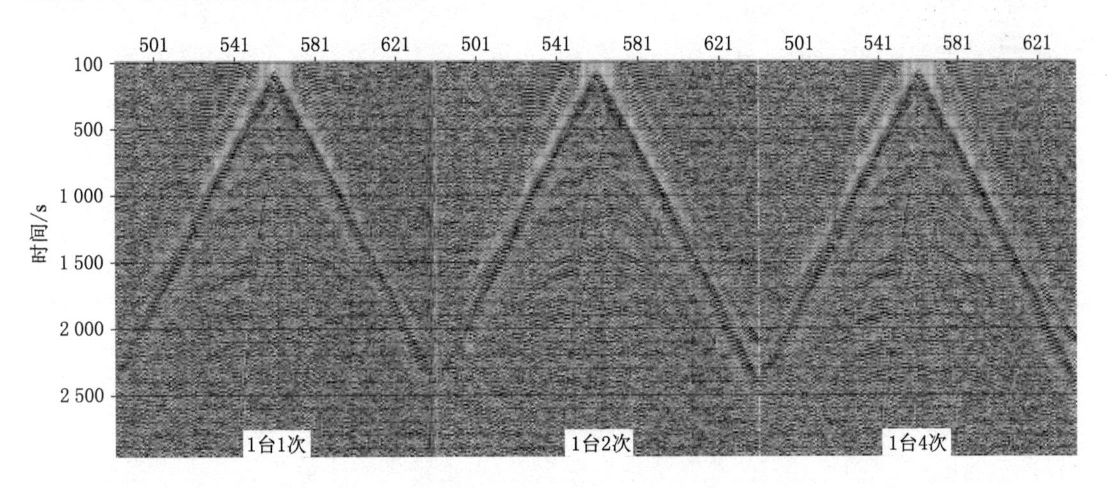

图 3-13　不同振动次数试验的单炮记录(30～60 Hz)

③ 起止频率的选择

起止频率选择的目的主要是获得一个理想的地震子波，主要考虑扫描最低频率、扫描最高频率、扫描长度、斜坡等参数的设置。这些参数直接影响着地震信号的分辨率与信噪比。

起始频率 f_1 的设计还要考虑到震源的机械结构。随着低频可控震源的问世，可控震源

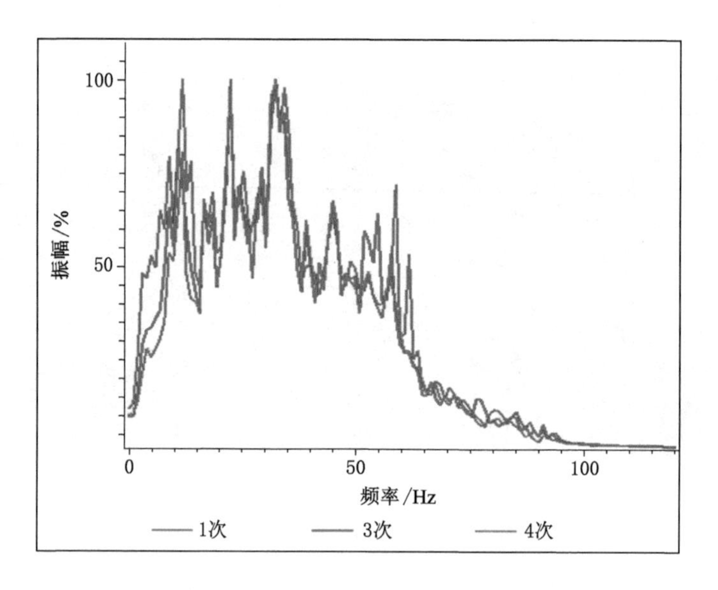

图 3-14　不同振动次数试验单炮的频谱

已可以激发 1.5 Hz 的地震信号，低频信号具有穿透能力强，有利于提高中深层资料的能量和信噪比，有利于拓展倍频程、减少旁瓣、改善纵向分辨率，降低反演对井资料的依赖度，提高地震反演的精度等优势。但是可控震源的起始频率过低，对周边的建筑物有一定影响。因此，应根据可控震源自身的机械结构及周边的建筑物抗震能力，选择尽可能低的起始频率激发。

可控震源的高频信号输出 f_h 实际上受到多方面的制约：如机械与液压系统的调整与响应、大地的响应、能量的约束问题。除了这三个方面还有一个容易忽视的问题，就是数据采集系统采样率对高频信号的约束。一般数据采集系统受采样率的限制，如 62.5 Hz/4 ms、125 Hz/2 ms、250 Hz/1 ms、500 Hz/0.5 ms。所以，在选择高频时应选择与之相应的采样率，以防假频的产生。

确定扫描高、低频率以后，斜坡长度的选择往往容易被忽视，单边斜坡长度一般选择总扫描长度的 5%，两边可相同或不同，做到 1/2 斜坡长度处的频率达到设计起始/终止频率的 50%左右，因此，在设计起始/终止频率的大小时应作相应地降低/提高，以保证尽量减小吉布斯效应的同时，也满足设计频宽的要求。

由于不同地区深层地震地质条件不同，对地震信号的高频响应程度也不同，所以，也要通过试验确定可控震源的终了频率。从饶阳凹陷同口地区不同终了频率试验结果可以看出，在单炮记录上(图 3-15)，随着终了频率的提高，单炮记录的能量及信噪比均逐渐减弱。但其频谱分析结果表明(图 3-16)，终了频率为 72 Hz 时频带较窄，终了频率大于 84 Hz 时频带较宽且基本适当。因此，该地区终了频率选择 84 Hz 较为合适。

④ 扫描长度的选择

可控震源向下传播的是一段有延续时间的扫描信号，这段时间称为扫描长度。在设计扫描长度的时候，主要考虑到以下三个方面：a. 扫描长度的设计要满足最大扫描速率，即 $t_1 \geqslant |f_h - f_1|/K$，其中 K 为可控震源所限定的最大扫描速率值，由震源液压伺服系统所限定；b. 扫描时间愈长，最大相关值迅速增加，能量增强，相应信噪比会提高。c. 避免相关虚

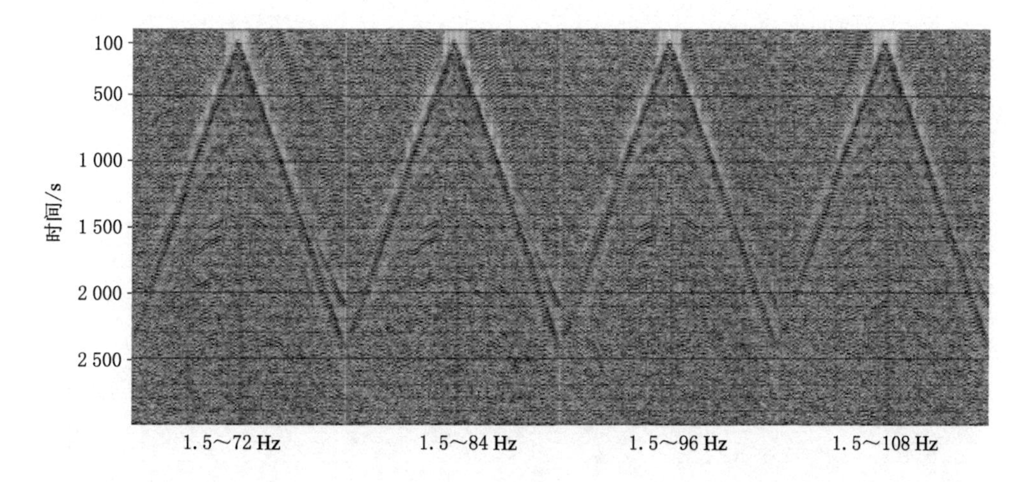

图 3-15　不同扫描频率试验的单炮记录(30～60 Hz)

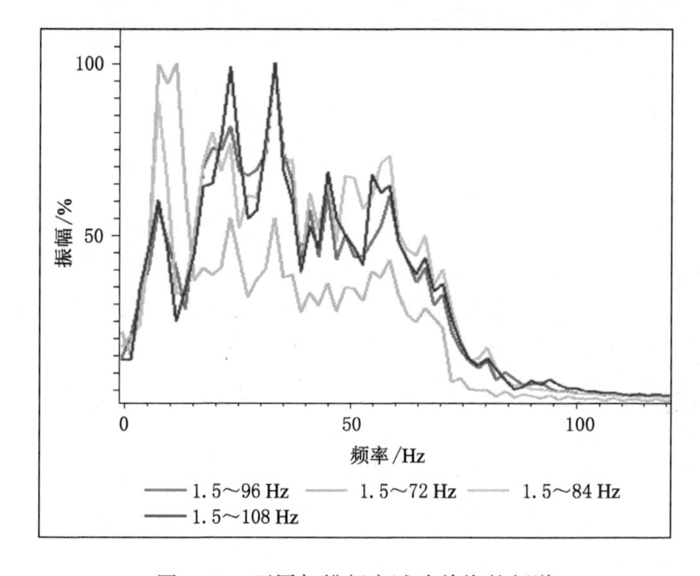

图 3-16　不同扫描频率试验单炮的频谱

像对记录质量的影响。可控震源在振动过程中,当介质表现为弹性或者塑性的时候,如果超出了弹性形变的范围,震动信号除了产生所需要的扫描振动信号外,还伴有分频信号和倍频信号,若倍频与基本扫描频率有重叠,将在记录中产生二次谐波虚像;若分频与基本扫描频率有重叠,将在记录中产生"多初至"虚像。此时,可以通过改变扫描时间的长度,将记录产生的相关虚像出现在有效记录之外,减少"多初至"对勘探目的层反射波的影响。此外,选择合适的扫描方式也可以降低虚像的影响。

在满足了以上 3 个条件后,增加扫描时间的长度具有以下几个优点:a. 由于低频激振信号可产生畸变,采用长扫描,降低垂直叠加次数可改进相关叠加质量;b. 可以衰减干扰波对主要目的层的影响;c. 可以改善信噪比。但可控震源的长扫描降低了施工效率,与生产效率是反比关系;另外,长扫描有增加环境干扰的风险。因此有必要通过试验选择一个合适的扫描时间。

从不同扫描时间的试验记录来看(图 3-17),10～16 s 这几个参数分频干扰波对有效波的干扰并不是很明显,显然扫描长度已经基本满足分频谐波不在有效波记录之内,而且不同扫描时间的资料品质差异不大。因此,综合考虑到上述长扫描的优缺点,选择扫描长度为 12 s 较为合适。

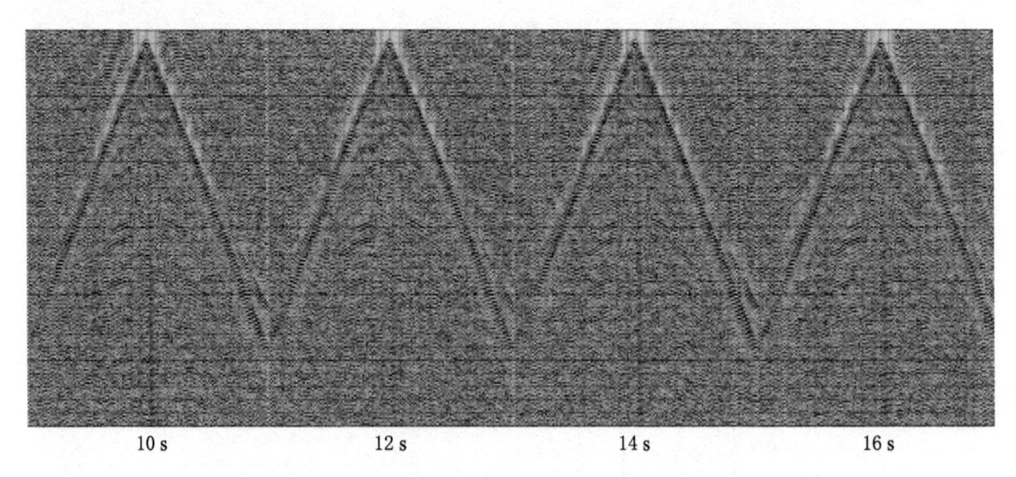

图 3-17　不同扫描长度试验的单炮记录(30～60 Hz)

⑤ 驱动幅度的选择

驱动电平描述的是可控震源激发地震波强弱的一个参数,当扫描频率达到终了频率时,表头上看到的驱动电平的百分比值就是驱动幅度。可控震源的液缸所产生的作用是由电控箱体决定的,以保证按激发设计要求不畸变地振动,获得准确的信号,使其具有满意的功率谱。

野外作业中,当震点地表为松软的土层时,由于可控震源与地表耦合较好,一般选择较大一点的驱动幅度,有利于改善记录品质;当地表为坚硬的基岩时,震源底板和大地耦合条件差,驱动幅度不宜过大。适当降低驱动幅度也可削弱分频效应产生的“多初至”现象。在作业中驱动幅度的大小,视勘探区反射目的层的深度和反射系数大小而定,目的层浅,反射系数大则驱动幅度小些,反之则大些。一般设计在 80%以内为宜,过大则激发信号波形会失真。

不同驱动幅度试验的地震记录表明(图 3-18),65%、70%、75%驱动幅度的记录质量都

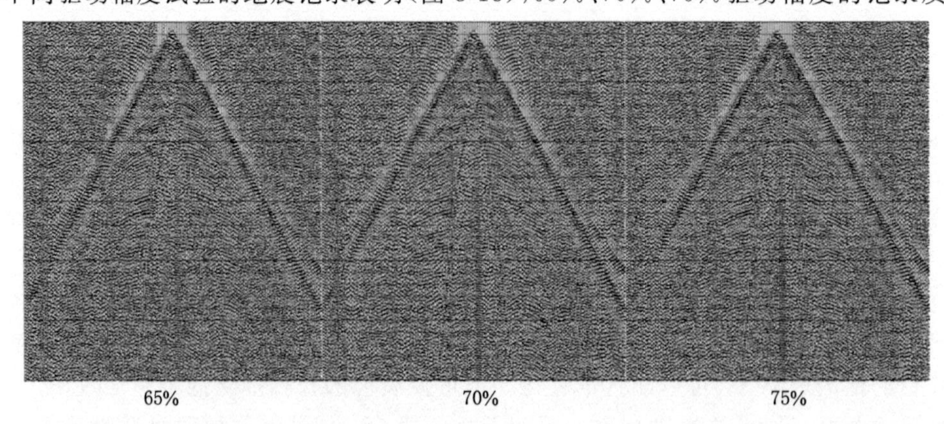

图 3-18　不同驱动幅度试验的单炮记录(30～60 Hz)

比较好，分频现象及波形失真不明显。另外，驱动幅度大于70%时，地震资料的能量稍强，信噪比稍高。因此，为了增加地震波下传的能量，提高地震资料的信噪比和分辨率，该区的驱动幅度选择70%。

（2）自适应扫描技术

可控震源的扫描信号分为线性、非线性（对数、指数、脉冲）、伪随机等几种。目前，通常情况下，可控震源一般多采用线性扫描信号施工。可控震源自适应扫描技术是一种自动优化的非线性扫描技术。它是根据线性扫描振幅谱和期望输出的振幅谱，计算得到非线性的扫描信号谱，从而实现了非线性扫描的工业化应用。自适应扫描信号谱计算公式如下：

$$S(f)_{\mathrm{AVIS}}=\frac{1}{S(f)_{\mathrm{response}}+\alpha} \tag{3-44}$$

式中，$S(f)_{\mathrm{AVIS}}$是自适应扫描信号振幅谱；$S(f)_{\mathrm{response}}$是线性扫描信号振幅谱；α为白噪系数，相当于区域表层对地震波高频成分的吸收衰减程度。

该技术在地震资料信噪比较高、目的层较浅的勘探领域已取得一定的效果。以饶阳凹陷蠡县斜坡同口西三维为例，该区发育有Es1尾砂岩的岩性油气藏，勘探目标埋藏较浅，深度在2 000～2 500 m左右；区内低降速带厚度在12～25 m之间，整体厚度不大；地表条件相对简单，适合可控震源自适应提高分辨率勘探。根据三维区内表层调查资料和区内干扰源点调查资料，确定区内具有代表性的试验点，进行了不同的自适应系数试验。根据最深目的层反射波的能量、信噪比的量化分析，结合深层资料的有效频宽逐渐拓宽幅度，确定最佳的自适应系数为10%（图3-19、图3-20）。

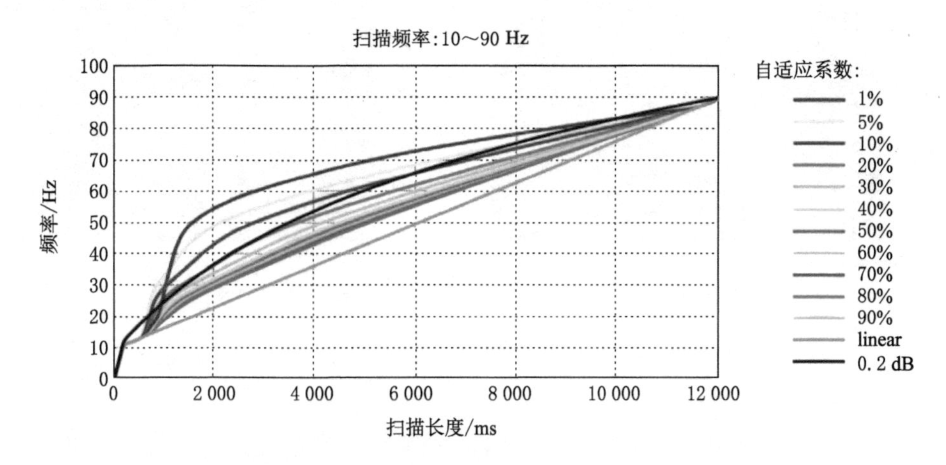

图3-19 不同自适应系数下的扫描信号谱

通过对比自适应扫描和线性扫描50 Hz高通滤波记录分析（图3-21），线性扫描资料信噪比要高于自适应扫描资料。从不同埋深目的层段（T:0～1 500 ms、1 500～2 500 ms）频谱分析（图3-22），在浅层自适应扫描与线性扫描在低频段基本相当，在中高频段拓展非常明显，有效频宽拓展23 Hz左右；从中深层资料对比，高频段拓展没有浅层的幅度大，但是仍可以拓展14 Hz左右，表明自适应扫描资料分辨率较高。

可控震源自适应扫描宽频激发的剖面上小断层更加清晰，断点位置更准确，自适应扫描剖面的T_4上覆的特殊岩性段可以清晰分辨、T_4下伏的尾砂岩横向变化可以识别

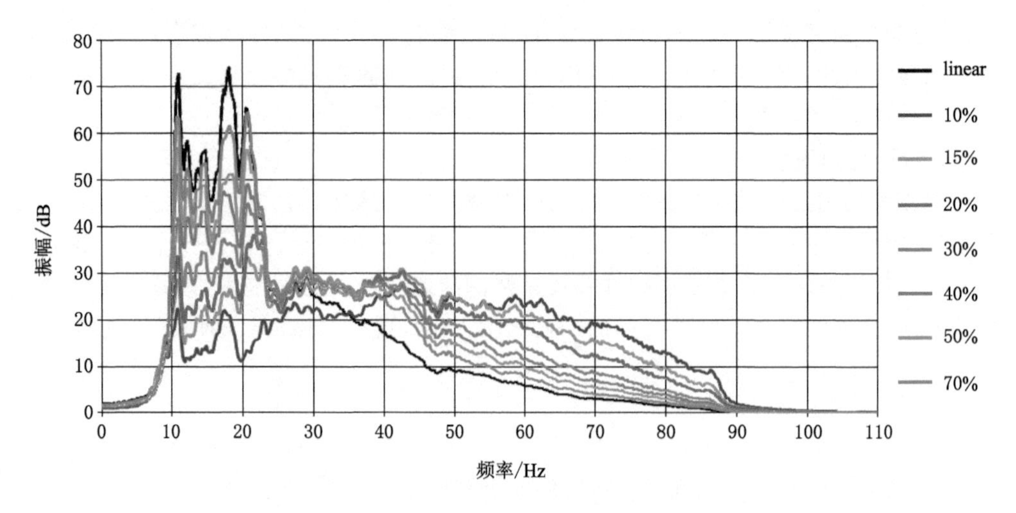

图 3-20　不同自适应系数下的记录振幅谱

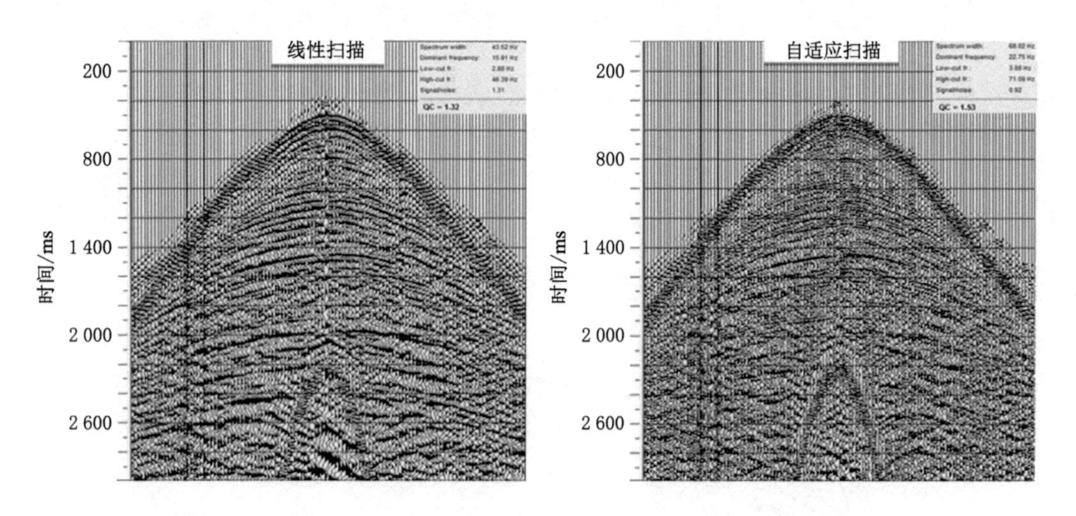

图 3-21　自适应扫描与线性扫描 50 Hz 高通滤波记录

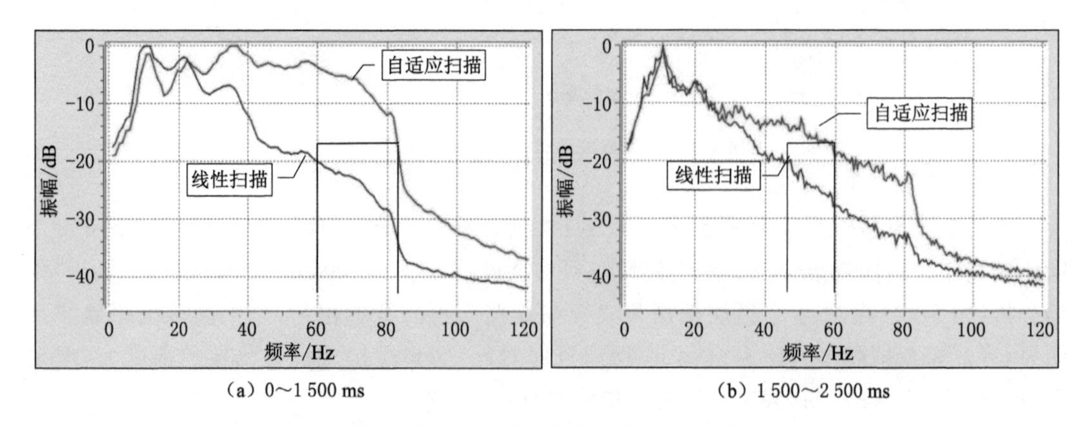

(a) 0～1 500 ms　(b) 1 500～2 500 ms

图 3-22　不同扫描方式原始单炮资料的主要目的层段频谱分析图

(图 3-23)；而在线性扫描剖面上基本上无法识别。

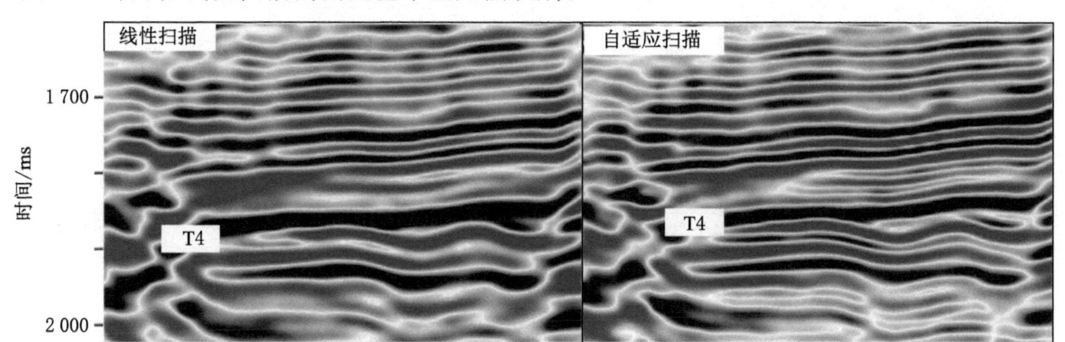

图 3-23　T_4 目的层段的剖面对比图

(3) 分频同时扫描技术

目前在可控震源地震数据采集中，提高施工效率的常用方法是使用多组震源同时在多个炮点进行激发，如距离分离同时扫描(DS^3)、距离分离同时滑动扫描(DS^4)、高保真震源扫描(HFVS)和独立同时激发(ISS)等。但这些方法均存在谐波干扰，且还可能存在很强的邻炮干扰。由于同时扫描的各炮扫描信号的相关性，其分离的数据中可能包含了邻炮的剩余能量，这些能量极大地影响了数据成像的品质；距离分离的方法需要投入大量装备。而分频同时扫描(frequency separated simultaneous sweep，FSSS)技术在显著增加可同时激发的震源数量、提高施工效率的同时，保证了对邻炮资料的高分离度，减少了设备的投入，并且对谐波干扰也有很强的压制作用。另外，该方法中频带可任意切分，这样便可在线性扫描情况下，为特定频带(尤其是低频)增加能量创造条件，从而减少由非线性扫描带来的谐波干扰；同时可使各频带能量输出均匀，实现了合成记录的能量均衡。

分频同时扫描把勘探所需的扫描信号按频率分成若干个频带(设计中保持各频段能量输出均匀)，使各个频段之间互不相关或相关性很小，把各个频段对应的扫描信号当作一次独立的子扫描，使一台震源单独激发完成目标扫描信号所有频段的扫描，合成这些频段的扫描地震记录即获得原始记录。假设目标扫描信号为

$$s(t)=A\sin 2\pi[f_0+(\Delta f/2T)t]t \tag{3-45}$$

式中，T 为扫描时间；A 为振幅；f_0 为起始频率；Δf 为频带宽度。因此，第 i 个扫描子信号可表示为

$$s_i(t)=A\sin 2\pi[f_i+(\Delta f/2T)t]t \tag{3-46}$$

图 3-24 为分频后的扫描子信号、频谱及其子波。据傅立叶变换的线性性质可得：

$$F[s_1(\Delta f_1)+s_2(\Delta f_2)+\cdots+s_n(\Delta f_n)]=F[s_1(\Delta f_1)]+F[s_2(\Delta f_2)]+\cdots+F[s_n(\Delta f_n)]=F[s(f)] \tag{3-47}$$

未经过反变换重构设计的扫描信号，因信号传输过程中，地下介质的响应与信号本身的性质有关，相同信号其响应是相同的，因此最后接收到的地震记录同样可用这种方法进行合成重构，效果等同于目标扫描信号的一次扫描。

如前所述，分频后扫描信号分别为 S_1、S_2、…、S_n，频带分别为 $f_1\sim f_1+\Delta f_1$、$f_2\sim f_2+\Delta f_2$、…、$f_n\sim f_n+\Delta f_n$。f_1 与 f_2 为有交集频段，指同时激发的扫描子信号之间存在频

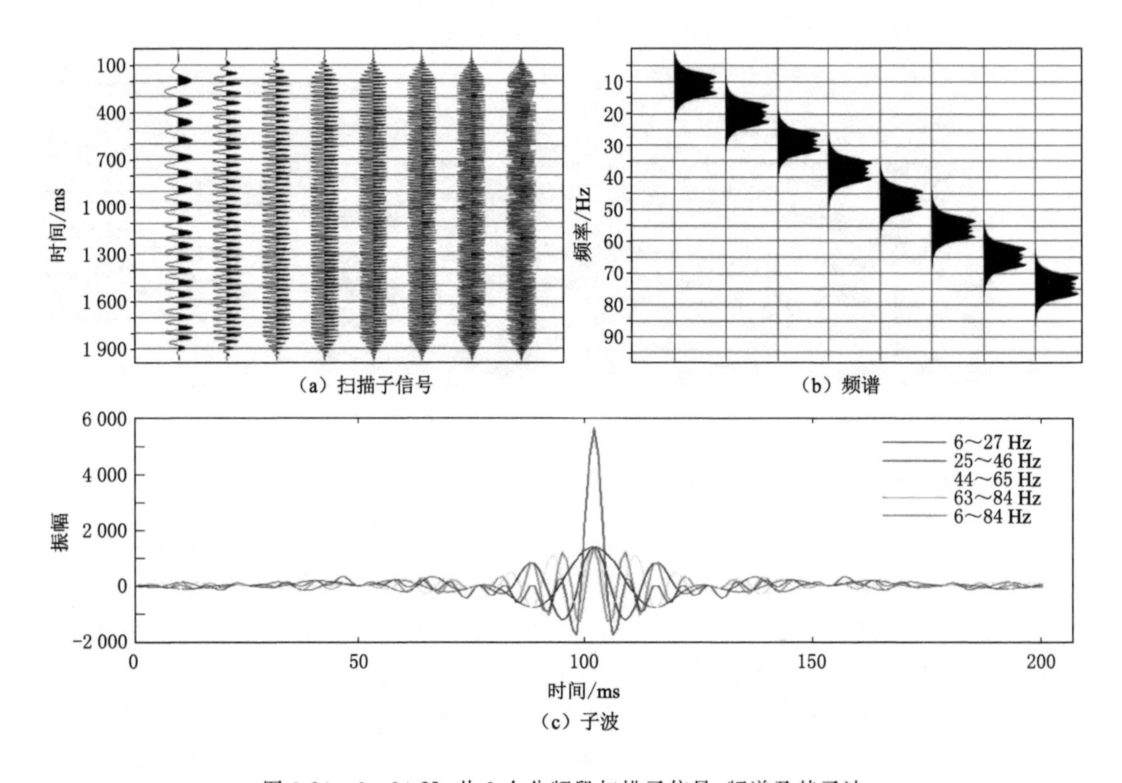

图 3-24　6~84 Hz 共 8 个分频段扫描子信号、频谱及其子波

率重叠；f_1 与 f_3 为无交集频段，即同时激发的扫描子信号之间不存在频率重叠。考虑时间上的相干性，假设有 4 台震源同时激发，要求在 4 s 内无相关信号同时激发，若一个频段扫描长度为 1 s，则其完全分离扫描序列为

$$\begin{pmatrix} f_1 & f_3 & f_5 & f_7 \\ f_9 & f_{11} & f_{13} & f_{15} \\ f_{17} & f_{19} & f_{21} & f_{23} \\ f_{25} & f_{27} & f_{29} & f_{31} \end{pmatrix} = \begin{pmatrix} f_2 & f_4 & f_6 & f_8 \\ f_{10} & f_{12} & f_{14} & f_{16} \\ f_{18} & f_{20} & f_{22} & f_{24} \\ f_{26} & f_{28} & f_{30} & f_{32} \end{pmatrix} \tag{3-48}$$

一共需 32 个频段。当记录需要的无干扰长度为 T 时，无交集频段子扫描信号排列矩阵表达式为

$$G = (S_{ij})_{2N \times M} \tag{3-49}$$

式中，S_{ij} 是第 i 行、第 j 列扫描子信号；N 为实现无相干记录长度所需的扫描子信号个数（N 满足 $T_1 + T_2 + \cdots + T_N \geqslant T$，$T_1$、$T_2$、…、$T_N$ 分别为第 1 行到第 N 行的最长子信号扫描长度）；M 为同时激发的震源数量。因此，将目标扫描信号至少分解成 $2N \times M$ 个扫描子信号，才能使矩阵中所有的扫描子信号在 M 台震源同时激发时都无交集频段扫描子信号；在用无交集频段子扫描信号矩阵的信号进行扫描时，应保证每台或多台震源组合在一个炮点上完成所有频段子信号的扫描。

当采用分频同时激发滑动扫描时，同样存在谐波干扰，且还存在一部分剩余邻炮干扰能量。由于不同的分频子信号相关时，实际上是将与扫描子信号相同频带的能量留下。图 3-25 中展述了 4 组单炮记录，每个图中右下角是其对应的频谱，从中可以看到：① 子信号不同，邻炮剩余能量、谐波分量不同，这些干扰位置不同、出现时间不同，对于CMP道集，更趋于随机，因此信号合成时就会压制谐波干扰；② 组内合成对于干扰的压制效果为增强了$\sqrt{2NM}$倍，因此同一叠加次数比其他方法对于资料信噪比的提升效果增强$\sqrt{NM}$倍。

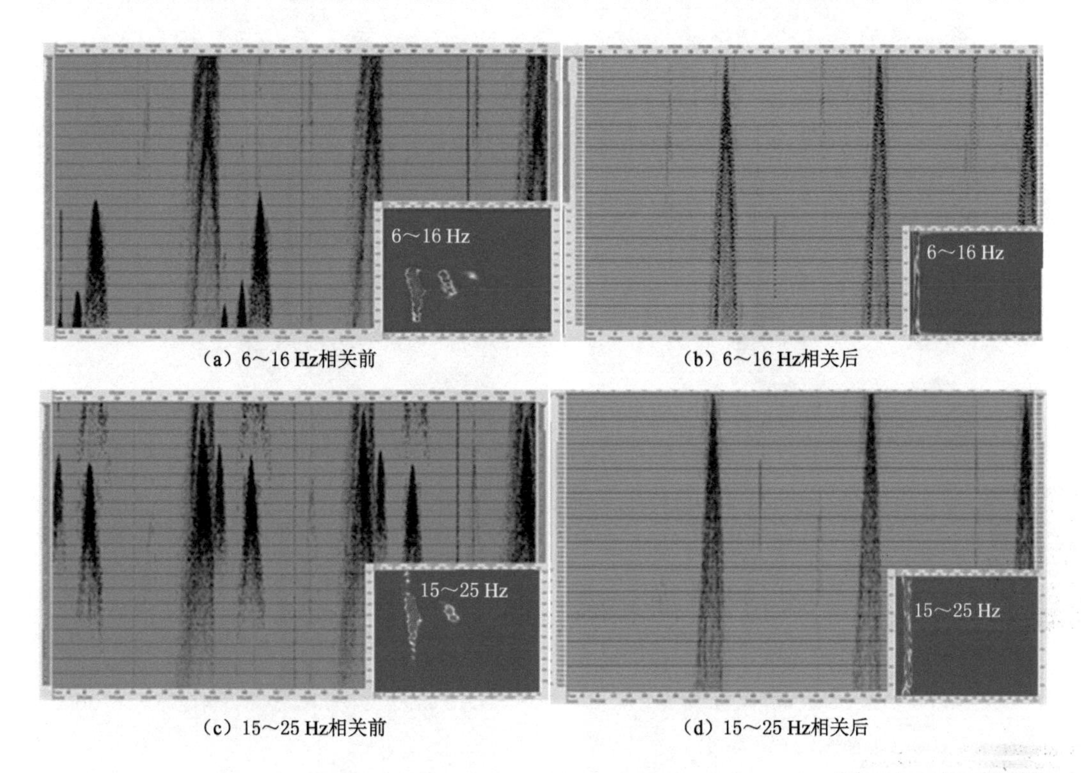

(a) 6～16 Hz相关前　　(b) 6～16 Hz相关后

(c) 15～25 Hz相关前　　(d) 15～25 Hz相关后

图 3-25　不同扫描子信号的邻炮、谐波干扰

与常规扫描相比，分频同时扫描的单炮记录与常归扫描信号的结果相近，但在能量均匀性方面更好一些(图 3-26)。在叠加剖面上(图 3-27)，分频同时扫描资料的频率稍高于常规扫描，而且其信噪比也稍高一些。

综上所述，分频同时扫描在确保同时刻激发震源的激发频带不同的前提下，不需限定震源的同时激发的分离距离(此分离距离是对邻炮干扰不影响目的层而言的)就可实现装备投入少、采集效率高的目的；同时，极大地减少了邻炮干扰和谐波干扰，从而获得更优质的地震资料。另外，作为同时激发技术系列，其施工效率与无相干记录长度所需的扫描子信号行(N)成反比，与同时激发震源数量(M)成正比。以 4 组同时扫描、4 s 无相干信号为例，理论最高日效可达 20 000 多炮，是常规扫描方式的 50 倍，大大降低了项目的作业成本，为全方位、高密度采集地震数据提供现实途径。在确保地震资料品质的条件下，也可采取有交集频段同步激发，以便进一步提高效率、降低成本。

(五) 宽频接收技术

地震检波器是地震数据采集接收环节的关键设备之一，其性能好坏直接影响地震勘探数据的质量。随着不同勘探目标种类的不断多样性以及复杂程度的不断增加，对地震勘探资料的要求也越来越高，特别是对地震的分辨率以及勘探精度要求越来越高。能够合理、充分地利用地震属性对深部高温地热体进行检测的要求越来越强烈，因此如何确保地震采

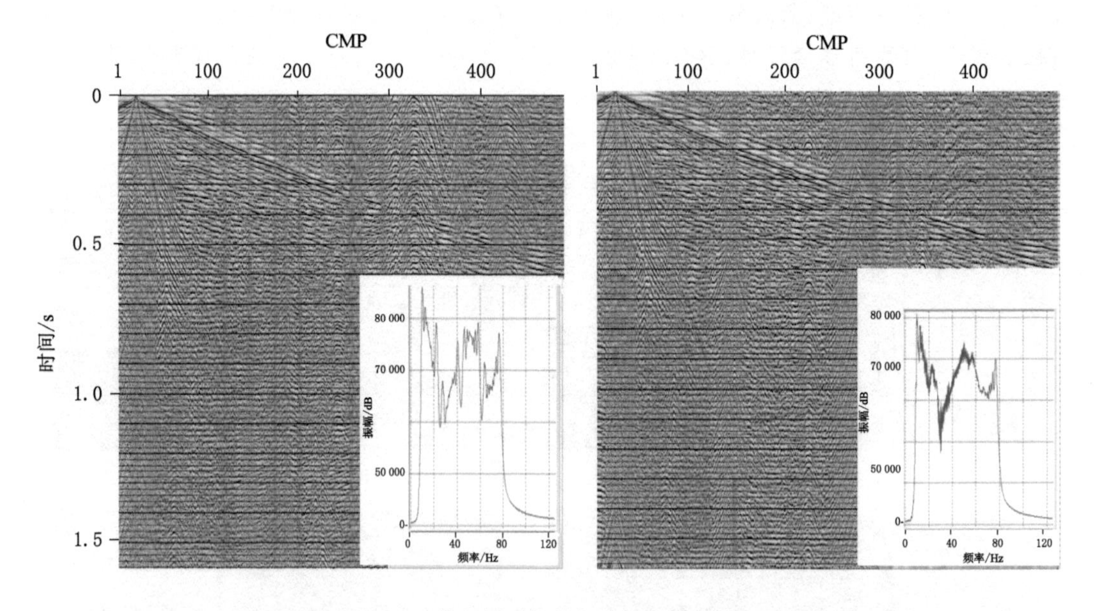

图 3-26　6～80 Hz 分频同时扫描与常规扫描单炮记录及频谱

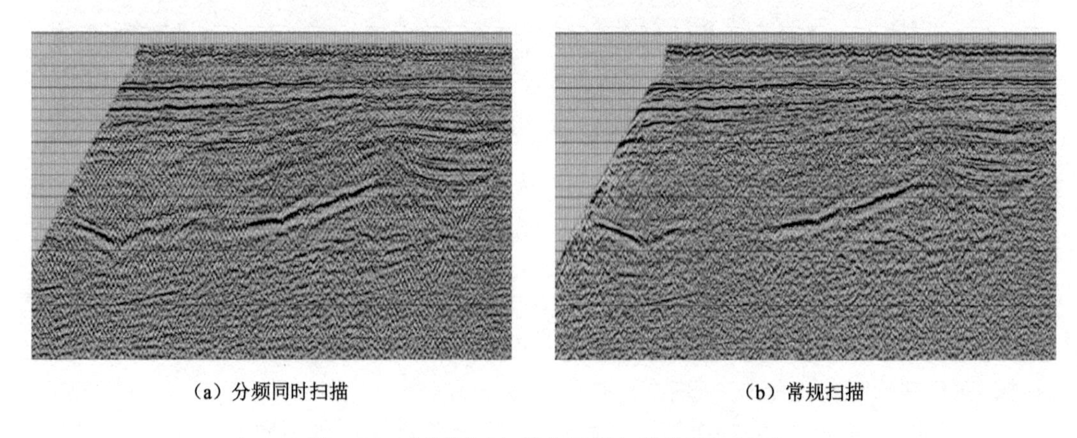

(a) 分频同时扫描　　(b) 常规扫描

图 3-27　分频同时扫描与常规扫描的叠加剖面

集数据具有宽频、高保真、高信噪比的特点就需要强化地震采集接收环节的参数选择以及施工质量控制。因此,确保检波器的耦合效果、选择合适的检波器类型及其组合参数显得非常重要。

1. 检波器耦合技术

检波器接收是采集系统的第一道工序,特别是检波器与地表的耦合将直接影响地震反射波记录的质量和品质。改进检波器与地表耦合的最佳效果是使地震检波器具有高分辨率、抗干扰、耦合性好、适应领域广等特性。最好的耦合频率响应曲线是平直的,没有高频谐振现象;耦合较差时则有高频谐振现象;耦合最差时频率响应曲线为钟型,高频部分严重衰减(徐淑合 等,2003)。

(1) 检波器耦合理论研究

① 检波器耦合概念

检波器耦合是检波器在接收地震波的过程中与其相接触物质相互影响的一种关系，它包括与空气的耦合，与液体介质的耦合，与外界电磁场的耦合和与大地的耦合等。其中前三种耦合方式，可使检波器在接收地震信号过程中产生有害的噪音干扰，在陆上勘探中一般要减弱或消除这种耦合关系；而最后一种耦合效应，则有利于检波器接收地震振动的有效信号。因此，本书研究的目的就是要加强这种检波器与大地的耦合关系。

② 检波器耦合理论基础

a. 检波器与空气或液体介质耦合，主要受检波器的体积和检波器外壳形状的影响，减弱或消除这种影响的办法是：减小检波器壳体的体积，改变检波器外壳的形状，使其形状为流线型，增加检波器尾锥的个数，减弱检波器的晃动，深埋检波器。

b. 检波器与电磁场耦合。由于检波器内芯有电磁线圈，而目前常规的塑料检波器外壳体内外表面均无电磁屏蔽层，容易受到电磁干扰的影响。因此，检波器与电磁场耦合程度的好坏，主要取决于电磁屏蔽效果，可在检波器壳体的内表面涂上或电镀上一层金属薄膜，以达到良好的屏蔽效果，从而减弱或消除电磁场对检波器有效反射信号的影响。

c. 检波器与大地耦合。检波器与大地进行良好的耦合，一方面是为了高保真地接收地震反射信号，提高地震记录分辨率和信噪比；另一方面是为了提高与大地的谐振频率，使谐振频率大于地震反射信号有效频率。

由检波器传输函数曲线(图 3-28)知：在小于自然频率 f_1 时，输出信号是按照某一方式进行压制的，例如为了压制面波的低频强能量，提高记录系统动态范围，一般压制曲线斜率为 6 dB/OCT；当大于自然频率 f_2 时，是检波器产生谐振频率区，它通常使该区信号发生严重畸变，影响地震有效反射信号，应尽量提高它的频率；而在 f_1 与 f_2 之间的稳定输出段，是将地表质点振动的信号转换成具有足够优势信噪比带的工作区域。

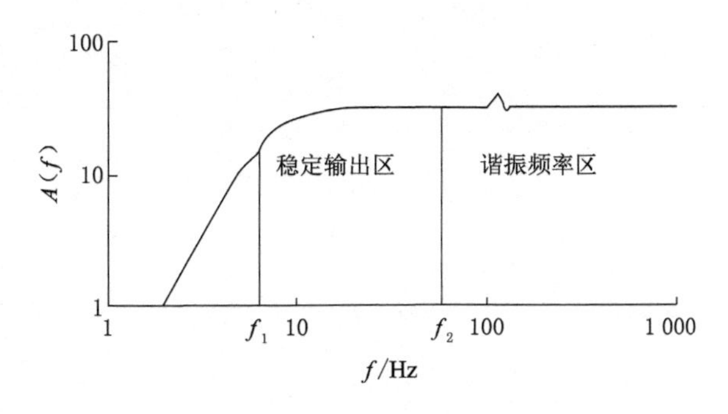

图 3-28　检波器传输函数曲线示意图

由检波器与大地的耦合参数：

$$C_{oup} = \frac{\rho \gamma^3}{M} \tag{3-50}$$

式中，ρ 是地表岩石密度，γ 是检波器的直径，M 是检波器的整体质量。它表明检波器并不是随地表的振动而运动的，检波器与地表的耦合情况直接影响着检波器接收效果。为了提高检波器与大地的耦合参数，一是减少检波器的整体质量；二是挖去地表软层，将检波器与密度高的地表介质接触，改善检波器埋置条件，使检波器和土壤组成一个阻尼较好的振动系统，以提高检波器对地震波的分辨能力；三是增大检波器与地表接触的耦合面积，例如采用螺旋式检波器尾锥，可使检波器与地表的接触面积比常规检波器尾锥增加 5～10 倍。

根据检波器与大地的谐振频率：

$$f=\frac{1}{2\pi}\sqrt{\frac{\mu}{M}} \tag{3-51}$$

式中，μ 为大地弹性刚度，M 为检波器的整体质量。为了提高检波器与大地的谐振频率，一方面要增加大地的弹性刚度 μ，可通过加长检波器尾锥长度，使大地的部分柔性进行机械短路，加大检波器与大地的接触面积，增大大地的有效刚度，因此，在野外施工时，通常在埋置检波器的位置，应去掉杂草，最好挖坑深埋；在遇岩石出露位置，垫上湿土后把检波器用土埋紧；而在水中或沼泽地，应把检波器密闭好，插入水底，穿过淤泥触及硬土。另一方面减小检波器整体质量，提高检波器与大地的谐振频率。

从力学和运动学的角度分析，减小检波器质量可提高检波器运动的加速度，从而可提高检波器的运动速度，提高检波器接收信号的灵敏度。

（2）检波器耦合实际资料分析

从检波器不同埋置方式的单炮资料来看（图 3-29），检波器挖坑埋置时，其资料品质从能量、信噪比及频率上看均稍好于未挖坑而直接插实的资料品质。可见，在外界环境干扰严重或低信噪比地区，保证检波器的良好耦合至关重要。

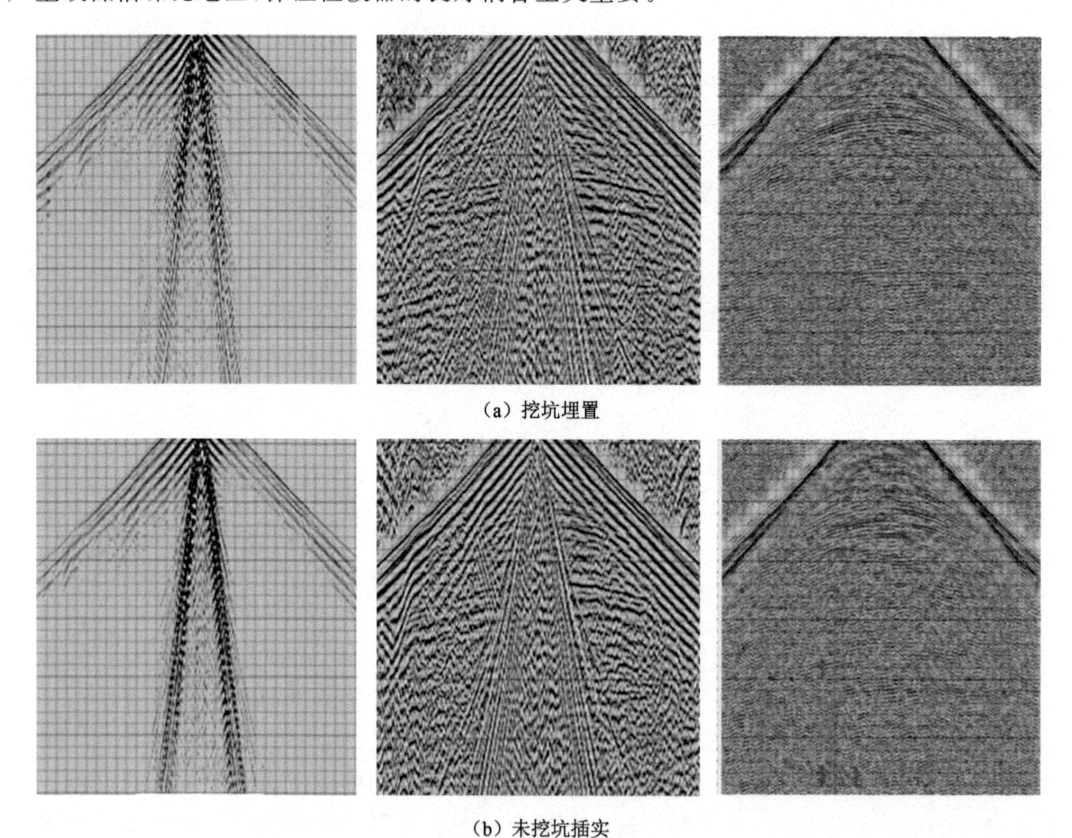

（a）挖坑埋置

（b）未挖坑插实

图 3-29　检波器不同埋置方式的单炮记录

另外，近年来，传统的挖坑埋置方式也逐渐被打破，而采用专制工具打孔埋置检波器，这样在确保耦合效果的同时，减少由于挖坑对检波器周围围岩（土）固有特征的破坏。从单炮资料对比分析来看（图 3-30），钻孔埋置资料的信噪比及频率稍好于挖坑埋置的资料品质。

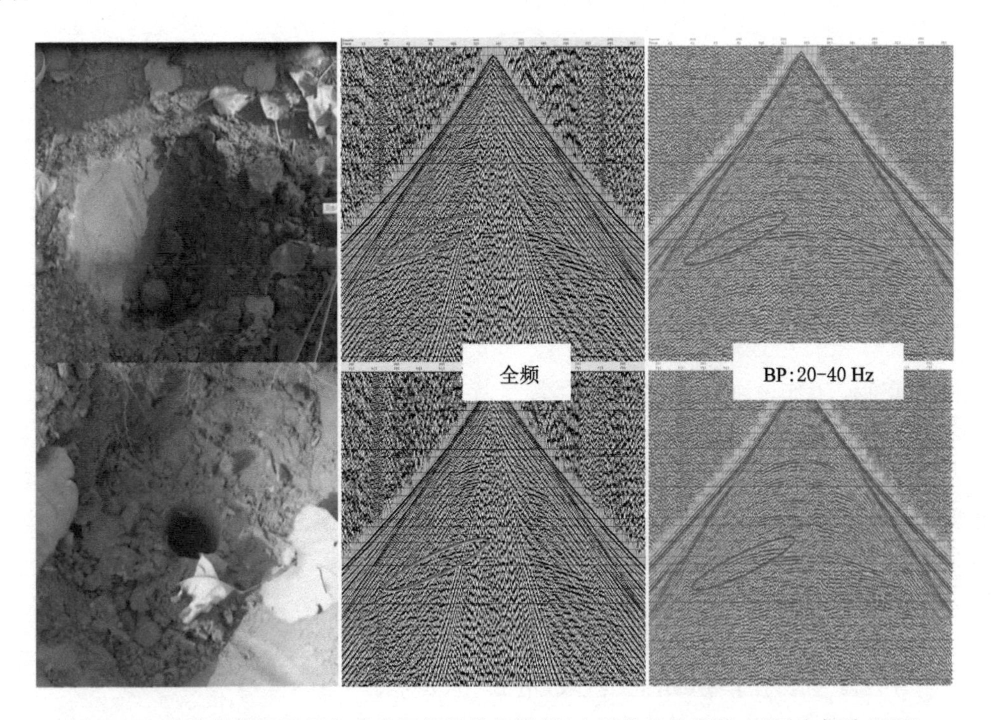

图 3-30　检波器不同埋置方式的照片及单炮资料（上图为挖坑埋置，下图为打孔埋置）

2. 检波器组合参数优化技术

检波器组合参数的优化要兼顾压制干扰波和突出有效波两个方面，利用干扰波的视速度、主周期、道间时差、随机干扰的半径、干扰波类别、出现的不同地段、强度的变化特点与激发条件的关系等资料，设计出合理的组合参数。

(1) 组合基距的选择

地震波实际上是脉冲波，而且实际勘探中，有效波到达同一组合检波内不同检波器的时间也不是完全一致的，因此组合检波必然影响子波的波形。为了简化问题，可以将脉冲波视为多个简谐波，每种频率的简谐波在组合后的变化可以利用组合的方向频率特性公式来计算，最后再将组合后的各种简谐波成分叠加起来，即可得到脉冲波的组合输出。根据上述思路，脉冲波的组合检波输出为：

$$\Phi(n,\Delta t,f)=\frac{\sin(\pi nf\Delta t)}{n\sin(\pi f\Delta t)} \tag{3-52}$$

式中，n 为检波器组合个数，Δt 为组内距时差，f 为输出信号频率。假定组合检波个数一般为 20 个，Δt 取值分别为 0.002 s、0.005 s、0.01 s 时，得到的波频率特性曲线如图 3-31 所示。可见，检波器组合基距对高频成分具有压制作用，组合基距越大，压制作用就越明显，因此在高分辨率勘探中，应尽量缩小检波器的组合基距以减少高频信息的压制作用。

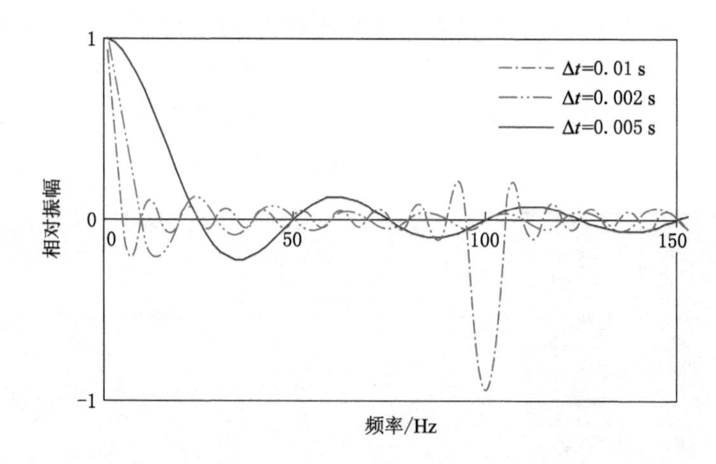

图 3-31　不同组合检波频率特性曲线图

在实际勘探工作中，由于存在高频微震干扰，影响高频端资料的信噪比，组合检波可以压制高频微震干扰，提高资料信噪比。如何选择合适的组合基距？采用组合检波可以压制一定成分的干扰，但是同时有可能对有效信息也有所压制，因此必须根据目标区期望的高频有效信息和高频微震干扰的特征参数进行综合分析。根据组合检波响应曲线，要使干扰波衰减在 20 dB 以上，对组合基距 L_1 的要求为：

$$L_1 \geqslant 0.91\lambda_{\mathrm{nmax}} \tag{3-53}$$

式中，λ_{nmax} 为随机干扰波的最大视波长。

要使有效波衰减小于 3 dB，对组合基距 L_2 的要求为：

$$L_2 \leqslant 0.44\lambda_{\mathrm{smin}} \tag{3-54}$$

式中，λ_{smin} 为有效波最小视波长。

因此，选择组合基距应满足：$L_1 \leqslant L \leqslant L_2$。

以××地区的 T_2 目的层技术指标来计算：目的层段要求达到 70 Hz 以上，地层速度为 3 000 m/s，视速度 3 000 m/s 以上，根据式(3-53)、式(3-54)计算，组合检波基距应小于 18.8 m。

(2) 检波器个数试验

根据组合检波的统计效应结论，当道内检波器之间的距离大于该地区随机干扰的相关半径时，用 n 个检波器组合后，对垂直入射到地面的有效波，其振幅增强 n 倍，对随机干扰，其振幅只增强$\sqrt{n}$倍，因此组合后，有效波相对增强了$\sqrt{n}$倍。这一结论说明，对随机干扰比较严重的地区，使用较多的检波器组合有利于提高资料的信噪比。

为了进一步研究检波器组合个数对地震资料信噪比的影响程度，建立一个检波器面积组合模型(图 3-32)，设平面简谐波的射线与 x 轴方面的夹角为 α，各检波器的时间延迟为 Δt_i，面积组合中的每个检波器在 xoy 面上的投影距离为 S_{mi}，沿波传播方向的视速度为 v_a，则面积组合的振动方程为：

$$F(t) = f(t) + f(t - t_1) + f(t - t_2) + \cdots + f(t - t_{N-1}) \tag{3-55}$$

式中，$F(t)$为组合后的振动记录；$f(t)$为第一个检波器接收到振动的时间；$f(t-t_1)$为第二个检波器接收到振动的时间；$f(t-t_2)$为第三个检波器接收到振动的时间；N 为变量，$N=2,3\cdots\cdots$

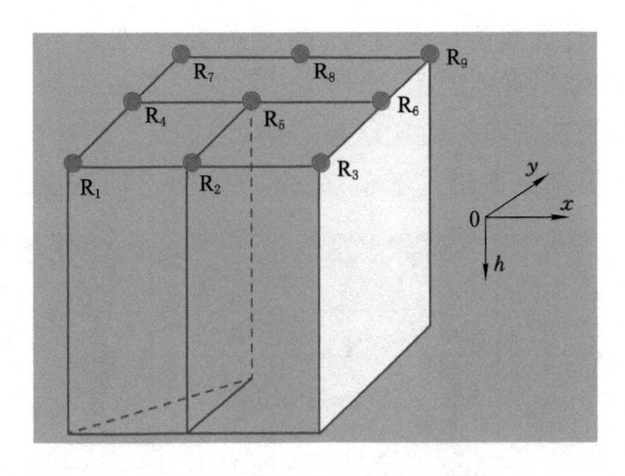

图 3-32　检波器面积组合模型

对应的谱方程为：

$$G(\omega)=g(\omega)(1+\mathrm{e}^{-j\omega t_1}+\mathrm{e}^{-j\omega t_2}+\cdots+\mathrm{e}^{-j\omega t_{N-1}}) \tag{3-56}$$

$$G(\omega)=g(\omega)\left[\sum_{i=0}^{N-1}\cos(\omega t_i)-j\sum_{i=0}^{N-1}\sin(\omega t_i)\right] \tag{3-57}$$

方向特性函数为：

$$\phi(\omega,t_i)=\frac{|G(\omega)|}{N|g(\omega)|}=\frac{1}{N}\sqrt{\left[\sum_{i=0}^{N-1}\cos(\omega t_i)\right]^2+\left[\sum_{i=0}^{N-1}\sin(\omega t_i)\right]^2} \tag{3-58}$$

式中，ω 为频率；t 为时间；N 为检波器个数。

则上述特性函数可表示为：

$$\begin{aligned}\phi(\omega,t_i)&=\frac{1}{N}\sqrt{\left[\sum_{i=0}^{N-1}\cos\left(\omega\frac{SM_i}{V_a}\right)\right]^2+\left[\sum_{i=0}^{N-1}\sin\left(\omega\frac{SM_i}{V_a}\right)\right]^2}\\&=\frac{1}{N}\sqrt{\sum_{i=0}^{N-1}\sum_{j=0}^{N-1}\cos\left(2\pi f\frac{SM_i-SM_j}{V_a}\right)}\end{aligned} \tag{3-59}$$

式中，V_a 为反射速度，m/s；SM 为检波器组内距；N 为检波器个数；i,j 为自变量，$i<N$。

根据上述公式，可绘出不同检波器个数与其组合后环境噪音的均方根差振幅的关系曲线（图 3-33）。可见，随着检波器数量的增加，均方根差振幅逐渐变小，或者说资料的信噪比

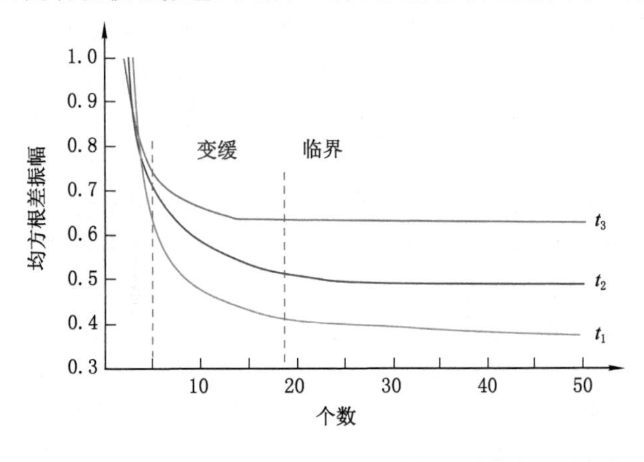

图 3-33　不同检波器个数组合后环境噪音的均方根差振幅

逐渐提高，但在大于 5 个时提高的幅度变缓，18 个处为“临界点”，也就是说，此时再增加检波器数量，资料信噪比不再有明显提高。

5 个与 20 个检波器资料的单炮对比结果表明(图 3-34、图 3-35)：不管是全频显示还是分频显示，5 个检波器的资料品质稍差于 20 个的，主要是其能量较弱，压噪能力稍差。

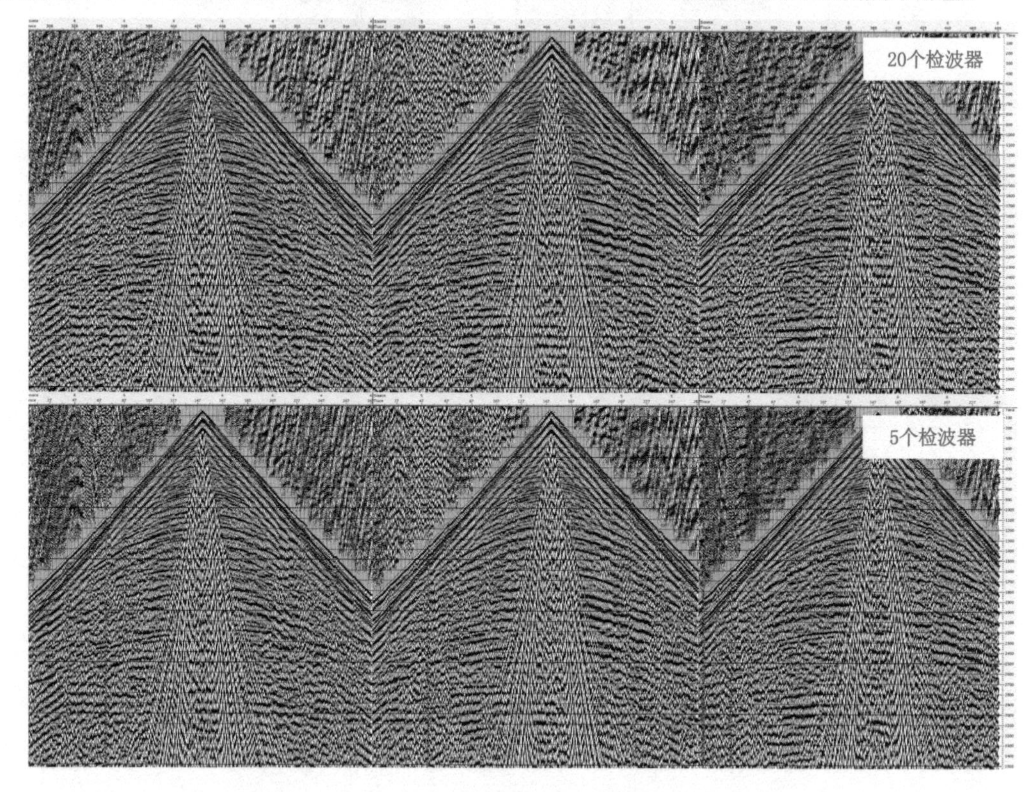

图 3-34　5 个与 20 个检波器资料的单炮记录(全频显示)

10 个与 20 个检波器资料的单炮对比结果表明(图 3-36、图 3-37)，10 个与 20 个检波器单炮的能量与信噪比基本相当，只是 10 个检波器的单炮资料在高频端稍差于 20 个的。

综合以上分析认为：在理论上，随着检波器数量的增加，压噪能力逐渐提高，但大于 5 个时提高的幅度变缓，18 个处为“临界点”。实际资料表明，5 个检波器地震资料的能量、信噪比稍差于 20 个的；但 10 个、20 个检波器的地震剖面品质整体相当。因此，在外界干扰较小、信噪比较高的区域，检波器个数可适当减少，这也是高密度高分辨率勘探的发展趋势。

3. 检波器类型选择技术

随着勘探程度的不断提高，对地震资料分辨率的要求也越来越高。而地震资料的分辨率主要依赖于采集资料有效波的频率成分，地震检波器是获得高质量地震数据的关键。在资料采集时采用什么类型的检波器，才能获得满足高分辨率的原始资料，这是人们时刻关注的问题。目前地震勘探市场应用的检波器种类繁多，常用的有模拟检波器和数字检波器，而模拟检波器又可以按其自然频率、灵敏度及生产商分为多种类型。因此，掌握不同类型检波器的技术指标，对正确选择检波器是非常重要的。

(1) 检波器的类型及技术指标

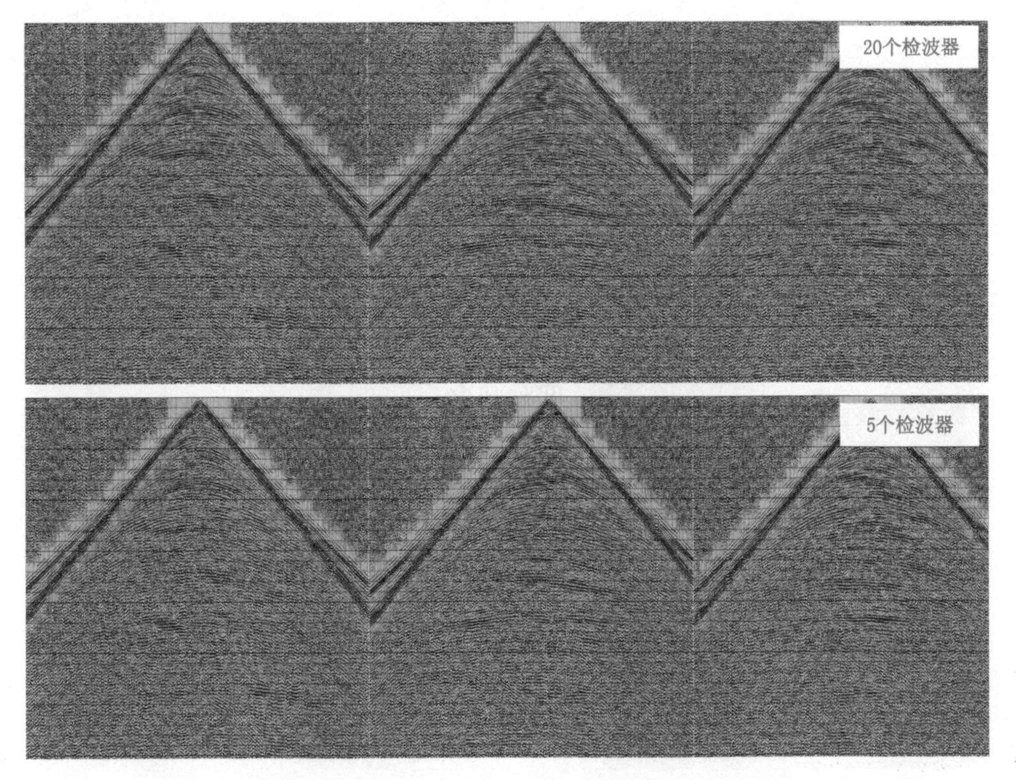

图 3-35　5 个与 20 个检波器资料的单炮记录(30～60 Hz)

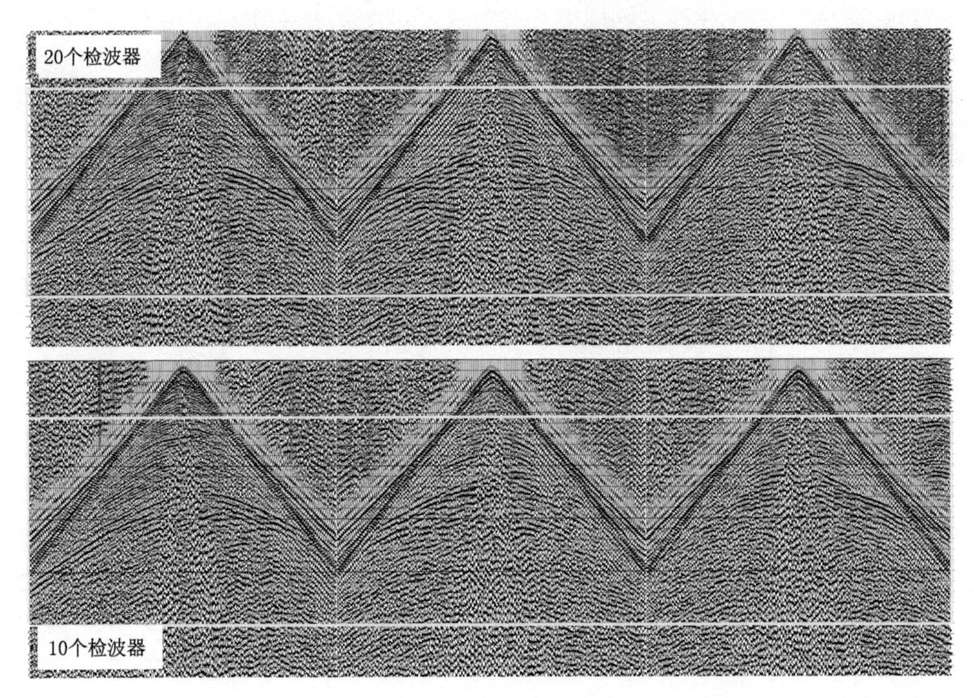

图 3-36　10 个与 20 个检波器资料的单炮记录(全频显示)

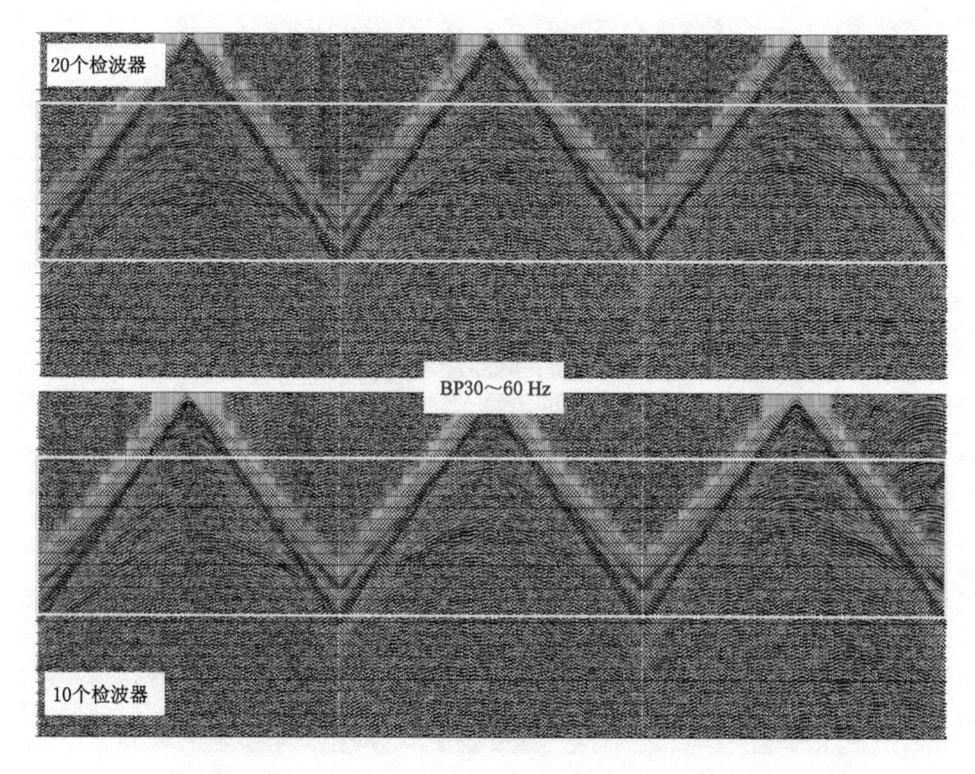

图 3-37　10 个与 20 个检波器资料的单炮记录(30～60 Hz)

从常规、高灵敏度、宽频高灵敏度等几种检波器的主要技术指标对比来看(表 3-6),除了自然频率不同以外,与 30DX-10 常规检波器相比,高灵敏度检波器的灵敏度高,是常规检波器的 4～5 倍;而且高灵敏度检波器的直流电阻也大,是常规检波器的 4 倍左右。另外,宽频高灵敏度检波器还具有自然频率低的特点。

表 3-6　不同模拟检波器的主要技术指标一览表

检波器类型		自然频率/Hz	直流电阻/Ω	阻尼系数	开路灵敏度(V/m/s)	失真度
GTDS5-5Hz		5	1 920	0.6	83.2	<0.1%
GTDS5-10Hz		10	1 800	0.56	85.8	≤0.1%
GTDS-5Hz3X1		5	5 760	0.6	249.6	≤0.1%
SN5-5Hz		5	1 820	0.7	86	≤0.1%
SN5-10Hz		10	1 550	0.68	98	≤0.1%
SG5-5Hz		5	1 850	0.6	80	≤0.1%
Smartsolo		5	1 850	0.6	80	<0.1%
uantum	PS-5GR	5	1 850	0.6	80	≤0.2%
eSeis	DS5-5Hz	5	1 920	0.6	83.2	<0.1%
30DX-10		10	395	0.3	28	<0.1%
30DX-10Hz5X2		10	707.5	0.707	100.5	≤0.1%

(2) 不同连接方式特性分析

如图 3-38、图 3-39 所示，单纯串联 n 个时，灵敏度提高近于 n 倍，单纯并联时，灵敏度基本无变化。检波器串、并联方式与信噪比(S/N)的关系如下：

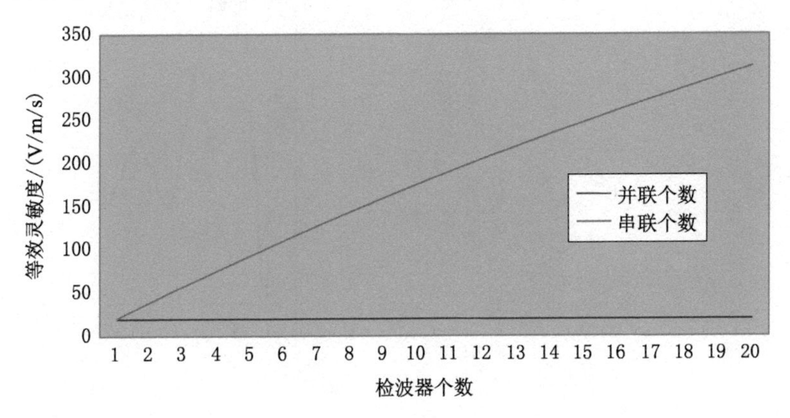

图 3-38　串、并联个数与等效灵敏度关系曲线

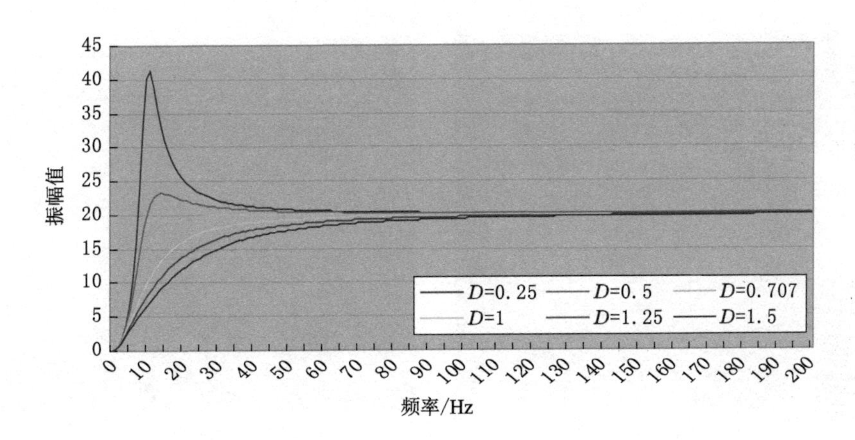

图 3-39　阻尼系数(D)与检波器幅频特性关系曲线

串联：接收信号增强 N 倍，噪声电压(RMS 均方根值)增强 $\sqrt{N}$ 倍。

并联：接收信号不增强，噪声电压减弱 $\sqrt{N}$ 倍。

检波器串阻抗与单只检波器阻抗的比率：

$$I_r = N_q / N_p$$

式中，N_q 为检波器串阻抗；N_p 为单只检波器阻抗。

串联比并联更容易接收干扰信号。

(3) 不同检波器试验资料分析

从上述不同类型检波器的对比试验结果来看，如图 3-40、图 3-41 所示，GTDS-10 及 30DH-10 两种高灵敏度检波器的技术指标相同，单炮记录及频谱相差不大，且地震剖面的成像效果也基本相当。

如图 3-42 所示，从 SN-5 宽频高灵敏度、SG5 宽频高灵敏度和 SN5-10 高灵敏度三种检波器的单炮记录及频谱来看，SN-5 和 SG5 宽频高灵敏度检波器在 10 Hz 以下低频响应较

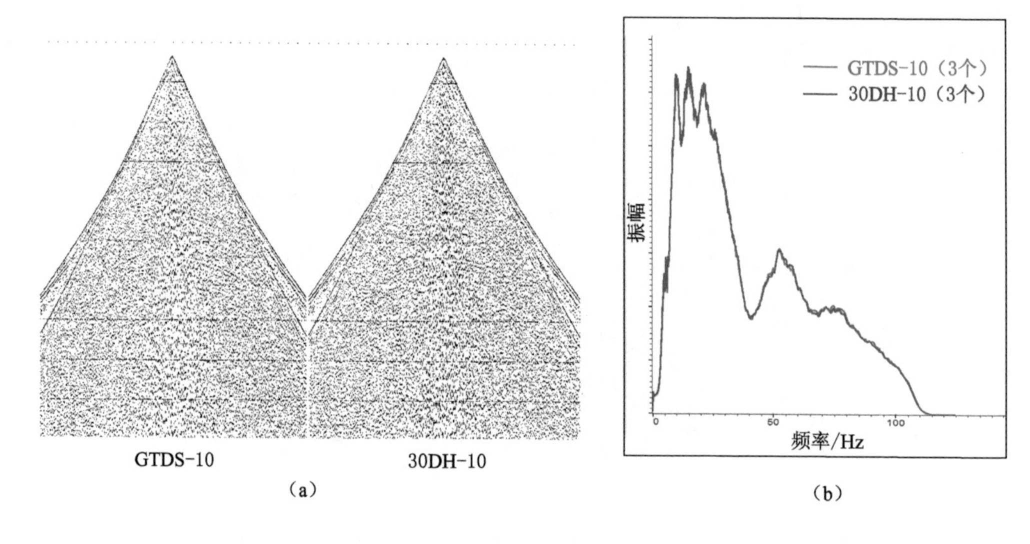

图 3-40　GTDS-10 及 30DH-10 两种检波器的单炮记录及其频谱

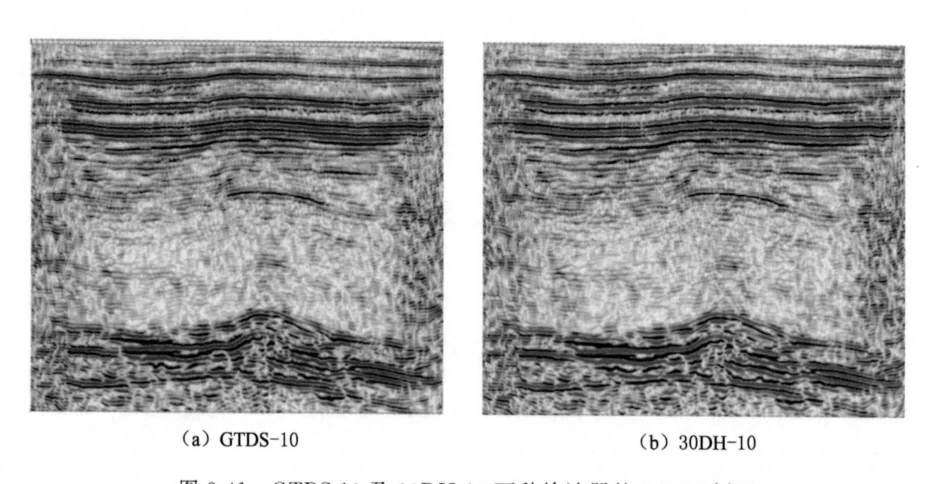

图 3-41　GTDS-10 及 30DH-10 两种检波器的 PSTM 剖面

强，但总体的单炮资料品质与 SN5-10 高灵敏度检波器基本相当。而且三种检波器的整体剖面品质也基本相当(图 3-43)。

① 动态范围大。数字检波器的动态范围可达到 105 dB 以上，采集精度高，有利于弱小信号的接收。

② 畸变小。谐波畸变指标小于 0.003%，至少比传统模拟检波器谐波畸变低一个数量级，大大提高了原始资料的保真度。

(4) 数字检波器接收技术

作为地震数据接收环节的第一道门槛，地震检波器一直是获得高质量地震数据的关键，为此人们不断在追求更加完美的地震检波器。就目前地震检波器技术现状而言，模拟检波器主要还存在以下几方面的问题：一是瞬时动态范围与地震信号不匹配；二是频率响应范围小；三是体积和重量仍是施工困难因素；四是自然频率和组合方式过多；五是抗电感应能力差等。数字检波器和模拟检波器在原理和功能上完全不同，模拟检波器是以电磁感

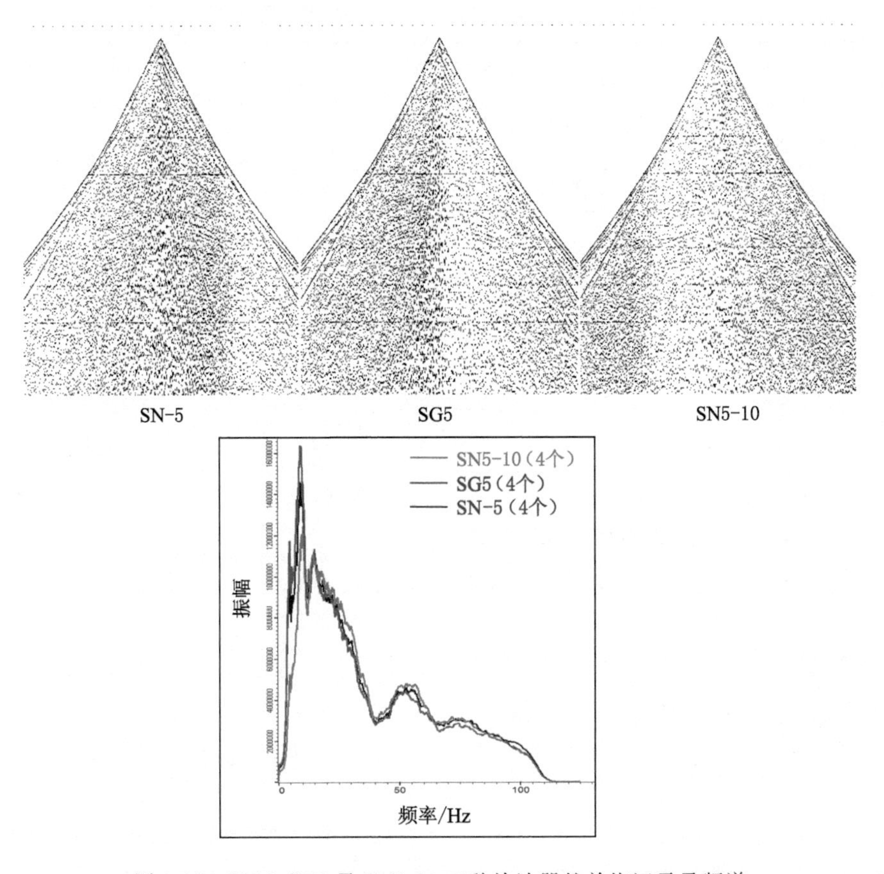

图 3-42　SN-5、SG5 及 SN5-10 三种检波器的单炮记录及频谱

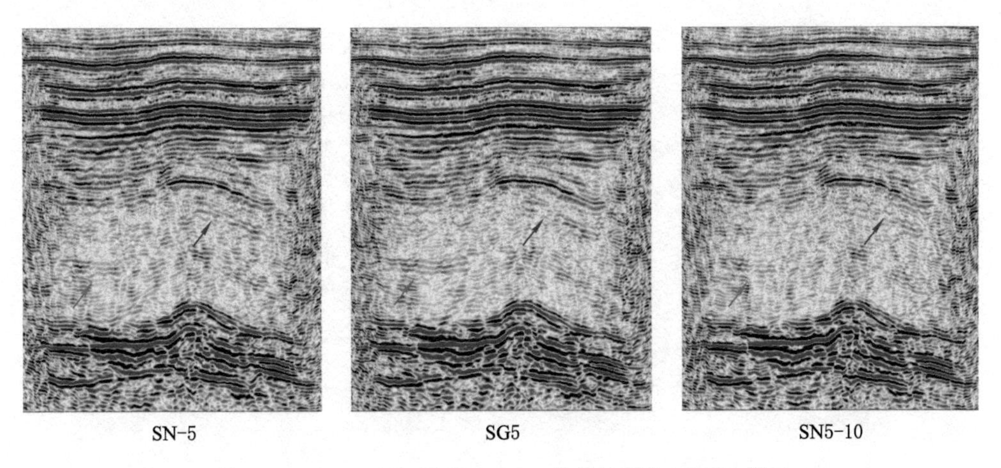

图 3-43　SN-5、SG5 及 SN5-10 三种检波器的 PSTM 剖面

应方式将地震(振动)信号转换为模拟电信号输出，而数字检波器是以重力平衡方式将地震信号直接转换为高精度的数字信号。根据两种检波器的性能对比(表 3-7)及频率、相位响应曲线分析，数字检波器最大的特点是：

表 3-7　数字检波器与模拟检波器性能对比表

比较项目	数字检波器	模拟检波器
输出信号	数字	模拟
线性响应	0～800 Hz	10～250 Hz
动态范围	105 dB	60～70 dB
谐波畸变	小于 0.003%	大于 0.03%
振幅变化	±0.25%	±2.5%
敏感度随温度变化	稳定	明显
工业电干扰	无	有
仪器噪声	较低的高频	较低的低频

③ 频带宽。数字检波器的输出频带十分平坦，在 1～500 Hz 范围内始终保持平直，而且输出相位为零相位，有利于拓展资料频宽。

④ 保幅保真度高。灵敏度误差小，校准精度可达到 0.3%，传感器的正交信号隔离度优于 40 dB。

⑤ 直接输出数字信号。由于数字检波器内有 24 位 ΣΔ 型 ADC 高精度数模转化电路，所以直接输出 24 位数字信号，且为零相位。

⑥ 不受电磁信号干扰。由于数字检波器感应的是重力变化，它不受外界电磁信号干扰的影响，如高压线或地下电缆等干扰。

实际资料表明，在单炮记录上(图 3-44)，数字检波器与模拟检波器相比，数字检波器单炮记录的能量弱，一般为模拟检波器的 1/6，而且背景干扰严重，信噪比低。但数字检波器单炮记录的频带较模拟检波器的宽 5～8 Hz，相位一致性好，而且数字检波器原始资料的相位一般为－20°～10°，模拟检波器则为－40°～30°(图 3-45)。

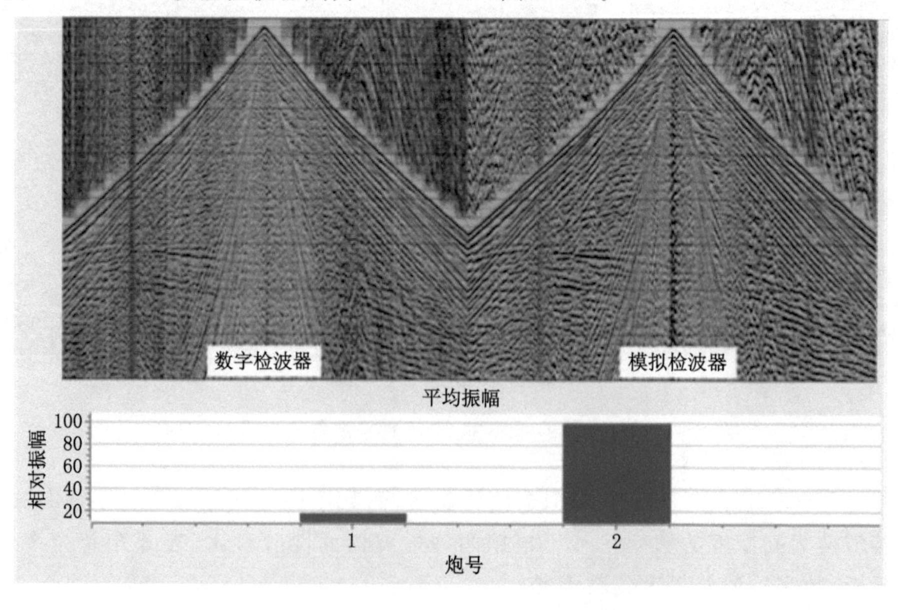

图 3-44　数字、模拟检波器单炮记录及能量分析

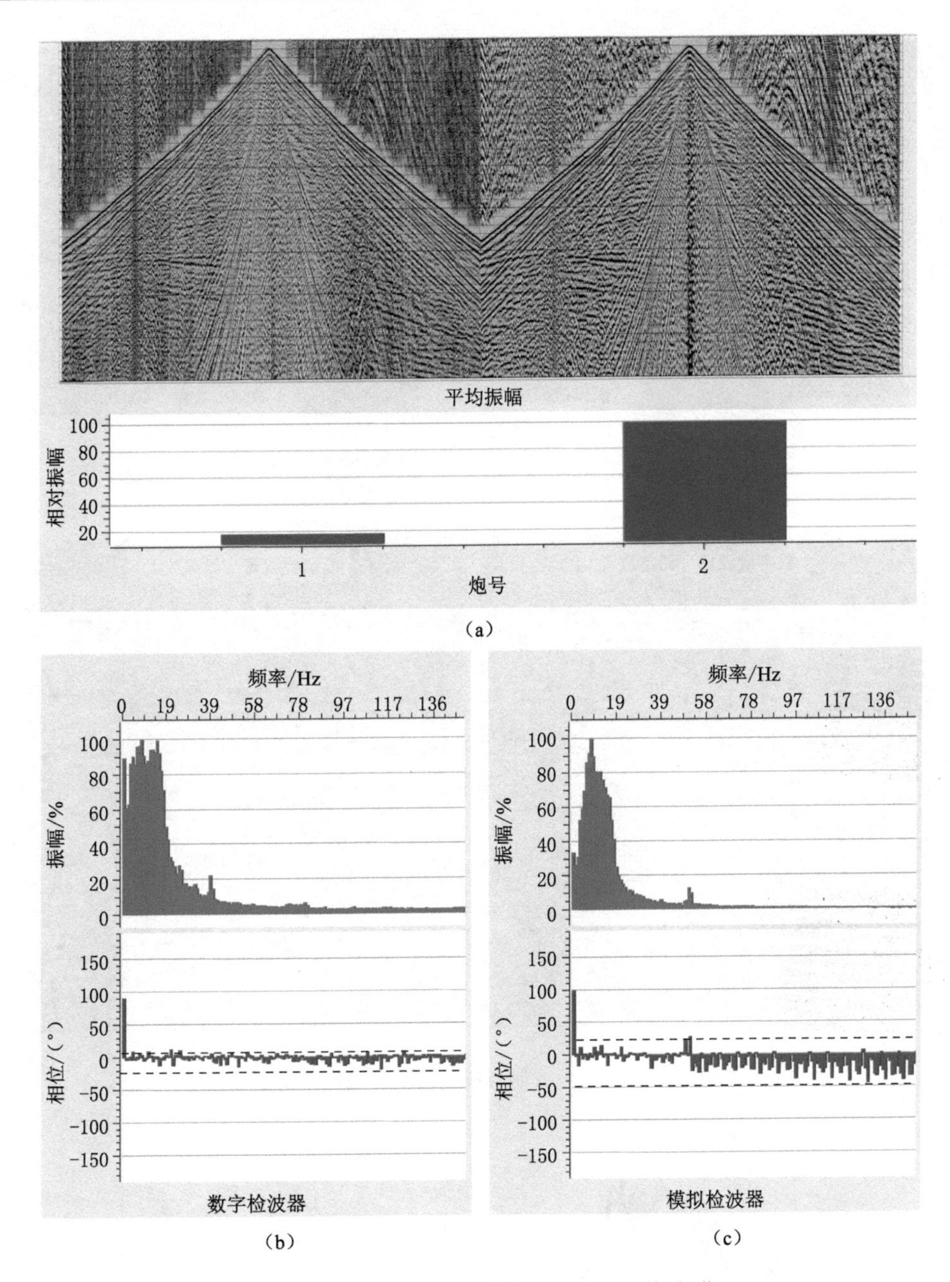

图 3-45　数字、模拟检波器单炮记录及频谱、相位

在去噪前的叠加剖面上(图 3-46)，当覆盖次数相同时，数字检波器资料的信噪比都较模拟检波器的低一些。但当数字检波器资料的覆盖次数是模拟检波器资料的 2 倍时，两者的资料品质基本相当。可见，野外采用小面元(如 10 m×20 m)采集，室内通过扩大面元(如 20 m×20 m)处理提高覆盖次数，可以弥补数字检波器单炮记录能量弱、信噪比低的问题。

在地震剖面上(图 3-47)，尽管两张剖面的面元及覆盖次数相同，但在主要目的层段，数字检波器接收剖面的层间弱反射信息更丰富，分辨率更高，频带较模拟检波器拓宽 10 Hz 左右(图 3-48)。

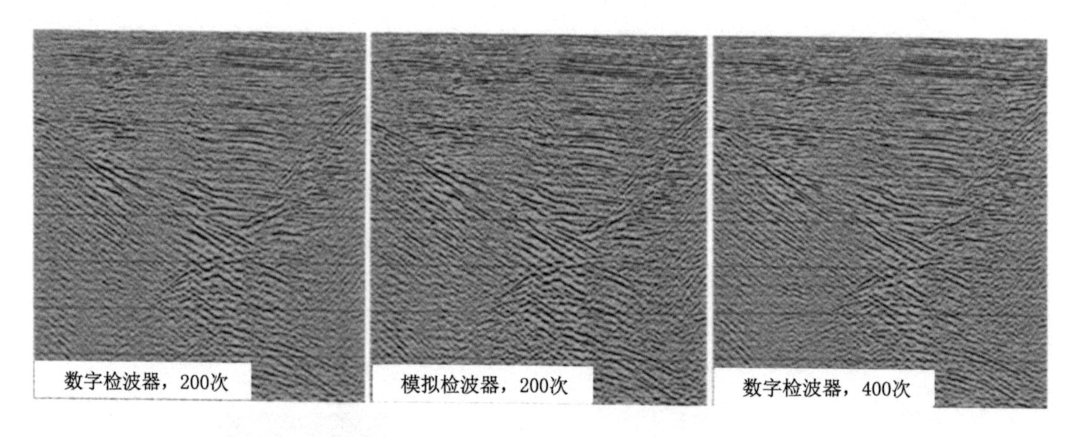

图 3-46　数字、模拟检波器采集的叠加剖面

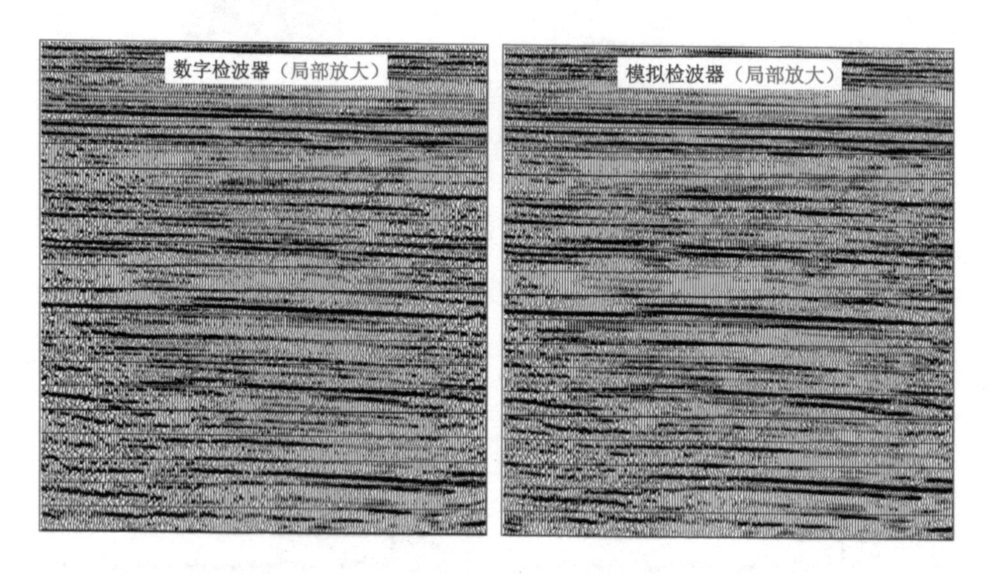

图 3-47　数字检波器与模拟检波器接收剖面对比

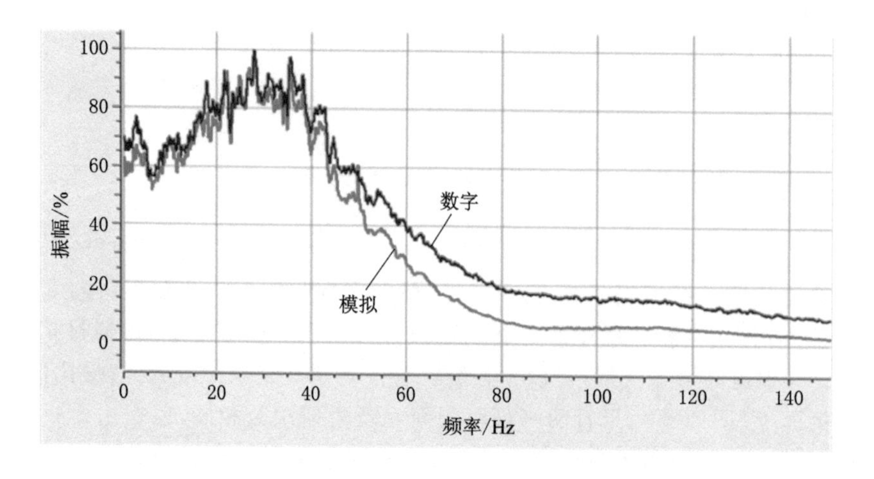

图 3-48　数字、模拟检波器采集资料的频谱对比

上述的对比剖面表明：与模拟检波器相比，数字检波器采集的地震资料层间弱反射信息更丰富，分辨率更高，频带更宽，一致性更好。但地震检波器也是一个相当复杂的地震波接收仪器，并不能认定哪种有绝对的优势或不足，实际应用时也不能简单认定哪种更为合理和有效，要想得出一个完全适合所有条件的普遍结论是十分困难的，也可以认为是不可能的，因此，必须通过试验从实际出发来选用检波器。数字检波器在技术上有一定优势，但最终的使用效果还取决于多种因素，只有相关因素条件（如外界干扰小、信噪比高）具备时，数字检波器的优势才能得到更好的发挥，如在资料高信噪比地区，野外采用数字检波器接收高覆盖次数，通过室内组合处理，有利于提高地震资料采集分辨率。

（5）单点接收技术

地震信号通过检波器组合接收后，频率、相位、振幅都会发生相应的变化。因此，组合采集的劣势是：① 损失了有效波的高频成分，使地震有效波的频带宽度变窄，资料分辨率整体降低。② 组内每个检波器接收信号时存在高程高差影响，使每个检波器之间存在时差，导致通放带变窄，且由于高程的无规律性，也无法做到点点测量，引起通放带与压制带的频率特征函数不规则。③ 引起地震信号相位、振幅变化，地震波信号的保真度降低。④ 由于野外地表情况的复杂性，检波器组合不能完全按理论图形布设，造成野外实际物理点位不准。⑤ 野外施工埋置检波器工作量增大、劳动强度大、施工效率低，设备占用率和使用成本高，检波器耦合质量也难以保证。

单点采集顾名思义就是在每个物理接收点（一个地震道）只布设一个检波器，以单点方式接收地震信号（称为单点接收），检波器分为模拟和数字两种。单点采集具有以下优势：

① 提高地震信号的保真度。a. 单点接收对地震信号和干扰噪声充分采样，对信号和噪声无压制作用，避免了全工区因采用固定组合模式压制随地变化的干扰噪声，将压制噪声的环节后移到资料处理中心室内来完成，使野外采集的资料忠实于原始面貌，不损失信号频率、相位、振幅特性，具有野外原始资料保真的优势。b. 在起伏地表区，地震波到达每个检波器的时间存在差异，组合后改变了地震波形特征，如图 3-49 组合输出记录所示。单个检波器接收消除了由于地形高差变化或近地表速度变化所造成的旅行时差异，克服了检波器组合时组内地震道叠加所造成的地震信号畸变、地震属性失真。c. 单点接收检波器不

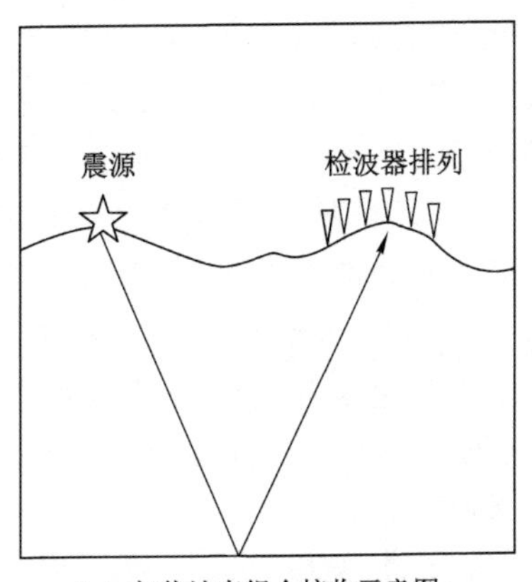

（a）起伏地表组合接收示意图

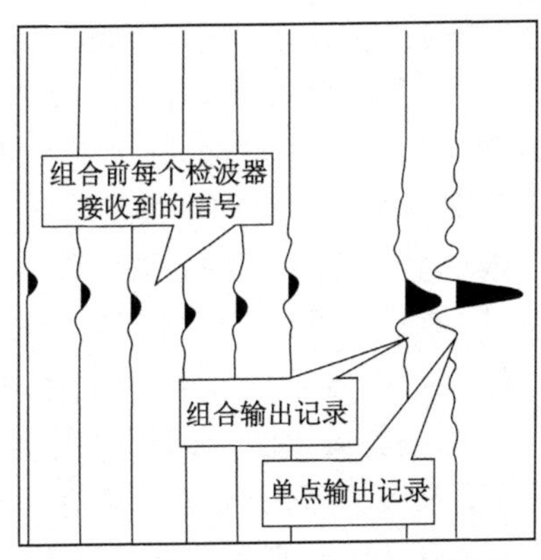

（b）组合接收和单点接收输出波形示意图

图 3-49　起伏地表组合接收示意图与组合接收和单点接收输出波形示意图

存在组合时组内的系统误差，而组合接收每个检波器具有不同的灵敏度、自然频率误差，检波器之间的误差一般超过±2%。d. 单点接收初至波拾取准确，避免静校正误差，消除了原组合接收方式下的地震道野外时间误差，有利于野外静校正精度提高。工区一般均存在近地表问题，组合接收产生的静校正问题室内资料处理无法纠正。e. 单点接收有利于噪声识别与压制。单点接收对信号和噪声无压制作用，一是实现了全波采样，二是与波数响应相对应的时间和频率可被充分采样，将基本采样定律扩展到了空间域，恰当的单点接收道距能消除假频噪声，有利于室内识别规则干扰和压制规则噪声，提高室内资料信噪比。f. 单点接收到的信号是独立的，能够校正由虚假振幅变化和沿组合方向静校正差所造成的影响。

② 有利于野外质量控制。在地形复杂地段，采用单点接收很容易选择检波器的埋置点，特别是在地形起伏大或地面植被茂密区，单点接收不会带来因组合接收造成的地面耦合不一致的情况。每个地震道只有一个检波器，在野外从地震仪器上很快能判断检波器的耦合状态，避免了组合检波过程中个别检波器耦合效果不好而无法判别的问题。因此，单点检波器的野外埋置质量更容易得到有效控制。

③ 有利于降低野外采集成本。单点接收所用单个检波器重量和体积是组合接收的十几分之一至几十分之一，可极大地节约运载设备的投入，除降低野外员工劳动强度外，有利于野外生产组织和作业效率提高，降低野外劳动力投入，很好地控制高密度地震采集条件下的野外施工成本。

④ 有利于提高空间分辨率。根据地震采集面元与假频的计算公式，在均方根速度和偏移孔径角度给定的情况下，面元尺寸与最大频率(假频点)成反比，面元尺寸缩小二分之一，则假频点扩大一倍。即小面元使有效地震频带展宽，加上单点高密度空间采样率高，使单点高密度采集比常规采集更具有提高纵向、横向分辨率的优势，特别在提高横向分辨率方面优势更加明显。

⑤ 有利于室内先进处理技术的应用。实践证明，检波器组合不能完全压制各种类型的噪声，特别是对规则干扰压制，反而伤害了有效信号而无法弥补，而随着地震处理技术的进步，通过处理压制各类噪声是有效且成功的做法。单点高密度采集没有假频现象，适合基于面波反演的地滚波压制技术、非规则相干噪声压制技术、五维插值技术等先进去噪技术应用。单点高密度采集覆盖次数高、方位角信息丰富，适合方位矢量道集域数据规则化技术应用，能够改善空间振幅一致性；适合分方位处理、全频带提高分辨率处理等技术的应用，有利于保护野外采集到的微弱地震波有效信号，最终使地震处理成果质量明显提高。

⑥ 有利于推动全波地震勘探技术发展。全波地震勘探要求忠实地记录完整的大地振动，包括震源噪声，对目标进行无混叠空间采样，记录地下返回的全频带频率。单点检波器能够实现高矢量保真度、多分量采集，能精确地保持矢量定向处理的各分量之间的相对振幅，尽可能忠实地保持各向异性，记录和保存地下返回的方位角变化范围全频带频率数据，是全波地震勘探的基础，有利于推动全波地震勘探技术发展。

检波器的灵敏度是指检波器对弱小信号的放大能力，灵敏度越高放大能力越强。从图3-50、图3-51不同检波器振幅值以及频率对比来看，单支低频高灵敏度检波器具有保护低频信号，拓展频宽，提高地震资料分辨率、反演和成像精度，提高地震弱信号的拾取能力的优势。

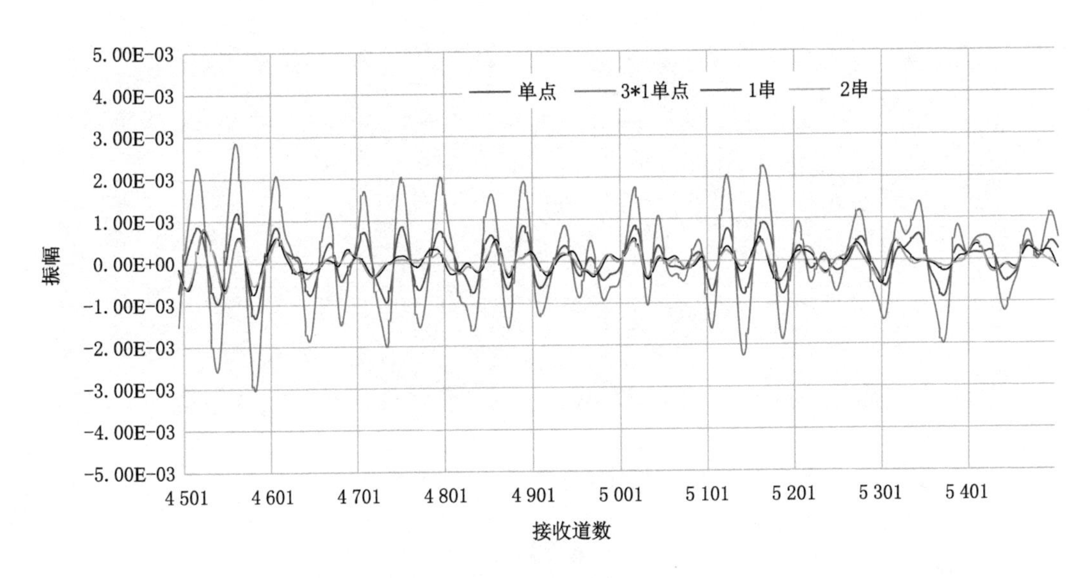

图 3-50　不同检波器目的层真振幅对比

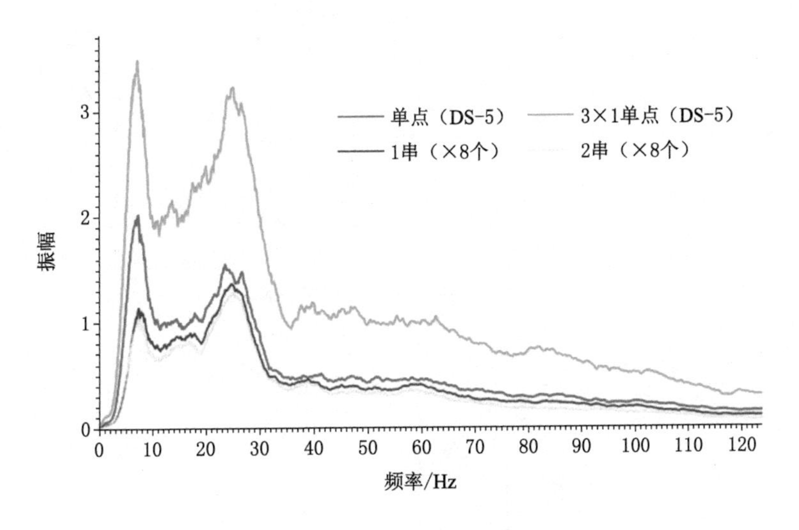

图 3-51　不同检波器振幅谱

从图 3-52 中单点采集单炮记录与组合采集单炮记录相比发现，一是野外记录信噪比较低，有较强的面波和背景噪声，在信噪比相对较低的地区，原始记录上难以识别到连续的反射同相轴；二是单点采集对检波器的性能和埋置要求高，单个检波器如果工作不正常，会影响整道数据；三是需要相对较高的炮道密度，确保提高数据处理效果。

××探区某三维大型村庄连片，居民活动频繁，交通发达、工厂密集，环境干扰严重，资料分辨率要求高，需满足薄砂体、特殊岩性段、尾砂岩等岩性圈闭的精细雕刻。从单串、单点接收单炮记录及定量分析看，单串压制噪音的能力较强，单点接收较组合接收振幅真值略低，单点接收频带较宽(图 3-53)。

接收参数的选择要根据工区资料情况及地质任务要求来确定。信噪比较低地区建议组合接收提高原始资料的信噪比，信噪比高地区建议采用单点接收，提高资料高分辨率。

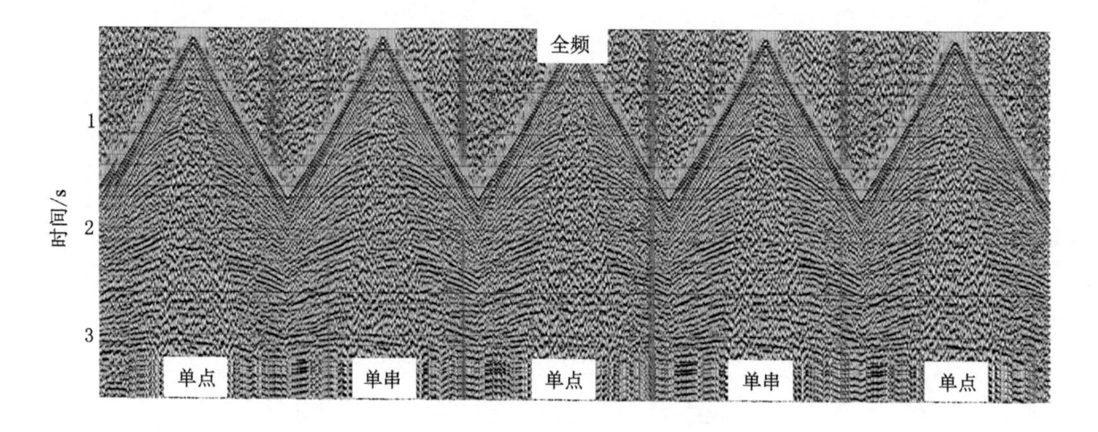

图 3-52　井炮激发单串、单点接收单炮资料

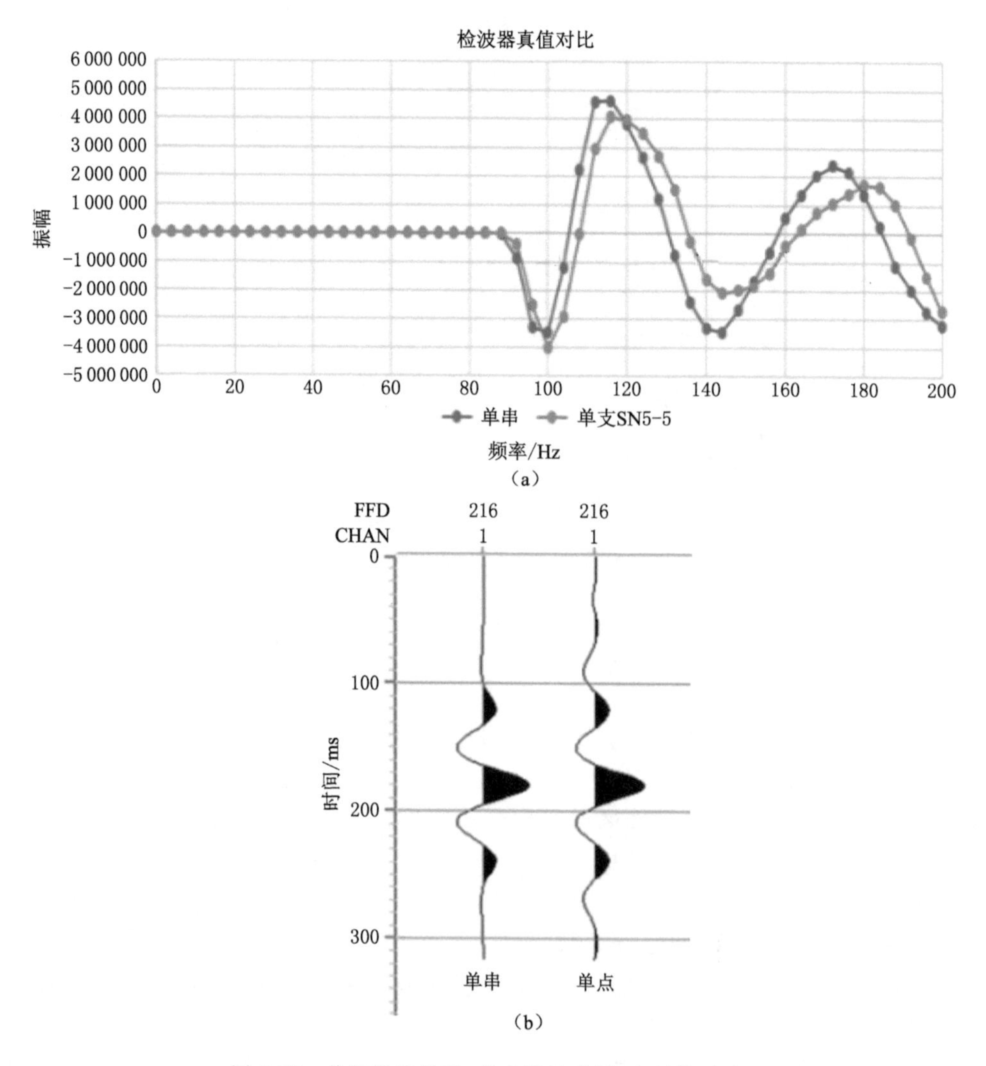

图 3-53　井炮激发单串、单点接收真值、自相关对比

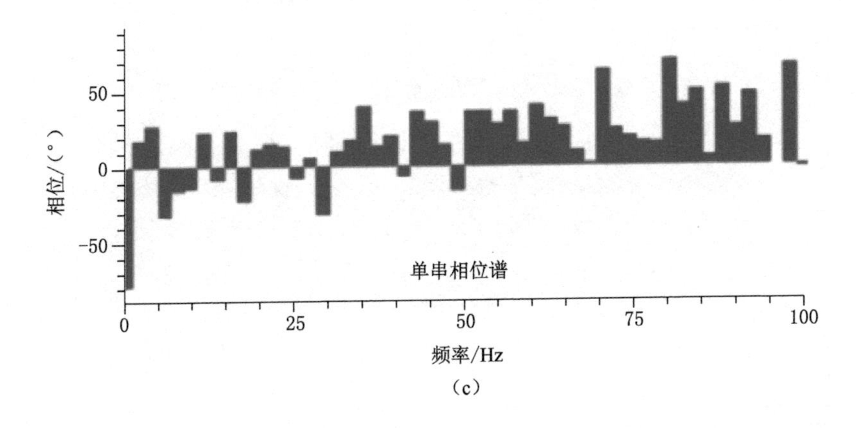

相位/(°)
50
0
-50
单串相位谱
0
25
50
75
100
频率/Hz

（c）

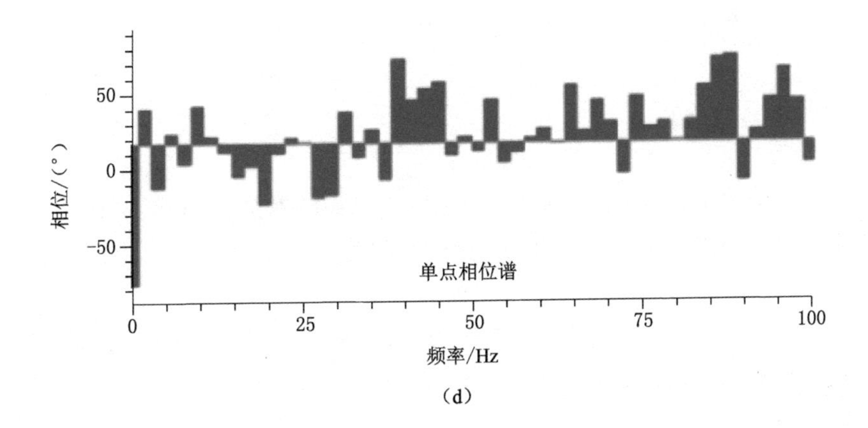

相位/(°)
50
0
-50
单点相位谱
0
25
50
75
100
频率/Hz

（d）

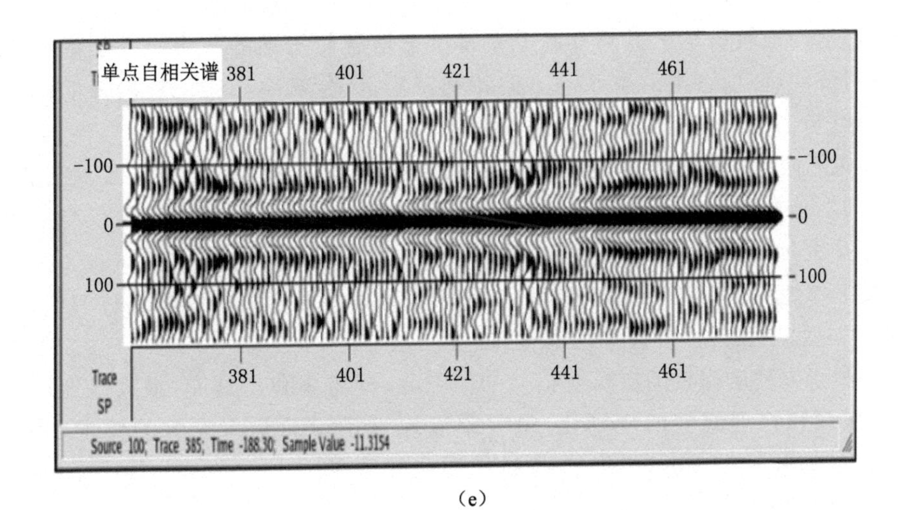

单点自相关谱
381
401
421
441
461
-100
0
100
Trace
SP
Source 100; Trace 385; Time -188.30; Sample Value -11.3154

（e）

图 3-53 （续）

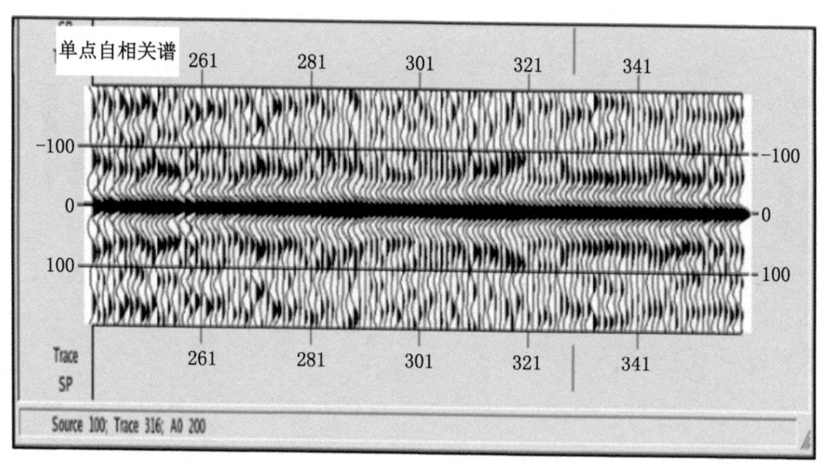

(f)

图 3-53 (续)

(六) 观测系统设计技术

1. 基本要求

在宽频地震勘探中,为达到三维地震数据空间采样分布的均匀性、对称性,最大限度避免观测系统设计不合理对储层信息带来的影响,应按照以下几项原则,开展观测系统参数的优化:

① 在一个炮点道集内均匀分布地震道。炮检距从小到大均匀分布,能够保证同时接收浅、中、深各个目的层位的信息,使观测系统既能获取各目的层的有用信号,又能用来进行速度分析。

② 在一个 CDP 道集内应能比较均匀地分布在共中心点的 360°的方位上,这样一个面元(反射点)上的地震道是从不同方向上获得反射信息使三维的共中心叠加的更能真实反映三维反射波的特点;否则沿着某一方向特别密集,高分辨率三维地震勘探的优点不能发挥,实际上它与二维地震勘探的效果基本相同。

③ 勘探区内地下数据与覆盖次数应尽量均匀。均匀的覆盖次数保证了反射波振幅、频率分布均匀。这样才能保持地震记录特征稳定,使得地震记录特征的变化仅与地质因素相关,有利于研究地下的微幅度构造和岩性。

④ 要考虑地质需求(需要保护的最大频率)如地层倾角、最大炮检距、目的层位深度、道距、干扰波类型、地表条件等各种因素影响。

⑤ 有利于提高勘探目的层反射信号的信噪比、分辨率和保真度,最大限度地实现数据面元几何属性和物理属性的规则化,最大限度地满足精确叠前成像的要求(张云花 等,2006)。

(1) CMP 面元

在地震勘探中,面元的大小直接影响地震资料的横向分辨率和地质解释精度。为保证 CMP 叠加的反射信息具有真实代表性,面元的大小应满足以下两个方面:

① 满足偏移成像时不产生偏移噪音,即满足最高无混叠频率法则,依据公式

$$b=v_{int}/(4\times F_{max}\times \sin q)$$

式中,b 为面元边长;v_{int} 为上一层层速度;F_{max} 为最高无混叠频率;q 为地层倾角。

② 保证良好横向分辨率,面元边长的经验公式:

$$b=v_{int}/(2\times F_{dom})$$

式中,b 为面元边长;v_{int} 为上一层层速度;F_{dom} 为反射层视主频。

(2) 覆盖次数

三维地震地下反射点的覆盖次数是指其总覆盖次数 n,它是由纵测线方向(X 方向)覆盖次数 n_x 与横测线方向(Y 方向)覆盖次数 n_y 的乘积组成的,$n=n_x\times n_y$。

纵向覆盖次数的计算与二维一致。

$$n_x=\frac{\text{RLL}}{2\times \text{SLI}} \tag{3-60}$$

式中,n_x 为纵向覆盖次数;RLL 为纵向接收线长度,m;SLI 为炮线距,m。

横向覆盖次数的计算也很简单,它等于一束接收线条数的一半。

$$n_y=\frac{\text{NRL}}{2} \tag{3-61}$$

式中,n_y 为横向覆盖次数;NRL 为束接收线条数。

覆盖次数主要根据勘探所要求的地震资料品质和分辨率确定。三维覆盖次数的选择,可从以下几个方面进行考虑:根据工区二维地震资料的信噪比估算三维覆盖次数。有研究认为,当噪声呈随机分布时,覆盖次数与信噪比的平方成正比。如果一个工区的二维地震资料的信噪比较高,则三维覆盖次数可在二维覆盖次数的二分之一到三分之二倍之间选择(二维覆盖次数太低时意义不大)。如二维覆盖次数为 40 次,则三维使用 20 次覆盖可达到与质量良好的二维数据不相上下的结果,为了确保三维数据质量,也可采用二维覆盖次数的三分之二倍。但当二维地震资料的信噪比较低时,就必须提高三维采集的覆盖次数。

(3) 最大炮检距

最大炮检距即为炮点与最远接收道之间的距离。最大炮检距应大于或等于最深目的层的深度,同时其大小受动校正拉伸畸变、地层反射系数、速度分析精度的综合限制,具体要求如下:① 动校拉伸畸变≤12.5%;② 速度分析精度误差≤5%;③ 初至切除时不损失有效波;④ 保证地层反射系数稳定;

满足叠前偏移时 95%的绕射波正确归位。

(4) 最小炮检距

最小炮检距即为炮点与最近道之间的距离,应该小于最浅的目的层深度。最小炮检距的选择首先要保证最浅目的层有足够的覆盖次数,利于浅层叠加速度的求取和层位的追踪对比,同时,还应选取适当的最小炮检距以利于避开强干扰(如面波)的影响。

(5) 横纵比

横纵比的计算表达式为:

$$\gamma=\frac{Y_{max}}{X_{max}} \tag{3-62}$$

式中,γ 为横纵比;Y_{max} 为横向最大炮检距;X_{max} 为纵向最大炮检距。

宽方位与窄方位三维观测系统的区分,通常是对其观测系统在炮检关系表现形式上进行的分类，当横纵比小于 0.5 时为窄方位，当横纵比为 0.5～1.0 时为宽方位，当横纵比为 1.0 时为全方位。

三维地震观测系统宽、窄方位选择主要考虑两个因素，一是勘探目标和任务要求，宽方位三维勘探在横向上具有高分辨优势，更有利于对目标圈闭特征和目标层位空间分布规律的落实。二是依据勘探区域地质构造和油气区带复杂程度选择宽、窄方位观测系统，一般情况下，为保证复杂构造空间波场的连续性，采用小面元、高覆盖次数窄方位三维观测系统较为经济实用。另外，窄方位观测系统勘探，炮检距分布呈线性关系，有利于 DMO 分析，比较适用于地下倾角较陡、速度横向变化较大的地区；宽方位观测系统勘探有利于速度分析、静校正求解和多次波衰减。地震采集资料炮检距分布呈非线性的关系，比较适用于地下目的层倾角不大、速度横向变化不大的地区，由于对地下采样的方向较均匀，有利于用作裂缝预测(郭磊 等,2014)。

(6) 观测方向

观测方向选择首先应充分考虑垂直构造轴线方向，其次重点考虑垂直评价有利区带的展布方向。但最终的选择必须通过分析勘探区域地震地质条件，准确判断已采集地震资料在选择方向上品质变化的主控因素后(激发条件或是接收条件或是外界干扰)，再根据主控因素决定激发炮线和接收线布设方向。

在断层发育、地层倾角较陡、构造复杂的勘探目标区，沿构造倾向选择三维观测方向，其最大优势在于能够准确展现构造形态，有利于获取断点信息、断面反射波信息和陡倾角反射信息。选择与目标层评价有利区带延伸方向垂直的方向作为观测方向，可充分保证了评价有利区带炮检距、方位角和有效覆盖次数分布更为合理(赵贤正 等,2014)。

2. 观测系统属性定量评价方法

三维地震采集观测系统的面元、炮检距、覆盖次数、方位角等属性定性评价分析技术较为成熟，应用较为广泛，本书尝试从定量角度评价观测系统属性的优劣，尤其充分考虑了纵横向属性的均匀性，推导出了不同观测系统之间从均匀性、面元、方位角、覆盖次数以及最大炮检距等方面总体定量评价的数学表达式。在以后的三维观测系统设计中，可以直接定量计算各属性及属性总体评价，为决策者快速评价观测系统、优化方案提供便利。

(1) 物理点均匀因子

三维地震采集物理点的均匀性分析方法较多，诸如采集脚印、覆盖次数、炮检距和方位角均匀性分析等，并且多以定性分析图件表示。本书从观测系统的激发点多点相关的角度出发整体描述观测系统均匀性。图 3-54 所示是常用的两种观测系统：(a)图是正交观测系统，(b)图是斜交观测系统。正交时激发点周边有 8 个点，斜交时激发点周边有 6 个点。

三维地震采集物理点的均匀性由均匀因子 μ 来表述，则观测系统激发点位的均匀因子表达式为

$$\mu = \frac{S}{r_{\max}} \tag{3-63}$$

其中

$$S = \sqrt{\frac{1}{n-1}\sum_{i=1}^{n}(r_i - \bar{r})^2} \tag{3-64}$$

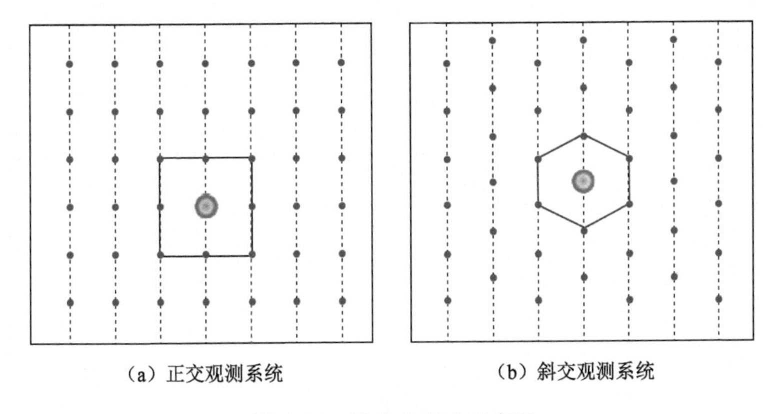

图 3-54　激发点布设示意图

式中，r_{max} 为激发点到周边点的最大距离；S 为激发点与周边点的方差；n 为激发点周边点数；r_i 为激发点到周边第 i 个点的距离；$\bar{r}$ 为该点到周边点距离的平均值。

把式(3-63)代入式(3-64)，得

$$\mu = \frac{\sqrt{\frac{1}{n-1}\sum_{i=1}^{n}(r_i - \bar{r})^2}}{r_{max}} \tag{3-65}$$

定义激发线距(LSI)与激发点距(SI)之比值(简称线点距比)为 τ，则

$$\tau = \frac{\mathrm{LSI}}{\mathrm{SI}} \tag{3-66}$$

把式(3-66)代入整理后的式(3-65)，可以分别得出正交和斜交时观测系统均匀因子的表达式。

$$\mu_{正交} = \sqrt{0.5 - \frac{\tau + 2(1+\tau)\sqrt{1+\tau^2}}{7(1+\tau^2)}} \tag{3-67}$$

$$\mu_{斜交} = \frac{2\sqrt{15}}{15}\left(1 - \frac{2}{\sqrt{1+4\tau^2}}\right), \quad \tau > 1 \tag{3-68}$$

$$\mu_{斜交} = \frac{2\sqrt{15}}{15}\left(1 - \sqrt{\frac{1}{4}+\tau^2}\right), \quad \tau \leqslant 1 \tag{3-69}$$

大多情况下，激发点线点距比大于 1，此时斜交观测系统的均匀因子用式(3-68)表达；如若激发点线点距比小于等于 1，则用式(3-69)表达。

根据式(3-67)、式(3-68)、式(3-69)，可以绘出观测系统均匀因子随激发点线点距比的变化曲线，见图 3-55。当激发点线点距比较大，接近正无穷或接近 0 时，正交均匀因子为 0.46，斜交均匀因子为 0.52，正交观测系统布设比斜交观测系统布设均匀；当激发点线点距比为 1.56 时，正交与斜交均匀因子相等，均为 0.2，此时两系统均匀性相当；当激发点线点距比为 1 时，正交均匀因子最小，为 0.157，斜交均匀因子为 0.05，此时正交观测系统布设达到最佳但差于斜交布设；当激发点线点距比为 0.42 时，正交与斜交均匀因子相等，均为 0.27；当激发点线点距比为 0.87 时，正交均匀因子为 0.162，斜交均匀因子最小，为 0.002，此时为斜交观测系统的最佳布设。

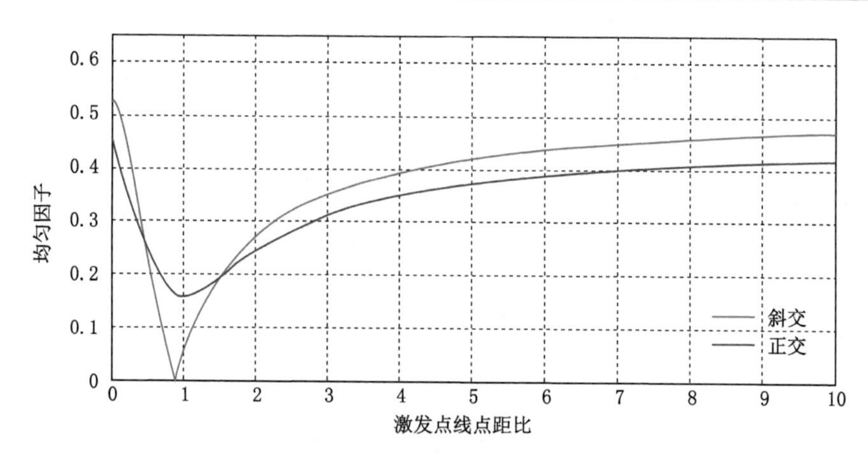

图 3-55　激发点线点距比与均匀因子关系曲线

以冀中地区近年来三维地震勘探为例(表 3-8),斜交时激发点线点距比为 7～10,均匀因子为 0.443～0.465;正交时激发点线点距比为 3～8,均匀因子为 0.310～0.404。可以看出,正常情况下激发点线点距比大于 1,激发点线点距比越小,均匀因子越小,均匀性越好;总体上正交观测系统布设比斜交更均匀。

表 3-8　冀中探区近年三维观测系统均匀因子统计表

项目名称	激发线距/m	激发点距/m	线点距比	类型	均匀因子
SH	320	40	8	斜交	0.452
HJCQ	400	40	10	斜交	0.465
BR	210	30	7	斜交	0.443
CHJ	280	40	7	斜交	0.443
GJP	320	40	8	正交	0.404
FHY	120	40	3	正交	0.310
AB	160	40	4	正交	0.347
YWZ	280	40	7	正交	0.396
NMZ	240	40	6	正交	0.385

(2) 观测系统横纵比

传统观测系统方位角由放炮模板横纵比(最大非纵距比纵向最大炮检距)来表征,但横纵比相同的观测系统属性却有天壤之别。

以图 3-56 为例,三套观测系统的横纵比相当,即三个观测系统有相同的方位角但显然采集后获得的资料必然存在较大差别。由此说明传统的横纵比不能正确地表征观测系统的属性。

参照传统横纵比的基础上提出了表征观测系统方位角的新横纵比 κ 表达式:

$$\kappa = AR \cdot \frac{\min(\mathrm{LRI},\mathrm{LSI})}{\max(\mathrm{LRI},\mathrm{LSI})} \cdot \frac{\min(\mathrm{RI},\mathrm{SI})}{\max(\mathrm{RI},\mathrm{SI})} \tag{3-70}$$

式中,AR 为传统横纵比;SI 为炮点距;RI 为道距;LRI 为接收线距;LSI 为激发线距。

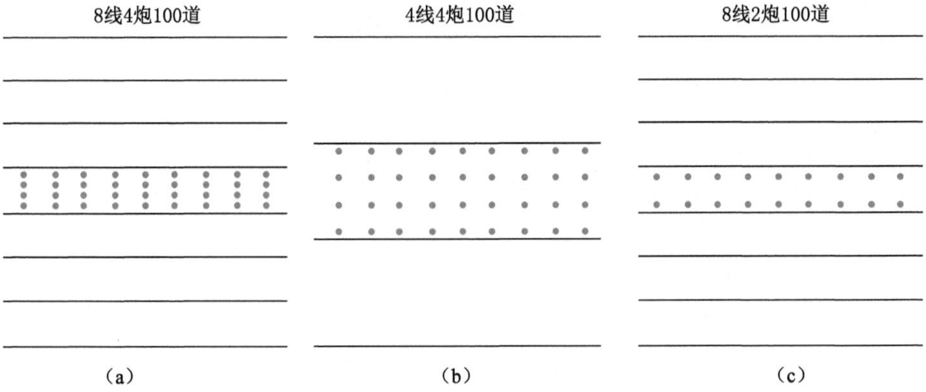

8线4炮100道　　4线4炮100道　　8线2炮100道

(a)　　(b)　　(c)

图 3-56　横纵比相近的观测系统

从式(3-70)可以看出,当接收线距＝激发线距,道距＝激发点距同时成立时,新横纵比等于传统横纵比;当以上条件之一不成立时,新横纵比必定小于以往传统的横纵比,即横纵比没有达到应有的理想对称状态。新横纵比表征的观测系统方位角更加全面地体现了观测系统纵横向属性信息。

(3) 覆盖次数均匀性

覆盖次数对观测系统属性的贡献主要体现在提高叠加剖面的信噪比上(屠世杰,2010),覆盖次数究竟与信噪比之间存在怎样数学关系?下面从实际资料的定量分析中拟合出数学关系式。

表 3-9 是同一位置不同时窗下不同覆盖次数剖面的信噪比估算结果。从对其浅层信噪比数据进行不同逼近方式拟合(图 3-57)以及对不同层位的信噪比与覆盖次数关系(图 3-58)来看,对数逼近拟合效果较好,说明信噪比与覆盖次数之间存在着近似对数增长关系。

表 3-9　同一位置不同时窗下不同覆盖次数剖面的信噪比估算结果

覆盖次数	信噪比		
	浅层	中层	深层
40	3.68	2.32	1.60
80	5.13	3.26	2.32
120	5.90	3.83	2.68
140	6.20	4.06	2.84
210	7.00	4.56	3.10
300	7.74	4.98	3.37
420	8.31	5.44	3.64
600	8.97	5.94	3.91

根据以上分析,覆盖次数与信噪比之间的关系式为

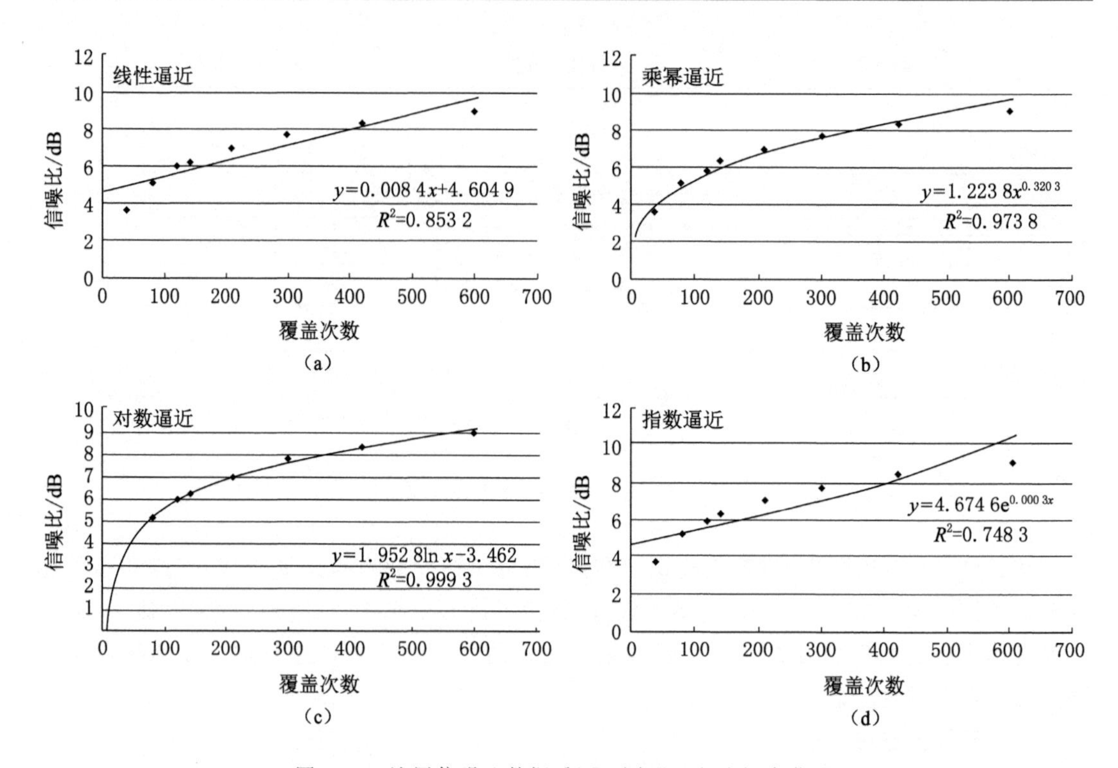

图 3-57 浅层信噪比数据采用不同逼近方式拟合曲线

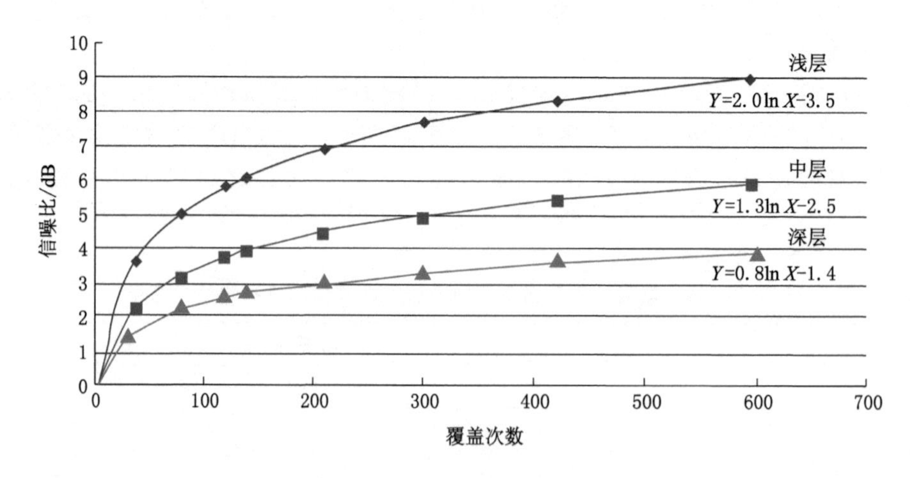

图 3-58 不同层位的信噪比与覆盖次数关系曲线

$$\frac{S}{N}=a\ln F+b \tag{3-71}$$

式中：s/n 为信噪比；a、b 为常数，不同地区具体数值不同；F 为有效覆盖次数。

充分考虑覆盖次数的纵横向均匀性，建立有效覆盖次数表达式。

$$F=\frac{\min(F_{\text{inline}},F_{\text{xline}})}{\max(F_{\text{inline}},F_{\text{xline}})}\cdot F_{\text{inline}}\cdot F_{\text{xline}} \tag{3-72}$$

式中，F_{inline}、F_{xline} 为纵、横向覆盖次数。

（4）最大炮检距贡献度

最大炮检距评价存在较大争议，若考虑后续的 AVO（振幅随偏移距的变化）处理与解释，则最大炮检距越大越好；而从满足叠前偏移处理角度考虑，最大偏移距不宜过大。本书从满足叠前偏移处理和技术经济一体化角度出发，论证最大炮检距。

此时最大炮检距与主要目的层的埋深（H）有关，最大炮检距的选取原则如下：

① 最大炮检距≈$0.54H$，收敛 75%以上能量，收敛的能量最集中，频率高；

② 最大炮检距≈$1.02H$，收敛 85%以上能量，是较为经济的采集参数；

③ 最大炮检距≈$1.16H$，收敛 95%以上能量，比（b）多收敛 10%的能量，相对贡献不大，资料频率稍低；

④ 最大炮检距≈$2H$，收敛 100%以上能量，多收敛的能量极弱，频率低，动校正处理后频率继续降低。

总体权衡，为满足叠前偏移处理和技术经济性，选择最大炮检距 $x_{\max}$ 满足（c）项作为评价基准，则最大炮检距对观测系统的贡献度 O 表示如下：

$$O=\frac{1.16H-|1.16H-X_{\max}|}{1.16H} \tag{3-73}$$

式（3-73）表明，最大炮检距不能太短，也不能太长，应满足资料处理的需求。

（5）总体定量评价

综合考虑面元、均匀性、方位角、最高有效覆盖次数、最大偏移距等观测系统属性对最终资料的贡献，提出了以下观测系统属性总体评价定量表达式：

$$\alpha=\frac{\min(B_{\text{inline}},B_{\text{xline}})}{\max(B_{\text{inline}},B_{\text{xline}})}\cdot\ln(F)\cdot\kappa\cdot O\cdot\frac{1}{\mu} \tag{3-74}$$

式中，α 为综合评价值，无量纲；B_{inline}、B_{xline} 为观测系统纵、横两个方向的线元，m。

以目的层埋深 4 800 m 为例，表 3-10 给出了 4 个观测系统，面元相等。从均匀性角度看，方案 1 和 3 的均匀因子相对稍小，均匀性稍高；而从有效覆盖次数看，方案 2 和 3 覆盖次数最高；从最大炮检距分析，方案 2 最合适；而从综合评价看，由优到劣排序为方案 2、4、3、1。

表 3-10　不同观测系统属性定量评价表（目的层埋深 4 800 m）

参数属性	方案 1	方案 2	方案 3	方案 4
观测系统类型	30L×5S×150R 正交	32L×6S×192R 正交	32L×5S×160R 正交	30L×6S×180R 正交
CMP 面元/m^2	20 m×20 m	20 m×20 m	20 m×20 m	20 m×20 m
覆盖次数	225(15 纵×15 横)	256(16 纵×16 横)	256(16 纵×16 横)	225(15 纵×15 横)
道间距/m	40	40	40	40
接收线距/m	200	240	200	240
激发点距/m	40	40	40	40
激发线距/m	200	240	200	240
最大非纵距/m	2 980	3 820	3 180	3 580
纵向最大炮检距/m	2 980	3 820	3 180	3 580

表 3-10(续)

参数属性	方案 1	方案 2	方案 3	方案 4
最大炮检距/m	4 214	5 402	4 497	5 062
激发点线点距比	5	6	5	6
均匀因子	0.37	0.38	0.37	0.38
新横纵比	1.00	1.00	1.00	1.00
有效覆盖次数	225	256	256	225
最大炮检距贡献度	0.76	0.97	0.81	0.91
总体评价值	11.10	13.98	12.13	12.80

3. 宽方位高密度勘探

观测系统设计是三维地震野外采集技术方案论证的主要内容，其参数的高低直接影响地震资料的品质。现以 2013 年××项目为例介绍炸药震源激发的高分辨率观测系统及勘探效果。××三维位于蠡县斜坡中段，构造变形强度小，构造圈闭不发育，属于平缓台坡型弱构造斜坡，具有构造幅度低、储层厚度薄、砂体变化快的地质特点。本次勘探的主要地质要求是：Es1 上Ⅲ砂组大套砂岩在地震上可追踪识别；Es1 下"特殊岩性段"碳酸盐岩储层在地震上有较明显反射特征，可追踪识别；Es1 下"尾砂岩"和 Es2 段厚度小于 10 m 薄层砂体在地震上可分辨，最高受保护的频率为 120 Hz。最终采用的主要采集参数：面元 20 m×20 m，覆盖次数 256 次，最大炮检距 4 497 m，横纵比 1.0，覆盖密度 64 万次/km^2。

由于采用了宽方位高密度的观测系统方案，与老资料相比，如图 3-59 所示，新资料分辨率明显提高，尾砂岩发育区，地震响应明显。另外，薄层湖相碳酸盐岩有较好响应(图 3-60)。从振幅切片来看(图 3-61)，新资料同相轴增多，细节更丰富，分辨率、信噪比明显提高。

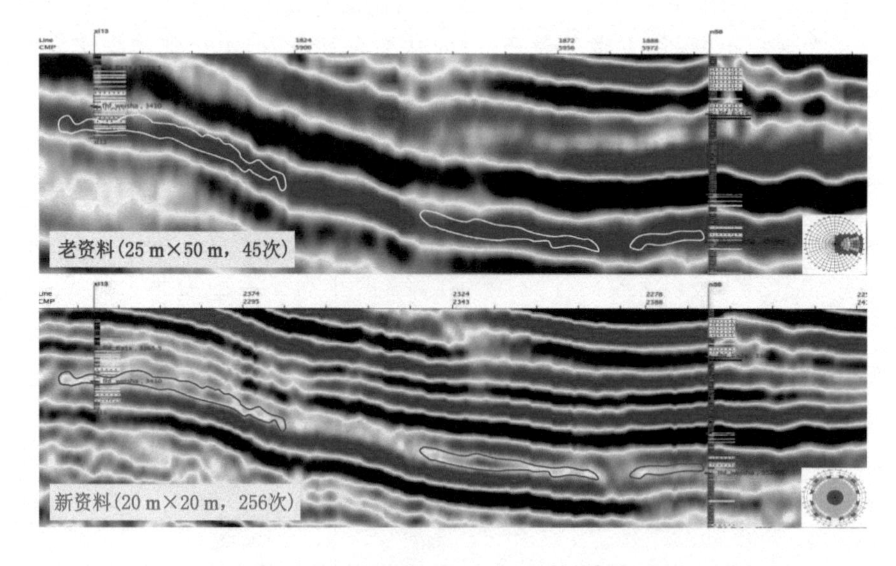

图 3-59 ××地区新老资料(尾砂岩区域)

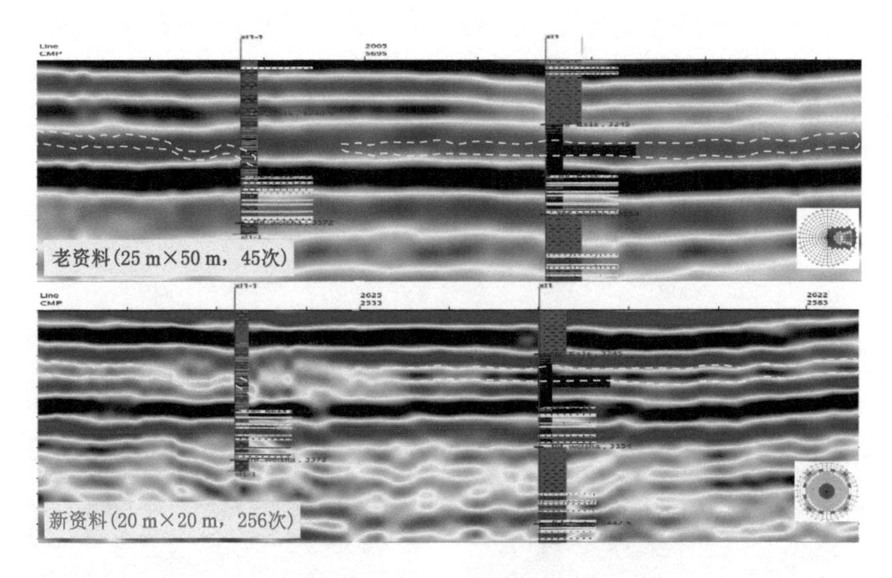

图 3-60　××地区新老资料(薄层湖相碳酸盐岩区域)

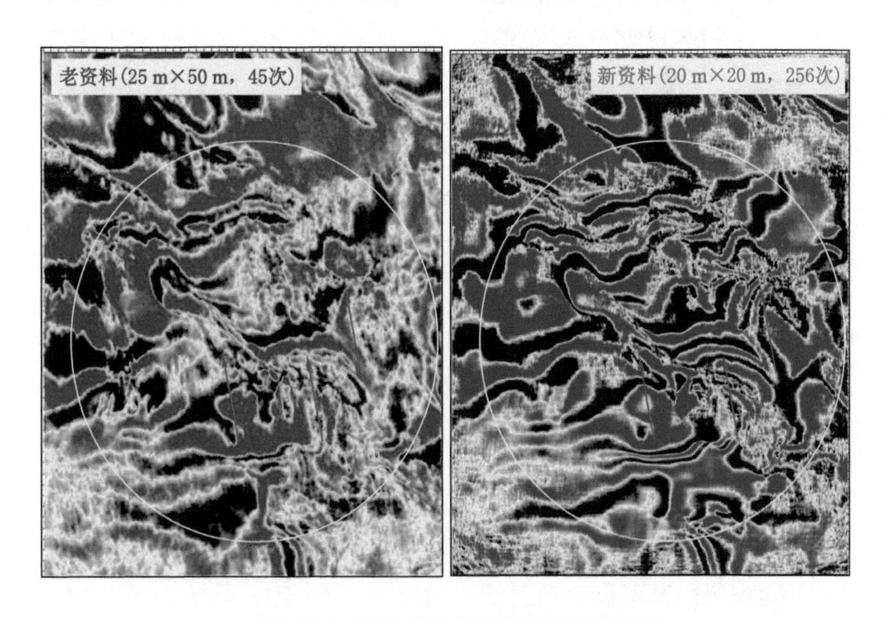

图 3-61　××地区新老资料(振幅切片)

4．可控震源"两宽一高"勘探

冀中探区地表条件复杂，外界干扰严重，由于可控震源激发的能量相对较弱，因此可控震源采集观测系统的覆盖次数设计尤为关键。依据数据驱动的覆盖次数计算公式(3-75)，计算可控震源三维地震观测系统的覆盖次数。

$$N_{\text{VIB-3D}}=\left[\frac{(s/n)_{\text{SHOT}}}{(s/n)_{\text{VIB}}}\right]^2\times\left[\frac{(s/n)_{\text{VIB-3D}}}{(s/n)_{\text{SHOT-3D}}}\right]^2\times N_{\text{SHOT-3D}} \tag{3-75}$$

式中，$N_{\text{VIB-3D}}$ 为可控震源三维地震的覆盖次数；$N_{\text{SHOT-3D}}$ 为井炮三维地震的覆盖次数；$(s/n)_{\text{VIB-3D}}$ 为期望的可控震源三维数据体的信噪比；$(s/n)_{\text{SHOT-3D}}$ 为井炮三维剖面资料的信噪比；$(s/n)_{\mathrm{VIB}}$ 为可控震源单炮资料的信噪比；$(s/n)_{\mathrm{SHOT}}$ 为井炮单炮资料的信噪比。

以××地区为例，根据可控震源单炮资料的信噪比，结合邻区井炮单炮资料的信噪比与覆盖次数，估算可控震源采集的覆盖次数不低于300次，结合观测系统其他参数的论证结论，最终确定该区观测系统基本参数：面元25 m×25 m，覆盖次数360次，横纵比0.9，而且采用低频可控震源宽频激发，实现了“两宽一高”地震勘探。如图3-62所示，新三维较老三维成果目的层段频带宽且低频信息丰富，偏移成像效果更好。

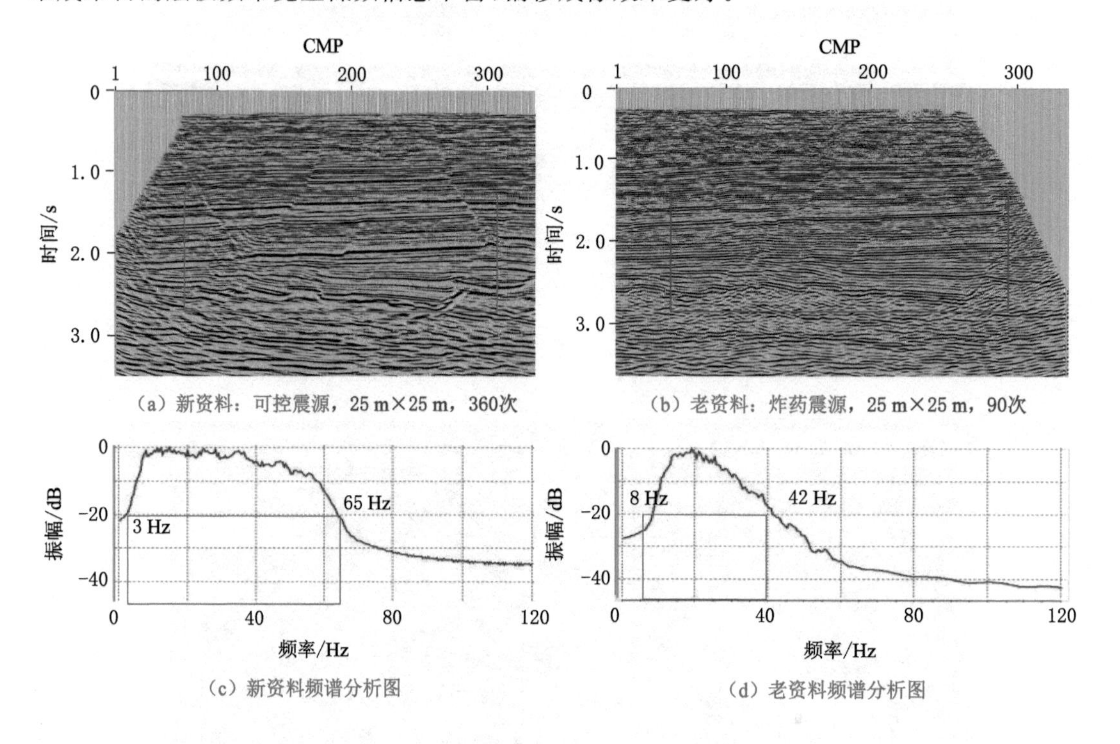

图3-62　××地区新老三维成果剖面

二、广角地震勘探技术

（一）广角地震勘探理论

根据弹性波传播理论，纵波在入射到两种半无限弹性介质的分界面上时，波不仅会反射到入射介质中传播，而且还会透射到另一种介质中传播，即同时存在反射波和透射波；反射波和透射波中又同时存在着纵波和横波。如图3-63所示，纵波P波入射一波阻抗界面时，将同时衍生出反射P波、反射S波、透射P波、透射S波四种不同传播方向的弹性波，S波是经过波型转换的转换横波，通常记为P-SV。同理，当S波作为新的波源入射波阻抗界面时，也会衍生出四种不同传播方向的弹性波，这时S波又可以转换成P波。

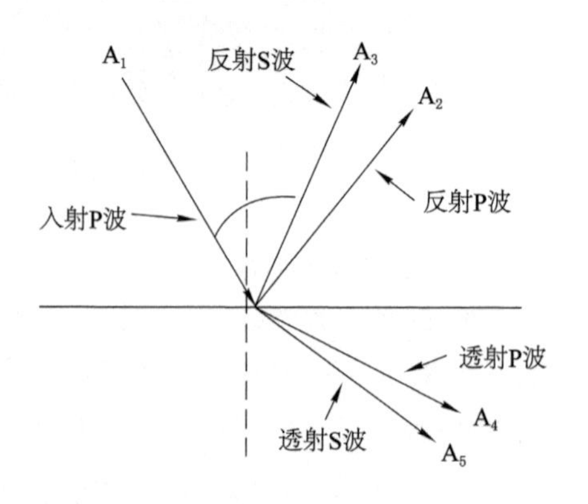

图3-63　地震波在波阻抗界面上传播规律示意

由于在地震波入射到介质分界面时假设的边界条件为位移连续和应力连续，可以分别推导出 P 波入射和 S 波入射到介质分界面时的 Zöppritz（佐普利兹）方程，详见方程式(3-76)和方程式(3-77)。Zöppritz 方程表明，在某一地震反射界面处的反射波的反射系数和透射波的透射系数是由入射角和介质的参数决定的。我们可以分析反射纵波 RPP、透射纵波 TPP、反射的转换横波 RPS、透射的转换横波 TPs 的振幅随入射角 α 的变化关系。

$$\begin{pmatrix} \sin\theta_1 & \cos\gamma_1 & -\sin\theta_2 & \cos\gamma_2 \\ -\cos\theta_1 & \sin\gamma_1 & -\cos\theta_2 & -\sin\gamma_2 \\ \sin 2\theta_1 & \dfrac{\alpha_1}{\beta_1}\cos 2\gamma_1 & \dfrac{\rho_2\beta_2^2\alpha_1}{\rho_1\beta_1^2\alpha_2}\sin 2\gamma_2 & -\dfrac{\rho_2\beta_2\alpha_1}{\rho_1\beta_1^2}\cos 2\gamma_2 \\ \cos 2\gamma_1 & -\dfrac{\beta_1}{\alpha_1}\sin 2\gamma_1 & -\dfrac{\rho_2\alpha_2}{\rho_1\alpha_1}\cos 2\gamma_2 & -\dfrac{\rho_2\beta_2}{\rho_1\alpha_1}\sin 2\gamma_2 \end{pmatrix} \begin{pmatrix} R_{PP} \\ R_{PS} \\ T_{PP} \\ T_{PS} \end{pmatrix} = \begin{pmatrix} -\sin\theta_1 \\ -\cos\theta_1 \\ \sin 2\theta_1 \\ -\cos 2\gamma_1 \end{pmatrix} \tag{3-76}$$

$$\begin{pmatrix} \sin\theta_1 & \cos\gamma_1 & -\sin\theta_2 & \cos\gamma_2 \\ -\cos\theta_1 & \sin\gamma_1 & \cos\theta_2 & \sin\gamma_2 \\ \dfrac{\beta_1}{\alpha_1}\sin 2\theta_1 & \cos 2\gamma_1 & \dfrac{\rho_2\beta_2^2}{\rho_1\alpha_2\beta_1}\sin 2\theta_2 & -\dfrac{\rho_2\beta_2}{\rho_1\beta_1}\cos 2\gamma_2 \\ \dfrac{\alpha_1}{\beta_1}\cos 2\gamma_1 & -\sin 2\gamma_1 & -\dfrac{\rho_2\alpha_2}{\rho_1\beta_1}\cos 2\gamma_2 & \dfrac{\rho_2\beta_2}{\rho_1\beta_1}\sin 2\gamma_2 \end{pmatrix} \begin{pmatrix} R_{SP} \\ R_{SS} \\ T_{SP} \\ T_{SS} \end{pmatrix} = \begin{pmatrix} -\cos\gamma_1 \\ \sin\gamma_1 \\ \cos 2\gamma_1 \\ \sin 2\gamma_1 \end{pmatrix} \tag{3-77}$$

广角地震勘探通常情况下采用可控震源激发低频地震波和大偏移距观测系统接收地震波，近偏移距位置接收到的是常规地震反射波，而远偏移距位置则接收到来自超深目的层的广角反射波、转换波以及折射波，根据采集到的地震数据结合广角反射动力学和运动学特征对其进行处理，达到对复杂构造探区深层弱反射地层成像的目的。广角地震勘探的基本原理就是目的层反射波在临界角附近发生的反射，而又刚好能够被布设在远偏移距位置的检波器接收到，这种地震波则被称为广角地震波。

广角反射地震波可以分为两种波，分别是折射波和转换波，而反射波的形成则是由两层介质存在波阻抗差异引起的，斯奈尔定理解释了入射角与上下两层介质之间存在的定量关系。当地震纵波即入射 P 波由波阻抗相对较小的地层传播到波阻抗相对较大的地层时，反射波纵波（P 波）和转换横波（S 波）能量在临界角附近增强。当入射角接近临界角时，滑行波沿地层继续前行，引起上层介质振动被传回地表检波器的波，可以作为确定地下高速层顶界面的手段；当入射角大于临界角时，产生广角反射转换波，处于远炮检距处的检波器接收到透射 S 波的转换 P 波。

结合波动方程理论分析，当地震波以小于 90°入射角传播到地层分界面时，由于波阻抗的差异，地震波在地层分界面出现了反射和透射的现象，并且会伴随发生波型的转换，简单地说就是同一类型的地震波在传播到各地层分界面时，其种类会由一种转换成两种，入射纵波到达地层分界面时（图 3-64），此时由于传播方向的改变而产生了反射纵波和透射纵波，并且波型也同时出现变化，由入射纵波转换成反射横波和透射横波。反射纵波能量往往会随着入射角的增大而逐渐增大，从中能够明显看出广角反射随入射角变化的趋势，当入射角远比临界角小时，反射波能量趋于没有明显上下波动的态势，但随着入射角增大逐渐接近临界角时，反射波能量会急剧增加，入射角继续增大至临界角时，入射波发生了全反射，反射波能量系数达到了最大。入射角继续增加超过临界角，由反射波能量曲线可以看出，反射波的能量虽有所下降，但依然比临界角范围内反射波的能量大很多。由此可见，对于存在地震波能量衰减严重的地质构造区域，当目的层埋藏深度较大时，采用广角地震勘探方法可以有效地解决深层弱反射的问题，最终达到获得深层目标层位较强能量的地震广角反射信息。

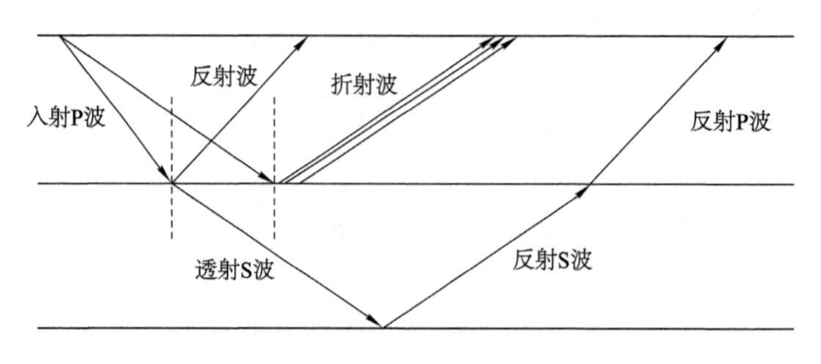

图 3-64　广角反射原理图

（二）广角地震勘探特点

1. 采集特点

广角地震勘探的数据采集最关键的三个参数分别为：大偏移距、强震源和检波器最佳组合。

① 大偏移距。保证足够大的偏移距才能够接收到来自深层的广角反射，得到目的层广角反射信息的同时，对于其他较浅地层来说反射波振幅能量同样增强，广角反射在远偏移距出现振幅能量增强的现象，波场特征非常容易识别。在地质背景较为复杂的地区，常规地震勘探由于偏移距小，很难捕捉到深层弱反射层位的地震波场信息，从而导致无法获取高质量的深层地层信息，而利用大偏移距广角地震勘探的采集方法能够获得高信噪比的原始地震资料。

② 强震源。考虑到由于地表巨厚黄土层的覆盖吸收了大部分地震波的能量，严重阻碍了地震波下传至超深目的层，需要激发能量大的震源，而在地震波传播的过程中低频信号较高频信号能量衰减程度轻，且低频信号穿透力强，因此往往采用大吨位低频可控震源对该地区进行勘探。

③ 检波器最佳组合。由于在地震资料采集过程中往往会存在异常干扰，严重降低了地震数据的信噪比，为了获得高信噪比的原始地震数据，需要对检波器的组合方式进行分析研究，通过实验的方法找出最佳组合方式，从而达到最佳效果。

2. 广角反射优势

与常规地震观测系统相比，广角地震勘探系统主要存在以下几点优势：

① 随着入射角增大到临界角，反射波振幅能量会出现能量增强，能够较好地解决复杂地质构造中存在的埋藏深、能量衰减严重的问题。

② 相对于偏移距较小的地震勘探，广角地震勘探不仅有效地解决了深层弱反射的问题，而且对于存在强波阻抗界面对信号下传屏蔽严重探区，在远偏移距处的广角反射信息受多次波的影响非常小，并且地震波传播速度有明显差异，对于后期地震资料处理非常有

帮助。

③ 由于广角地震勘探需要采用大偏移距采集，转换横波在地震数据采集的过程中很有可能被记录下来，多种地震波的存在对于后期地震资料的成像、岩石物理特征和地震属性的提取非常有帮助。

（三）观测系统设计技术

广角反射观测系统的设计主要由勘探目标层位的具体情况决定，目的层的埋深和构造情况决定着覆盖次数、炮检距、道距等一系列的采集参数。地震勘探的最终目的是对研究区内地质构造进行高质量成像，为地震资料的精细解释提供可靠的参考依据。简单说就是，在对研究区采集到的地震数据进行一系列的处理后，可以展现出地区内地质构造的情况，达到一定的分辨率满足生产需求。随着能源需求的不断增大，地震探勘的任务开始从简单转向复杂，勘探目标由中浅层转向深层超深层，勘探难度不断增大，尤其是对于目的层埋深较深的超深目的层、低降速层厚度较厚和存在高速覆盖层的复杂地质条件，地震勘探任务很难完成，阻碍着我国能源事业的发展。为了解决这些难题，开展了一系列针对广角地震勘探观测系统设计方法的研究。对于观测系统的参数，需要结合研究区的实际情况即工区地震地质条件进行优化选择，而这些参数主要包括道距、覆盖次数和最大偏移距等。

1. 道距

地震资料在采集过程中对道距有一定的限制，合理地选择道距既能保证地震资料成像质量，又能保证生产成本的节约。因此为保证后期处理得到的地震资料能满足生产和科研需求，地震观测系统的道距需要满足如下三个条件：

（1）满足具有较好横向分辨率的要求

根据空间采样间隔原理，只有当地震信号每个优势频率的波长内有 2 个以上的采样点时，才能保证地震资料在空间上具有良好的横向分辨率，如式(3-78)所示：

$$b = V_{int}/(n \cdot F_p) \tag{3-78}$$

式中，b 为面元边长，m；n 为采样点个数；F_p 为目的层主频，Hz；V_{int} 为上覆地层层速度，m/s。

（2）满足最高无混叠频率的要求

对于任何倾斜同相轴都有一个最高无混叠频率 F_{max}，它依赖于其上覆地层的层速度 V_{int} 和地层倾角 θ，其要求的面元边长为：

$$b_x = V_{int}/(4 \times F_{max} \times \sin\theta_x) \tag{3-79}$$

$$b_y = V_{int}/(4 \times F_{max} \times \sin\theta_y) \tag{3-80}$$

式中，b_x、b_y 分别为 inline 和 crossline 方向的面元边长，m；V_{int} 为上覆地层层速度，m/s；F_{max} 为最高无混叠频率，Hz；θ_x、θ_y 分别为 inline 和 crossline 方向最大地层倾角，(°)。

（3）满足陡产状地层地层能准确归位

为了使陡倾角地层在处理时能准确成像，必须保证同一地层反射在剖面上具有相似性，即同相轴时差小于 $T/4$，因此面元边长需满足式(3-81)：

$$\frac{\Delta t_1}{n\Delta x_1} \leqslant \frac{T_{min}/4}{\Delta x} = \frac{1}{4\Delta x F_{max}} \tag{3-81}$$

根据式(3-81)推导出式(3-82)

$$\Delta x \leqslant \frac{n \Delta x_1}{4F_{\max} \Delta t_1} \tag{3-82}$$

式中，Δx 为面元边长，m；n 为地震剖面上 CDP 道数；Δx_1 为地震剖面上两道 CDP 间的距离，m；$F_{\max}$ 为最高无混叠频率，Hz；Δt_1 为 n 个 CDP 道的时间差，s。

2. 覆盖次数

提高覆盖次数能够有效地压制地震资料采集时存在的规则干扰和不规则干扰，同时也影响地震资料处理时速度分析和静校正的精度，因此覆盖次数的高低在一定程度上影响地震资料的成像效果。另外，覆盖次数的提高，可以有效地压制随机噪音。对于规则干扰波如面波、线性干扰、多次波以及海上各种强规则干扰波，同样可以通过提高覆盖次数的方式对其进行压制，因为在地震资料处理过程中，规则干扰波和有效波在频率、速度和传播路径上有一定差异，提高覆盖次数更有利于识别出规则干扰。

根据李庆忠论述，当 $S/N=4$ 时，弱反射波都可以正确对比，肉眼已经不能分辨干扰波，水平叠加剖面可以用于地震地层学解释；当 $S/N=8$ 时，反射波占主导地位，干扰波影响可忽略，此时，水平叠加剖面如果频谱较宽的话，可适合于做波阻抗反演。因此，叠加剖面的期望信噪比应大于 4，否则难以用于解释。

如果对一个工区，已知现有原始炮集的信噪比，希望通过叠加后剖面达到的信噪比，可以计算出资料采集中需要的覆盖次数：

$$n_{\text{required}} = [(S/N)_{\text{required}} / (S/N)_{\text{raw}}]^2 \tag{3-83}$$

式中，E_{RP} 为相同单位时间内反射 P 波从单位面积 S 波上吸收的能量均值；E 为单位时间内 P 波附加在单位面积 S 波上的总能量；R_{PP} 为单位时间内 P 波附加在单位面积 P 波上的总能量。

通常情况下，高覆盖次数和大偏移距都能很好地压制多次反射波，同时覆盖次数的提高对于后期静校正量计算、速度分析以及叠前时间偏移等问题也十分有利。但综合考虑地震勘探施工和经济条件的限制，实际生产当中覆盖次数并非无限高，而是根据生产成本和生产任务进行折中选择。

3. 最大偏移距

最大偏移距的确定需要综合考虑反射波能量的稳定、研究区地层界面倾角、远偏移距动校正拉伸畸变和速度求取等因素。

(1) 反射系数稳定性原则

假定存在一个弹性界面，且界面上下均为半无限空间，当从介质 1 有一束平面波传播到弹性分界面时，在界面两侧介质中产生四种波，即反射纵波、反射横波、透射纵波、透射横波。而这四种波的能量分布可以通过 Zöppirtz 方程和 Snell 定律确定。假设入射波、反射波和透射波的位移矢量为射线数解形式：

$$U_j(x,y,z,i) = \sum_{n=0}^{\infty} u_{nj}(x,y,z) \frac{\exp[iw(t-\tau_j)]}{(iw)^n} \tag{3-84}$$

式中，j 表示波前类型，其意义为：$j=0$，入射 P 波或 S 波；$j=1$，反射 P 波；$j=2$，透射 P 波；$j=3$ 反射 S 波；$j=4$ 透射 S 波。

地震波的传播实质上就是能量的传播，地震波入射到地层分界面时出现的反射和透射现象，简单地说就是能量分配的过程，由于研究地震波的反射和透射问题只考虑位移振幅太过片面，因此需要综合考虑能量对地震波传播的影响。位移系数与能量系数之间的关系可以用式(3-85)和式(3-86)来表示，E_{RP}/E 表示纵波反射能量系数，E_{TP}/E 表示纵波透射能量系数。

$$E_{RP}/E = R_{PP}^2 \tag{3-85}$$

$$E_{TP}/E = \frac{\rho_2 V_{P2} \cos \alpha}{\rho_1 V_{P1} \cos \alpha} T_{PP}^2 \tag{3-86}$$

式中，E_{RP}、E_{TP} 分别表示相同单位时间内反射和透射 P 波从单位面积 S 上吸收的能量均值；E 为单位时间内 P 波附加在单位面积 S 波上的总能量；ρ_2 为下层介质密度；ρ_1 为上层介质密度；V_{P2} 为下层介质速度；V_{P1} 为上层介质速度；α 为入射角角度；T_{PP} 为单位时间内 P 波附加在单位面积 P 波上的总能量。

如图 3-65 所示，当上、下两层介质地球物理参数差异不大时，结合 Snell 定律分析可知，假设的弹性界面临界角只有一个，在入射纵波的角度逐渐趋于临界角的过程中，纵波反射系数与入射角呈现出变化率微小的负相关函数，如图 3-65(a)所示，图 3-65(c)中纵波反射能量系数呈现出平稳台式，几乎没有发生变化，但入射角趋于临界角附近时，从图 3-65(a)和图 3-65(c)中可以看出，纵波反射位移系数和能量系数均呈现出急剧增加的情况，当入射角逐渐增大到临界角处，此时纵波反射位移系数和能量系数也都增加到最大值，入射波发生全反射。从透射纵波的角度进行分析，从图 3-65(b)和图 3-65(d)中可以看出透射纵波位移系数和能量系数急剧下降，总能量不变，此刻由入射波所携带的能量几乎全部转化为反射

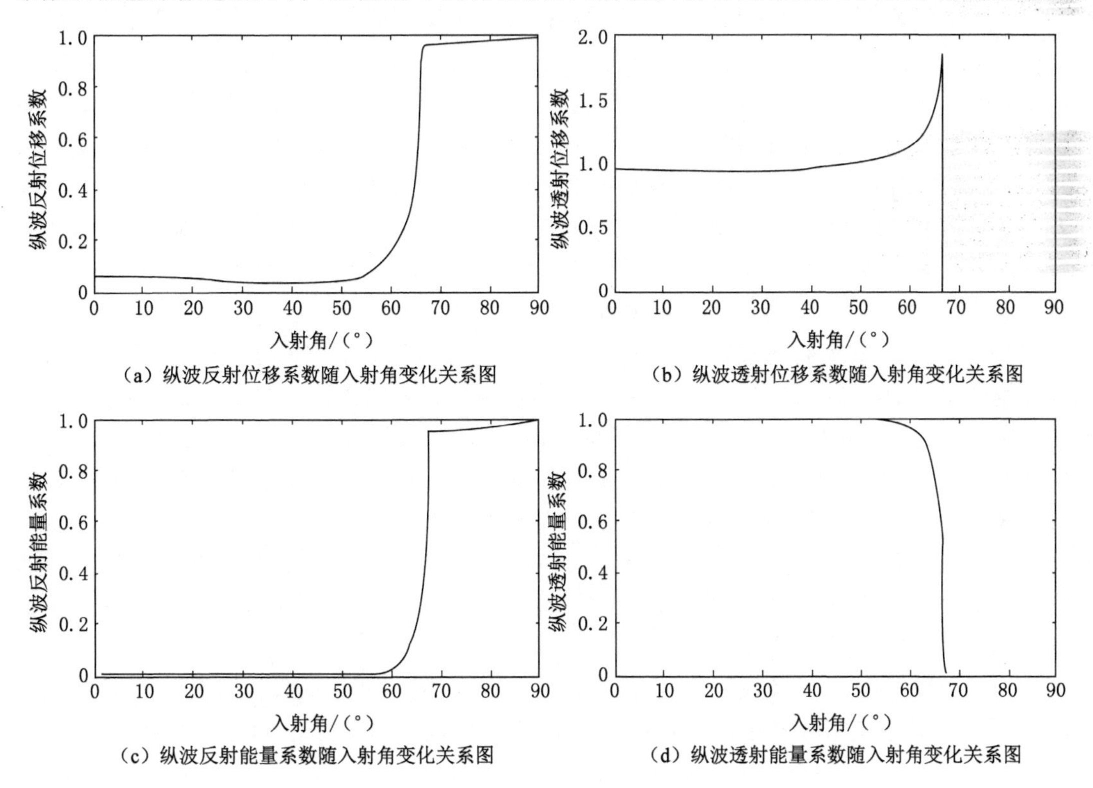

(a) 纵波反射位移系数随入射角变化关系图

(b) 纵波透射位移系数随入射角变化关系图

(c) 纵波反射能量系数随入射角变化关系图

(d) 纵波透射能量系数随入射角变化关系图

图 3-65　纵波反射、透射位移系数以及能量系数随纵波入射角变化曲线

纵波能量。如图 3-65(c)和 3-65(d)所示，反射和透射能量系数清晰地呈现了地震波在反射界面能量转化的关系。当弹性界面两侧介质波阻抗差异不大时，在临界角范围内，反射纵波能量增大很多，综合考虑这些因素可以得出，当地层界面上、下两层介质波阻抗差异较小时，其反射波能量在远偏移距处会明显增大，因此存在弱反射界面的探区，可以以此为依据，通过增加排列长度的方式提高反射能量，达到高品质的勘探质量。

假设地层为水平层状地质模型，则对应的第 N 个界面的某一入射角所对应的最大炮检距 X_N 可由式(3-87)得出：

$$x_{\max}^{N}=2\sum_{i=1}^{N}h_i\operatorname{tg}\theta_i \tag{3-87}$$

式中，h_i 为各层的铅锤厚度；θ_i 为相应的入射角。

当地下地质模型为倾斜均匀地质模型时，与之相对的入射角 θ 和炮检距 x_k 之间的关系如下：

$$x_k=2h\frac{\sin(\theta-2\alpha)\cos\alpha}{\cos(\theta-2\alpha)} \tag{3-88}$$

式中，α 为地层视倾角。

通常在实际的地震勘探过程中，地下构造一般都相对复杂一些，因此以上理论基础需要结合研究区地震地质条件，通过建立地球物理模型，结合正演模拟数据进行分析研究。

(2) 动校正拉伸

广角地震勘探由于采用超长排列检波器接收广角反射波，如果在后期地震资料处理过程中仍按照常规地震资料动校正的方法处理，则反射波同相轴不可避免地会在远偏移距处出现畸变。其原因在于通常情况下，常规地震资料动校正处理往往只计算到 2 次项，而忽略了高精度动校正计算，当偏移距较小时，常规动校正处理能满足生产需求，但当偏移距较大时，由于算法精度过低，远偏移距处同相轴校正量不足，同相轴在远偏移距位置出现上翘或者畸变。因此，针对广角地震勘探在进行动校正处理时，首先要选择高阶动校正，进而才能减小误差。其次，单纯地提高动校正阶数并不能完全实现大偏移距动校正，目前主要是通过以下两种途径：第一种是采用非常规双曲动校正法，该方法主要包括了高阶拟合法和评议双曲线法两种，在实施的过程中通常采用 4 阶或 6 阶算法，同时如果考虑到介质的各向异性会使结果更加精确。第二种方法是针对远偏移距数据采用线性动校正的方法，这种方法是考虑到反射波时距曲线在远偏移距处呈现出近似于直线的情况。因此在动校正的过程中分两步进行，第一步将常规双曲线动校正法应用于近偏移距地震数据处理，目的在于获得中浅层地质构造特征。第二步先将近偏移距数据切除仅保留远偏移距数据，然后将线性动校正处理技术应用于远偏移距地震资料处理，目的在于能够获得深层弱反射构造。在远偏移距动校正时，需要针对目的层做线性动校正，因此远、近偏移距重叠部分需要统一速度谱，来保证剖面最终 T_0 时间相同。

资料处理时，动校正使波形发生畸变，尤其在大偏移距处，因此设计排列长度时要考虑浅层、中层有效波动校正拉伸情况，要使有效波畸变限制在一定的范围内，其关系如下：

$$X_{\max}\leqslant\sqrt{2t_0^2v_{\mathrm{RMS}}^2D} \tag{3-89}$$

式中，t_0 为反射时间；v_{RMS} 为均方根速度；D 为拉伸参数。

在高分辨率勘探中，应尽量减少动校正拉伸对频率的影响，动校正拉伸率控制在 12.5%。

(3) 速度精度分析

为在处理时求取较为准确的叠加速度，要求必须有足够的排列长度，速度分析精度与排列长度有如下关系：

$$X_{\max} \geqslant \sqrt{\frac{2T_0}{F_P\left[\frac{1}{v_{RMS}^2(1-P)^2}-\frac{1}{v_{RMS}^2}\right]}} \tag{3-90}$$

式中，F_P 为反射波主频；T_0 为反射时间；v_{RMS} 为均方根速度；P 为速度分析精度。

由上式可以看出，均方根速度的准确率与最大偏移距之间呈负相关函数关系。考虑到均方根速度的求取受地震波在各地层中传播速度和零偏移距的到达时间的影响，因此采用越大偏移距计算均方根速度会产生越大误差。由此可以得出单从均方根速度求取的精确度来说，最大偏移距不宜过大。此外过大的偏移距在地震资料偏移的过程中也会对偏移剖面的成像质量造成一定的影响。

总结以上结论可以得出，观测系统最大偏移距的设计需要综合考虑多种因素，此外针对广角地震勘探最大偏移距的设计，还需要结合广角反射出现的条件以及目的层反射波能量变化趋势对其作出选择。

第三节　深部高温地热体地震资料处理技术

深部高温地热体研究区的主要目的层一般为 4 500 m 以浅，实施地震勘探的主要任务是落实区内断裂构造发育情况、地层展布情况、热储层顶面特征等。仔细分析研究区的原始单炮记录和叠加剖面可知，通常情况下，深部热储层与上覆地层间有一套较强的波阻抗界面，该强波阻抗界面对地震反射波具有很强的屏蔽作用，严重影响下伏地层的反射成像，而且热储层内幕成层性差、反射系数小，致使地震反射波能量弱，信噪比低，地震资料获取更加困难。因此，如何充分利用野外地震采集所获得的原始资料，通过地震资料精细处理得到满足热储层研究所需要的速度场、叠前道集和高精度偏移成果等，不仅关系到最终解释成果的精度，而且关系到地热井井轨迹的布设，对下一步地热勘探开发工作至关重要。

从实际原始地震资料情况出发，为了完成热储层研究的地质任务，地震资料处理工作必须解决以下几个难题：① 地热勘探开发对地震资料的成像要求高，特别是地热井井轨迹的布设对低幅度构造成像的要求更高，解决静校正问题首当其冲，一方面要解决由于地表高程、表层低降速带厚度、速度的变化而引起的影响剖面构造成像的长波长静校正问题，另一方面还要解决影响成像精度的中短波长静校正问题，确保地层产状真实可靠(渥・伊尔马滋，2006)；② 热储目的层一般埋藏适中，地层反射系数较小，受干扰波影响大，资料信噪比偏低，如何有效去除强干扰，保护和突出弱反射信号，是资料处理需要解决的第二个难题；③ 热储层预测和裂缝检测对资料的纵横向分辨率都提出了更高的要求，如何有效补偿低频、拓宽高频、突出优势频带，真正实现宽频处理、最终获得宽频成果至关重要；④ 与常温区相比，高温地热体导致研究区的构造研究更复杂、资料信噪比更低且纵横向速度变化更快，如何利用野外采集的宽方位地震资料和区内已钻井资料，合理建立高精度速度场，实现地震资料的高精度偏移成像是后续地质综合研究工作的基础，也决定着整体研究工作的成败。

根据以上分析，针对深部高温地热体勘探的地震资料处理技术可以分为以下几个关键环节。

一、横纵波基准面静校正技术

基准面静校正是地震资料处理工作的基础环节，研究区如果既有纵波采集资料又有横波采集资料，实际处理过程中就可以利用二者速度差异，对纵、横波的静校正量进行相互约束，并对静校正效果进行相互验证。

在初至波静校正方法中，利用初至波信息一般基于某些假设（要求折射层水平和常速）导出近地表模型，但是这些假设常常难以真正满足，而层析静校正方法则是先假设一个模型，用射线追踪计算模型的初至时间，然后修改模型使观测和计算初至时间之差达到最小，这种方法也称为模型模拟法或广义线性反演。

地震层析有着坚实的理论基础，很多地震层析技术和地震成像方法类似。通常，基于投影数据有两种类型的层析，第一种是旅行时层析，它的投影数据是从地震波形数据中拾取的旅行时；第二种是波形层析，它的投影数据是地震波波形，包括旅行时、振幅和相位信息。

基于射线层析的速度建模方法主要解决速度场的长波长分量，反演速度场的低频信息；基于波动理论的波形层析主要解决速度场的短波长分量，能更好地反演速度场的高频信息。其基本步骤为：① 给出定量化的表层模型；② 正演计算出理论初至时间；③ 根据初至时间的观测值与理论计算值之间的剩余时差修改模型参量；④ 经过迭代计算，反复修改模型参数并把最终的模型作为要求的表层结构。

实际处理过程中，可以根据野外表层结构特征和地震采集原始单炮资料的特点，通过试验和对比，优选出最适合研究区资料的静校正方法和参数来解决复杂地表导致的地下构造畸变问题，解决资料的长波长静校正（低频信息）问题；然后，应用反射波剩余静校正解决资料的短波长静校正（高频信息）问题，通过速度分析与剩余静校正的多次迭代，逐步改善成像效果（图 3-66～图 3-68）。

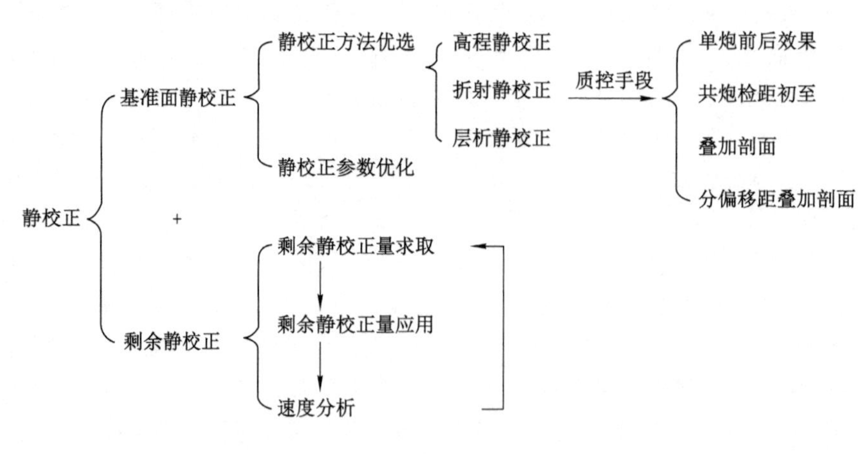

图 3-66　基准面静校正技术

横波静校正处理可以采用与纵波静校正相同的静校正方法，如折射法静校正、模型法静校正、层析法静校正等，考虑到横波速度明显低于纵波速度，因而横波静校正量也会明显

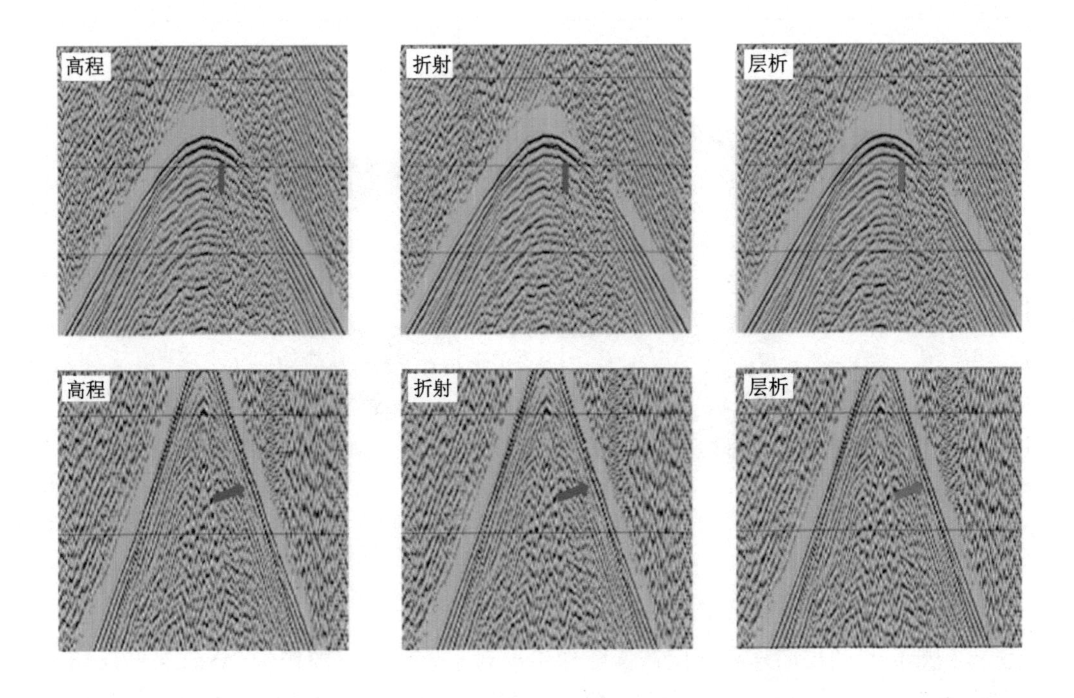

图 3-67　高程、折射、层析静校正前(上)、后(下)单炮对比

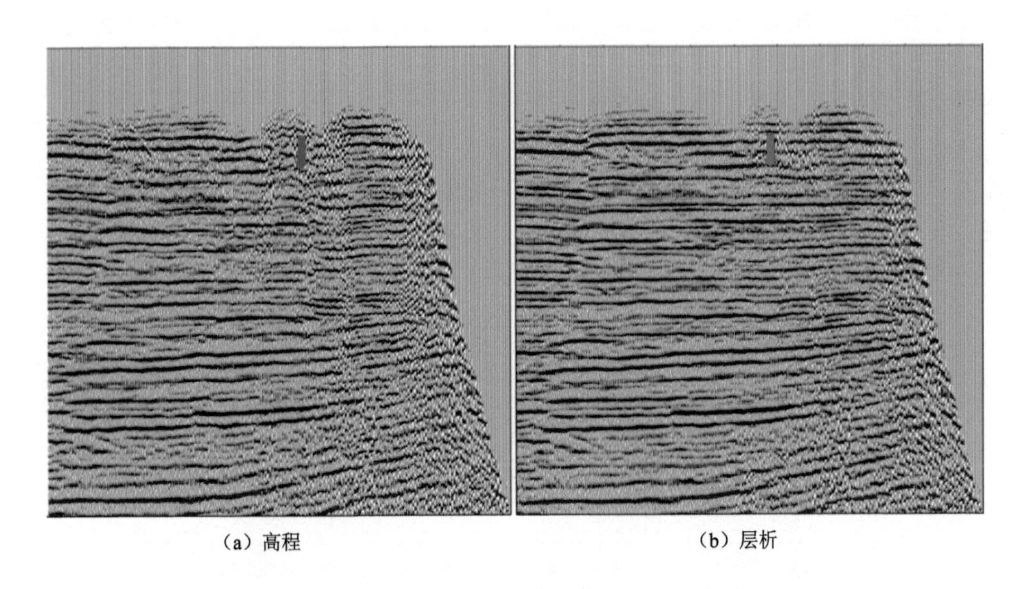

图 3-68　研究区高程静校正与层析静校正后剖面对比

大于纵波静校正量,可以在第一步基准面静校正之后,增加初至波剩余静校正技术,解决中波长静校正问题;最后再利用反射波剩余静校正与速度分析的多次迭代,进一步解决短波长静校正问题,逐步提高资料信噪比(图 3-69),值得注意的是,同一研究区的横波速度虽然低于纵波速度,但二者的静校正量趋势应该一致。

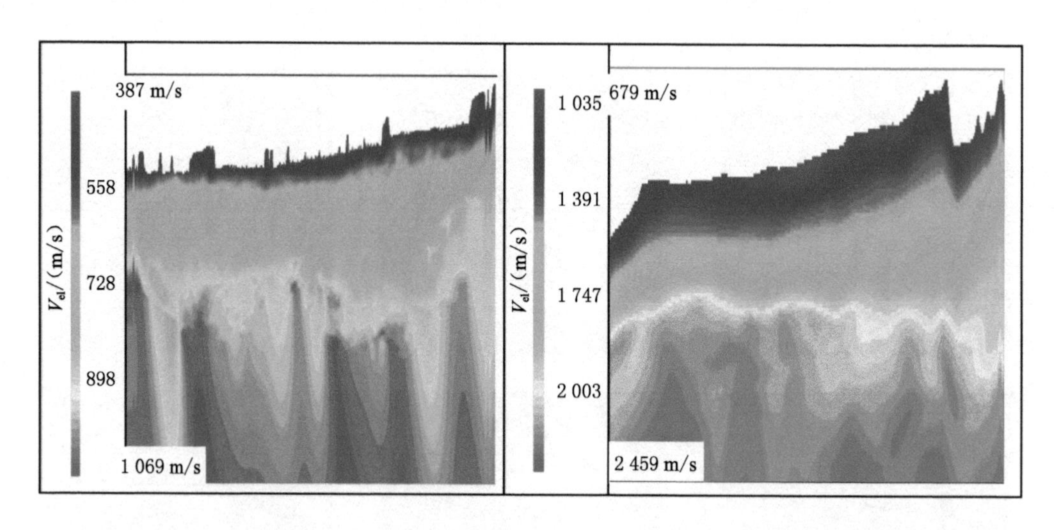

图 3-69　横纵波反演速度模型对比

二、叠前保真保幅去噪技术

考虑到热储目的层的埋藏深度和实际地层反射系数等因素的影响，叠前保真保幅去噪对改善地震资料的信噪比和后续建立高精度速度场显得尤为重要；可以针对噪声发育的类型及特点，通过试验优选去噪方法和参数，制定合理的叠前去噪技术流程。叠前干扰波去除一般遵循以下原则：① 先压制低频干扰后压制高频干扰；② 先压制强能量干扰后压制弱能量干扰；③ 先压制线性干扰后压制随机干扰；④ 尽可能多去噪声、尽可能少损失有效信号；⑤ 去噪后的单炮和叠加剖面波形活跃。

针对主要的噪声面波及面波散射干扰、强能量干扰、线性干扰、50 Hz 工业电干扰、随机干扰等，可以根据这些噪声分布范围、视速度、主频等特点，在干扰噪声表现最有规律的域，选择合适的噪声压制方法及参数，采用分区域、分类型、分步骤、分时窗、分频带、分数据域的"六分法"去噪方式进行噪声压制（图 3-70）。

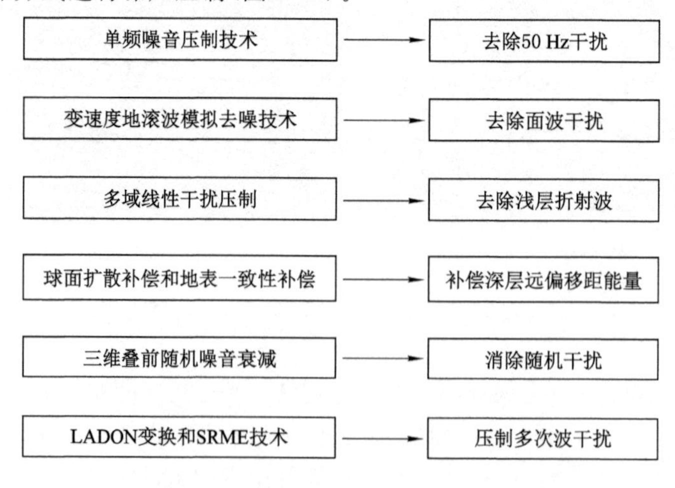

图 3-70　叠前多域保真去噪技术流程

(1) 单频干扰的去除

单频干扰即频率、振幅和时延稳定不变的干扰，如频率为 50 Hz 的工业电干扰。对原始记录进行频谱分析，在频谱上就可以明显看到资料中是否存在工业电干扰，如不对其进行有效压制，对资料信噪比和保真度影响很大。常规的频率域压制方法很难完全消除这种干扰，它仅仅是将干扰波和信号同时压制若干倍，并不改善单频干扰波频率分量附近的信噪比。推荐采用的压制单频干扰的方法为：扫描法和 Chirp-Z 变换法，扫描法使用快速频率扫描和快速时延扫描估算单频干扰的频率和时延；Chirp-Z 变换法使用 Chirp-Z 变换方法估算单频干扰的频率和时延。

通过分析出需要去除的单频，然后估算出地震数据上指定频率的单频干扰，并将其从原始地震道中减去，从而得到去除单频干扰后的地震记录。

(2) 面波的衰减

面波具有能量强、频率低，具一定的分布空间和视速度范围的特点。根据面波和反射波在频率分布、空间分布范围的差异，以及能量等方面的差异，首先检测出面波在时间和空间上的分布范围，再根据面波与反射波传播路径不同，以确定面波的频率分布特征，并根据这种特征进行分离压制，从而实现衰减面波分量，保护有效信号的低频成分。采用 KL 变换本征值滤波(CMP 域、炮域)法去除面波干扰，可以明显提高资料的信噪比。该方法不会损失面波干扰所在位置以外的其他部分有效信号，能较好地达到保真处理的目的。

(3) 区域异常振幅压制

异常振幅干扰往往是由复杂地表环境、突发干扰源、施工条件受限制等条件下产生的。原始记录中的异常振幅值会造成剖面振幅不均匀，出现偏移画弧，影响资料品质。区域异常振幅处理主要针对野外记录的异常道、异常振幅或强能量干扰进行有效压制。在静校正确定的基础上，可以采用分频异常振幅衰减与相干噪声压制相结合的联合保真去噪方法。

异常振幅的判别是基于盒子滤波和中值滤波对噪音进行识别的。① 利用盒子滤波确定干扰波类型、量值等；② 用中值滤波对上步确定的干扰波进行识别；③ 多域分频规则剔除所识别的干扰。采用异常振幅联合压制技术，能够明显提高单炮记录的信噪比，并有效保护反射信号低频，使有效反射得到突出，提高成像质量。

(4) 线性干扰的去除

线性干扰的去除往往是地震资料去噪处理工作的重点之一，线性干扰特点是有一定的主频和视速度，它与有效波的差异就是线性干扰波的最大真速度和有效波的视速度范围不同，因此可以利用有效波和干扰波的速度差异设计二维速度滤波器来消除它们。传统的二维滤波技术常常造成明显的信号畸变，在消除干扰的同时也滤掉了一些有效的成分，并且平滑效应严重，使得整个剖面显得呆板。规则干扰波的振幅变化不一致，有时还会造成蚯蚓状的假同相轴。造成这些缺陷的主要原因是规则干扰波在时空分布上有较大的变化。解决这个问题的有效方法是根据线性干扰与有效波之间在视速度、位置和能量上的差别，在 F-K 域采用倾斜叠加和向前、向后线性预测的方法确定线性干扰的视速度、分布范围及规律，然后将识别出的线性干扰从原始资料中剔除，从而实现线性干扰波的滤波。该方法具有振幅保持和波形不畸变的特点，是目前一种比较好的方法。

(5) 多次反射波干扰的衰减

多次反射波是指地震波从震源点向地下传播，并在检波器接收到上行反射波前至少又经过一次下行反射的地震波。多次波与一次反射波互相干涉叠加，不仅会降低地震资料的分辨率，有时还会在处理成果剖面上产生假构造，严重影响地震成像的真实性和可信度，

在进行多次波压制与衰减之前，首先要识别多次波，研究区内有 VSP 井资料时，可以利用 VSP 上行波特征进行判断，也可以通过速度谱上某些能量团重复出现而速度值不变来判断，还可以通过叠加剖面上某些反射层重复出现而构造幅度却成倍增大来判断，只有掌握了多次波的种类、特征、性质和发育情况，才能选择有针对性的技术和方法来压制。

压制多次波的传统方法主要有两大类：一类是基于有效波和多次波差异的滤波法，这类方法对速度分析的要求较高，需要在速度谱上识别多次反射波，也是常用的多次波衰减方法；另一类是基于波动理论的波动方程预测减去法，通过模拟或者反演方法来预测原始数据中的多次波，达到多次波压制的目的。这类方法对波场正演要求较高，数据驱动类的算法需要了解波场传播特征，模型驱动类的正演方法需要知道产生多次波的来源。两类压制方法主要在叠前炮域或者 CMP 域进行。

叠前保真保幅去噪技术是一项看似繁琐却又十分重要的处理技术，是后续反褶积和速度分析工作能否取得效果的前提和保障，通过多域多方法综合去噪可以达到原始单炮背景越来越干净、有效反射信号损失少、资料信噪比越来越高的目的（图 3-71）。对比综合噪声去除前后的剖面，可见去噪后同相轴连续性增强，反射波能量得到突出，资料信噪比较高，且有效波波形自然（图 3-72），说明综合去噪流程和参数合理有效。对比横波资料的去噪效果（图 3-73），也可以得到相同的结论。

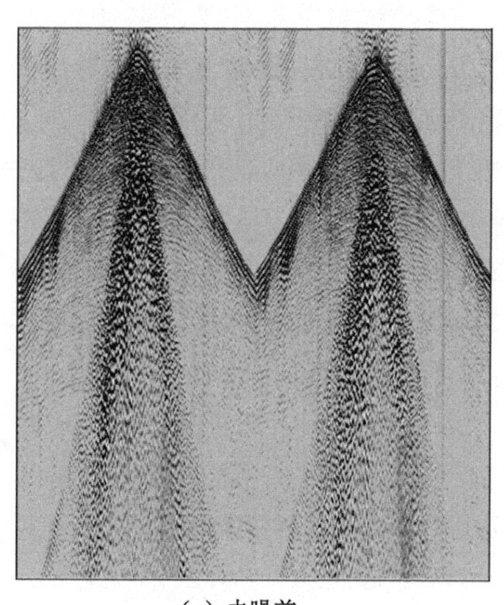

（a）去噪前

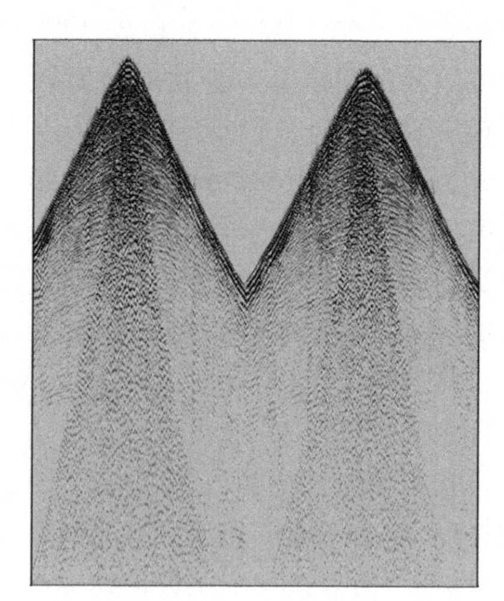

（b）去噪后

图 3-71　综合去噪前后单炮对比

三、横纵波宽频处理技术

地震波在地下岩石中传播时的衰减依赖于岩石的物理状态。岩石形成衰减的机理解释主要有两种：一是骨架黏弹性引起的摩擦衰减，岩石的骨架黏弹性损耗包括地震波在岩石颗粒之间的界面上以及裂缝的两个表面之间的相对运动而引起的摩擦损耗；另一个是由孔隙内饱和流体的黏滞性及流体流动引起的衰减，这种衰减是由孔隙、孔隙可压缩性及孔隙饱和液成分等引起的。衰减机理的测定可以在实验室内用不同的技术分析得出结论。

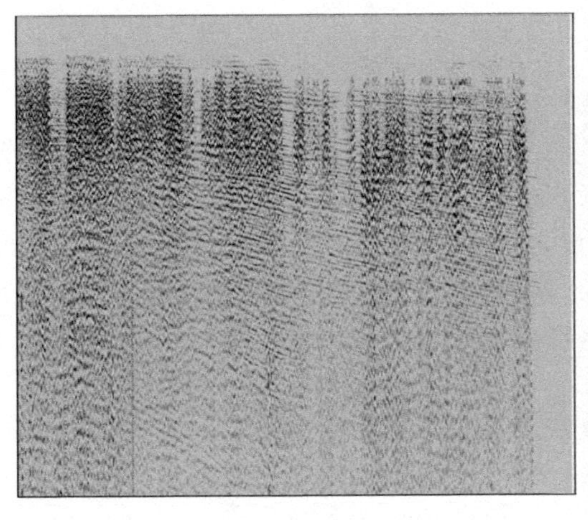

(a) 去噪前

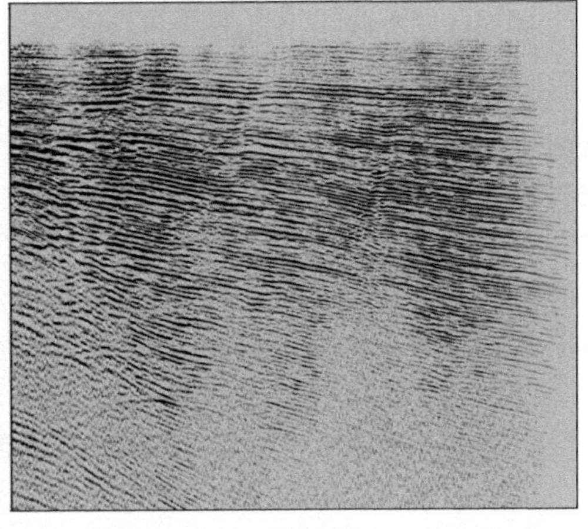

(b) 去噪后

图 3-72　综合去噪前后剖面对比

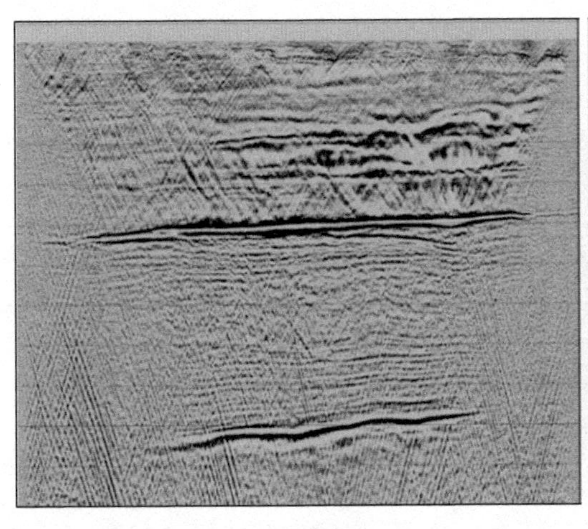

(a) 去噪前

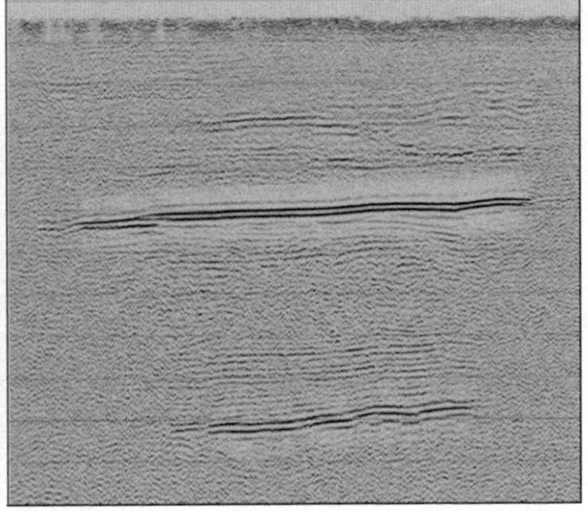

(b) 去噪后

图 3-73　横波综合去噪前后剖面对比

对于吸收的原因至今没有确切的理论阐述，以往提出来的理论模型之间也存在一定的差异。王文闯等(2012)对地震波在实际介质中传播的吸收性质进行了总结，认为地层岩石吸收性质首先决定于岩石的保存状态和内部结构。随埋藏深度的加大，地层静压力增大，使岩石压紧，结构致密，引起吸收性变弱，对于受到破坏的岩石结构，其吸收性增强。地层对纵波和横波的吸收各不相同，一般情况下，横波的吸收衰减高于纵波的吸收衰减。在由固、液、气构成的多相介质中，对吸收性质影响最显著的是气态物质，在岩石孔隙饱和液中加入少量气态物质，可以明显提高对纵波能量的吸收；吸收与波的频率有关，随频率的增加而增大，接近于线性关系；地层的吸收性质与地震波在地层内的速度之间存在反比关系，高速的岩石，吸收性弱；低速的岩石，吸收性强；吸收性质如同地震波速一样，频散异常现象较弱；对大多数地区，泥岩的平均吸收性比砂岩的吸收性强，砂岩的吸收性比页岩和灰岩的吸收性强。砂岩含油气时，其吸收性显著增强。

（一）Q 值的提出

由于地层介质具有吸收衰减作用，地震波穿过该介质后，不仅表现为地震波的一部分能量被介质吸收，而且地震波的各种频率成分也受到了不同程度的衰减，严重影响了地震资料的品质，因此必须对其衰减进行补偿。常规基于 VSP 数据的谱比法，计算的 Q 值比较可靠，然而研究区内的 VSP 井位数量毕竟有限，而且单个井孔的 Q 值不能代表整个区域，精度有限。近年来，Q 值的应用逐渐发展为由点到面，然而缺乏空间体的概念，因此，要想实现真正的地层吸收衰减补偿，就必须建立区域内的三维 Q 场。

（二）Q 值求取方法

1. 基于地震数据经验公式的地震波 Q 值计算

近年来，随着地震勘探的不断推进，提高地震资料分辨率已深入到地震勘探的全过程。表层低降速带介质对地震子波的衰减是造成地震资料分辨率降低的一个重要因素（崔宏良等，2015）。在表层调查资料丰富的地区，对表层 Q 值的计算可以采用经验公式法。李庆忠 Q 值计算公式为：

$$Q = 3.516 \times v^{22} \times 10^{-6} \tag{3-91}$$

式中，v 为地层的层速度，m/s。

2. VSP 数据的 Q 值计算

在地震资料处理中，利用 VSP 数据求取 Q 值，通常采用的方法是谱比法。假设地震信号的振幅谱是随时间按指数衰减的，则与品质因子相关联的公式为：

$$a_2(f) = a_1(f) \cdot e^{-\frac{\pi/\tau}{Q}} \tag{3-92}$$

式中，$a_1(f)$为参考子波的振幅谱；$a_2(f)$为滑动时窗内的振幅谱；f 为地震波的频率，Hz；τ 为单程旅行时间，s。

式(3-92)通过数学转换，得到品质因子 Q 的计算公式：

$$Q = \sqrt{-\frac{\pi}{\tau}\ln\frac{a_2(f)}{a_1(f)}} \tag{3-93}$$

首先在一个时窗内分析振幅谱，计算与参考振幅谱比值的对数；然后移动时窗，保证时窗内有足够的重叠部分，分析振幅谱，并计算与参考振幅谱比值的对数；最后由一系列的振幅谱的对数比率，估算 Q 值。

（三）Q 场建立技术

鉴于不同方法计算的表层 Q 体之间存在一定的差异（图 3-74），采用数学模型，寻找两者之间的相似关系，并通过以下 3 个步骤来建立拟合 Q 体。

1. Q 值标定技术

在同一个点以 VSP 计算的 Q 值为约束条件，标定经验公式求取的 Q 值。根据 VSP 计算的 Q 值(Q_{vsp})与基于经验公式计算的 Q 值($Q_{seismic}$)之间的差异，建立两值的比值(M)关系，即

$$M = \frac{Q_{vsp}}{Q_{seismic}} \tag{3-94}$$

依据该公式计算的 M 数据绘制散点图（图 3-75）。将 M 值变化比较稳定的区域分为一段，对段内的 M 点分别进行标定，根据地层层位（系统段）分段效果较好。

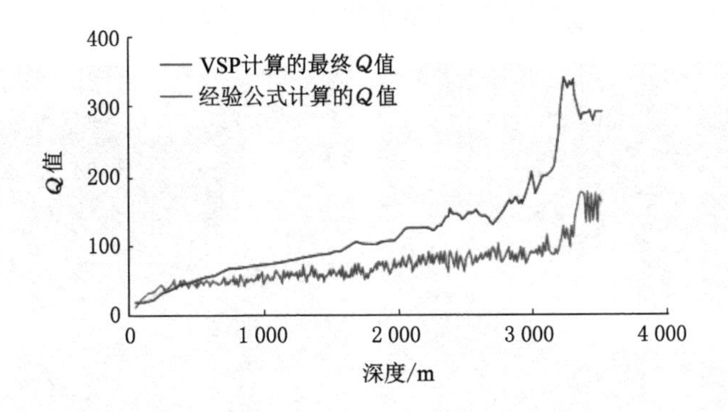

图 3-74　不同 Q 值对比图

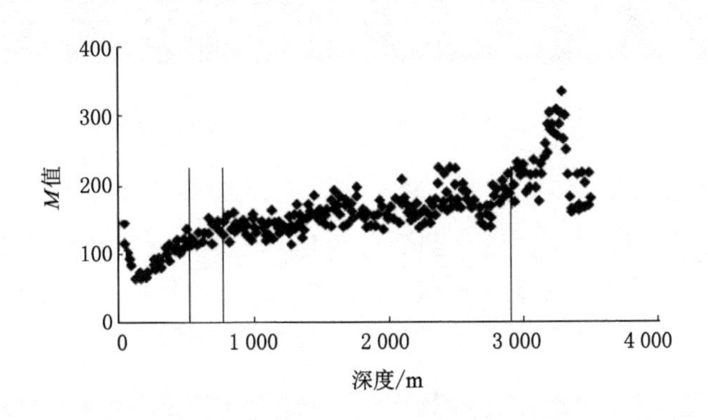

图 3-75　经验公式求取离散 Q 值分段标定示意图

2. Q 值拟合处理

根据标定 M 值的深度区间，进行拟合 Q 值的计算（图 3-76），对于标定后的 Q 值与 VSP 计算的 Q 值线性误差太大的点，进行人工剔除，直至拟合之后的 Q 值与 VSP 计算的 Q 值非常接近为止。

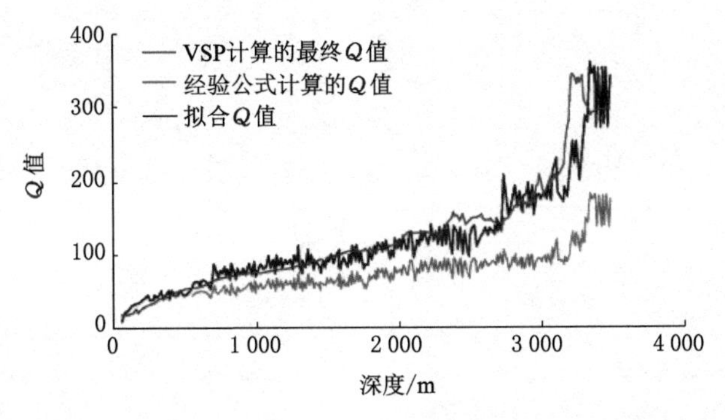

图 3-76　拟合前后 Q 值对比图

3. 拟合 Q 体计算

将上述单点 Q 值的计算方法延拓到整个数据体 Q 值计算上。倘若研究区内存在多口井的 VSP 数据，可以采用分区域的方法进行区域拟合。通过抽取 CMP 线，提取精确的

T-V 对数据，并采用 Q 值的拟合方法，计算出研究区内的拟合 Q 体(图 3-77)。

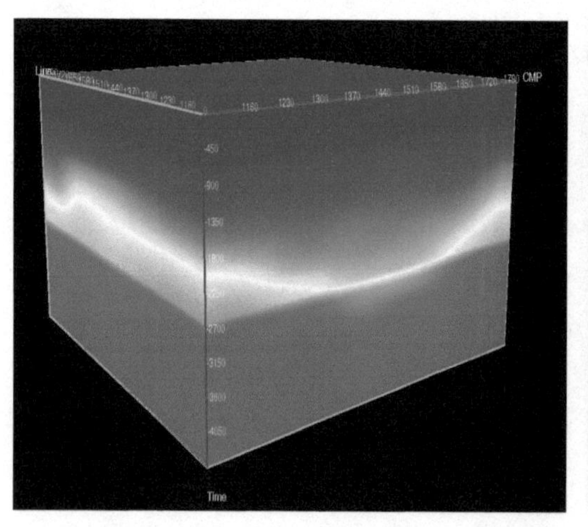

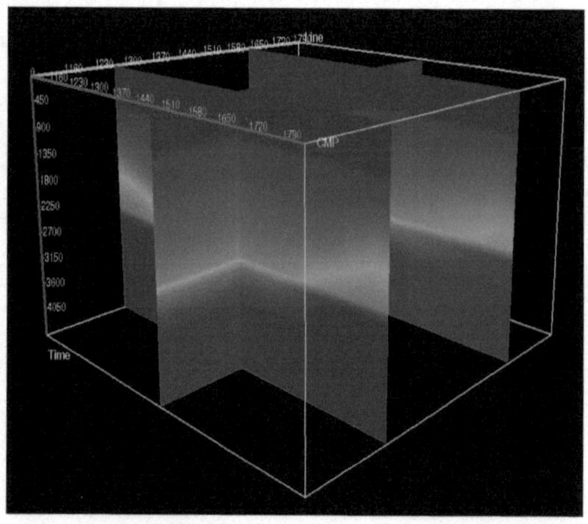

图 3-77　某研究区拟合求取 Q 值立体显示图

(四) Q 补偿处理技术

在表层低降速带厚度和速度变化剧烈的地区，表层吸收衰减对地震波的影响较为严重，在中深层地层成岩性差或断裂发育区，地层的吸收衰减影响同样不能忽视，因此与常规的振幅补偿相比，针对频率的吸收衰减补偿十分必要(图 3-78)。

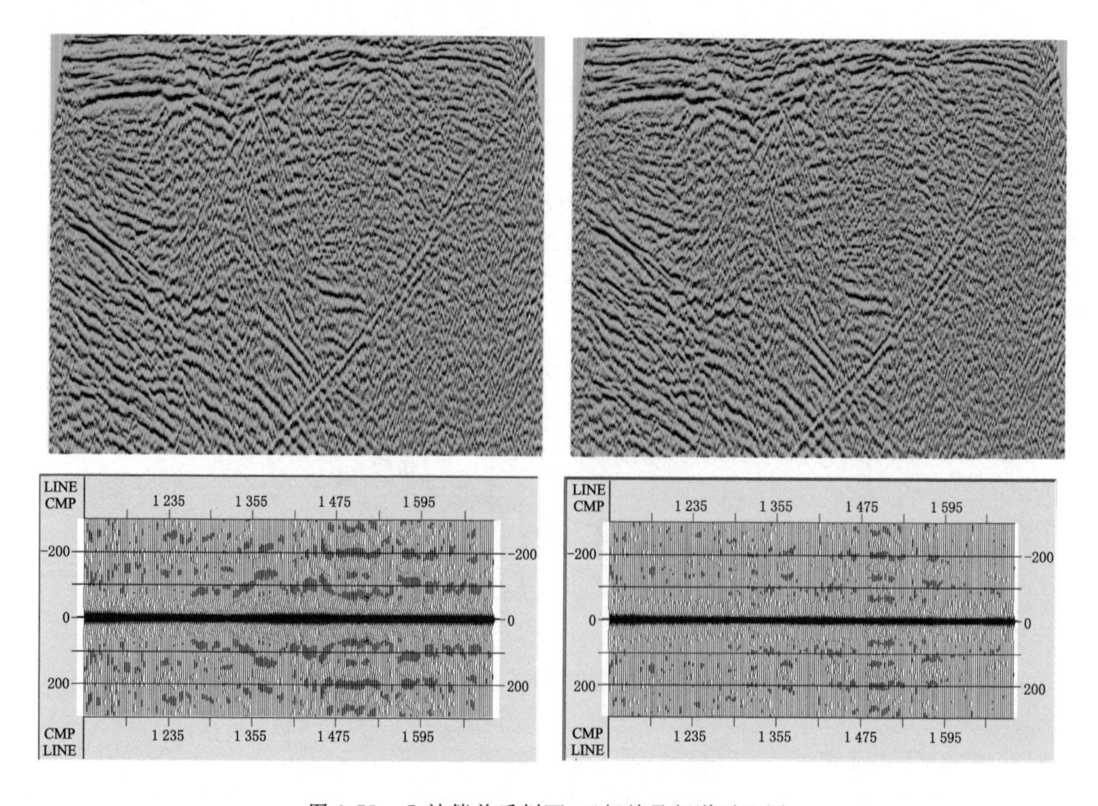

图 3-78　Q 补偿前后剖面、互相关及频谱对比图

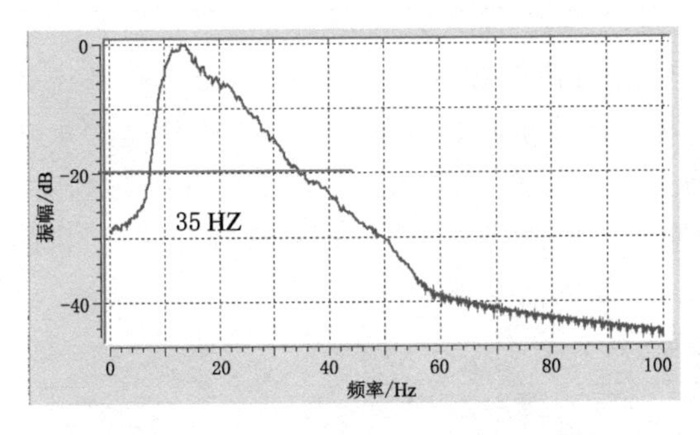

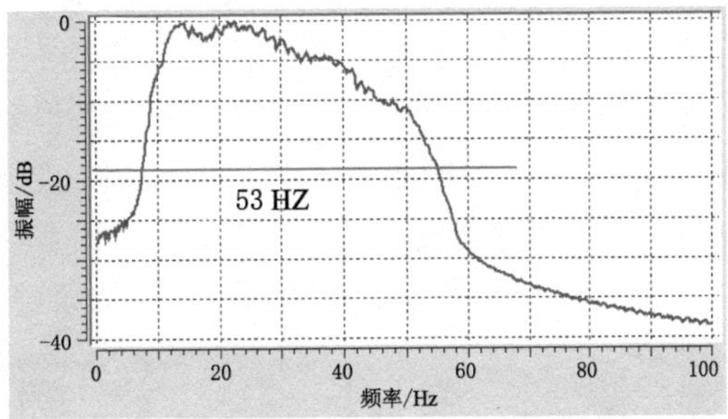

图 3-78 （续）

研究人员在试验区对不同方法得到的 Q 值应用后地震资料的频谱变化情况进行分析，发现拟合 Q 体的频谱与 VSP-Q 补偿的频谱相似，比原始数据的频带增宽（图 3-79）。应用经验公式计算的 Q 值，虽然频率提高，但是高频干扰增强，剖面的品质有所降低。因此，在实际工作中，具体采用哪种 Q 场建立和补偿方法应该由现场试验效果确定。

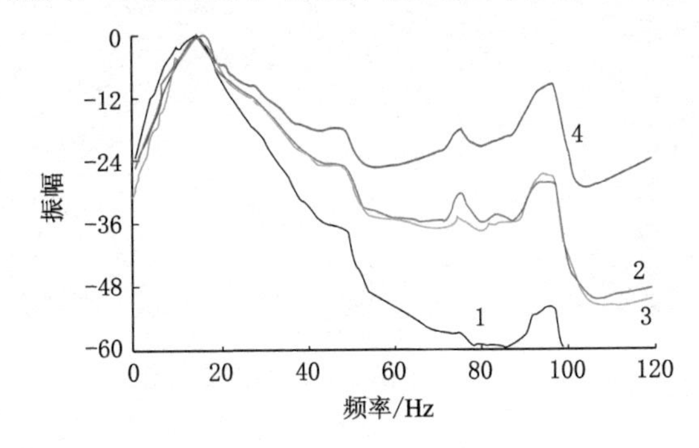

1—原始数据频谱；2—经验公式频谱；3—VSP 的 Q 值频谱；4—拟合 Q 体频谱。

图 3-79　不同方法频谱对比图

（五）弱信号能量补偿技术

1. 低频补偿技术

地震波在传播过程中，由于地下地质构造和空间分布十分复杂，且其内部结构的非均质性和各向异性强，不仅导致地震波的高频成分被吸收，而且导致低频成分也被吸收和衰减，而深层地震信号的主要成分为低频信息。充分利用这些低频有效信息，可显著改善深部断层、裂缝系统等地质异常信息的成像质量。

低频补偿主要有两种方法：① 基于数据驱动的自适应补偿；② 基于模拟检波器技术参数的补偿。基于数据驱动的自适应补偿方法以地震子波估计的为基础。通过估算地震数据的地震子波并拓宽其低频带宽，达到补偿地震数据低频信号的目的。因此，如果地震数据本身缺失低频成分，即低频成分不是弱而是没有，这种方法不能无中生有。基于模拟检波器技术参数的补偿，先利用检波器的 3 个技术参数（阻尼系数、灵敏度和自然频率），计算检波器的频率响应，然后计算反子波补偿地震数据的低频成分。

若研究区地震采集是井炮炸药震源激发或采用低频小于 5 Hz 的低频可控震源激发，则原始数据的低频信息应该较为丰富，但是由于近地表、检波器等因素的影响，低频震源输出的低频能量在接收过程中会有不同程度的损失，这部分损失的低频能量需要进行必要的低频补偿，以便充分发挥低频信息的作用。常用的两种低频补偿的方法中，第一种基于数据驱动的自适应补偿方法虽然较为实用，但受数据质量和近地表条件以及地下构造的影响较大；而第二种基于低频震源扫描信号的低频补偿方法充分考虑了震源的输出子波特性，应用效果较好且稳定，实际研究中也得到普遍应用。如图 3-80 所示，应用低频补偿后，目的层层位更易于追踪，波阻特征更明显，从频谱上看，低频信息更丰富。

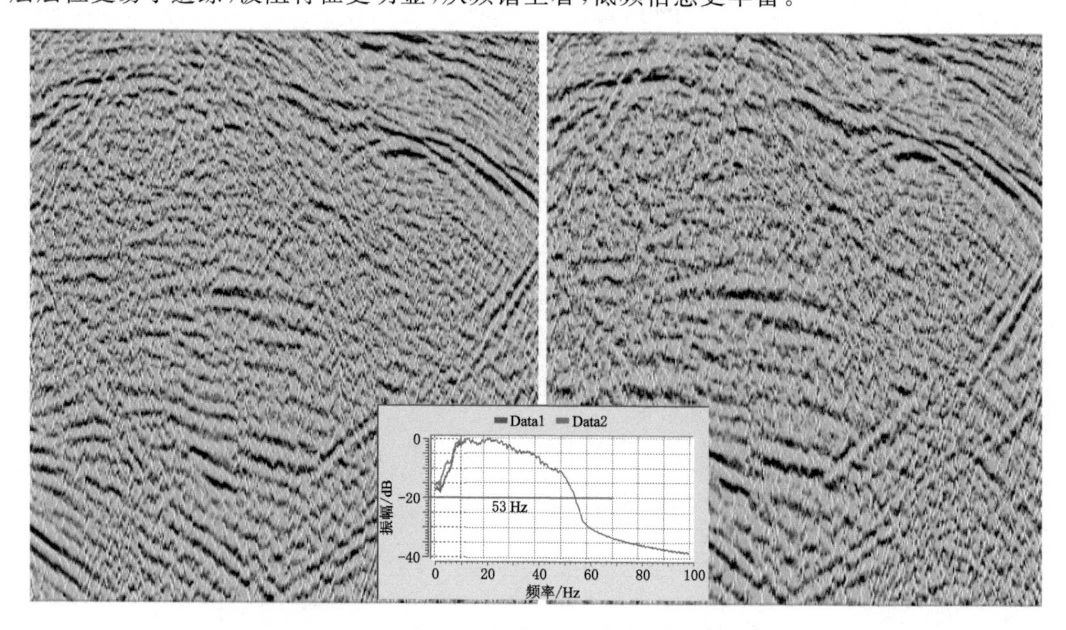

图 3-80　低频补偿前后偏移剖面对比

2. 优势频带补偿技术

优势频带补偿前后剖面对比如图 3-81 所示。能量拾取的精度决定了迭代反演的结果。

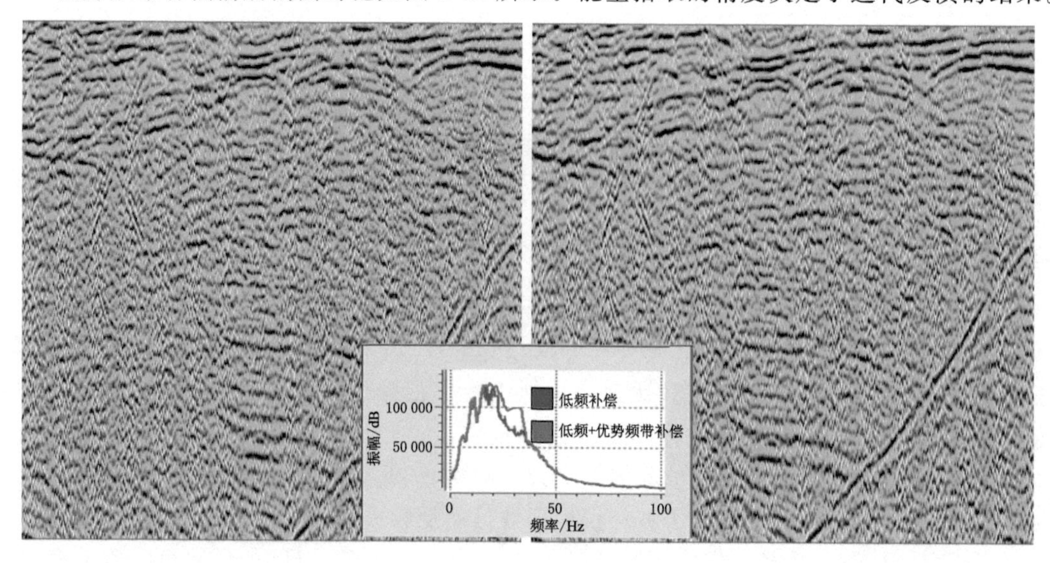

图 3-81　优势频带补偿前后剖面对比

为得到良好的振幅品质特征，可以通过目的层频谱分析或频率扫描确定目的层优势频带范围，能量拾取前去除高频和低频信号的噪音，通过优势频带约束优化拾取前的数据品质，改善能量的空间均匀性，进而提高资料优势频带的能量。通过补偿优势频带范围的能量，可以进一步提高资料信噪比。

四、宽方位资料OVT处理技术

（一）OVT处理技术原理

随着地震勘探程度的不断深入以及地震勘探技术的不断进步，目前勘探工作已逐步由常规勘探朝面向复杂构造和岩性目标的精细勘探转变，窄方位角地震勘探也逐渐被宽方位角地震勘探所代替（凌云研究小组，2003）。

宽方位角采集地震资料的优势有：① 宽方位角地震勘探能够增加采集的照明度，获得较为完整的地震信息；② 宽方位角地震勘探比窄方位角勘探的成像分辨率高；③ 宽方位角成像的空间连续性优于窄方位角；④ 通过研究振幅随炮检距方位角的变化，使断层、裂缝和地层岩性变化的可识别性提高；⑤ 宽方位角地震勘探有利于压制近地表散射干扰，能提高资料的信噪比。通过以往宽方位资料实际处理效果的应用研究，证实根据不同的方位结果在分辨储层信息上存在差异，据此能够预测裂缝发育方向与发育密度（凌云 等，2005）。

OVT处理技术是不同于常规处理方法的一种新技术，它不仅能保存方位角信息，而且它提供的有效而精确的数据域可用于去噪、插值、规则化、成像、各向异性、振幅随偏移距的变化/振幅随方位角的变化和岩石属性反演等常规处理。该技术大致分为四个步骤：数据准备、炮检距域处理、炮检距域偏移、矢量片道集处理。具体的实施流程如图3-82所示。

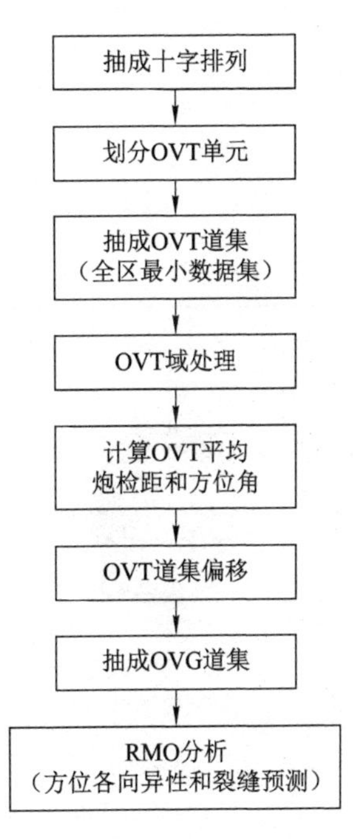

图3-82　OVT处理的流程

（二）OVT道集抽取

将数据分选成十字排列道集，单个十字排列的炮检距分布是一系列标准的同心圆，表明数据确为全方位采集。如图3-83所示，这个十字排列中按炮线距和检波线距等距离划分得到许多小矩形，每一个矩形就是一个OVT（共偏移距矢量片）。

图3-84为从十字排列内抽取OVT示意图，将单一OVT片按照两倍炮线距（240 m）与两倍检波线距（600 m）进行划分，方位角跨度在10°左右，受到工区变观、加密炮的影响，部分的地区覆盖次数大于1，正常采集的资料区域为1次覆盖。

（三）OVT域五维数据规则化

数据在OVT域和十字排列域都是单次覆盖，都可认为是三维数据体，且可应用三维叠前随机噪声衰减、三维频率波数域滤波等去噪手段。

但数据在十字排列域是局部的，去噪后可能存在一些边界问题，而OVT域的去噪是全局的，能避免空间不连续性问题。特别是对方位各向异性强、构造倾角大和覆盖次数不高

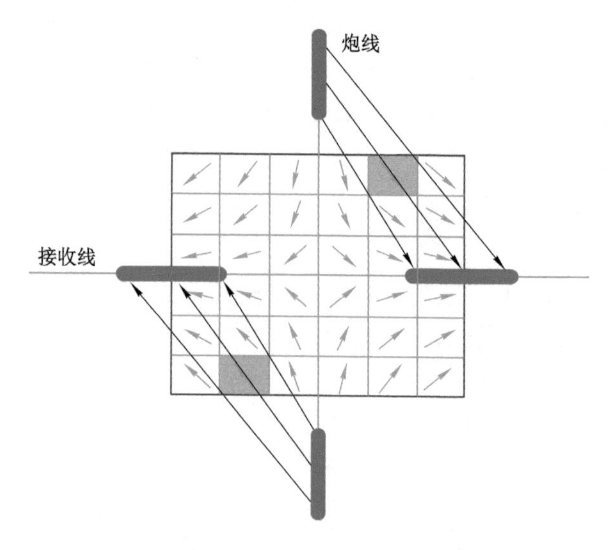

图 3-83 正交观测系统中的十字排列以及炮检距向量片示意图

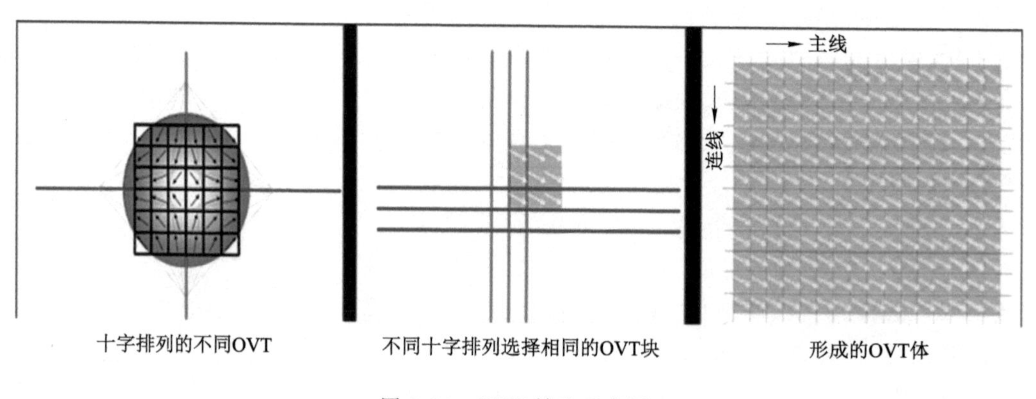

图 3-84 OVT 抽取示意图

时,OVT 域插值显示出较大的优势。按不同的方向分组进行 OVT 域插值,能够很好地解决以往处理中存在的插值道不可靠、高频信息损失严重的问题。

在 OVT 域实现五维插值,消除由野外变观、观测系统等因素导致的偏移距分布不均和覆盖次数分布不均等影响,为偏移成像提供高质量的数据体。在 OVT 域首先对偏移距进行插值,然后对方位角进行规则化,从而实现单一 OVT 片的偏移距、方位信息规则化及面元中心化。

(四)螺旋道集处理

地层方位各向异性的存在,不仅与裂缝发育密切相关,而且影响速度分析和叠加成像。在螺旋道集叠加前开展方位各向异性校正消除这些抖动(图 3-85),可以提高叠加成像精度,也可以提取这些引起抖动的各向异性信息用于裂缝预测研究。

方位各向异性校正可采用剩余方位动校正方法,具体实现是对测得的旅行时用最小平方法拟合方位 NMO(正常时差校正)椭圆,因为方位 NMO 在时间平方-炮检距平方域成线性。

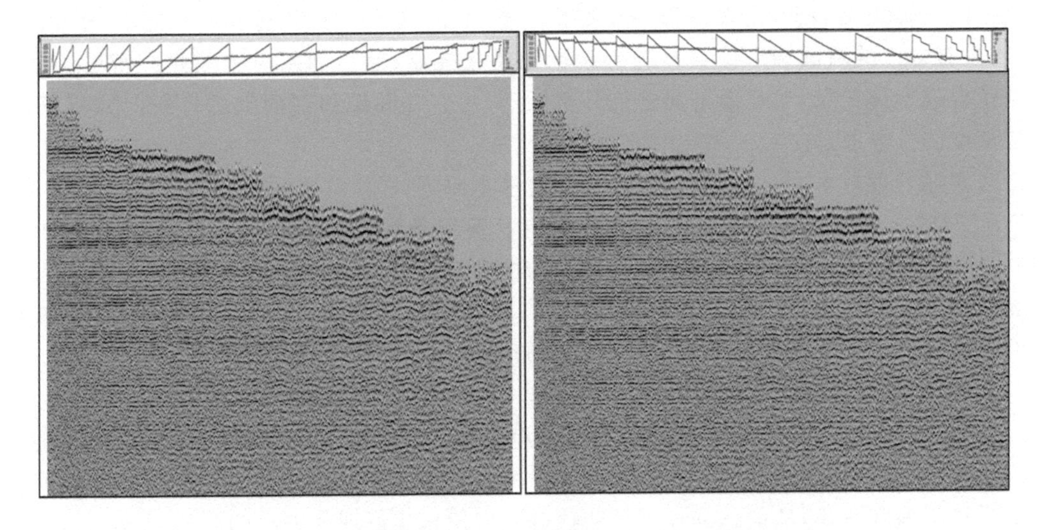

图 3-85 方位各向异性校正前后的螺旋道集

实际资料研究表明,从 OVT 螺旋道集中提取的方位各向异性有用信息可直接展示为各种反映储层裂缝方向分布和裂缝密度分布的信息,为实钻井轨迹设计提供重要依据。

（五）高精度速度建模技术

高精度的地震成像不仅依赖于高质量的叠前道集数据,更需要用于偏移成像的高精度速度场,因此高精度速度建模技术是确保通过偏移成像最终获取高信噪比、高分辨率和高保真度(三高)地震剖面的关键技术(潘兴祥 等,2013)。

速度建模是一个结合地质信息进行处理和解释的综合过程,速度模型的准确性直接影响到叠前(时间/深度)偏移的效果(张敏 等,2007)。速度模型的建立包括建立初始速度模型和修正优化速度模型两个阶段。目前通用的有两种建模方法:第一种是网格点速度建模,建立速度模型不受构造层位的约束和控制,但需根据层位对速度模型进行调整;第二种是沿层层析速度建模,在构造解释的地质约束条件下建立速度模型,再对速度模型逐层进行调整。由于速度模型的构建与地质构造密切相关,因此实际应用中常用第二种方法建模。

1. 沿层层析速度建模技术

三维叠前深度偏移的速度建模是一个地质信息综合分析的过程,因为在需要开展叠前深度偏移的地区一般不能从常规处理中得到足够精确的速度模型。在实际应用中,首先需要根据研究区叠前时间偏移所得到的地震剖面及速度场情况,结合该地区地质认识,建立初始速度模型,在此基础上进行目标测线叠前深度偏移,再对偏移后的共成像点道集进行剩余延迟分析,采用模型优化方法逐步逼近,直到获得比较合理的速度-深度模型。因此,叠前深度偏移过程中所使用的速度模型建立技术分为两个过程:初始速度模型的建立和速度模型的优化。

(1) 初始速度模型的建立

① 初始构造模型的确定

建立速度模型前需要先建立研究区构造模型,以便建立相应的速度模型。在确定地下岩层的构造层位和宏观速度分界面时,要充分考虑地质分层数据、层序地层划分结果、钻井及测井曲线等相关信息，在误差最小化的标定条件下，充分利用先验信息。进行构造建模时，首先对输入的断面和层位数据进行编辑和质量控制；然后利用声波测井或密度测井资料制作合成地震记录，对地震剖面进行分析标定；再在时间偏移剖面上进行横向分析，拾取地层速度的分界面。

在实际处理技术上，应严格把握以下几个基本原则：

a. 时间模型的建立与时间剖面上进行构造解释既有相似之处又有自身特殊的要求。建立时间模型的关键是追踪层速度界面，而构造解释所要对比的是地质界面。时间模型要求界面上下有较大的速度差异，而不考虑地质时代与地质意义是否相同，即时间模型的建立要选择和追踪那些最能影响地震波场传播的层速度界面。

b. 层位拾取尽可能平滑，满足该偏移算法以获得较好的成像效果。

c. 层位选择和追踪时应尽量避开特别复杂的构造现象和无把握解释的区段，应将这些区段包含在可靠追踪的大层间隔中，以便尽量减少人为因素，使其自然成像，在改进后的成像上再对其追踪对比，从而达到在下一迭代过程中使其更好成像的目的。

d. 浅层偏移成像对速度非常敏感，所以浅层的层速度界面应拾取得较密。深层偏移成像对速度的敏感性相对变小，层速度界面可拾取得稀疏些。

e. 选择能够控制全区的构造形态、连续性好、能量强的同相轴追踪，选择主测线对比追踪的同时，又用联络线来达到全区闭合。

f. 根据垂向剩余时差谱和偏移效果，随时修改层位或增加层位。

g. 在断层发育、断距落差比较大时，用梯度的参考深度代替梯度的参考层位，以改善深层成像。

按照以上思路建模，同时与解释人员结合，根据钻井、测井资料确定地质层位，结合深度偏移所需的速度层位，建立一套完整的速度界面模型。

② 初始层速度的求取

确定了宏观层速度分界面之后，还需要确定相应层的初始层速度值。层速度作为重要的地层参数之一，反映了地层岩性、沉积、构造等多方面的特征，因此层速度特征与地质特征密切相关。

求取层速度的主要方法有 DIX(迪克斯)公式转换法和相干层速度反演法。前者求取层速度精度较低，但简单且计算速度快；后者则利用数据的相关性原理，当层速度正确时，地震道间距或实际资料与其合成记录间的相关性应较好。若沉积环境相对稳定，也可以借助测井资料来确定初始层速度值。而对于层速度横向变化较大的地区，可以通过 DIX 公式转换时间偏移速度得到初始速度-深度模型，并用测井速度加以约束。

依据图 3-86 所示初始深度速度模型建立流程，根据地质解释在时间域偏移剖面上进行层位拾取，最终建立起全区的层位体。

(2) 速度模型的修正与优化

最终速度模型是在对原有速度模型的反复修改基础上实现的。在时间域对初始速度模型进行多方面的调整，使之与各种先验信息(构造、断层分布、VSP 资料及岩性分布等)一致；然后进行时深转换，沿层提取深度；再将其与测井地质数据对比，分析每一层位与测井层位的吻合程度。速度修改是通过成像点道集的剩余量对速度和深度值进行修改的；通过检验成像点道集上的有效反射波同相轴是否被拉平来验证速度模型，同相轴拉平时速度模

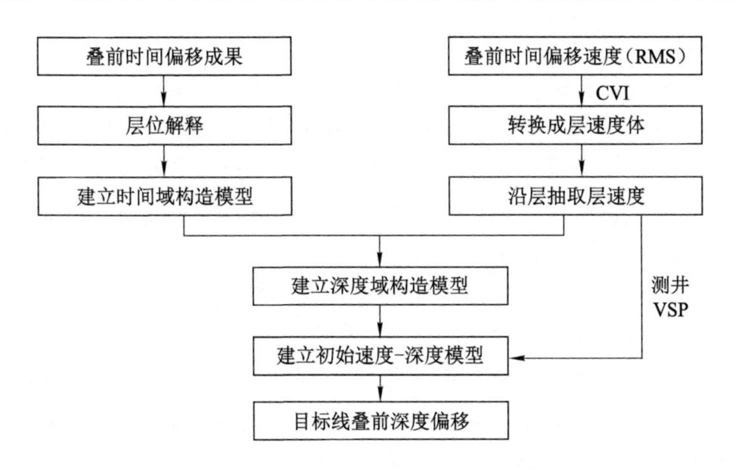

图 3-86　初始深度速度模型建立流程示意图

型正确，可终止模型的修改过程。

由于叠前深度偏移要求的速度模型为宏观速度模型，横向速度变化不能过于剧烈，否则偏移成像后的结果较差，因此必须对获得的速度模型作适当优化处理，一般可采用滑动或加权平均、滑动中值和克里金法等光滑处理方法来实现。

初始的三维深度——层速度模型的精度往往不能满足地质要求。必须经过三维叠前深度偏移—模型优化—再次三维叠前深度偏移—再次模型优化这种形式的若干次迭代过程，同时结合软件自身提供的控制手段，如检查 CRP 道集是否拉平，检查深度剖面成像是否合理，以及用钻井分层数据与深度剖面数据进行对比等，主要优化途径有以下三种：

① 作沿层的剩余速度分析：目标线叠前深度偏移后，利用 CRP 道集做沿层剩余层速度谱，然后沿层拾取剩余谱，将拾取的结果网格化得到剩余量平面图，通过层析成像对层速度进行优化，形成更新后的深度层速度体，再用新层速度体进行目标偏移，这样反复迭代，直到使某一层的剩余层速度误差趋于最小，得到该层最终的层速度平面图。在 CMP 道集信噪比较高、同相轴形态清晰可辨的情况下，用该方法效果较好。

② 作垂向的剩余速度分析：在实际处理中如发现因同一层内速度在深度方向上仍存在梯度变化而影响了层内波组成像，可以在时间偏移剖面的层位拾取中再增加一个层速度界面或重建部分层速度界面模型，也可以用修改梯度的方法有效改进该层的偏移成像效果；如发现在同一层内速度梯度合理，在深度方向上仍存在层间能量团未趋于零，通过能量团的剩余速度函数求出速度值。

③ 修改梯度的参考深度：通常每做一层，都用上一层作为梯度的参考深度来提取速度和梯度，建立速度-深度域模型，在叠加剖面上，越往深层断层倾角越小，因为速度一般随深度而增加，所以在深度域偏移剖面上深层的断层由缓变陡了。值得注意的是有些目标线偏移剖面比例到时间后，出现同相轴弯曲，好像有很多直立断层，折头处与上一层断层一致，并且深层同相轴受影响更大，尤其在陡倾角断层及断裂发育区部位影响更加明显。而在叠前时间偏移剖面中不存在直立断层，针对这个问题，可以通过修改梯度的参考深度，用接近上一层层位并靠近强同相轴的同一个深度来提取速度和梯度，重新建立速度-深度域模型，即可较好解决该问题。

2. 网格层析速度建模技术

(1) 初始层速度模型的建立

当地震资料的信噪比极低,无法在常规时间偏移剖面上划分层速度界面,不能产生与地下构造相吻合的时间域构造模型时,可以采用约束层速度反演方法得到初始层速度。该方法可以从粗网格非规则拾取的叠加速度和均方根速度函数中,建立一个模型约束的瞬时速度场,可以是时间域的,也可以是深度域的。具体步骤为:首先建立初始的低频趋势模型速度场,对于每一个反演的垂向函数,假设局部变化是一维模型,可以使用最小二乘法基本原理求解反问题。为了减少带有噪声数据的速度反演敏感性,构建一个三分量的成本函数,包括均方根速度误差项(数据误差)、速度趋势模型误差项(趋势误差)和阻尼能量项,以改进方法的稳定性和稳健性。最优化参数值就是使成本函数达到最小化,同时避免了最小二乘法反演方法解的不唯一性问题。

(2) 速度模型的优化

速度模型采用网格层析成像技术来优化。其实现步骤为:

① 首先通过全数据体的叠前深度偏移(图 3-87),得到深度域数据体,也可以通过利用初始速度模型将时间偏移数据体比例到深度域,得到深度域数据体;

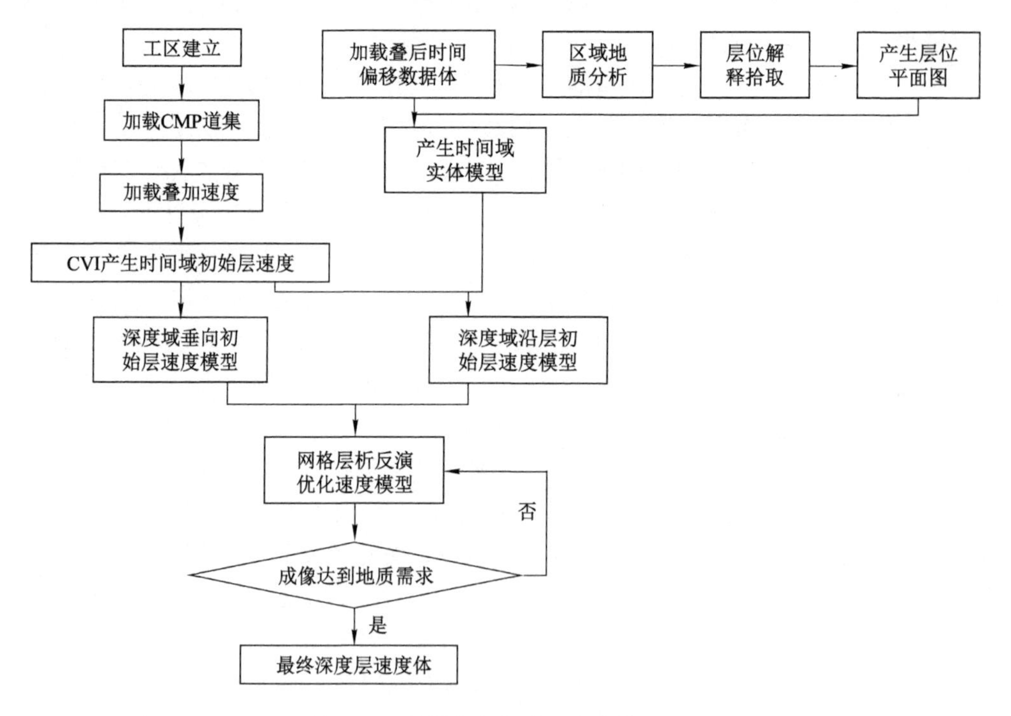

图 3-87　叠前深度偏移速度建模流程

② 提取深度域的数据属性体(地震资料同相轴的连续性体、地层倾角体及方位角体)(图 3-88、图 3-89);

③ 根据地层连续性,自动提取地震资料的内部反射层位,形成不同区域的多个反射内部层位(以上三个步骤只需在首次速度模型优化时使用即可,可以应用于后续多次速度模型迭代过程);

④ 根据叠前深度偏移得到的共成像点道集，拾取目标测线的深度剩余速度，形成深度剩余速度体；

⑤ 将上述的地震属性体、深度剩余速度体、初始层速度体、内部反射层位等（如果有实体模型或者沿层的构造模型，仍可输入）几种数据体融合创建一个 Pencils 数据库，使得每个地震记录包含上述几种信息，为旅行时计算奠定基础；

⑥ 建立包含多个层位的全局网格层析成像矩阵；

⑦ 利用最小二乘法，在上述几种信息的约束下，求解网格层析成像矩阵，得到优化后的深度域层速度体。

⑧ 重复以上各步骤，实现多次深度速度模型的优化。

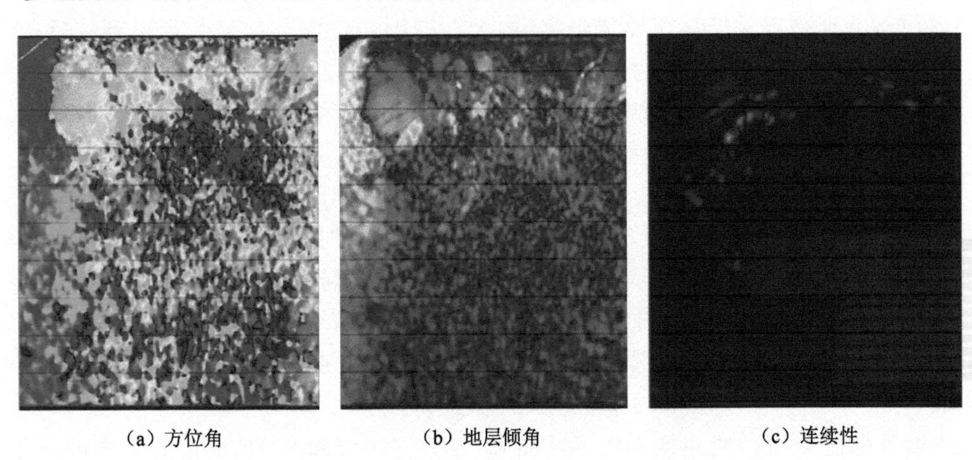

图 3-88　网格层析拾取的深度域地震属性体

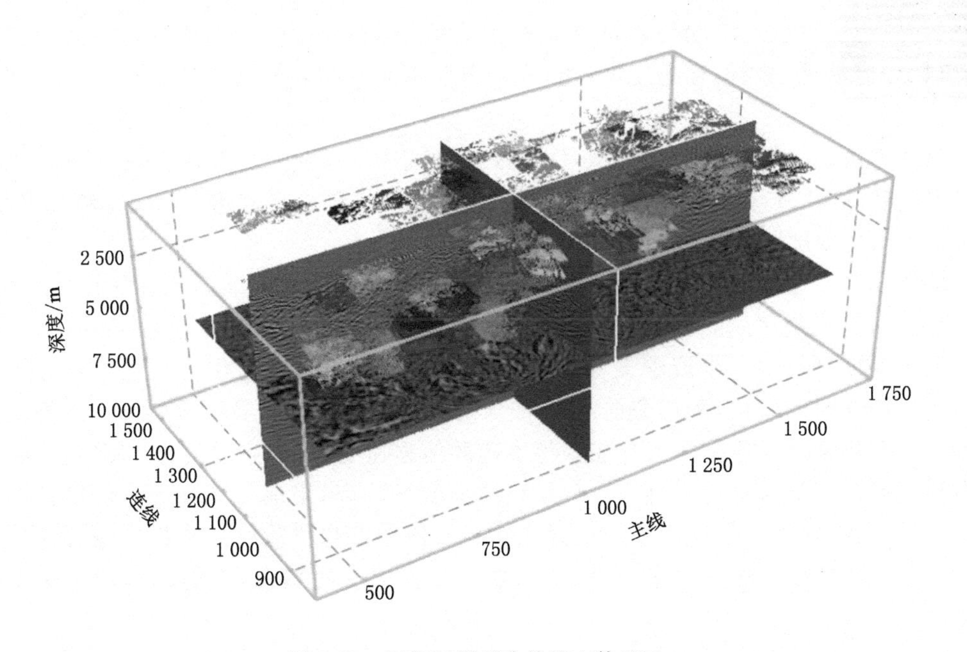

图 3-89　网格层析层位拾取立体显示

（六）OVT 域高精度偏移成像技术

OVT 域叠前时间/深度偏移方法与常规叠前时间/深度偏移方法相同，但输入数据不是常规 CMP 道集而是 OVT 道集。并且要计算每个 OVT 道集的平均炮检距和方位角，作为该道集代表性的炮检距和方位角，这种方法优于常用的固定炮检距范围内分离数据的方法。

OVT 域叠前时间偏移具体实施步骤如下：

① 偏移孔径的确定。偏移孔径是叠前时间偏移中极为重要的参数，它是指偏移时每个面元成像所包含的数据范围。对积分法叠前时间偏移而言，孔径太小则无法使陡倾的反射界面归位准确，绕射无法彻底收敛，造成振幅变化剧烈，它还使随机噪音转化为以假水平同相轴为主的干扰，这种现象通常在剖面的深部尤为严重；孔径太大则意味着计算量的增加，信噪比降低，特别是当深层存在异常干扰时，大孔径则会使深部的噪音影响到较好的中深层资料。严格意义上讲，孔径大小的确定应当由绕射时距方程来确定，对任一指定的时间 t，确定初始孔径参数为输入剖面中最陡的有效同相轴在偏移中最大水平位移的两倍，即采用如下公式：

$$dx = (v^2 \cdot t \cdot \tan\theta_t)/7 \tag{3-95}$$

式中，dx 为偏移前后的水平位移；v 为区域平均速度；θ_t 为时间 t 处偏移前时间剖面上反射同相轴的倾角，且 $\tan\theta_t = \Delta t/\Delta x$，从偏移前时间剖面中得到。

② 最大成像倾角的确定。叠前时间偏移最大成像倾角既要能保证工区内最大陡倾角断面波和地层反射波偏移成像，又要保证不能因倾角太大使深部的噪音影响到较好的中浅层资料。

③ 偏移速度分析。构造倾斜和速度的横向变化会引起 CMP 道集的共中心点发散，造成求取速度困难，叠前时间偏移可以消除构造倾角和其他横向速度变化的影响，得到的 CRP 道集反映同一反射点的信息，同时包含的信息也更丰富，速度规律更明显，因此可以较容易、也更准确地求取偏移速度。叠前时间偏移对速度的敏感度要比叠后偏移大得多，可以较容易地求取偏移速度，因此，可以借助叠前时间偏移的迭代处理来求取偏移速度场。

具体方法是把最终叠加速度作为初始速度模型输入，借助叠前时间偏移，通过迭代修正偏移速度，更容易、更直观、更准确地分析偏移速度，可以更好地建立时间偏移速度模型，进而得到高信噪比、成像好的叠前时间偏移成像。

偏移速度模型优化主要是通过目标线的叠前时间偏移及由此得到的 CRP 道集作偏移速度分析迭代来完成的，是获得准确成像的主要手段。为求得准确的偏移速度，我们通过剩余速度分析进一步调整偏移速度模型。最有效的模型优化方法之一就是利用速度模型做叠前时间偏移，利用叠前 CRP 成像道集的同相轴是否拉平来判断速度模型的正确性。为了保证从浅层到深层都能获得准确的偏移速度，可以采取偏移 CRP 道集剩余速度分析与叠前时间偏移速度百分比扫描相结合的方法，利用偏移速度百分比偏移剖面做偏移速度分析，根据偏移速度百分比偏移剖面上最佳偏移成像效果来拾取偏移速度。偏移剖面上反映的偏移成像效果更直观，拾取的偏移速度更精确，从而达到优化速度模型的目的。

常规处理与 OVT 处理对比图见图 3-90。

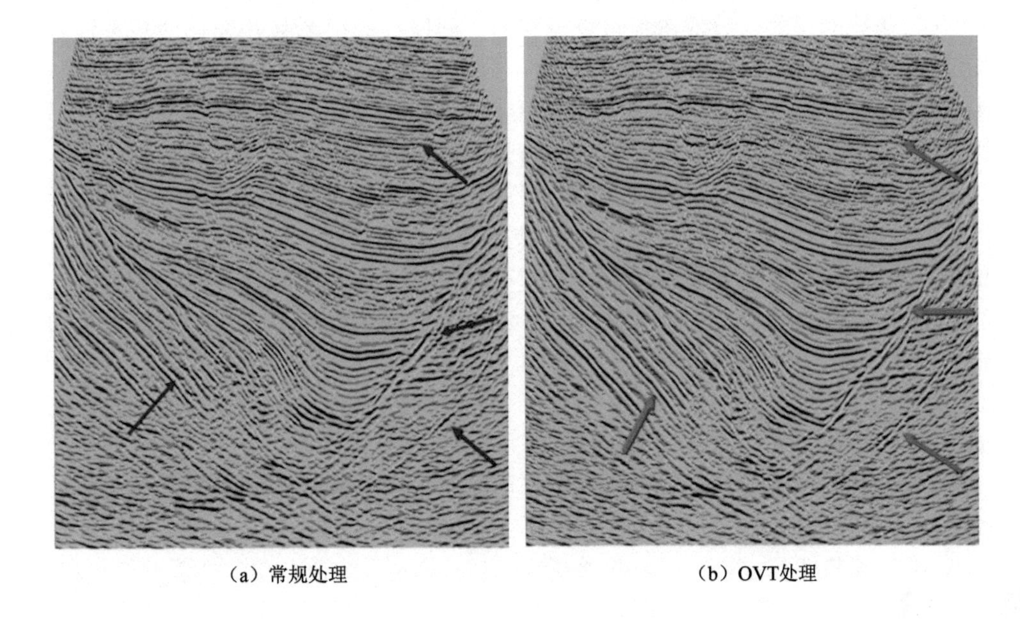

图 3-90　常规处理与 OVT 处理对比图

第四节　深部高温地热体地震资料针对性解释技术

一、基于“两宽一高”地震资料的构造解释技术

随着“两宽一高”地震采集、OVT 域偏移处理的地震数据提供了品质更高、形式多样的地震数据，为地震资料解释应用奠定基础，为深部热储的研究奠定了资料基础。

“两宽一高”地震数据是指具有高密度、宽方位、宽频带的高精度数据。高密度数据特点为：信噪比高、分辨率高、保真度高，能够显著提高成像精度；宽方位数据特点为：方位角宽、信息量大、自由度广，为具有各向异性特征的异常体预测提供更广阔的空间；宽频带数据特点为：频带宽、保真度高，为地震反演提供充分的频率信息。

（一）精细标定技术

精细标定之前，先分析地震剖面的信噪比、分辨率及剖面的相位特性，并根据单炮初至及处理流程确定地震剖面的极性或者根据 VSP 上行波场确定 VSP 资料的极性。再检查地震资料、VSP 资料、钻井和测井资料的起始深度点海拔高程，确保各种资料基准面统一。最后开始标定工作。

标定时，可以根据以往解释成果或区域地质特征，确定两个及以上具有明显地震反射特征的反射层，作为标定的参考层。尽管理论上处在一定地壳深度的变质岩（如片麻岩等）和岩浆岩（如花岗岩、闪长岩等）都可视作干热岩体，但是目前开发的干热岩体大部分为温度较高的花岗岩体。花岗岩顶面与上覆地层都会有一个强的反射界面，可以作为区域标志层。

1. 合成地震记录标定

合成地震记录标定是利用声波和密度数据计算各地层的阻抗值，从而得到地层间的反射系数，通过子波与反射系数的褶积运算得到的。利用合成记录与井旁道的相关性来进行层位标定是目前地震资料解释中常用的方法。合成地震记录标定的流程如下：

① 提取地震子波，地震子波的频谱特征应与标定的地震剖面的频谱特征基本一致，若地震资料浅层、中深层频谱特征不一致，从浅到深可以使用不同的子波进行标定。

② 使用声波、密度测井资料制作正常极性、非正常极性合成地震记录。合成地震记录的极性应与地震剖面的极性相一致，相位角相差 180°。合成地震记录与地震剖面的时间零线应保持一致。

③ 利用合成地震记录从浅到深对地震剖面上的参考层进行标定，然后对其他目的层依次标定。

2. VSP 测井标定

如果有 VSP 测井资料，可以利用 VSP 测井资料标定，具体方法如下：

① VSP 走廊叠加剖面标定：将 VSP 走廊叠加剖面直接镶嵌到地震剖面中，建立地震地质层位时深对应关系。

② VSP 资料桥式标定：通过 VSP 上行波的初至将钻井地质分层与地震反射层相连接，标定出各地质层位的地震反射特征。

3. 地质戴帽法标定

如果没有钻井资料，可以使用地质戴帽法标定，即根据地面地层产状、构造、岩性等资料进行标定。

最后对合成地震记录、VSP 测井资料、地质戴帽等方法的标定结果综合分析，确定地震反射层与地质层位的对应关系。

（二）基于“两宽一高”资料的断层解释技术

地温场的分布或展布主要受构造断裂等因素影响，且裂隙与断裂是干热岩的热传播通道，即热传导渠道，尤其深切割大规模的断裂带是最好的热传播通道。

利用 OVT 域偏移处理得到了类型更丰富、资料品质更高的地震成果数据，为构造解释提供了更为可靠的数据基础，也为构造解释方法创新提供了契机。

1. 基于优势频带的断层识别方法

通常情况下，提高分辨率意味着要以牺牲信噪比为代价。但是通过 OVT 域偏移处理资料与常规资料对比发现，在分辨能力相近的情况下，OVT 域偏移处理的全叠加数据较常规资料信噪比明显提高，为利用地震属性识别断层提供了更好的资料基础，地层埋藏越深，变化越明显。

断层级别不同，在地震资料中的表现形式也各不相同。由于断层在空间往往以高角度形态存在，视频率较低，因此低频信息对突出大中型的断层效果更明显。OVT 域偏移处理数据经低通滤波处理后（图 3-91），地震剖面上的大中型断层更清楚；在 1 500 ms 相干切片上，OVT 域偏移处理数据背景噪声小，断层的平面组合关系更明显。例如在红色虚线圈内，北西走向的一组断层被北东走向的断层切割，断层间的组合关系更加明确。

在地震子波未知的理想情况下，无论采用哪一种反褶积方法，最佳的结果就是得到白噪的振幅谱。但目前更广泛的认识是：一次波反射系数序列不是白噪的（功率谱不是平的），而是蓝色的，即低频弱高频强（在极罕见的情况下也可能是红色）。当反射系数序列不是白噪声时，常规的白噪反褶积方法（脉冲反褶积、预测反褶积）都有一定的缺陷。因为此

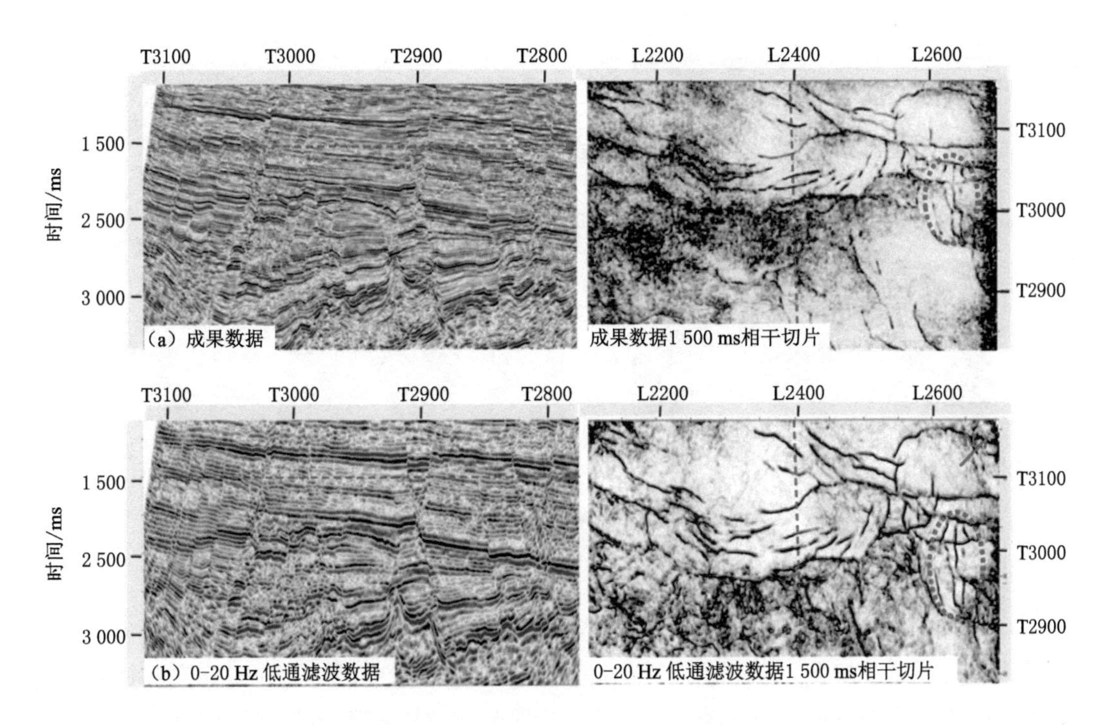

图 3-91　某地区 1 500 ms 相干切片

时地震道的自相关不是所期望的子波自相关，而是子波的自相关和反射系数非白噪成分自相关的褶积。这样估算出的白噪反褶积算子与地震道褶积后，得到的只是反射系数序列的白噪序列部分，而有色部分被反褶积处理掉了。宽频地震数据由于兼顾了低频成分，反射系数序列可能是红色的，高频成分相对被压制。

以构造解释为目的，通过蓝色滤波处理，可在一定程度上补充地震数据的高频分量，使小断层解释更精细。蓝色滤波是针对反褶积后反射系数序列的有色成分进行补偿的，以期得到符合反射系数序列真实特征的处理结果。首先用自回归移动平均系数计算蓝色滤波器，然后用该滤波器对常规反褶积后的结果进行滤波，补偿反射系数序列的蓝色(高频)部分，从而使处理后的地震数据更接近反射系数序列的真实特征，地震剖面的分辨率也得到改善。

宽频成果地震资料局部断层比较模糊。经蓝色滤波处理后，地震资料的视频率明显提高，小断层的断点更清楚，复杂断裂带的小断层交切关系更明确(图 3-92)。

2. 基于分方位的断层识别技术

断层是地层中各向异性最强的地质体。受断层活动期次控制，在漫长的历史时期内，几组走向不同的断裂体系往往相互切割。当某一走向的断裂体系活动较弱时，其在地震成果资料中不易被识别。宽方位地震数据的出现，为不同走向的各向异性体识别提供了更广阔空间。当方位异向性存在时，窄方位观测只能测量出某一方向上的各向异性响应，不能在全方位上进行分析。而宽方位观测可进行全方位的各向异性响应分析，以识别在空间展布方向不同的各组断裂体系。为保障分方位角叠加后的地震数据有可解释性，每个方位角叠加的地震数据都应有一定的覆盖次数，因此在宽方位采集时，一般需要有更高的覆盖

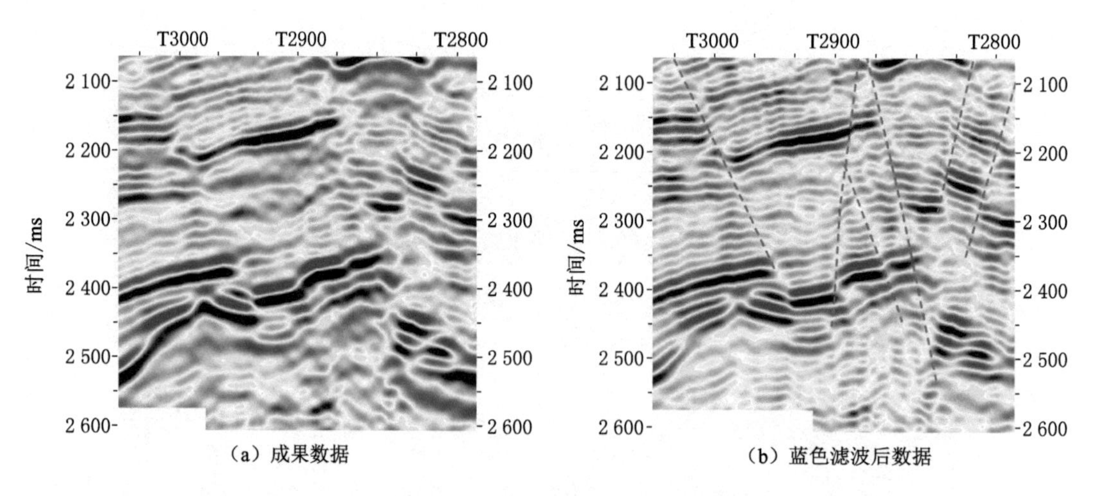

图 3-92　某区蓝色滤波处理前后对比剖面

次数。

分方位部分叠加的地震数据用于构造精细解释时，首先要根据研究区内的断裂发育特征，经充分地质论证确定方位划分方案。当观测方向平行于断裂体系时，各向异性响应最弱；当观测方向垂直于断裂体系时，各向异性响应最强。因此方位角划分的基本原则是要保证每一组走向不同的断裂体系都有一个方位的地震数据与之垂直，同时每一个分方位数据要具有一定的信噪比。

由于不同方位数据对走向不同的断层识别能力存在差异，为了充分突出各个方位数据体在断层识别方面的优势，解释过程中将所有分方位数据的相干数据体进行融合处理。融合数据体包含了各个方位数据中能够识别出来的不同走向的小断层，因此通过分方位数据体地震属性融合，可充分识别走向不同的各组断裂体系。

3. 基于快、慢波速度的断层识别技术

在资料处理过程中，由于水平层状介质(HTI 介质)具有方位各向异性特征，其在 OVG 道集(螺旋道集)同相轴上会存在小时差，出现同相轴扭曲的现象。在不同偏移距段上，随着方位角的循环往复，道集扭曲呈现规律性变化。在不同偏移距相同的方位角上，地震反射同相轴扭曲呈现出一致的趋势。OVG 道集的周期性不扭曲是方位各向异性的表现，说明地震波速度与方位角相关。由于这种地震反射同相轴扭曲是由于地震波在不同方位传播引起的，其产生的时差被称为方位时差。

由于方位各向异性的影响，即使使用相当准确的偏移速度和适用的偏移方法，OVG 道集也不能完全校平，偏移后很难做到同相叠加，给成像效果造成很大影响。因此校平 OVG 道集的方位时差校正是 OVT 域偏移处理中必不可少的工作。

为解决该问题，需要在方位角道集内进行时差拾取，计算快方向和慢方向的纵波速度，用原偏移速度反动校正，用方位速度进行动校正叠加，最终得到符合要求的道集数据。平行于各向异性走向方向的地震波速度最大，求取的速度为快速度；垂直于各向异性走向方向的地震波速度最小，求取的速度为慢速度(图 3-93)。两者的差异反映了地质体的各向异性强度。尺度越大的地质体产生的各向异性强度越大，当地层为各向同性介质时，快、慢波速度应该是一致的。

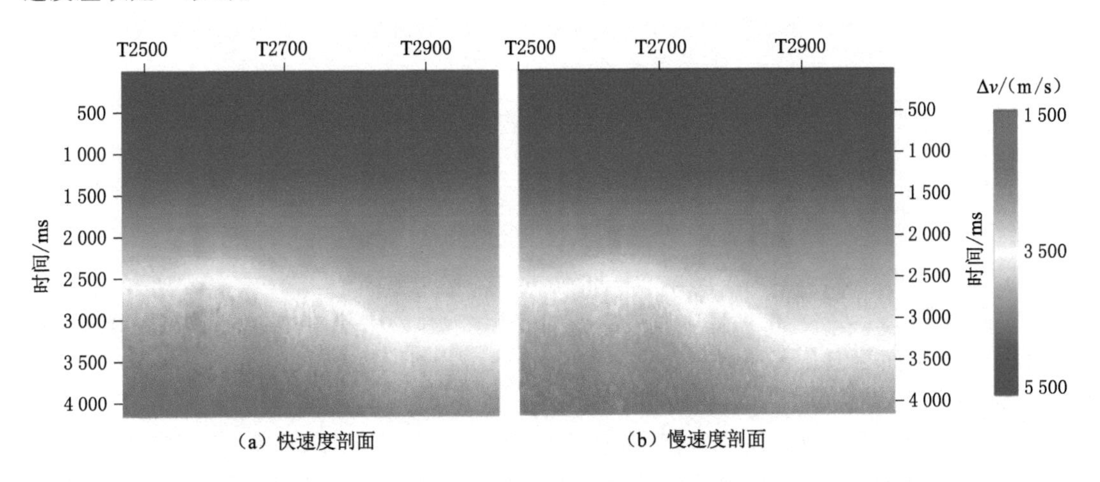

图 3-93　快速度与慢速度剖面

虽然快、慢波速度在剖面上看没有明显差别，由于其反映了地质体的各向异性，因此两者理论上应存在差异。断层是地层中各向异性强度最为明显的异常体，其各向异性特征应最为显著。快速度与慢速度相减的速度差剖面上的纵向强异常条带与地震剖面上的断层有极强的相关性(图 3-94)，经对比分析认为：这种纵向的强异常条带就是断层的反应。当地震资料信噪比较高时(2 500 ms 以上)，断层表现清楚；当地震资料信噪比偏低时(2 500 ms 以下)，各向异性特征并不明显。

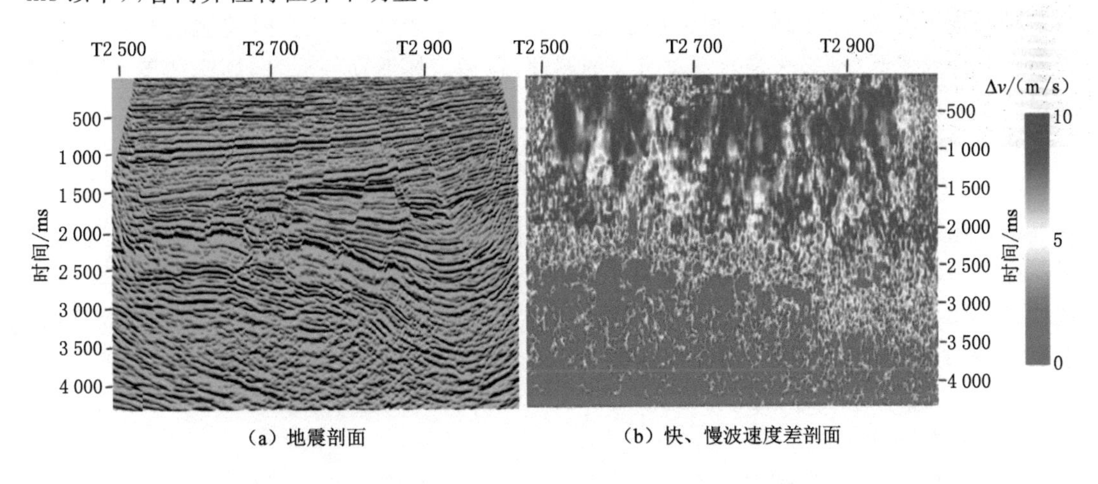

图 3-94　地震剖面与其对应的快、慢波速度差剖面

利用快、慢波速度差可辅助识别断层，特别是在识别层间断层、早盛晚衰型断层等微小断层方面有优势。

二、储层预测技术

目前开发的干热岩体大部分为温度较高的花岗岩体。虽均为花岗岩体，但花岗岩浆形成的构造环境不同，岩性成分在纵向和横向上均有差异。以共和盆地为例，在其周缘存在多期岩浆活动，分布着一系列早古生代和三叠纪花岗岩及中基性杂岩，尤以印支早期为主。花岗岩体大多侵入在三叠系沉积岩中，多为复式岩体，形态上大多呈现近等轴状或者略呈长条状。

（一）地震属性预测技术

地震属性分析是从地震资料中提取有用信息，结合钻井资料，从不同角度分析各种地震信息在纵向和横向上的变化，以揭示出特定的地质异常现象或含油气情况。在研究区井资料缺乏的情况下，地震属性分析是一种行之有效的方法。

1. 属性分类

根据地震波运动学和动力学特征，地震属性可分为几何类属性、动力学属性、时频类属性，每个属性下面又包含多种参数。

（1）几何类属性

几何类属性，用于地震地层学、层序地层学及断层与构造解释，如旅行时、同相轴倾角、横向相干性等。这些属性可提供地震属性同相轴的几何特征，用于确定反射层的中断、连续、曲率、整一、杂乱、不整合、斜交、平行、发散、收敛以及断层等各种特征，以及地震相、体系域等。

（2）动力学属性

动力学属性反映地震资料的振幅变化以及由振幅（能量）延伸出来的方差、梯度及能量曲率等。

（3）时频类属性

时频分析作为一种新兴的信号处理方法，提供了从时间域到时间频率域的变换，能在特定时刻指示信号在瞬时频率附近的能量聚集情况。时频类属性在时间域地震资料储层预测中已得到广泛应用，它是与频率有关的属性，包括流体活动性属性、高亮体属性等预测储层的属性。

2. 地震属性预测储层

（1）属性提取

地震属性是从地震数据里推导出来的具几何学、运动学、动力学或统计学特征的物理量。近年来，因其在地热资源勘探开发中发挥着越来越重要的作用，因此有关地震属性的提取、标定、分析等技术得到了飞速的发展。目前的地震属性基本上是由叠后资料获得的，但是，随着地震处理的改进和解释性处理比重的增加，许多从叠后数据中提取的地震属性也开始从叠前数据中提取（图 3-95）。

（2）属性分析

由于在储层预测时，通常会引入与储层相关的各种地震属性，但要提高地震储层预测精度，就必须对地震属性进行优选优化，针对具体问题，从全体地震属性集中挑选出最好的地震属性子集。地震属性优化方法主要可分为地震属性降维映射与地震属性选择两大类。地震属性降维映射常用的方法是 K-L 变换，它是从大量原始地震属性出发，构造少数有效的新属性，原始地震属性的物理意义已明确。地震属性选择在实际工作中普遍采用，最简单的地震属性选择方法是根据专家的知识，挑选那些对储层预测最有影响的属性；另外则是用数学的方法进行筛选比较，找出带有最多储层信息的属性。通过地震属性分析，可以提供研究区储层的岩性、厚度、含油性等定性信息。

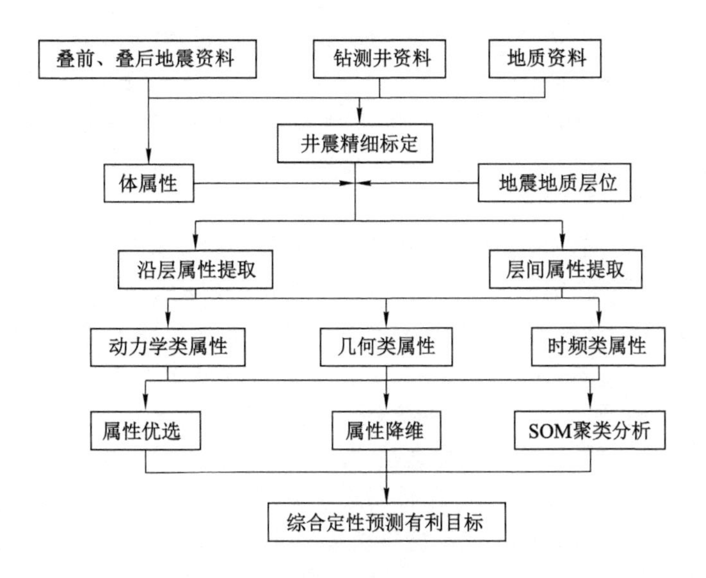

图 3-95　地震属性预测储层流程图

SOM(self organizing networks map)作为一种有效的多属性聚类分析方法,是芬兰学者、国际著名网络专家 Teuvo Kohonen 教授提出的一种无监督自组织自学习的神经网络,可以实现对输入模式的特征进行拓扑逻辑映射,目前被广泛应用于模式识别、联想储层、组合优化和机器人控制等方面。

SOM 网络的自组织映射的基本原理是:当某类模式输入时,其输出层某一节点得到最大刺激而获胜,同时该获胜节点周围一些节点因侧向相互作用也受到较大的刺激。这时,与这些节点连接的权值矢量向输入模式的方向作相应的修正。当输入模式类别发生变化时,网络通过自组织方式用大量的训练样本数据来调整网络的权值,使得网络输出层特征图能够反映样本数据的分布情况。因此,根据 SOM 网络的输出状况,不但能判断输入模式所属的类别,并使输出节点代表某一类模式,还能够得到整个区域的大体分布情况,即从样本数据中抓到所有数据分布的大体本质特征。

SOM 网络试图找出数据中存在的某种结构,用任何地震属性的组合作为某一数据组,那么 SOM 网络将产生一拓扑意义上的相关聚类。假如被选的属性是具有几何性质的,那么聚类结果也将在几何上发生变化。要把聚类结果和物理参数或靶区描述联系起来需要在标定阶段来完成。用 SOM 网络对地震属性进行聚类时有两种实现方式。第一种方式是:对每一采样点的诸多属性进行聚类分析,找出特征属性相近的点聚为一类;第二种方式是:在目的层段内,取一固定时窗,将该时窗内的采样点定义为一个输入样本,时窗内的每个点都作为这个样本的一个属性,进行聚类分析。

（二）地震反演预测技术

地震反演是利用地震资料,以已知地质规律和钻井、测井资料为约束,对地下岩层空间结构和物理性质进行求解的过程。地震反演的分类方法有多种。

① 依据所利用的资料的差异可划分为两种:叠前反演和叠后反演;其中,叠前反演主要包括传统的 AVO 反演、弹性阻抗反演和叠前同时反演等。

② 据所用到理论的差异可划分为两种:基于褶积模型的反演和基于波动理论的波动方

程反演。其中，前者可以进一步划分为基于地质统计学的反演、基于模型的反演等。

③ 依据测井资料在反演中所起作用的差异可划分为四种：无井约束的地震直接反演、测井控制下的地震反演、测井-地震联合反演和地震控制下的测井内插外推。

目前高精度叠后反演主要有地质统计学反演、波形指示反演、基于径向基函数反演等。

1. 地质统计学反演

地质统计学是 20 世纪 60 年代中后期发展起来的一门新兴的数学地质学科的分支，从广义上讲，地质统计学的基础是区域化变量理论，基本工具是变差函数，研究对象是那些在空间分布上既有随机性又有结构性的自然现象。在自然界地质变量既有随机性又有结构性，地质变量并不相互独立，往往具有空间相关性。而地质统计学就是一种既能保持概率统计有效性，又考虑到地质变量特点的方法。地质统计学分为两个方向，一是以马特隆(Matheron)教授为代表的，致力于克里金估计的研究，他提出了区域化变量的概念，并提出地质特征可以用区域化变量的空间分布特征来表征，而研究区域化变量的空间分布特征的主要数学工具是变差函数；另一是以马特隆教授的学生 Jourenl 为代表的，致力于随机模拟方法的研究，他认为某些地质变量并不是一成不变的，而是有一定波动的，克里金法不能很好地再现地质变量的分布特征，因此他们采用模拟的手段，将克里金估计的离散方差的波动性展现出来。

近年来，在地热勘探开发领域日益重视地质统计学方法的应用和研究，取得了令人满意的效果。

(1) 地质统计学的基本原理

总的来说，地质统计学是以变差函数为研究工具，在分析研究区变量的空间分布结构特征规律的基础上，以克里金方法为手段，综合分析空间变量的随机性和结构性的一种统计方法。

地质统计学反演利用井中数据从井点处开始模拟，井之间则依靠原始地震数据约束，这样就构建了一个定量的 H 维波阻抗体。常规的反演方法得到的是一个具有一定分辨率的单一最佳的阻抗体，而地质统计学反演产生的是多个等概率的 H 维反演实现。这样就能利用多个结果定量评价反演结果的不确定性。地质统计学的前提条件是必须具有充足的井资料(样本)，且在研究工区内能较均匀分布。地质统计学反演还考虑了模拟过程中结果并非唯一，因此增加了结果的误差分析。采用自定义的方式在三维地质模型的每一个网格节点上都计算出概率密度函数。地质统计学方法的实现步骤如下：① 利用变差函数分析数据；② 通过相关性分析找出地震和测井资料之间的关系和变化规律；③ 利用对已知数据分析获得的规律来确定控制点的空间分布情况。常用克里金方法。

和常规反演相比，地质统计学反演具有以下优势：① 小井距间的精细非线性内插；② 能够进行误差分析，从而评价风险；③ 提高了常规反演结果的分辨率；④ 能够同时生成岩性数据体，如泥灰岩和泥质灰岩；⑤ 利用波阻抗进行基于岩性的孔隙度模拟；⑥ 能够直接生成输入到数值模拟软件的参数文件。

(2) 随机模拟的基本思想

随机模拟是一个概率抽样过程，这个过程是用一个随机函数来实现的，即人工获得储层参数空间分布的联合实现，这些实现应该是等概率的、高分辨的，并且来自随机模型的各个部分。对于这一系列的实现，模拟参数的统计学分布和已知样点数据的统计学分布特征的差别正是对储层参数空间分布特征的真实反映。差别的大小反映了模型中不确定性的强弱。

随机模拟可分为两类：基于目标的随机模拟和基于像元的随机模拟，代表了对连续性和离散性数据的表征。后者常用到的是序贯高斯模拟和马尔科夫域模拟两种方法。

序贯高斯模拟是高斯模型中一种常用的对数据进行模拟的算法，是在对连续分布空间变量进行模拟时高斯理论和序贯模拟算法的一种结合，要求被模拟数据具有正态分布特征。

通常情况下，对储层参数模拟次数越多，结果越接近地下储层的真实状况，而这种结果的出现是以牺牲计算时间为代价的。因此在生产过程要结合实际生产的需求选择合适的模拟次数来提高效率并保证效果。模拟实现次数的选择有两个因素是要优先考虑的：① 不确定性及其精度的要求，如果是评价平均特性如饱和度、渗透率时，模拟实现只需要较少的6～9次即可满足要求，如果不确定性精度要求较高，则需要较多的实现次数；② 每次模拟实现之间的相关程度较高时需要对结果进行较多次的实现，若相关程度较差，则无须多次实现。

对随机模拟的结果实现优选的原则主要是：① 对多次的模拟结果进行一个平均计算，以平滑掉其中随机性的影响，得到较符合统计规律的平均结果；② 盲点验证，去掉数个采样点数据，然后用其他点对其进行模拟，比较估计值与真实值的差别，验证结果与原始数据的符合程度；③ 模拟结果的地质含义是否明确，是否符合储层参数分布规律。

对于钻井资料丰富、储集层相对较薄的研究区，随机模拟反演是一种不错的选择。

（3）基于相控的非线性地质统计学反演

相控非线性地质统计学反演和以往反演的最大不同之处是反演过程中考虑了地震相控思想，综合运用了相建模时“相”的定义。

相控非线性地质统计学反演先是利用基于目标的方法构建出各微相的空间分布，然后将其和基于马尔科夫链-蒙特卡罗算法反演出的高分辨率储集相合并，使得最终的地震相模型既满足平面上沉积相约束的属性模型趋势，也能提高纵向分辨能力，在此基础上，依照地震储集微相内储层物性具有不同变差函数的分析思想，在相模型约束下，分地震相统计各微相中岩石物性的变差函数，最后增加地震权重，得到反演结果，其反演过程中遵循了定量地质知识库与变差函数相结合、概率一致和相序指导这3个基本约束条件。

相控非线性地质统计学反演的结果需要通过多种方法来实现质控，主要包括两种手段，第一是通过井上的输入输出参数进行对比统计，误差小则说明参数合理；第二是将模拟的阻抗剖面和叠后反演的结果进行比较，如果其在反映储层的展布、地质体规模、岩性比例等方面大体比较一致，则结果合适。

2. *波形指示反演*

地震波形指示模拟反演（SMI）是一种针对薄层开发应用的高精度波阻抗反演方法。其基本原理是：三维地震是一种空间分布密集的结构化数据，地震波形的变化反映了沉积环境和岩性组合的空间变化。因此，可以利用地震波形特征解析低频空间结构，代替变差函数优选井样本，根据样本分布距离对高频成分进行无偏最优估计。

地震波形指示模拟反演和传统统计学反演最大的区别在于统计样本的筛选。传统方法是基于空间域变差函数的，只能粗略表达空间变异程度，无法体现相变特征。地震波形指示模拟反演则利用沉积学基本原理，充分利用地震波形的横向变化来反映储层空间的相变特征，进而分析储层垂向岩性组合高频结构特征，更好地体现了相控的思想，是一种真正的井震结合高频模拟方法，使反演结果从完全随机到逐步确定。同时，地震波形指示模拟反演对井位分布的均匀性没有严格要求，大大提高了储层反演的精度和适用领域。

地震波形指示模拟反演的中心算法是"地震波形指示马尔可夫链-蒙特卡罗随机模拟(SMCMC)"算法。该算法是在空间结构化数据指导下不断寻优的过程，参照空间分布距离和地震波形相似性两个因素对所有井按关联度排序，优选与预测点关联度高的井作为初始模型，对高频成分进行无偏最优估计，并保证最终反演的地震波形与原始地震一致。该算法步骤如下：

(1) 波形指示优选样本

按照地震波形特征对已知井进行分析，优选与待判别道波形关联度高的井样本建立初始模型，并统计其纵波阻抗作为先验信息。传统变差函数受井位影响，难以准确表征储层的非均质性，而分布密集的地震波形则可以精确表征空间结构的低频变化。在已知井中利用波形相似性和空间距离双变量优选低频结构相似的井作为空间估值样本(图 3-96)。

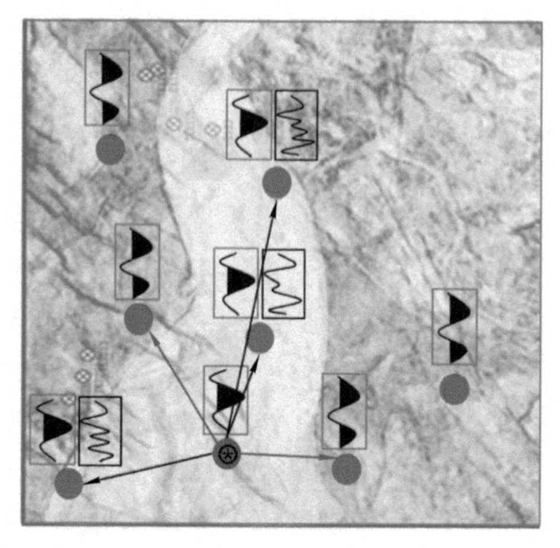

图 3-96　样本井优选原则

(2) 样本井曲线分析

将初始模型与地震频带阻抗进行匹配滤波，计算得到似然函数。对样本进行多尺度分解，逐步滤除高频成分，结果表明：在波形相似的情况下，储层结构越接近低频，确定性越强，越接近高频，随机性越强，在超出地震有效频带之外，仍存在较大的确定性成分(基本构型)。应用这一规律可以大大增加随机反演的确定性(图 3-97)。

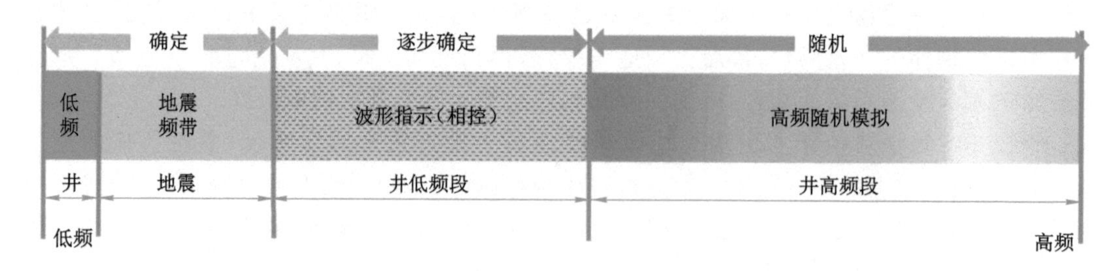

图 3-97　波形指示反演频率成分分析

(3) 空间估值

实践表明，基于波形指示优选的样本，在空间上具有较好的相关性，因此利用样本井的原始数据和空间结构特点，对未知样点进行线性无偏、最优估计。在贝叶斯理论支持下联合似然函数分布和先验分布得到后验概率分布，不断扰动模型参数，使后验概率分布函数最大时的解作为有效的随机实现，取多次实现的均值作为期望值输出。

$$Z(x_0)=\sum_{i=1}^{n}\lambda_i Z(x_i) \tag{3-96}$$

式中，$Z(x_0)$为未知点的值；$Z(x_i)$为波形优选的样本点的值；λ_i 为第 i 个样本点对未知点的权重；n 为优选样本点的个数。

地震波形指示模拟反演具体的基本流程如图 3-98 所示。

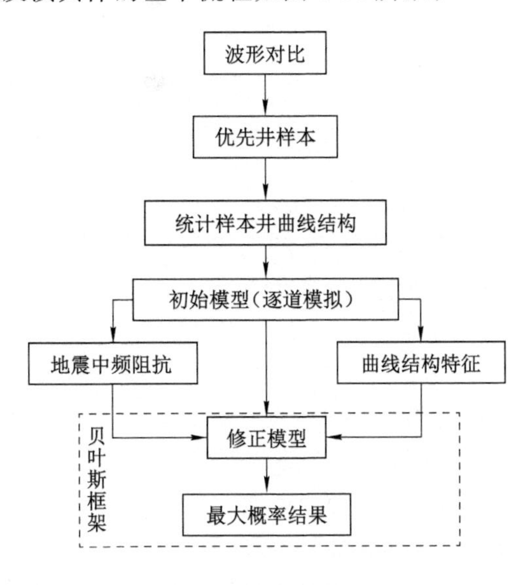

图 3-98　波形指示反演流程图

综上所述，地震波形指示反演是一种分类统计、分频反演的反演方法。该方法是针对薄储层行之有效的储层预测方法。

3. 基于径向基函数反演

基于径向基函数反演技术属于传统人工神经网络方法中的一种(图 3-99)，基于井资料，但又不完全依赖井资料，同时地震资料依赖程度也高，可以优选该反演技术开展储层预测工作。

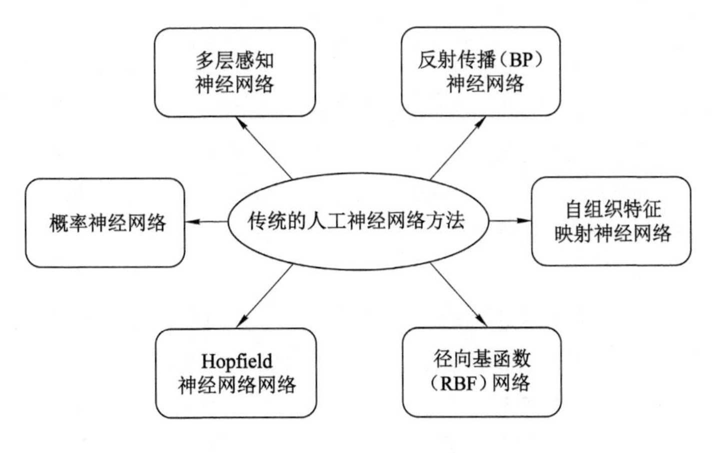

图 3-99　人工神经网络方法示意图

径向基函数是一个取值仅仅依赖于离原点距离的实值函数，或者到任意一点的距离，也即该点的函数值只与该点距中心点的距离有关。在神经网络中，可以作为全连接层和 ReLU 层的主要函数(图 3-100)。给定一个输入样本点 x，径向基函数(RBF)网络的输出 $f(x)$ 可以表示为如下形式：

$$f(x)=\sum_{i=1}^{n}w_i\varphi_i(\|x-c_i\|) \qquad (3\text{-}97)$$

其中，权向量：

$$\varphi_i=\exp(-\|x-c_i\|/2\sigma_i) \qquad (3\text{-}98)$$

式中，w_i 为隐节点中心向量；c_i 为隐节点的个数；n 为径向基函数。

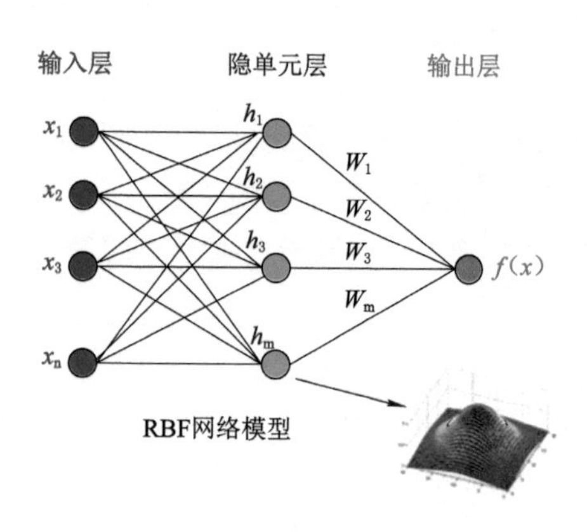

图 3-100　径向基函数原理示意图

4. 叠前弹性阻抗反演

叠前弹性阻抗反演是声波波阻抗的推广，它是纵波速度、横波速度、密度以及入射角的函数。叠前弹性阻抗反演技术是利用多个部分入射角叠加数据和井数据(横波速度、纵波速度、密度及其他弹性参数资料)，通过使用不同的近似式反演求解得到与岩性相关的多种弹性参数，并进一步用来预测岩性、物性的一种反演技术。

叠前弹性阻抗反演技术根据不同入射角的地震反射系数的变化，求取各不同入射角的弹性波阻抗。再利用 Connolly 公式：

$$\mathrm{EI}(\theta)=v_{\mathrm{P}}\left[v_{\mathrm{P}}^{(\tan^2\theta)}v_{\mathrm{S}}^{\left(-8\frac{v_{\mathrm{S}}^2}{v_{\mathrm{P}}^2}\sin^2\theta\right)}\rho^{\left(1-4\frac{v_{\mathrm{S}}^2}{v_{\mathrm{P}}^2}\sin^2\theta\right)}\right] \qquad (3\text{-}99)$$

式中，EI 为弹性波阻抗；v_{P} 为纵波速度；v_{S} 为横波速度；ρ 为密度；θ 为入射角。

该技术在信噪比较高地区使用，效果很好。实际应用中，部分入射角叠加数据信噪比和分辨率很难保证，只能得到较为粗略的地热勘探预测成果。可直接利用 Richard 公式拟合纵、横波阻抗及密度。

$$R(\theta)\approx(1+\tan^2\theta)\frac{\Delta I_{\mathrm{P}}}{2I_{\mathrm{P}}}-8\left(\frac{v_{\mathrm{S}}}{v_{\mathrm{P}}}\right)^2\sin^2\theta\frac{\Delta J_{\mathrm{P}}}{2I_{\mathrm{P}}}-\left[\tan^2\theta-4\left(\frac{v_{\mathrm{S}}}{v_{\mathrm{P}}}\right)^2\sin^2\theta\right]\frac{\Delta\rho}{2\rho} \qquad (3\text{-}100)$$

当纵波阻抗不能反映岩性及有利储层，或者地震剖面目标层为弱反射时，采用叠前反演具有很大的优势。纵波是岩石骨架成分和流体成分的综合响应，当骨架刚性成分多、流体成分少时，纵波阻抗就高。同样地，岩性纵波阻抗随孔隙度和目标层饱和度增大而减小。横波不能在流体内传播，因此横波阻抗受孔隙流体影响较小，它与岩石骨架成分关系密切。

叠前同时反演的主要流程见图 3-101。依据测井分析得到的岩性划分和流体识别的敏感弹性参数及参数的分布特征，参考目标工区构造沉积背景，对叠前同时反演结果进行综合解释，通过测井建立岩石弹性参数与岩石物理属性(如孔隙度、饱和度等)之间的相互关系，在此基础上进行岩石物理属性的定量化研究，如图 3-102 所示，泊松比与纵波速度就能较好区分不同岩性。

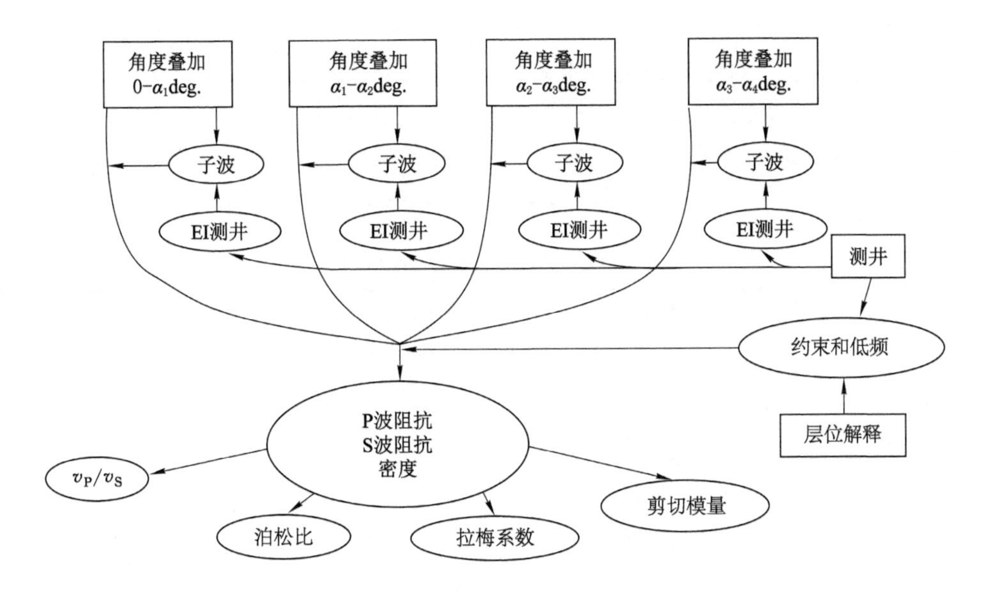

图 3-101　叠前同时反演流程图

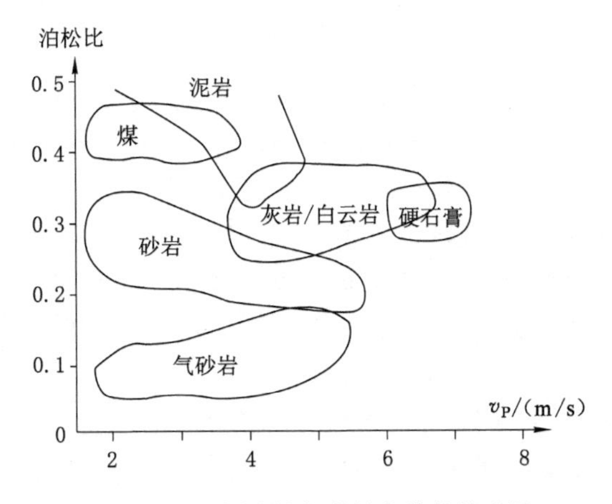

图 3-102　不同岩性与弹性参数的关系图

三、基于“两宽一高”地震资料的裂缝预测技术

干热岩储层的开发是通过钻井和水力压裂建立人工热储构造，利用地热水循环提取热量，达到地热发电和供暖综合利用的目标，其中干热岩储层钻井和水力压裂施工是开发成功的关键。增强型地热系统（enhanced geothermal systems，EGS）是开发干热岩资源的具体工程手段，通过钻完井建立注入井和生产井，并通过水力压裂建成裂缝沟通，最终形成“人造地热田”。在注入井和生产井中循环地热水，通过热交换提取裂缝中的地热能，从而达到地热发电和综合供暖利用的目标。

裂隙的存在导致介质的物理性质随着方位不同而发生变化，这在地震资料中称为方位各向异性。同时，由于地层上覆载荷的压实作用，水平或低角度裂缝近乎消失，对裂缝性地热体贡献大的是高角度和近于垂直的裂缝，而正是这类裂缝对地震波产生了各向异性的传播特征，并且人们能够相对容易地获得这些信息。这一性质使得我们可以依靠叠前地震资料检测裂缝。

随着“两宽一高”三维地震采集技术和OVT处理技术的迅速发展和应用，近年发展了很多以方位各向异性理论为基础的裂缝预测技术。目前裂缝预测技术主要有三大类：基于叠后地震属性的裂缝预测，基于分方位叠前反演的弹性参数裂缝预测，基于各向异性的分方位裂缝预测。这三种技术的方法理论、思路及基础数据需求如表3-11所示。

表3-11　不同裂缝预测技术系列

	叠后地震属性	叠前反演	分方位
方法理论	地震响应	地球物理参数	各向异性
思　路	裂缝综合效应	裂缝成因	裂缝的方向
数　据	叠后数据	OVG道集	OVG道集
其他资料	钻、测井资料做参考	测井资料 油气测试资料 岩石物理参数 地层资料(温度、压力等)	地层倾角测井 裂缝成像资料

（一）叠后裂缝预测技术

叠后地震属性裂缝预测方法大多基于地层形变的原理优选相关属性进行裂缝预测。当地层受到应力作用时，会发生变形，地层原有的几何特征发生改变，这种几何特征的改变使接收到的地震信息同样会发生相应变化，可以用地层倾角、曲率、相似性等地震属性间接推断和定性预测裂缝发育区带；随着形变强度的增加，产生裂缝的密度和强度增加，甚至形成断层，根据破碎和裂缝性地层对地震波能量和频率成分的吸收情况，可以用振幅和频率以及其衰减属性来预测和描述裂缝的发育程度。目前主要应用相干属性预测较大的断裂体系，应用曲率属性预测相对微观不连续的断裂。

和裂缝相关的地震属性很多，几何参数类有曲率、倾角、方位角等，波形相似类有相干体、方差体、边缘检测等，吸收衰减类有振幅、振幅衰减、频率、频率衰减、频谱属性、地层吸收系数等。由于产生裂缝的地层岩性和围岩的不同，地层发生变形时产生的裂缝密度和强度就会有差异，因此反映在地震属性上，不同地区也有差异。由此，利用地震属性进行裂缝预测，首先要分析和优选出本地区与裂缝关系密切的属性。曲率属性和相干体属性是分析裂缝最常用的两种属性，也是公认的叠后地震属性裂缝预测中最有效的信息。

1. 相干体预测技术

相干用于检测地震波同相轴的不连续性。其基本原理是在地震数据体中，对每一道每一样点求得与周围数据的相干性，形成一个表征相干性的三维数据体，该技术可以被用来帮助解释人员进行断层和裂缝的刻画。增强型相干技术通过水平、垂直两个方向的相干增强，可以更加清楚地刻画裂缝和断层。

相干技术主要用于描述和检测地震数据的空间连续性。根据地震勘探理论，连续性较好的同相轴对应于连续性较好的地层(水平或者倾斜层)；连续性差的同相轴对应于连续性较差的地质体(如断层)。增强型相干技术通过水平、垂直两个方向的相干增强，可以更加清楚地刻画裂缝和断层。

目前倾角向量场导向的相干算法大致有3种：相似性相干、本征构造相干和Sobel滤波边缘检测。每种相干算法都要首先定义每个分析点的倾角和方位角，以保证沿着同相轴来计算相似性。

① 相似性相干：对地震道能量的变化比较敏感。计算过程中，首先计算平均道，再计算平均道与原始地震道的差别，如果相邻道的波形和振幅相同，计算结果为1，否则值小于1。该方法抗噪能力强，但识别小断裂效果差。

② 本征构造相干：用特征值法进行相干估算是一种计算输入地震道波形相似性的方法，特征值法也叫作主分量分析法，是通过寻找波形的相似性后再计算每个波形与共性波形的差别来实现的，抗噪能力相对较弱，但对小断层识别能力强(图3-103)。

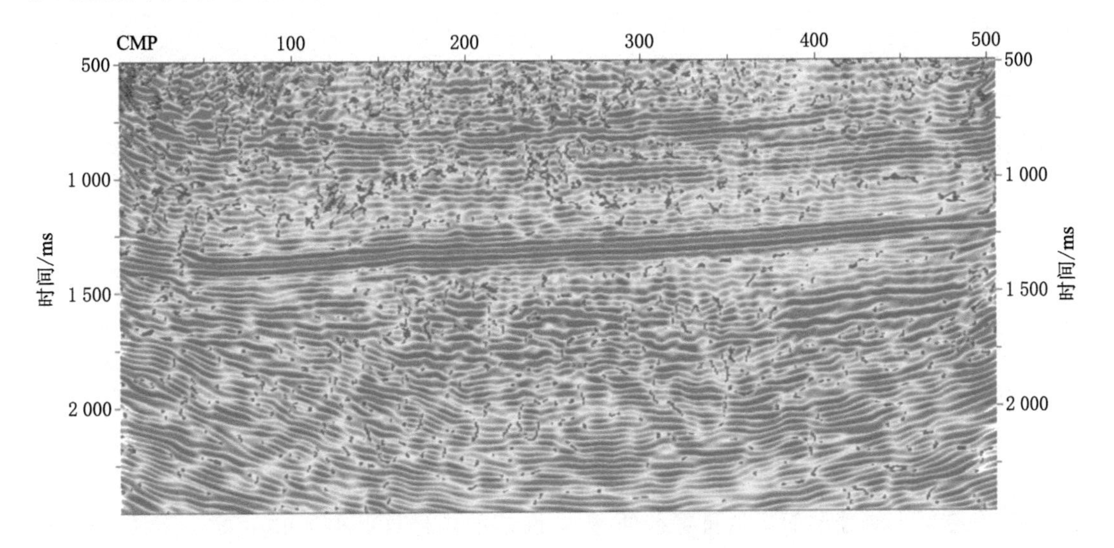

图3-103　相干与地震融合剖面图

③ Sobel滤波边缘检测：许多地质体横向变化是与振幅有关的，Sobel滤波相当于沿着倾向方向对振幅进行一阶微分。与相似性相干和特征值相干相比，sobel滤波对能量变化反应得更清楚。

2. 曲率属性预测技术

曲率是描述曲线上任一点的弯曲程度，它是一个圆半径的倒数，大小可以反映一个弧形的弯曲程度，曲率越大越弯曲。对于脆性岩石，其裂缝发育程度与弯曲程度成正比，所以可以用曲率属性去评价规模较小的断裂和裂缝。曲率属性可以有效反映线性特征及局部形状变化，在反映断层、裂缝及地貌变化方面与其他属性算法效果对比具有明显优势。其落实的断裂规律总体与相干相似，相干属性对同相轴的错断反应明显，但对同相轴的弯曲不如曲率属性敏感，曲率属性在反映小断裂方面更有优势，二者相互结合，可以更精细落实不同尺度的断裂。

构造应力是形成断裂的最主要影响因素。在构造应力作用下，地层发生不同程度的弯曲或错动，对于煤层这种硬、脆性地层而言，这些地方预示着断层和裂缝发育的部位。从地震反射特征上看，裂缝表现为地震同相轴的弯曲和错动。因而利用曲率属性，通过计算同相轴的相似性和反射形状，可定性地预测断层发育区带。

曲率属性提供了常规地震属性以外的重要信息，主要用于识别断层和裂缝，可以揭示与断层、线性特征、局部形状等方面有关的大量信息。早期，构造曲率是在解释层位上进行计算的，受人为影响大，Marfurt 等根据地层倾角与曲率的关系，利用地层倾角来计算曲率，从而解决了层位解释问题，实现了三维体曲率计算，避免了人为因素。

曲率反映微观的不连续性。裂缝的存在往往与地层的构造应力状态有关，而地层的应力状态可由地层的构造形态反映。可以利用曲率来描述地层构造形态，这样便产生了基于曲率分析的裂缝预测方法。曲率属性的种类很多，例如最大曲率、最小曲率、高斯曲率、平均曲率等，其中最大正曲率和最小负曲率对反映微观的不连续性最有效。

在裂缝预测中，为提高预测的准确性，减少单一属性预测结果的片面性，一般采用多属性开展裂缝预测工作。但这些属性必须是非同一类型的，而结果是收敛一致的或具有很好的相关性，这样的属性才能被用于裂缝的综合预测。为了更好地综合多种信息进行裂缝预测，一般采用属性压缩技术对多种属性进行压缩。属性压缩技术通过数学变换消除或减少所用特征之间可能存在的相关性，以最有利于分类为准则，使变换后的特征维数降低、数据量减少，从而提高模式识别计算的效率。

3. 蚂蚁体追踪技术

一般的断层属性提取是通过研究地震反射同向轴在横向上的不连续性来识别断层的，而蚂蚁追踪算法则是通过断层的纵向连续性来追踪断面的。通过在地震数据体中播撒大量的电子蚂蚁，对断层异常值进行追踪，同时释放断层信息素，以信息素作为通信介质传递信息，召集一定范围的其他蚂蚁集中过来，共同协作进行断层的识别、追踪，最后生成具有清晰断层轨迹的数据体。

蚂蚁体技术通常也称为“智能”蚂蚁的技术，主要是一种断裂系统自动分析、识别系统。多年来，在空间上解释层面反射是可行的，但对断面的解释具有很大的主观性，在解释过程中还需要解释员花费大量的时间来手工单个地建立断层面，然后进行相关组合。而蚂蚁体中解释人员花费在 3D 地震资料的时间主要是对断面趋势的认识及对自动提取断面的对比，而不需要花费大量的时间来手工单个地建立断层面。

该系统的原理是：在地震数据体中播撒大量的蚂蚁，在地震属性体中发现满足预设断裂条件的断裂痕迹的蚂蚁将“释放”某种信号，召集其他区域的蚂蚁集中在该断裂处对其进行追踪，直到完成该断裂的追踪和识别。而其他不满足断裂条件的断裂痕迹将不进行标注。最后，通过该技术，我们将获得一个低噪音、具有清晰断裂痕迹的数据体。蚂蚁体追踪技术包含两种追踪方式：Passive ants（被动蚂蚁）；Aggressive ants[主动（侵略性）蚂蚁]，通常用到后者。所涉及参数如下：

① 蚂蚁边界（样点数 1～30）：该参数作为每只“蚂蚁”的控制半径（用样点数定义），决定“蚁群”的初始分布状态。由于该参数定义了数据体中“蚂蚁”总体数量，因此对计算时间有非常大的影响。对于追踪大的区域断层来说，该参数应大些（5～7 个样点）。对于追踪小断裂和裂缝这样的细节来说，建议使用的样点数为 3～4。总之，该参数小于 3 没有实际意义，如果小于 3 就会导致多个蚂蚁追踪同一条断裂，而不会增加更多的细节。该参数并不意味着“蚁群”同时出现在数据体中，仅用于确保每只蚂蚁搜索局部最大值时的初始位置不与其他蚂蚁的控制范围重叠。蚂蚁边界用样点数半径来定义，如果某只“蚂蚁”不能找出局部最大值或在该半径内计算出方位，该蚂蚁将消亡。

② 蚂蚁追踪偏差(样点数 0～3)：该参数控制追踪时局部极大值的最大允许偏差，最大只能偏离初始方位 15°。算法允许蚂蚁接受预测方位节点两侧的局部极大值点，如果距极大值点距离超出了追踪步长，追踪偏差参数将被考虑。如果偏差太大，该蚂蚁将不能继续追踪。如果该参数为 1，则意味着允许蚂蚁在位置点两侧 1 个样点范围内搜索局部极大值。如果搜索不到极大值，将记录一个非法步。如果搜到极大值，当前位置点到该极大值点为一个合法步。

③ 蚂蚁步长(样点数 2～10)：该参数用样点数定义蚂蚁的搜索步长，决定了每只蚂蚁在搜索局部极大值时的单步长度。增加该值将使每只蚂蚁搜索得更远，但会降低精度。

④ 允许非法步数量(0～3)：该参数为允许多少个蚂蚁步长内搜索不到极大值。如果一只蚂蚁处在有效位置上，而且前进一步不能搜索到极大值，就称为一个非法步。使用初始估计方位，该蚂蚁可以继续前进一步。如果仍然没有搜索到极大值，就是第二个非法步。此时，如果该参数设为 1，蚂蚁将中断在该方向的搜索。如果第二步中搜索到有效样点，将记录下有效位置和非法位置(并判断合法步骤数量是否满足条件)。该参数为允许连续多少个非法步。

⑤ 必须合法步数(0～3)：该参数控制搜索结果的非法间隙是否连接，该参数与上述允许非法步数量结合使用。该参数意义为每只蚂蚁搜索路径中必须包含的合法步数。例如蚂蚁连续搜索到两个合法步后，如果此时必须合法步数参数设为 2，搜索结果有效。如果必须合法步数参数设为 3，并且下一步为非法步，此断裂追踪结果将无效。该参数为必须连续多少个合法步。

⑥ 终止条件(0～50%)：该参数为每只蚂蚁在追踪过程中允许的总非法步数百分比。当非法步数达到该参数限制时，该蚂蚁的追踪停止。

(二) 叠前裂缝预测技术

SMallick 等经过大量的研究认为，可以应用 P 波反射振幅或速度随方位角与偏移距的变化函数来检测裂缝，即利用振幅随方位角变化(AVA)和速度随方位角变化(VVA)识别裂缝的方向和密度。在均匀各向同性介质中，振幅等地震波动力学及运动学属性均无方向和方位变化，其平面属性拟合图形为一圆。当储层中存在裂缝时，地震波传播具有各向异性，其平面属性拟合图形为一椭圆。纵波在裂缝介质中传播时，具有方向特性，即纵波的许多传播性质如速度、反射系数、频率等随着观测角度的变化而变化，且这些变化与裂缝的方向和强度相关，纵波沿垂直裂缝方向的传播速度要比沿平行裂缝方向的传播速度慢。因此，可以通过提取纵波的方向特性及其变化，实现基于叠前方向特性的地震裂缝预测。

叠前裂缝预测的基本原理为：① 在入射角 θ 不变时，属性是随着方位角 φ 的变化而变化的，这样就可以利用方位属性来进行叠前裂缝预测；② 在方位角 φ 固定时，属性是随着入射角或偏移距的变化而变化的，这样可以先分析各个方位上的属性，然后再分析各方位属性随方位的变化而变化的情形，进行叠前裂缝预测。

随着野外高效采集技术的发展，“两宽一高”三维地震数据日益增多。宽方位、高密度采集的海量地震数据经过保方位角处理后形成的“蜗牛”道集既保留了 AVO 信息，也保留了方位角信息，各向异性地质信息更加丰富，为方位各向异性研究和叠前裂缝预测提供了数据基础。

1. 多维数据解释技术(MDDI)预测裂缝

应用OVT偏移技术,除获得常规的X、Y、Z信息外,还可获得偏移距和方位角的信息,这些信息被称为5维道集,每个道集都包含方位各向异性地质信息。多维地震解释即在5维道集基础上,对道集上包含的各向异性信息进行解读,以达到预测裂缝的目的。

(1) 道集各向异性特征分析

郝守玲、赵群(2004)针对裂缝介质对纵波的方位各向异性特征进行物理模型试验研究,发现振幅、速度与裂缝走向有如下关系:

$$F(\alpha)=A+B\cos 2\alpha \tag{3-101}$$

式中,α是激发方向与裂缝走向的夹角;A是与炮检距有关的振幅或速度;B是与炮检距和裂缝特征有关的振幅、速度。

当测线方位与裂缝走向平行时(夹角为0°),反射波振幅和速度最大;随着测线方位与裂缝走向之间夹角的增大,反射波的振幅和速度逐渐减小,当夹角为90°时达到最小。

图3-104所示的共炮检距道集上,近炮检距数据同相轴接近水平;远炮检距数据的同相轴随着方位的变化而呈波动性,平行于各向异性方位具有同相轴上凸且(或)强振幅的特征,垂直于各向异性的方位具有同相轴下凹且(或)弱振幅特征;共方位角道集(图3-105)中,平行于各向异性延伸方向($A_z=0°$)的道集反射轴平直,而垂直于裂缝方向($A_z=90°$)的道集大角度有明显下拉现象。

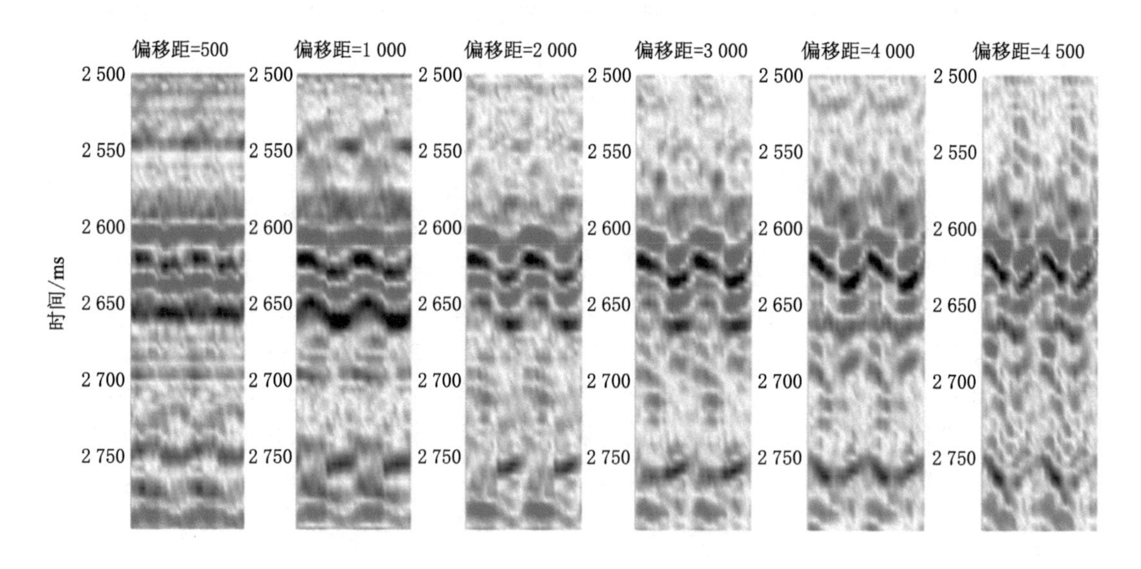

图3-104　共偏移距(或共反射角)道集

在沿柱状道集目的层提取的沿层振幅道集切片和沿层时差道集切片(图3-106)上,小时差[图3-106(a)绿色]的延伸方向和强振幅[图3-106(b)红色]的延伸方向,即为该反射点的各向异性延伸方向,柱状道集的水平切片直观地反映了方位各向异性的延伸方向。

(2) 各向异性表征

为了把5维道集沿层切片的各向异性特征(各向异性的方位和强度)在平面上进行展示,需要进行玫瑰图制作和各向异性强度属性的计算。

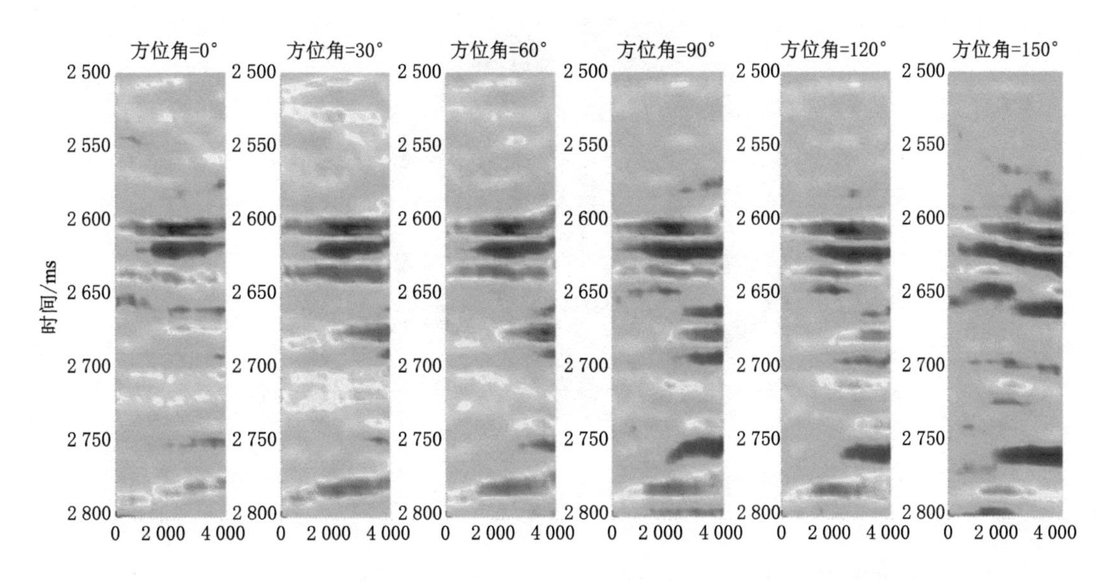

图 3-105　共方位角道集

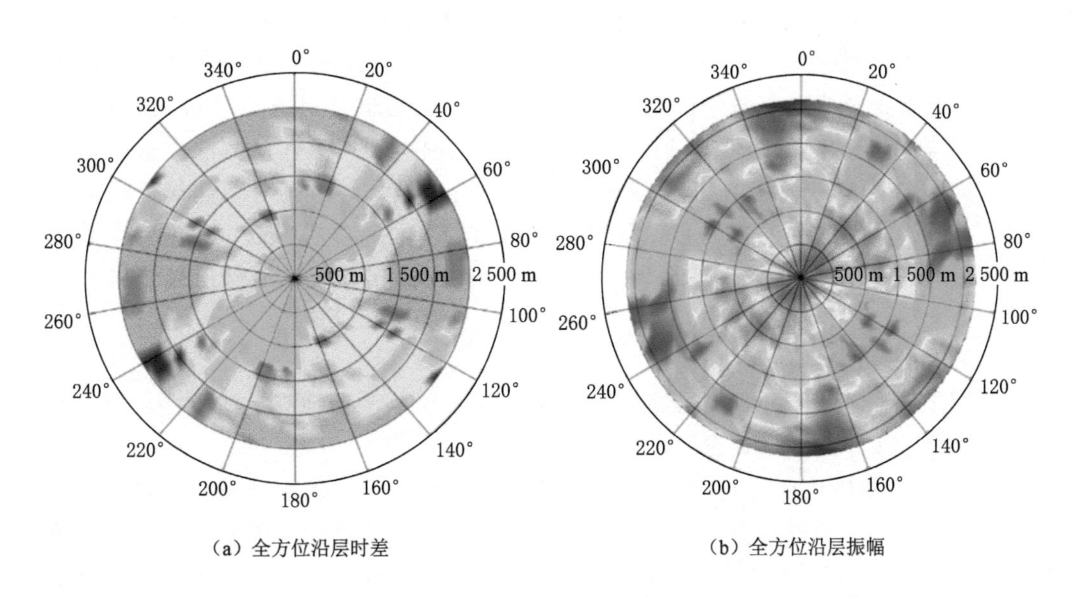

(a) 全方位沿层时差　　(b) 全方位沿层振幅

图 3-106　沿层振幅道集切片和沿层时差道集切片

在道集沿层能量属性或时差属性切片上，计算其能量的离散程度(方差)，方差值即为成像点的各向异性强度；为了克服椭圆拟合方法制作的玫瑰图对多组裂缝识别不敏感的问题，选择了单位扇形范围内能量统计归一化方法绘制玫瑰图(图 3-107)。

图中切片颜色反映振幅强弱，玫瑰图花瓣长度和颜色代表各向异性强弱，花瓣延伸方向代表裂缝方向)。该方法具有任意角度间隔各向异性识别的优点，玫瑰图花个数不受限制，实现了多组裂缝预测的目的。

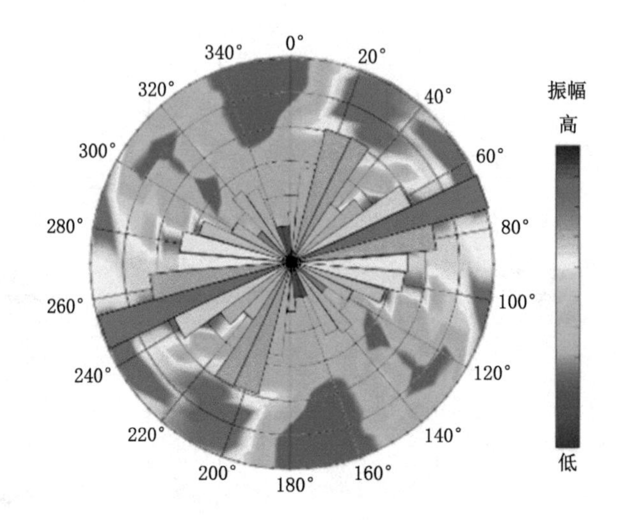

图 3-107　道集沿层能量切片与玫瑰图叠合图

2. 横波分裂法预测裂缝

裂缝的存在造成了多种地震属性的变化，测量这些地震属性的变化可以检测裂缝。S 波在方位各向异性介质中传播时，它的传播方向对裂缝走向的取向很敏感，人们可以用 S 波的方向敏感性将一次或多分量波形转换成 S 波数据，并旋转到方位各向异性的主方向，从而获得垂直裂缝的走向。近垂直定向分布的裂缝型储层具有方位各向异性特征，它导致地层在不同方向的弹性性质随着方位变化而变化，利用弹性参数的方位变化性质可以反推地下裂缝地层的裂缝密度、走向和发育带等参数。针对裂缝型储层呈现方位各向异性等特点，发展适用于方位地震数据稳定的方位弹性参数反演方法，并结合方位弹性参数椭圆分析预测裂缝型储层的裂缝密度及发育方向，实现裂缝型储层裂缝发育特征的描述。

（1）六参数叠前反演

地震波在裂缝发育层传播时会表现各向异性特征，常规叠前地震反演方法在裂缝型储层可靠预测方面具有一定的局限性。

针对裂缝型储层呈现的非均质等特点，从各向异性理论出发，探索适用于裂缝型储层的方位各向异性弹性阻抗方程，进而研究基于方位各向异性弹性阻抗的裂缝储层弹性参数（纵、横波阻抗）及各向异性强度表征参数（裂缝岩石物理参数）提取方法，指导地下裂缝的预测。

20 世纪 90 年代末 Ruger 推导了各向异性介质中纵波反射系数随方位角和入射角变化的公式，奠定了利用纵波振幅随方位变化（amplitude variation with azimuth，AVAZ，称为方位 AVO）预测裂缝的理论基础：

$$R(\theta,\varphi)=\frac{\Delta Z}{2\bar{Z}}+\frac{1}{2}\left\{\frac{\Delta\alpha}{\bar{\alpha}}-\left(\frac{2\bar{\beta}}{\bar{\alpha}}\right)^{2}\frac{\Delta G}{\bar{G}}+\left[\Delta\delta+2\left(\frac{2\bar{\beta}}{\bar{\alpha}}\right)^{2}\Delta\gamma\right]\cos^{2}\varphi\right\}\sin^{2}\theta+$$
$$\frac{1}{2}\left\{\frac{\Delta\alpha}{\bar{\alpha}}+\Delta\varepsilon\cos^{4}\varphi+\Delta\delta\sin^{2}\varphi\cos^{2}\varphi\right\}\sin^{2}\theta\tan^{2}\theta \tag{3-102}$$

式中，R 为纵波的反射系数；$Z=\rho\alpha$，为纵波阻抗，ρ 为介质密度，α 为纵波速度；$G=\rho\beta^2$，为横波切向模量，β 为横波速度；θ 为入射角；φ 为入射面与裂缝发育方向的夹角（方位角）；γ、δ 和 ε 为各向异性参数，用于描述介质的各向异性。

在窄方位资料反演中，作纵波速度、横波速度和密度三参数反演，在宽方位资料反演中，可以作六参数反演（纵波速度、横波速度、密度、γ、δ 和 ε）。图 3-108 为方位各向异性弹性阻抗反演流程图。

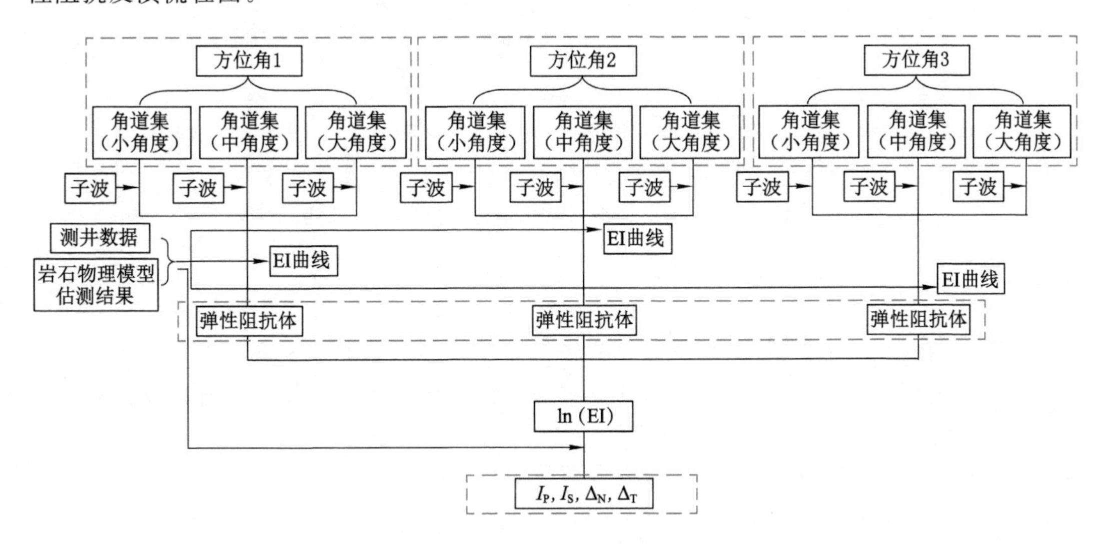

图 3-108　方位各向异性弹性阻抗反演流程图

（2）横波分裂与裂缝预测

通过正演裂缝地层中各个方位纵、横波阻抗差异分析可知（图 3-109），横波阻抗的方位差异明显大于纵波阻抗的方位差异，利用方位横波阻抗预测裂缝地层的效果要优于纵波阻抗。

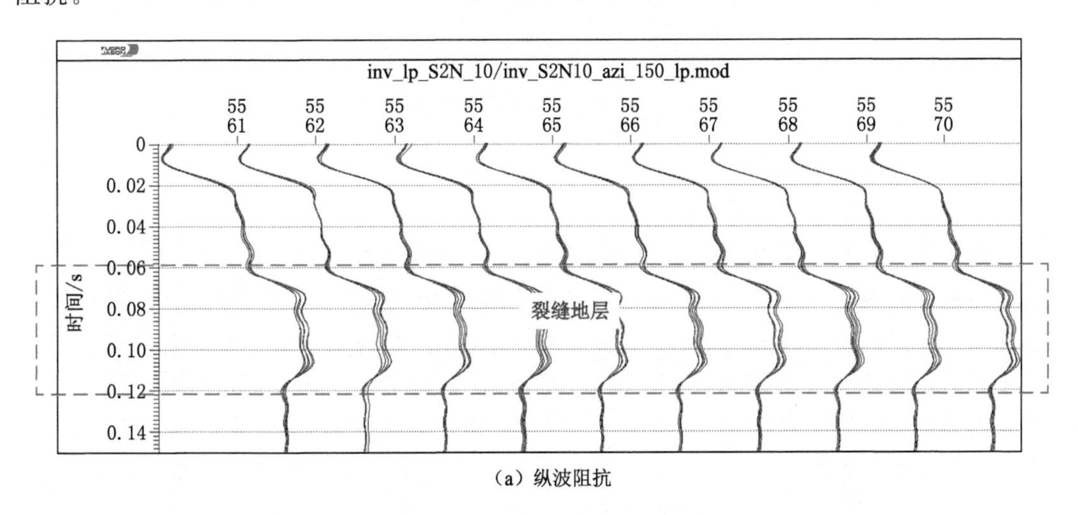

（a）纵波阻抗

图 3-109　纵波阻抗与横波阻抗裂缝地层方位差异对比图

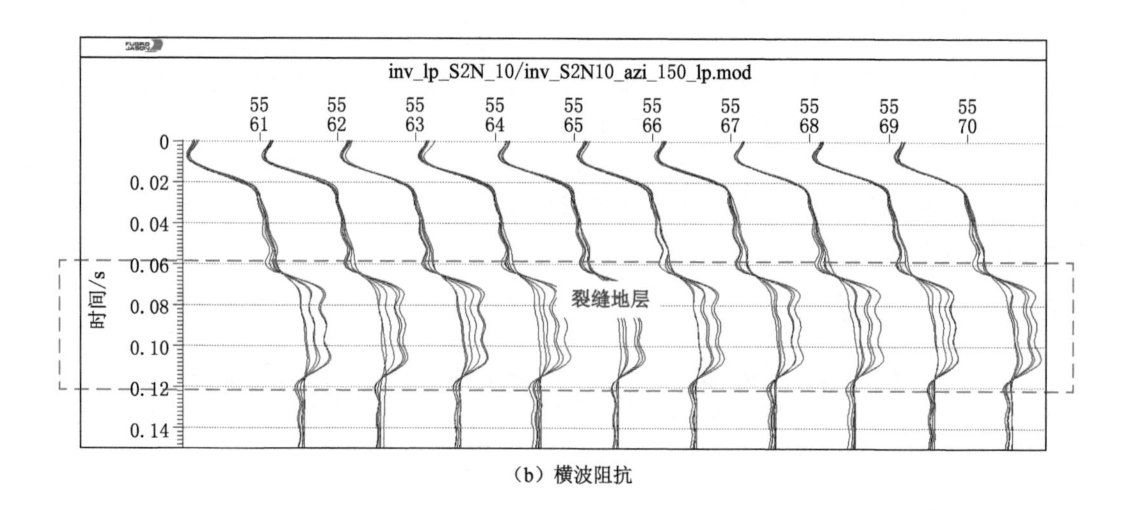

（b）横波阻抗

图 3-109 （续）

横波在裂缝介质中传播时，可以分裂为快横波和慢横波(图 3-110)。利用式(3-102)进行反演可以得到横波速度，此速度为快横波和慢横波的综合速度。如果将宽方位资料分为 n 个方位，且分别进行反演，即得到 n 个横波速度，由此可以求取快横波和慢横波速度，即快横波和慢横波的传播方向，也即裂缝分布方向及裂缝强度。

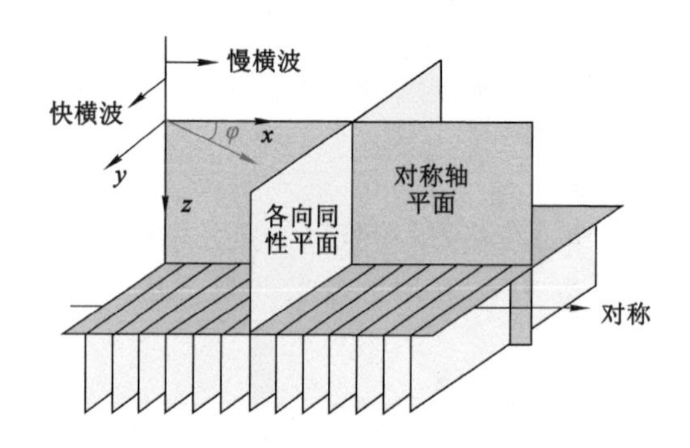

图 3-110 HTI 介质中横波分裂示意图(Ruger A)

3. 叠前各向异性反演预测裂缝

(1) 叠前各向异性反演技术原理

叠前各向异性反演基于各向异性理论，将地层中存在定向排列、相互平行的垂直或近似垂直裂缝介质等效为 HTI 介质，也称方位各向异性介质。为了更好地描述 HTI 介质的特性和便于实际应用，Thomsen 提出弱各向异性的理论，同时引入表征介质各向异性的参数。Ruger 对 HTI 介质界面上波的反射和透射特征进行了详细研究，推导出 HTI 介质的近似反射和透射系数方程，后人在 Ruger 近似反射透射方程基础上，探索出基于 HTI 介质的求取弹性参数的各向异性信息。通过分方位叠前反演得到不同方位的弹性参数数据体，如 v_P/v_S，ρ 等，然后进行各向异性反演，最终获得各向异性强度数据体。

(2) 道集规则化处理及划分

叠前各向异性反演的最基础数据是 OVG 道集。经过 OVT 偏移后的 OVG 数据既保留了炮检距信息，也保留了观测方位信息，但从道集中抽出的不同炮检距的共炮检距剖面长度不同，抽出点不同方位的共方位角剖面长度也不同，因此影响了 OVG 数据的分析对比，需要改变 OVG 数据的分布方式，使其能够方便进行可视化显示、道集内任意剖面的抽取及分析。为了保证不同方位之间数据具有可比性，首先进行数据预处理，剔除大于最大非纵距的数据，保留炮检距小于最大非纵距的数据，为后续的数据规则化准备数据。规则化使道集在偏移距-方位角域进行了插值，使每一个偏移距都具有相同的道数，使得规则化后的数据方位各向异性规律性更强，矩形数据规则化方法在一定程度上具有压制噪音的作用，致使道集品质得到整体的提升。在分方位数据处理中常用的是按照角度分扇区的方法进行数据拆分，这种常规的拆分方法存在着一系列的不足，如小偏移距数据采样不足、抗噪性差，大偏移距分辨率过低，远近道采样不均匀，方位道集 AVO 保真度低等。

(3) 叠前各向异性反演流程

叠前各向异性反演首先对道集进行方位划分，对分方位的道集再按照入射角叠加成远中近部分角度叠加数据。然后对不同方位分别进行叠前同时反演，得到不同方位的弹性参数体，利用不同方位的弹性参数体开展 EVE 反演，最终得到各向异性强度体及各向异性方位体(图 3-111)。

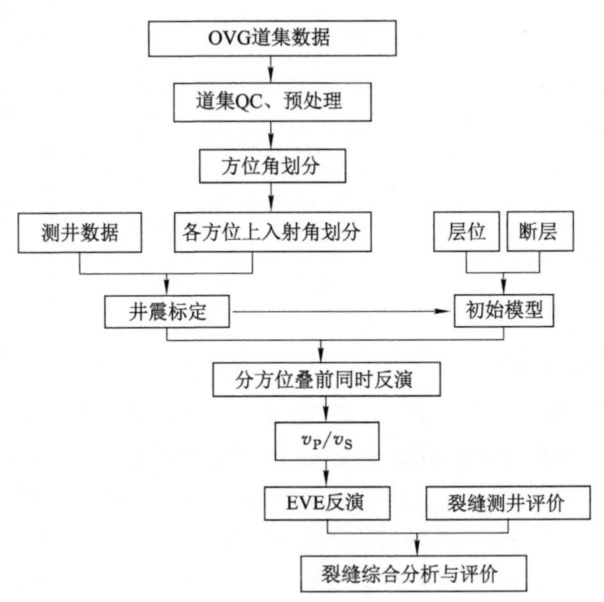

图 3-111 EVE 各向异性反演流程图

各向异性强度反演时，非常关键的一个因素是方位个数的划分，划分方位理论上是越多越好，但受数据覆盖次数限制，如果划分过多，首先信噪比会降低，地震资料品质无法满足叠前反演需求，其次会增加更多的工作量；如果划分过少，则不能很好地表征方位各向异性，反演要求方位个数至少 6 个，有一组方位垂直构造方向，一组方位顺着构造方向，然后对每个方位的数据再进行远中近三个分入射角部分叠加(图 3-112)。

叠前各向异性反演的优势在于应用了对裂缝相对敏感的 v_P/v_S 属性进行各向异性预测，预测结果精度较高，但必须基于“两宽一高”数据，且工作量大。

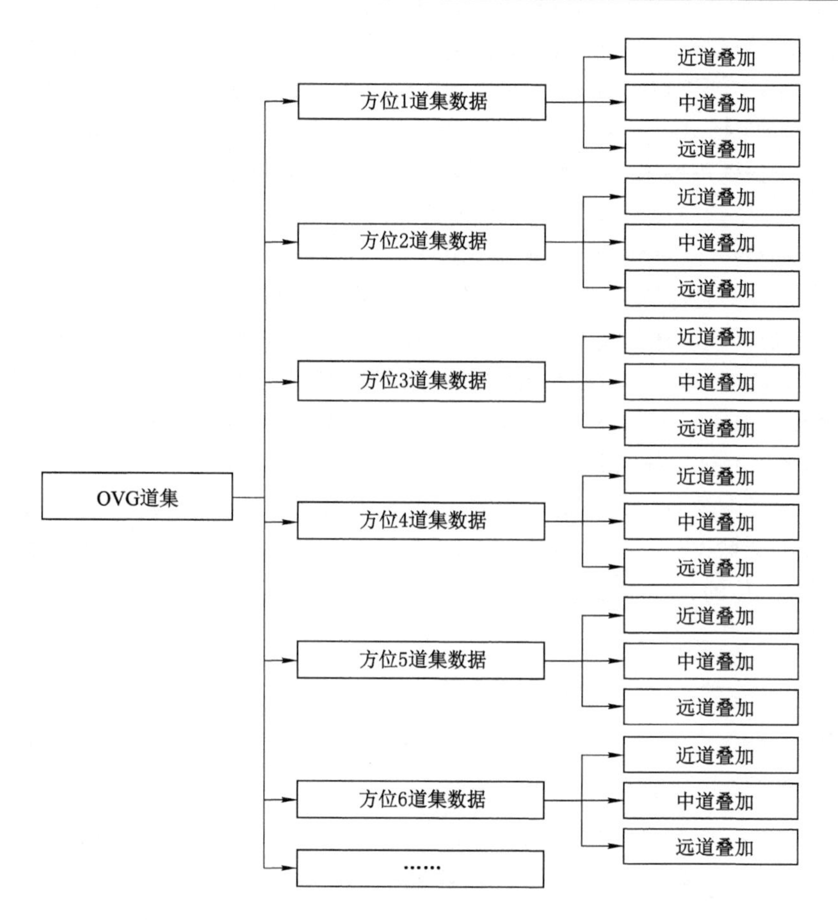

图 3-112　叠前方案示意图

四、纵、横波联合解释技术

自 20 世纪 60 年代以来，多波资料采集、处理和解释技术也有了全面的发展，获得了一些成功的实例，但由于地面激发震源装备太大，许多复杂地表区，如沙漠、黄土原、山地等区域很难开展横波勘探，多是利用三分量检波器接收得到反射横波，利用三分量检波器接收到的反射 PP、PSV 波用来分析地下构造、岩性、裂缝。2017—2018 年，东方地球物理公司持续加大横波勘探技术攻关，自主研发横波低频可控震源，在装备仪器方面取得重要实质性突破，首次在国内开展了“低频＋横波”可控震源多波二维联合激发的油气勘探攻关试验，实现了横波勘探工业化生产的规模应用，开启了横波勘探新的里程碑。

（一）纵、横波联合解释技术

利用纵、横波资料进行综合解释，除了核查利用纵波资料所做的构造解释外，还可以从速度和振幅方面进行综合解释。纵、横波联合解释主要落实研究区的构造形态，包括断层解释、纵波及横波的构造成图。

1. 纵、横波综合标定技术

对于纯横波地震数据，开展构造解释工作与纵波是一样的，需要利用横波测井曲线进行合成记录标定。首先在纵波测井数据分析基础上，结合纵波地震剖面层序特征和反射结构对研究区进行地层划分与对比，然后根据地震特征确定全区统一的层位，对横波数据进行标定(图 3-113),确定横波资料上标志层的地震反射特征。

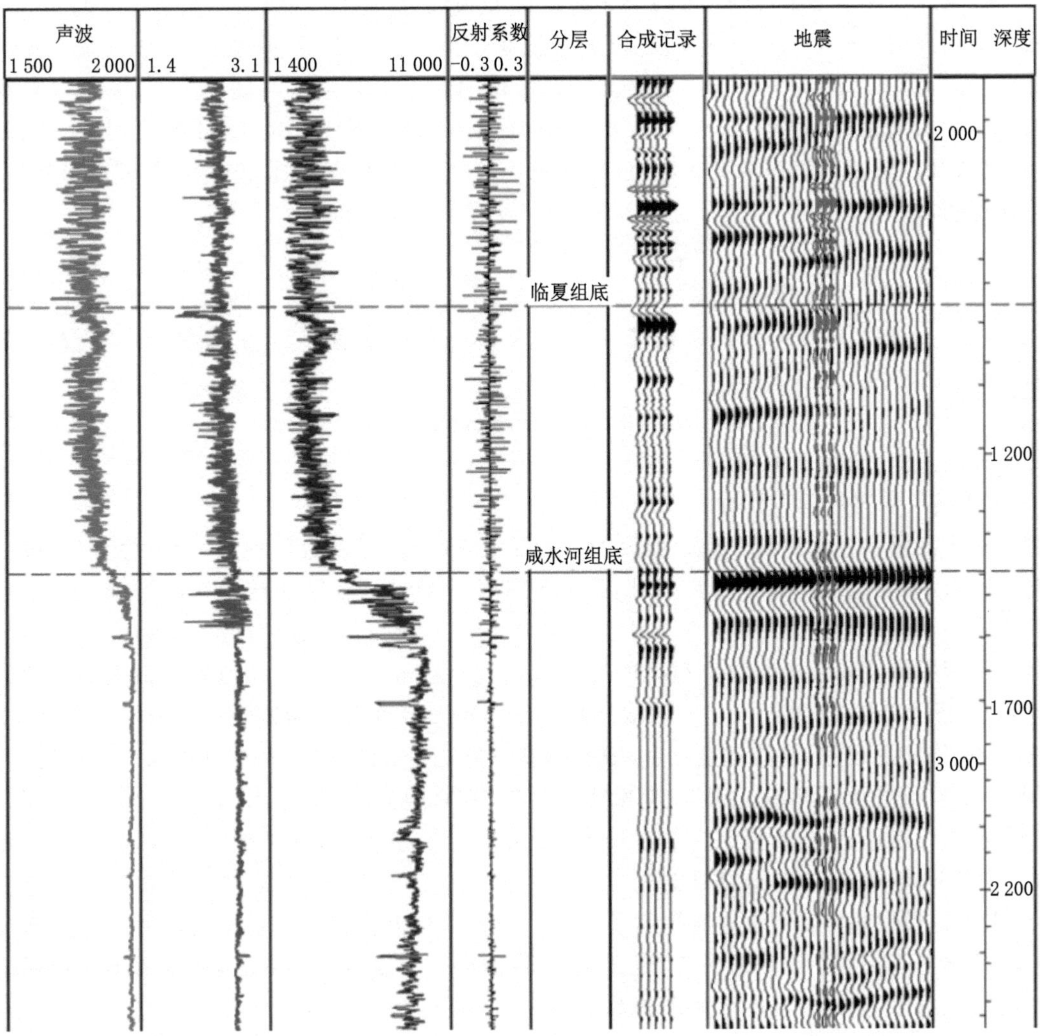

图 3-113　GH-01 井横波地震标定剖面

2. 纵、横波联合解释技术

纵、横波联合解释,在纵、横波合成记录标定的基础上,建立连井格架剖面,确定研究区纵波、横波各主要标志层反射特征,然后在全区进行追踪对比解释,并结合纵、横波的匹配技术使得纵波解释层位与横波层位一一对应,因此,纵、横波资料的联合解释与纵、横波匹配是互相影响的迭代的过程,如果解释层位有偏差,则匹配的效果不好,需要调整层位。

(二) 纵、横波联合储层预测技术

1. 纵、横波资料分辨能力分析

在开展储层预测工作之前,首先进行地震资料分辨能力的分析。众所周知,纵向分辨率与地震波长成正比关系,公式如下:

$$h=\lambda/4=v/4f \tag{3-103}$$

式中，λ 为波长；v 表示地震波速度；f 为地震资料主频。

通常纵波速度是横波速度的1.8～2.4倍，横波的分辨能力是纵波的分辨能力的2倍左右。由前面的分析可知，原始纵波、横波数据频带范围比较接近，基本一致，纵波资料速度2 900 m/s，主频约35 Hz，可分辨地层厚度20.8 m；横波资料速度1 270 m/s，主频约33 Hz，可分辨地层厚度9.6 m；而纵波数据(SS域)频带范围3～30 Hz，主频为17 Hz，与原始数据相比，频带宽度基本不变，但主频降低1/2，其速度与横波速度一致，如式(3-104)所示匹配前后的纵波数据的波长是相等的，因此匹配前后其分辨能力不变。

$$f_P(\text{SS域})=f_P/2=f_S/2,v_P(\text{SS域})=v_P/2=v_S,\lambda_P(\text{SS域})=v/f=\lambda_P \tag{3-104}$$

横向分辨率是分辨反射体的大小或间隔的能力，可用菲涅尔带的大小来衡量，即菲涅尔半径越小，地震波横向分辨率越高。如式(3-105)所示，若速度比为2，则SS波的横向分辨率是PP波的1.4倍。

$$R=(v\cdot h/2\cdot f)1/2;R_S/R_P=(v_S/v_P)/2 \tag{3-105}$$

2. 纵、横波资料联合反演

(1) 纵、横波地震匹配技术

在多波资料应用过程中，纵、横波的精确匹配是纵、横波联合解释，联合属性分析，叠后与叠前纵、横波联合反演的重要基础，是体现多波多分量地震勘探技术实际勘探开发应用价值的关键。鉴于此，前人研究了很多纵波与转换波的匹配方法，黄德济等(1996)提出了多波勘探中纵波和转换波层位对比的原则及流程。Von Dok等(2001)利用最大相似性原理，扫描PP波和PS波的 γ_0 谱，拾取平均 γ_0 值，将二者在时间域进行匹配。有学者从PP波和PS波中求得纵、横波速度比和泊松比，基于建立的横波模型，在深度域实现纵、横波匹配，并应用于墨西哥湾，描述浅海沉积特征，在识别有效储层、指导天然气工业开发方面发挥了重大作用；采用模拟退火算法求得PP波和PS波反射波最大相似性实现时间匹配，而PP波和PS波频带的差异则通过时间变化的谱白化实现匹配，并且对相位也做了相应校正，在理论模型和实际数据中都取得了较好的效果。徐天吉(2012)首次提出利用反演横波与转换波之间相似性更好的优势，建立了纵、横波高度精度匹配新方法，从本质上改变了传统的匹配思路，使匹配精度大幅度提高。

综上所述，纵观国内外纵、横波匹配技术的发展，几乎所有的方法均基于PP波和PS波同一地层反射同相轴相似性最大的原则求取纵横波的速度比，进而实现PP波和PS波在时间域的匹配。

纵波与纯横波的匹配工作，主要涉及匹配方法和匹配效果的评价准则两个方面。

① 纵波与纯横波匹配方法

对于同一地层的反射同相轴，PP波与PS波传播时差关系、SS波与PP波的传播时差关系如式(3-106)所示，二者关系不同，但是都与纵波和横波的速度比 γ 有关，通过关系式，计算时移体，实现将横波同相轴压缩到纵波时间域。

$$\begin{gathered}T_{PS}/T_{PP}=2/(1+v_{SS}/v_{PP})=2/(1+\gamma)\\T_{SS}/T_{PP}=(2h/v_{SS})/(2h/v_{PP})=v_{PP}/v_{SS}=\gamma\end{gathered} \tag{3-106}$$

研究过程中可借鉴以往转换波的匹配方法，选择基于多波层位的匹配方法，以叠后纵波资料为基础，首先确定井点位置对比参考，得到井点位置的纵、横波速度比，然后通过纵、横波解释层位的匹配，预测空间上的纵、横波速度比，最后产生时移体，将时移体应用于 SS 波地震数据，实现 SS 与 PP 地震数据的时间匹配，也即将横波数据匹配到纵波数据域。

如果横波数据匹配到纵波数据时间域的数据用横波数据(PP 域)表示，横波数据将会与纵波数据构造特征一致，譬如纵波数据存在气云区构造有下拉特征现象，横波数据无下拉，但匹配后的横波数据(PP 域)在气云区的位置同样会产生同相轴下拉的畸变，这不符合应用横波数据表征真实构造的初衷。

所以一般将纵波数据匹配到横波数据时间域，用纵波数据(SS 域)表示，匹配方法是以叠后纯横波资料为基础，通过纵、横波解释层位的匹配，预测空间上的纵、横波速度比；然后，通过标定对应的层位产生时移体；最后，将时移体应用于 PP 波地震数据，实现将纵波地震数据匹配到横波数据域。

② 纵波与纯横波匹配的评价方法

纵观国内外纵波和转换波匹配，几乎所有的方法都是基于同一地层反射同相轴相似性最大的原则来判断匹配的精度。而对于纵波数据与纯横波数据，不论是将横波数据匹配到纵波数据时间域，将纵波数据匹配到横波数据时间域，可以看出，横波数据同相轴数目比纵波多得多，反射特征差异较大，应用同相轴相似性的方法进行评价，会有较大的多解性，利用基于优势频带相似性的评价方法，效果比较理想。

(2) 纵、横波联合反演技术

波阻抗反演技术是研究储层横向变化和储层物性参数变化的最重要也是最有效的手段之一，利用地震资料，以已知地质规律和钻井测井资料为约束条件，对地下岩层空间结构和物理性质进行成像。测井资料在纵向上详细揭示了岩层的物理特性的变化细节，地震资料则连续记录了地层的横向变化，二者的结合即建立了岩层的空间模型，从而得到地层内不同岩性的变化规律，为研究储层的变化规律提供了地质基础。

纵、横波联合反演包括叠前反演和叠后反演。有学者首先提出了纵、横波联合反演的方法，并得到了比较准确的反演结果；有学者用加权叠加方法实现了纵、横波联合反演，并从多分量数据中提取弹性参数，将此方法用于 PP 和 PS 数据体，对保幅的地震叠前偏数据，经过加权叠加后得到估算的纵波速度和横波速度，根据纵、横波速度的异常对岩性和孔隙流体的变化进行描述。2001 年，有学者用加权叠加方法进行纵、横波叠前联合反演做了进一步的实验，证实了联合使用纵波地震数据体和转换波地震数据体可以增强对岩性和流体的识别能力。

纵、横波联合反演可以获得重要的物性参数。在油气检测和油藏描述中，介质的弹性参数十分重要，这些参数与岩性和流体成分有关(李正文 等，2002)。描述弹性各向异性介质的最主要的 3 个参数是 P 波速度、S 波速度和密度。反射 P 波振幅是这 3 个参数的函数，但在有限偏移距的 P 波资料中，这 3 个参数不能准确地求解。事实上许多理论和数值研究表明，从 P 波 AVO 资料中只能确定 P 波和 S 波的阻抗参数。由于没有密度信息，即使有了波阻抗也不能准确求取速度参数。随着多波多分量地震勘探技术的不断发展，高质量的 C 波资料的获取，纵横波叠后联合反演技术便是随之发展起来的比较新的技术。Fatti 等(1994)通过对 Aki-Richards 等式的修改推导得到了 PP 波反射系数表达式，Stewart(1990)通过与 Fatti 同样的处理方法得到了 PS 波反射系数表达式，这为纵横波叠后联合反演奠定了基础。

目前，常规的联合反演一般采用的是分步联合反演，先分别反演纵、横波阻抗，再联系起来进行分析。纵波速度与横波速度存在线性联系(Castagna，1985)，纵波速度与地质体的密度也存在密切联系(如 Gardner 公式)，纵、横波叠后联合反演将这 3 个重要的岩性参数联系起来，进行同时反演，从而提高了反演的精度和可靠性，最终促进多波多分量预测岩性、识别流体等优势的充分发挥。

第五节　典型示范区实例分析

一、共和盆地干热岩地震采集技术

(一) 项目概况

1. 勘探部署

本次部署《青海共和地震勘查》项目，部署三维地震勘查满覆盖 4 km^2。工区构造上位于青海省西部的共和盆地，共和盆地是处在青海南山和鄂拉山之间的一个山间盆地，大地构造位置处于西秦岭印支褶皱带的西段，北界受宗务隆山-青海南山断裂控制，西为鄂拉山断裂带。盆地呈北西向展布在高原山区，长 280 km、宽 40～80 km，面积 15 184 km^2，资源类型为沉积盆地型干热岩。盆地内部上覆巨厚沉积地层为新近系和第四系的泥岩和砂岩，地热资源储层主要为印支期花岗岩。花岗岩岩体有较好的导热性，深部热能沿花岗岩岩体向上传导，沉积地层热导率极低，上覆沉积地层起到隔热作用，防止热能继续向上逸散，为高品位干热岩资源的形成创造了条件。项目部署区位于共和盆地塘格木凹陷切吉凹陷的东部，以恰卜恰 GH-01 井干热岩试采工程场地为中心，开展三维地震勘查，查明注采场地地层结构，精细刻画干热岩体内的断层、裂隙、破碎带等发育情况，建立三维地质结构模型，为干热岩压裂、注采提供依据。

2. 地理位置

工作区位于青海省海南藏族自治州境内，行政区域归属于自治州州府所在地共和县，北临青海湖，南接龙羊峡水库，东距西宁市约 137 km。工区(图 3-114)主要由两部分组成，一是毗邻县城东部的恰卜恰干热岩工作区，地貌以台地、冲沟为主；二是位于县城西部约 20 km 的达连海工作区，地貌以沙地、草场为主。

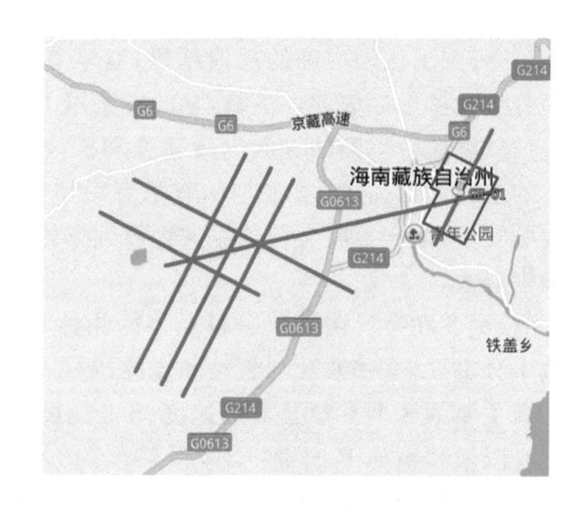

图 3-114　工区地理位置图

3. 地表条件

(1) 地表高程

部署区位于共和盆地中北部，整体高程在 2 770～3 050 m 之间，呈西南低、东北高的趋势。达连海地区测线地表起伏较平缓，高程在 2 870～2 980 m 之间，测线主体地貌为草场和沙化草场。恰卜恰地区测线靠近青海南山，地表起伏变化较大，高程在 2 770～3 050 m 之间，呈西南低、东北高的趋势，主体地貌为砂土山地、草场和城区。部署测线地形情况及测线高程见图 3-115。

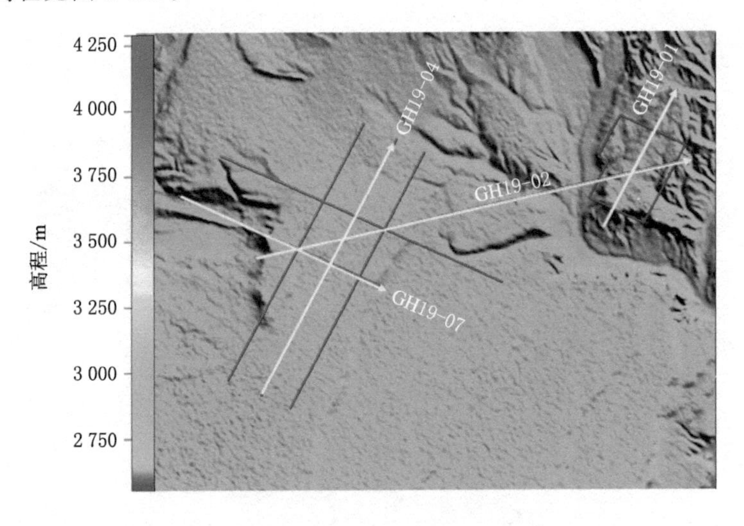

图 3-115　工作区地表高程图

(2) 地表类型

工区地表类型主要分为天然草场、山地、冲沟断崖 3 种地表,地表分类示意图如图 3-116 所示。

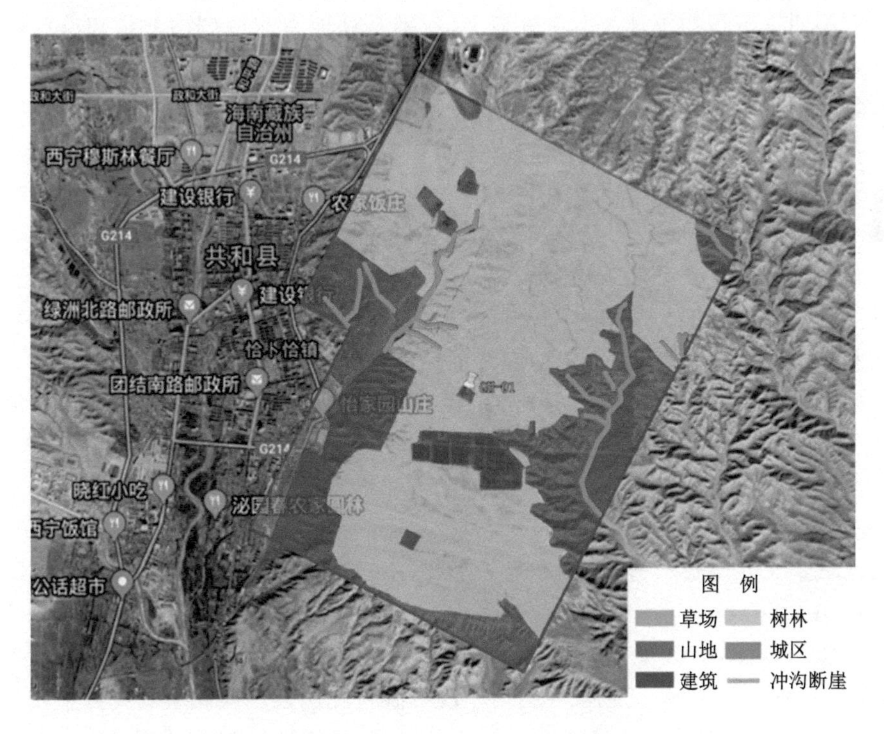

图 3-116　三维工区地表分类示意图

(3) 地表岩性

工作区内主要出露地层为前第四系下元古界、石炭系、二叠系、三叠系、新老第三系地层和第四系地层(图 3-117)。

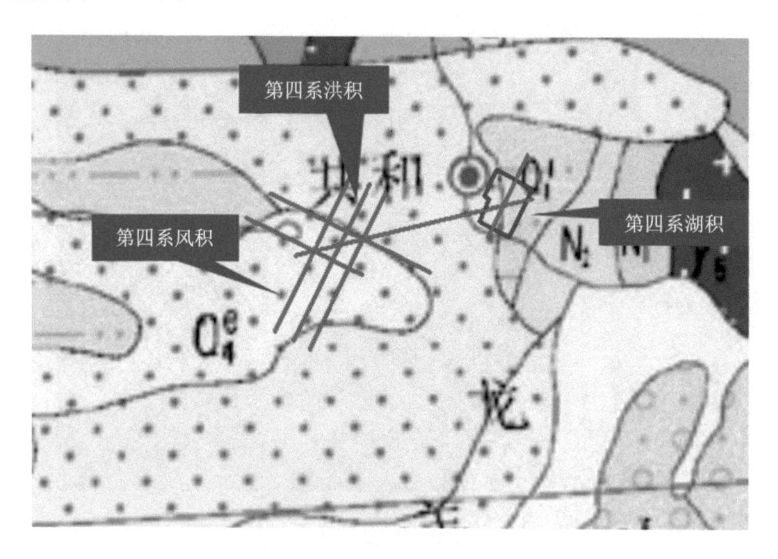

图 3-117　工作区地质图

4. 表层地震地质条件

根据收集到的资料可知,工区内地形一般较为平坦,地表由草场、砂山土地等地貌组成。工区内第四系沉积物厚达 1 000 m 以上,特别是盆地南北两侧山前堆积有巨厚的分选性极差的砾石层,极不利于野外施工,对地震记录的品质也影响极大。盆地内潜水面深度变化较大,一般 10～38 m,盆地边缘最深可达 50 m 以上。盆地内低降速模型一般为:v_0=469～946 m/s,H_0=3.9～12 m,v_1=826～918 m/s,H_1=62～168 m,v_2=1 850～2 025 m/s,巨厚的第四系低速层及南北山前砾石层严重影响了地震能量的激发与下传。

5. 深层地震地质条件

共和盆地基底为三叠系及下伏地层,盖层为侏罗系、白垩系、第三系和第四系。根据重力资料反演计算和电法(MT、CEMP)资料解释,基底最大埋深可达 6 000 m,发育有三个基底凹陷区和两个基底隆起区,其上盖层发育也不尽相同。

恰卜恰工区位于恰卜恰镇东约 5 km 的湖积台地上,地处共和盆地二级构造单元切吉凹陷东缘。切吉凹陷北以青海南山南缘断裂、南西以哇玉香卡-拉干隐伏断裂为界,北侧青海南山与南西侧鄂拉山-河卡山走滑逆冲其上,南邻贡玛凸起,东缘新生界不整合于黄河隆起或中晚三叠世党家寺岩体之上。

根据区域水文地质资料分析,湖积台地上地下水水位 100 m 左右,台地周边河谷地带地下水水位 40～60 m。

据已有资料预测,本区地层由上至下依次为中晚更新世河流相砂砾卵石、早中更新世共和组、上新世临夏组、中新世咸水河组与中晚三叠世花岗岩。实钻资料揭露显示:

0～500 m 上部为较薄的中晚更新世河流相砂砾卵石,颗粒粗大,向下变细;中下部主体为早中更新世共和组。

500～1 500 m 左右为上新世临夏组与中新世咸水河组,岩性为灰黑色、青灰色及青灰色中厚层泥岩夹褐红色薄层泥岩与灰黄色、青灰色及杂色中厚层粉砂岩。泥岩完整性较好，砂岩颗粒较细。

1 500～6 000 m 左右为中晚三叠世花岗岩，主体岩性为花岗闪长岩、(黑云母)花岗岩、二长花岗岩和斑状(黑云母)二长花岗岩等。

从以往二维采集剖面效果来看(图 3-118)，干热岩岩体成像不清楚，无法满足精细刻画断层、裂隙、破碎带等发育情况；深层能量弱，无法落实深层干热岩体的分布及埋深。

图 3-118 1995 年共和地震勘探 GH95204 剖面

(二) 采集关键技术与应用

共和盆地基底为印支期花岗岩，基底上部发育风化壳，上覆地层以新近系及第四系砂岩、泥岩为主。根据研究区内共和 1# 井资料(图 3-119)，基底花岗岩与上覆地层砂泥岩密度

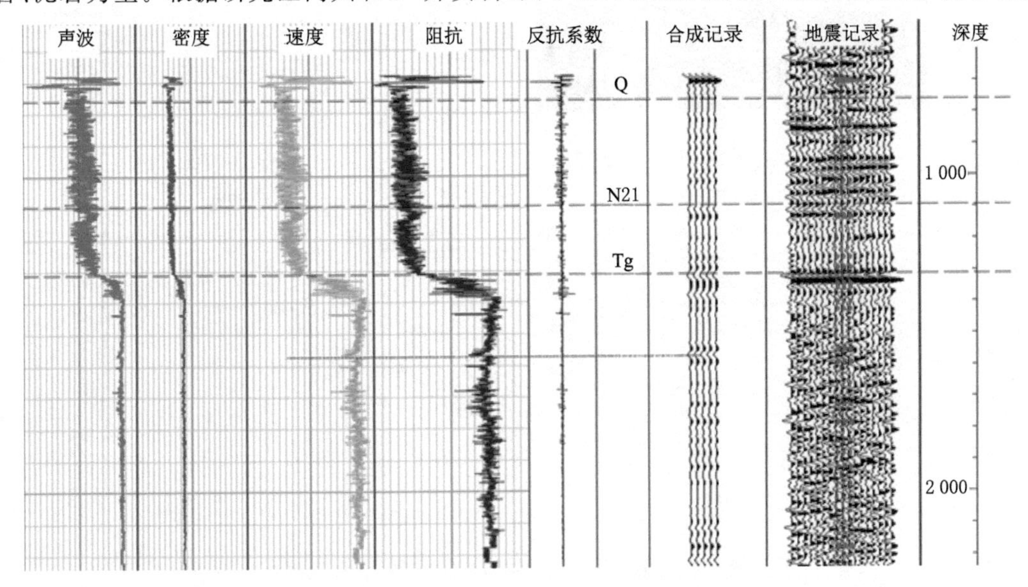

图 3-119 GH-01 井合成记录标定图

和速度差异很大，二者形成了一个很强的波阻抗界面，激发产生的地震入射波到达这一界面时，产生的反射波能量强，透射波能量弱，屏蔽作用严重，造成目的层反射能量弱，影响了目的层成像效果。另一方面，据共和 1# 井反射系数统计表明，基底以下花岗岩地层反射系数基本在 0.05 以下，反射系数较小，以短轴杂乱反射为主，不利于地震成像。

从上述难点中可知，花岗岩成层性差、反射系数小是造成目的层地震资料信噪比低的最主要原因；基底与上覆地层的强波阻抗界面对地震波的屏蔽进一步影响了研究区目的层的成像效果。

针对获取花岗岩强反射界面下反射成像的要求，基于"两宽一高"技术思路，采集处理一体化实施，在保证资料信噪比的基础上拓展信号频宽，提高成果资料分辨率。

1. 可控震源低频激发技术

在地震勘探中，低频信号下传的能量较高频信号强，有利于克服花岗岩顶面与上覆砂泥岩地层形成的强波阻抗界面对地震波的屏蔽作用，提高花岗岩内反射信号的能量。因此，用低频激发技术降低强波阻抗界面的屏蔽影响，提高原始资料品质是可行的。为了验证上述结论，根据共和盆地资料，建立了干热岩模型，如图 3-120(a)所示。花岗岩分为两层，上层层速度为 4 800 m/s，下层层速度为 5 400 m/s，上覆砂泥岩以及泥岩层速度分别为 2 100 m/s 和 2 900 m/s。分别采用 3 Hz、15 Hz、30 Hz 不同主频子波进行波动方程正演模拟，模拟结果如图 3-120(b)、(c)、(d)所示。从正演单炮看，3 Hz 激发获得的花岗岩地层能量最强，15 Hz 次之，30 Hz 最弱。

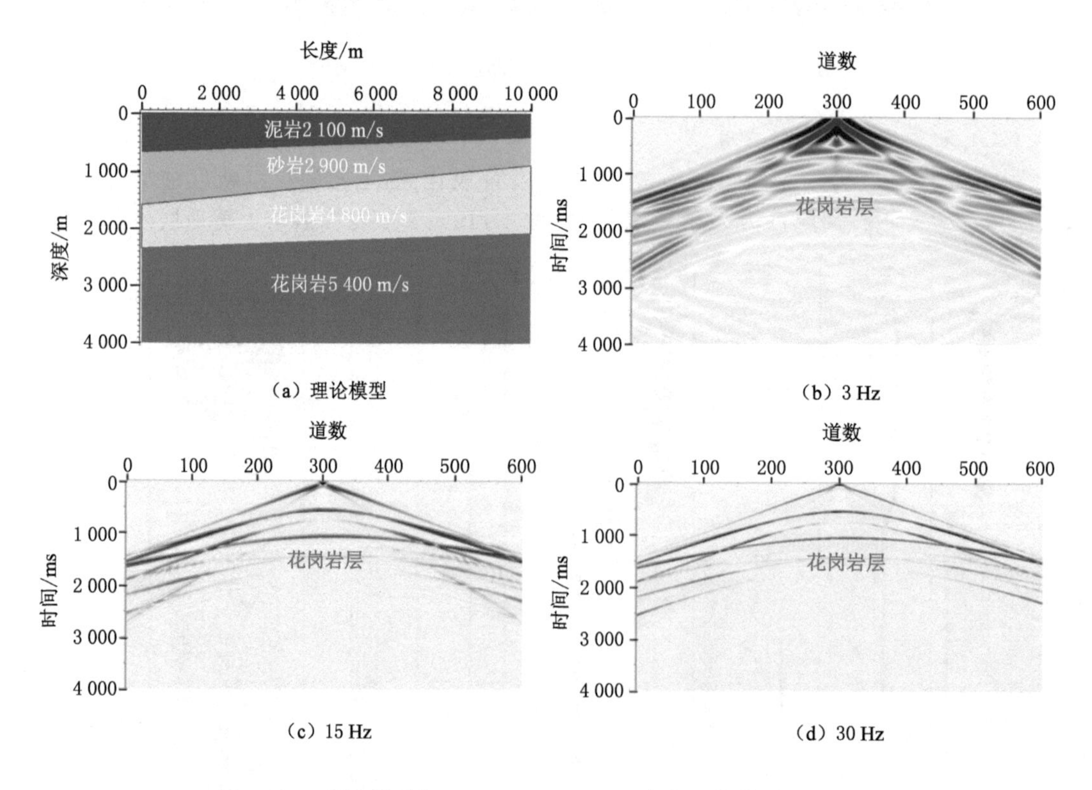

图 3-120 理论模型和 3 Hz、15 Hz、30 Hz 主频正演模拟地震记录

EV56低频可控震源具有吨位大、起始扫描频率低、扫描频带宽的特点，并且其振板设计特殊，与地面耦合效果和弹性波转换效能较常规震源有明显提高，因此施工时采用EV56低频可控震源，扫描频率为1.5～84 Hz。

2."两宽一高"地震采集技术

近年来以高密度三维地震勘探技术提高地震勘探精度已成为业界的共识，高密度采集通过对波场的充分、均匀和对称采样减少弱信号的损失，提高剖面和反演精度。高密度采集中面元、覆盖次数是两个最重要的参数，小面元有利于提高空间采样精度，高覆盖有利于提高信噪比，二者均有利于提高成像质量。

小面元地震数据的优势可概括为：① 提高空间采样精度，提高横向分辨率；② 可得到完整的线性噪声波场，有利于噪声压制；③ 有利于反演高精度的近地表速度模型；④ 可获得高质量的初至波，利于基于初至波层析反演的静校正。从图3-121不同面元时间切片对比看，小面元资料断裂系统更清楚，分辨率更高，有利于热储层内幕弱信号的利用。

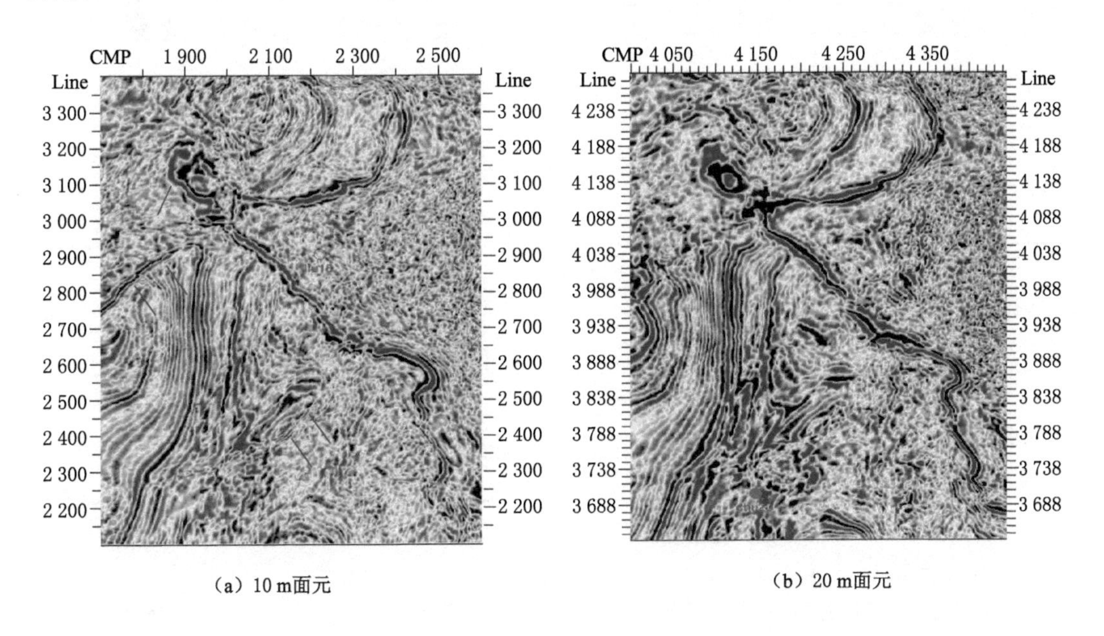

(a) 10 m面元　　(b) 20 m面元

图3-121　不同面元时间切片对比

高覆盖技术是地震勘探提高信噪比和目的层能量的主要技术。花岗岩内地层受反射系数小、成层性差、屏蔽严重等因素影响，资料信噪比极低，高覆盖是有效解决目的层能量弱、信噪比低的有效手段。图3-122是花岗岩不同覆盖次数的照明效果。从图中可以看出，随着覆盖次数的提高，目的层的照明效果越来越好。从实际资料不同覆盖次数叠加剖面对比看，覆盖次数越高热储层资料信噪比越高、地质现象越清晰。

如表3-12所示，为了得到好的干热岩资料，共和盆地三维采用了10 m×10 m小面元，600次覆盖，达到了宽方位高密度采集。

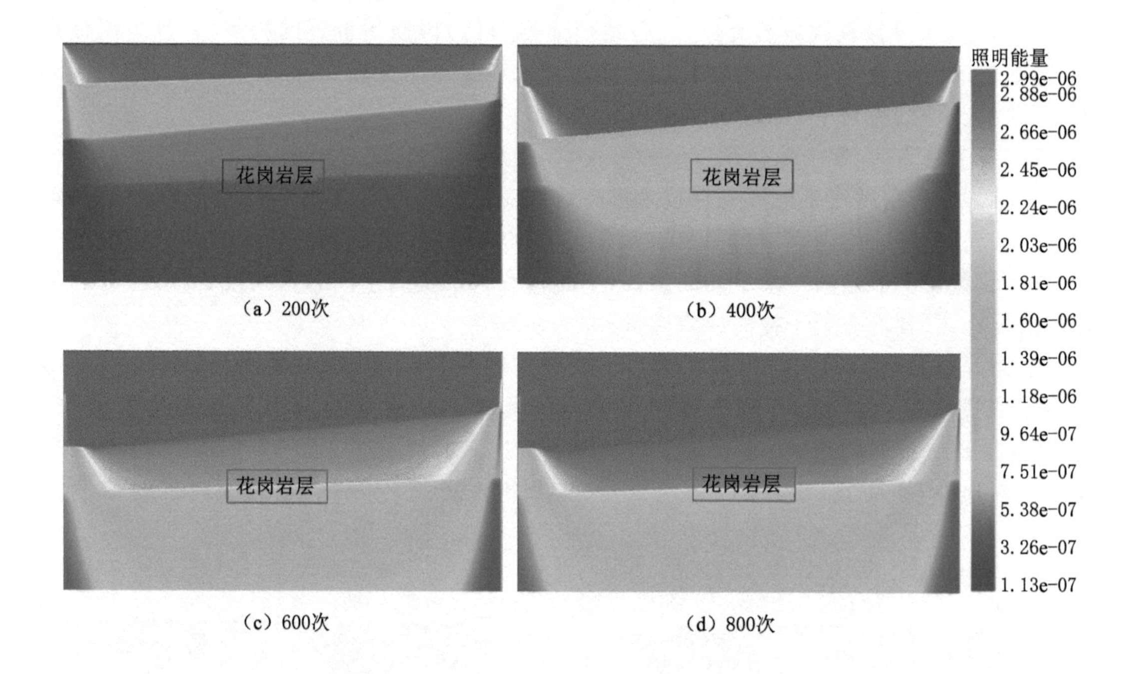

（a）200次　（b）400次　（c）600次　（d）800次

图 3-122　干热岩不同覆盖次数照明效果对比

表 3-12　三维观测系统参数表

观测系统	14L×15S×253T 正交 全排列接收	炮线距	60 m/120 m
面元大小	10 m×10 m	激发点距	10 m/20 m
覆盖次数	600 次	最大非纵距	3 890 m
接收道数	3308 道	最大炮检距	6 374 m
接收线距	300 m	横纵比	0.77
道距	20 m		

3. 长排列接收技术

根据地震波传播原理，当入射角大于临界角时发生广角反射，广角反射的能量一般大于常规反射的能量，采用长排列接收广角反射信息有利于深层弱反射地层资料的获取。

花岗岩内地层埋深约为 2 300 m，根据广角反射理论，该地层发生广角反射的炮检距为 3 970 m。根据花岗岩模型，采用 6 000 m 长排列进行正演模拟，由正演模拟地震记录[图 3-123(a)]可见，中近偏移距花岗岩内地层反射较弱，4 000 m 左右产生广角反射，其反射能量明显增强，地震记录正演结果与理论计算结果一致。图 3-123(b)是共和盆地恰卜恰地区的实际地震记录，可以清楚地看到广角反射现象，记录面貌和正演结果一致。

4. 单点接收技术

为了提高分辨率，基于高密度的前提下，本项目采用单点接收。以无线节点采集技术为支撑，在保证接收工作量不变、大幅降低工作强度的前提下，进一步提高覆盖次数，发挥经济技术一体化最大优势。利用无线节点提高覆盖次数前后剖面效果对比图如图 3-124 所示。

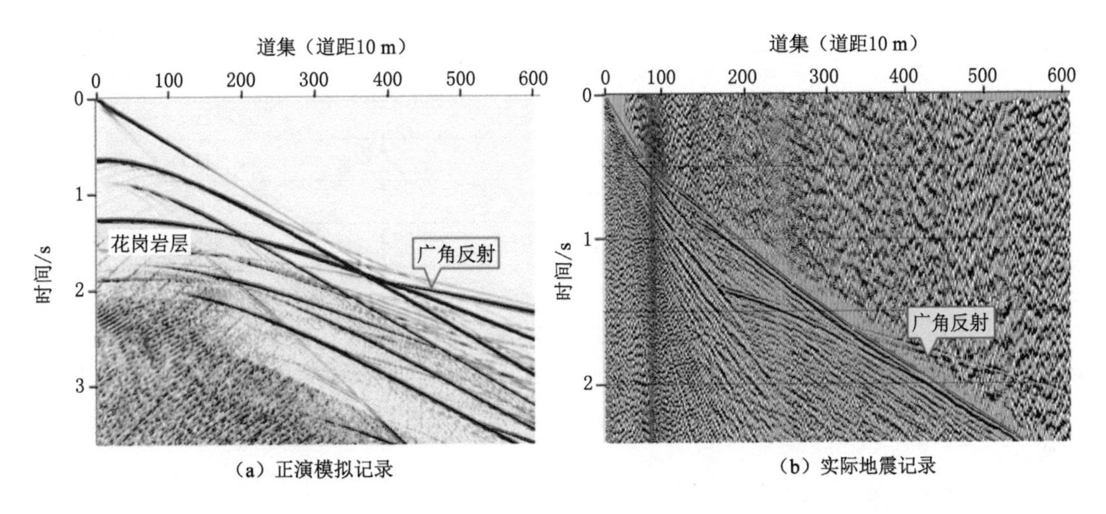

（a）正演模拟记录　　（b）实际地震记录

图 3-123　花岗岩内地层 6 000 m 炮检距正演模拟记录和实际地震记录

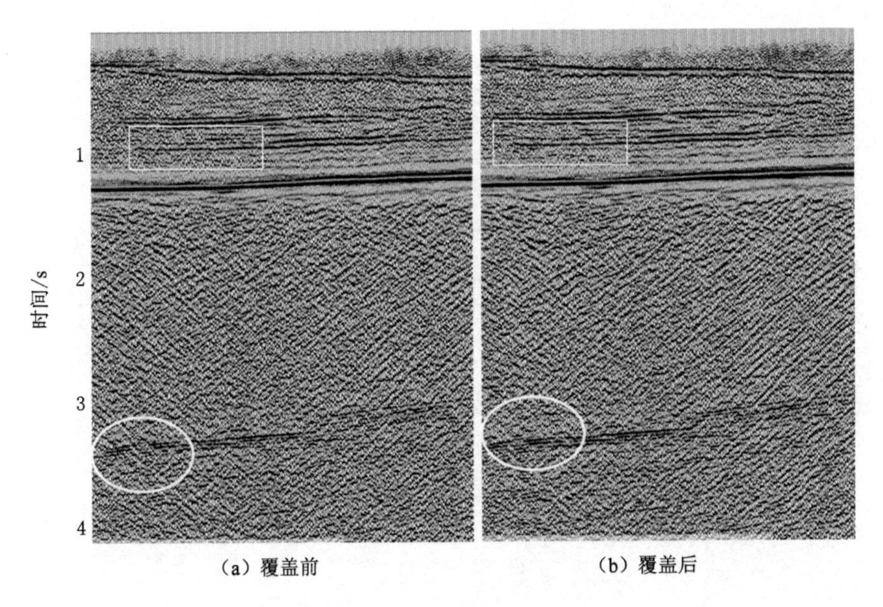

（a）覆盖前　　（b）覆盖后

图 3-124　利用无线节点提高覆盖次数前后剖面效果对比图

相对传统的有线采集仪器，无线节点不受连接电缆的限制，具有体积小、越障能力强、防雨、防雷击的优势，有效保证排列的稳定性。无线节点仪器与 428XL 仪器野外适用特性对比分析如表 3-13 所示。

表 3-13　无线节点仪器与 428XL 仪器野外适用特性对比分析表

对比项	无线节点 SmartSolo	传统有线仪器 428XL
站线结构	单站单道、独立	4 站组成一根采集链
采集方式	无线、灵活	有线传输，受地形限制
排列铺设	无过路、过沟线	有过路、过沟线

表 3-13(续)

对比项	无线节点 SmartSolo	传统有线仪器 428XL
排列故障排除	边摆排列边排除	排列连接后逐个排除
质量	轻(1 道 1.1 kg)	较重(4 道 25 kg)
摆放便捷性	较便捷,人少、车少	所需人、车较多
电瓶使用时间	25 天连续工作	5～6 天

本次采集,充分发挥节点形成排列快的优势,采用测线在用节点全排列接收,在设计观测系统基础上进一步增加接收道数,以增加覆盖次数。利用无线节点长排列接收技术,将原观测系统设计的覆盖次数 600 次提高到实际覆盖次数最高达 1 140 次,进一步提高资料信噪比。

(三) 采集效果

如图 3-125 所示,本次采用“两宽一高”技术,采集剖面深层反射信息丰富、信噪比高,实现了花岗岩储层资料从无到有的突破。

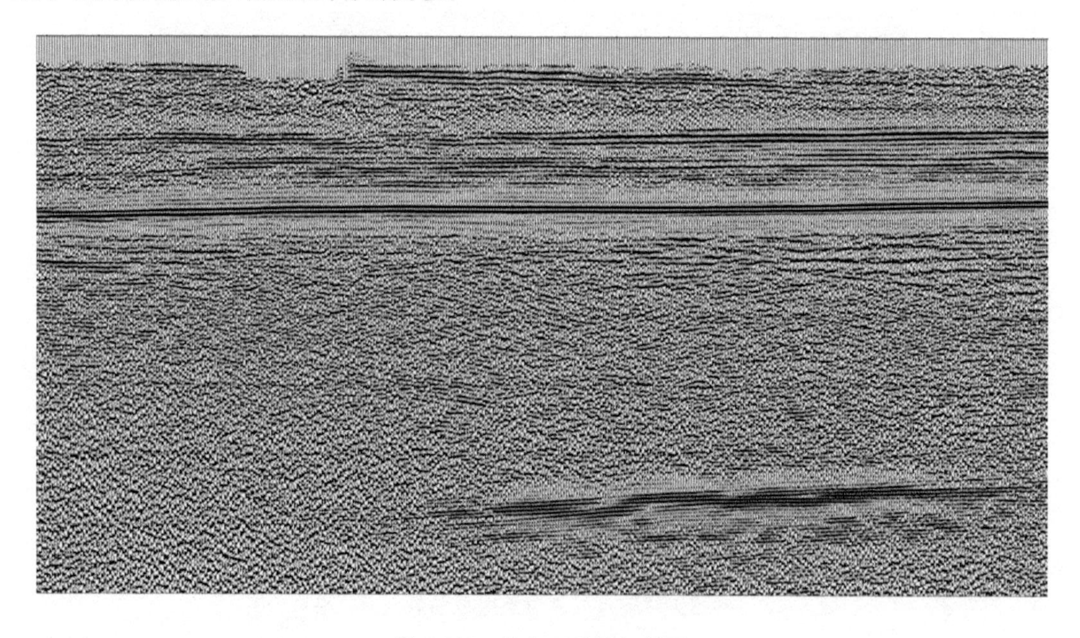

图 3-125　共和三维叠加剖面

二、共和盆地干热岩地震资料处理技术

(一) 资料处理难点分析

依据研究区地质任务,结合原始地震资料情况和实际处理要求,归纳出本区地震资料处理有以下几个难点:

1. 静校正问题突出

工区地形以高原山地为主,平均海拔约 3 200 m,地表复杂、岩性多变,高程变化大,低降速带厚度、速度横向变化都比较剧烈。复杂的山地地形和近地表结构,导致原始单炮和初叠剖面中静校正问题十分明显,如何解决静校正问题是地震资料处理的首要环节。同时

由于地表障碍物影响，剖面缺口较大，造成缺口处缺乏近炮点信息，三维工区静校正计算难度增大。

2. 干扰能量强、分布范围广

复杂的近地表条件导致原始单炮中面波、浅层折射波等线性干扰特别发育，近炮点强能量干扰严重、分布范围广，尤其是干热岩上伏地层的强波阻抗界面对下伏地层有明显的屏蔽作用，导致深部干热岩有效信号弱，频率低。如何在不伤害有效信号的前提下，合理地压制各种干扰波，在保真保幅的前提下提高深层弱信号的信噪比是本次处理的难点(图3-126)。

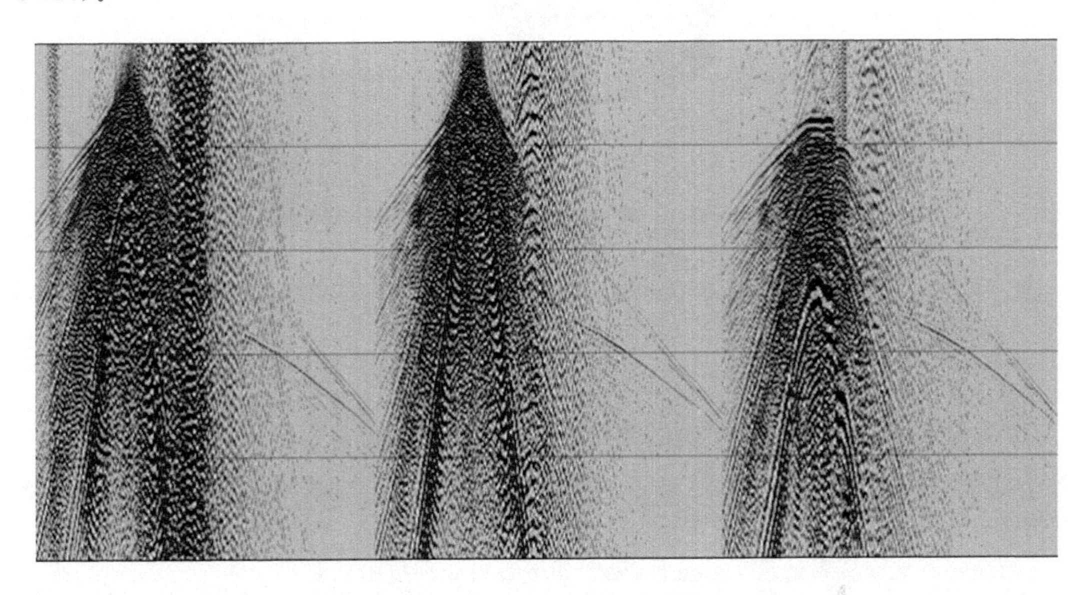

图 3-126　工区典型单炮干扰波

3. 深层弱反射信号成像问题

对于复杂构造区，如何提高精确成像速度，确保小断裂准确成像至关重要，干热岩本身弱反射的特点使得速度场的建立难度更大，如何在做好静校正和综合去噪的前提下，进一步突出深层弱反射信号的能量，综合利用各种有效处理手段合理建立准确的速度场，是确保深层弱反射信号成像的关键(图3-127)。

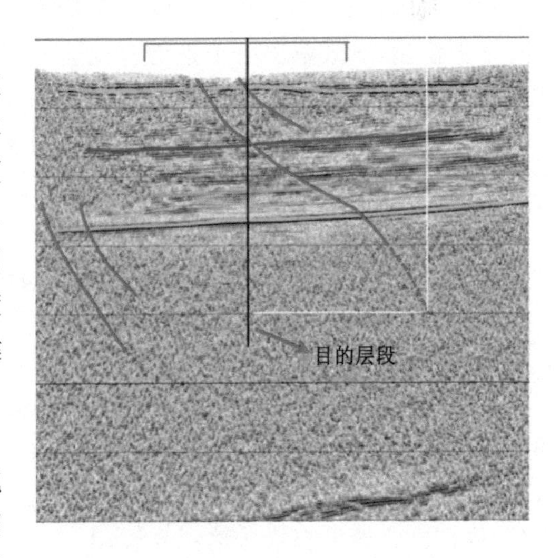

图 3-127　工区深层目的层段信噪比低

4. 采集脚印严重的问题

由于野外地表障碍物的影响，采集中炮检点缺口大，造成三维工区浅层速度拾取困难，对偏移成像也会产生一定的影响。如何有效压制采集脚印，合理改善资料的覆盖次数和偏移距分布情况，是提高最终处理成果质量的重要保障(图3-128)。

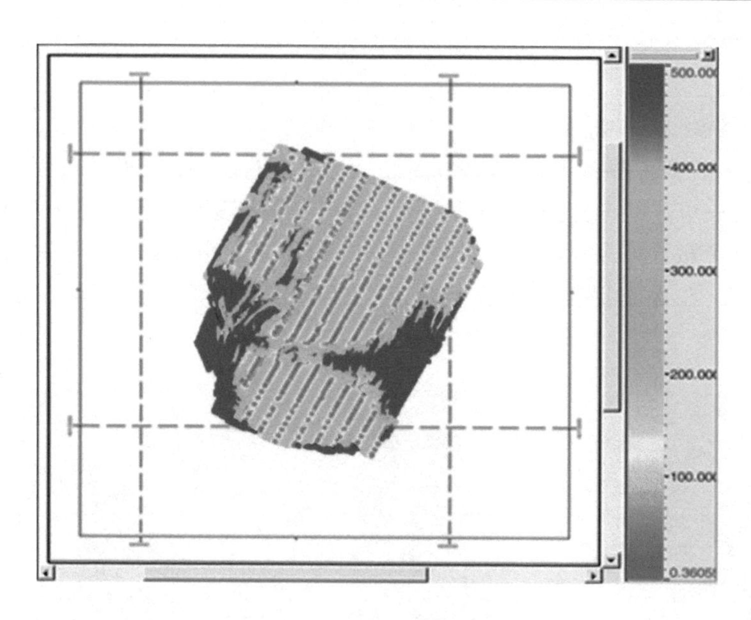

图 3-128　工区覆盖次数图

（二）资料处理技术思路

考虑到研究区地形主要以山地、草场为主，高程、低降速带厚度和速度变化大，激发、接收条件差异大，导致原始资料存在静校正、去噪等一系列问题。因此，地震资料处理工作必须要解决静校正问题、子波一致性问题、提高信噪比问题、建立速度场问题以及目的层高精度偏移成像问题。

结合实际地震资料处理工作流程，确定如下资料处理技术思路：

① 首先做好静校正工作。针对研究区内近地表结构复杂、表层结构差异大、静校正问题严重的实际情况，采用全偏移距初至拾取技术、试验优选先进适用的技术方法建立准确的近地表模型，有效解决由于近地表变化引起的长波长和短波长静校正问题，确保构造真实可靠；

② 在做好振幅补偿的同时，精细做好叠前综合去噪工作。原始资料的保真保幅去噪处理，是提高中深层弱反射信号信噪比的关键。针对深层弱反射信号难以识别且速度难以确定的特点，为了防止在去噪过程中损失有效信号，可采用边去噪边用速度扫描监控方法，即针对每步去噪后的道集及噪音均进行速度扫描，尽可能发现并保留深层弱反射信号。

③ 特别要重视深层弱反射信号的补偿工作，采用低频补偿和优势频带补偿等技术尽可能突出深层弱反射信号的能量，改善弱反射的波组特征。

④ 多手段结合建立高精度速度场。研究区基底以下噪音干扰严重，有效信号极其微弱，难以识别，深层速度的准确拾取是处理工作的最大难点，可以采取以下几个方面措施有效提高速度分析精度，即：a. 超道集速度分析；b. 纵横线交叉点速度互推法速度分析；c. 全方位、高精度常速度扫描法速度分析；d. 偏移百分比扫描速度分析。

⑤ 有效压制采集脚印。结合野外采集实际情况，针对性开展叠前五维数据规则化和空间滤波等技术研究，改善地震数据的均匀性，提高成像质量。

⑥ 采用 OVT 域叠前时间偏移处理和叠前深度偏移处理相结合的方法，获得用于裂缝

预测的高质量叠前偏移 OVG 道集的同时，实现研究区地震资料的高精度成像。

（三）主要处理技术

根据研究区资料处理要求，结合实际地震资料的特点和处理难点，通过静校正、去噪、补偿、反褶积、速度分析、偏移等一系列方法和参数试验（表 3-14），建立针对青海共和干热岩区的地震资料处理技术流程（图 3-129）。

表 3-14　青海共和三维处理流程及参数试验表

试验项目	试验内容	试验参数
基准面静校正	折射静校正	低降速带速度，偏移距
	高程静校正	无
	层析静校正	低降速带速度，偏移距
叠前去噪	分频异常振幅衰减	门槛值
	全三维十字交叉 FK 域滤波	主频、视速度
	地表一致性异常振幅剔除	异常门槛值
	单频滤波—压制 50 Hz 干扰	频率、时窗和压制系数
	随机噪音衰减	门槛值，时窗
振幅补偿	球面扩散补偿	速度
	地表一致性振幅补偿	时窗
	叠前道集能量调整	道数、时窗
频率补偿	低频补偿	最低频率
	优势频带补偿	优势频带范围
反褶积	地表一致性反褶积	预测步长、因子长度、时窗、白噪系数
	多道预测反褶积	预测步长、计算时窗、应用时窗
	子波反褶积	计算时窗、应用时窗、期望输出主频
剩余静校正	超级道剩余静校正	最大时移量
	地表一致性剩余静校正	倾角扫描范围、时窗
数据规则化	五维数据规则化	最大距离
叠前时间偏移	克希霍夫积分法偏移	偏移孔径、偏移倾角、偏移速度
叠后提高信噪比	三维随机噪音衰减	PE 值、串联个数
叠后提高分辨率	反 Q 滤波	Q 值
	谱白化	滤波范围

1．复杂地表高精度静校正技术

做好静校正的前提是精确拾取原始单炮的初至时间，然后进行高程静校正、模型静校正、折射静校正和层析静校正等不同静校正方法对比试验，从中优选出适用于研究区的静

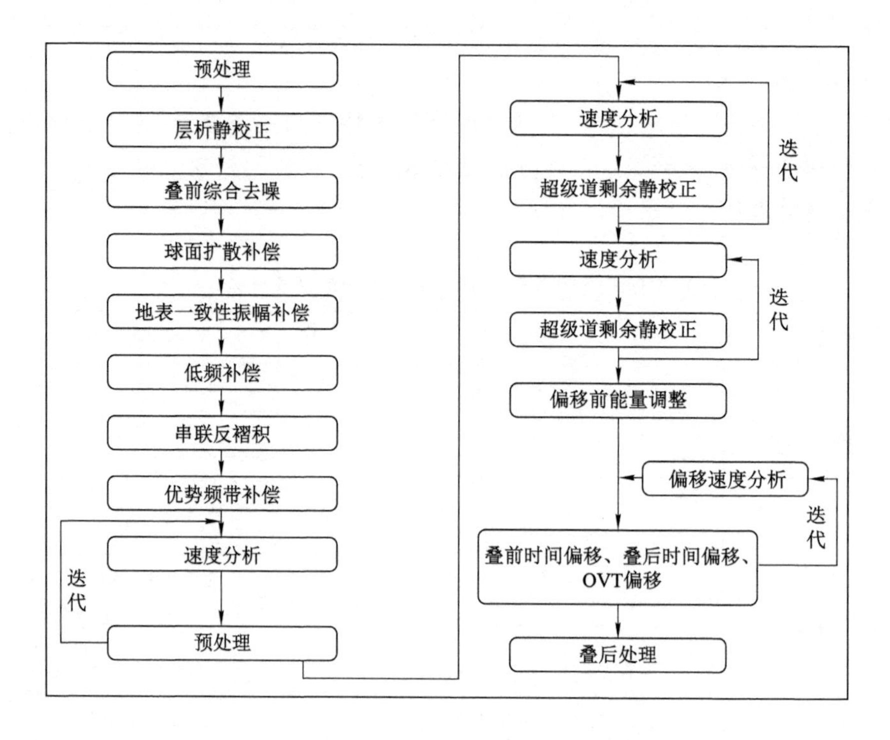

图 3-129　青海共和三维地震资料处理流程

校正方法和参数。为了较好解决该区复杂地表导致的长波长静校正问题，处理中引入微测井约束层析静校正技术，该技术在充分利用地震单炮初至信息，结合高程、低降速带厚度和速度以及高速层速度等因素的同时，加入区内微测井资料约束层析反演模型的精度，从而建立更加接近真实情况的近地表模型，以获得更为准确的静校正量，可较好地解决长波长静校正问题。

在优选微测井约束层析静校正方法之后，还要进一步开展层析静校正主要参数的试验(表 3-15)。

表 3-15　层析静校正主要参数试验表

序号	试验内容	试验参数
1	反演偏移距	500 m、1 000 m、1 500 m、2 000 m、2 500 m、3 000 m
2	反演网格	10 m×10 m×10 m、20 m×20 m×10 m、40 m×40 m×20 m
3	模型扩边方式	厚度、高程
4	高速顶速度	1 500、2 000、2 500、3 000
5	表层约束	约束与不约束
6	剩余计算方式	CMP 域与炮域；山地与沙漠；应用炮点、应用检波点

通过试验效果分析对比，采用微测井约束层析静校正技术建立高精度的层析静校正速度模型，较好地解决了地表高程及低降速带厚度和速度的变化导致的中、长波长问题；从单炮和剖面上均见到明显效果(图 3-130、图 3-131)。

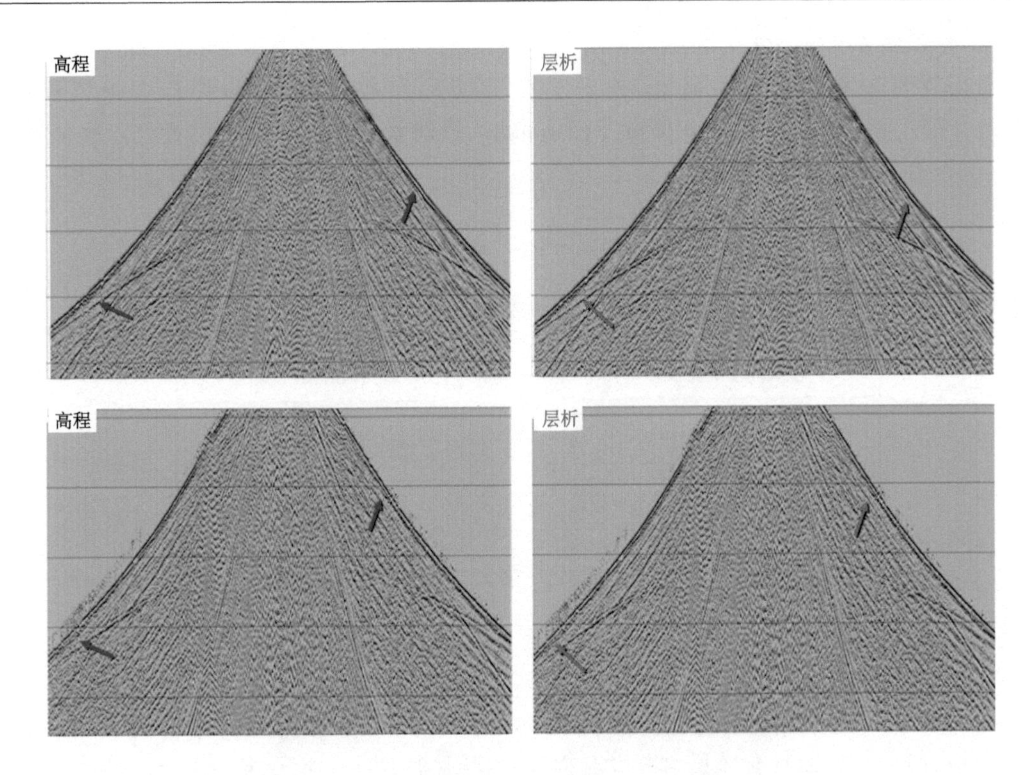

图 3-130　高程静校正与层析静校正后单炮对比

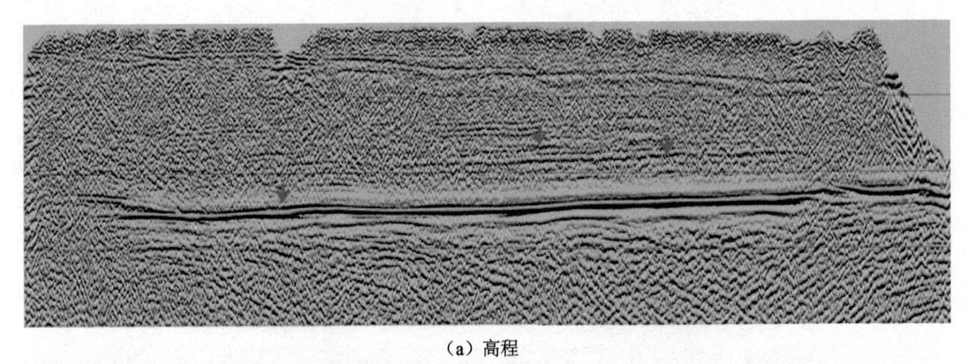

(a) 高程

(b) 层析

图 3-131　高程静校正与层析静校正后剖面对比

2. 叠前噪音衰减技术

针对噪音发育的类型及特点，优选去噪方法和参数，制定叠前综合去噪流程（图3-132）。采用不同的去噪手段对面波及面波散射、强能量干扰、线性干扰、近炮点强能量干扰等，进行有效压制和去除。

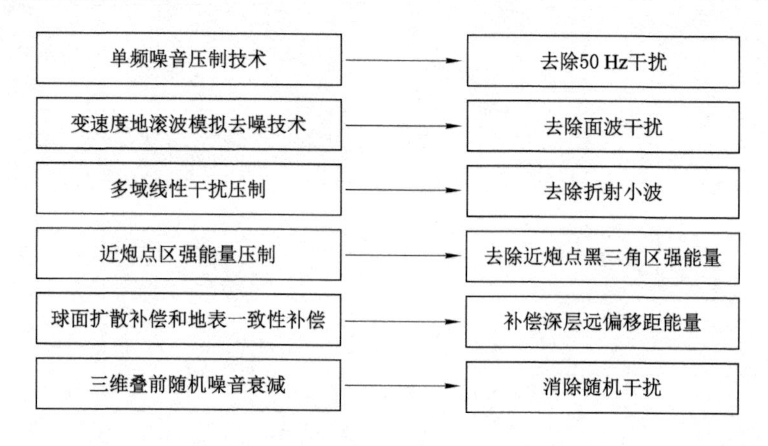

图 3-132　叠前去噪流程

对比经过多域多方法综合去噪前后的单炮（图 3-133）及叠加剖面（图 3-134）可知，去噪后的单炮背景干净，而且有效反射并没有损失，信噪比得到了一定程度的提升。

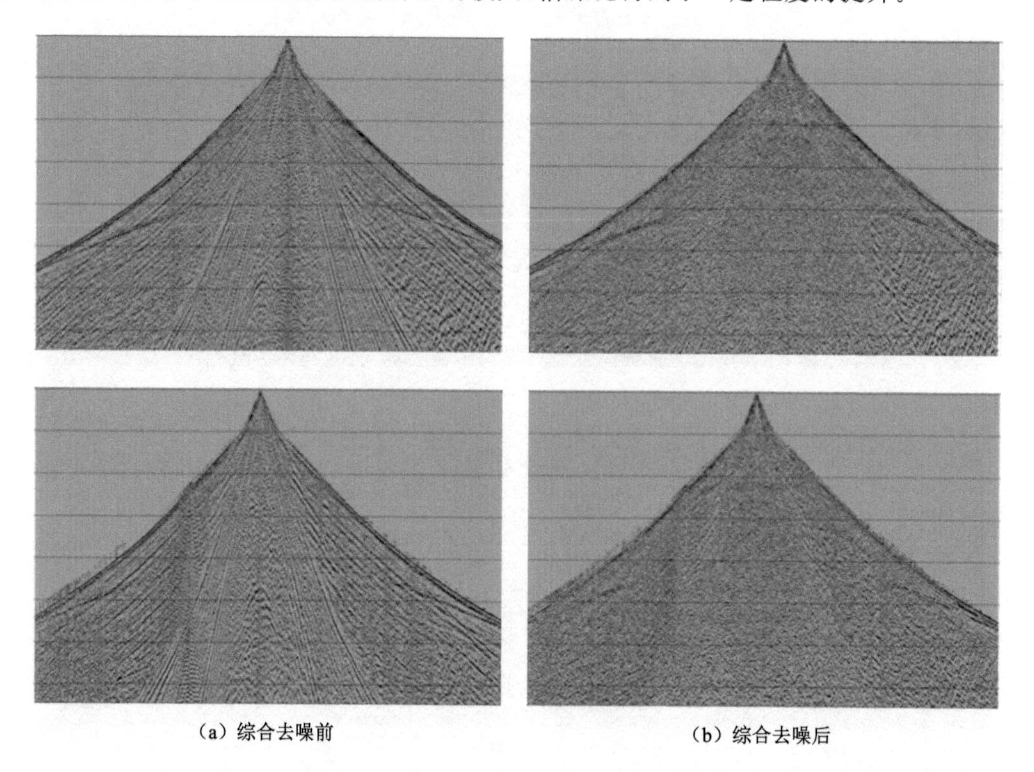

图 3-133　综合去噪前、后单炮对比

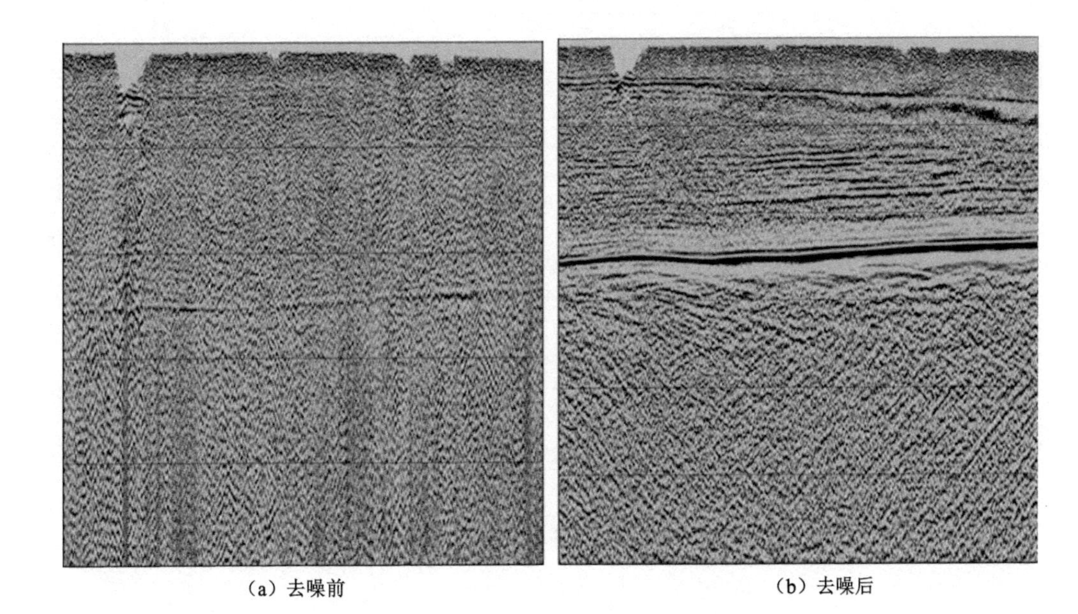

(a) 去噪前　　(b) 去噪后

图 3-134　去噪前、后叠加剖面对比

通过多轮组合噪声衰减，叠加剖面的噪声也得到了较好的压制，去噪前叠加剖面信噪比低、同相轴连续性差，去噪后叠加剖面同相轴连续性增强，反射同相轴得到突出，资料信噪比明显提高，有效波波形自然，说明去噪流程和参数合理有效。

3. 振幅与频率联合补偿技术

(1) 振幅补偿技术

为了消除由于激发和接收因素造成的空间能量不均衡的问题，实现地震记录的真振幅恢复，地震资料处理中通过振幅补偿方法和参数试验，最终选用组合振幅补偿技术。

① 球面扩散补偿：应用该技术与研究区内已钻井的声波测井速度相结合，补偿地震波向下传播过程中由于球面扩散而造成的能量衰减，使浅、中、深层能量得到均衡。

② 地表一致性振幅补偿：主要目的是消除由于表层结构的变化带来的振幅横向的不一致性。具体方法是首先在确定的时窗内统计出各道平均振幅或均方根振幅，再利用地表一致性假设，分别计算出共炮点、共检波点、共炮检距等各项的振幅补偿因子，最后分别应用在各地震道上，最终使得能量在横向上更加均衡(图 3-135)。

(2) 低频补偿技术

考虑到地震波在地层之中传播时，由于地层的非均质性和各向异性影响，不仅导致地震波的高频成分被吸收，而且低频成分也会受到吸收和衰减，而本区干热岩目的层地震信号的主要成分为低频信息。因此，在反褶积之后，选用了低频补偿技术，进一步补偿反射信号中低频有效信息的能量，改善深部弱反射的成像质量。

本次低频补偿技术主要采用基于数据驱动的自适应补偿，它是以地震子波估计为基础的。通过估算地震数据的地震子波、补偿低频端有效信号的能量，达到进一步拓宽资料低频带宽的目的(图 3-136)。

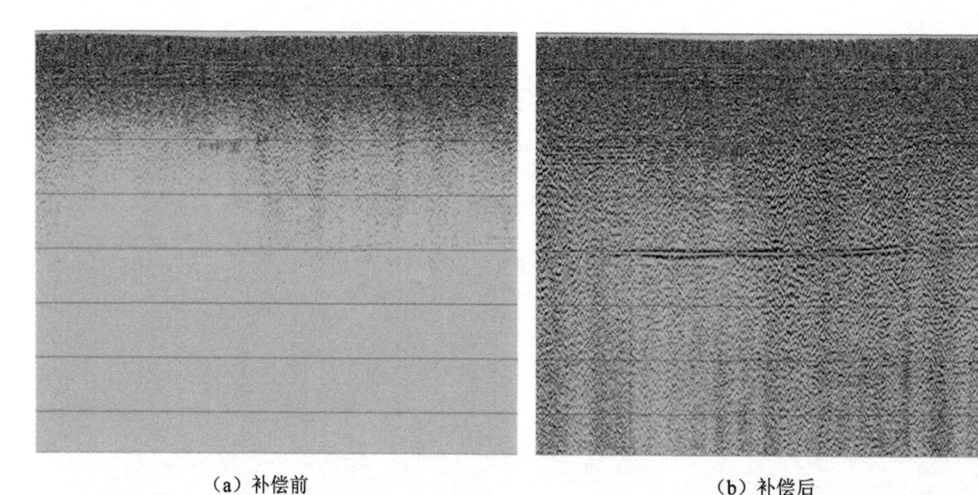

（a）补偿前　　（b）补偿后

图 3-135　球面扩散补偿和地表一致性振幅补偿前后剖面对比

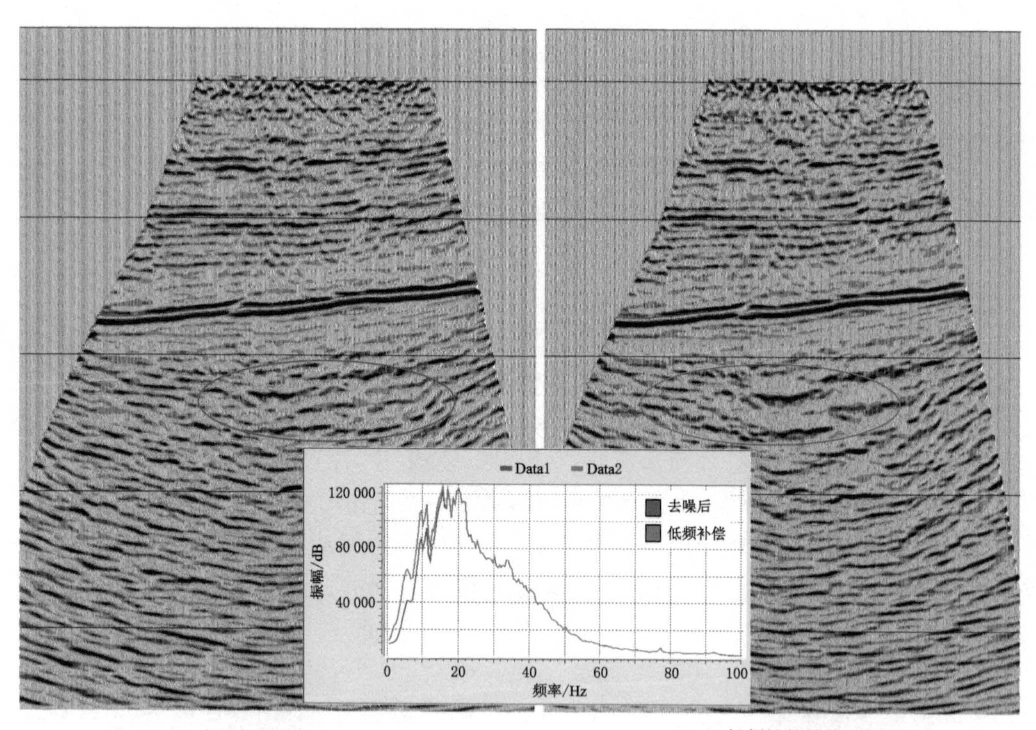

（a）未做低频补偿的偏移剖面　　（b）低频补偿的偏移剖面

图 3-136　低频补偿前后偏移剖面对比

(3) 优势频带补偿技术

宽频带的资料虽然对储层预测和裂缝检测效果很好，但由于该区目的层反射能量弱，信噪比低，叠加剖面上深层有效反射并不突出，严重影响资料的构造解释研究及储层预测研究，开展优势频带能量补偿不仅可以改善速度谱的质量，提高速度拾取精度，而且能改善目的层资料的总体特征。实际研究工作中通过对目的层段进行频谱分析，并结合频率扫描试验确定目的层优势频带范围，采用优势频带补偿技术突出优势频带的数据品质，同时压制优势频带以外的高频和低频信号的噪音，改善能量的空间均匀性，进一步提高资料信噪比（图 3-137）。

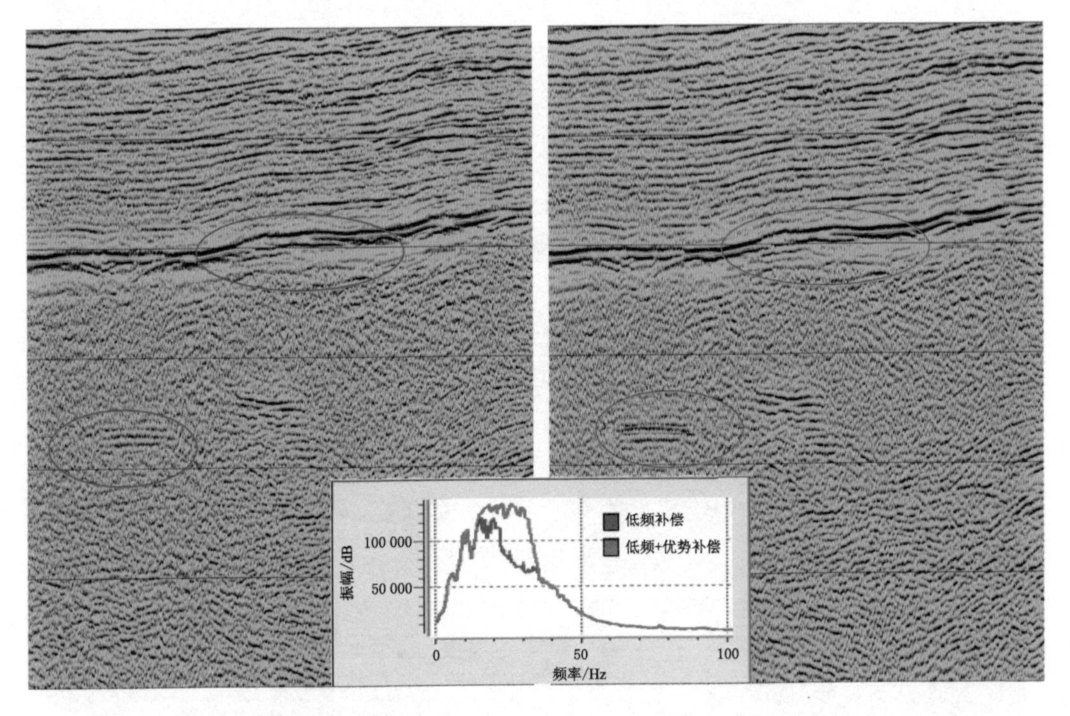

（a）未做优势频带补偿的叠加成果　　（b）做优势频带补偿的叠加成果

图 3-137　优势频带补偿前后剖面对比

4. 串联反褶积处理技术

要实现对地震资料的宽频处理，不仅要有一系列的振幅与频率补偿处理，更重要的是反褶积处理环节，它是压缩地震子波、提高地震资料纵向分辨率的核心，反褶积处理效果直接影响资料处理最终成果的质量。

为了优选适用于本区的反褶积方法，处理过程中开展了地表一致性反褶积、脉冲反褶积、预测反褶积、子波反褶积等多种反褶积方法对比试验，在确定反褶积方法之后又进行了反褶积参数试验与优选，最终确定采用串联反褶积处理技术。

通过地表一致性反褶积串联多道预测反褶积的组合使用，可以达到单一反褶积方法难以完成的处理效果，实际处理过程中，首先选用地表一致性反褶积处理技术，在此基础上考虑到研究区资料处理既要确保分辨率又要兼顾信噪比的实际需要，通过对比分析大量试验资料之后，选择串联多道预测反褶积，并通过采用分时窗选择处理参数的办法，提高不同层段的分辨率，并在叠后串联零相位反褶积，进一步提高资料的分辨率，既保持了浅、中、深层有较高的分辨率，又较好保护了深层低频弱反射信号。叠前反褶积以提高子波一致性、压缩子波为主，叠后反褶积以拓宽频带为主。从处理剖面上看，反褶积后资料的波组特征明显，同相轴横向特征一致性好，分辨率逐步得到提高，保持了较高信噪比。从频谱上看，频带得以展宽，主频得到提高(图 3-138、图 3-139)。

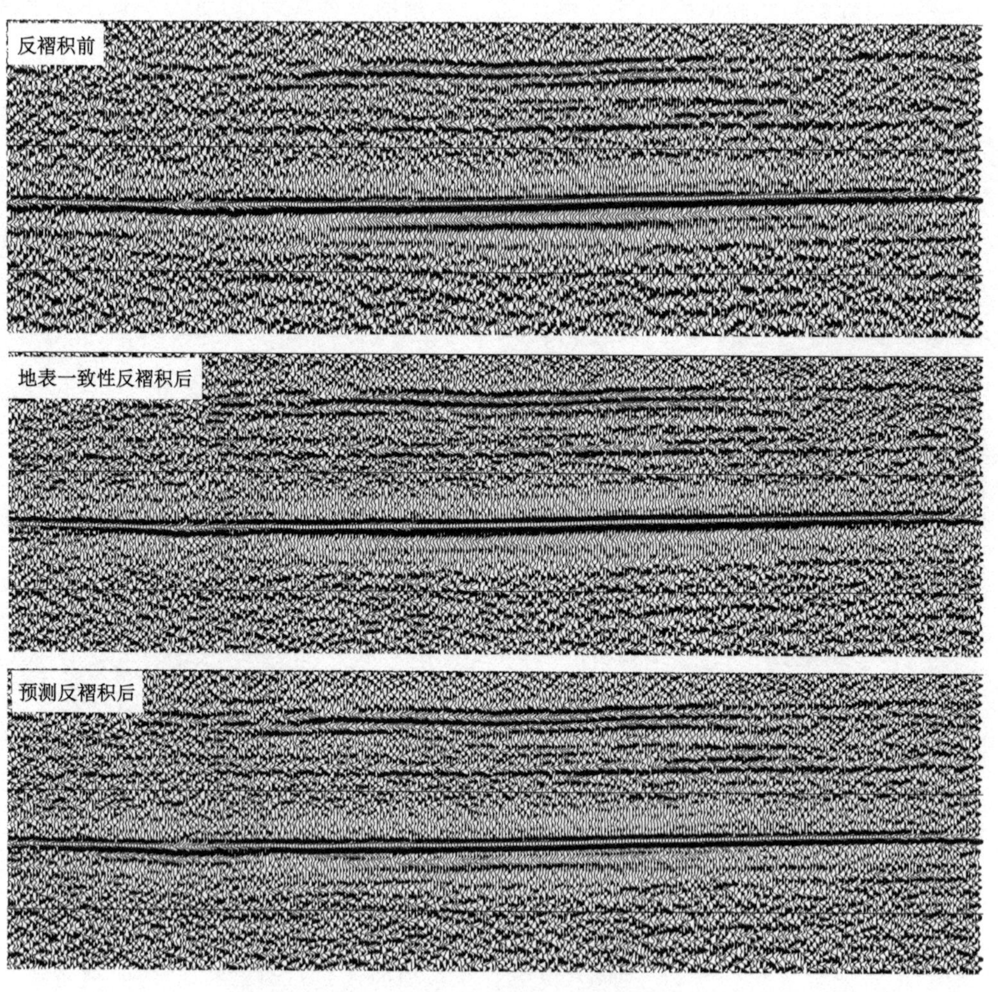

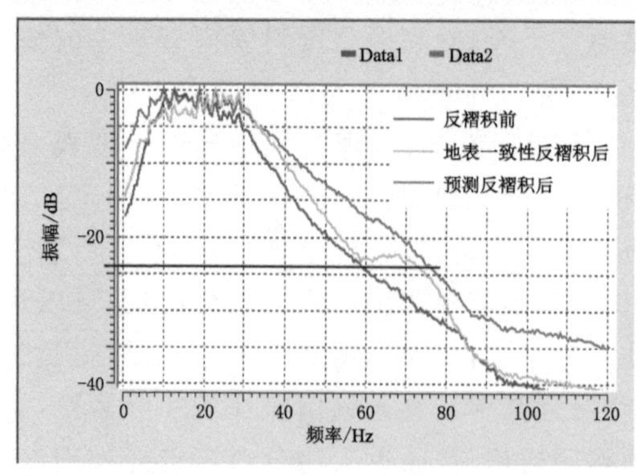

图 3-138 反褶积前后剖面和频谱

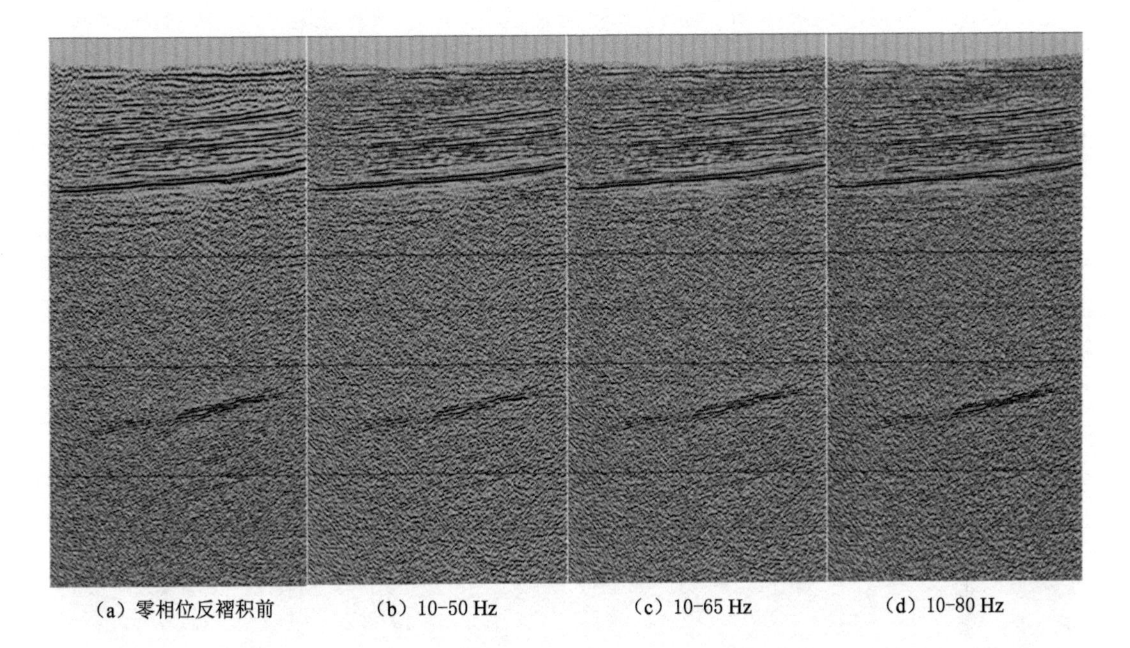

（a）零相位反褶积前　（b）10-50 Hz　（c）10-65 Hz　（d）10-80 Hz

图 3-139　地表一致性反褶积前后剖面和频谱

5. 高精度速度建场技术

高精度速度场是确保高精度地震成像的前提和基础。为此，在实际处理中，主要通过以下措施来实现高精度速度场的建立。

① 目的层精细速度分析。在拾取速度过程中，考虑区域地层速度变化规律，按照道集平直、能量团相对集中、叠加段剖面成像好以及相邻点线特征相互参照等原则进行速度拾取。图 3-140 为速度谱、大道集及叠加剖面示意图。

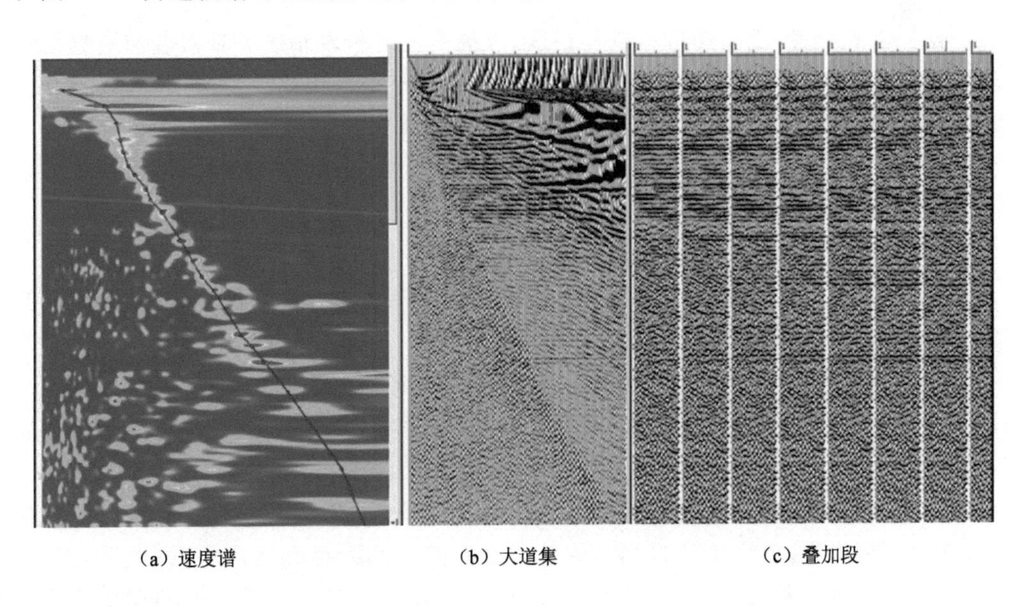

（a）速度谱　（b）大道集　（c）叠加段

图 3-140　速度谱、大道集及叠加剖面示意图

② 速度扫描辅助速度分析。通过多轮速度迭代，速度分析由粗到精细，逐轮加密速度控制点；由于速度分析需要与剩余静校正结合进行迭代，速度场影响剩余静校正结果，因此在首次速度分析时，速度控制点间距较大，考虑动校叠加效果对剩余静校正量求取的影响，第一轮速度分析控制点间距定为 500 m，速度分析时，尽量控制速度横向变化不要太大，随着速度场与剩余静校正迭代进行，逐步加密速度分析控制点，提高速度分析精度，最终速度分析控制点间距为 200 m 时已经能控制剖面成像，局部横向变化大的位置根据需要还可以继续加密速度控制点。通过速度迭代逐步改善整体叠加成像及局部叠加成像效果。图 3-141 为常速扫描叠加剖面，可以用来确定各个目的层的叠加速度范围、辅助速度的精细拾取。

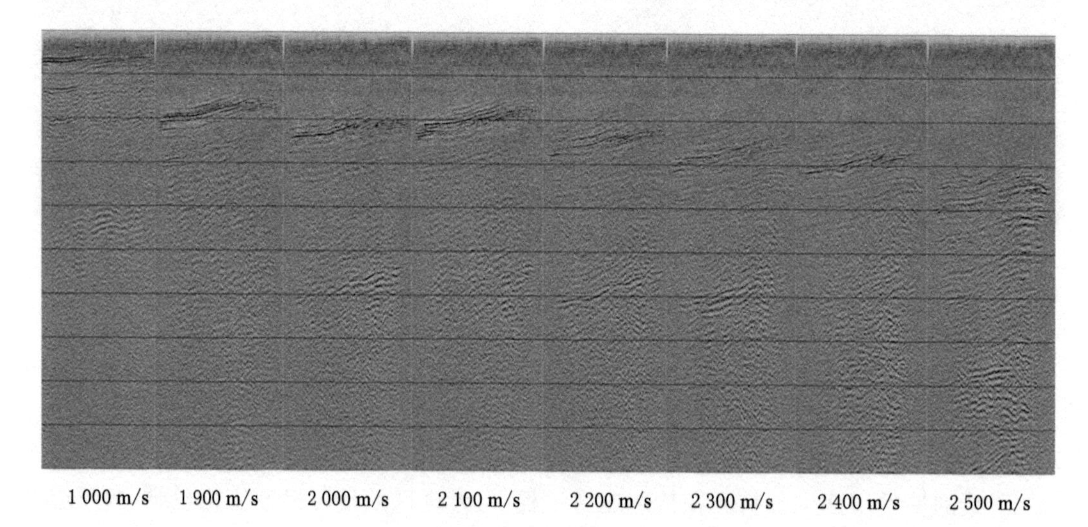

图 3-141　常速扫描叠加剖面局部示意图

③ 改善道集质量，提高速度谱制作精度，以提高速度拾取精度。针对叠前道集信噪比较低的情况，开展针对道集的叠前四维去噪处理，利用提高信噪比之后的道集制作速度谱，速度谱质量得到明显提高，速度谱上能量团更为集中，速度拾取精度得以提高。

对比最终叠加速度场与剖面的叠合图（图 3-142）可见，速度变化趋势与构造趋势基本吻合，证明速度场较为合理。

6. OVT 域叠前时间偏移技术

考虑到常规克希霍夫叠前时间偏移输出的偏移道集缺少方位角信息，且呈现为中偏移距道能量强、远近偏移距道能量弱的“纺锤形”，限制了宽方位采集数据偏移道集在叠前反演中的优势；因此，结合该区野外采集方位角较宽的地震资料特点，采用 OVT 域叠前时间偏移（图 3-143），进一步改善目的层的成像效果，并为叠前储层预测提供精度更高的道集及成果数据。

为了做好 OVT 域叠前时间偏移技术，首先要将经过叠前精细处理过的 CDP 道集数据分选成十字排列道集，单个十字排列的炮检距分布是一系列标准的同心圆；然后，在 OVT 域实施五维数据规则化，消除由野外变观、炮检点分布不均等因素导致的偏移距和覆盖次数分布不均等问题，为叠前偏移提供高质量的道集数据体；其次，计算每个 OVT 道集的平

图 3-142 最终叠加速度场与剖面叠合图

均炮检距和方位角，作为该道集代表性的炮检距和方位角，这种方法优于常用的固定炮检距范围内分离数据的方法，此后对单个 OVT 子集进行偏移；最后，对偏移后输出的 OVG 道集进行方位各向异性剩余时差校正，利用各向异性速度将包含有方位各向异性剩余时差的地震道反射波旅行时校正为零炮检距处的反射波旅行时，消除同一共中心点道集内由炮检方位差异所造成的反射波旅行时剩余时差。

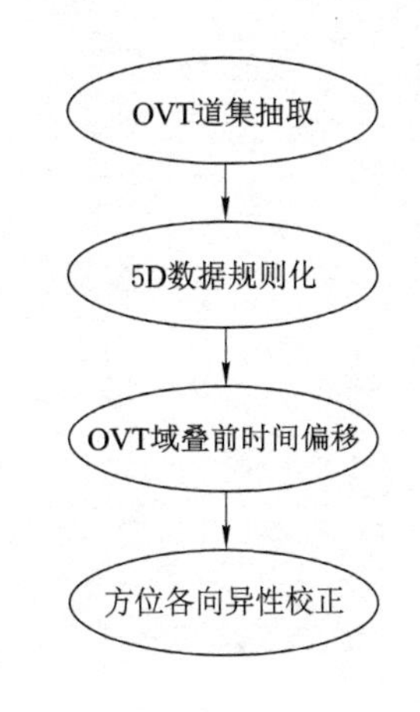

图 3-143 OVT 域叠前时间偏移处理流程

应用 OVT 处理技术获得的高质量 OVG 道集保留了方位角信息，信噪比更高，为基于方位各向异性的断层识别和裂缝预测奠定了数据基础；OVG 道集近、中、远道能量一致性强，为叠前反演和含油气检测提供了数据保障(图 3-144、图 3-145)。

三、纵横波与温度关系探索

工区内 GH-01 井在花岗岩段，从速度与温度交汇关系图(图 3-146)可以看出，整体关系不明显，但不同深度段，速度和温度有一定的线性关系。本次研究，把花岗岩风化壳以下地层从浅到深分为四段，利用深度、声波速度及温度关系，分四段统计拟合速度与温度的相关公式，第一段：花岗岩风化层往下深度 0～500 m，温度 102～120 ℃[图 3-147(a)]；第二段：深度 500～1 000 m，温度 120～140 ℃[图 3-147(b)]；第三段：深度 1 000～1 600 m，温度 140～170 ℃[图 3-147(c)]；第四段：深度 1 600～2 300 m，温度 170～195 ℃[图 3-147(d)]。

由于工区内仅有一口钻井，优选基于径向基函数的 RBF 反演开展纵波速度反演，

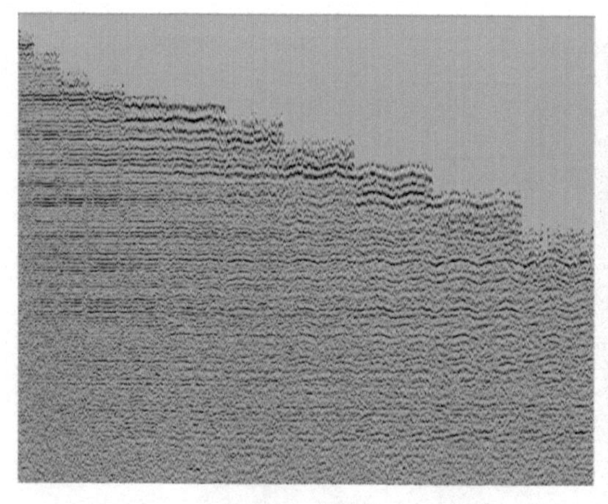
(a) 校正前

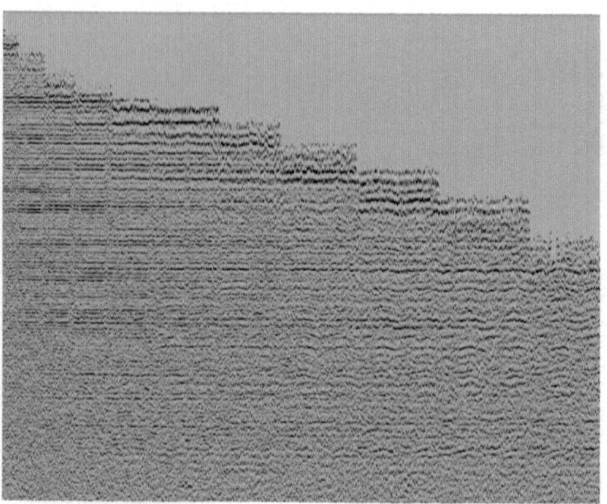
(b) 校正后

图 3-144　方位各向异性校正前后 OVG 道集对比

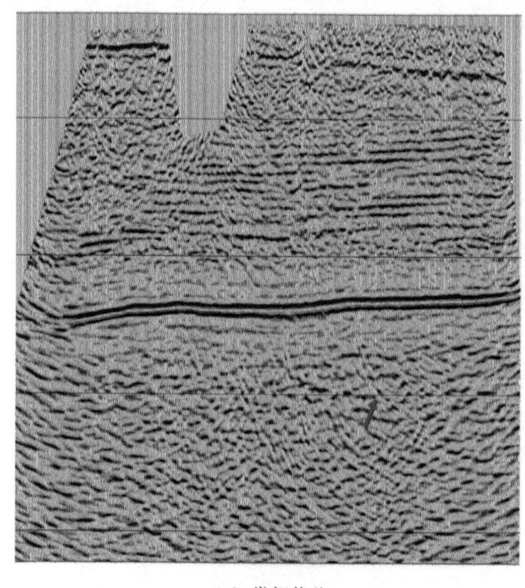
(a) 常规偏移

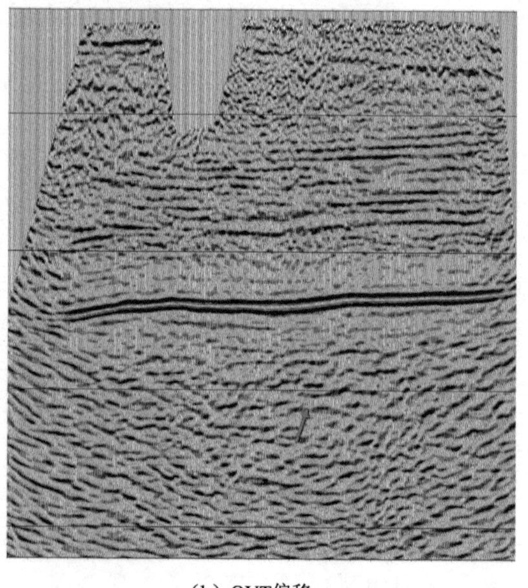
(b) OVT偏移

图 3-145　常规叠前偏移与 OVT 叠前偏移剖面对比

图 3-148 为过 GH-01 井的纵波速度反演剖面(井上曲线为纵波速度曲线),可看出,在井点处,能真实反映井上纵向的速度变化,横向上变化与地震响应一致。该反演结果能较好反映速度的纵横向变化规律。

第一套地层平均温度在 80～12 ℃,第二套地层平均温度在 90～150 ℃,第三套地层平均温度在 90～170 ℃,第四套地层平均温度在 110～230 ℃。从浅至深,总体温度较高区域在工区东部,呈近南北条带展布,温度最高的地层是第四套地层,温度在 110～230 ℃,大部分温度高于 160 ℃(除深蓝色区域)。

根据上面分析的分段纵波速度与温度的关系,分段开展温度分析(图 3-149)。

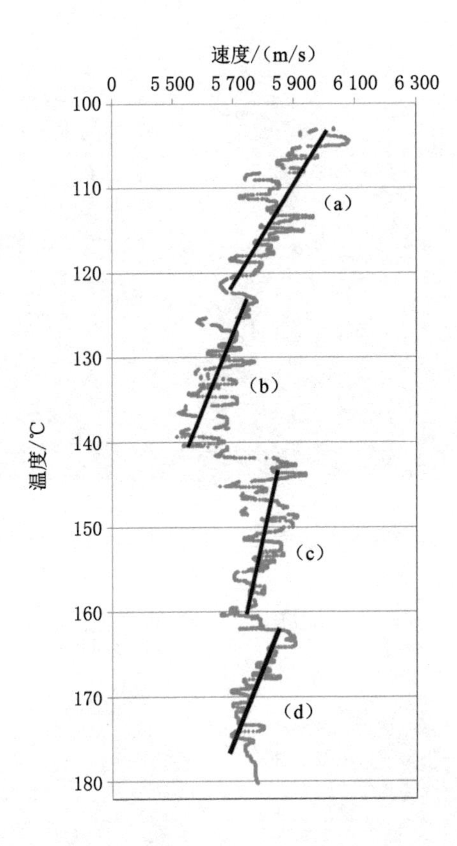

图 3-146　GH-01 井速度与温度交汇图

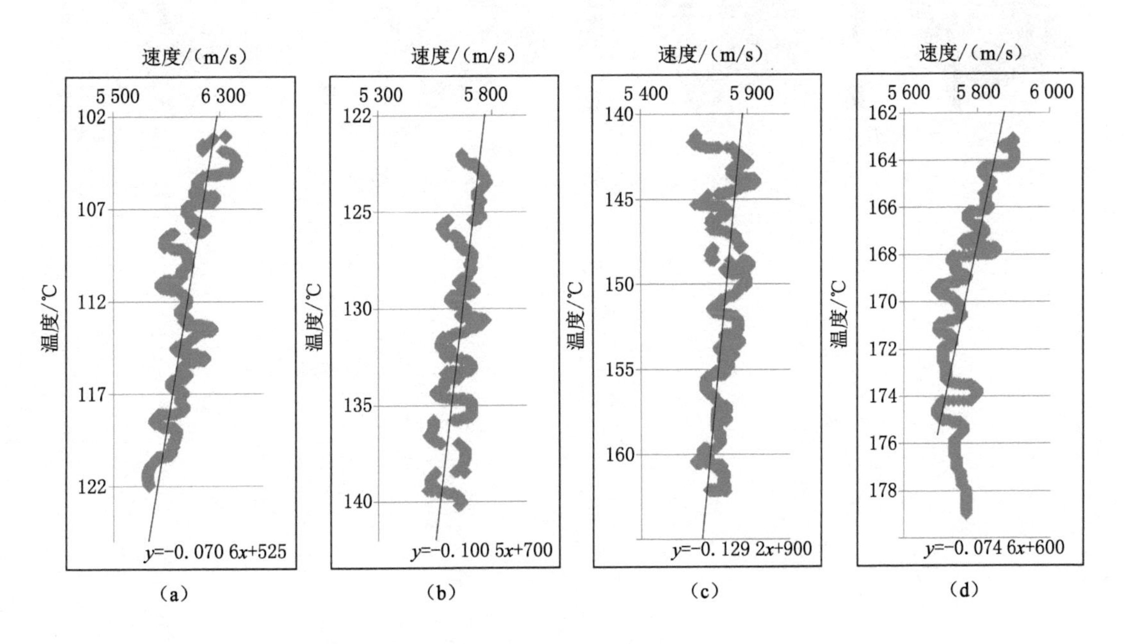

图 3-147　GH-01 井纵波速度与温度交汇图

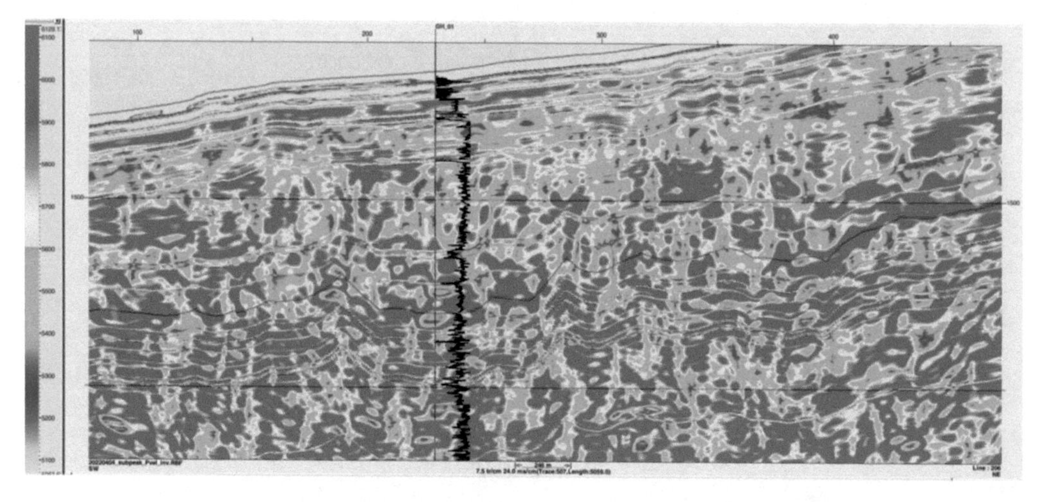

图 3-148　过 GH-01 井纵波速度反演剖面图(井上曲线为纵波速度曲线)

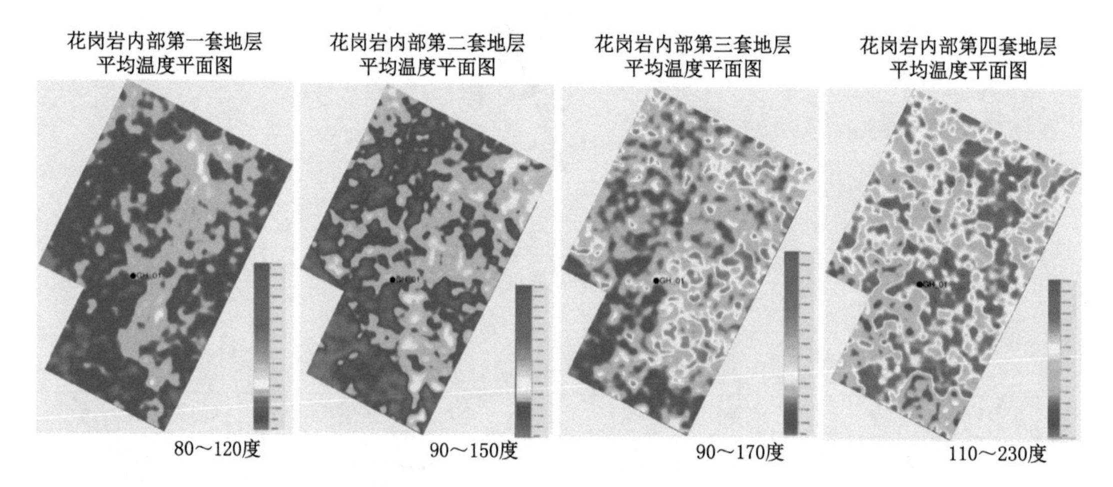

图 3-149　花岗岩内部地层平均温度平面图

第四章　重磁电震联合反演

不同的地球物理观测数据一般是由地球的不同物理性质决定的，这些物理性质不一定有明确的关系。如，电磁数据取决于地下的电阻率，重力数据取决于密度变化，而地震数据取决于地震弹性特性和密度变化等参数。通常情况下，由于地球物理采集数据有限，数据中不可避免地含有噪声干扰等，通过反演方法可得到很多组符合观测数据的地下模型，即表现为地球物理反演的多解性。同时，不同地球物理方法自身能够获得的信息也有缺陷，例如，基于扩散性物理过程的方法（如电磁法）难以得到尖锐的边界，重力方法的深度分辨率有限，地震对于炮点与检波器距离较小的区域提供的信息很少，等等。其结果便是，大部分地球物理数据处理结果难以克服多解性的影响（Franz et al.，2021）。为了增强结果的可信度，可以在地球物理数据的反演中加入额外的约束条件，以限制解的空间，这种方式被称为联合反演，即要求反演结果可以同时解释多个数据集或模型。这些约束既可以通过在反演过程中联合其他的地球物理数据（Gunther et al.，2006；Heincke et al.，2017；Moorkamp，2017；Shi et al.，2017），也可以和其他地球物理数据独立得出的反演结果联合（Bedrosian，2007；Kalscheuer et al.，2015；Mandolesi et al.，2014；Zhou et al.，2015）。联合反演既可以通过多种地球物理数据反演单独的物理参数，如电阻率或地震速度（Candansayar et al.，2008；Parolai et al.，2005），也可以使用多种地球物理数据集联合反演得到不同的物理参数，后者可通过交叉参数或函数关系实现。其中，基于结构相似性的关系交叉梯度联合反演方法最受认可（Franz et al.，2021），即在不同的物理参数模型中，强制物理性质分布在同样的位置。将多个地球物理数据集或独立得出的模型整合起来，可以大大改善模型的解释精度，因为它将各个解限制在所有解空间的交点上。这通常会导致更小的解空间，从而使物理模型的地质解释具有更高的可信度。

在深部热储多源地球物理联合反演时，应采用分尺度联合反演策略，分尺度联合反演策略包括两部分内容：一是针对不同分辨率地球物理数据进行解释时应考虑观测数据的尺度，进行不同空间分辨率数据的分尺度联合反演；二是针对不同水平展布和埋深的地质体进行解释时应考虑探测目标的尺度，进行不同规模地质体的分尺度联合反演。在面向深部地热系统这一目标进行地球物理联合探测时，针对不同尺度的多源地球物理数据（大比例尺重磁数据、大地电磁数据、主动源地震数据、被动源地震数据、卫星重磁数据等），在解决不同尺度地热系统相关地质构造（盖层、热储、控热和控水通道、热源）的空间结构刻画问题时，采用分尺度联合反演策略实现不同尺度地质构造的、不同尺度地球物理数据的联合反演。在深部热储系统地球物理综合探测时，初步形成了以下的分尺度联合反演策略：

① 针对地热系统中盖层的探测。由于地质目标成层性较好，在地球物理方法选择时主

要以主动源地震和大地电磁方法为主，尤其以人工地震探测结果为主进行层位划分、断裂构造识别，而大地电磁结果辅助地震数据的解释。

② 针对地热系统中储层的探测。由于深部热储对应的干热岩体埋深较大(3～10 km)，考虑经济性和方法有效性，在地球物理方法选择时以剖面大地电磁测量、大比例尺面积重磁测量为主，通过大地电磁测量结果进行地下层位划分、热储层空间展布的剖面解释。在大地电磁剖面解释结果的基础上联合面积性重磁测量数据实现重磁电数据联合反演，完成热储层空间三维展布的高精度解释。

③ 针对地热系统中深部热源的探测。深部热源一般埋藏较深、范围较大，在选择剖面大地电磁测量方法进行热源特征刻画的基础上，应结合面积性卫星重磁测量、天然源地震台站数据进行深部热源三维结构的联合反演。

④ 针对地热系统中控热通道的探测。控热通道是连接深部热源和热储的桥梁，一般与区域性构造断裂有关，在构造断裂水平位置圈定时，应发挥重磁测量数据高水平分辨率的优势，基于卫星、地面重磁测量数据实现断裂构造水平边界位置的圈定，而断裂构造的空间展布和连通关系采用重力、磁法、天然地震台站数据进行联合反演，实现控热通道的精细刻画。

在具体的多源地球物理联合反演算法选择方面，应结合实际的地质目标类型、地球物理数据特点进行方法选择。交叉梯度联合反演方法主要依据不同源探测数据反映的地质构造的相似性形成约束条件，实现不同地球物理数据的融合和联合反演，在不同源地球物理数据对应的地质体同源性较高的条件下，可以更好地挖掘不同源数据的优势，进而提高反演可靠性和精度，而在同源性较差时，基于交叉梯度的联合反演策略很难完成有效的多源数据联合反演，并且该方法很难将已有先验信息结合到实际的反演过程中，方法灵活性较差。而基于子维联合反演方法可实现地质、地球物理、岩石物理、专家决策等先验信息的高效利用，通过典型剖面电磁、地震数据解释结果、岩石物理物性参数信息、专家综合分析和定性解释结果等先验信息的加入，实现多源地球物理数据的联合反演，提高多源地球物理数据联合反演的实用性。基于人工智能的深度学习联合反演方法可充分挖掘多源地球物理间的地质体特征，提高地质体解释精度和可靠性。

第一节　单源地球物理正反演技术

一、重磁正反演方法

重磁三维物性反演一般被简化为求解一个非线性方程系统的问题。但由于严重的病态问题，位场数据反演难以得到稳定、可靠的解，故而早期的位场数据处理往往使用物性不变的标准模型，如球体、圆柱体、长方体等拟合观测数据(Goodacre，1980；Oldenburg，1974)。Last 等(1983)将“最小体积”的概念引入反演过程，得到了边界清晰的反演结果，降低了反演不确定性。Li 等(1996，1998)使用深度加权函数和 L2 正则化约束进行重力和磁数据反演，基本克服了位场反演的趋肤效应。Fedi 等(1999)提出将深度先验信息加入反演以提高深度分辨率的方法，得到了深度分辨率较高的解。Portniaguine 等(1999)使用 L0 范数作为约束条件，提出聚焦反演方法，并在其后数年中完善了这个方法(Portniaguine et al.,2002;Zhdanov,2002)。Sliver 等建立了自适应学习的反演方法(Silva et al.,2007,2009),Pilkington(2009)梳理了重磁三维物性反演的方法和技巧,并提出了基于稀疏性约束的磁数据反演方法。Sun 等(2015)将聚类方法引入重磁数据反演,并实现了重磁数据联合反演。针对单种约束方式灵活性较低的问题,Sun 等(2014)提出了自适应 Lp 范数约束反演。针对位场反演方法内存占用大、运算速度慢的问题,一些学者发展了内存压缩和快速存储技术,并使用并行计算等方法加速运算(陈召曦 等,2012;Hou et al.,2015)。

(一) 位场数据正演基本理论

1. 重力异常数据正演方法

如图 4-1 所示,在笛卡尔坐标系中,位于(ξ,η,ζ)质量为 m 的质点在位于(x,y,z)的观测点产生的竖直方向重力异常为:

$$\Delta g = G\frac{m_i}{r_i^2}\cdot\frac{(z-\zeta)}{r} = G\frac{m(z-\zeta)}{[(x-\xi)^2+(y-\eta)^2+(z-\zeta)^2]^{2/3}} \tag{4-1}$$

式中,$G=6.67\times10^{-11}\ \mathrm{m^3/(kg\cdot s^2)}$为万有引力常数;$r_i$ 为观测点到质点的距离。

式中所有观测量均为国际单位值(SI),即质量全部为 kg,距离全部为 m,由此公式计算得到的垂向重力异常单位为 $\mathrm{m/s^2}$。

则长方体的重力异常可由质点异常的三重积分计算:

$$\begin{aligned}\Delta g &= \iiint_v G\frac{\rho(z-\zeta)\mathrm{d}v}{[(x-\xi)^2+(y-\eta)^2+(z-\zeta)^2]^{2/3}} \\ &= G\rho\int_{\zeta_1}^{\zeta_2}\int_{\eta_1}^{\eta_2}\int_{\zeta_1}^{\zeta_2}\frac{(z-\zeta)}{[(x-\zeta)^2+(y-\eta)^2+(z-\zeta)^2]^{2/3}}\mathrm{d}\xi\,\mathrm{d}\eta\,\mathrm{d}\zeta\end{aligned} \tag{4-2}$$

式中,ρ 为密度,$\mathrm{kg/m^3}$。

式(4-2)有多种解析解,本书中使用的解为:

$$\Delta g = G\rho\left\{\begin{matrix}(\xi-x)\log(r+y-\eta)+(\eta-y)\log(r+x-\xi)+ \\ (\zeta-z)\arctan\left[-\dfrac{(x-\xi)(y-\eta)}{r(z-\zeta)}\right]\end{matrix}\right\}\Bigg|_{\xi_1}^{\xi_2}\Bigg|_{\eta_1}^{\eta_2}\Bigg|_{\zeta_1}^{\zeta_2} \tag{4-3}$$

在式(4-3)中,调整测点位置(x,y,z)的值,即可获得不同位置观测点的重力异常;改变长方体交点位置 ξ_1、ξ_2、η_1、η_2、ζ_1、ζ_2 的值,即可获得不同位置、大小的长方体的重力异常值。改变密度 ρ 的大小,即可获得不同密度的长方体的重力异常值。

在将地下空间剖分为一系列长方体单元时,假设共有 M 个地面测点,其坐标为$\{(x_i,y_i)\}_{i=1}^{M}$;共有 N 个长方体单元,其坐标$\{(\xi_{1,j},\xi_{2,j},\eta_{1,j},\eta_{2,j},\zeta_{1,j},\zeta_{2,j})\}_{j=1}^{N}$。为将式(4-3)中的 ρ 提取出来,定义密度与重力异常值的灵敏度:

$$S_g = G\left\{\begin{matrix}(\xi-x)\log(r+y-\eta)+(\eta-y)\log(r+x-\xi)+ \\ (\zeta-z)\arctan\left[-\dfrac{(x-\xi)(y-\eta)}{r(z-\zeta)}\right]\end{matrix}\right\}\Bigg|_{\xi_1}^{\xi_2}\Bigg|_{\eta_1}^{\eta_2}\Bigg|_{\zeta_1}^{\zeta_2} \tag{4-4}$$

可以看出,S_g 仅与测点和长方体单元的相对位置有关,与密度无关。其不随密度的改变而改变,只是密度与重力异常的系数。

则地下空间内所有长方体密度组成的密度向量 $\overrightarrow{\rho}$ 与所有观测数据 $\overrightarrow{\Delta g}$ 的关系为:

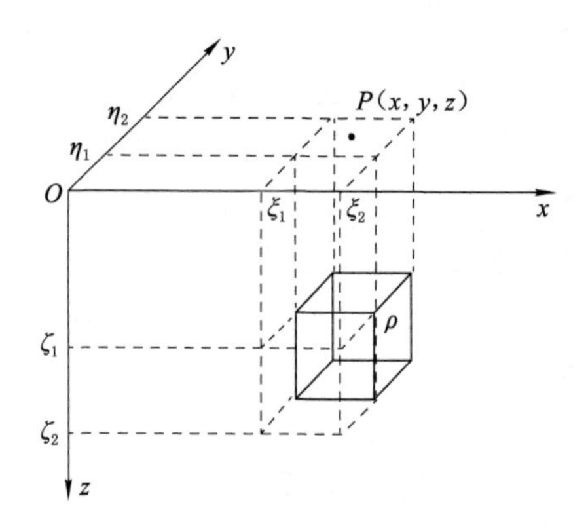

图 4-1 长方体位置坐标与观测点坐标关系图

$$\begin{bmatrix}\Delta g_1\\ \Delta g_2\\ \vdots\\ \Delta g_N\end{bmatrix}=\begin{bmatrix}S_{1,1} & S_{1,2} & S_{1,3} & S_{1,4} & \cdots & S_{1,N}\\ S_{2,1} & S_{2,2} & S_{2,3} & S_{2,4} & \cdots & S_{2,N}\\ \vdots & \vdots & \vdots & \vdots & \ddots & \vdots\\ S_{3,1} & S_{3,2} & S_{3,3} & S_{3,4} & \cdots & S_{M,N}\end{bmatrix}\begin{bmatrix}\rho_1\\ \rho_2\\ \rho_3\\ \rho_4\\ \vdots\\ \rho_N\end{bmatrix} \tag{4-5}$$

式中，$S_{i,j}$ 表示位置为(x_i, y_i)的观测点与坐标为$(\xi_{1,j}, \xi_{2,j}, \eta_{1,j}, \eta_{2,j}, \zeta_{1,j}, \zeta_{2,j})$的长方体单元的灵敏度。

式(4-4)可写作矩阵形式：

$$\Delta g^{M\times 1}=S_g^{N\times N}\rho^{N\times 1} \tag{4-6}$$

2. 磁异常数据正演方法

ΔT 为磁异常在地磁场方向的分量，可由磁感应强度计算：

$$\Delta T=B_x\cos I\cos A+B_y\cos I\sin A+B_z\sin I \tag{4-7}$$

式中，I 为地磁场的倾角；A 为磁北与正北方向的夹角。

地磁场垂直向下时 $I=90°$，此时式(4-7)可简化为：

$$\Delta T=B_x \tag{4-8}$$

剩余密度为 ρ 的长方体磁化强度矢量为 M 时，由于重力位和磁位之间满足泊松公式，即磁位与重力位关系为：

$$U=\frac{M\cdot\nabla V}{4\pi G\rho} \tag{4-9}$$

式中，V 为重力位。

将上式展开可得：

$$\begin{aligned}U&=\frac{1}{4\pi G\rho}\left(M_x\frac{\partial V}{\partial x}+M_y\frac{\partial V}{\partial y}+M_z\frac{\partial V}{\partial z}\right)\\ &=\frac{1}{4\pi G\rho}\left(M\cos i\cos\delta\frac{\partial V}{\partial x}+M\cos i\sin\delta\frac{\partial V}{\partial y}+M\sin i\frac{\partial V}{\partial z}\right)\end{aligned}$$

$$=\frac{M}{4\pi G\rho}\left(\cos i\cos\delta\,\frac{\partial V}{\partial x}+\cos i\sin\delta\,\frac{\partial V}{\partial y}+\sin i\,\frac{\partial V}{\partial z}\right) \tag{4-10}$$

式中，M 为磁化强度矢量的模；M_x、M_y、M_z 分别是磁化矢量 M 在 x、y、z 方向上的分量；i 为磁化倾角；δ 为磁化偏角。

只考虑垂直磁化（$i=90°$），磁感应强度 B_z 为：

$$\begin{aligned}B_z&=-\mu_0H=-\mu_0\frac{\partial U}{\partial z}\\&=\frac{M}{4\pi G\rho}\left(\cos i\cos\delta\,\frac{\partial^2 V}{\partial x\partial z}+\cos i\sin\delta\,\frac{\partial^2 V}{\partial y\partial z}+\sin i\,\frac{\partial^2 V}{\partial z^2}\right)\\&=\frac{M}{4\pi G\rho}\cdot\frac{\partial^2 V}{\partial z^2}\end{aligned} \tag{4-11}$$

将长方体重力异常公式代入上式，再由式(4-11)可知：

$$\Delta T=\frac{\mu_0 M}{4\pi}\left\{(\zeta-z)\arctan\left[-\frac{(x-\zeta)(y-\eta)}{r(z-\zeta)}\right]\right\}\Bigg|_{\xi_1}^{\xi_2}\Bigg|_{\eta_1}^{\eta_2}\Bigg|_{\zeta_1}^{\zeta_2} \tag{4-12}$$

式(4-12)中表示的垂直磁异常在磁异常解释中具有重要作用，实际上就是常用的化极后的磁异常数据。

类似地，将磁化强度 M 从公式中提取出来，得到磁异常的灵敏度系数：

$$S_m=\frac{\mu_0}{4\pi}\left\{(\zeta-z)\arctan\left[-\frac{(x-\zeta)(y-\eta)}{r(z-\zeta)}\right]\right\}\Bigg|_{\xi_1}^{\xi_2}\Bigg|_{\eta_1}^{\eta_2}\Bigg|_{\zeta_1}^{\zeta_2} \tag{4-13}$$

可将磁异常正演公式写作矩阵形式：

$$\Delta T^{M\times 1}=S_m^{M\times N}M^{N\times 1} \tag{4-14}$$

（二）正则化反演基本理论

1. 正则化反演的一般形式

将地下空间划分为 M 个规则立方体，地面上有 N 个观测点，由式(4-6)和式(4-14)可知，位场观测数据与物性参数的关系为：

$$d^{M\times 1}=S^{M\times N}m^{N\times 1} \tag{4-15}$$

式中，d 为地面观测到的位场数据；m 为物性参数；S 为灵敏度矩阵。

在已知观测数据 d，并计算得到灵敏度矩阵 S 的前提下，反演问题可表示为最小化目标函数：

$$\Phi=\|W_dS_m-W_dd\|_2^2 \tag{4-16}$$

式中，W_d 为数据加权矩阵，用以平衡各个观测数据对反演过程的贡献。

一般来说，测区中心的数据比边缘的数据更可靠，在反演中可以有更高的占比。常见的数据加权函数由 Portniaguine 和 Zhdanov 提出：

$$W_d=\mathrm{diag}(SS^{\mathrm{T}})^{\frac{1}{2}} \tag{4-17}$$

由于 $M\ll N$，加之观测时噪声的干扰，此方程解的空间很大，反演结果极不稳定。使用吉洪诺夫正则化可以有效缩减解的空间，增加反演的可靠性。

$$\Phi=\|W_dS_m-W_dd\|_2^2+\alpha\|W_mm\|_2^2 \tag{4-18}$$

式(4-18)为 L2 正则化下的目标函数。α 为正则化权重，W_m 为模型加权矩阵，其主要作用是平衡灵敏度矩阵 S 中的病态关系，减少趋肤问题。常见的数据加权函数有两种，分别由 Portniaguine、Zhdanov(1999)和 Li、Oldenburg(1996)提出：

$$W_m = \mathrm{diag}(S^{\mathrm{T}} S)^{\frac{1}{2}} \tag{4-19}$$

$$W_m = \mathrm{diag}(w_z^{\mathrm{T}} w_z)^{\frac{1}{2}}$$

$$w_z = (z - z_0)^{-\frac{\beta}{2}} \tag{4-20}$$

此时，目标函数(4-18)的导数为：

$$\begin{aligned}\frac{\partial \Phi}{\partial m} &= (W_d S)^{\mathrm{T}} (W_d S m - W_d d) + \alpha W_m^2 m \\ &= ((W_d S)^{\mathrm{T}} (W_d S) + \alpha W_m^2) m - (W_d S)^{\mathrm{T}} W_d d\end{aligned} \tag{4-21}$$

由目标函数及其导数，可对目标函数进行求解。如其最小二乘法解为：

$$m = [(W_d S)^{\mathrm{T}} (W_d S) + \alpha W_m^2]^{-1} (W_d S)^{\mathrm{T}} W_d d \tag{4-22}$$

2. 加权空间内的正则化反演

在加权空间内做迭代可使得正则化约束更为高效，取得稳定的反演结果。

令

$$m_w = W_m m \tag{4-23}$$

$$S_w = W_d S W_m^{-1} \tag{4-24}$$

$$d_w = W_d d \tag{4-25}$$

则目标函数写为：

$$\Phi = \| S_w m_w - d_w \|_2^2 + \alpha \| m_w \|_2^2 \tag{4-26}$$

目标函数的导数为：

$$\frac{\partial \Phi}{\partial m_w} = S_w^{\mathrm{T}} (S_w m_w - d_w) + \alpha m_w = (S_w^{\mathrm{T}} S_w + \alpha I) m_w - S_w^{\mathrm{T}} d_w \tag{4-27}$$

其最小二乘解为：

$$m = W_m^{-1} (S_w^{\mathrm{T}} S_w + \alpha I) m_w S_w^{\mathrm{T}} d_w \tag{4-28}$$

3. 加权空间内反演的优势

在大多数时候，在加权空间的反演效果要比非加权空间的正则化反演效果稳定很多。其原因可以如此解释：

在一个基于梯度反演中，以梯度下降为例，假设使用 L2 约束，步长为 1，则非加权空间的每一步迭代的过程为：

$$m = m - \frac{\partial \Phi}{\partial m} = m - [(W_d S)^{\mathrm{T}} (W_d S m - W_d d) + \alpha W_m^2 m] \tag{4-29}$$

在同样的求解步骤中，如果在加权空间内迭代，则迭代过程为：

$$\begin{aligned}m_w &= m_w - \frac{\partial \Phi}{\partial m_w} = m_w - S_w^{\mathrm{T}} (S_w m_w - d_w) - \alpha m_w \\ &= m_w - (W_d S W_m^{-1})^{\mathrm{T}} (W_d S m - W_w d) - \alpha W_m m\end{aligned} \tag{4-30}$$

式(4-30)描述了 m_w 的迭代过程，由式(4-29)可知，其代表的非加权空间内的迭代过程为：

$$W_m m = W_m m - (W_d S W_m^{-1})^{\mathrm{T}} (W_d S m - W_d d) - \alpha W_m m \tag{4-31}$$

由于 W_m 为对角矩阵，公式(4-29)可化简为：

$$m = m - \frac{1}{W_m^2}[(W_d S)^{\mathrm{T}}(W_d Sm - W_d d) + \alpha W_m^3 m] \tag{4-32}$$

通过式(4-25)与式(4-23)的对比可知，由于求导对象的不同，加权空间和非加权空间中 m 的迭代过程也不同。在加权空间内的求解能够使数据拟合项产生的导数值在迭代过程中除以 W_m^2，即加权矩阵直接通过乘法起作用，在每一步迭代中，加权矩阵都会直接乘以梯度以修正步长和方向，避免了随着误差减小而导致的数据拟合项和正则化项不均衡的问题；而在非加权空间中，这个修正过程仅通过在加权空间内也存在的减法来实现，这使得两项之间的权重难以平衡，导致反演的过程远不如加权空间内稳定。

4. 加权空间内约束型反演

由式(4-32)可以看出，即使不使用正则化约束，加权空间内的迭代也能将加权矩阵加入反演，从而大大改善病态问题，而且这种通过乘法实现的形式比非加权空间内的加法形式效果更好。也就是说，在加权空间内的正则化起到的缓解趋肤现象的作用很小，而更多地作为一个约束项以缩小解的空间。而若将其作为一个纯粹的约束项来看，这个约束项又存在不合理之处：由于加权矩阵的存在，求解时的光滑或紧凑约束在空间中是分布不均匀的。加权空间内的解 m_w 与原始空间内的解 m 有很大不同，m_w 是光滑或紧凑的，并不一定代表着 m 是光滑或紧凑的。要想让正则化项取得更好的约束作用，在加权空间内已经解决病态问题的前提下，可以将正则化约束改为原始空间解 m 的 L2 正则化，此时目标函数变为：

$$\Phi = \| S_w m_w - d_w \|_2^2 + \alpha \| W_m^{-1} m_w \|_2^2 \tag{4-33}$$

目标函数的导数为：

$$\frac{\partial \Phi}{\partial m_w} = S_w^{\mathrm{T}}(S_w m_w - d_w) + \alpha W_m^{-2} m_w = (S_w^{\mathrm{T}} S_w + \alpha W_m^{-2}) m_w - S_w^{\mathrm{T}} d_w \tag{4-34}$$

其最小二乘解为：

$$m = W_m^{-1}(S_w^{\mathrm{T}} S_w + \alpha W_m^{-2}) m_w S_w^{\mathrm{T}} d_w \tag{4-35}$$

（三）共轭梯度法求解

一般共轭梯度求解形如 $d = Sm$ 的方程的过程如下：

① 输入观测数据 d，初始解 m_0，记录反演次数 $k=0$，设置最大迭代次数 $N_{\max}$、截止误差 ε、正则化参数 α。

② 计算重复使用的中间变量：

$$Q = S^{\mathrm{T}} S + \alpha I \tag{4-36}$$

$$q = S^{\mathrm{T}} d \tag{4-37}$$

③ 计算目标函数 Φ 对 m_0 的初始导数 f_0：

$$f_0 = Q m_0 - q \tag{4-38}$$

④ 计算初始的迭代方向 d_0：

$$d_0 = f_0 \tag{4-39}$$

⑤ 计算初始搜索步长 s_0：

$$s_0 = \frac{d_0^{\mathrm{T}} f_0}{d_0^{\mathrm{T}} Q d_0} \tag{4-40}$$

⑥ 更新解 m：

$$m_k = m_{k-1} - d_{k-1} s_{k-1} \tag{4-41}$$

⑦ 计算误差，并根据误差和迭代次数判断是否终止迭代：

$$\text{loss} = \frac{1}{M} \| Sm - d \|_2^2 \tag{4-42}$$

$$k = k + 1 \tag{4-43}$$

⑧ 计算目标函数 Φ 对 m_k 的初始导数 f_k：

$$f_k = Qm_k - q \tag{4-44}$$

⑨ 更新迭代方向 d_k：

$$d_k = f_k + \frac{f_k^{\mathrm{T}} f_k}{f_{k-1}^{\mathrm{T}} f_{k-1}} d_{k-1} \tag{4-45}$$

⑩ 计算搜索步长 s_k：

$$s_k = \frac{d_k^{\mathrm{T}} f_k}{d_k^{\mathrm{T}} Q d_k} \tag{4-46}$$

⑪ 重复步骤⑥，开启新一轮循环。

上文中的共轭梯度算法中，由于每一步迭代中都对维度为 N 的长向量 d_k、f_k 进行多次计算和存储，并需要同时存储 f_k 和 f_{k-1} 两个大的向量，导致运行效率较低。同时，通过提前计算存储 $S^{\mathrm{T}}S$ 虽然看似精简了计算过程，但这个超大型矩阵在计算过程中是完全不必要的。改进后的算法流程如下：

对于形如 $d = Sm$ 的方程而言，已知观测数据 d 和系数矩阵 S，给定一个初始解 m_0，其共轭梯度求解过程如下：

① 输入观测数据 d，初始解 m_0，记录反演次数 $k=0$，设置最大迭代次数 $N_{\max}$、截止误差 ε、正则化参数 α。

② 计算重复使用的中间变量：

$$q = S^{\mathrm{T}} d - \alpha I \tag{4-47}$$

③ 计算目标函数 Φ 对 m_0 的初始导数 f_0 和迭代所需参数 β_{up}：

$$f_0 = S^{\mathrm{T}}(Sm_0) - q \tag{4-48}$$

$$\beta_{\mathrm{up}} = f_{\mathrm{T}} f \tag{4-49}$$

④ 计算初始的迭代方向 d_0：

$$d_0 = f_0 \tag{4-50}$$

⑤ 计算初始搜索步长 s：

$$s = \frac{\beta_{\mathrm{up}}}{(Sd)^{\mathrm{T}} Sd + \alpha d^{\mathrm{T}} d} \tag{4-51}$$

⑥ 更新解 m：

$$m = m - ds \tag{4-52}$$

⑦ 计算误差，并根据误差和迭代次数判断是否终止迭代：

$$\text{loss} = \frac{1}{M} \| Sm - d \|_2^2 \tag{4-53}$$

$$k = k + 1 \tag{4-54}$$

⑧ 计算目标函数 Φ 对 m 的导数 f 和迭代所需参数 β_{up}、β_{down}：

$$f = S^{T}(Sm) - q \tag{4-55}$$

$$\beta_{down} = \beta_{up} \tag{4-56}$$

$$\beta_{up} = f^{T} f \tag{4-57}$$

⑨ 计算迭代方向 d：

$$d = f + d\,\frac{\beta_{up}}{\beta_{down}} \tag{4-58}$$

⑩ 返回步骤⑤，开始新一轮的循环。

在上述经优化后的计算流程中，f、d 等超长向量只被计算和使用一次，$d^{T}(S^{T}S+\alpha I)d$ 等超大矩阵的运算也被优化为 $(Sd)^{T}(Sd)+\alpha d^{T}d$ 这种矩阵与向量、向量与向量之间的简单运算，使得算法占用的运算空间大为减少，计算效率明显提升。为进一步优化内存占用和运算速度，还应将对角矩阵形式的加权矩阵改为向量格式，以达到更快的速度和更少的资源占用。

（四）聚焦反演基本理论

1. 重加权聚焦反演

以 Last 和 Kubic(1983)提出的最小体积反演为基础，很多学者发展了高分辨率的聚焦反演方法(Guillen et al.，1984；Barbosa et al.，1994；Silva et al.，2006；Silva et al.，2009)，这种算法的实质是使用 L0 范数作为正则化约束，即目标函数为：

$$\Phi = \| W_{d}Sm - W_{d}d \|_{2}^{2} + \alpha \left\| \frac{W_{m}m}{\sqrt{(W_{m}m)^{2} + e^{2}}} \right\|_{2}^{2} \tag{4-59}$$

一般使用重加权的方法对此目标函数求解(Zhdanov，2002)，即设：

$$W_{e}m = \frac{m}{\sqrt{m^{2} + e^{2}}} \tag{4-60}$$

W_{e} 为对角矩阵，其对角线元素为

$$w_{e}(m) = (m^{2} + e^{2})^{-1/2} \tag{4-61}$$

式中，m 越大，权重 $w_{e}(m)$ 越小，则反演结果可能容易出现较小的值，使得更多的 m 值为 0，从而达到聚焦反演的效果。

在重加权反演中，将 W_{e} 也作为加权空间的一部分进行反演。即：

$$m_{w} = W_{w}W_{e}m \tag{4-62}$$

$$S_{w} = W_{d}SW_{m}^{-1}W_{e}^{-1} \tag{4-63}$$

$$d_{w} = W_{d}d \tag{4-64}$$

此时的目标函数为：

$$\Phi = \| S_{w}m_{w} - d_{w} \|_{2}^{2} + \alpha \| m_{w} \|_{2}^{2} \tag{4-65}$$

可采用共轭梯度法求解 m_{w}，使得目标函数最小。在迭代过程中，要不断更新 W_{e} 的值并对 m 进行重新加权，由于这个过程计算量较大，一般每进行一定数量的迭代(如 5 或 10 次)之后，才会对 m 重新加权。

除计算复杂之外，常规推导过程将 W_{e} 视为常量，没有考虑 W_{e} 中含有的 m 对导数的影响，使得导数的计算并不准确：

$$\frac{\partial \Phi}{\partial m_{w}} = S_{w}^{T}(S_{w}m_{w} - d_{w}) + \alpha m_{w}$$

$$=(S_w^{\mathrm{T}}S_w+\alpha I)m_w-S_w^{\mathrm{T}}d_w \tag{4-66}$$

考虑 W_e 影响的导数计算方法，但其思路依然为对重加权方法的改进：

$$\frac{\partial \Phi}{\partial m_w}=(W_e^{-2}S_w^{\mathrm{T}}S_w+\alpha I)m_w-W_e^{-2}S_w^{\mathrm{T}}d_w \tag{4-67}$$

重加权的算法虽然有类似加权空间内反演的优势，但加权过程较为复杂，且计算效率比较低。也可以考虑非重加权情况下的聚焦反演形式。

2. 非重加权聚焦反演

对于目标函数式(4-59)，可以不使用 W_e 对其进行加权，而是直接计算其对于 m 的导数，即：

$$\begin{aligned}\frac{\partial \Phi}{\partial m}&=(W_dS)^{\mathrm{T}}(W_dSm-W_dd)+\alpha\frac{W_m^2m}{(m^2+e^2)^2}\\&=\left[(W_dS)^{\mathrm{T}}(W_dS)+\alpha\frac{W_m^2}{(m^2+e^2)^2}\right]m-(W_dS)^{\mathrm{T}}W_dd\end{aligned} \tag{4-68}$$

由目标函数及其导数，可对目标函数进行求解。其最小二乘法解为：

$$m=\left[(W_dS)^{\mathrm{T}}(W_dS)+\alpha\frac{W_m^2}{(m^2+e^2)^2}\right]^{-1}(W_dS)^{\mathrm{T}}W_dd \tag{4-69}$$

其在加权空间中的求解方法与一般正则化反演相似，令：

$$m_w=W_mm \tag{4-70}$$

$$S_w=W_dSW_m^{-1} \tag{4-71}$$

$$d_w=W_dd \tag{4-72}$$

此时目标函数为：

$$\Phi=\|S_wm_w-d_w\|_2^2+\alpha\left\|\frac{m_w}{\sqrt{m_w^2+e^2}}\right\|_2^2 \tag{4-73}$$

目标函数的导数为：

$$\begin{aligned}\frac{\partial \Phi}{\partial m_w}&=S_w^{\mathrm{T}}(S_wm_w-d_w)+\alpha\frac{m_w}{(m_w^2+e^2)^2}\\&=\left[S_w^{\mathrm{T}}S_w+\alpha\frac{1}{(m_w^2+e^2)^2}\right]m_w-S_w^{\mathrm{T}}d_w\end{aligned} \tag{4-74}$$

若使用本书所用的约束型反演，则目标函数为：

$$\Phi=\|S_wm_w-d_w\|_2^2+\alpha\left\|\frac{W_m^{-1}m_w}{\sqrt{W_m^{-2}m_w^2+e^2}}\right\|_2^2 \tag{4-75}$$

目标函数的导数为：

$$\begin{aligned}\frac{\partial \Phi}{\partial m_w}&=S_w^{\mathrm{T}}(S_wm_w-d_w)+\alpha\frac{W_m^{-2}m_w}{(W_m^{-2}m_w^2+e^2)^2}\\&=\left[S_w^{\mathrm{T}}S_w+\alpha\frac{W_m^{-2}}{(W_m^{-2}m_w^2+e^2)^2}\right]m_w-S_w^{\mathrm{T}}d_w\end{aligned} \tag{4-76}$$

3. 模型测试

(1) 模型和正演数据

设置测区范围为 35 km×20 km，测点距为 1 km，设置两个不同埋深的、边长为 5 km

的立方体模型，其初始 x 坐标分别为 8 km 和 22 km，初始 y 坐标为 7 km，顶面埋深分别为 3 km 和 5 km，密度分别为 1 g/cm³ 和 −1.5 g/cm³，如图 4-2 所示。该模型在此测区产生的重力异常正演结果如图 4-2(b)所示。

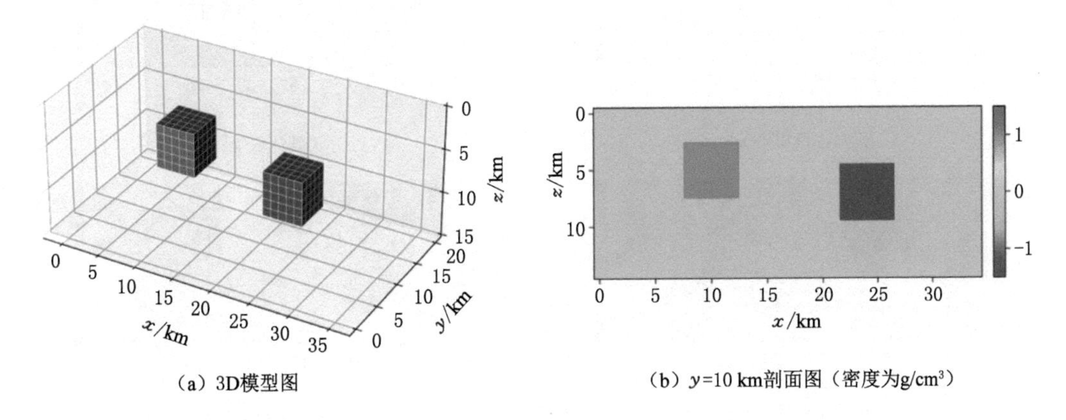

图 4-2　密度模型

(2) 正则化反演模型实验

将测区地下 35 km×20 km×15 km 的空间剖分为边长为 1 km 的立方体网格，用图 4-3 所示的重力异常数据，使用不同权重的 L2 正则化，对此空间分别进行非加权空间、加权空间和约束型反演。所有反演均迭代 300 次，并不设置截止误差，得到如图 4-3 至图 4-5 所示的三组结果。

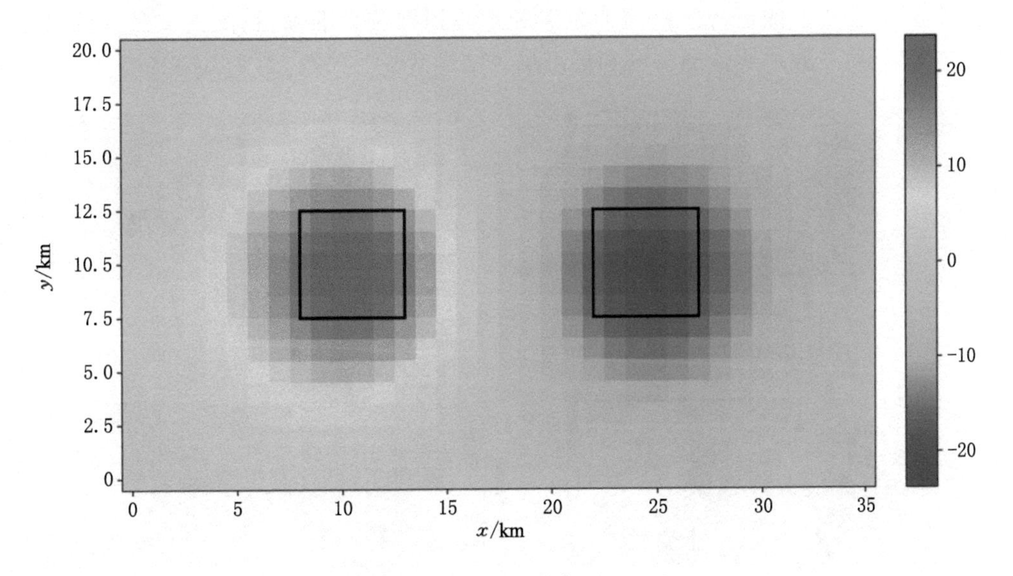

图 4-3　模型重力异常图(mGal)

图 4-4 是未进行加权的正则化反演。从图中可以看出，在正则化权重为 0 时，反演结果完全集中在表层。随着正则化权重的加大，如果正则化权重选择得当，L2 正则化约束下的反演可以对两个模型都有反应，并且对左侧模型的深度定位较为准确[图 4-4(c)、(d)]。但总体而言，此种情况下的反演稳定性较差，难以得到稳定的解。

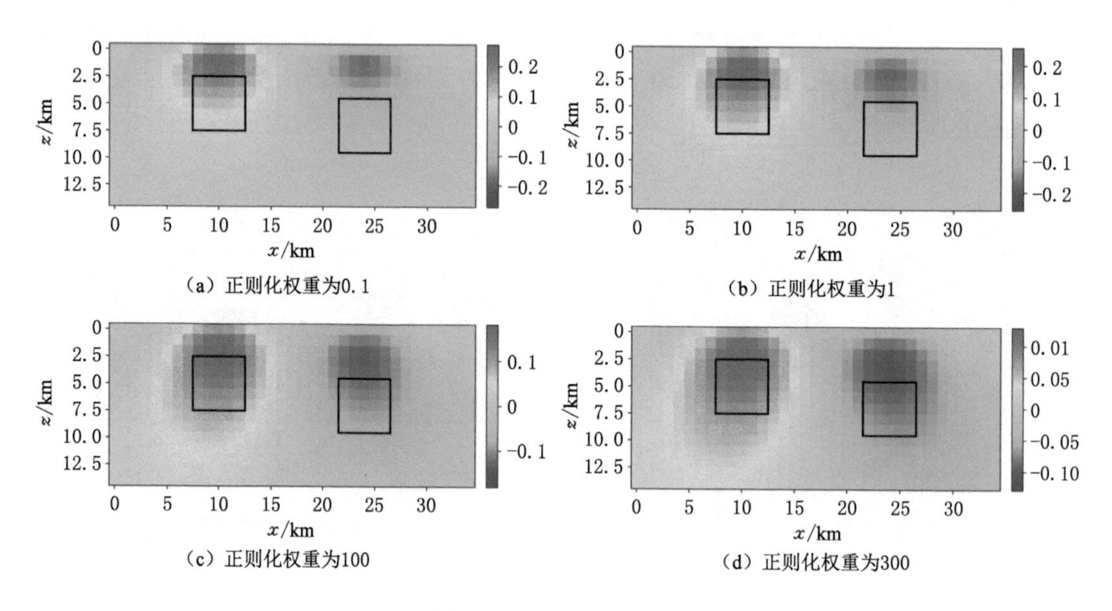

(a) 正则化权重为0.1　(b) 正则化权重为1　(c) 正则化权重为100　(d) 正则化权重为300

图 4-4　非加权空间内正则化共轭梯度反演

图 4-5 是加权空间内的正则化反演结果。从图中可以看出，即使在正则化权重为 0 时，L2 正则化约束下的反演未出现趋肤问题，这进一步验证了前文的论断。将加权空间内两种正则化约束下的反演与非加权空间作对比，可以明显看出加权空间内的反演结果优于非加权空间。在加权空间内，只要正则化权重合适，两种正则化约束下的反演都能对两个目标体产生反应，并且对左侧正密度模型的位置和形态识别较为准确，也能大致区分两目标体的相对位置，但对右侧地质体的深度和形态反演结果有一些偏差[图 4-5(a)、(b)]。

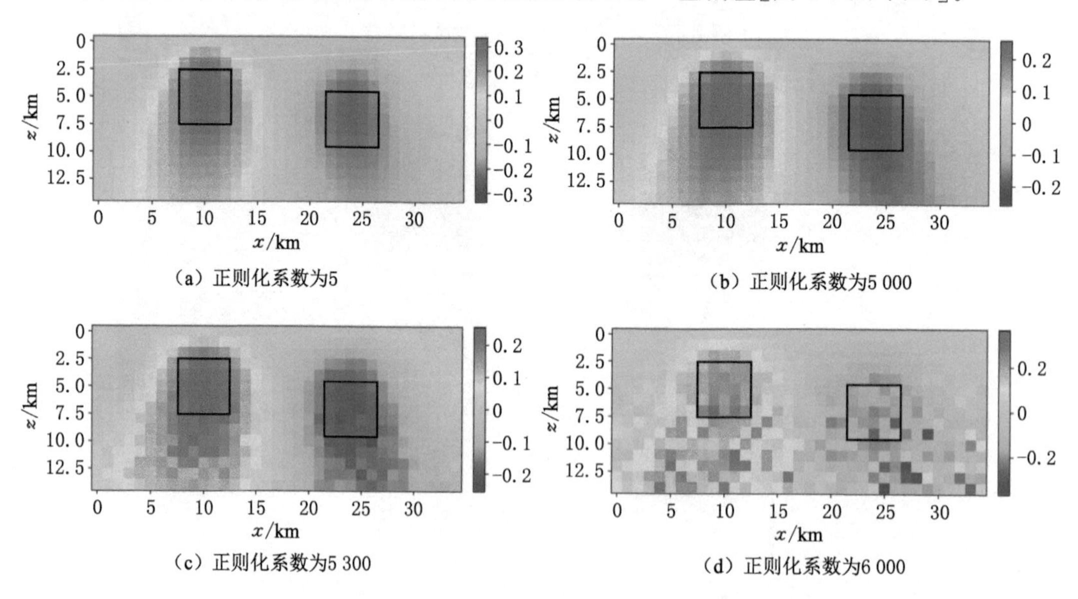

(a) 正则化系数为5　(b) 正则化系数为5 000　(c) 正则化系数为5 300　(d) 正则化系数为6 000

图 4-5　加权空间内正则化共轭梯度反演

综合来看，加权空间内的反演效果对比非加权空间有明显的优势，这种优势既体现在反演的最终效果与模型的契合度，又体现在稳定性的差异。但也可以看出，该种反演的正则化权重对结果的影响难以预计。正则化系数选择为 0～5 000，反演结果并未产生明显的变化[图 4-5(a)、(b)]。而随着正则化系数的进一步增大，解的稳定性开始降低[图 4-5(c)、(d)]。

加权空间内的约束型反演则很好地解决了这个问题。图 4-6 是加权空间内的正则化反演结果。在这种反演中，正则化系数的值对反演结果目标体的形态起到了良好的约束作用。在正则化权重较低时，反演结果的两个目标体较为发散，但仍能辨别其深度和相对位置[图 4-6(a)、(b)]。随着正则化系数的增大，反演结果逐渐向上集中，但仍然保持柔和的边界。当正则化权重为 1 时，反演结果较好定位了两个目标体[图 4-6(c)]。随着正则化系数的进一步增大，反演结果的目标体继续向上集中[图 4-6(d)]。

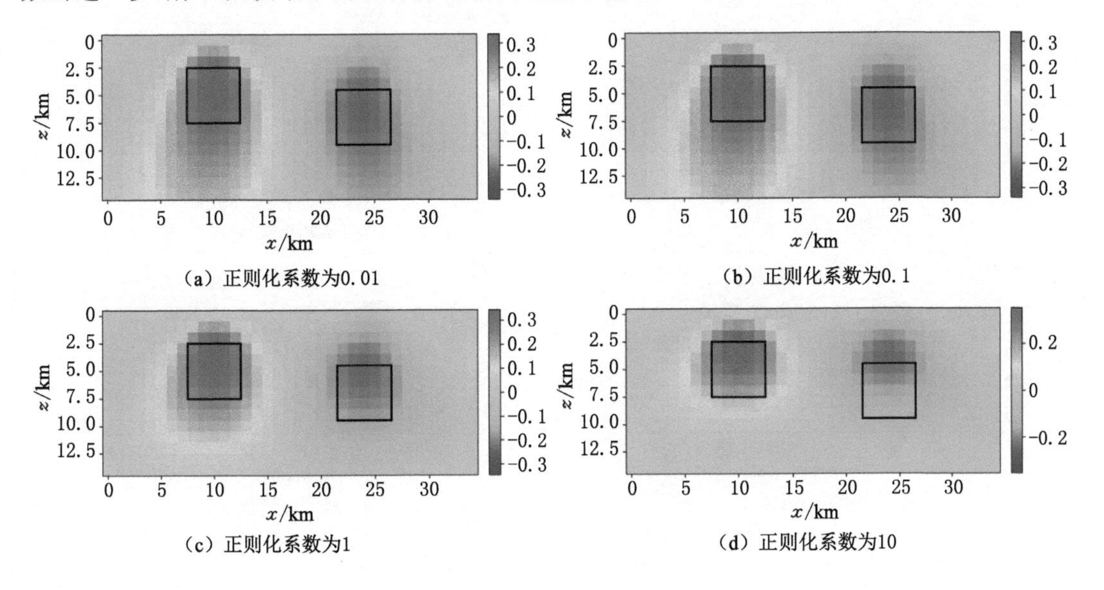

图 4-6　约束型正则化共轭梯度反演

(3) 聚焦反演模型试验

对上述数据分别进行重加权和非重加权的聚焦反演，迭代 100 次并不设置截止误差，得到的结果如图 4-7 和图 4-8 所示。

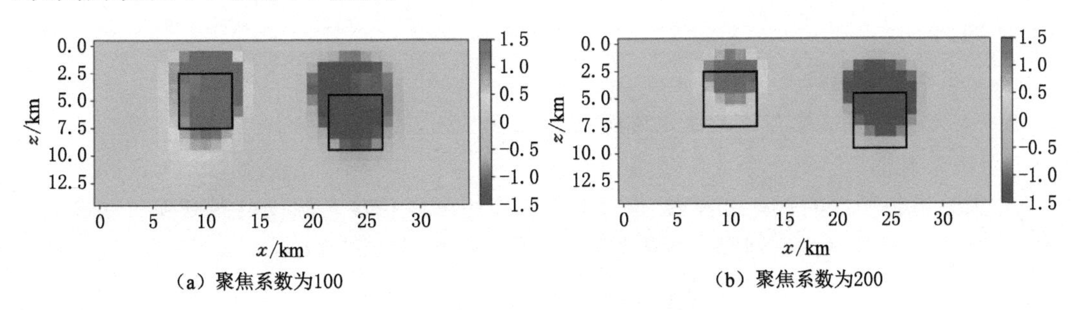

图 4-7　重加权聚焦反演

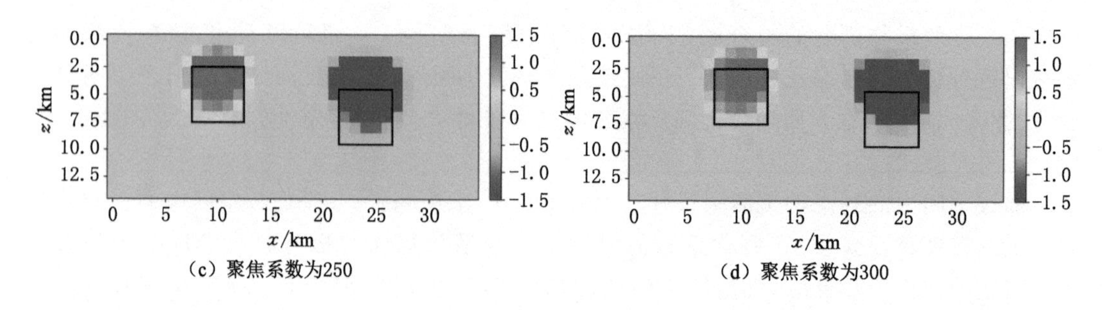

（c）聚焦系数为250　　（d）聚焦系数为300

图 4-7 （续）

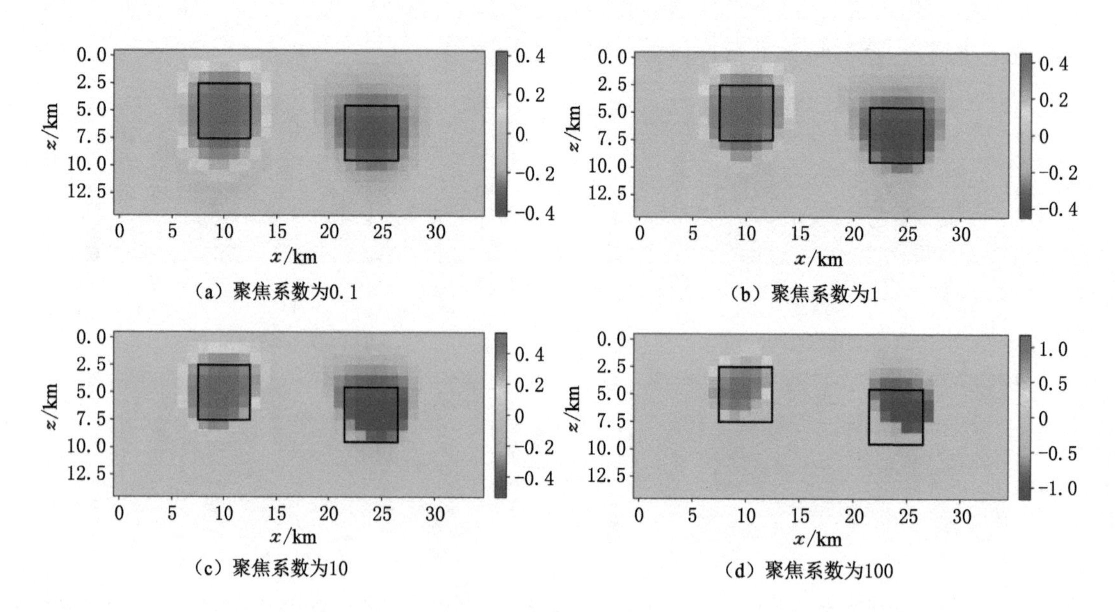

（a）聚焦系数为0.1　　（b）聚焦系数为1

（c）聚焦系数为10　　（d）聚焦系数为100

图 4-8 非重加权聚焦反演

图 4-7 是重加权聚焦反演结果，反演结果分辨率较高，并且随着聚焦系数的增大，模型的聚焦程度逐步增加。反演结果可以清晰分辨两个异常体的位置和相对深度，但对两个地质体的边界和深度识别并不完全准确；图 4-8 是非重加权聚焦反演的结果，与重加权反演的结果相比，该结果聚焦程度较低，上边界有明显的发散，但对两个地质体的边界和深度识别更为准确。

二、大地电磁正反演方法

（一）大地电磁三维有限差分正演理论

1. 控制方程

在大地电磁勘探的频率范围内，位移电流的作用可以忽略。假设电磁场随时间的变化因子为 $e^{-i\omega t}$，实用单位制（MKS）的麦克斯韦方程组的积分形式如下：

$$\oint H \cdot \mathrm{d}l = \int J \cdot \mathrm{d}S = \int \sigma E \cdot \mathrm{d}S \tag{4-77}$$

$$\oint E \cdot \mathrm{d}l = \int i\omega\mu_0 H \cdot \mathrm{d}S \tag{4-78}$$

式中，H 为磁场强度，A/m；E 为电场强度，V/m；σ 为电导率，S/m；μ_0 为真空中的磁导率，

H/m；ω 为角频率；J 为传导电流密度，A/m^2。积分形式的方程具有更明显的物理意义，但后续的推导主要基于微分形式。以上两个方程对应的微分形式为：

$$\nabla\times H=\sigma E \tag{4-79}$$

$$\nabla\times E=i\omega\mu_0 H \tag{4-80}$$

将以上两个微分方程互相代入，可得到关于只含一种电磁场分量的二阶麦克斯韦方程：

$$\nabla\times\frac{1}{\sigma}\nabla\times H=i\omega\mu_0 H \tag{4-81}$$

$$\nabla\times\nabla\times E=i\omega\mu_0\sigma E \tag{4-82}$$

以上二阶微分方程也称为亥姆霍兹(Helmholtz)方程。

2. 交错网格有限差分离散化

求解形如式(4-81)或式(4-82)的 Helmholtz 方程，一种经典而简单的方法是基于 Yee 网格的交错网格有限差分法(staggered finite-difference，SFD)。将研究区域离散化为一系列规则长方体单元，然后在长方体单元上交错地对电场和磁场进行采样。采样方式有两种，第一种是将磁场定义在单元棱边的中点，将电场定义在单元面的中心点，如图 4-9(a)所示；第二种则相反，将电场定义在单元棱边的中点，将磁场定义在单元面的中心点，如图 4-9(b)所示。不妨将这两种方式分别称为 FDH 与 FDE。显然，FDH 和方程(4-77)比较吻合，而且给每个单元分配一个固定的电导率后电流密度 J 的连续性很容易得到满足；FDE 和方程(4-78)比较吻合，而且电场 E 的切向分量在边界的连续性显得更加自然。Siripunvaraporn(2002)证明了对于大地电磁法三维正演，FDH 采样方式下的正演结果对于网格的精细程度比 FDE 方式更为敏感，即后者在网格较粗糙时的精度比前者高，因此推荐使用 FDE 采样方式。

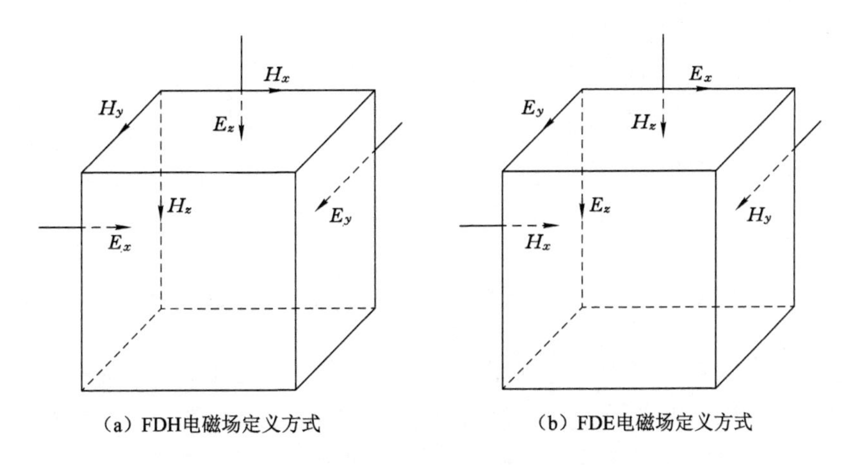

(a) FDH电磁场定义方式　　(b) FDE电磁场定义方式

图 4-9　电磁场定义方式

对于有限差分方程的导出，很多作者都给出了详尽的推导过程，其中 Mackie 等(1993)从一阶麦克斯韦方程的积分形式来推导，物理意义简单明了。这里直接从二阶麦克斯韦方程的微分形式开始，首先将电场双旋度展开成：

$$\nabla\times\nabla\times E=\left[\frac{\partial}{\partial y}\left(\frac{\partial E_y}{\partial x}-\frac{\partial E_x}{\partial y}\right)-\frac{\partial}{\partial z}\left(\frac{\partial E_x}{\partial z}-\frac{\partial E_z}{\partial x}\right)\right]\hat{i}+\left[\frac{\partial}{\partial z}\left(\frac{\partial E_z}{\partial y}-\frac{\partial E_y}{\partial z}\right)-\frac{\partial}{\partial x}\left(\frac{\partial E_y}{\partial x}-\frac{\partial E_x}{\partial y}\right)\right]\hat{j}+\left[\frac{\partial}{\partial x}\left(\frac{\partial E_x}{\partial z}-\frac{\partial E_z}{\partial x}\right)-\frac{\partial}{\partial y}\left(\frac{\partial E_z}{\partial y}-\frac{\partial E_y}{\partial z}\right)\right]\hat{k} \tag{4-83}$$

则式(4-82)可以写成以下分量形式：

$$\frac{\partial}{\partial y}\left(\frac{\partial E_y}{\partial x}-\frac{\partial E_x}{\partial y}\right)-\frac{\partial}{\partial z}\left(\frac{\partial E_x}{\partial z}-\frac{\partial E_z}{\partial x}\right)-i\omega\mu_0\sigma E_x=0 \tag{4-84}$$

$$\frac{\partial}{\partial z}\left(\frac{\partial E_z}{\partial y}-\frac{\partial E_y}{\partial z}\right)-\frac{\partial}{\partial x}\left(\frac{\partial E_y}{\partial x}-\frac{\partial E_x}{\partial y}\right)-i\omega\mu_0\sigma E_y=0 \tag{4-85}$$

$$\frac{\partial}{\partial x}\left(\frac{\partial E_x}{\partial z}-\frac{\partial E_z}{\partial x}\right)-\frac{\partial}{\partial y}\left(\frac{\partial E_z}{\partial y}-\frac{\partial E_y}{\partial z}\right)-i\omega\mu_0\sigma E_z=0 \tag{4-86}$$

使用差分来代替微分，由于二阶微分的存在，每个采样点将与环绕该采样点的其他 12 个采样点发生关联，如图 4-10 所示。

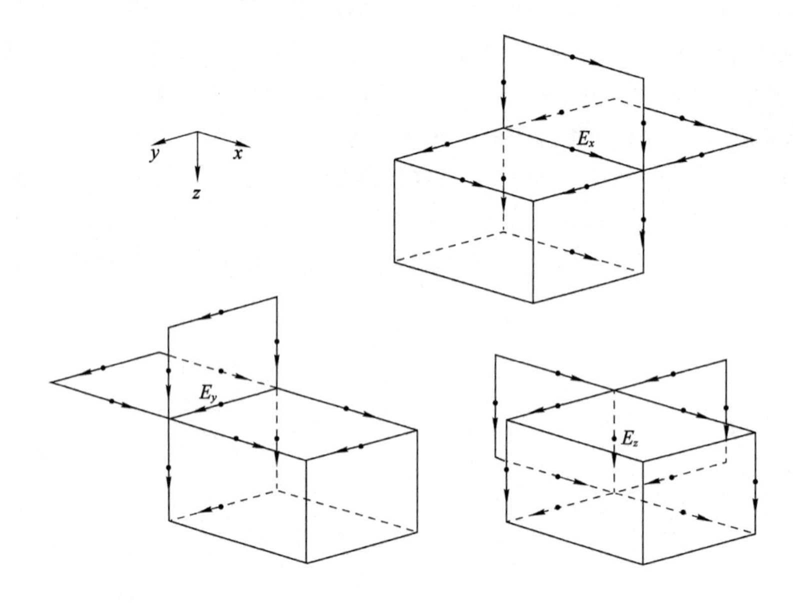

图 4-10 SFD 离散方程中分别与 E_x、E_y 和 E_z 相关联的电场

由以上三式可以看出，需要在电场采样点即单元棱边中点处定义电导率值。由于对模型的离散化只能保证电导率值在每个单元内部是常量，棱边处的电导率值需取平均。最直观的方式是取共享该棱边的相邻 4 个单元电导率的体积加权平均值，即：

$$\bar{\sigma}_{xx}=\frac{\sigma_{i,j,k}\cdot V_{i,j,k}+\sigma_{i,j-1,k}\cdot V_{i,j-1,k}+\sigma_{i,j,k-1}\cdot V_{i,j,k-1}+\sigma_{i,j-1,k-1}\cdot V_{i,j-1,k-1}}{V_{i,j,k}+V_{i,j-1,k}+V_{i,j,k-1}+V_{i,j-1,k-1}} \tag{4-87}$$

$$\bar{\sigma}_{yy}=\frac{\sigma_{i,j,k}\cdot V_{i,j,k}+\sigma_{i-1,j,k}\cdot V_{i-1,j,k}+\sigma_{i,j,k-1}\cdot V_{i,j,k-1}+\sigma_{i-1,j,k-1}\cdot V_{i-1,j,k-1}}{V_{i,j,k}+V_{i-1,j,k}+V_{i,j,k-1}+V_{i-1,j,k-1}} \tag{4-88}$$

$$\bar{\sigma}_{zz}=\frac{\sigma_{i,j,k}\cdot V_{i,j,k}+\sigma_{i-1,j,k}\cdot V_{i-1,j,k}+\sigma_{i,j-1,k}\cdot V_{i,j-1,k}+\sigma_{i-1,j-1,k}\cdot V_{i-1,j-1,k}}{V_{i,j,k}+V_{i-1,j,k}+V_{i,j-1,k}+V_{i-1,j-1,k}} \tag{4-89}$$

其中 $V_{i,j,k}=\Delta x(i)\cdot\Delta y(j)\cdot\Delta z(k)$。

可将区域内所有电磁场分量的方程都写出来,并合并为一个整体,以矩阵形式表示如下:

$$\boldsymbol{Ae}=\begin{pmatrix}\boldsymbol{A}_{xx} & \boldsymbol{A}_{xy} & \boldsymbol{A}_{xz}\\ \boldsymbol{A}_{yx} & \boldsymbol{A}_{yy} & \boldsymbol{A}_{yz}\\ \boldsymbol{A}_{zx} & \boldsymbol{A}_{zy} & \boldsymbol{A}_{zz}\end{pmatrix}\begin{pmatrix}\boldsymbol{E}_x\\ \boldsymbol{E}_y\\ \boldsymbol{E}_z\end{pmatrix}=\boldsymbol{b} \tag{4-90}$$

根据大地电磁法的物理机制,给以上方程强加适当的边界条件之后,便得到一个具有唯一解的大型线性方程组。

3. 大型线性方程组的求解

式(4-90)中,系数矩阵 $\boldsymbol{A}$ 为大型、对称、稀疏复矩阵(仅对角元为复数),其行(列)数也即待求的未知数个数约为 $3Nx\cdot Ny\cdot Nz$(Nx、Ny、Nz 分别为三个方向的网格数),这个数字往往是百万级别。要高效地求解如此庞大的方程并不是一个容易的问题,最常用的方法是迭代解法。迭代解法从一个初始猜测解开始,逐步逼近方程的真实解。对于地球物理电磁法数值模拟所产生的线性系统方程,最有效的迭代解法是 Krylov 子空间迭代方法,例如双共轭梯度法(bi-conjugate gradient,BiCG)、拟最小残差法(quasi-minimum residual,QMR)等。迭代解法对计算机内存的需求非常小,这一点对三维电磁法的数值模拟非常重要,使得利用迭代解法的三维电磁模拟计算在现代的 PC 机上执行成为可能。

迭代解法的收敛性能很大程度上取决于系数矩阵的谱的性质。如果谱的性质不佳,就需要大量的迭代来收敛到满足精度要求的解,但也可能会无法收敛甚至发散,求解失败。此时需要对原始方程进行"预优"处理来改善系数矩阵的谱的性质。以左向预优为例,假设矩阵 $\boldsymbol{M}$ 是一个非奇异矩阵,并且在某种程度上逼近系数矩阵 $\boldsymbol{A}$,对原始线性方程作变换:

$$\boldsymbol{M}^{-1}\boldsymbol{Ae}=\boldsymbol{M}^{-1}\boldsymbol{b} \tag{4-91}$$

得到新的线性方程,与原始线性方程(4-90)有相同的解,但其系数矩阵$\boldsymbol{M}^{-1}\boldsymbol{A}$ 有可能具有更良好的谱性质,因此求解起来更加容易。在电磁法数值模拟中,空气、地层和海水之间巨大的电导率差异,以及不同区域的离散网格尺寸的巨大差异等往往导致最后的线性系统方程谱性质极差(比如具有很大的谱条件数),必须要预优。预优矩阵和预优方式的选取也是需谨慎对待的问题,目前还没有广泛适用的预优矩阵,在任意情况下都能够保证迭代解法稳定收敛。并且构建与应用预优矩阵会带来额外的不可忽略的计算量,因此需要在这些额外的计算量与预优起到的效果之间权衡,看预优处理是否划算。这里我们使用了一种适用于复对称线性系统的无预见性拟最小残差法,其中预优矩阵选取为简单的 Jacobi 对角预优或对称逐次超松弛(symmetric successive overrelaxation,SSOR)预优。

(二) 大地电磁三维非线性共轭梯度反演理论

1. 正则化目标函数

地球物理正则化反演问题可表示为:

$$\min_{m}\phi(\boldsymbol{m})=\phi_d(\boldsymbol{m})+\lambda\phi_m(\boldsymbol{m}) \tag{4-92}$$

式中,$\boldsymbol{m}$ 为 $M\times 1$ 阶的模型参数向量;λ 为正则化参数,起到平衡数据拟合项和模型约束项的作用,$\phi_d(m)$为数据拟合函数,且具有以下形式:

$$\phi_d=\|\boldsymbol{W}_d[\boldsymbol{d}-\boldsymbol{F}(\boldsymbol{m})]\|^2=[\boldsymbol{d}-\boldsymbol{F}(\boldsymbol{m})]^{\mathrm{T}}\boldsymbol{C}_d^{-1}[\boldsymbol{d}-\boldsymbol{F}(\boldsymbol{m})] \tag{4-93}$$

式中,$\boldsymbol{d}$ 为 $N_d\times 1$ 阶的观测数据向量;$\boldsymbol{F}(\boldsymbol{m})$为正演算子;$\boldsymbol{C}_d=(\boldsymbol{W}_d^{\mathrm{T}}\boldsymbol{W}_d)^{-1}$ 为数据协方差矩

阵,其中 $\boldsymbol{W}_d=\mathrm{diag}\left\{\frac{1}{\delta_1},\frac{1}{\delta_2},\cdots,\frac{1}{\delta_{N_d}}\right\}$($\delta_i$ 为第 i 个数据的标准差);$\phi_m(\boldsymbol{m})$为模型约束函数,可以看作正则化稳定性项,起到改善反演问题的不适定性的作用。我们使用以下形式的模型约束函数:

$$\phi_m=\|\boldsymbol{W}_m\boldsymbol{m}\|^2+w\|\boldsymbol{m}-\boldsymbol{m}_r\|^2=\boldsymbol{m}^{\mathrm{T}}\boldsymbol{C}_m^{-1}\boldsymbol{m}+w(\boldsymbol{m}-\boldsymbol{m}_r)^{\mathrm{T}}(\boldsymbol{m}-\boldsymbol{m}_r) \tag{4-94}$$

式中,$\boldsymbol{W}_m$ 为拉普拉斯算子的差分近似;$\boldsymbol{C}_m=(\boldsymbol{W}_m^{\mathrm{T}}\boldsymbol{W}_m)^{-1}$ 可以看作模型协方差矩阵。式(4-94)右端第一项体现所构建模型的粗糙程度,第二项通过标量 w 加权,体现了所构建模型与某个包含先验信息的模型 $\boldsymbol{m}_r$ 之间的偏离程度。

2. 非线性共轭梯度最优化方法

地球物理反演最终要解决目标函数的最优化问题。数值优化算法多种多样,而如今在电磁数据的反演中,“线搜索”类方法占据了主流。线搜索方法基本过程是:① 确定一个搜索方向向量 $\boldsymbol{p}_k$;② 确定沿该方向最优的“行走距离”,即步长 α_k;③ 根据搜索方向和步长来更新模型:

$$\boldsymbol{m}_{k+1}=\boldsymbol{m}_k+\alpha_k\boldsymbol{p}_k \tag{4-95}$$

由于搜索方向一般是基于对高度非线性的目标函数的简化、近似得到的,因此线搜索过程必须多次重复、迭代进行才有可能找到目标函数的极值。目前电磁反演算法基本可以划分为三大类:高斯牛顿法(Gauss-Newton,GN),非线性共轭梯度法(nonlinear-conjugate gradient,NLCG)和拟牛顿法(qusai-Newton,QN)。这里我们使用了 NLCG 法。

共轭梯度法(CG)是用来求解形如 $\boldsymbol{Ax}=\boldsymbol{b}$ 的大型线性方程的一种迭代方法,其中 $\boldsymbol{A}$ 为对称正定矩阵。解这种方程等价于求二次函数

$$\phi(\boldsymbol{x})=\frac{1}{2}\boldsymbol{x}^{\mathrm{T}}\boldsymbol{Ax}-\boldsymbol{b}^{\mathrm{T}}\boldsymbol{x} \tag{4-96}$$

的极值。我们的反演目标函数远比上式复杂,即使经过牛顿法或高斯牛顿法中的二次化,也不具备式(4-96)的形式。即便如此,Fletcher 和 Reeves 首先提出了 NLCG 法,利用 CG 迭代技术直接对目标函数进行最优化,而不对目标函数做任何近似。与线性 CG 迭代一样,NLCG 的搜索方向由待优化函数的梯度来构建:

$$\begin{cases}\boldsymbol{p}_0=-\boldsymbol{g}_0\\ \boldsymbol{p}_k=-\boldsymbol{g}_k+\beta_k\boldsymbol{p}_{k-1}\end{cases} \tag{4-97}$$

线性 CG 中标量 β_k 的选取要保证当前搜索方向 $\boldsymbol{p}_k$ 和前一次搜索方向 $\boldsymbol{p}_{k-1}$ 关于原线性方程的矩阵 $\boldsymbol{A}$ 共轭,而对于 NLCG,本身不存在矩阵 $\boldsymbol{A}$,因此也不必满足这个要求,但 β_k 的计算方式可与线性 CG 中相近,比如 Fletcher-Reeves 公(FR)式

$$\beta_k^{\mathrm{FR}}=\frac{\boldsymbol{g}_k^{\mathrm{T}}\boldsymbol{g}_k}{\boldsymbol{g}_{k-1}^{\mathrm{T}}\boldsymbol{g}_{k-1}} \tag{4-98}$$

便是与标准的线性 CG 中的计算方式相同。还可使用 Polak-Ribiere(PR)公式计算 β_k:

$$\beta_k^{PR}=\frac{g_k^{\mathrm{T}}(g_k-g_{k-1})}{g_{k-1}^{\mathrm{T}}g_{k-1}} \tag{4-99}$$

实践证明,对于一般的非线性目标函数,PR 公式往往比 FR 公式更加稳定、高效。

构建出 NLCG 的搜索方向之后,按式(4-95)的方式来更新模型。对于步长 α_k 的选取,若将当前迭代的目标函数看成 α_k 的一元函数,即 $\phi(\alpha_k)=\phi(\boldsymbol{m}_k+\alpha_k\boldsymbol{p}_k)$,则理想的 α_k 是一

个使得 $\phi(\alpha_k)$取得极小值的数值。线性 CG 中很容易给出每一步的理想步长的解析表达式，而 NLCG 中则无法显式地给出其表达式，只能进行一维搜索。精确的一维搜索往往需要计算目标函数值很多次，因此一般使用非精确一维搜索获得一个步长使得目标函数满足一定的条件（如充分下降）即可。假设当前为第 k 次迭代，首先通过二次插值获得一个步长值，检验目标函数是否满足以下充分下降条件：

$$\phi_{k+1} \leqslant \phi_k + c_1 \alpha_k \boldsymbol{g}_k^{\mathrm{T}} \boldsymbol{p}_k \tag{4-100}$$

式中，c_1 为一个常数，通常取 10^{-4}；$\boldsymbol{p}_k$ 为当前模型搜索方向。如果不满足，则通过三次插值获得另一个步长值（回溯法），继续测试，如此反复直至以上条件得以满足或达到预设的最大测试次数为止。以上充分下降条件又称为 Armijo 条件，所以这种搜索方法可称为 Armijo 线性搜索方法。

与牛顿法和高斯牛顿法相比，NLCG 虽然没有对目标函数做任何近似以减少计算量，但却不用计算 Hessian 矩阵，而只需计算目标函数的梯度，使得单次 NLCG 迭代的计算量远小于单次高斯牛顿迭代。

NLCG 反演算法流程如图 4-11 所示。

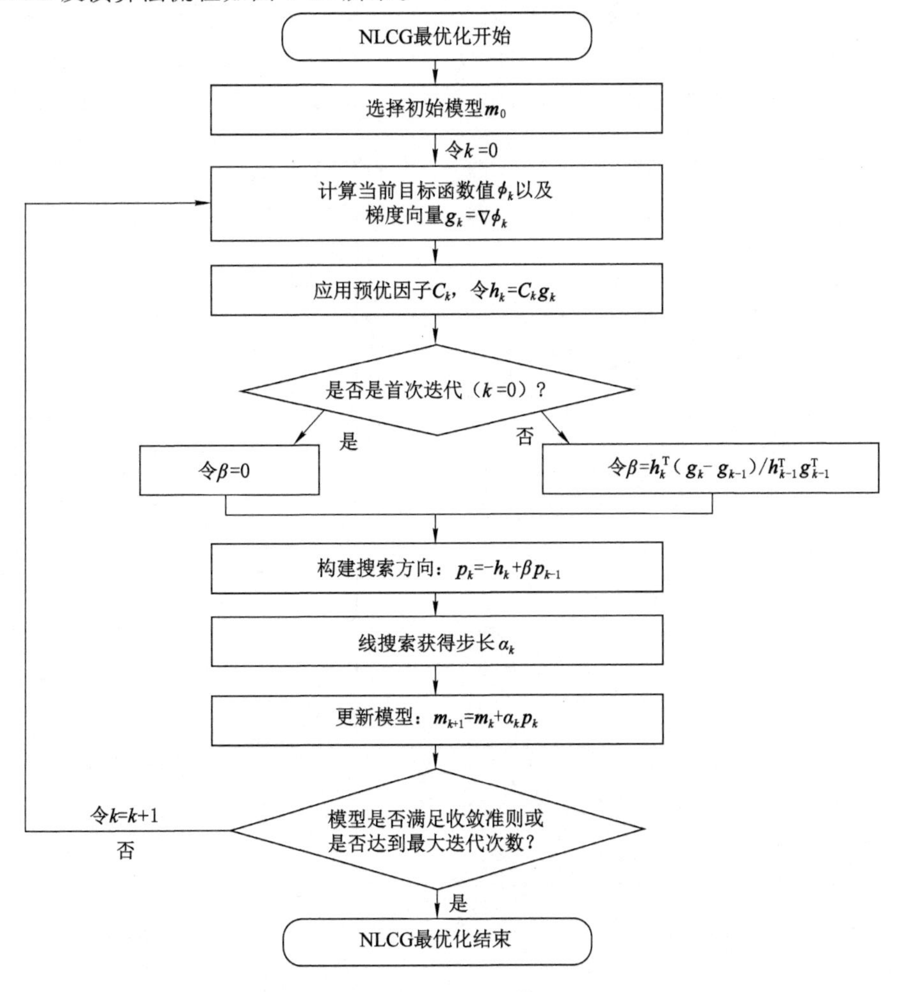

图 4-11　NLCG 反演算法基本流程图

（三）理论模型正演计算测试

1. 一维层状模型

由于一维层状地电模型的大地电磁响应可以通过解析法计算，因此首先通过一个层状模型来验证所开发的三维大地电磁正演程序的正确性。图 4-12 所示为一个大尺度四层模型，该模型是在 Pek and Santos(2002)的一维各向异性模型的基础上修改而来的，是他们基于对欧洲斯堪的纳维亚半岛的地壳结构的认识而建立的。对于三维有限差分正演计算，将模型区域划分为 22×40×95 的网格，其中最小网格尺寸为 2×1×0.5 km^3。计算了 10 Hz～1 000 s 的 21 个频点（对数等间距）的视电阻率和相位响应。三维有限差分的计算结果表明，不同测点的正演响应是相同的，且相同频率的 XY 和 YX 模式的响应相同，完全符合一维模型的响应特征。此外，图 4-13 展示了有限差分解与解析解的对比，从中可以看出二者高度吻合，视电阻率相对误差不超过 2%，相位差不超过 0.5°，证明了三维有限差分正演程序具有非常高的精度。

x
y
z
地表

10 000 Ω·m	10 km
200 Ω·m	18 km
1 000 Ω·m	100 km
100 Ω·m	

图 4-12　一维层状地电模型示意图

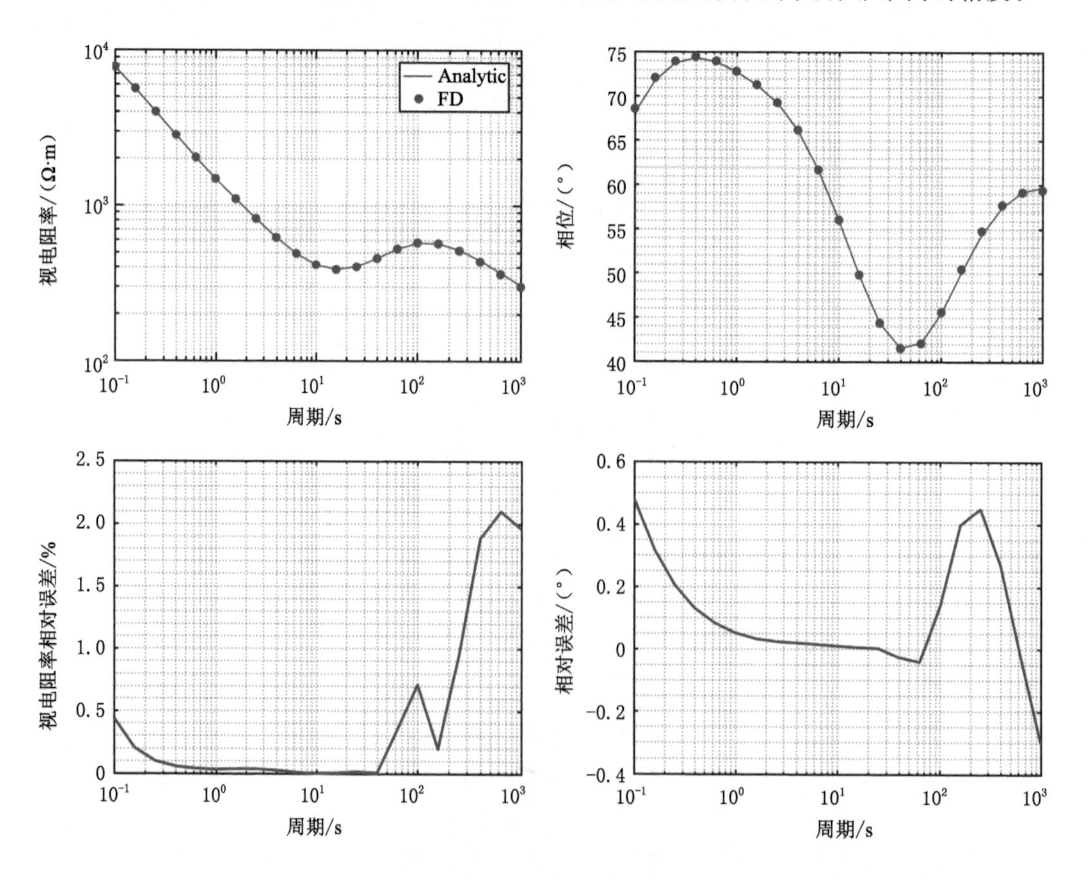

图 4-13　一维地电模型三维有限差分解与解析解对比

2．都柏林三维测试模型(DTM)

为了进一步测试大地电磁三维程序的正确性，第二个模型采用如图 4-14 所示的都柏林大地电磁三维测试模型(Dublin test model，DTM)来进行测试。该模型已经成为国际上众多大地电磁三维正反演软件测试的标准模型之一。通过该测试可以验证本项目大地电磁三维软件对复杂地电模型进行大地电磁模拟的正确性。DTM 包括三个棱柱状异常体，其埋藏在 100 Ω·m 均匀围岩介质中。异常体 1 的尺寸为 40 km×5 km×15 km，顶部埋深为 5 km，电阻率为 10 Ω·m；异常体 2 的尺寸为 15 km×25 km×5 km，顶部埋深为 20 km，电阻率为 1 Ω·m；异常体 3 的尺寸为 15 km×25 km×30 km，顶部埋深为 20 km，电阻率为 10 000 Ω·m。由于不同异常体之间电阻率相差极大，该模型对大地电磁三维数值模拟带来了很大的挑战，特别是在坐标原点附近不同异常体的结合部位，容易造成数值奇异性。为获得该模型的大地电磁响应，计算频率取为 10 Hz 至 10 000 s 间的 21 个频点，共布设了 4 条剖面，59 个测点。

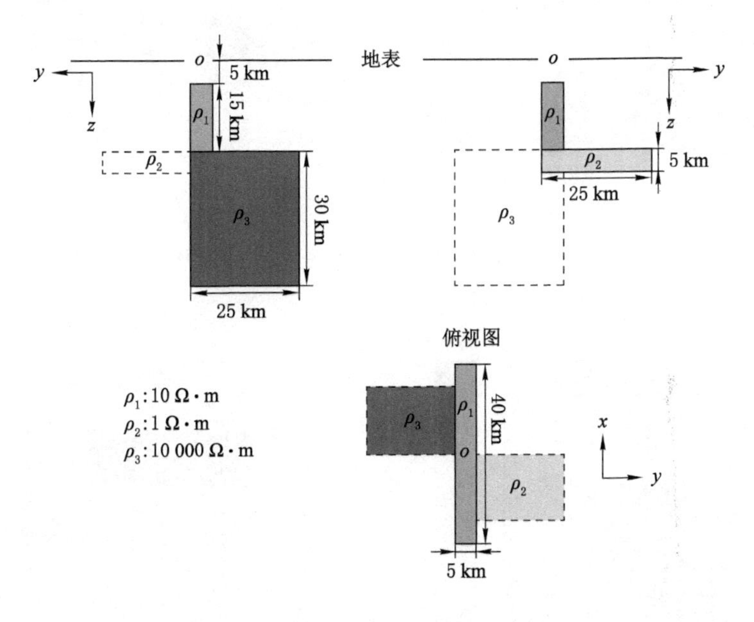

图 4-14　DTM 地电模型平面示意图

图 4-15 分别给出了 DTM 在 $x=0$ km 测线上的大地电磁视电阻率和相位响应信息。从图中可以看出，无论是视电阻率还是相位响应，其主要反映的是上部低阻异常体 1 的特征。由于低阻异常体 2 埋藏深，厚度相对埋深较小，大地电磁响应受到该异常体的影响很小；而对于高阻异常体 3 来说，尽管其埋深也较大，但由于其厚度足够大，无论是视电阻率还是相位响应均受到了该高阻异常体的影响。图 4-16 展示了 DTM 模型在 $y=0$ km 测线上的大地电磁视电阻率和相位响应信息。由于该剖面位于低阻异常体 1 的正中心，从视电阻率和相位拟断面图中可以看出，该低阻异常体在视电阻率及相位上有明显的显示。但由于旁侧高阻异常体 3 的存在，在 XY 模式中可以明显地看到视电阻率响应受到了影响，相位信息也印证了旁侧高阻异常体的存在。与之对比，YX 模式受到旁侧高阻异常体的影响很小，无法从 XY 模式的大地电磁响应中推测出高阻异常体的存在。

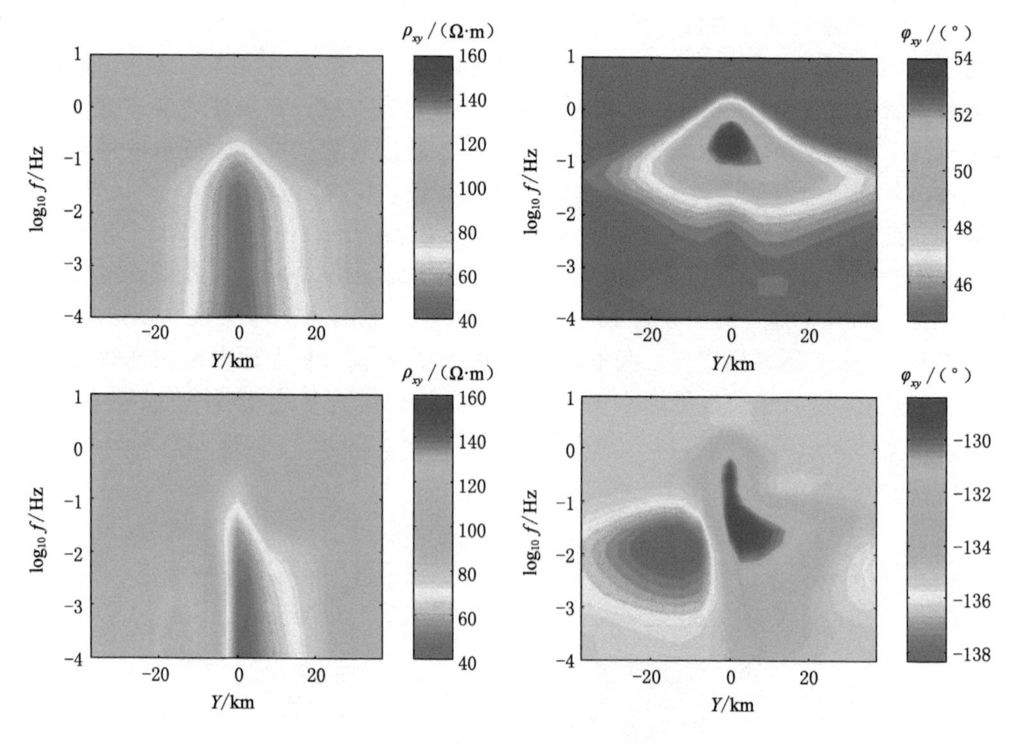

图 4-15　$x=0$ km 剖面的 DTM 大地电磁视电阻率和相位垂直拟断面图

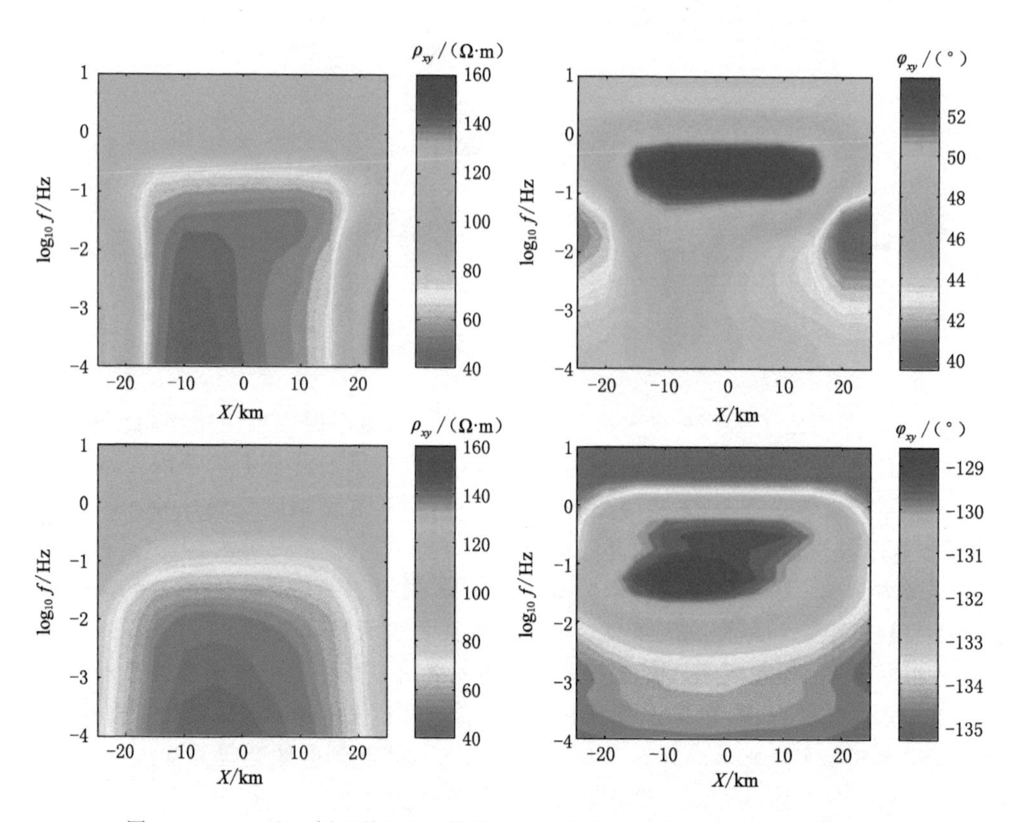

图 4-16　$y=0$ km 剖面的 DTM 模型大地电磁视电阻率和相位垂直拟断面图

（四）理论模型反演计算测试

本节将对两个理论模型进行反演，以验证所开发的 MT 三维反演程序的有效性。本节的计算均在戴尔 Precision T7910 工作站上完成，其基本配置为：包含两颗 Intel XeonE5-2600v3 型 CPU（总共 24 核心 48 线程，主频 2.50 GHz），内存 64 GB。

1. 单一低阻块体模型

第一个模型为一个简单的三维低阻块体模型，如图 4-17 所示，在 100 Ω·m 的均匀半空间中交错地植入一个 1 Ω·m 的低阻块体，其尺寸为 16 km×16 km×5 km，顶部埋深 100 m。

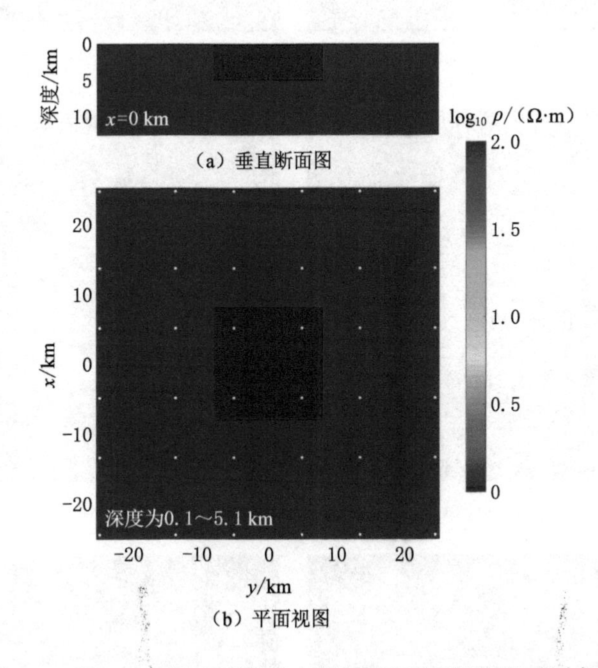

图 4-17　第一个理论模型的垂直断面图和平面视图以及测点分布

总共 36 个测点，分布范围为 $-24.5\ \mathrm{km} \leqslant x \leqslant 24.5\ \mathrm{km}$、$-24.5\ \mathrm{km} \leqslant y \leqslant 24.5\ \mathrm{km}$（图 4-17 中的白色小圆点）；使用 0.1～1 000 s 之间对数等间隔分布的 5 个周期；数据类型使用次对角视电阻率和相位（XY 和 YX 模式），总共 720 个数据。使用三维正演程序对该模型进行计算，正演网格剖分为 66×66×43（包含 7 层空气层），给正演生成的数据添加 5% 的高斯随机噪音形成合成数据。反演网格为 28×28×28（包含 7 层空气层），则总共有 16 464 个待求参数。

使用 50 Ω·m 的均匀半空间作为初始模型，初始正则化参数为 2×10^4。经过 51 次 NLCG 迭代后，由于连续三次 Armijo 线性搜索失败而终止反演，RMS 拟合差从 117.6 降到 1.3，总共耗时 20 min。图 4-18 显示了反演结果，包括反演模型在 y-z 平面的垂直断面图和在 x-y 平面内的视图，其中虚线框表示异常体的真实轮廓。可以看出，反演模型很好地反映出了真实模型的主要特征，低阻异常体得到了较好的恢复，但其底边界没有被很好地反映出来，一个可能的原因是反演网格过于粗糙，反演参数搜索的自由度偏小。

2. 高阻与低阻块体模型

接下来对一个稍微复杂一些的理论模型进行反演。如图 4-19 所示，在一个两层地电结

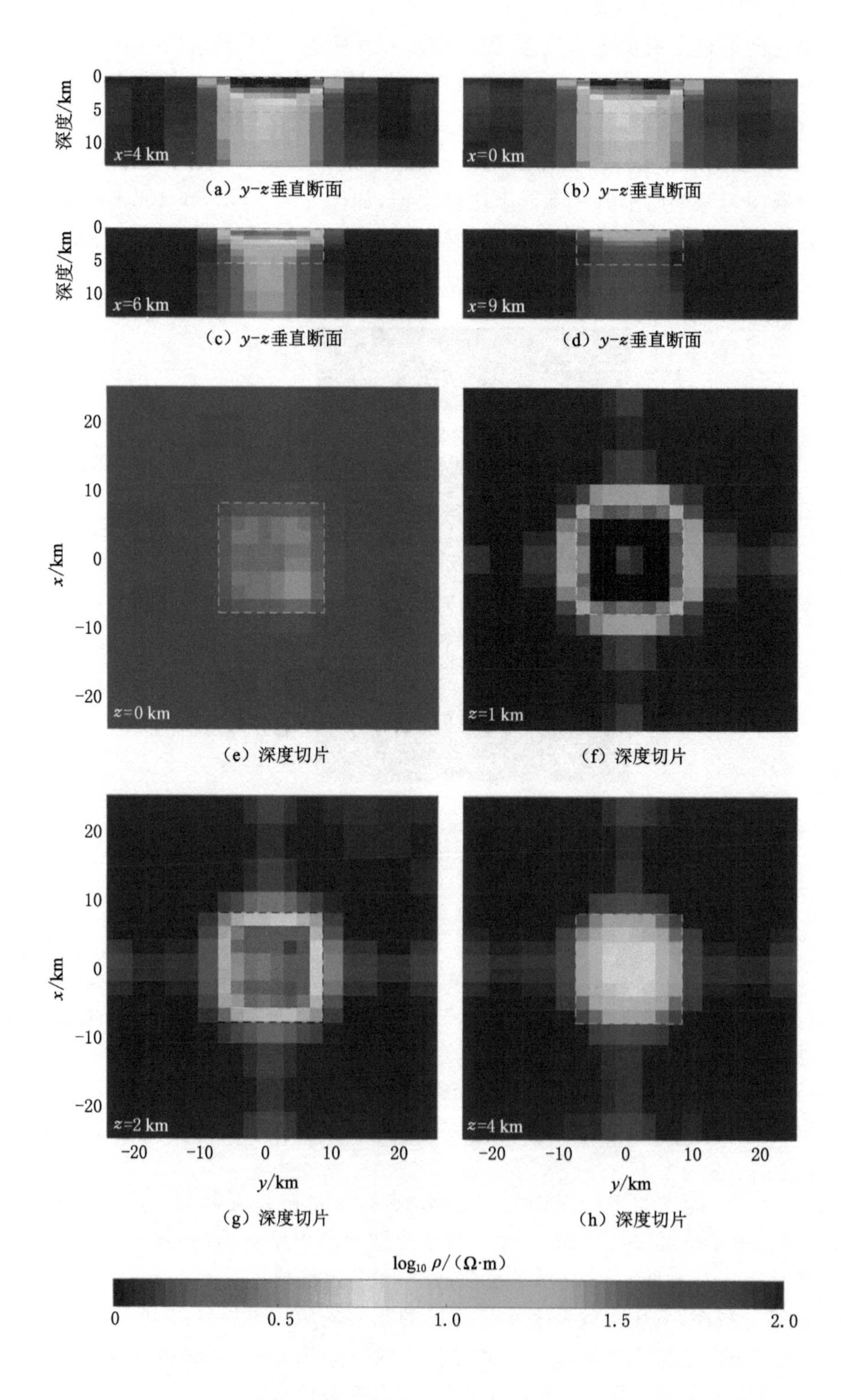

图 4-18 理论模型一的反演结果

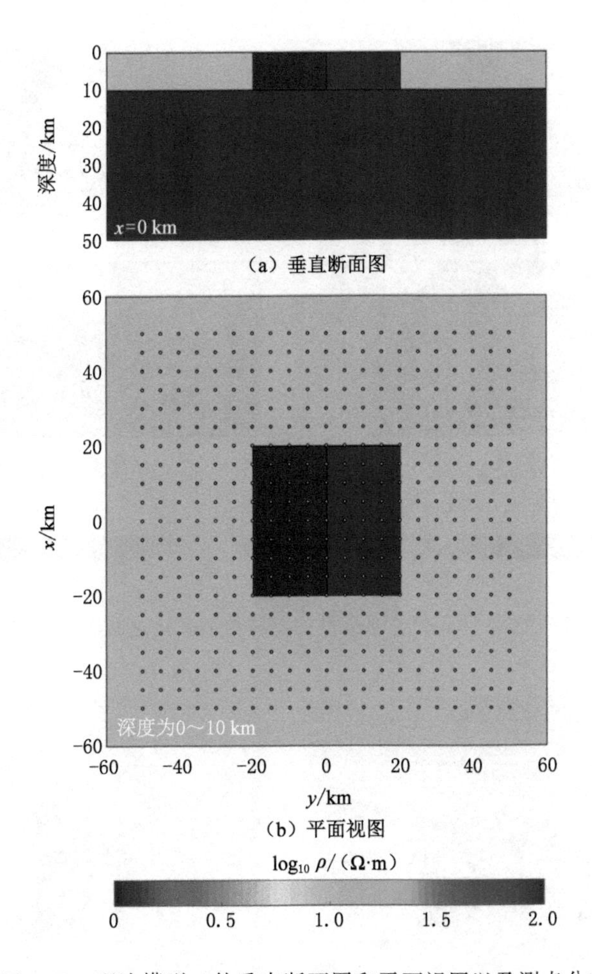

图 4-19　理论模型二的垂直断面图和平面视图以及测点分布

构中植入一个 1 Ω·m 的低阻块体和一个 100 Ω·m 的高阻块体，二者的尺寸均为 40 km×20 km×10 km，顶部均出露于地表。该模型曾多次被一些学者用来验证 MT 三维反演算法。

总共 441 个测点，均匀分布于 −50 km⩽x⩽50 km、−50 km⩽y⩽50 km 的区域，点距 5 km；使用 0.01 ～10 000 s 之间对数等间隔分布的 16 个周期；数据类型使用全张量阻抗，则总共 720 个数据。使用 FV 正演程序对该模型进行计算，正演网格剖分为 96×96×68（包含 7 层空气层），给正演生成的数据添加 5%的高斯随机噪音形成合成数据。反演网格为 60×60×47（包含 7 层空气层），则总共有 144 000 个待求参数。

使用 100 Ω·m 的均匀半空间作为初始模型，初始正则化参数为 2×10^5。经过 95 次 NLCG 迭代后，由于连续三次 Armijo 线性搜索失败而终止反演，RMS 拟合差从 26.5 降到 1.05，总共耗时 8 小时 23 分钟。

图 4-20 显示了反演模型在 y-z 平面的垂直断面图，图 4-21 则显示了反演模型在 x-y 平面内的视图，其中虚线框表示异常体的真实轮廓。可以看出，反演模型较好地反映出了真实模型的主要特征，低阻块体得到了较好的恢复，但高阻块体的底边界没有被反映出来。

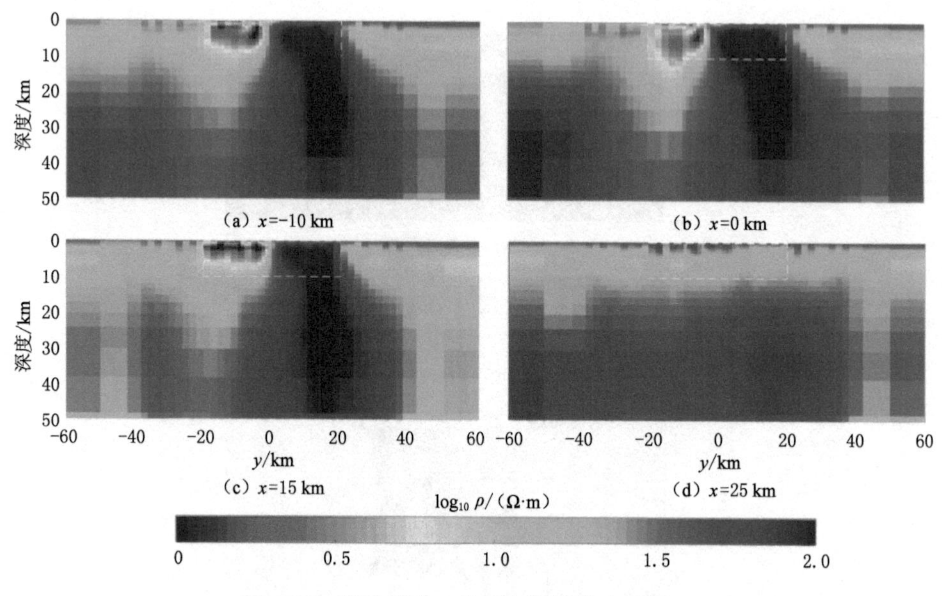

图 4-20　理论模型二的反演结果的垂直断面

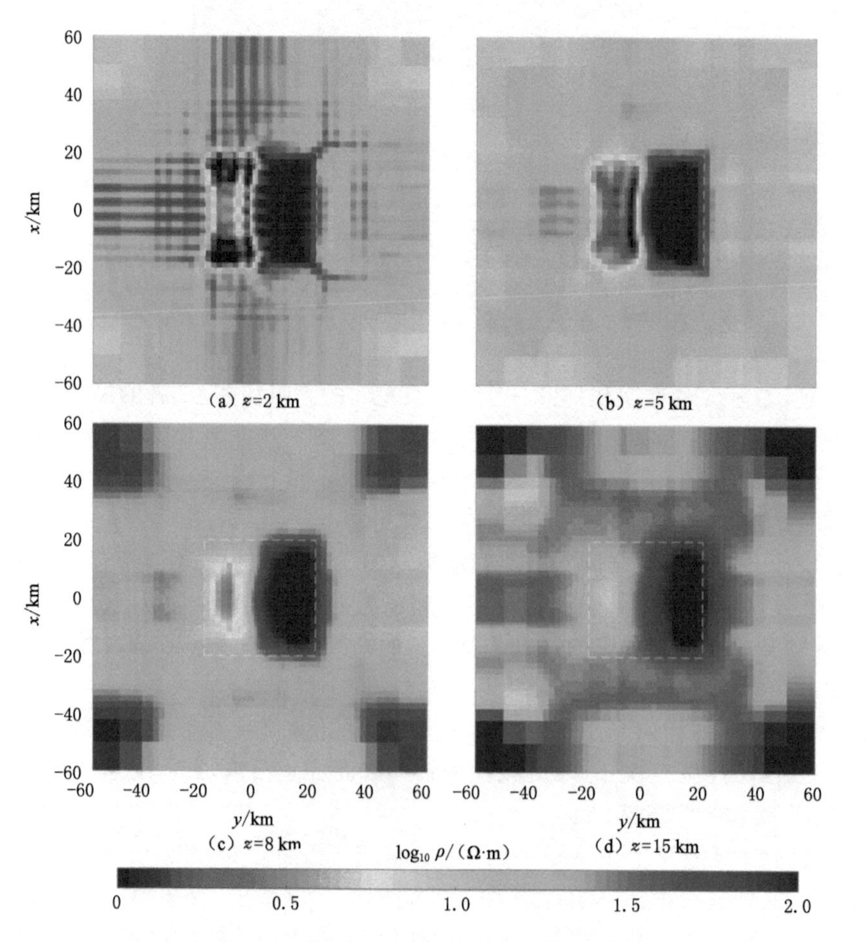

图 4-21　理论模型二的反演结果的深度切片

三、地震背景噪声成像

（一）基本理论

噪声是存在于散射波场中由不同噪声源产生的在空间中无序分布的随机信号。在传统地震学中，研究人员通过压制环境噪声的方法提取到有效的体波和面波信息，而在背景噪声成像方法中，则是通过对噪声信号进行互相关来得到有效的面波或体波信号。

如图 4-22 所示，图中房屋代表地震台站，黑色箭头代表噪声源形成的波场，带有 Noisy Waveform 字样的红色波形是台站记录的噪声信号，带有 Correlation 字样的红色波形是台站之间的互相关函数结果。

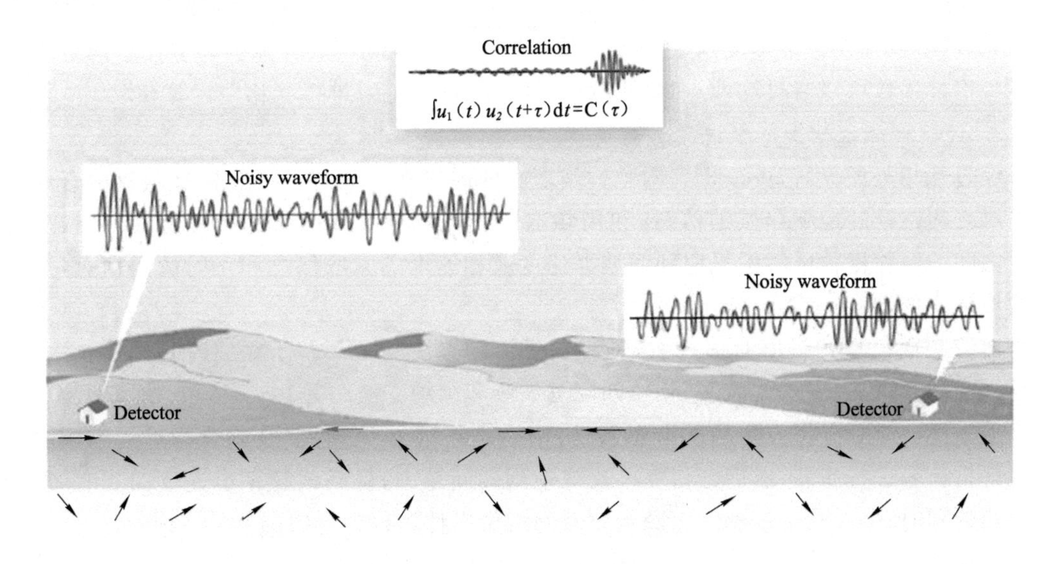

图 4-22　背景噪声互相关示意图

1. 背景噪声信号提取格林函数

目前关于背景噪声信号进行互相关得到经验格林函数的理论解释主要有四种，分别是弥散场条件下的格林函数和互相关函数的关系、时间反演对称性理论、稳相近似理论和基于相关性的单向波互易理论。这四种理论解释虽然从不同的假设出发，但都得到了相同的结论：通过台站之间记录的足够长时间的背景噪声信号互相关可以提取到波场的格林函数。下面简单介绍其中的一种理论——弥散场条件下的格林函数和互相关函数的关系。

在任意一个有限边界的弹性体内，弥散场的波函数可以表示为无穷个波的简正模态的叠加形式，即：

$$u(x,t)=\sum_{n=1}^{\infty}a_n u_n(x)\,e^{i\omega_n t} \tag{4-101}$$

式中，a_n 为振幅；ω_n 为本征频率；$u_n(x)$为弹性体的简正模态，即本征函数，也是相互正交的实函数：

$$\int \rho u_n u_m d^3x=\delta_{nm} \tag{4-102}$$

弥散场的波函数表示能量谱密度，且振幅和时间是完全随机且互不相关的变量，即：

$$\langle a_n a_m^* \rangle=\delta_{nm}F(\omega_n) \tag{4-103}$$

式中，〈 〉表示取充分长时间均值运算；$F(\omega_n)$表示弥散场中的能量谱密度函数。

结合上述式子，可以得出，弥散场中任意两个互不相关位置 x 和 y 的互相关函数可以表示为：

$$C(\tau)=\langle u(x,t)u(y,t)\rangle=\sum_{n=1}^{\infty}u_n(x)u_n(y)\mathrm{e}^{-i\tau\omega_n}F(\omega_n) \tag{4-104}$$

x、y 之间的经验格林函数表示为：

$$G(\tau)=\sum_{n=1}^{\infty}u_n(x)u_n(y)\mathrm{e}^{-i\tau\omega_n} \tag{4-105}$$

对比式(4-104)和式(4-105)，可以发现任意两个台站之间的互相关函数 $C(\tau)$与经验格林函数$G(\tau)$仅存在一个幅度因子 $F(\omega_n)$的差别。所以，可以得出：弥散场中任意两点之间的经验格林函数可以通过这两点之间充分长时间的信号记录进行互相关运算获取。

2．经验格林函数提取面波频散信息

经过互相关运算后，可以得到两个台站之间的经验格林函数。经验格林函数中有反映台站对之间路径的地下介质的信息，利用频散曲线提取技术和面波的频散特性，可以从台站对之间的经验格林函数中提取到面波群速度或相速度的频散信息和走时频散信息，进而实现反演成像。

面波频散信息的提取有多种方法，目前主流的方法基本都基于面波时频分析技术，包括移动时窗分析法、多重滤波法、相位匹配滤波法和维纳滤波法等。

多重滤波时频分析方法的基本思想是，用中心频率为 ω_n 的带通滤波器对频率域中的地震解析信号进行滤波，然后经傅立叶反变换到时间域中，得到该频率群速度的到时，即最大振幅的到时，接着利用该到时以及台站对间距可以计算得到对应的群速度值。

设地震记录为 $f(t)$，经傅立叶变换到频率域中为 $F(\omega)$：

$$F(\omega)=\int_{-\infty}^{\infty}f(t)\exp(-i\omega t)\,\mathrm{d}t \tag{4-106}$$

中心频率为 ω_n 的高斯滤波器：

$$H_n(\omega)=\exp\left[-\alpha\left(\frac{\omega-\omega_0}{\omega_n}\right)^2\right] \tag{4-107}$$

式中，α 为宽度因子，α 与滤波器的带宽成正比关系。

为保证滤波后的信号在时间域中仍是实数，需设计无相移、共轭对称的高斯带通滤波器，表达式为：

$$H_n(\omega)=\exp\left[-\alpha\left(\frac{\omega-\omega_0}{\omega_n}\right)^2\right]+\exp\left[-\alpha\left(\frac{\omega+\omega_0}{\omega_n}\right)^2\right] \tag{4-108}$$

做傅立叶反变换：

$$\begin{aligned}h_n(\omega)&=\frac{1}{2\pi}\int_{-\infty}^{\infty}\left\{\exp\left[-\alpha\left(\frac{\omega-\omega_0}{\omega_n}\right)^2\right]+\exp\left[-\alpha\left(\frac{\omega+\omega_0}{\omega_n}\right)^2\right]\right\}\mathrm{e}^{-i\omega t}\,\mathrm{d}\omega\\&=\frac{\omega_n}{\sqrt{\pi\alpha}}\exp\left[-\frac{1}{4\alpha}(\omega_n t)^2\right]\cos(\omega_n t)\end{aligned} \tag{4-109}$$

通过高斯带通滤波器处理地震记录 $f(t)$，得到

$$F(\omega_n,t)=\frac{1}{2\pi}\int_{-\infty}^{\infty}f(\omega)\left\{\exp\left[-\alpha\left(\frac{\omega-\omega_0}{\omega_n}\right)^2\right]+\exp\left[-\alpha\left(\frac{\omega+\omega_0}{\omega_n}\right)^2\right]\right\}e^{-i\omega t}d\omega \tag{4-110}$$

对上式做希尔伯特变换：

$$\overline{F}(\omega_n,t)=\frac{1}{2\pi}\int_{-\infty}^{\infty}f(\omega)(-i\sin\omega)\left\{\exp\left[-\alpha\left(\frac{\omega-\omega_0}{\omega_n}\right)^2\right]+\exp\left[-\alpha\left(\frac{\omega+\omega_0}{\omega_n}\right)^2\right]\right\}e^{-i\omega t}d\omega \tag{4-111}$$

这里，定义一个解析函数：

$$S_n(t)=F(\omega_n,t)+i\overline{F}(\omega_n,t) \tag{4-112}$$

由式(4-110)至式(4-112)可知：

$$S_n(t)=\frac{1}{\pi}\int_{0}^{\infty}f(\omega)\left\{\exp\left[-\alpha\left(\frac{\omega-\omega_0}{\omega_n}\right)^2\right]+\exp\left[-\alpha\left(\frac{\omega+\omega_0}{\omega_n}\right)^2\right]\right\}e^{-i\omega t}d\omega \tag{4-113}$$

进行滤波后，解析信号的包络为：

$$A_n(t)=\{[Re(S_n(t)]^2+[Im(S_n(t)]^2\}^{\frac{1}{2}} \tag{4-114}$$

其相位为：

$$\phi_n(t)=\tan^{-1}\left(\frac{Im(S(\omega_n,t))}{Re(S(\omega_n,t))}\right) \tag{4-115}$$

视频率为：

$$\Omega_n(t)=\frac{\partial}{\partial t}\phi_n(t) \tag{4-116}$$

相对带宽为：

$$\mathrm{BAND}=\frac{\omega_{u,n}-\omega_n}{\omega_n}=\frac{\omega_n-\omega_{l,n}}{\omega_n} \tag{4-117}$$

式中，$\omega_{u,n}$ 和 $\omega_{l,n}$ 分别为带通的上限和下限频率。

群速度的频散就可以写为：

$$U(\omega_n)=\frac{\Delta}{t_{gr}(\omega_n)} \tag{4-118}$$

式中，Δ 为台站对的间距；$t_{gr}(\omega_n)$ 为不同周期群速度的走时。

在时频能量图中，找到包络最大振幅的位置并连接，即可得到群速度走时曲线。再以群速度为纵坐标即可得到群速度频散，相速度可以由 $\phi_n(t)$ 求得。

3. 面波频散反演

传统面波层析成像分以下两步，首先基于射线理论或二维敏感核，由不同路径的相速度或群速度频散来反演得到不同周期的二维面波相速度或群速度图，再由每个网格点反演地下一维层状速度结构，最后组合成三维速度结构。基于射线或基于一维模型的解析三维有限频敏感核方法反演过程中可以直接获得三维速度结构，无须构建中间过程。然而，上述方法一般不更新模型的射线路径或敏感核，并且在线性化过程中有可能导致波速的较大误差。采用背景噪声成像和地震的全波形反演可以解决模型和敏感核的更新问题，但是会有计算成本较高的问题。为了兼顾准确性和计算效率，本书采用了基于射线追踪的面波频散直接反演方法。

相较于传统方法，面波频数直接反演方法无须生成群速度或相速度的中间过程，采用基于小波的稀疏约束反演以及频率相关的射线追踪。射线追踪采用快速行进法，避免了采用大圆传播的假设，计算每个周期面波的旅行时以及发射源与接收器之间的射线路径。基于小波的稀疏约束反演通过从所有频散数据中确定的网格点下的一维剖面来表示三维速度模型，考虑了具有平滑变化地震特性的介质，促进了成像效果，克服了射线路径不均匀覆盖带来的不适应性。速度模型的小波系数用加权最小二乘法来估计，在迭代过程中更新射线路径和敏感核。该方法充分利用了所有测量得到的数据，考虑了复杂介质中射线传播路径的真实情况，反演结果具有更好的准确性。该方法的正反演过程如下。

基于大圆路径假设，传统地震学中发射源 A 与接收器 B 之间的旅行时可以表示为：

$$t_{AB}(\omega)=\frac{L_{AB}}{c_{AB}(\omega)} \tag{4-119}$$

式中，ω 为角频率；L_{AB} 为 A、B 之间的大圆路径；c_{AB} 为 A、B 之间的平均面波相速度。

实际上，由于结构的异质性，实际的射线路径会偏离大圆路径，所以旅行时可以表示为：

$$t_{AB}(\omega)=\int_{B}^{A}S(l,\omega)\,\mathrm{d}l \tag{4-120}$$

式中，l 为实际射线路径；$S(l,\omega)$为沿着实际射线路径的慢度，即速度的倒数。

假设高频近似，则上式可以表示为：

$$t_{AB}(\omega)=\sum_{p=1}^{P}S_{p}(\omega)\,\Delta l_{AB} \tag{4-121}$$

式中，P 为路径片段的数量；$S_p(\omega)$为每个路径片段的相慢度。

对于正演过程，如图 4-23(a)所示，本书将研究区离散为 K 个网格点，在每个网格点下反演一维层状速度模型 Θ_k。如图 4-23(b)所示，一维层状速度模型由一系列深度节点表示，深度节点作为对应网格点关于频率的函数，用于计算局部群速度或相速度，这里本书采用双线性插值来计算路径上任意一点的相慢度：

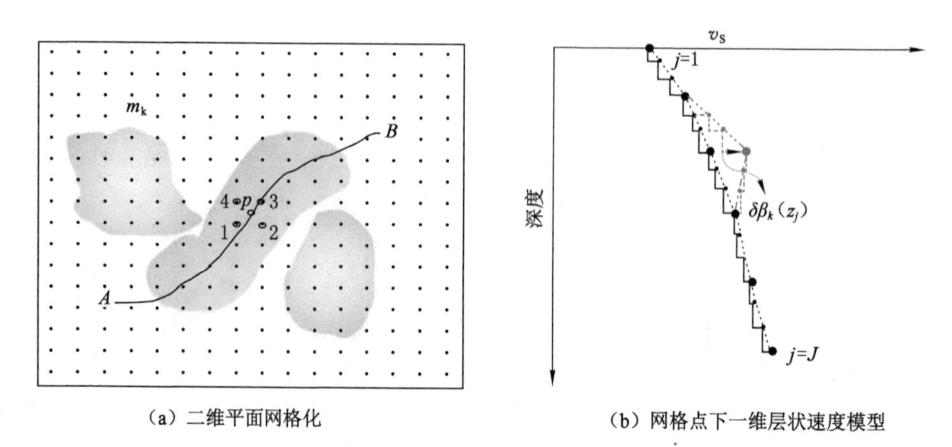

(a) 二维平面网格化　　(b) 网格点下一维层状速度模型

图 4-23　模型离散化示意图

$$S_P(\omega)=\sum_{k=1}^{K}v_{pk}\widehat{S}_k(\omega) \tag{4-122}$$

式中，v_{pk} 为双线性插值系数；$\widehat{S}_k(\omega)$为网格点的慢度，由一维层状速度模型 Θ_k 获得：

$$\widehat{S}_k(\omega)=g(\Theta_k,\omega) \tag{4-123}$$

式中，$g(\Theta_k,\omega)$为前向传播函数，将 Θ_k 映射到关于频率的群速度或相速度。

由式(4-120)和式(4-121)可得：

$$t_{AB}(\omega)=\sum_{p=1}^{P}\sum_{k=1}^{K}v_{pk}\widehat{S}_k(\omega)\Delta l_{AB} \tag{4-124}$$

对于第 i 个面波旅行时测量，上式可以表示为：

$$t_{AB}(\omega)=\sum_{k=1}^{K}v_{ik}\widehat{S}_k(\omega) \tag{4-125}$$

式中，$v_{ik}=\sum_{p=1}^{P}v_{pk}^{(i)}\Delta l_i$，$v_{pk}^{(i)}$ 是双线性插值系数。

对于反演过程，目标是得到与实际数据拟合较好的模型，使得由模型计算得到的理论走时与观测走时之间的残差最小。

走时残差 $\delta t_i(\omega)$可以表示为：

$$\delta t_i(\omega)=t_i^{obs}(\omega)-t_i(\omega)=\sum_{k=1}^{K}v_{ik}\delta\widehat{S}_k(\omega)\approx-\sum_{k=1}^{K}v_{ik}\frac{\delta C_k(\omega)}{C_k^2(\omega)} \tag{4-126}$$

式中，ω 为角频率；$t_i^{\mathrm{obs}}(\omega)$为观测走时；$t_i(\omega)$为由模型计算得到的理论走时，会在迭代中更新；$C_k(\omega)$和$\delta C_k(\omega)$为第 k 个网格点上的速度及其速度扰动，可表示为：

$$\delta C_k(\omega)=\int\left[\frac{\partial C_k(\omega)}{\partial\alpha_k(z)}\bigg|_{\Theta_k}\partial\alpha_k(z)+\frac{\partial C_k(\omega)}{\partial\beta_k(z)}\bigg|_{\Theta_k}\partial\beta_k(z)+\frac{\partial C_k(\omega)}{\partial\rho_k(z)}\bigg|_{\Theta_k}\partial\rho_k(z)\right]\mathrm{d}z \tag{4-127}$$

式中，Θ_k 为一维速度模型；$\alpha_k(z)$、$\beta_k(z)$和$\rho_k(z)$分别为纵波速度、横波速度和密度。

可以采用简单的差分方法计算相速度对深度每个模型参数的敏感性，方法是通过对该参数进行小扰动的两次前向色散计算。通常，表面波色散对横波速度最敏感。然而，在浅地壳中，短周期瑞雷波频散对纵波速度也有显著的敏感性。本书采用经验关系将纵波速度和密度与横波速度联系起来：

$$\alpha(z)=\sum_n\chi_n^{[\alpha]}\beta^n(z) \tag{4-128}$$

$$\rho(z)=\sum_n\chi_n^{[\rho]}\alpha^n(z) \tag{4-129}$$

式中，$\chi_n^{[\alpha]}$ 和 $\chi_n^{[\rho]}$ 为多项式的拟合系数。

由式子(4-126)至式(4-129)，经过一定离散化处理，可得到：

$$\delta t_i(\omega)=\sum_{k=1}^{K}\left(-\frac{v_{ik}}{C_k^2(\omega)}\right)\sum_{k=1}^{K}\left[R_\alpha(z_j)\frac{\partial C_k(\omega)}{\partial\alpha_k(z_j)}+R_\rho(z_j)\frac{\partial C_k(\omega)}{\partial\rho_k(z_j)}+\frac{\partial C_k(\omega)}{\partial\beta_k(z_j)}\right]\bigg|_{\Theta_k}\delta\beta_k(z_j) \tag{4-130}$$

式中，J 为一维层状模型即深度方向上的网格点数量，则三维模型所有的网格点数量为 $M=KJ$。

式(4-130)还可以表示成矩阵形式：

$$\boldsymbol{d}=\boldsymbol{G}\boldsymbol{m} \tag{4-131}$$

式中，$\boldsymbol{d}$ 为走时残差向量；$\boldsymbol{G}$ 为灵敏度矩阵；$\boldsymbol{M}$ 为模型参数向量。

反演问题可以通过最小化目标函数的方法来得到解决：

$$\Phi(m)=\|\boldsymbol{d}-\boldsymbol{G}\boldsymbol{m}\|_2^2+\lambda\|\boldsymbol{L}\boldsymbol{m}\|_2^2 \tag{4-132}$$

式中，λ 为权重因子，用来平衡模型正则化与数据拟合；L 为平滑因子。

求解时通过不断迭代来最小化目标函数。

（二）背景噪声频散信息提取

1. 数据来源

地震数据来源方面，申请获得国家测震台网数据备份中心的背景噪声数据，共包含了从 2019 年 1 月 1 日至 2020 年 12 月 31 日的 64 个固定台站的连续地震背景噪声数据。其中，台站分布范围为 90°E～103°E，30°N～39°N，数据采集仪器统一为长周期仪器，处理过程采用的是垂直分量的地震数据，采样率为 100 Hz。台站分布如图 4-24 所示。

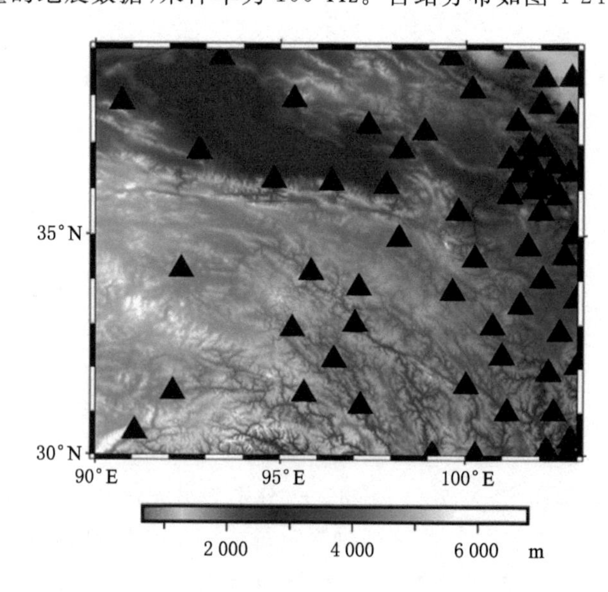

图 4-24 研究区台站分布示意图（黑色三角形为台站）

2. 背景噪声数据处理

在实际数据处理方面，根据前人经验，背景噪声成像的步骤可总结为以下四步：① 原始数据预处理；② 计算互相关并叠加；③ 提取相速度或群速度频散曲线与质量控制；④ 层析成像。

3. 数据预处理及计算互相关

固定台站的地震连续波形记录在进行互相关计算之前，要进行数据预处理，包括截取相同时间数据长度、重采样、去均值和去倾斜分量、去除仪器响应、带通滤波、时域归一化和频谱白化等（图 4-25）。

截取相同时间数据长度是为了进行互相关运算，一般将原始数据按天截取长度，而数据重采样是为了减少数据计算量。互相关计算量与数据的采样点数成正比，采样率越大，所测频散曲线最小周期就越小，但计算量也就越大。根据研究需要，本书选择将数据按天

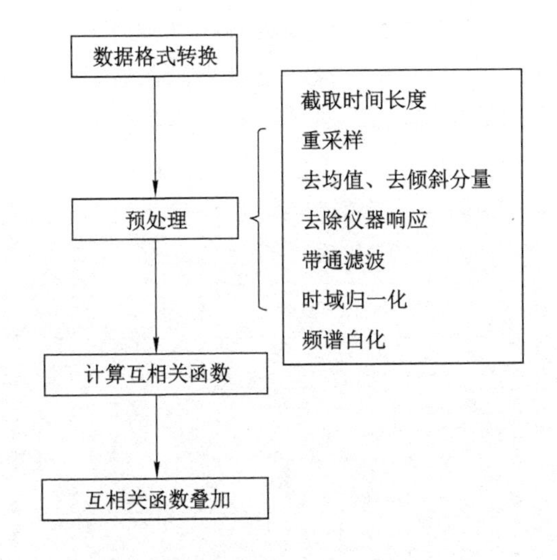

图 4-25　数据预处理流程示意图

截取成相同时间长度，并重采样为 1 Hz，减少了一定的计算量。

在仪器记录过程中可能会出现零点漂移现象，同时存在环境噪声、仪器噪声和人为干扰对记录造成的数据记录倾斜影响，为了压制这种影响，需要对数据进行去均值处理。同时不同的仪器，其参数往往不同，会对数据产生一定的影响，需要去除仪器响应，如果是相同的仪器，则不需要。固定台站采集数据的仪器是统一的，所以不必进行去除仪器响应的操作。根据背景噪声频带的主要分布范围以及研究需要，本书设计了 6～40 s 的带通滤波器对数据进行滤波处理。

时域归一化是为了降低地震信号、仪器故障等引起的畸变和台站附近混乱噪声源对计算结果造成的影响。目前主要的方法有："one-bit"归一化法、剪切阈值法、自动地震检测去除法、滑动绝对平均法、水准量迭代归一化法等。滑动绝对平均法是较为推荐的一种，因此本书采用该方法对数据进行时域归一化处理。具体过程为：对原始数据进行带通滤波，然后计算归一化时间窗内数据绝对值的平均值作为窗口中点的权重，移动时窗，用带通滤波后的数据除以每个时窗中点的权重，即可得到处理后的新的波形数据。

背景噪声的频谱还存在一些峰值，这是因为受到了一些固定频率噪声源和微震等的影响。为了消除这一影响，拓宽背景噪声的频带并压制干扰信号，需要对背景噪声信号进行频谱白化处理。白化方法为，在时间域内对数据做傅立叶变换，然后在频率域内对其振幅做平均化处理。

经过上述一系列数据预处理的操作后，就可以对数据进行互相关运算了。本书对每个台站每天的垂直分量波形记录进行互相关运算，然后再将 24 个月的互相关计算结果叠加，目的是提高互相关函数的信噪比，保证其质量。

4. 经验格林函数计算

台站对之间记录的背景噪声信号在计算互相关函数后再对时间求导即可得到经验格林函数。互相关函数具有正、负两个分支，分别是因果信号和非因果信号。理论上，正、负分支是对称的，这样得到的经验格林函数与精确的经验格林函数相位信息基本相同，但实际上，由于噪声的不均匀分布及时间和空间上的变化，分支的对称性无法得到保证。所以，本书采取正、负分支反序平均的方法进行经验格林函数的计算,这样可以减少误差,提高精确性和信噪比。图 4-26 是抽取了一部分台站记录得到的经验格林函数,从结果来看,面波信号较为清晰,正、负分支的信号均较强,总体上呈现对称分布,具有较好的信噪比。

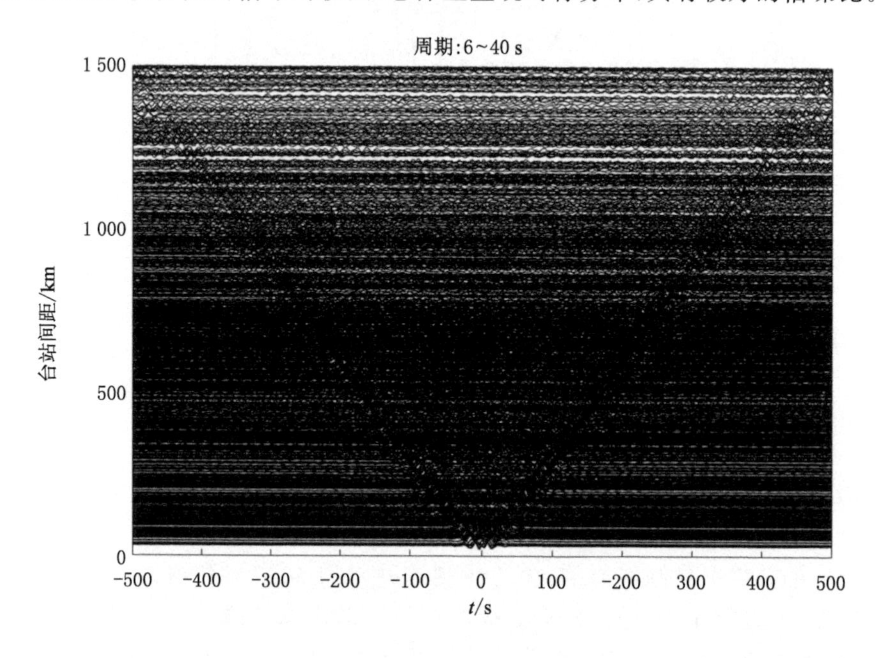

图 4-26　部分台站经验格林函数

图 4-27 是所有台站的背景噪声信号方位分布示意图,从图中可以看出,台站东北至东南方向信号整体较强,原因可能是该范围内台站分布较密集,而在西方向也有少数较强的信号,可能是较强的地质活动导致。

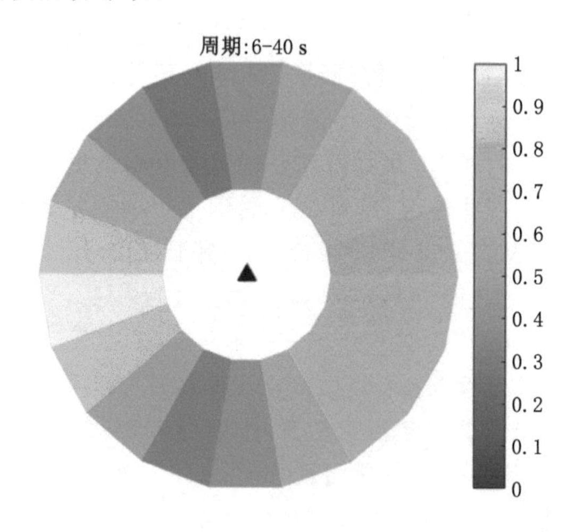

图 4-27　所有台站背景噪声方位分布图

([0,1]表示归一化振幅,时间范围为 2019 年 1 月～2020 年 12 月)

5. 频散曲线提取

对于频散曲线提取部分，本书采用了姚华建等(2004)编写的处理程序。该程序设计了图形交互界面，可以进行人机交互提取频散曲线。界面如图 4-28 所示。

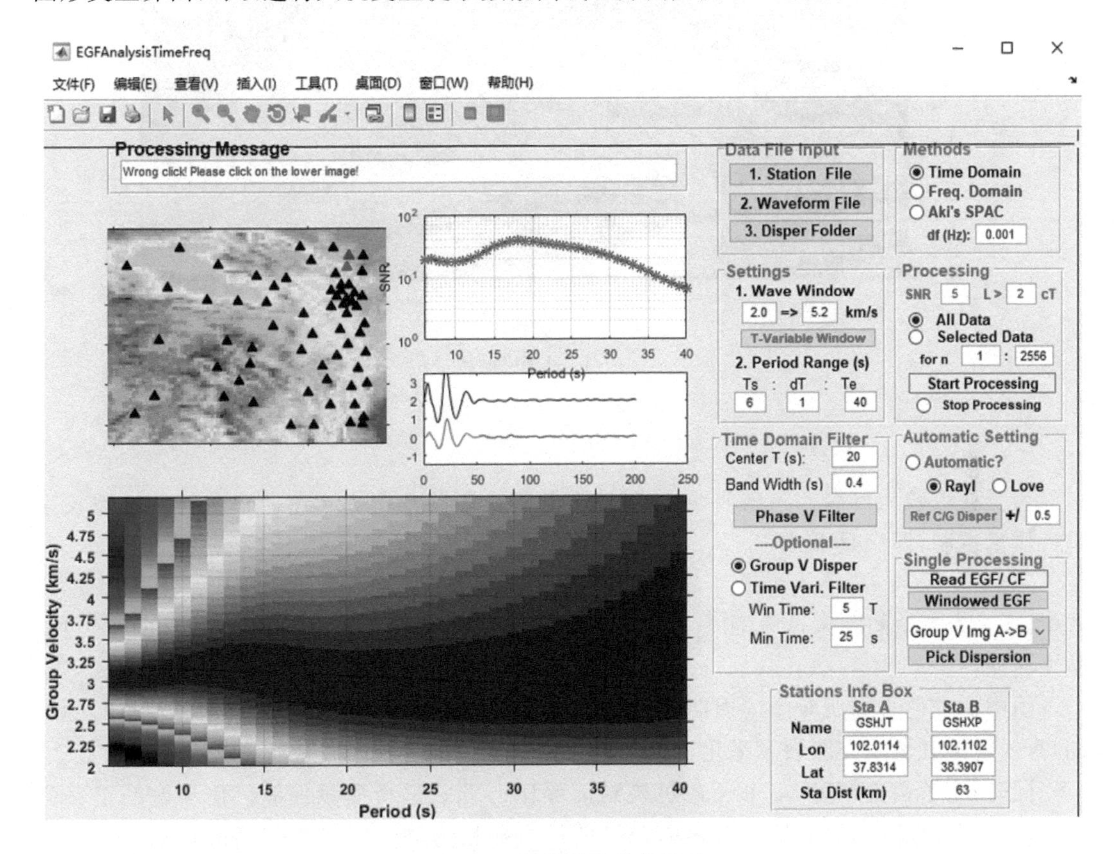

图 4-28　频散提取程序界面

以一个台站对为例，图 4-29 所示是瑞雷面波群速度和相速度频谱能量图。

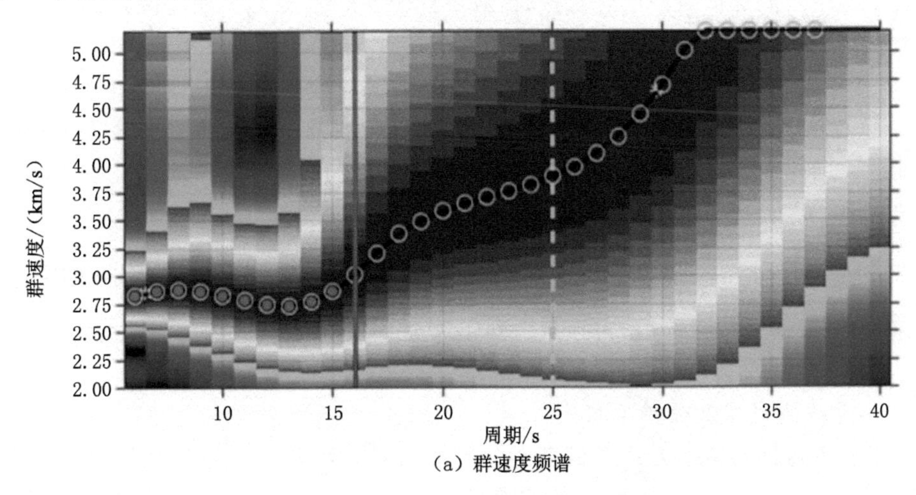

(a) 群速度频谱

图 4-29　群速度和相速度频谱能量图

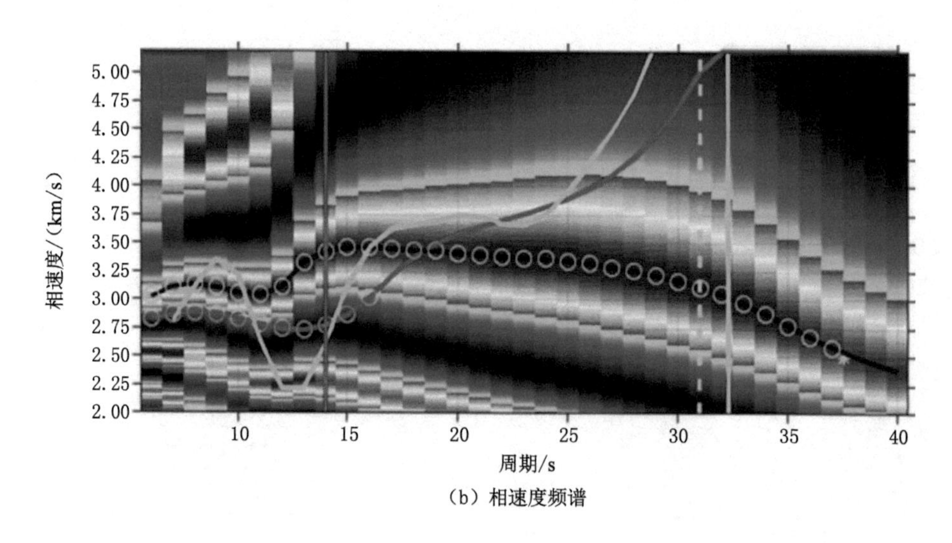

(b) 相速度频谱

图 4-29 (续)

为了获得较为可靠的频散曲线,本书使台站间大圆路径距离大于两倍瑞雷面波波长来进行质量控制,即满足下式:

$$\Delta_{AB} \geqslant 2\lambda = 2v_{AB}T \tag{4-133}$$

式中,Δ_{AB} 为台站间距离;λ 为测量截止周期为 T 对应的波长;v_{AB} 为平均群速度;T 为测量截止周期。

图中的红色直线所对应的周期代表台站间沿大圆路径的距离等于 2 倍面波波长时的周期,直线前的红色实心圆表示满足台站间距大于等于 2 倍波长的质量控制标准的频散点。

同时,为了提高精度,本书还通过控制信噪比的方式进行质量控制。信噪比的定义为在一定周期或频率的面波信号时窗内包络的最大振幅与噪声时窗内包络的振幅均方根之比。图中的蓝色空心圆环表示信噪比大于等于 5 的瑞雷面波群速度和相速度的频散点。

根据上述的两个质量控制标准,本书采用了大于 2 倍波长的台站间距对应的周期以及信噪比大于等于 5 的周期对应的频散点,拾取了红色实心圆和蓝色空心圆环同时所在的群速度频散点,以保证群速度拾取的可靠性。

然后,基于已拾取的群速度频散点,对相速度频散曲线进行拾取。在相速度频谱能量图中存在着多个分支,本书选择能量最强且与群速度频散曲线最为接近的分支来拾取相速度频散曲线。同样地,为了保证拾取的可靠性,只保留红色实心圆和蓝色空心圆环同时所在的相速度频散点。

本书共选取了 64 个台站,根据公式$\frac{n(n-1)}{2}$,理论上可以拾取 2 016 条频散曲线。但通过质量控制,对数据进行筛选后,实际拾取到 1 966 条瑞雷面波相速度频散曲线来进行面波成像。

(三) 背景噪声成像及分辨率测试

本书采用棋盘格的检测方式对模型的分辨能力进行评价。设置棋盘格大小为 0.3°×0.3°,深度方向上,0～30 km 以 2 km 为间隔,30～55 km 以 5 km 为间隔,初始速度为 2.5 km/s,增值为 0.05 km/s。同时,本书还增加了一定的速度扰动。得到的 10、20、30、35、40、

45 km 不同深度分辨率测试结果如图 4-30 所示。

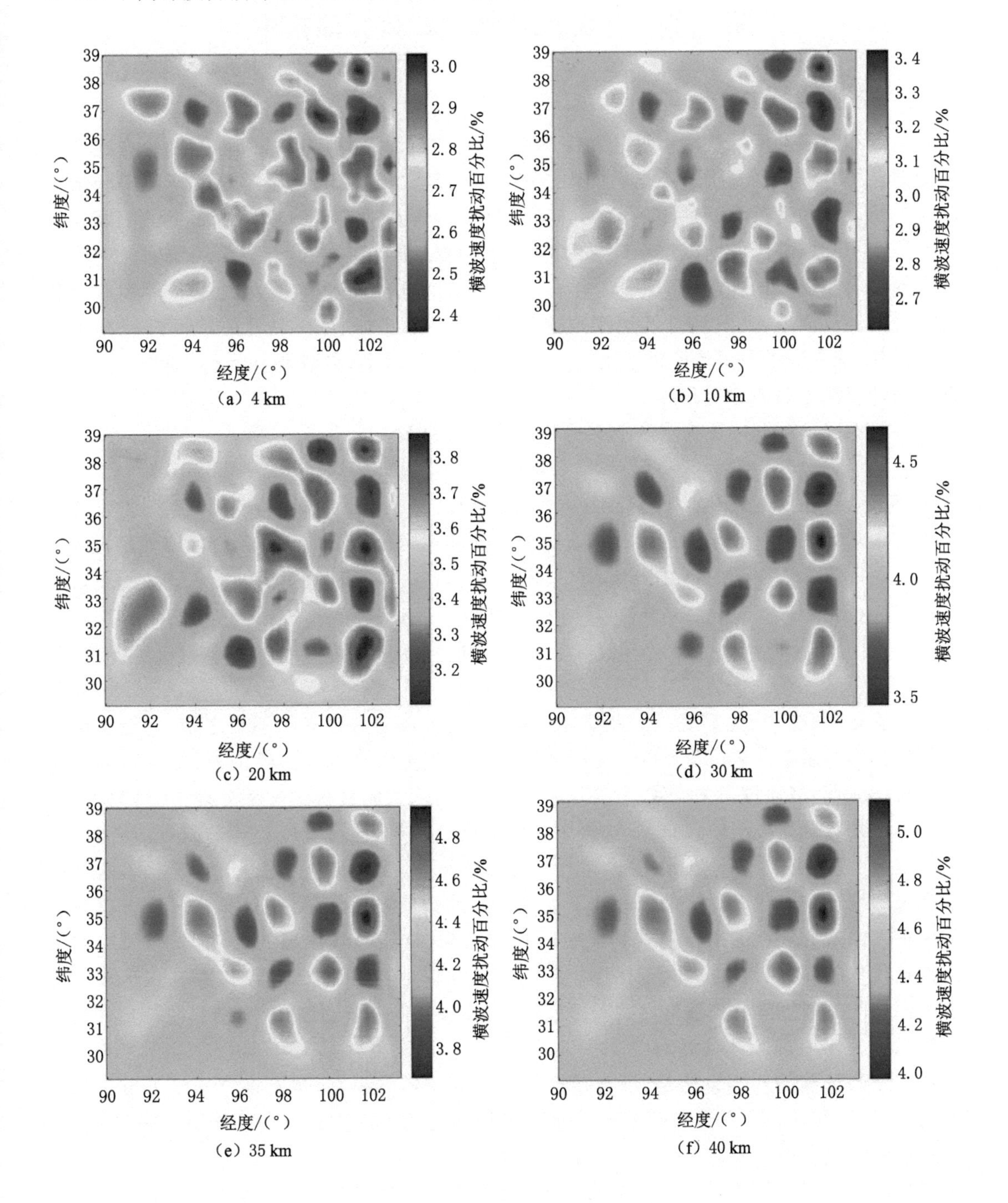

图 4-30　不同深度分辨率测试结果

从图中可以看出,整体上东部的分辨率结果较好,西部以及边缘部分较差,可能与射线路径不均匀覆盖有关,东部射线覆盖较密集,西部和边缘部分较稀疏。不同深度上,在研究区范围内,测试结果也基本上重现了给定的模型以及加入的扰动,结果较为可信。

第二节　多源地球物理联合反演技术

一、子维联合反演方法

地震和电磁勘探方法相比重磁勘探方法具有更好的深度分辨率，而重磁勘探方法作为被动源勘探方法深度分辨率不足，而横向分辨率更高，将地震和电磁单独反演或解释结果转换为约束条件进行面积性重磁数据的三维反演是现在地热资源勘探中面临的问题。本书发展了一种以电磁或地震解释结果为约束的重磁三维反演方法，首先采用研究区电磁或地震的剖面测量数据进行反演，确定地下层位信息，将层位信息转换为约束条件控制到重磁三维物性反演中，进而通过增加深部热储空间结果、控热通道、热源的特征进行精细刻画。此外，该方法考虑了传统物性反演方法需要先验信息多、参数调节复杂等问题，提高了现有物性反演方法的精度和可靠性（林涛，2022）。

一般的反演问题可视为求解上文提到的线性方程系统：

$$d=\boldsymbol{S}m \tag{4-134}$$

式中，$\boldsymbol{S}$ 为灵敏度矩阵；d 为观测数据；m 为待求物性。

这个求解过程一般被视为一个代表数据拟合和正则化修正的最小化目标函数的过程：

$$\widehat{m}_w=\mathrm{argmin}(\|S_w m_w-d_w\|_2^2+\alpha\|m_w\|_2^2) \tag{4-135}$$

$$m_w=W_m m \tag{4-136}$$

$$S_w=W_d S W_m^{-1} \tag{4-137}$$

$$d_w=W_d d \tag{4-138}$$

尽管正则化反演能够解决一些病态问题，但这种反演有很多的不足之处，以至于位场数据反演的结果并不被广泛认可，尤其对反演目标深度的刻画。一般来说，位场数据的深度分辨率较低，但通过相关成像、欧拉反褶积等方法，依然能够得到一部分地下空间的深度构造。但在正则化反演中，由于无法摆脱梯度的固有结构，即灵敏度矩阵的限制，反演结果的深度分辨率往往很低。在没有正则化约束的情况下，反演结果往往趋近于表面，这是由于在灵敏度矩阵中代表浅层部分的地下单元空间的数值要远大于深层，而某一地下单元空间的梯度由所有测点的拟合差乘其灵敏度相加而来，从而导致浅层的梯度大于深层，在每一次迭代中的前进步长也远大于深层。正则化和加权矩阵的加入，其数值意义在于修正浅层和深层的系数矩阵和梯度的巨大差距，从而修正梯度与步长，使得反演结果向深部靠拢。

（一）子空间反演方法介绍

子空间反演的基本思路是，不直接在原始空间求解方程，而是先将方程投影至较低维度的空间，并在低纬度空间求解方程。通过多种不同的投影方式取得多个低纬度的解，最后将这些解整合得到最终的解。

使用子空间反演方法处理位场数据时，首先不是对位场数据进行加权，而是将其按照某种规律，将维度为 N 的解投影至 Q 组维度较低的子空间中。在本书使用的方法中，规定子空间的维度与数据维度 M 相同，以减少参数的数量。则第 j 组子空间内的灵敏度矩阵 $\widetilde{\boldsymbol{S}}_j$ 可被视为一个正交矩阵：

$$\widetilde{\boldsymbol{S}}_j^{M\times M}=\boldsymbol{S}^{M\times M}\boldsymbol{P}_j^{N\times M},j=1,2,3\cdots,Q \tag{4-139}$$

式中，$\boldsymbol{P}_j$ 为第 j 组投影矩阵。

图 4-31 是一个基本的投影方式，在这种投影中，高维的网格数据被投影至 M 个形态和位置均随机分布的长方体中。重磁场均为叠加场，可以允许投影后的长方体互相重叠，使其能够模拟更多的结构。投影获得的长方体体积和形态不一，从而避免了因灵敏度矩阵由深到浅逐步增加而产生的趋肤问题，同时未知数数量大大减小，使得反演更稳定。子空间内的反演可以不借助模型拟合项和深度加权来进行。

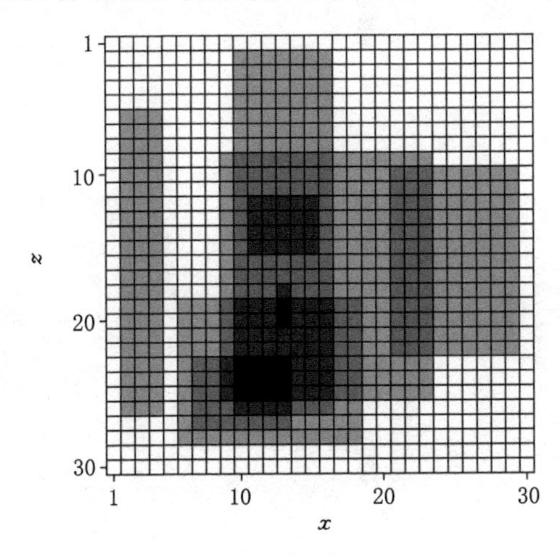

图 4-31　将 30×30 的空间投影至 8 个随机长方体

此时，第 j 组子空间的反演被简化为如下形式：

$$\tilde{m}_j = \operatorname{argmin}\|\tilde{S}_j\tilde{m}_j - d\|_2^2 \tag{4-140}$$

本书使用一个 LSQR 方法对式(4-140)进行求解，在本书的实验中，这种算法体现出了参数少和结果稳定两个优势。在对 j 组子空间内的数据分别求解 $\tilde{m}_j$ 之后，最终解可通过这些 m_j 取加权平均得到：

$$\hat{m} = \frac{1}{Q}\sum_{j=1}^{Q} P_j\tilde{m}_j \tag{4-141}$$

使用多组子空间的解加权平均的意义是，在投影后的地位空间反演虽然能使反演变得稳定，但由于投影后的长方体数量较少，对地下机构的模拟能力有限，牺牲了部分反演的精度。通过多组数据的加权平均，即可使得有效信息互相补充，得到精度更高的模型。

上述的子空间反演方法在反演过程中不需要正则化和加权矩阵，也几乎不需要人为指定任何参数。但这种反演方法依然是存在其内部类似正则化约束的，只不过这种约束通过投影过程来进行。与正则化反演相比，这个算法的结构十分简洁。

（二）子空间反演的模型实验

1. 2D 模型实验

首先以一个简单 2D 模型为例，展示子空间反演的过程并初步验证其有效性。

图 4-32(a)所示的密度模型经正演之后存在 31 组间隔为 1 km 的重力异常数据。将地下 30 km×20 km 的空间剖分为 100 m×100 m 的立方体单元，于是地下空间被剖分为 60 000 个单元。将这 60 000 个单元投影至维度为 31 的子空间，图 4-32(b)便是投影后的一

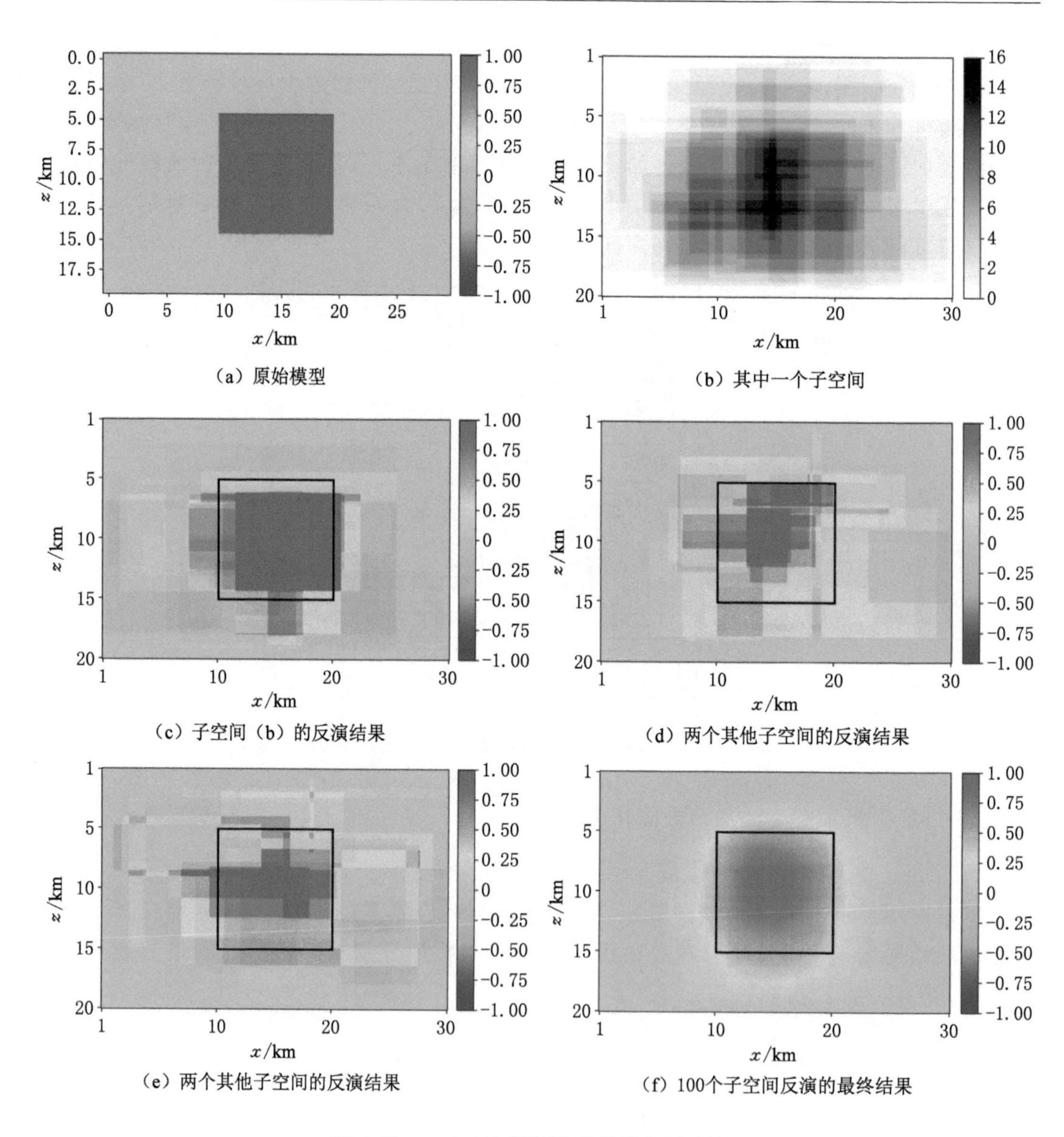

图 4-32 一个 2D 密度模型的子空间反演

个子空间，其中颜色的深度表示被投影的次数。之后使用 LSQR 算法求解公式，得到了如图 4-32(c)所示的一组子空间内的解。又通过另外的两次投影和求解，可以得到图 4-33 (d)、(e)中的另外两组子空间内的解。从这 3 组解可以看出，由于系数矩阵排列的打乱和方程维度的降低，在没有使用加权矩阵和正则化的情况下，子空间内依然能够求得稳定的解。但由于维度较低，方程解对地下模型的拟合能力有限，每一组子空间内的解都丢失了很多细节信息。使用多组子空间内解的加权平均的方式，使这些解互相补充，可以弥补细节上的不足。图 4-32(f)是使用 100 组解加权平均后得到的最终解。在最终解中，各组单独解的相似之处得到加强，使得真实模型所在的位置逐渐清晰，而子空间内单独解的错误信息被抹去，最终准确地反演出了目标模型的位置和形态。

2. 3D 模型实验

将地下空间剖分为 500 m×500 m×500 m 的网格，对前述所示的模型数据进行 $Q=100$ 的子空间反演，反演结果如图 4-33(a)所示。从图中可以看出，子空间反演对两个目标体的位置和形态的识别基本准确，两个模型的相对深度也有所体现。由于反演结果是加权平均后的概率密度，难以得到类似正则化反演中 L0 范数的聚焦效果。与正则化反演结果相比，子空间反演在不使用正则化和加权矩阵等被指定的参数的前提下，仅仅通过对反演过程的优化，就取得了有一定深度分辨率的反演结果。而这在正则化反演中必须使用合适的加权矩阵和正则化权重，而寻找这些合适的参数是十分困难的。

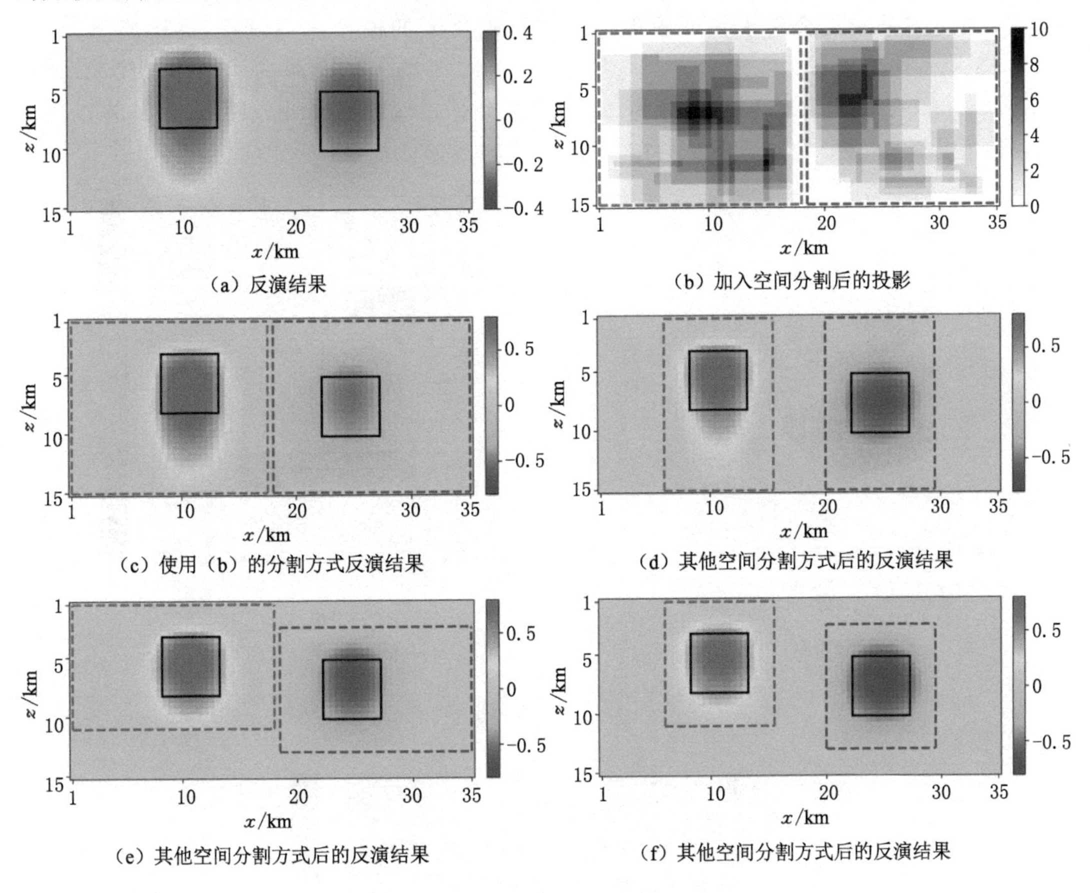

(a) 反演结果　(b) 加入空间分割后的投影

(c) 使用 (b) 的分割方式反演结果　(d) 其他空间分割方式后的反演结果

(e) 其他空间分割方式后的反演结果　(f) 其他空间分割方式后的反演结果

图 4-33　3D 模型的子空间反演结果

(三) 引入约束条件的子空间反演

本书使用的子空间反演的方法是基于随机长方体投影的，可以给这些长方体增加限制条件。将空间分割的概念引入子空间反演，即将地下空间分割为不同的区域，规定长方体必须在这些区域内。如此可以将一些先验信息加入反演中，增加反演的可靠性。

图 4-33(b)展示了一个基于空间分割的子空间投影，在这个投影中，地下空间被分割为两个区域，投影后的长方体被限制在这两个区域中。图 4-33(c)是使用这种投影的 $Q=100$ 的子空间反演结果。在加入空间分割的约束之后，两个模型的横向位置更加明确，这也带来了纵向分辨率的提高。在所有的反演结果中，这个结果对右侧负密度模型的深度定位是

最准确的。

而如果存在更多的有关目标体位置的先验信息，则可以对地下空间进行更精确的分割，从而得到更准确的反演结果。图 4-33(d)～(f)为三种空间分割条件下的子空间反演结果。可以看出，随着先验信息的增多，空间分割的范围更加精确，反演结果与原始模型对应越好。尤其是深度信息的加入，对反演效果的提升尤为明显[图 4-33(e)、(f)]，这是由于位场数据本身就有足够的横向分辨率，而缺乏纵向分辨率，对深度信息的补足能使位场数据的整体分辨率大为提高。

为进一步验证加入纵向信息的空间分割对子空间反演精度的提高效果，可设计一个如图 4-34 所示的纵向重叠的磁化率模型。上方正磁化率的模型体积较小，大小为 4 km×4 km×2 km，顶面埋深为 5 km，磁化强度为 1 A/m。下方负磁化率的模型体积较大，大小为 10 km×10 km×2 km，顶面埋深为 14 km，磁化强度为－1 A/m。图 4-35 是其正演结果，可以看出两个模型的磁异常重叠在了一起，难以分辨。

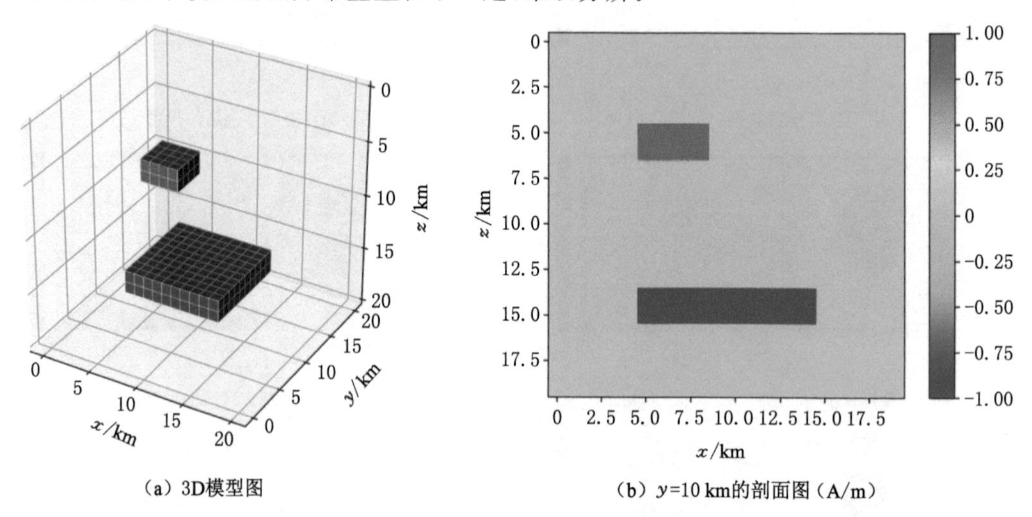

(a) 3D模型图

(b) y=10 km的剖面图 (A/m)

图 4-34 磁化率模型

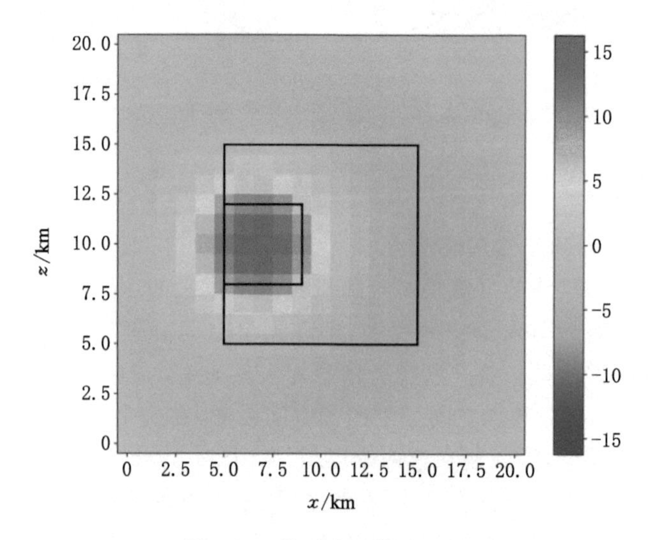

图 4-35 模型磁异常图(nT)

首先使用加权空间内的正则化方法反演该磁化率模型。图 4-36(a)～(c)是使用 L2 正则化的反演结果，正则化权重分别为 10^2，10^4，10^7。这些结果对上方的正磁化率模型有所反应，但无法得到下方的负磁化率模型的信息，其对负异常的解释为正磁化率模型的周围负磁化率假影。反演结果对上方模型的深度定位也不准确。图 4-36(d)～(f)为 L0 正则化的反演结果，正则化权重分别为 0.1，10，10^3。虽然反演结果更为聚焦，且相较于 L2 正则化反演，其对浅层正磁化率模型的位置判断更为准确，但依然无法获得深层负磁化率模型的信息。

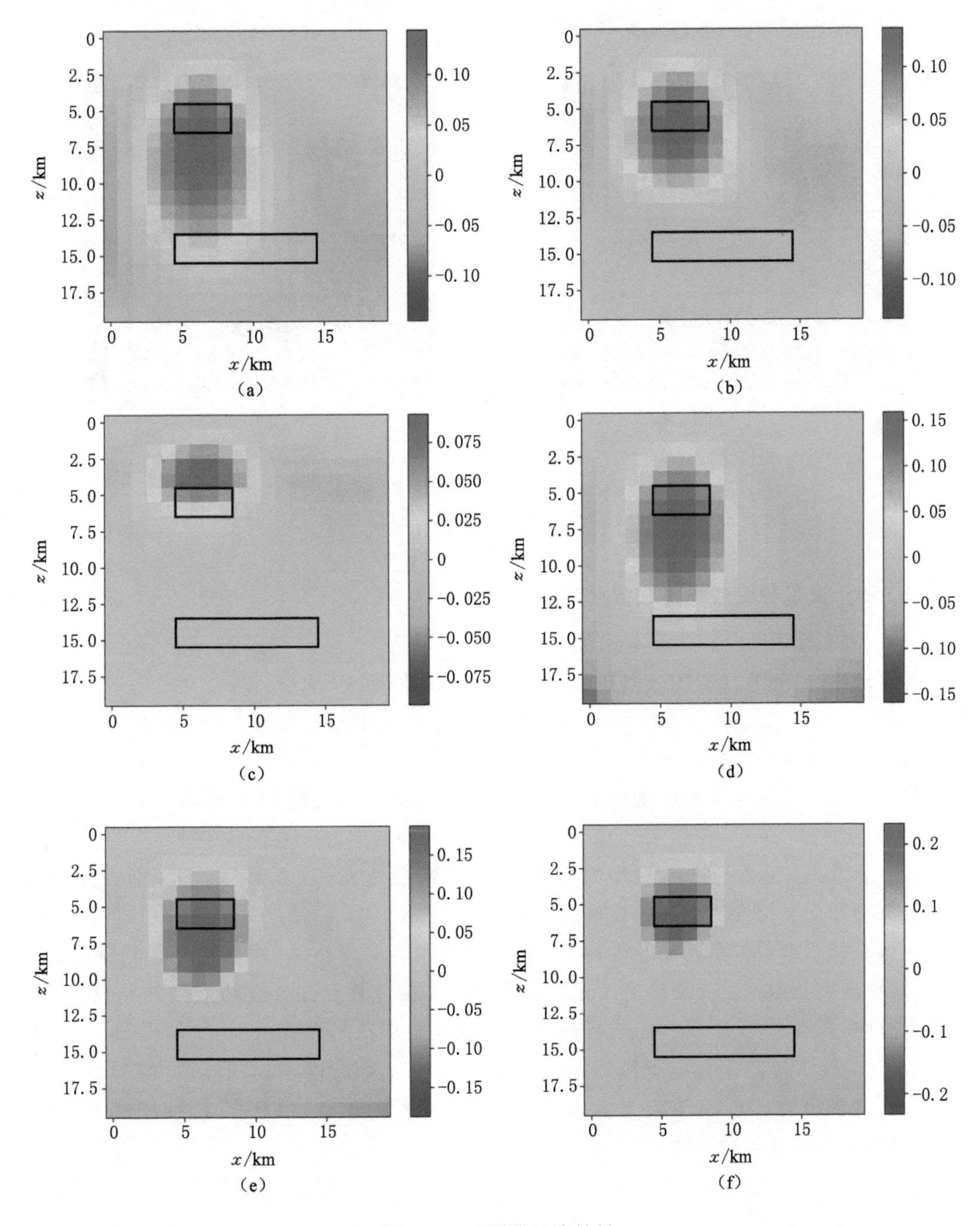

图 4-36　正则化反演结果

子空间反演的效果则明显优于正则化反演。图 4-37(a)是对该模拟数据进行子空间反演的结果。在该组反演结果中,上方目标体被准确地定位出来,且反演对下方负磁化率模型也有一定的反应,说明子空间反演方法的深度分辨能力要优于正则化反演。而在加入层状空间分割的约束之后,图 4-37(b)的反演结果显示,子空间反演准确地定位了两个纵向堆叠的模型。这个模型测试的结果表明,使用空间分割的方式将先验信息或其他方法得到的信息加入反演,能够有效提升子空间反演的分辨率,包括横向和纵向分辨率。在联合反演中,也可以使用这种方法对位场数据施加约束。

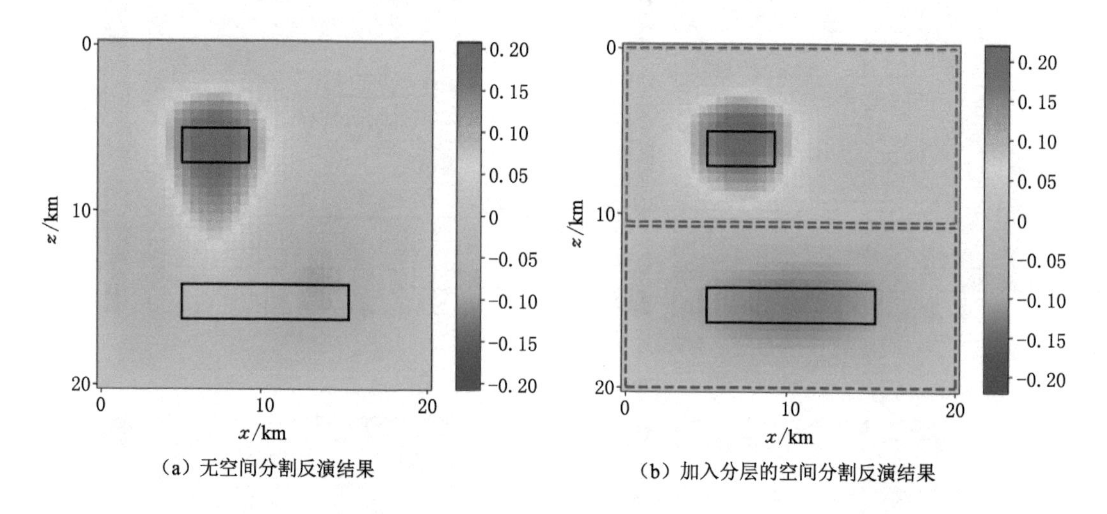

(a) 无空间分割反演结果

(b) 加入分层的空间分割反演结果

图 4-37 子空间反演结果

二、基于交叉梯度的线性联合反演

(一) 交叉梯度联合反演基本理论

为方便求导,联合反演中一般将交叉梯度的二范数作为约束项,即:

$$\Phi_t = \| t \|_2^2 = t_x^{\mathrm{T}} t_x + t_y^{\mathrm{T}} t_y + t_z^{\mathrm{T}} t_z \tag{4-142}$$

式中,Φ_t 为交叉梯度约束项。

将交叉梯度约束项加入位场反演的目标函数中,则联合反演的目标函数为:

$$\Phi = \Phi_d + \alpha \Phi_m + \beta \Phi_t \tag{4-143}$$

式中,Φ_d 为数据拟合项;Φ_m 为模型约束项,可根据需要选择 L0 或 L2 范数等形式;α、β 为模型约束项和交叉梯度约束项的权重。

周丽芬(2012)根据泰勒展开得到了交叉梯度的导数计算方法,本书使用更精确的计算方法,即根据差分形式下交叉梯度矢量的计算公式直接计算交叉梯度约束项的导数。在该计算方法中,在 $\Phi_t(i,j,k)$ 对 m_1 求导时要分别求其对周边物性 $m_1(i-1,j,k)$、$m_1(i+1,j,k)$、$m_1(i,j-1,k)$、$m_1(i,j+1,k)$、$m_1(i,j,k-1)$、$m_1(i,j,k+1)$ 的导数,每个 $\Phi_t(i,j,k)$ 都能计算周边的 6 个 m_1 的导数。在对所有的 Φ_t 求导后,将对应同一物性模型 m_1 位置的导数相加,得到最终的导数。

以 $\Phi_t(i,j,k)$ 对 $m_1(i-1,j,k)$ 求导为例开始推导。为书写方便,下列公式中的位置信息只标注出了不为(i,j,k)的量。如 $\Phi_t(\cdot)$ 代表 $\Phi_t(i,j,k)$,$m_1(i-1)$ 代表 $m_1(i-1,j,$

k)，则 $\Phi_t(i,j,k)$ 对 $m_1(i-1,j,k)$ 的导数为：

$$\frac{\partial \Phi_t(\cdot)}{\partial m_1(i-1)} = 2t_x \frac{\partial t_x(\cdot)}{\partial m_1(i-1)} + 2t_y \frac{\partial t_y(\cdot)}{\partial m_1(i-1)} + 2t_z \frac{\partial t_z(\cdot)}{\partial m_1(i-1)} \tag{4-144}$$

将式(4-144)写为差分的形式，则式(4-144)中三项分别为：

$$2t_x(\cdot)\frac{\partial t_x(\cdot)}{\partial m_1(i-1)} = 2t_x(\cdot)\frac{\partial}{\partial m_1(i-1)}\left(\frac{(m_1(j+1)-m_1(j-1))\cdot(m_2(k+1)-m_2(k-1))}{4\Delta y\Delta z}\right) - 2t_x(\cdot)\frac{\partial}{\partial m_1(i-1)}\left(\frac{(m_2(j+1)-m_2(j-1))\cdot(m_1(k+1)-m_1(k-1))}{4\Delta y\Delta z}\right) \tag{4-145}$$

$$2t_y(\cdot)\frac{\partial t_y(\cdot)}{\partial m_1(i-1)} = 2t_y(\cdot)\frac{\partial}{\partial m_1(i-1)}\left(\frac{(m_1(i+1)-m_1(i-1))\cdot(m_2(k+1)-m_2(k-1))}{4\Delta x\Delta z}\right) - 2t_y(\cdot)\frac{\partial}{\partial m_1(i-1)}\left(\frac{(m_2(i+1)-m_2(i-1))\cdot(m_1(k+1)-m_1(k-1))}{4\Delta x\Delta z}\right) \tag{4-146}$$

$$2t_z(\cdot)\frac{\partial t_z(\cdot)}{\partial m_1(i-1)} = 2t_z(\cdot)\frac{\partial}{\partial m_1(i-1)}\left(\frac{(m_1(i+1)-m_1(i-1))\cdot(m_2(j+1)-m_2(j-1))}{4\Delta x\Delta y}\right) - 2t_z(\cdot)\frac{\partial}{\partial m_1(i-1)}\left(\frac{(m_2(i+1)-m_2(i-1))\cdot(m_1(j+1)-m_1(j-1))}{4\Delta x\Delta y}\right) \tag{4-147}$$

此时式(4-145)～式(4-147)为一次函数求导问题，不含 $m_1(i-1,j,k)$ 的项均可视为常数项：

$$2t_x(\cdot)\frac{\partial t_x(\cdot)}{\partial m_1(i-1)} = 0 \tag{4-148}$$

$$\begin{aligned}2t_y(\cdot)\frac{\partial t_y(\cdot)}{\partial m_1(i-1)} &= 2t_y(\cdot)\frac{\partial}{\partial m_1(i-1)}\left(\frac{-m_1(i-1)(m_2(k+1)-m_2(k-1))}{4\Delta x\Delta z}\right)\\ &= -\frac{t_y(\cdot)}{2\Delta x\Delta z}(m_2(k+1)-m_2(k-1))\\ &= -\frac{t_y(\cdot)}{\Delta x}\cdot\frac{\partial m_2(\cdot)}{\partial z}\end{aligned} \tag{4-149}$$

$$\begin{aligned}2t_z(\cdot)\frac{\partial t_z(\cdot)}{\partial m_1(i-1)} &= 2t_z(\cdot)\frac{\partial}{\partial m_1(i-1)}\left(\frac{-m_1(i-1)(m_2(j+1)-m_2(j-1))}{4\Delta x\Delta y}\right)\\ &= -\frac{t_z(\cdot)}{2\Delta x\Delta y}(m_2(j+1)-m_2(j-1))\\ &= -\frac{t_z(\cdot)}{\Delta x}\cdot\frac{\partial m_2(\cdot)}{\partial y}\end{aligned} \tag{4-150}$$

式(4-149)～式(4-150)中，$\frac{\partial m_2(\cdot)}{\partial y}$、$\frac{\partial m_2(\cdot)}{\partial z}$ 分别代表 $m_2(i,j,k)$ 在 y、z 方向上的方向导数。与式(4-150)相比，此处为方便推导省略了(i,j,k)。

则 $\Phi_t(i,j,k)$ 对 $m_1(i-1,j,k)$ 的导数，即公式(4-144)可以写为：

$$\frac{\partial \Phi_t(\cdot)}{\partial m_1(i-1)} = -\frac{t_y(\cdot)}{\Delta x}\cdot\frac{\partial m_2(\cdot)}{\partial z} - \frac{t_z(\cdot)}{\Delta x}\cdot\frac{\partial m_2(\cdot)}{\partial y} \tag{4-151}$$

使用同样的方法，可以计算 $\Phi_t(i,j,k)$ 对其他五个 m_1 的导数：

$$\frac{\partial \Phi_t(\cdot)}{\partial m_1(i+1)} = \frac{t_y(\cdot)}{\Delta x} \cdot \frac{\partial m_2(\cdot)}{\partial z} + \frac{t_z(\cdot)}{\Delta x} \cdot \frac{\partial m_2(\cdot)}{\partial y} \tag{4-152}$$

$$\frac{\partial \Phi_t(\cdot)}{\partial m_1(j-1)} = -\frac{t_x(\cdot)}{\Delta y} \cdot \frac{\partial m_2(\cdot)}{\partial z} - \frac{t_z(\cdot)}{\Delta y} \cdot \frac{\partial m_2(\cdot)}{\partial x} \tag{4-153}$$

$$\frac{\partial \Phi_t(\cdot)}{\partial m_1(j+1)} = \frac{t_x(\cdot)}{\Delta y} \cdot \frac{\partial m_2(\cdot)}{\partial z} + \frac{t_z(\cdot)}{\Delta y} \cdot \frac{\partial m_2(\cdot)}{\partial x} \tag{4-154}$$

$$\frac{\partial \Phi_t(\cdot)}{\partial m_1(k-1)} = -\frac{t_x(\cdot)}{\Delta z} \cdot \frac{\partial m_2(\cdot)}{\partial y} - \frac{t_y(\cdot)}{\Delta z} \cdot \frac{\partial m_2(\cdot)}{\partial x} \tag{4-155}$$

$$\frac{\partial \Phi_t(\cdot)}{\partial m_1(k-1)} = \frac{t_x(\cdot)}{\Delta z} \cdot \frac{\partial m_2(\cdot)}{\partial y} + \frac{t_y(\cdot)}{\Delta z} \cdot \frac{\partial m_2(\cdot)}{\partial x} \tag{4-156}$$

对每一个 $\Phi_t(i,j,k)$ 进行这种求导，均可以得到其对 $m_1(i-1,j,k)$、$m_1(i+1,j,k)$、$m_1(i,j-1,k)$、$m_1(i,j+1,k)$、$m_1(i,j,k-1)$、$m_1(i,j,k+1)$ 的这 6 个导数。对应相同位置的导数值相加，便可得到 Φ_t 对于 m_1 的导数。Φ_t 对于某一单独的 $m_1(i,j,k)$ 的导数可以写为：

$$\begin{aligned}
\frac{\partial \Phi_t(\cdot)}{\partial m_1(\cdot)} &= \frac{\partial \Phi_t(i-1)}{\partial m(\cdot)} + \frac{\partial \Phi_t(i-1)}{\partial m_1(\cdot)} + \frac{\partial \Phi_t(j+1)}{\partial m_1(\cdot)} + \\
&\quad \frac{\partial \Phi_t(j-1)}{\partial m_1(\cdot)} + \frac{\partial \Phi_t(k+1)}{\partial m_1(\cdot)} + \frac{\partial \Phi_t(k-1)}{\partial m_1(\cdot)} \\
&= -\frac{t_y(i+1)}{\Delta x} \cdot \frac{\partial m_2(i+1)}{\partial z} - \frac{t_z(i+1)}{\Delta x} \cdot \frac{\partial m_2(i+1)}{\partial y} + \\
&\quad \frac{t_y(i-1)}{\Delta x} \cdot \frac{\partial m_2(i-1)}{\partial z} + \frac{t_z(i-1)}{\Delta x} \cdot \frac{\partial m_2(i-1)}{\partial y} - \\
&\quad \frac{t_x(j+1)}{\Delta y} \cdot \frac{\partial m_2(j+1)}{\partial z} - \frac{t_z(j+1)}{\Delta y} \cdot \frac{\partial m_2(j+1)}{\partial x} + \\
&\quad \frac{t_x(j-1)}{\Delta y} \cdot \frac{\partial m_2(j-1)}{\partial z} + \frac{t_z(j-1)}{\Delta y} \cdot \frac{\partial m_2(j-1)}{\partial x} - \\
&\quad \frac{t_x(k+1)}{\Delta z} \cdot \frac{\partial m_2(k+1)}{\partial y} - \frac{t_y(k+1)}{\Delta z} \cdot \frac{\partial m_2(k+1)}{\partial x} + \\
&\quad \frac{t_x(k-1)}{\Delta z} \cdot \frac{\partial m_2(k-1)}{\partial y} + \frac{t_y(k-1)}{\Delta z} \cdot \frac{\partial m_2(k-1)}{\partial x}
\end{aligned} \tag{4-157}$$

在实际应用中，既可以使用式(4-151)计算每一个点的导数，也可以提前设置好导数的变量，计算每一个 Φ_t 对六个 m_1 的影响，然后在对应位置相加。这两种方法均可以得到交叉梯度约束项的导数值。对 m_2 的求导与 m_1 类似。

为验证式(4-157)求导的准确性，设计如图 4-38 所示两个模型，其中(a)模型为立方体模型，(b)模型为(a)模型通过光滑滤波得到。计算两个模型的交叉梯度，并求取交叉梯度向对(b)模型的导数，记为 f_b。使用梯度下降对(b)模型进行迭代：

$$m_b = m_b - \alpha f_b \tag{4-158}$$

其中 m_b 是图 4-38(b)所示的模型，α 是迭代学习率。取 $\alpha=0.01$，对 m_b 迭代 100 次。图 4-39(a)是迭代过程中交叉梯度模量 $|t|^2$ 的变化。可以看出 $|t|^2$ 随着迭代次数的增加而下降，这表示导数计算结果是准确的。经 100 次迭代之后的最终模型如图 4-39(b)所示。与

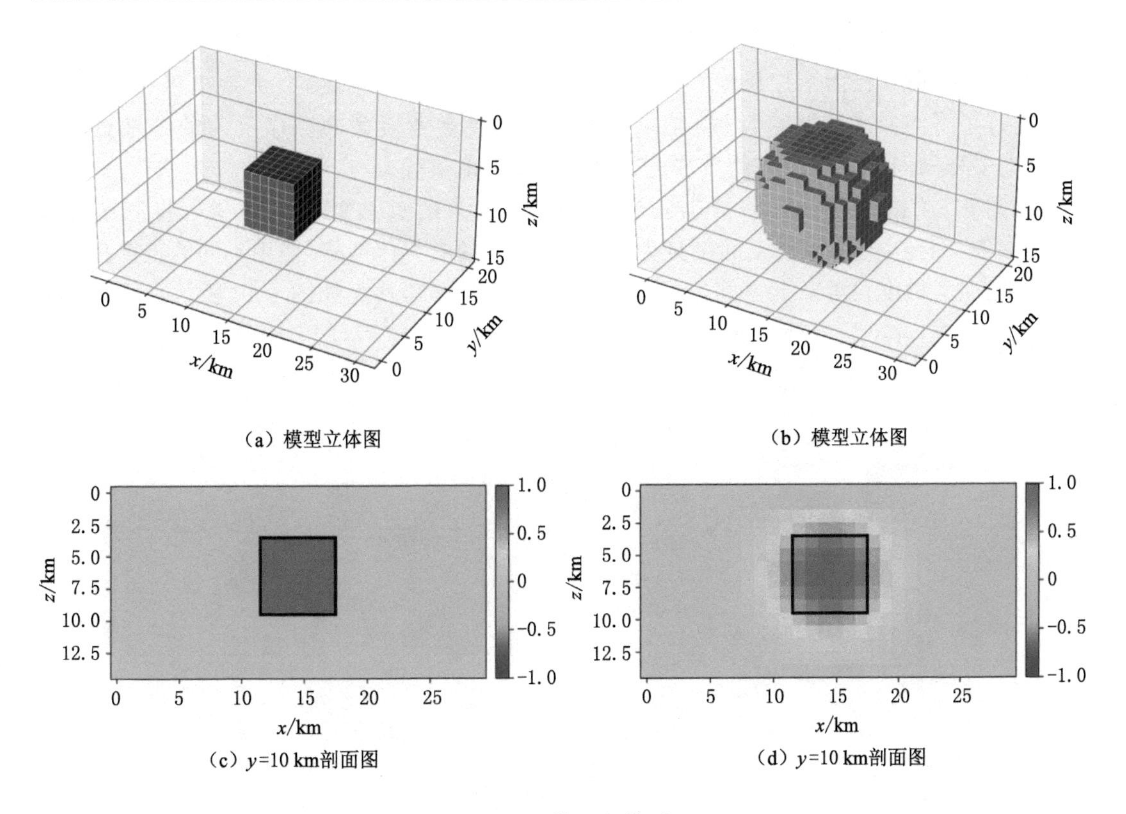

图 4-38　第三组模型

图 4-38(d)中的原始模型相比，最终模型与图 4-38(c)所示的另一模型更相似，这也可以说明上文方法对导数的计算结果是可靠的。

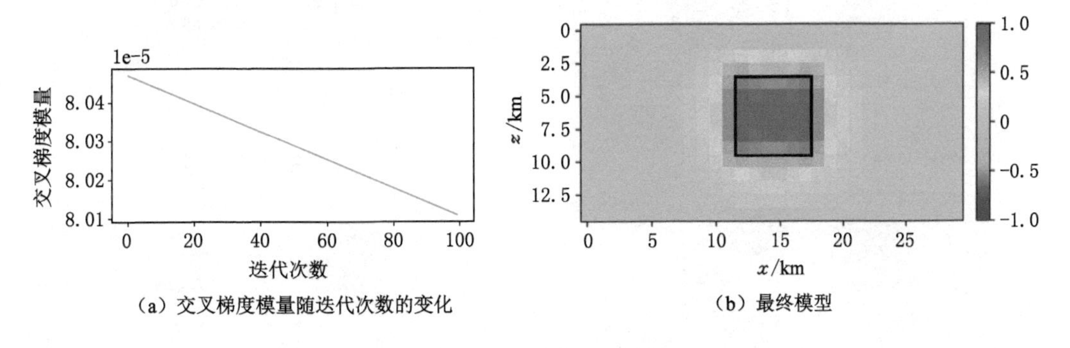

图 4-39　导数计算测试结果

于是联合反演中，目标函数公式的导数为：

$$\frac{\partial \Phi}{\partial m_1} = S^{\mathrm{T}}(Sm_1 - d) + \alpha m_1 + \beta \frac{\partial \Phi_t}{\partial m_1} \tag{4-159}$$

其中，$\frac{\partial \Phi_t}{\partial m_1}$可由式(4-151)等以上提到的方法计算。使用其他方法得到的模型作为 m_2 以输入额外信息，使用共轭梯度等方法求解目标函数，即可实现交叉梯度约束下的重磁反演。

（二）交叉梯度联合反演的模型实验

联合反演可以分为顺序反演和同步反演，Franz 等（2021）对地震、大地电磁、重力三种数据进行了不同形式的联合反演，结果显示直接提供参考模型的顺序反演的结果更为可靠，故本书采用固定参考模型的方法进行交叉梯度反演实验。

使用 3D 测试模型的正演数据测试交叉梯度约束对反演起到的效果。将测区地下 35 km×120 km×15 km 的空间剖分为边长为 1 km 的立方体网格，使用不同的正则化方法和不同的交叉梯度权重对此空间进行反演测试，反演的参考模型如图 4-40 所示。所有反演均迭代 300 次，并不设置截止误差，得到如图 4-41 和图 4-42 所示的 2 组结果。

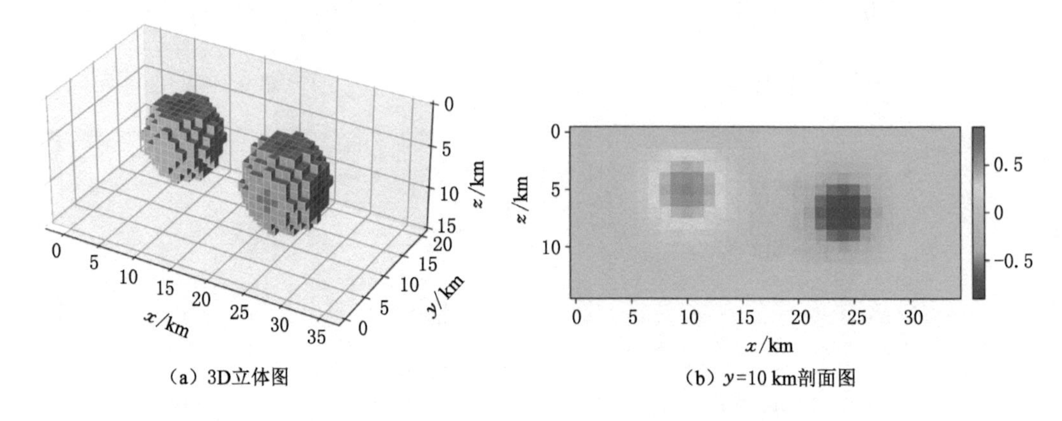

图 4-40　参考模型

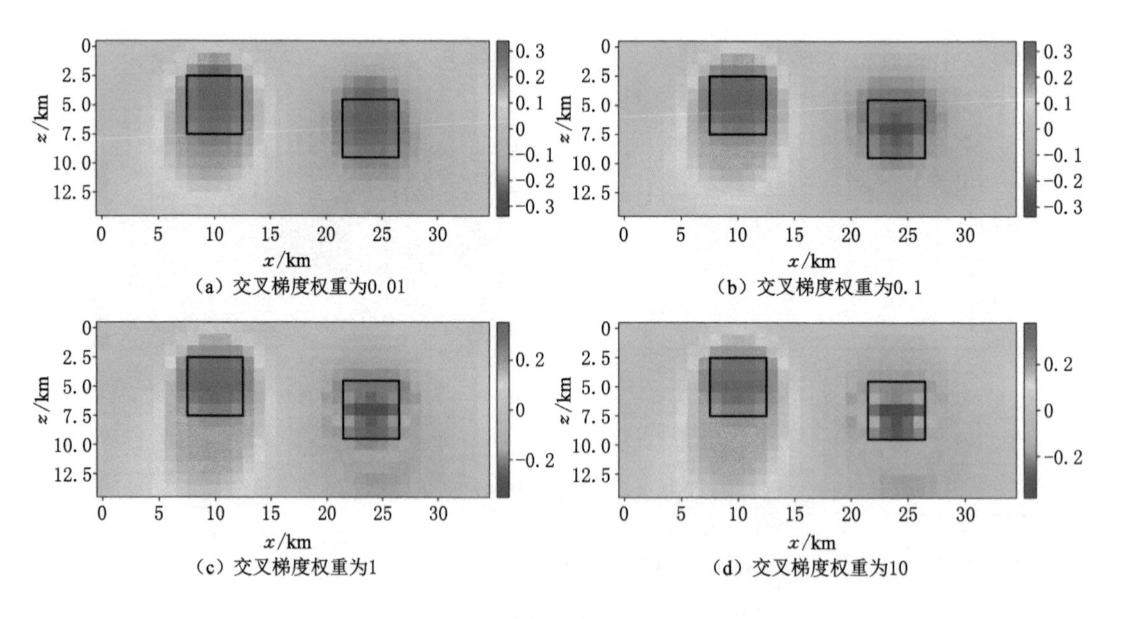

图 4-41　交叉梯度约束 L2 正则化反演

图 4-41 所示是不同权重的交叉梯度约束对 L2 正则化反演结果的影响，此组试验中正则化权重均为 1。从图中可以看出，随着交叉梯度权重的增大，反演结果与参考模型的结构愈发相似，如图 4-41(a)中两个目标体的反演结果是完全发散的，而图 4-41(c)中两个目标体

明显在向参考模型的目标体区域集中。但当交叉梯度权重较大时，目标体的边界并不自然[图 4-41(d)]，这是由 L2 正则化约束下的反演结果较为发散导致的。

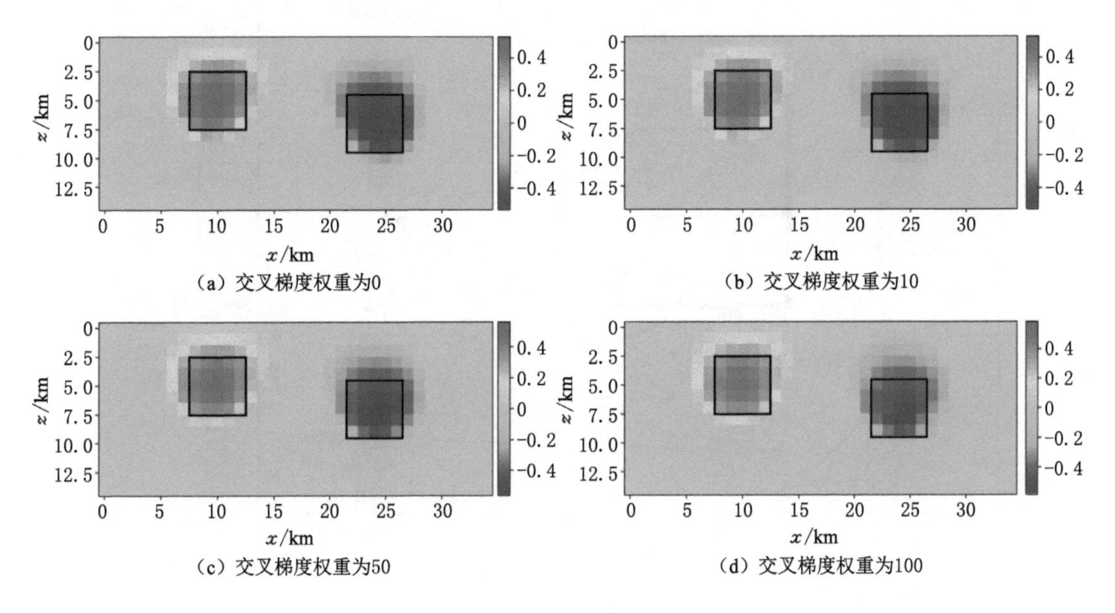

(a) 交叉梯度权重为0　(b) 交叉梯度权重为10

(c) 交叉梯度权重为50　(d) 交叉梯度权重为100

图 4-42　交叉梯度约束 L0 聚焦反演

图 4-42 所示是不同权重的交叉梯度约束对 L0 聚焦反演结果的影响，此组试验中正则化权重均为 10。图 4-42(a)所示是交叉梯度权重为 0 的反演结果，两个目标体的内侧边界存在明显的倾斜角。随着交叉梯度权重的增大，倾斜角逐渐消失[图 4-42(b)、(c)]，当交叉梯度权重足够大时，反演得到的模型与参考模型相似[图 4-42(b)]。综上可以说明，交叉梯度约束项在位场数据反演中可以起到有效的约束作用。

第三节　典型示范区实测数据处理分析

一、青海共和地区地理和地质概况

青海共和县地处青藏高原东北缘，展布形状呈菱形，长大约 280 km，宽大约 95 km，占地面积约 15 000 km^2。

共和盆地已经开发了多个温泉，钻探了多口钻井，位置及已知地层温度如图 4-43 所示。共和盆地位于东昆仑断裂北部，介于柴达木盆地和秦岭造山带之间，北接青海南山断裂山麓，南接阿尼玛卿缝合带(东昆仑断裂带的延伸)，西接瓦洪山断裂，东接多禾茂断裂。在这些一阶走滑断裂之间，还存在大量次级逆冲断层，包括青海南山断裂、瓦里贡山等断层，这些逆冲断层对山脉的缩短和隆升起到了促进作用。在盆地内部，青海南山东北缘是突出的狭窄山脉，构成了青藏高原东北缘内部的山脉和盆地景观。沿着断裂带发育了大量温泉，显示出地热资源与断裂分布之间的密切关系。共和盆地的地热特征有以下几个显著特征：一是总体上呈沿断裂方向集中分布的特征；二是中温温泉为主要温泉，其中 6 个温泉的出口水温超过 60 ℃。

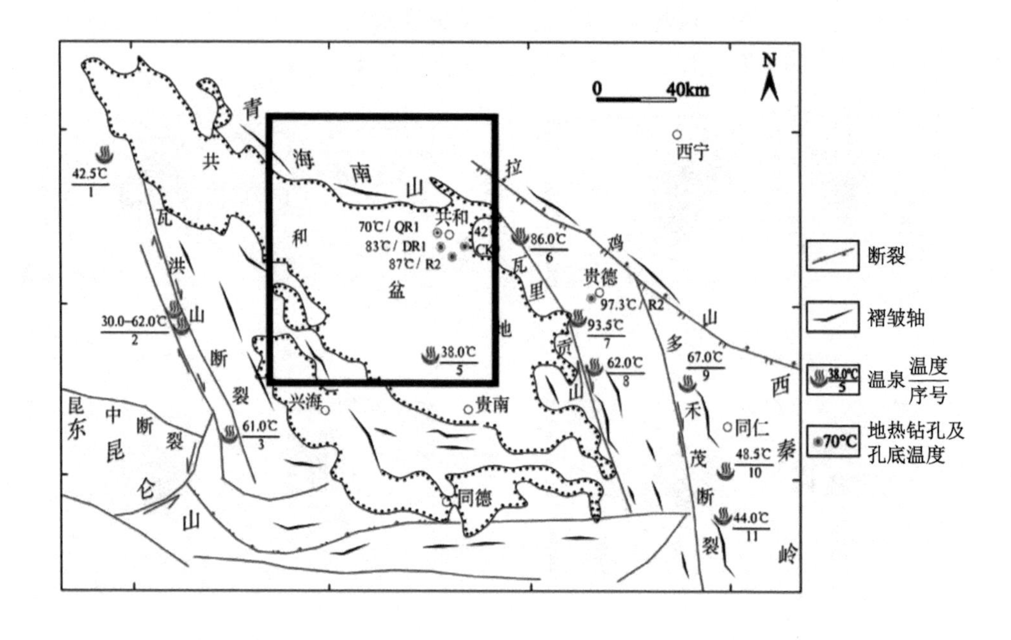

图 4-43　研究区域位置示意图

二、地球物理数据概况

为了进行深部干热岩系统的研究，对青海共和地区的大地电磁测深剖面测量数据、重磁面积性测量数据进行反演处理，通过近东西、南北方向的两条 MT 剖面进行反演解释，对盖层、热储、热源、通道等进行剖面解释，在此基础上开展重磁数据的三维联合反演，实现重点靶区的深部地热系统的解释。具体地面 MT 剖面、重磁面积性数据范围如图 4-44 所示。

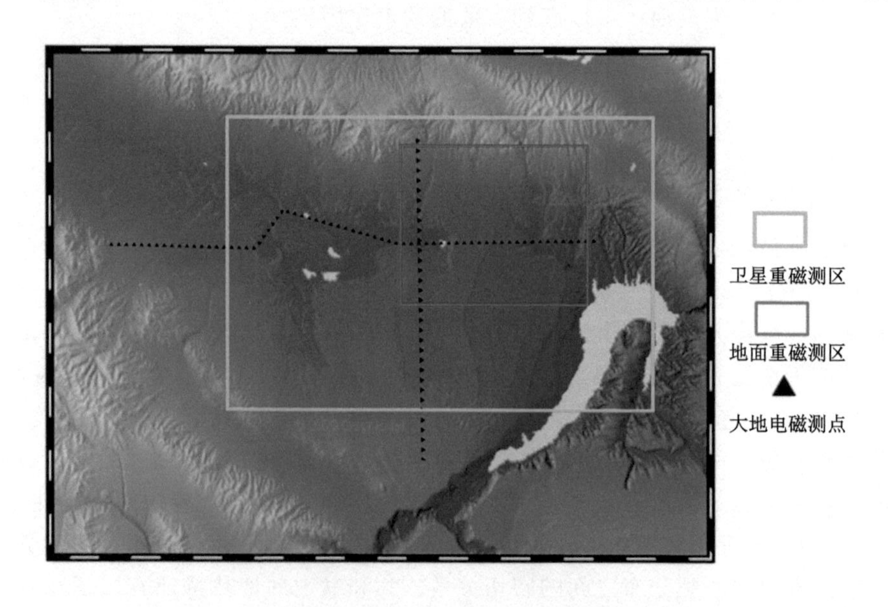

图 4-44　共和盆地 MT 剖面、重磁面积性测量数据范围

三、大地电磁数据反演

2015—2017 年间，中国地质调查局水文与环境调查中心在共和盆地尤其是贵德县热水泉和共和县恰卜恰地区开展了大地电磁测深(MT)勘察工作。在本节中，我们将选取两条穿过研究区域以及重磁地面测量区域的大地电磁剖面进行二维反演研究，并根据二维反演结果对重磁反演进行约束。

本节选取的两条大地电磁剖面分别为南北向展布的 MT7 大地电磁剖面以及呈东西向展布的 MT6 大地电磁剖面。其中 MT7 大地电磁剖面共有 67 个大地电磁测点，长度约 65 km。MT6 大地电磁剖面总长度约 92 km，共 45 个测点，测量点距离为 0.1～1 km。考虑到时间、干扰以及施工条件等多种因素，每个测点的采集时间以 9 h 为界限，即每条测点的采集时间不少于 9 h。大地电磁采集仪器为 V8 多功能电法仪，整个野外采集工作符合施工规范。大地电磁反演结果如图 4-45、图 4-46 所示。

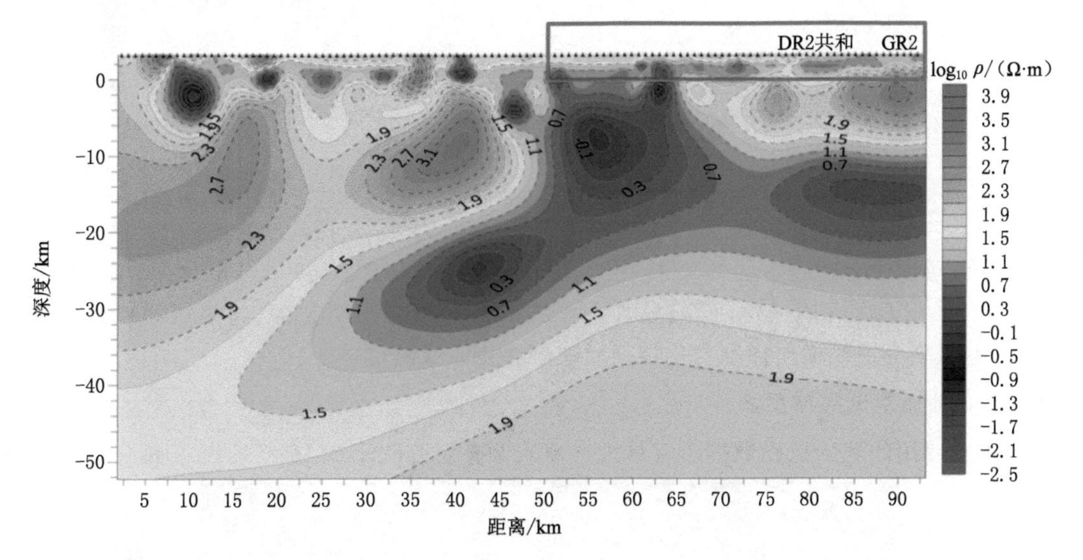

图 4-45 共和盆地东西向 MT 剖面二维电阻率反演结果图(红色边框为重磁数据位置)

根据已有地质、钻孔等资料对青海共和盆地地区的地层、构造结构单元的认识，结合电阻率反演结果进行地层划分和解释。电阻率剖面自上而下可以分为四层。

第一层为第四系沉积层，厚度小于 2 km，反演电阻率小于 50 Ω · m，在剖面上分布具有间断、厚度变化明显的特点，在共和县位置呈现自西向东变薄的趋势，尤其在 DR2 和 GR2 钻井位置第四系沉积层较薄。

第二层为古-新近纪第三系地层，电阻率值相比第四系沉积层较低，反演电阻率在 10～30 Ω · m 之间，厚度小于 1 km，以泥岩为主，整体西厚东薄，是深部热储的沉积盖层，为主要的热储保温层。

第三层为盆地基底中的干热岩热储层，岩性以花岗岩为主，反演电阻率在 5～100 Ω · m 之间，底面埋深小于 6 km，由于隐伏断层存在，出现热储层不连续特征。此外，由于上部热储盖层厚度变化，且部分区域存在花岗岩体出露地表情况，造成热储热量的散失，干热岩体温度低产生了相对高阻异常，通过地质和钻孔资料认为具较低电阻率值(＜20 Ω · m)的花岗岩体是深部热储勘探的重要目标。

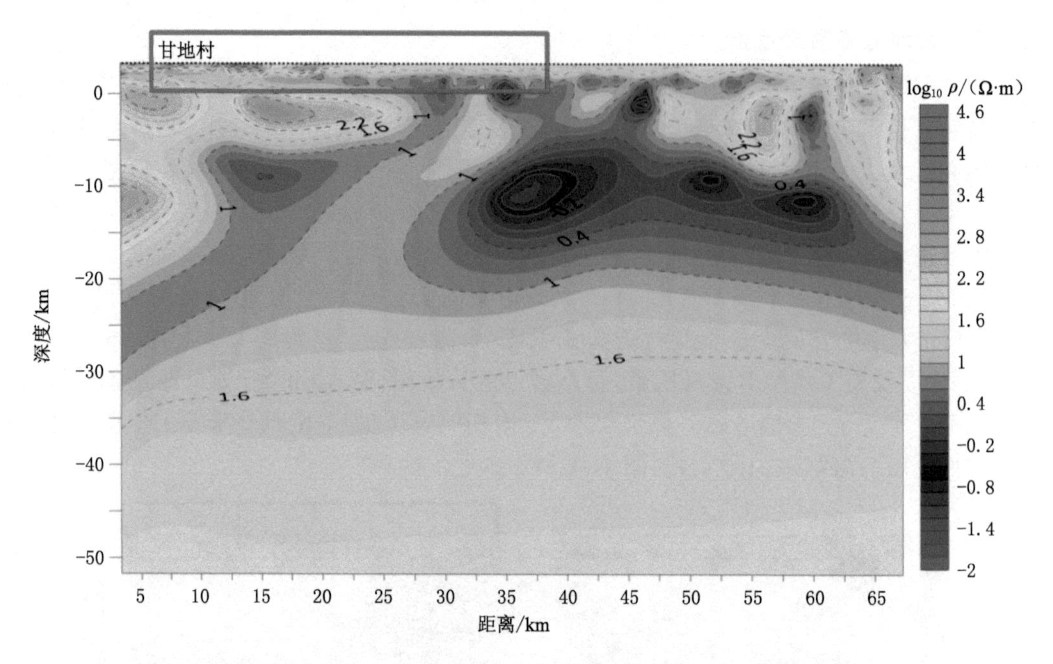

图 4-46　共和盆地南北向 MT 剖面二维电阻率反演结果图(红色边框为重磁数据位置)

第四层为中上地壳中的热源-控热通道层,深度变化范围在 6～40 km 之间,反演电阻率在 5～10 000 Ω·m 间变化,低阻异常主要是由高温熔融体引起的,与热源和控热构造有关,视电阻率等值线横向梯度变化特征反映岩性相变或断层。

四、地面重磁数据反演

本书使用的地面重磁数据由吉林大学地质调查研究院于 2016 年采集。图 4-47 为共和

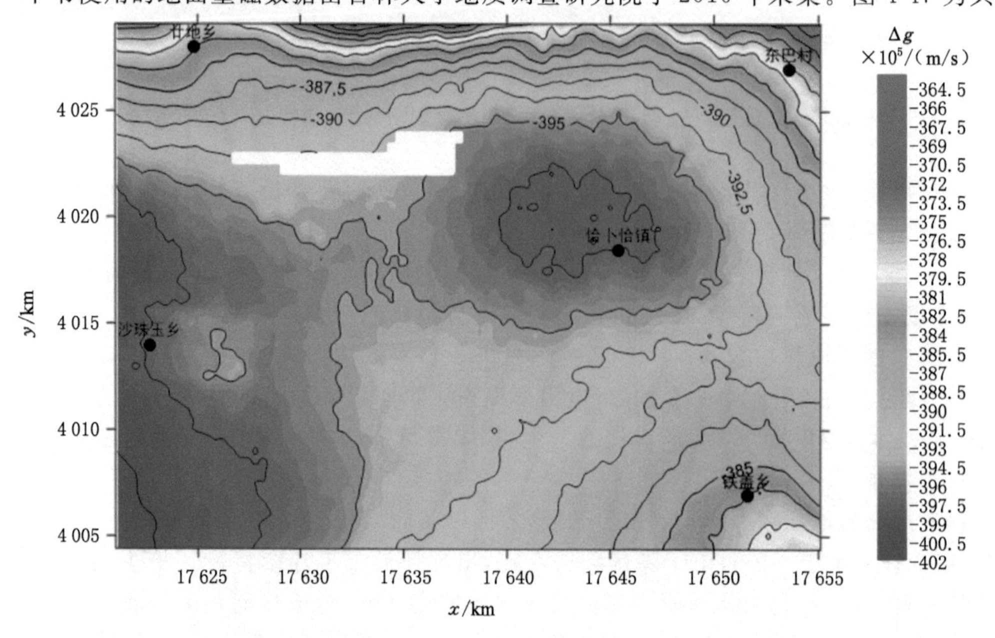

图 4-47　共和恰卜恰重点区实测布格重力异常等值线图

恰卜恰重点区实测布格重力异常等值线图，图 4-48 为共和恰卜恰重点区地面磁异常等值线图。

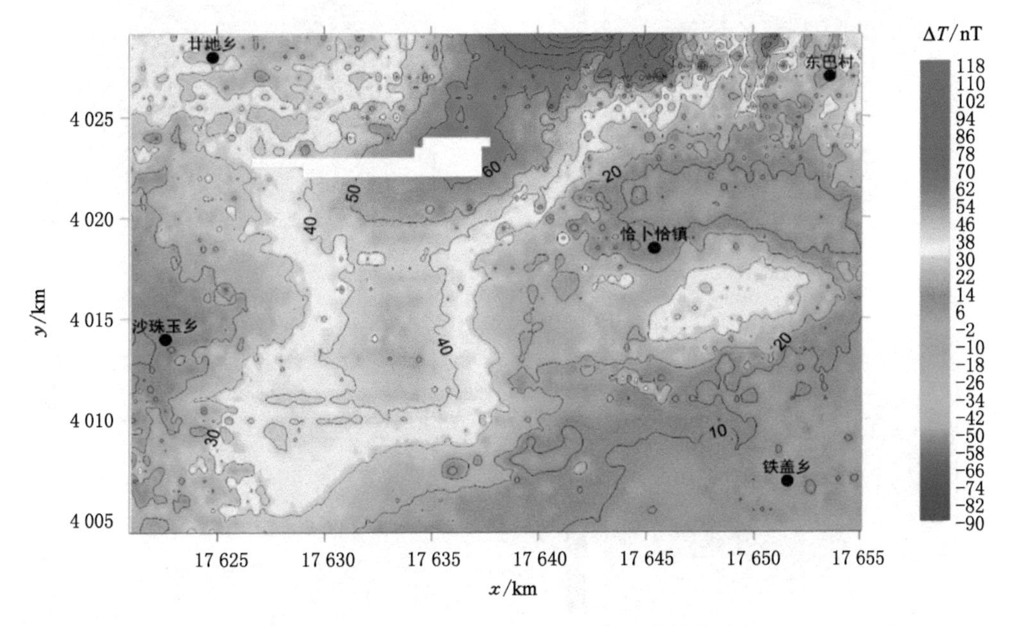

图 4-48　共和恰卜恰重点区地面磁异常等值线图

对此上述重磁异常数据进行异常分离得到局部重磁异常，并对分离后的局部异常进行三维物性反演。地面重磁测量数据由于测量范围较小，基于异常分离后的重磁数据进行三维物性反演主要解释的地质目标为盖层和热储。本书基于 MT 大地电磁反演结果对地下空间进行分层，充分利用大地电磁数据深度分辨率高的优势，实现大地电磁约束的联合反演，对面积性重磁测量数据进行三维约束物性反演，得到如图 4-49、图 4-50 所示的三维物性反演结果。由重磁三维反演结果可以看出，盖层表现为低密度、低磁特征，厚度小于 3 km，热储层表现为低密度、高磁特征，深度在 3～6 km，且在测区中东部的恰卜恰镇 GR1、GR2 等已知钻孔位置吻合较好，测区中西部的热储与中东部的干热岩储层具有很好的空间连通性，且盖层条件较好，能够起到很好的保温作用，所以测区中西部位置是下一步的重点勘探和详查区域。

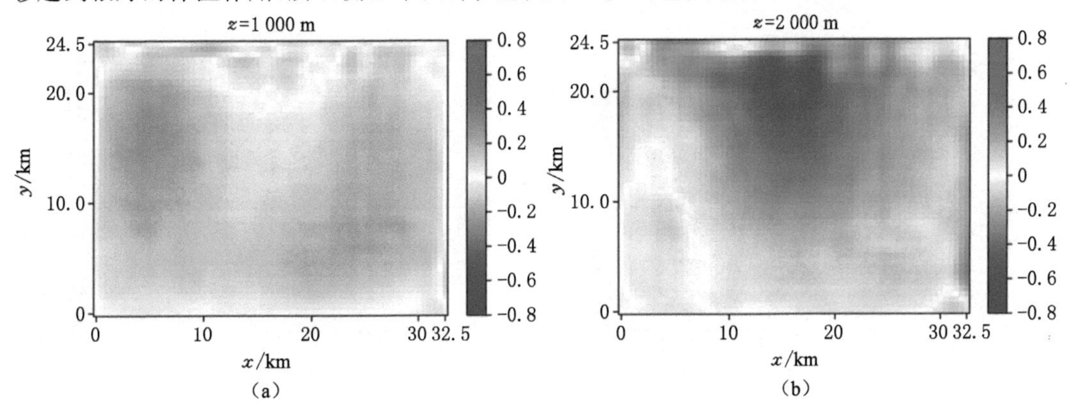

图 4-49　共和地面重力数据反演结果

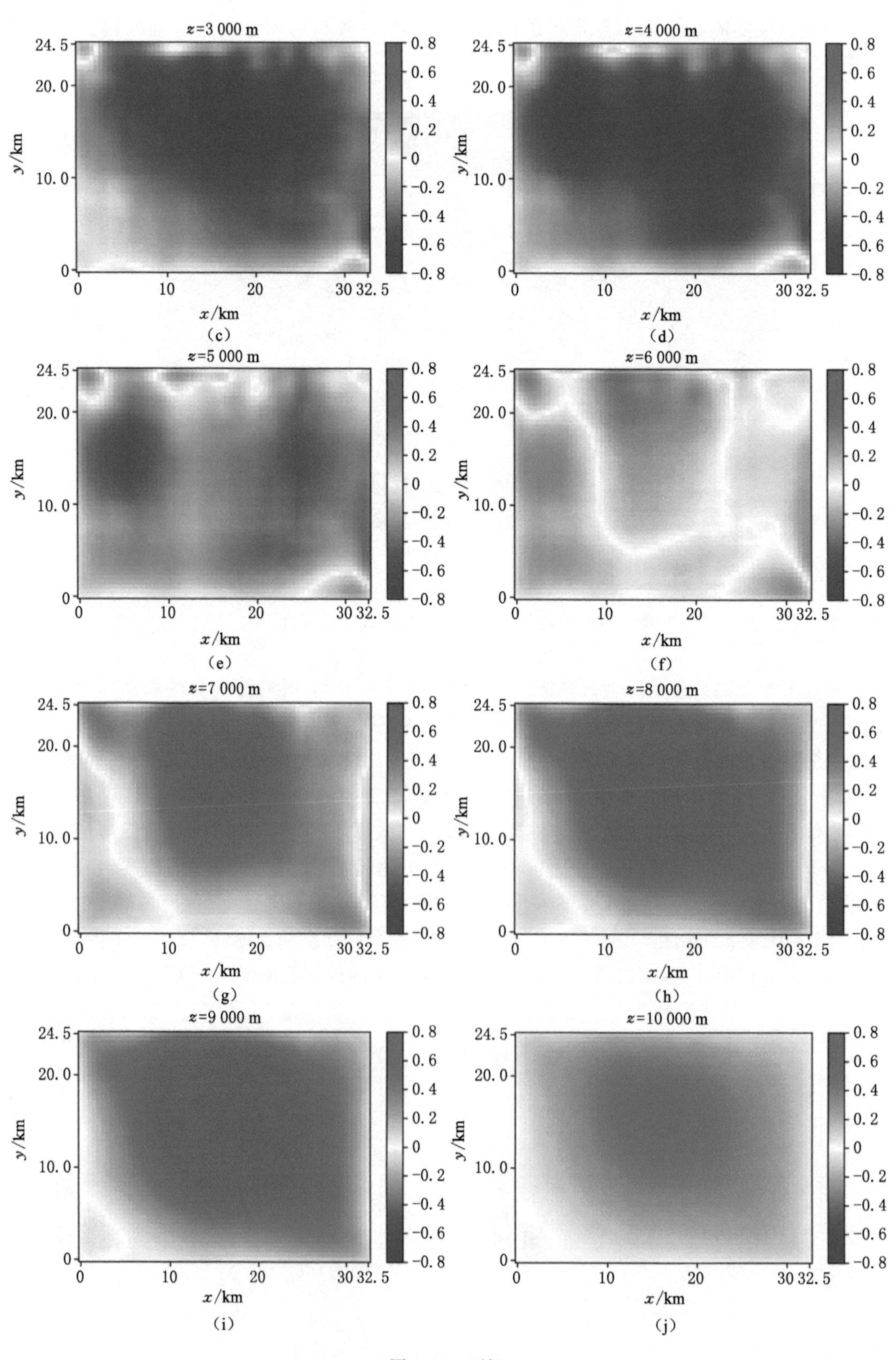
z=3 000 m
z=4 000 m
z=5 000 m
z=6 000 m
z=7 000 m
z=8 000 m
z=9 000 m
z=10 000 m
y/km
x/km
24.5
20.0
10.0
0
10
20
30 32.5
0.8
0.6
0.4
0.2
-0.2
-0.4
-0.6
-0.8
(c)
(d)
(e)
(f)
(g)
(h)
(i)
(j)

图 4-49 （续）

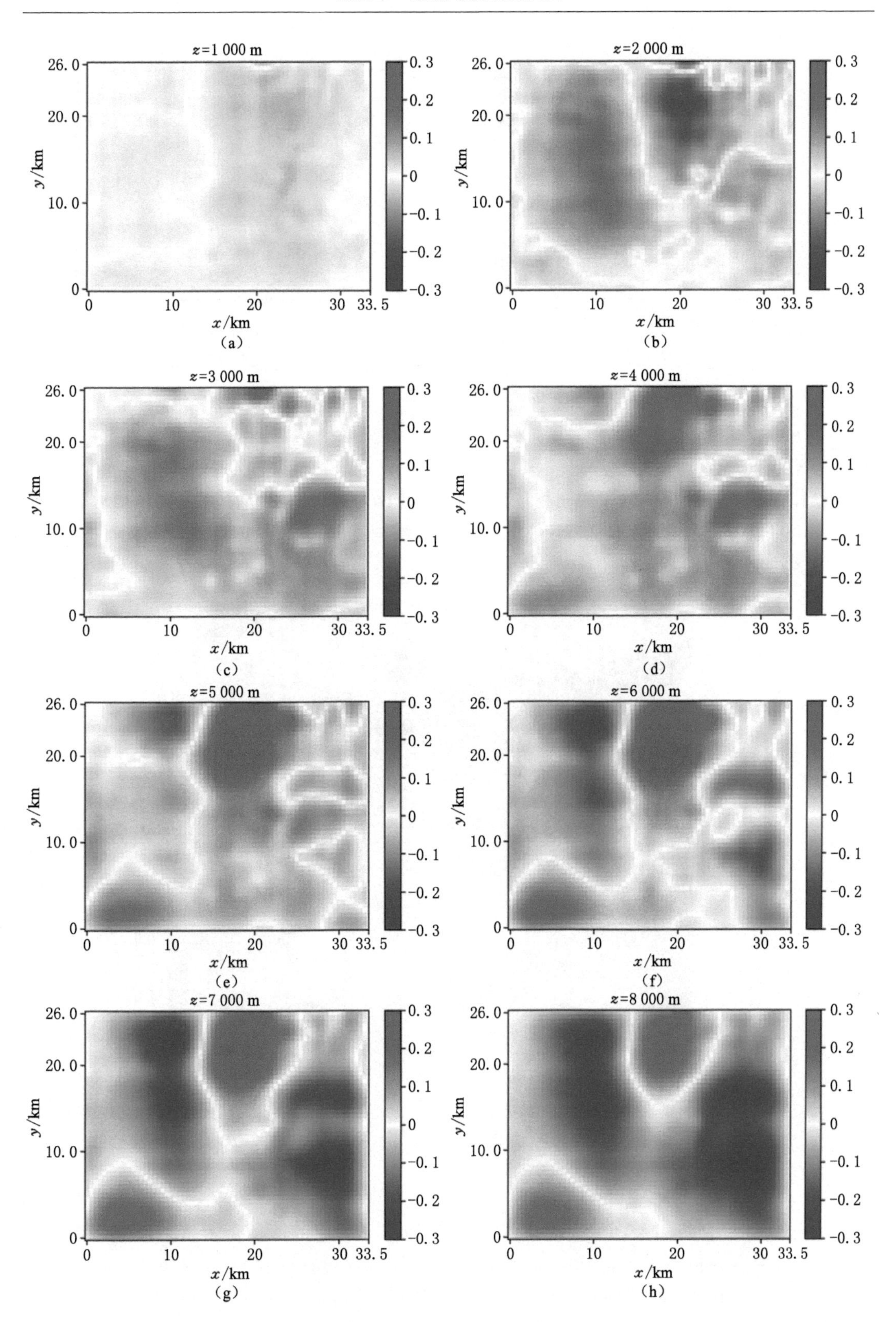

图 4-50 共和地面磁测数据反演结果

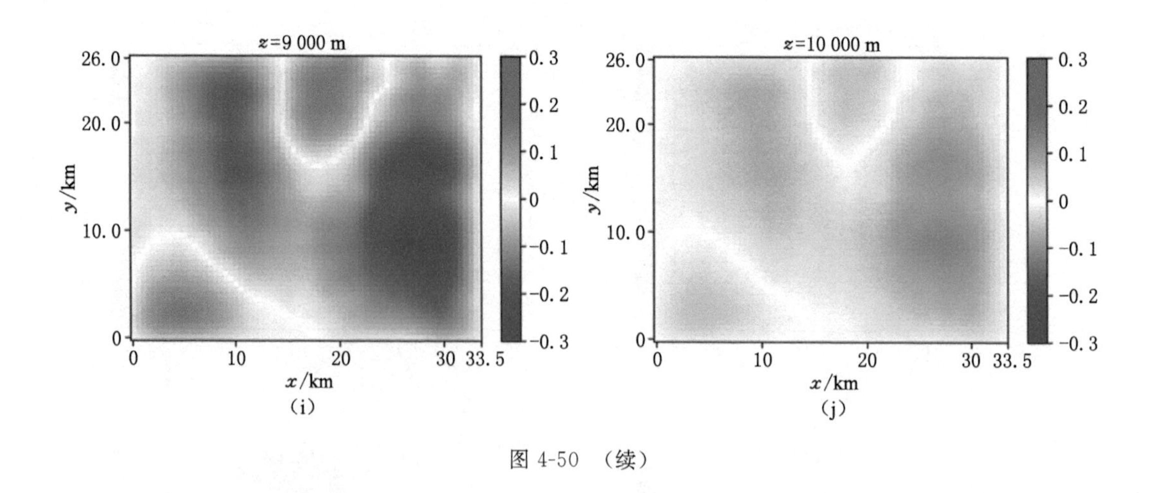

图 4-50 （续）

五、卫星重力数据反演

使用基于的 EIEGN-6C4 的高精度全球重力数据，并基于球谐近似提取共和地区海拔 3 000 m 的卫星重力数据，取样间隔为 0.01°。对数据进行地形改正后得到如图 4-51 所示的卫星重力数据。

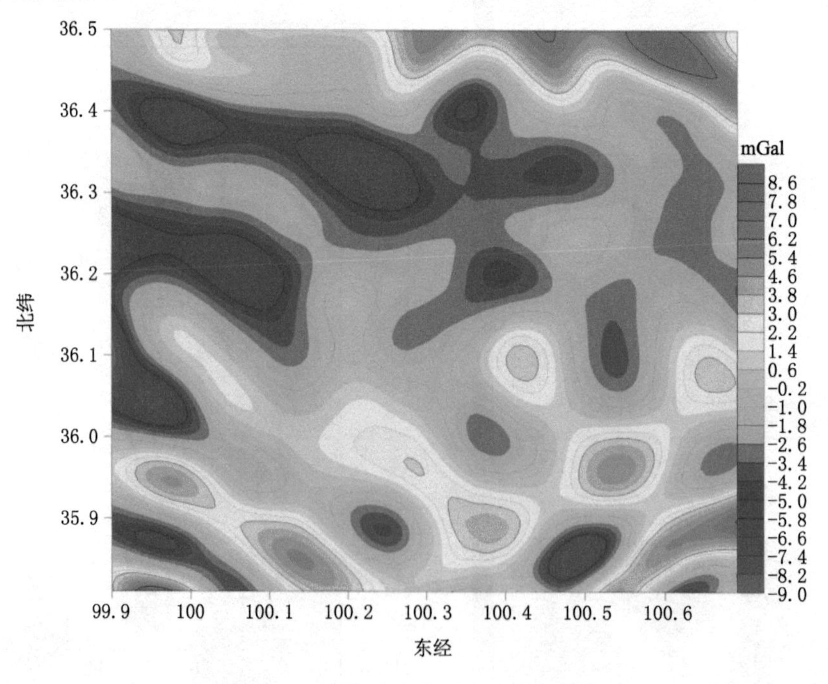

图 4-51 青海共和盆地卫星重力数据

图 4-52 和图 4-53 是卫星重力数据与大地电磁剖面进行二维交叉梯度联合反演的结果。由于额外信息的加入，位场数据的反演结果拥有了一定的深度分辨率。热源表现为低密度特征，深度分布为 10～30 km 且分布较为广泛。储层和盖层在反演结果中均为相对高密度。图 4-52 中，热源之上的高密度异常可解释为导热通道。基于大地电磁反演结果对地下空间进行分层，对卫星重力数据进行三维反演，得到图 4-54 和图 4-55 所示的反演结果。

此组结果中，热源的位置更为聚焦，在剖面1中显示为清晰的两个低密度热源，热源通道在其中间位置。剖面2中的热源比交叉梯度反演结果更深，约为20～30 km，且体积更小。两个主要热源的具体位置如图4-56所示。

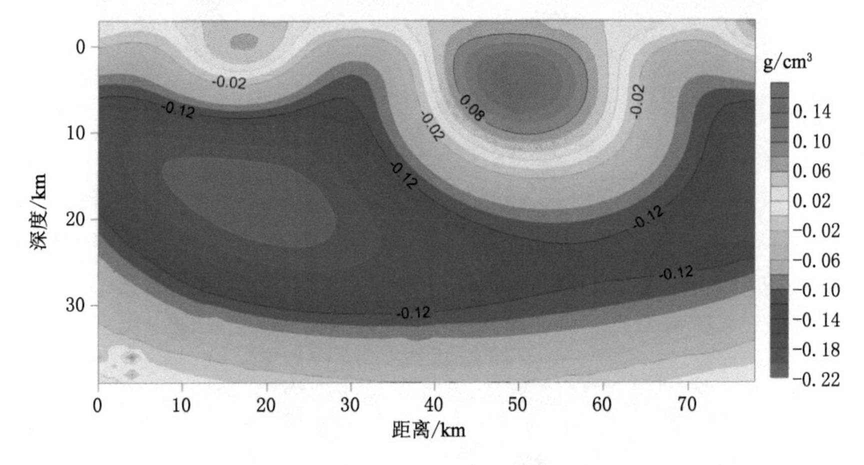

图4-52　剖面1交叉梯度联合反演剖面图

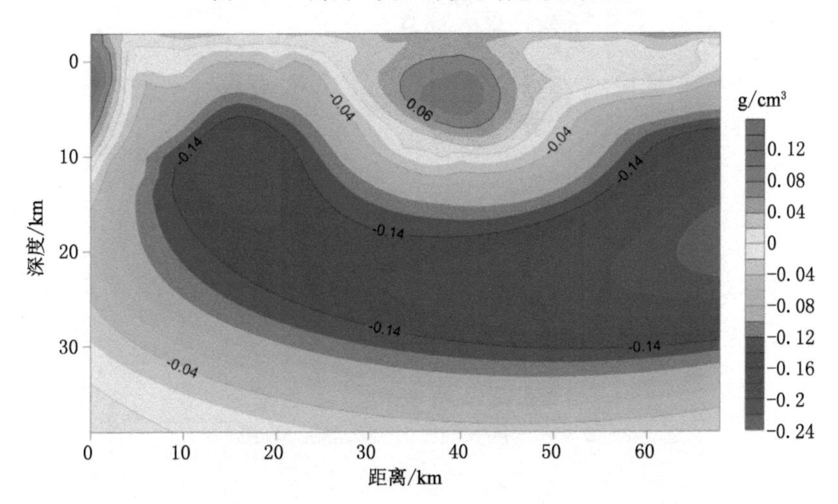

图4-53　剖面2交叉梯度联合反演剖面图

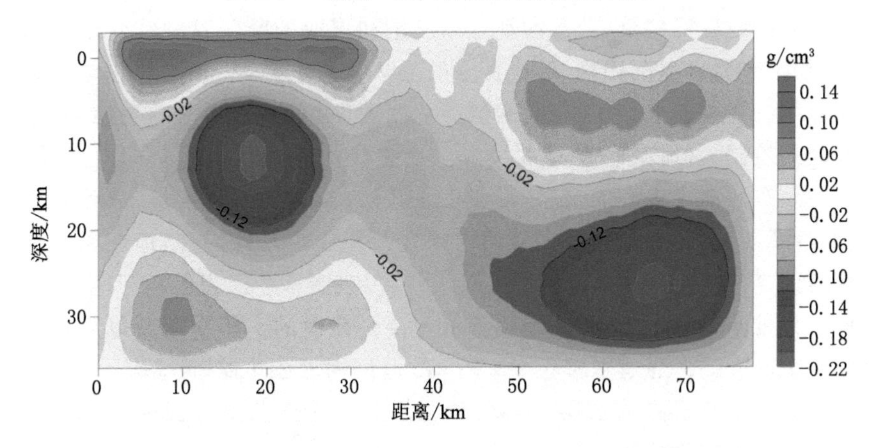

图4-54　剖面1子空间联合反演剖面图

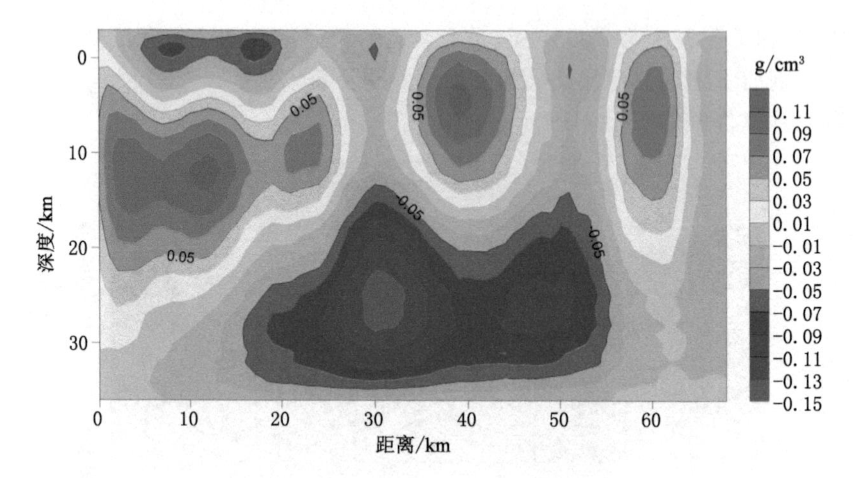

图 4-55　剖面 2 子空间联合反演剖面图

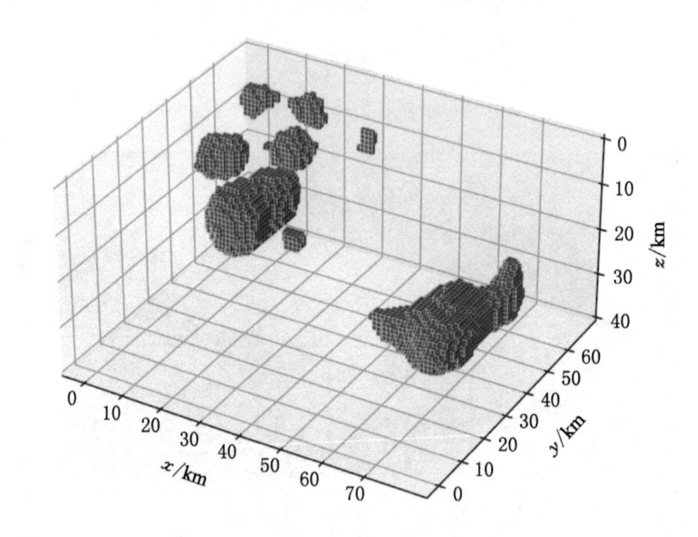

图 4-56　区域低密度热源位置 3D 图

六、地热模式成因认识

根据收集到的地质资料看:共和盆地是第三纪初形成的断陷盆地。新生代第三纪初以来,盆地内沉积了碎屑岩类沉积物,形成良好的隔热盖层,这对共和盆地热储的形成起到了良好的保温作用。在构造上,盆地南北两侧受北西西向、东西向深大断裂控制,东西两侧受北西向深大断裂控制,盆地基底在元古代末至新生代初期漫长地质时期内遭受到南北向、南西—北东向及东西向主应力的挤压,形成了北西西向、北西向的褶皱,压性断裂和近南北向、北东向张性断裂,共和盆地基底内北西向深大断裂比较发育,在盆地东西两端的北西向深大断裂均有印支-燕山期基性、超基性火成岩侵入,表明这些断裂已断开地壳,达到地幔软流层。由此可以推断,共和盆地的大地热流值主要是幔源的。印支期及以后形成的中酸性花岗岩体沿深大断裂构造通道上侵在 3～10 km 范围内形成热储。

地热模式成因的分析将从盖层、热储、热源及导热通道几个方面展开,结合有关成果,对地热模型给出有关探讨认知。

(1) 盖层分析

共和县恰卜恰地区发育基底花岗岩干热岩型热储,其上覆依次发育的早中更新世共和组、新近纪中新世咸水河组与古-新近纪西宁组巨厚的泥岩、砂质泥岩覆盖,构成良好的隔热保温盖层。高质量的盖层如巨厚的泥岩层等就像一层厚厚的棉被,具有良好的隔热保温作用。

(2) 热储分析

共和县恰卜恰地区深部干热岩主要是基底花岗岩热储。据钻探资料和薄片鉴定结果,共和盆地干热岩体岩性为晚三叠世二长花岗岩。岩石具浅肉红色,块状构造,中粗粒花岗结构;矿物成分以石英、斜长石、钾长石、黑云母和角闪石等为主。花岗岩基底顶部普遍发育数米厚的风化壳,风化壳下部发育数条破碎带,破碎程度不一。若以 150 ℃作为干热岩的温度下限,共和县恰卜恰地区干热岩体埋深一般在 2 km 以深,具有良好的干热岩资源开发利用条件。

(3) 热源分析

大型断裂切割深度大,可引起大地热流由深部向浅部传输,还可诱发下地壳或上地幔物质减压熔融形成深部物质上移与异常热输出,并可能形成以断裂为中心的热活动及干热岩。对于地热田而言,热源主要有深部热、花岗岩放射性元素产生的热等。

(4) 导热通道分析

日喀则-狼山断裂北段的狼山-武威-共和断裂带周边也有成群的地热异常出现,且该断裂控热特征明显,狼山-武威-共和断裂在经过共和县恰卜恰地区时体现为一条宽度较大、切割较深的隐伏断裂破碎带,该破碎带构成了良好的深部地热通道。这一断裂构造对共和盆地的导热通道的形成具有重要作用。

(5) 地热模型

综上所述,我们获得了共和盆地现阶段的地热系统概念模型(图 4-57)。盆地内干热岩

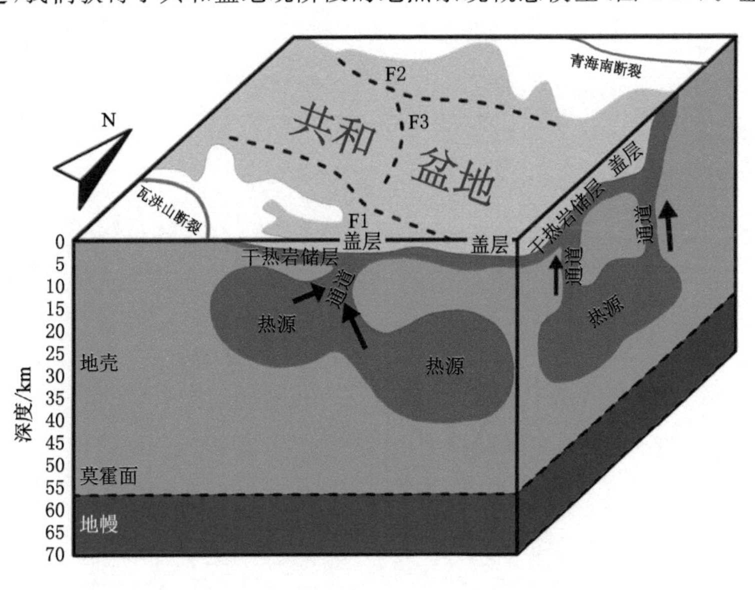

图 4-57　共和盆地干热岩地热系统概念模型图

热储为印支-燕山期花岗岩；古近系、新近系与第四系构成地热盖层；热源补给来自地壳深部；地热通道为狼山-武威-共和断裂带。热源主要为深部热源，浅部花岗岩也有热产生，断裂为主要传导方式，地表第四系及新近系岩层为良好的盖层。

第五章　深部高温地热体储层预测

深部热储开发利用最为关键的技术是储层压裂改造。如何在高温、致密、低渗的深部热储中以较低的成本、高效地实施储层建造一直是人们特别关心的问题。因此，在深部热储压裂改造前，查明热储层内部发育的断层、裂隙和节理等软弱结构面的分布情况，预测其物理(孔隙度、渗透率、温度等)和力学特性等，并圈定其分布范围、描述其空间展布规律，意义非常重大。

现有的地热资源勘探开发实践证实，深部热储的热交换主要通过天然裂隙、人造裂隙和裂隙-断层等完成。因受高温、高压及埋深状况的影响，深部热储不仅内部结构复杂，而且几何、物理、力学等特征参数空间分布的连续性差、非均质性强，致使地球物理响应存在一定的多解性，三维精细刻画表征与定量预测困难。

针对目前国内深部高温地热体储层预测技术整体水平偏低，缺乏有针对性的数据融合和定量解译技术手段，本书综合运用目前发展中的前沿储层预测新技术，基于地球物理联合反演和属性分析平台，剖析深部热储的地质特征，采用“标定刻度—构造解释—关联分析—信息提取—参数预测”的研究思路，实现多元地球物理信息深度融合、定量预测和可视化解释，提出了一套可借鉴和推广的深部高温地热体储层预测示范技术。

第一节　深部热储空间分布特征分析

一、地球物理探测方法概述

深部地热能开发利用的关键和难点在于发现和评价适宜开采且具有经济可采价值的高品位地热储层。我国深部地热资源勘探开发起步较晚，正处于试验探索阶段。深部地热储层埋藏较深，同中浅层热储相比，具有似块状、高温高压、硬度大、孔隙度低、渗透性差等特性，不仅勘探难度大，而且勘探风险高。目前国内外深部地热资源勘查手段多为地球物理方法、地球化学方法和水文调查方法等，实际工作中，应根据测区的以往勘探程度、现今勘查阶段以及地热地质条件的复杂程度等综合考虑，选取经济有效的手段及方法组合，合理地设计施工技术方案，满足相应工作阶段所需的各项技术要求。

从某种意义上说，地球物理方法是深部热储勘探最为重要的间接勘查方法，主要包括重力法、磁法、电法和地震法等(陈雄，2016)。利用地球物理方法识别和圈定深部地热储层的前提是高温地热体与围岩之间具有明显的物性差异。一般来说，深部热储岩体类型主要为变质岩、侵入岩和沉积岩等，当这些岩体在高温高压特定环境的作用下，其物理性质将会发生改变，与围岩之间产生一定的物理性质差异；后期的构造运动、岩浆活动、重熔结晶、风化剥蚀等，也会或多或少地改变热储内部结构及物理性质；地热系统结构的不同部位（源、通、储和盖）之间，由于地层的岩性、结构、构造、埋深等不同，它们在物理性质上存在明显的差异。通过分析深部高温地热体物理性质的差异及分布特征，有助于开展有针对性的地球物理勘查工作（杨治 等，2019）。

二、深部热储的区域分布预测

深部热储的区域分布预测主要用在地热预可行性勘查阶段，旨在圈定有利的地热靶区，常用的物探方法主要包括高精度重磁勘探、大地电磁测试、背景噪声成像等。这些方法多以点测为主，以点连面，实现深部热储区域分布规律预测和评价。

（一）区域分布预测的方法

1. 重力法

重力异常对于基底的隆起、凹陷和断裂构造位置、走向反演十分敏感。依据重力布格异常，基底隆起往往产生高重力异常，基底凹陷则产生低重力异常，断裂构造的位置及走向往往显示为重力布格异常的梯度带。重力法的应用范围主要包括：研究地球深部构造及地壳结构、划分大地构造单元、圈定钾盐矿藏及石油、天然气、金属矿、地热和地下水勘探等（袁桂琴 等，2011）。

一般情况下，温度对地热储层的重力影响是多方面的，既有可能是含蒸汽地热储层的孔隙度变大，岩石密度变低，表现为重力负异常；又有可能是因热水的侵蚀作用，岩石变质从而密度增加，因而表现为重力正异常。例如在美国帝王谷的所有地热区都表现为重力正异常，但是在美国 Geysers、Clear、Lake 等其他地热区域，重力异常却为负值（姜梓萌，2013）。

因此，不能单独用重力异常是正异常还是负异常来判断是否为地热区，而重力勘探的作用则在于确定基底隆起、凹陷及断裂构造位置，预测探区可能形成的有利远景区块，可以缩小或圈定进一步勘查的靶区。使用航空重力方法调查地热时，不能直接确定地热赋存位置，但其作用有以下几个方面：① 研究控制地热的区域构造；② 探测地热田位置和与热源有关的火成岩；③ 了解地热田的基底起伏及计算基岩的埋藏深度。

2. 磁法

磁法是地热勘查的一种常用方法，主要用于追索断裂、断裂带、褶皱构造等，查明地热构造及形成环境。

岩石的磁性主要受岩石内部含铁磁性矿物影响，随着温度的升高，铁磁性矿物的磁化率逐渐增加，且在接近某一个温度时达到最大值，然后急剧减小趋于零，铁磁性物质转变为顺磁性物质，因此，磁化率相比之前可以忽略。此时这个温度被称为居里点，也称为居里温度。由大地岩层中所有处于居里温度的岩石组成的面，被称为居里面，而不同铁磁性矿物的居里温度是不同的（磁铁矿居里温度在一个大气压下约为 580 ℃），故居里面并非是等温面，而是岩石连续磁性层的下界面。

虽然居里面并非是等温面，但其与温度息息相关，因此居里面的起伏对大地热流的影响是巨大的。居里面隆起的区域，在地面上可测得负的磁异常，反映出该区具有较高的大地热流密度，而在地热区，地热体岩石中铁磁性矿物可能会发生水热蚀变，然后失去磁性，在磁法测量数据中表现为负的磁异常，在这种情况下，就可以用磁法直接圈定地热异常区或异常地热带。另外，因火成岩磁化率较沉积岩大得多，岩浆侵入沉积岩地层形成岩浆岩侵入带时，经常能观测到磁异常，而岩浆岩本身就是热源，也是形成地热有利的良好因素。

3. 大地电磁(magnetotelluric，MT)

大地电磁是利用天然交变电磁场来研究地球电性结构的地球物理勘探方法。大地电磁法使用天然源(Simpson et al.，2005)不用人工供电，成本低，工作方便，不受高阻层屏蔽，对低阻层分辨率高，勘探深度与频率相关，其勘探效果为地球物理学家公认，在石油和天然气的普查与勘探中，渐渐已成为一种主要方法，对地震勘探具有补充与验证作用，在矿产勘查、地热调查、天然地震预报预测以及地壳和上地幔深部地质构造的研究方面也有很重要的应用。

大地电磁在探测深部构造上有很好的应用，其探测深度可达几十到上百千米，对于地下电性构造具有很好的识别和区分性。在深部热储探测中，大地电磁法对于热储盖层的结构、形态、范围、厚度等都能有很好的反映；对于大型导热断裂带，在大地电磁剖面测量中，也能有很好的反映。所以大地电磁可用于深部高温地热体有利构造的探测。

4. 背景噪声成像

背景噪声是指那些通过各种拾震器采集的、按照常规的地震数据处理方法难以识别出有效信号的、常常作为干扰剔除或压制的地震数据。过去背景噪声被认为是影响震相提取的无用随机信号。随着认识的加深，人们发现台站对记录的噪声互相关结果，与反映台站间地下介质信息的格林函数存在联系。由于地震噪声是一种连续、稳定的自然源，不存在传统研究方法的缺陷，因而可以很好地应用于地球内部结构研究。只要有足够的台站以及合理的布设，就可以在限制条件很多的地区展开应用，因而背景噪声受到越来越多科学家的关注，用于揭示构造变形和地下动力学机制(陈玉鑫 等，2021)。

S波速度结构是地球内部物理和动力学研究的重要参数，能反映地球深部物质成分和属性的变化，对研究壳幔动力学模型及地质演化过程具有十分重要的作用。相对于P波而言，S波对地下流体、高温等造成速度变化的因素更加敏感，能更好地反映地球内部介质的流变状态和热结构。基于天然地震方法获得研究区的三维波速结构后，可以根据地震波速的异常特征推测岩石温度的空间分布特征。对于中上地壳岩石组成而言，其地震波速度除了受到岩性(矿物组成差异)的影响之外，还受到包括温度、流体、压力(所处深度)、熔融等因素的影响。在同一岩性条件下，中上地壳的温度、流体和熔融是S波速度最大的影响因素。地壳内部岩石部分熔融或岩浆囊的存在通常会造成S波的低速异常，但对于显著的S波低速异常特征而言，则可能会叠加来自温度升高的影响。当温度显著升高时，会造成岩石的S波速度的显著降低，在地震层析成像的结果中则会表现相对的S波低速异常特征。这也可以看出，S波速度对温度的变化与P波速度相比更为敏感，更适合于研究地热储层温度的空间变化特征。

一般来说，根据地震层析成像获得的三维S波速度结构，基于压力和温度条件建立与S波速度间的经验关系，即$v_S(T,p)$。其中v_S为S波速度，T为温度，p为压力。同时，还需考虑地壳生热率、地表热流、矿物组成等因素引起的差异。因此，综合地壳组分与性质等研究结果，基于S波速度的变化特征，分析温度的变化趋势可能是更为现实和可靠的方法。总之，显著的S波速度低速异常可以反映高温岩体的分布特征。若利用基于密集地震台阵的背景噪声层析成像研究结果，对其波速结构异常特征进行分析和讨论，依据S波低速异常对应于温度高温异常的定性关系，从地震波速推测温度异常特征，并分析和解决地热地质问题。

（二）分布位置的圈定

为了圈定有利的深部热储位置，需对深部热储的地球物理异常响应特征进行分析，对于某一地区的深部热储的异常响应特征一般可通过岩石物理试验获得，如从干热岩体的物性特征分析可知，工程上可钻及的干热岩体具有“三高”（高电导率、高大地热流值、高放射性异常）、“一低”（低波速）、“两异常”（重、磁异常）等特点，从而认为重磁法、天然地震层析成像法与电磁法勘查相结合，互为佐证，适用于深部干热岩体的综合地球物理勘查（张森琦等，2017）。

共和盆地的干热岩，表现为显著的重力异常低、环状航磁异常与高放射性异常。隐伏花岗岩体侵位时与围岩发生的变质作用以及与围岩之间显著的物性差异，使得隐伏花岗岩体表现出重力异常低、环状航磁异常与高放射性异常等特征，从而构成圈定隐伏花岗岩体的地球物理组合标志。

由于花岗岩体本身属弱磁性地质体，不足以形成明显的磁异常。而花岗岩体顶部与周围热液蚀变带的磁性往往高出自身磁性的数十倍，因而构成识别隐伏花岗岩体的磁测标志。

以覆盖共和县恰卜恰-达连海地区 800 km^2 的 1∶5 万重磁测量数据，得到重磁人机交互反演结果。图 5-1 为共和恰卜恰重点区人机交互反演剖面位置图，图 5-1(a)为原始布格重力异常结果、图 5-1(b)为磁异常结果。从图 5-2 可以看出，重磁计算曲线与实测曲线拟合较好，并反映出三层地质结构，即表层第四系地层，厚度约 600 m；中间古近-新近系地层，厚度约 800 m；下部基底则为花岗岩。南北剖面 AB 上，有一磁性较强的花岗岩侵入体，推测为黑云母花岗岩，也存在磁性较弱的花岗岩，推测为石英闪长花岗岩。该推测在东西剖面 CD、EF 上也得到了反映。

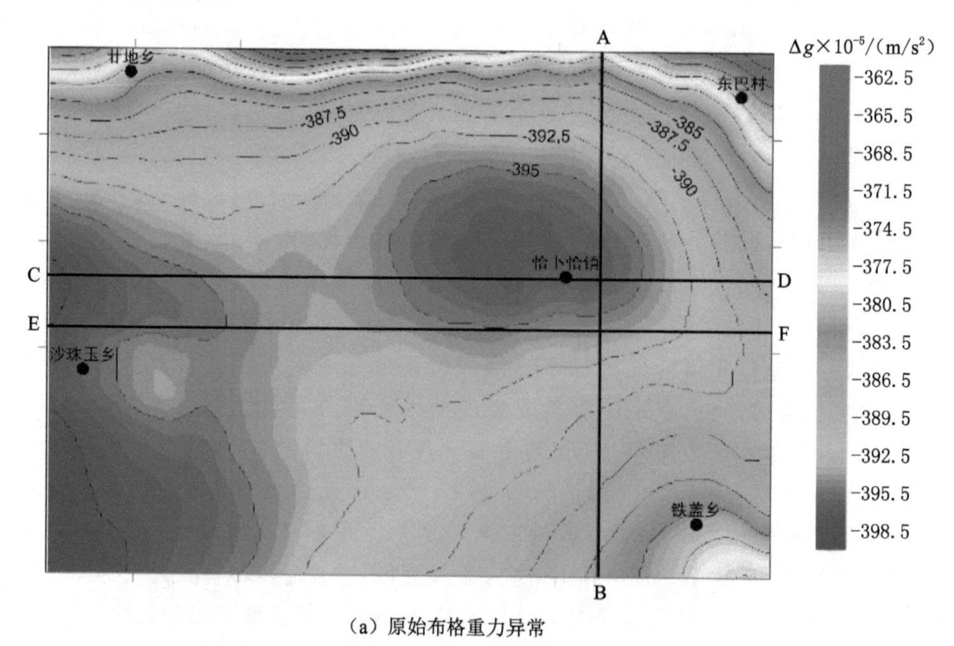

(a) 原始布格重力异常

图 5-1 共和恰卜恰重点区人机交互反演剖面位置图

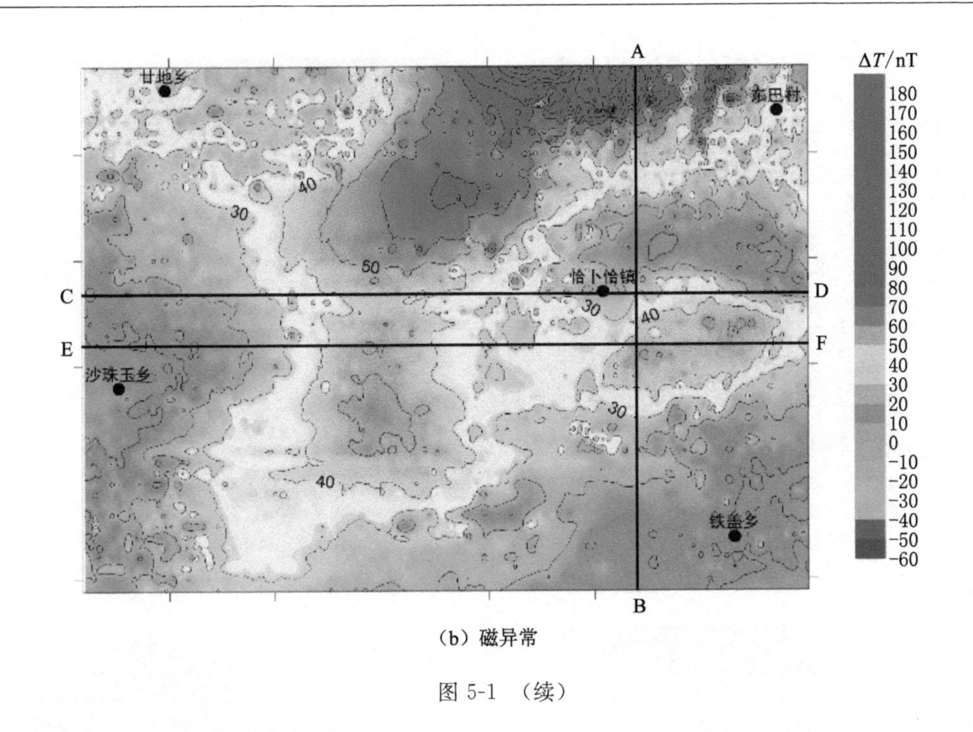

(b) 磁异常

图 5-1 (续)

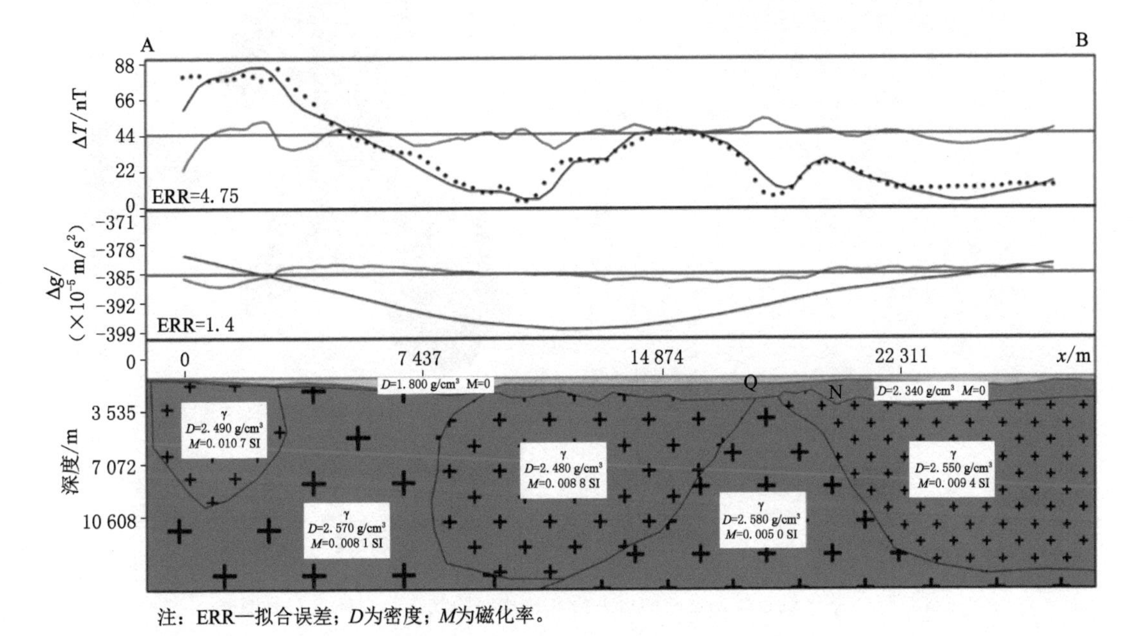

图 5-2　共和恰卜恰研究区剖面 AB 人机交互反演结果图

张森琦等(2020,2018)依据 1∶5 万高精度航磁测量数据，采用 V2D-depth 方法，对隐伏干热岩体进行分析推断，如图 5-3 所示。基于二阶导数对磁源边界与顶部埋深进行反演，得出恰卜恰隐伏花岗岩体/干热岩体南部埋深 1 200～1 350 m，相对较浅，并对有利干热岩体进行了圈定；重磁测量范围内基底均为隐伏花岗岩体/干热岩体，适宜布置干热岩勘探孔。

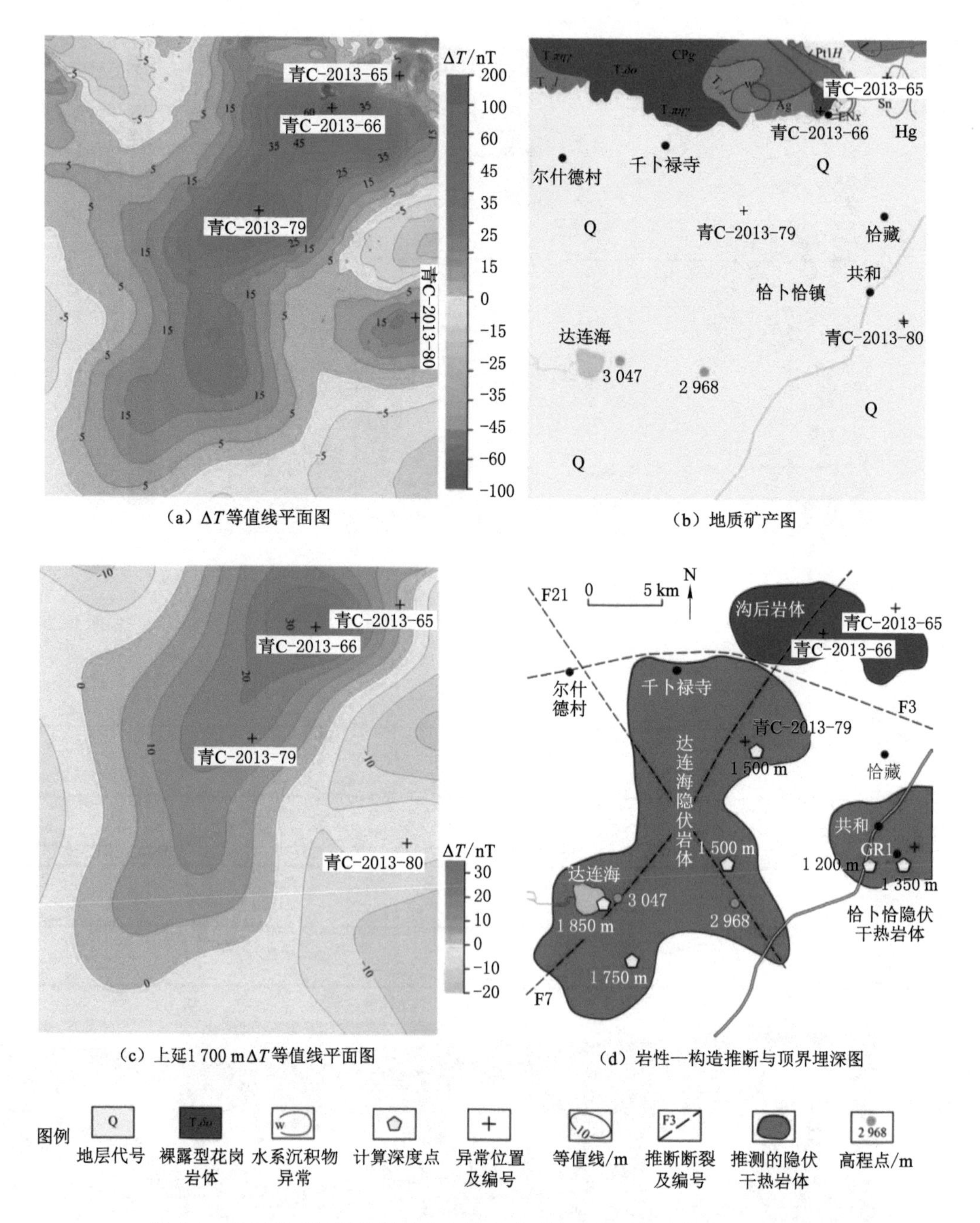

图 5-3　基于航磁数据推断的恰卜恰和达连海隐伏干热岩体分布范围图

除了重磁资料外，基于大地电磁及背景噪声成像也可依据“高导低速”的物性异常特征进行有利区块的圈定。高温高压试验发现，岩石达到近熔融温度时，电导率将比常温时高几个数量级，进而导致地壳和上地幔中的干燥岩石变得更具导电性。因此，壳幔电性结构特征主要取决于地下岩石的热状态。中下地壳及上地幔的导电机制是与温度关系密切的半导体导电机制。而部分熔融岩石的导电机制须重点关注熔融体导电机制。研究人员根据大地电磁测深的电阻异常，对共和盆地有利热源位置及热源通道进行了圈定，如图 5-4 所示。

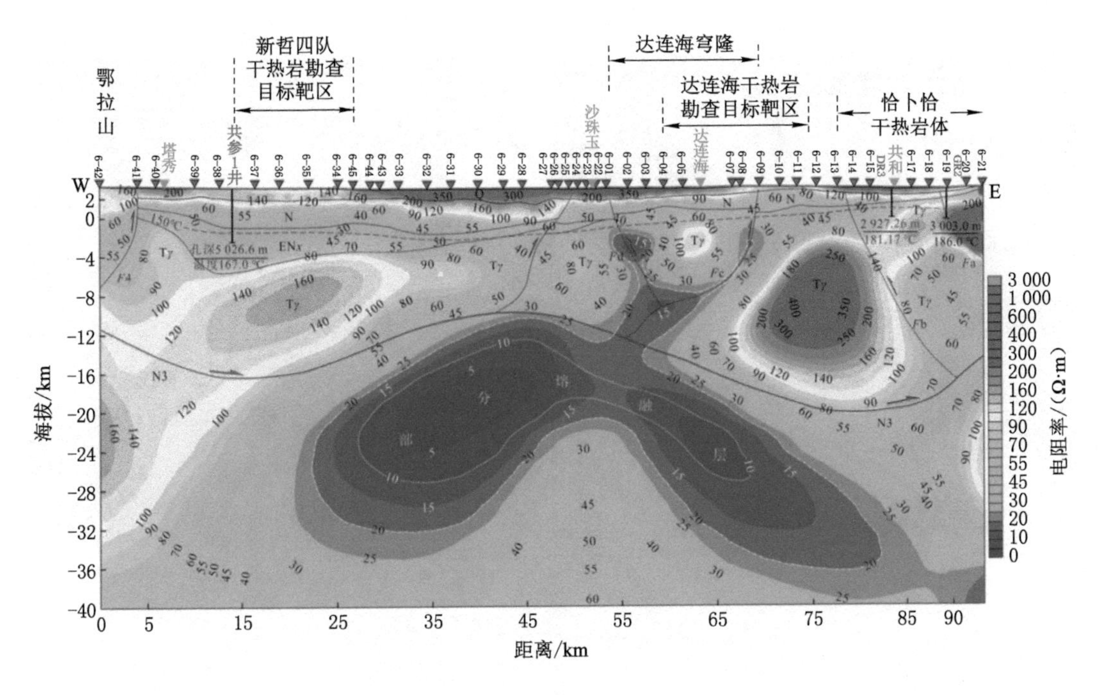

图 5-4 共和盆地大地电磁剖面解释图

部分熔融岩石和流体通常会造成 S 波显著低速异常，而 S 波低速异常也可能同时受来自温度升高和部分熔融岩石的叠加影响(Mckenzie et al.,2005)，同 P 波速度相比，S 波速度对较大幅度的温度变化更为敏感，更适合分析地壳内部岩体温度三维空间异常特征。

为刻画共和盆地西盆地三维波速结构的细节，选用周期为 5 s 的三分量地震仪 133 台，平均台间距为 3～5 km，控制面积约 7 500 km^2，组成观测台阵进行观测。利用地震背景噪声，基于台站间波形互相关方法，提取出一至十几秒周期 Rayleigh(瑞利)面波的台站间面波经验格林函数，进而提取出频散曲线并反演获得台阵下方 24 km 以浅的三维 S 波速度结构(图 5-5)。

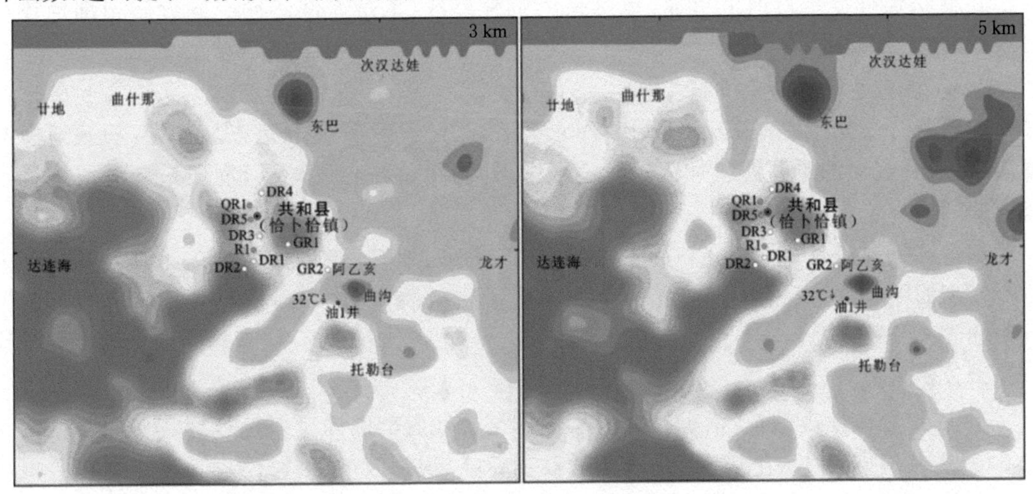

图 5-5 共和地区 21 km 以上深度水平 S 波速度结构图

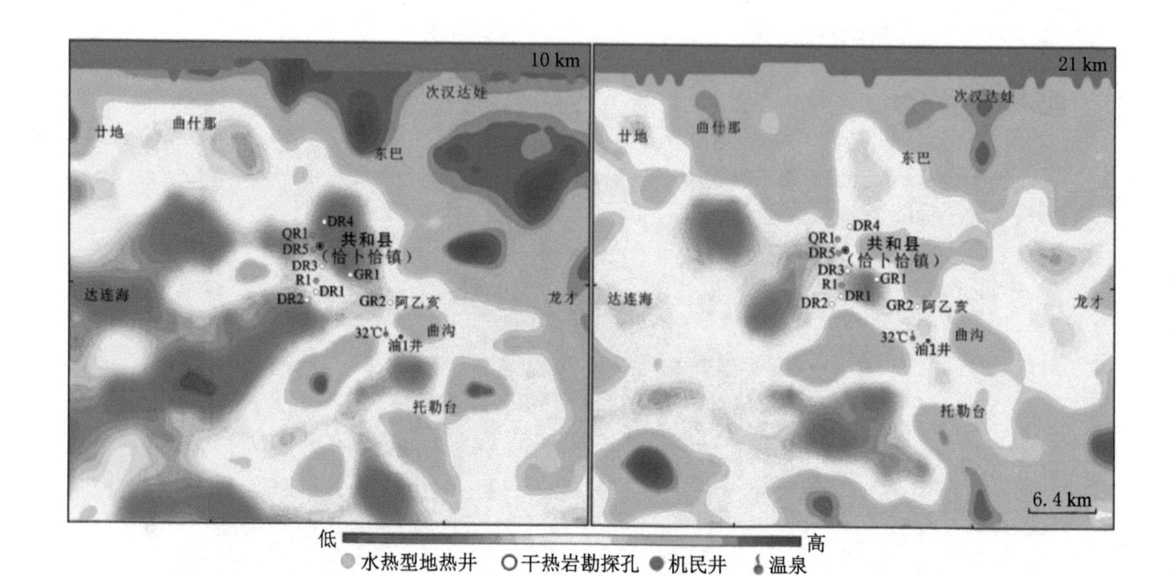

图 5-5 (续)

从 S 波速度结构看，共和盆地西盆地 2～22 km 深度水平，以 S 波低速异常为主，且随深度增加，异常幅度有所趋弱；在 22～24 km 深度水平，S 波低速异常逐渐趋于平静。

三、深部热储空间分布的精细描述

高精度重磁勘探、大地电磁测试、背景噪声成像均属于大尺度勘查方法，在圈定有利热储空间后，需要对热储层的构造分布、岩性组成、结构特征、厚度分布、埋藏条件以及接触关系等进行精细刻画和表征，一般使用电磁法和地震法，电磁法要选用抗干扰较强的主动源法(CSAMT、广域电磁法、大功率时频电磁法等)，地震法选分辨率更高的主动源 2D/3D 纵波或横波法。

井震联合解释是目前最可靠、最直接的解释方法，也是深部热储空间分布精细描述不可或缺的主要手段。

(一) 井震解释的基本流程

井震联合解释主要在 Landmark、Geoeast 等三位解释系统中完成。首先，加载地震数据体，然后将收集的测井曲线加入地震工区中，并制作单井合成记录，利用钻井分层进行地震地质层位标定。

基本解释思路是：① 充分利用本区的钻井、重磁、地震资料，标定地震地质层位；② 采用交叉剖面闭合法，采用由点→线→面→体技术思路，实现井间内插与外推解释。具体流程图如 5-6 所示。

主要技术流程如下：

① 制作合成地震记录，依据钻井分层数据结合地震剖面的反射特征标定目的层位。

② 多井横向对比，结合本区地震剖面波相特征，识别区域不整合界面，确定主要的地质层位及其地震反射波阻特征。以各反射层地震反射特征和相应层的地质结构特征为依据，形成各层地质解释模式；根据地震波的对比原理，应用地震层位的基本对比方法(波形对

比、波组对比、剖面间对比、地质响应规律对比等），实现横向对比追踪。

③ 按照分级逐步的原则，采用先组合控凹边界大断裂，再组合凹陷内一级控带断层、刺穿构造及凹陷中隆起等，进而组合次级断层的方法，对断层进行合理的解释及组合。

④ 在等 T_0 图基础上对局部不合理的解释成果进行多次修改和完善，经时深转换，最终形成合理的解释方案和成果。

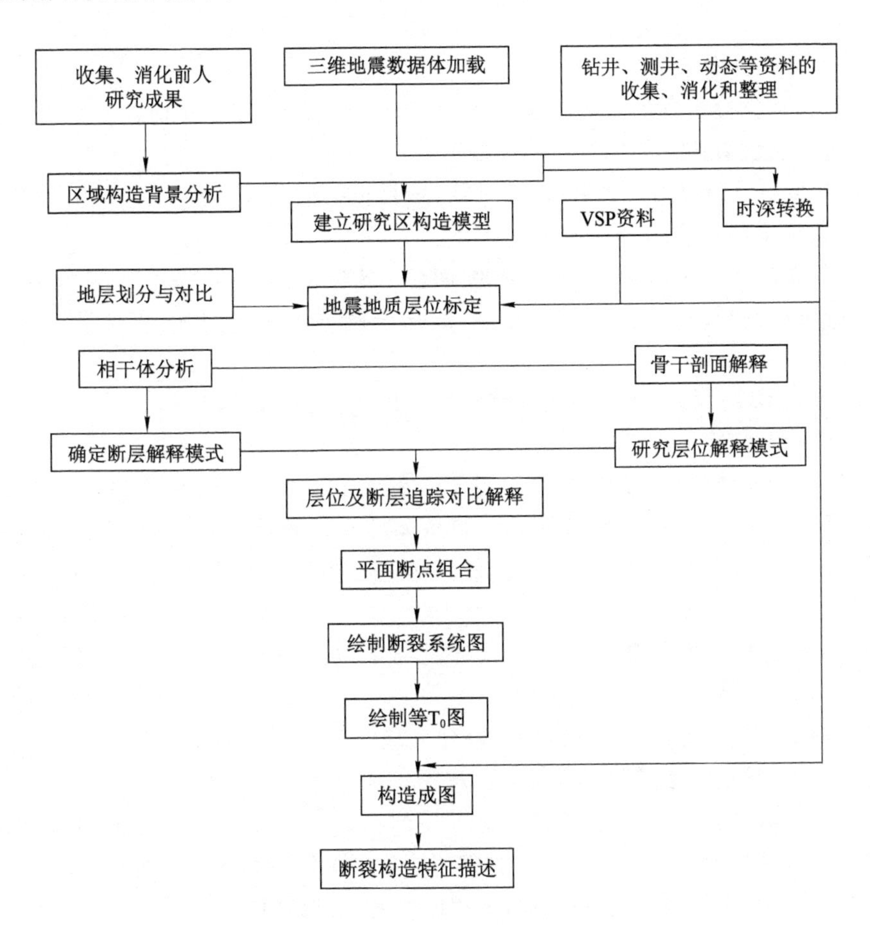

图 5-6　地震资料解释流程图

（二）地震层位标定及解释

地震层位的标定是地震资料解释的基础，层位标定工作主要从层序划分和层序对比入手，通过制作高精度的合成地震记录进行层位标定。

为了准确地标定地震地质层位，首先对区内探井的声波时差曲线进行分析，然后通过对地震道的频率进行分析，制作合成记录。

在制作完单井合成记录后，进行连井对比，以检验层位标定的一致性，使所标定的层位在全区具有可对比性，保证地震反射层标定与对应的地质层位解释结果更加合理。

利用“井-震”结合的原则，体现在以下几个方面：① 井上可对比，岩电特征一致或具有相似性；② 地震反射特征一致；③ 确保按照等时界面进行统层；④ 井间速度不矛盾。

在了解区域基本地质情况的基础上（如各时期大的沉积环境、大的区域不整合面），先选定钻井地质特征和地震反射特征相对清楚的层位作为标准层，然后根据各组、段不同的沉积特征建立起区域上的地质解释模式，从而对各层进行解释。根据地震层位的对比原则，应用地震层位的基本对比方法（相位对比、波组对比、剖面间的对比、地质规律对比），依据剖面的波组特征和反射结构特征进行层位对比，相交测线的闭合更注重波组特征和地层反射结构的闭合。对比过程中，先对比特征清楚的剖面，后逐步加密对比，再全面展开各地震层位对比。

1. 层位对比基本原则

层位对比首先分析各反射层波组特征及横向变化规律，在了解全区各反射层波组特征的基础上进行层位对比。具体对比原则如下：

① 从井点出发追踪对比过井线、连井线，依据反射波的波组特征、层间沉积厚度和地震层序关系，保证全区层位的一致性；

② 选择资料品质好、波形特征清楚、断面显示清晰的剖面，优先对比，建立骨干剖面，逐渐外推闭合资料品质较差的剖面，采用点、线结合的方法进行对比，以便达到精细解释的目的；

③ 采用块体移动技术进行多线观察类比，保证对比层位的统一。

2. 层位对比方法

层位对比始于层位标定，按过井线、骨干剖面确定下来的构造层层位解释方案，逐线完成层位解释对比。对比中，剖面局部放大和整体缩小交替使用，局部放大剖面用于解释层位、断层复杂处，缩小剖面用于整体观察解释断陷结构及区域构造变化。具体实施的对比方法如下：

① 过井线解释。根据合成地震记录标定结果以及波组特征分析结果对过井线进行解释。

② 连井线解释。通过对连井线的解释建立地质分层与新测线的联系，根据对各反射层波组特征的认识对全区地震测线进行对比解释。在制作完单井合成记录后，通过区域的井震联合剖面解释，进行层位闭合，使所标定的层位在全区具有可对比性，同时也检验层位标定的一致性，这使得地震反射层标定与对应的地质层位解释结果更加合理。

③ 按反射波特征连续追踪同相轴，正相位拾取，把握地层厚度横向变化规律，尤其注意断层两侧同相轴位置关系，重点关注凹陷结构及控陷断裂对凹陷的控制作用，做到测线交点处层位闭合，拾取层位在同相轴峰值处无跳点、无不闭合点。

④ 在解释对比断陷的上倾斜坡部位时，由于部分剖面同相轴连续性差，顺向断层与上倾层面很相似，产生了层位与断层的混乱，解释中为突出断陷结构，在断陷上倾斜坡部位难免忽略了疑似的顺向小断层。

⑤ 与三维地震区相接或重叠处，参考使用三维地震区层位对比解释方案；三维区剖面品质不好、对比解释模棱两可处，构造关键位置和测网稀疏处，调用邻近的老三维地震剖面（未重新处理）参与解释。

（三）断层解释

断层解释是三维地震资料解释的关键环节，其解释的准确性和精确度直接关系到层位解释的准确性以及断裂系统的合理组合，最终会影响到圈闭发育规律的正确认识。

随着工作站人机交互解释技术的不断进步，断层解释的技术水平得到了很大的提升。

主要是利用变密度剖面、观察不同比例剖面，仔细识别断层。对于规模较大的断层，其波组错段明显，特征清楚，断层位置容易确定。但对于规模较小断层（一般错断一个相位以下）的识别，采用彩色的变密度剖面可以进行辅助识别。有些小断层波峰发生扭曲，但波谷可能产生错断，在常规剖面上，由于人们习惯于重视波峰的特征信息而忽略波谷信息，往往很难断定是断层还是岩性变化引起的；在变密度剖面上，波峰、波谷均被颜色充填，波峰、波谷的信息同时展现在解释人员面前，有助于小断层的解释。当前，主要通过以下手段识别断层。

(1) 剖面直接解释

在大多数的地震剖面上，如果识别到了反射波同向轴的扭曲，或者发现了同向轴有强相位转移的趋势，它们都可以作为断层存在的标志，当然，最明显的断层识别标志便是反射波同向轴的错断，剖面上断距明显。

(2) 利用地震剖面的不同显示方法进行断层解释

主要是利用变密度剖面、观察不同比例剖面，仔细识别断层。

(3) 断层组合方法

由于三维地震工区测网较稀，断层组合难度较大。一方面，断层的组合要根据断层的剖面特征进行组合，考虑断层性质、期次、规模、对沉积的控制作用等因素；另一方面要考虑区域构造特征，如构造走向、应力场方向等因素。

断层组合具体方法如下：

先将剖面上识别的各层断点展到平面图上，对同一断层进行标注，依据断层的倾向、断距的大小、断层在剖面上变化情况及交点断面闭合情况，遵循下列原则在平面图上进行断层组合。交点附近落差相近的断点及测线方格网内相对应的断点，组合成同一条断层，并对断面进行剖面闭合。采用多窗口、多线（含相邻测线）综合判断断层及延伸方向，断开层位一致或有规律变化，断层延伸方向符合区域地质特征，与区域应力场一致。克服多解性，断层在相邻剖面上产状必须相似或一致，断距的平面分布合理。

由于三维测线在一个方格网内有多个同倾向的断点，有多种组合方式，具有多解性，采用排除法和肯定法减小组合的多解性。组合成图后在图上出现等值线太密或以断层为中心的放射状的，即可排除该种组合方式。断距相当、断开层位相当、断点位置较近的断点组合在一起，采取最短距离组合即肯定法组合。

基于“两宽一高”资料的断层解释技术请参考前文。

四、深部热储内部的细节刻画

深部热储内部的细节刻画一般应用三维地震资料，利用曲率体、相干体和蚂蚁体分析技术，刻画热储内部断层、裂缝等软弱结构面分布，揭示热储内部结构细节和格架分布特征，形成基于地球物理参数与热储地质特征之间几何关系的深部热储预测解释方法。

深部热储内部的细节刻画一般需要在井震解释成果的基础上进行，沿一定的解释层位提取对热储内部断层、裂缝等软弱结构面敏感的相关属性，在属性分析的基础上对内部细节进行刻画。

(一) 常见的地震属性

1. 相干体属性

相干体技术在三维地震数据体中，通过对相邻地震道之间地震属性进行对比分析，求得与周围数据的相关程度，相关程度低的点反映了地层的不连续性，代表在空间某一局部位置出现了层位错断，并以此为特征，对断裂进行识别。

相干体技术是检测地震数据体横向不连续性的技术，兴起于20世纪90年代中期。美国国际石油公司(Amoco)的Bahorich和Farmer于1995年提出了第一代基于相邻地震道互相关的相干算法，该算法效率高，对噪声和波形变化敏感，对振幅横向变化不敏感且不稳健。随后Marfurt等相继发明了第二代与第三代相干算法。第二代相干算法是多道互相关法，算法稳定，抗噪声能力强但对横向振幅和波形变化较为敏感，不利于识别细小的构造特征；第三代相干算法是基于协方差矩阵的多道算法，在计算之前先进行倾角与倾向计算，考虑了波形与振幅的变化，结果更精确。第三代相干算法应用较为广泛。Randen等在2000年随后发明了新一代基于梯度构造张量的相干算法，该算法是分析时窗内采样点平面特征的度量，对横向振幅和波形变化较为敏感。

相干算法能够清楚地刻画地震数据体的断层特征，提高断层解释的精度。这类在波形上相对连续的断层的识别对于煤田小断层的识别至关重要，这类断裂造成的同相轴完全能够通过曲率属性识别。因此在相干属性的基础上，进行曲率属性的求取，集合两种属性进行研究区内的断层解释。

2. 曲率体属性

曲率是反映曲线和曲面弯曲程度的数学参数，于20世纪90年代引入解释流程中。2001年，Roberts提出了二次曲面拟合算法，使得曲率属性在地震解释中得到广泛应用。2006年，Marfurt等在Roberts拟合曲面算法的基础上提出了沿层计算曲率和多谱体曲率属性算法，可用来识别褶皱、挠曲、差异压实、断层等地质体特征。Chorpa与Marfurt在2007年又实现了振幅曲率算法即求取振幅的二次导数。

通常意义上层面弯曲越厉害，曲率值就会越大。如果将这些构造变形如挠曲、褶皱等定量结果与常规解释的断裂结合，地质学家可用来预测应力分布与有利于天然裂缝发育的区域。地质上将背斜的曲率定义为正值，向斜的曲率定义为负值，水平或者倾斜曲率为零，如图5-7所示。

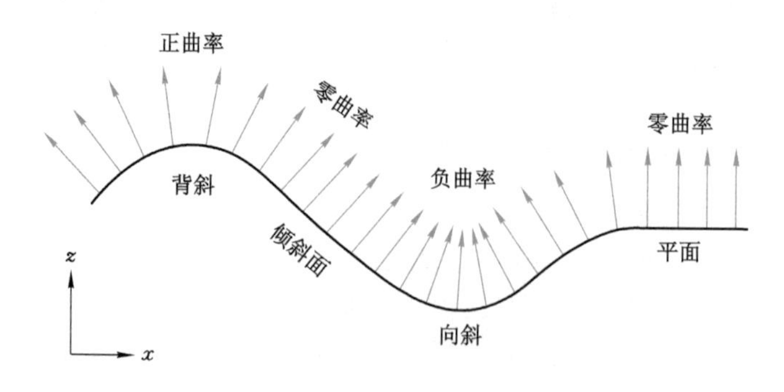

图5-7　向斜与背斜的曲率表示

实际上地震数据是三维的，在求取地震数据体的曲率时往往是用三维曲上的曲率来表示的。在这些曲率中可计算出最大曲率K_{max}与最小曲率K_{min}，这两种曲率正好互相垂直，通常利用最大曲率来寻找断裂。在实际应用中曲率还包括最大正曲率、最大负曲率、倾角曲率、走向曲率、平均曲率、高斯曲率与形态指数。

目前比较常用的曲率是最大正曲率 K_{pos}、最小负曲率 K_{neg} 与极值曲率。最大正曲率与最小负曲率对线性构造敏感、对断层裂缝显示效果最好，一般配合使用，利用最大正曲率和最大负曲率可用来区分碗状、向形、鞍状、平面、背形以及圆顶状等特征。极值曲率取最大曲率与最小曲率绝对值中最大的，能突出曲率极大值处的地质异常。

3. 蚂蚁体属性

地质特征的精细描述是油气储层和地热储层勘探和开发的重点，直接影响着目的层的构造形态及断裂发育特征，而断层解释的准确性一直是地质研究者面临的难题。为了克服这种矛盾，提高断层的解释精度，缩短断层解释周期，蚂蚁追踪技术应运而生。其原理就是模拟自然界中的蚂蚁，在觅食时，寻找最优路径并释放信息素提高其他区域蚂蚁选择此路径的概率。基于此特点，通过在相干或方差数据体中随机放置大量的蚂蚁，然后蚂蚁在满足预设断裂条件的位置"释放"某种信号，召集其他区域的蚂蚁集中在该断裂处，直到完成该断裂的追踪和识别。

4. 断层似然体

断层似然体属性首先在指定的倾角、走向范围内计算每个采样点之间的相似性，通过相似性的截取获得断层及裂缝发育的可能性。然后对具有弱信息、突变和线性特性在不同尺度上进行断裂边界条件的精细刻画。该算法的主要特点是：

① 对地震数据进行对数增益处理，压缩了数据大值，增强了弱信息的识别与表征能力；

② 采用基于样点数据处理方法，较基于波形的相似性计算精细度明显提高，对裂缝小规模数据不易漏失；

③ 利用保留最大值的空间组合方式，断层和裂缝的边界条件更清晰；

④ 采用沿断裂走向和倾向的空间扫描组合方式，对断层和裂缝的走向组合更加合理全面。该方法适用于具有小规模、弱信息、突变和线性展布特征裂缝的识别。

（二）地震属性融合刻画

随着机器学习技术的快速发展与广泛应用，机器学习算法已经用于地震资料的断层识别。随着 Lecun 等提出卷积神经网络概念，多种基于卷积神经网络的算法开始用于断层识别。例如将卷积神经网络、传统机器学习算法与地震属性相结合实现了断层识别，利用三维地震数据训练卷积神经网络实现了断层的三维识别，利用人工合成的断层地震图像训练卷积神经网络实现了断层识别，利用 Smooth-Grad 技术直观解释了卷积神经网络识别断层的过程，利用 U-Net 图像分割网络实现了断层识别。

深部热储内部细节的精细刻画主要使用对裂缝敏感程度较高的地震属性，并通过神经网络聚类分析将敏感属性融合，从而达到深部热储内部细节精细刻画的目标。融合流程如图 5-8 所示。

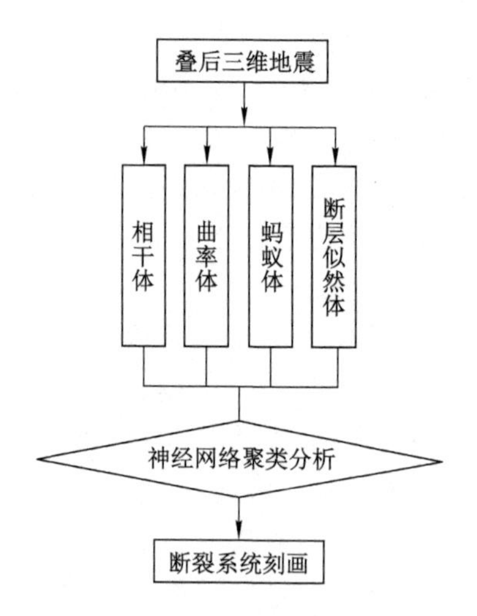

图 5-8　三维地震裂缝属性融合流程图

第二节　深部热储地球物理属性分析

一、概念的提出

地球物理属性很少被人提起，而“地震属性”在地球物理界早就是一个耳熟能详的名词。当地震波在地下介质中传播时，受地下介质性质的影响，地震波物理性质发生变化。地震属性分析技术能有效地挖掘蕴含于地震数据中的有用信息，并为储层分析服务。目前，地震属性分析技术理论日趋成熟，属性优化与解释技术也日益完善，这使得地震属性技术在深部热储地球物理勘探的各个阶段都扮演着越来越重要的角色(Chen et al.，1997；阳飞舟 等，2009；陈军 等，2001)。

随着勘探程度的深入和勘探区块地质背景的复杂程度越来越高，地震属性的运用也是越来越广泛，在地层构造解释、岩性解释和储层解释等方面均得到了非常广泛的运用。原始地震资料隐含的地震信息非常丰富，在原始资料中提取有效信息进行储层预测已经成为深部热储地球物理勘探开发中常用的技术手段，在勘探开发过程中，可以通过地震属性的预测，实现储层的空间及平面展布规律的预测，可以发现深部热储，提出合理的开发方案，按照地质观点有效的设计勘探开发井位。

地震属性技术在深部热储地球物理勘探领域成为必不可少的技术手段之一，但在其他领域应用较少，尤其在深部热储勘探中更是难以发挥地震属性技术的优势。其根本原因在于，三维地震勘探虽然精度高，但勘探成本较高，除了油气外的其他勘探领域很少布设大规模的三维地震勘探，而简单的二维地震勘探又无法提取大量的地震属性。另外，其他勘探领域，钻孔及测井资料较少，对地震属性分析也造成一定的限制。

另一方面，地球物理数据反演普遍存在不确定性、不稳定性、多解性等问题，综合利用多种地球物理信息联合解释可有效地提高反演结果的准确性。在地热勘探中，除了地震勘探外，还应用有许多非震(重、磁、电)地球物理勘探手段。为了充分利用多种地球物理勘探的成果，提出了深部热储地球物理属性分析技术，并对地球物理属性进行了定义。

地球物理属性是由原始或经过处理后的地球物理数据体，经过数学变换而得出的有关各种物性参数的几何学、运动学、动力学或统计学特征。简单地说，所有地球物理勘探的成果数据及其衍生的其他数据都可以看作某一种地球物理属性。

二、地球物理属性的分类与提取

（一）地球物理属性的分类

目前，地震属性的分类一直没有一个统一、完整、公认的标准。这主要是由于地震属性种类繁多，提取方式多样，且不同研究目标所需使用的地震属性也不完全相同。尽管没有一种权威且完备的分类方案，但这并不影响对地震属性的使用。随着分类方法的不断更新，对它的认知也更加深刻。地震属性分类作为一种工具，对地震属性的发展发挥着一定的辅助作用但并非决定性作用。

地球物理属性由于以往没有专门的名词，为了研究方便，我们定义了地球物理属性，为了将地球物理属性更好地应用于深部热储的储层预测与评价中，按照地球物理的物性性质将其分为密度属性、磁性属性、电性属性、速度属性、地震属性及复合属性共六大类。

密度属性是指重力勘查的原始或经过处理后的数据体。重力勘查的各类成果主要反映了地下密度异常的分布。常见的密度属性有布格重力异常、各类延拓成果、导数处理成果、构造滤波成果、基底深度及其他处理后的成果。近些年，三维重力反演出的三维密度异常也是非常好的密度属性。

磁性属性是指磁法勘查的原始或经过处理后的数据体，磁法勘查的各类成果主要反映了地下磁性异常的分布。常见的磁性属性有磁异常、各类延拓成果、导数处理成果及其他处理后的成果。近些年，三维磁法反演出的三维磁性异常也是非常好的磁性属性。

电性属性是指电法及电磁法勘查的原始或经过处理后的数据体。电法种类很多，常见的有大地电磁法、可控源音频大地电磁法、瞬变电磁法、大功率时频电磁法等。各类方法获得电性异常的尺度不同。最常见的电性属性为电阻率反演数据体，也就是电法勘查成果数据体。为了扩展电性属性范围，还可以对成果数据进行方向导数、梯度等数学变化获得其他相关属性。

速度属性是指地震类勘查的原始数据经过反演得到的速度成果及其相关数据。常见的速度属性为背景噪声成像获得的大尺度 S 波速度结构。另外地震勘探中也可以获得各种表征速度结构的数据体。

地震属性是指叠前或叠后地震数据经数学变换得到的关于地震波几何学、运动学、动力学或统计学特征的度量。地震属性种类较多，常见的为时间、振幅、频率和衰减四大类属性。随着三维地震技术的发展，地震属性已经发展至上百种。

复合属性是采用了多种属性分析和模式识别等方法得到的一些属性，这类属性融合了多种物性参数特征，能更好地反映地下地质构造与储层特征。

（二）地球物理属性的提取

地球物理属性提取就是从各类地球物理数据中挖掘与热储特征参数密切相关的信息，将其转换为直接可以为地质解释和热储描述利用的有用信息。针对不同的提取对象，可以将地球物理属性提取方法分为剖面属性、平面属性和体属性提取三种。三种属性之间的关系如图 5-9 所示。对于许多非震成果数据体，本身不需要提取就可以直接当成某一地球物理属性进行应用。

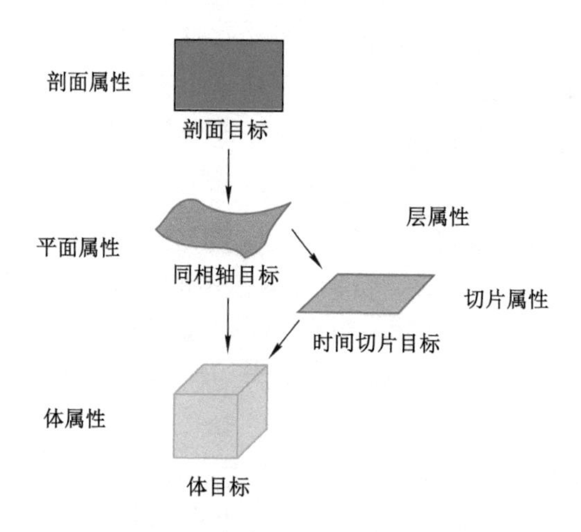

图 5-9　地球物理属性之间的关系图

1. 剖面属性提取

剖面属性主要反映垂向上的变化特征。

(1) 各类地球物理数据反演得到的剖面成果，本身可以作为地球物理属性进行直接应用。

(2) 对于地震数据，基于剖面的提取通常采用道积分、时频分析、波阻抗反演等一些数学变换和转换方法，直接将地震剖面数据转换成地震属性剖面，剖面属性的提取方式经济有效。

(3) 对于非震数据，基于成果剖面的提取可以采用导数、梯度、滤波等一些有必要的数学变化进行提取。

(4) 从三维地球物理数据中可以获得任意剖面的切片，纵向切片可以作为剖面属性使用。

2. 平面属性提取

(1) 各类地球物理反演得到的平面成果，本身可以作为地球物理属性进行直接应用，尤其是重磁反演的结果多以平面分布图展示，这些地球物理成果本身可作为平面属性直接应用。

(2) 对于三维地球物理数据的提取，平面属性可分为沿层属性、层间属性、水平切片属性三种。

沿层属性是对单个解释层开适当的分析时窗，然后对时窗内的地球物理数据做数学变换得到的地球物理属性，主要反映的是界面变化的情况。

层间属性以两个解释的目的层位为基础，计算两个层位之间的地球物理属性。

水平切片属性是沿着某一固定深度(时间)获取的一个无物理意义的等深度(时间)层位。

3. 体属性提取

体属性是基于三维地球物理数据获取的属性体，其提取过程与其他属性一致，只是将二维计算变为三维计算。三维密度异常反演体、电性体、速度体等地球物理成果数据本身就可以作为地球物理体属性。在提取过程中可采用不同的数据组合模式，从不同的视角刻画了地层非均质性、断层类型、裂缝发育等。

三、地球物理属性选择及优化

（一）地球物理属性优化的必要性

利用地球物理属性进行储层描述时，通常需要引入与储层特征相关的各种地球物理属性，而这是一个从少到多，又从多到少的过程。所谓从少到多，是指在初始阶段应尽量多地提取与储层相关的各种属性，这样可以充分利用各种有用信息，但属性的增加也会带来不利影响，主要原因是：某些属性可能与研究目标无关，只是一些干扰；属性数据之间存在冗余信息；过多属性数据会占用有限计算资源。因此，需要从众多地球物理属性中挑选出对储层描述最为敏感、最具代表性的地球物理属性子集，即从多到少的过程。

地球物理属性的优化方法有很多，一般需要遵循以下原则：优选的地震属性子集尽量具有明确的物理意义，且与研究目标存在某种相关性，有利于样本的分类；使地球物理属性子集结构最优，相互独立的变量尽可能组成低维空间，例如，反映相同物理意义的属性不出现在同一敏感属性子集中；在剔除具有干扰作用的地球物理属性的同时尽量保证有效信息损失最小。

（二）地球物理属性优化方法分类

在地球物理属性的优化过程中，通常采用降维与选择的方式进行处理。

降维映射通过数学变换或空间映射去除冗余信息并实现数据维度的压缩，即从多种属性数据中获取少数更有效、更具实际地质意义的属性。按照处理实际问题的能力降维可分为线性降维和非线性降维两种。主成分分析、线性判别分析、局部保留投影、独立成分分析等是广泛使用的线性降维方法，核主成分分析、核判别分析、拉普拉斯特征映射、核独立成分分析、等距映射法、最大方差展开、局部线性嵌入、局部切空间排列方法等是常用的非线性降维方法。

不同的地球物理属性表征不同的地质意义，因此有必要根据实际地质情况对其进行选择。地球物理属性选择是指从属性集合中选出对深部热储层最为有利、最为敏感的地球物理属性子集。地球物理属性选择的方法主要有（王修敏，2008）：

① 专家经验法。其是通过专家知识实现对敏感地球物理属性的选择。该方法受主观因素影响，需要大量已知信息与实际经验。

② 数学理论法。由于研究目标与地震属性之间关系复杂，有时难以凭借经验选取，需借助数学方法进行优选。使用该方法优选得到的地球物理属性可能不具有实际地震意义且缺乏主观性，但较为客观。常用的数学理论法有比较法、交会分析法、搜索法、贡献量法、关联度分析法、顺序前进/后退法、聚类分析法、粗糙集理论决策分析方法、神经网络、模拟退火法及遗传算法等。

③ 专家经验与数学理论结合法。这类方法克服了前两种方法的局限性，一般做法是将专家优化与最优搜索算法相结合，求取该组合问题的最优解。

（三）地球物理属性优化选择流程

基于前期岩石物理实验和模型正演的研究成果，依据地球物理参数与热储参数之间的关联关系，计算各种能够表征深部热储特征的体属性（包括剖面和平面属性数据），分析地球物理场随温度场的变化规律;基于地震与重磁电联合反演结果,开展地球物理属性参数与热储参数的相关性和敏感性分析,优选敏感且具有代表性的地球物理属性特征参数,形成地球物理属性参数优化提取方法。地球物理属性优化选择流程如下:

第一步:根据工区资料和需要预测的目标,建立模型理论分析,并结合基础热储层特征分类的地球物理属性以及研究人员对工区的经验把握,对提取的地球物理属性进行最初筛选。

第二步:根据实际工区的地质资料和储层特征,建立地质模型做正演分析,与实际地球物理信号对比分析,进一步筛选地球物理属性。

第三步:计算井旁地球物理属性,并与测井信息做交会图分析,分析地球物理属性的异常特征及变化规律,找出与储层参数特征具有明显对应关系的属性,并对优选出的地球物理属性做平滑、规格化等必要的预处理,形成初选地球物理属性集。

第四步:尽量运用先进的数学理论优化方法对初选后的地球物理属性集进行优化,使预测误差最小,形成"最优"的属性集。

第五步:如不能使预测误差最小,则重复以上各步骤。

(四)地球物理属性的预处理

由于各类地球物理属性的单位不同、量纲不同,代表的物理意义也不同,有些地球物理属性之间存在着量纲差异,所以在进行地球物理属性分析时,不能直接使用地球物理属性,需要先对地球物理属性做预处理。这样能避免一些不合理现象发生,如数量级大的属性特征会压制数量级小的属性特征,会降低地球物理多属性预测的精度(Xu et al.,2008)。

地球物理属性的预处理的流程如下:

① 确定地球物理属性的使用范围,明确预测的尺度,选择合适的属性类型。如区域化数据属于大尺度数据,不应和精细描述的小尺度数据混合使用。一般情况下,密度属性、磁性属性、背景噪声获得的速度属性及大地电磁获得的电性属性等属性为大尺度属性,适合做区域预测;地震数据及主动源电磁法获得的电性属性等属性为小尺度属性,适合做精细预测。

② 选定预测范围,对选择的各类属性进行网格化,使所有属性网格化的参数保持一致,保证不同属性对应相同的数据位置。

③ 对网格化的地球物理属性进行标准化及平滑处理。

地球物理属性数据在数值量级、数据单位及量纲方面存在差异,为了统一数据范围,避免突出虚假异常值,在实际应用中,通常采用极差正规化将标准化后的属性观测值范围变为0~1。该方法具体标准化公式为:

$$y_i = \frac{x_i - x_{\min}}{x_{\max} - x_{\min}} \tag{5-1}$$

式中,y_i 为标准化后的属性数据;x_i 为属性数据观测值;$x_{\max}$ 为属性数据观测值中的最大值;$x_{\min}$ 为属性数据观测值中的最小值。

地球物理数据中普遍存在各种噪音,提取的地球物理属性不可避免地受到噪音干扰,出现"野值",需对数据进行平滑处理。针对这种情况,一般采用中值滤波、加权滑动平均等去除野值,避免虚假异常,同时提高预测精度。

① 中值滤波。中值滤波分为一维中值滤波和二维中值滤波两种,是一种非线性算法。

中值滤波相当于一种低通滤波器，对脉冲噪音、线性噪声具有良好的抑制效果，具有保护图像边缘的特性。但中值滤波也存在一些缺陷，比如，对一些随机噪声、高斯白噪声则显得无能为力。

② 加权滑动平均。加权滑动平均具有充分的理论依据，是一种比较完善的算法。一般采用二项式系数分配权重，通过逐次滤波，使随机性噪声逐渐削弱，有效信号特征逐渐显现。综合使用中值滤波与加权滑动平均两种方法时，去除噪音的效果更佳。

四、地球物理属性融合技术

地球物理属性是从各类地球物理资料中提取出的特征参数，这些参数能够反映地下储层的岩性、温度、断裂分布等变化，在一定程度上反映了热储层的特征。然而，每种地球物理属性都有一定的地质意义，都只能反映某些地质特征，当利用多个单一属性分别进行地质解释时，容易产生多解性问题，影响储层预测的准确性。

信息融合技术是一种多参数综合分析方法，其融合的结果比单一地球物理属性更准确、更全面。因此，将信息融合技术应用于地球物理属性热储预测中，就是综合考虑多种地球物理属性，在数学运算基础上对多种地球物理属性进行融合处理，得到最优的结果，从而在一定程度上解决单一地球物理属性进行热储预测时产生的多解性问题。地球物理属性的信息融合需要在属性预处理的基础上进行，数据融合是选择合适的融合算法，将多维地球物理属性数据进行有机合成，得到更准确的综合属性参数。

（一）地球物理多属性参数图像融合

图像融合是通过一个色彩模型把来自同一目标、不同属性参数的多幅图像综合成一幅满足特定应用需求的图像的过程，它可以有效地把不同属性参数图像的优点结合起来，提高对图像信息分析和提取的能力。色彩模型有很多种，如 RGB、HSB、YUV、HSL、HSV、Ycc、XYZ、Lab、CMYK 等，本书主要采用 RGB 和 HSL 色彩模型融合算法（王永涛 等，2020）。

1. RGB 模型融合算法

RGB 模型是一种可以由红（red）、绿（green）、蓝（blue）混合再生成其他色彩的模型，任何一种可见的色彩可以由这三种颜色各占一定百分比形成。RGB 模型是目前常用的一种彩色信息表达方式，它使用红、绿、蓝三原色的亮度来定量表示颜色。该模型也称为加色混色模型，是以 RGB 三色光互相叠加来实现混色的方法。RGB 模型可以看作三维直角坐标颜色系统中的一个单位立方体，任何一种颜色在 RGB 颜色空间中都可以用三维空间中的一个点来表示。在 RGB 颜色空间中，当任何一个基色的亮度值为零，即在原点处时，就显示为黑色。当三种基色都达到最高亮度时，就表现为白色。当在 MATLAB 中使用 double 类型的图像格式图像显示时，认为数据在[0,1]的范围，大于 1 的全部显示为白色。

图形融合处理前，须对地球物理属性参数进行数据预处理，然后将需要融合的属性进行颜色设定，生成融合的彩色图形，图形中的暗色区域表示多种属性参数值都比较小；其他颜色与多种属性设定值有关；而白色则代表多种属性参数值都比较大，直观地指示了有利热储的分布。

2. HSL 模型融合算法

HSL 模型也是基于人眼可见的一种颜色模型，其中 H（hue）代表色相；S（saturation）代表饱和度；L(lightness)代表亮度。HSL 的 H 分量代表的是人眼所能感知的颜色范围，这些颜色分布在一个平面的色相环上，取值范围是 0°～360°的圆心角，每个角度可以代表一种颜色。色相值的意义在于在不改变光感的情况下，通过旋转色相环来改变颜色。其中，360°/0°为红色、60°为黄色、120°为绿色、180°为青色、240°为蓝色、300°为洋红色，它们在色相环上按照 60°圆心角的间隔排列。HSL 的 S 分量，指的是色彩的饱和度，它用 0～100％的值描述相同色相、亮度下色彩纯度的变化。数值越大，颜色中的灰色越少，颜色越鲜艳。HSL 的 L 分量指的是色彩的亮度，作用是控制色彩的亮暗变化。它同样使用了 0 至 100％的取值范围。数值越小，色彩越暗，越接近于黑色；数值越大，色彩越亮，越接近于白色。

与 RGB 融合算法类似，待融合的三个属性参数也需要首先做数据网格化插值处理，再做归一化处理。其他地球物理异常信息可以分别用色相、饱和度、亮度代表通过融合形成彩色图形。图中的色相由红—黄—绿—青—蓝—洋红—红逐渐变化，饱和度由灰色—纯色变化，亮度由黑色—白色变化。当几种地球物理属性的相关系数均较大时，将在纯红色区域内出现白色的“亮点”，直观地指示了有利储层的分布区。

（二）基于主成分分析技术的信息融合方法

当对同一储层单元提取多个地球物理属性时，多个属性之间存在一定的相关性，希望在保证属性数据地质信息损失最小的条件下对原始属性数据进行降维，能够产生一个或一组能较好描述原始信息的综合属性，并利用综合属性对研究区进行储层预测分析。为此，可以借助于主成分分析来综合处理地球物理属性信息，这样可以保证在数据信息损失最少的条件下对原始属性数据进行降维，产生较好描述原始数据信息的综合属性，并结合钻井等资料对相关储层进行预测分析。

主成分分析(principal component analysis，PCA)，也称主分量分析，是一种建立在统计最优原则基础上的变换方法，具有较长的发展历史。在 1901 年，皮尔逊(Pearson)将变换引入生物学领域，用于分析数据以及建立数理模型。在 1933 年，美国经济学家霍特林(Hotelling)将变换方法推广到随机向量的情形，并首先提出了主成分分析的概念。由于多个变量之间往往存在着一定程度的相关关系，人们往往希望通过某种线性组合，从多个变量中尽可能地提取信息，当用第一个线性组合不能够提取一定数量的信息时，再考虑用第二个线性组合继续提取信息，直到所提取的信息与原始多个变量所含信息相差不多时为止，这就是主成分分析的主要思想。通常来说，使用主成分分析可以用较少变量的主成分得到较多原始变量的信息。因此，通过主成分分析，可以在保留大部分原始信息的情况下降低数据的维数。

综上分析，主成分分析就是用较少的综合变量来代替原来较多的变量，且这些综合变量能够反映原始较多变量的有用信息，且综合变量之间是无关的。主成分分析的数学模型如下。

设有 n 个样本点，p 个变量(地球物理属性)，组成如下数据矩阵：

$$\boldsymbol{X}=(x_1,x_2,\cdots,x_p)=\begin{bmatrix} x_{11} & \cdots & x_{1p} \\ \vdots & x_{ij} & \vdots \\ x_{n1} & \cdots & x_{np} \end{bmatrix} \tag{5-2}$$

经过主成分分析后，得到的 m 个综合变量为：

$$\begin{cases} F_1 = a_{11}x_1 + a_{21}x_2 + \cdots + a_{p1}x_p \\ \quad\quad\cdots \\ F_m = a_{1m}x_1 + a_{2m}x_2 + \cdots + a_{pm}x_p \end{cases} \tag{5-3}$$

简写即为：

$$\boldsymbol{F} = a'\boldsymbol{X}, F_i = a_{1i}x_1 + a_{2i}x_2 + \cdots + a_{pi}x_p, i = 1, \cdots, m \tag{5-4}$$

一个好的属性指标，除了真实、可靠之外，还必须能够反映出个体之间的差异，即变量之间具有较大的可分性，也即离散程度较大。通常，离散程度可以用方差表示，方差最大，那么离散程度也最大。因此，为了使综合变量 $\boldsymbol{F}$ 之间变异最大，也就是使其方差 $\mathrm{var}(\boldsymbol{F})$ 最大，即 $\mathrm{var}(\boldsymbol{F}) = \mathrm{var}(a'\boldsymbol{X}) = a'\mathrm{var}(\boldsymbol{X})a = a'\boldsymbol{E}a$ 最大(其中 $\boldsymbol{E}$ 为总体协方差矩阵)。由于 F_1，$F_2, \cdots, F_p$ 之间是正交的，因此需要满足：

$$a_{1i}^2 + \cdots + a_{pi}^2 = 1 \tag{5-5}$$

设 $\boldsymbol{E}$ 的特征值为 $\lambda_1 \geqslant \lambda_2 \geqslant \cdots \geqslant \lambda_p > 0$，其对应的标准正交基为 $u_1, u_1, \cdots, u_p$，那么 $\mathrm{var}(\boldsymbol{F}) = \lambda_1, a_1 = u_1$，记 $\boldsymbol{F} = u'_i x$，其中 $F_1, F_2, \cdots, F_p$ 之间是无关的，称 F_1 为第一主成分，F_i 为第 i 主成分。第 i 个主成分的贡献率为：

$$g_{x_i} = \frac{\lambda_i}{\sum_{i=1}^{p} \lambda_i} \tag{5-6}$$

前 i 个主成分的累计贡献率为：

$$g_m = \frac{\sum_{t=1}^{i} \lambda_t}{\sum_{t=1}^{p} \lambda_t} \tag{5-7}$$

如果前 m 个主成分的累计贡献率超过 85%，那么认为前 m 个主成分包含了原来所有指标的信息。

在实际计算时，需要对数据进行标准化处理，以消除数据量纲对数据提取的影响，常用标准差标准化方法对每一个属性指标分量作处理。主成分分析的计算过程包括如下几个步骤(图 5-10)：

① 将提取的 p 个地球物理属性(每个属性共有 n 道数据)数据写成一个数据矩阵 $\boldsymbol{X}$。

② 采用某种方法对数据矩阵 $\boldsymbol{X}$ 进行标准化处理，使数据按比例缩放，落入一个小的特定区间，从而得到标准化的数据矩阵。

③ 计算数据矩阵的相关系数矩阵 $\boldsymbol{R}$，并通过雅克比迭代法计算其特征值及其对应的特征向量。

④ 通过排序算法将特征值降序排列，得到 $\lambda_1 \geqslant \lambda_2 \geqslant \cdots \geqslant \lambda_p$，以及对应的特征向量 v_1，$v_1, \cdots, v_p$。

⑤ 利用施密特正交化方法对特征向量 $v_1, v_1, \cdots, v_p$ 进行单位正交化，得到 u_1, u_1，$\cdots, u_p$。

⑥ 确定主成分的个数。计算特征值的贡献率及累计贡献率，提取 m 个主成分 F_1, F_2，$\cdots, F_m$，使前 m 个主成分的累计贡献率 g_m 不小于给定的提取效率 t(如 85%)，即 $g_m \geqslant t$。

⑦ 计算标准化后数据 $\boldsymbol{X}$ 在提取出的 m 个特征向量上的投影 $F_i = a_{1i}x_1 + a_{2i}x_2 + \cdots +$

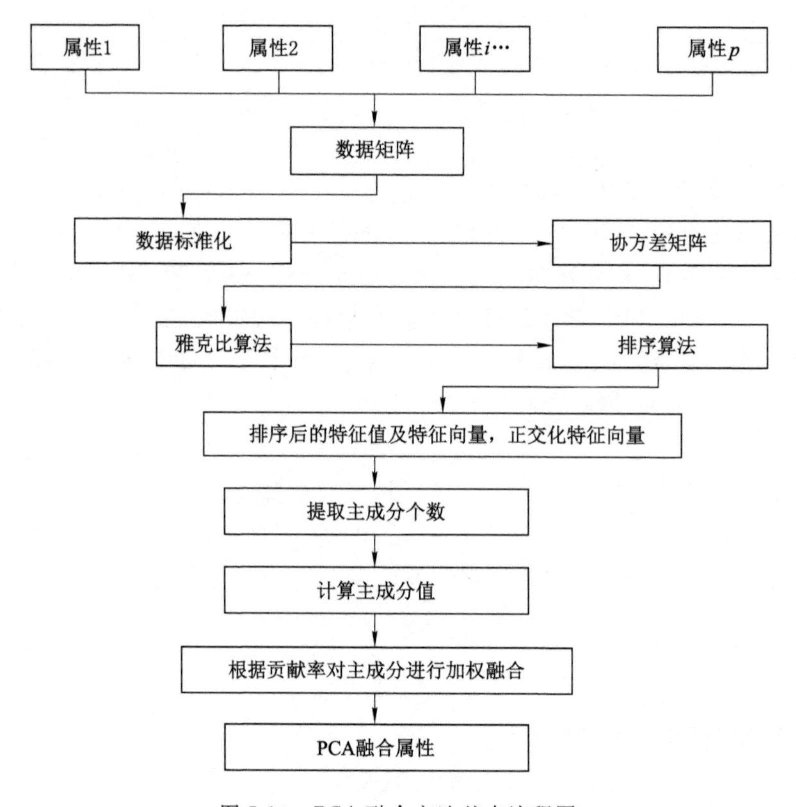

图 5-10　PCA 融合方法基本流程图

$a_{pi}x_p, i=1,\cdots,m$。所得的 F 就是最终提取的主成分，即降维后的综合变量。

⑧ 将提取出的主成分的贡献率作为加权系数，对各主成分进行加权融合处理，得到 PCA 融合属性。

可以看出，主成分分析就是从多种属性参数中提取出数目较少且彼此独立的综合属性变量，并把原来的属性通过线性组合计算出综合变量的过程。图 5-11 所示为某一次属性分析中各主成分贡献率直方图与累积贡献率曲线。

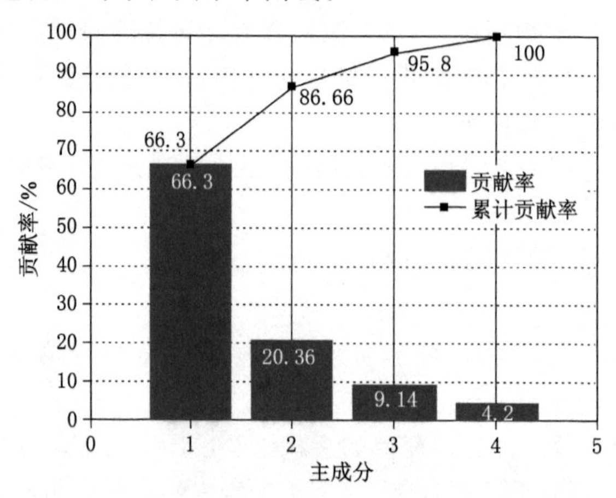

图 5-11　各主成分贡献率直方图与累积贡献率曲线

主成分分析方法由于其计算方法简单、效率高、降维效果明显而广泛应用于地震属性优化,变换后的新属性不仅去除了原始属性数据中的冗余信息,还包含了原始属性数据的主要特征,然而,它仍然存在一定缺陷:实际数据往往具有非线性,而主成分分析建立在分析数据为某种线性组合的基础之上,面对非线性问题时,该方法的处理效果并不理想;主成分分析要求数据服从高斯分布,即数据主要信息体现在均值与方差上,其高阶统计信息可以忽略不计,而复杂数据往往存在高阶相关性,此时,将无法体现信号的完全信息;通过主成分分析获得的新属性不具备清楚明确的实际地质意义。

(三) 局部线性嵌入优化方法

局部线性嵌入(local linear embedding,LLE)是 Roweis 和 Saul 对高维非线性的降维方法进行深入研究之后,于 2000 年提出的一种流行算法(Roweis et al.,2000)。其核心思想就是将整体非线性问题转换为局部线性问题,该方法能很好保持原始数据的拓扑结构,同时兼备平移和旋转不变性。

利用 LLE 进行地震属性数据优化的具体步骤如图 5-12 所示(Saul et al.,2008):

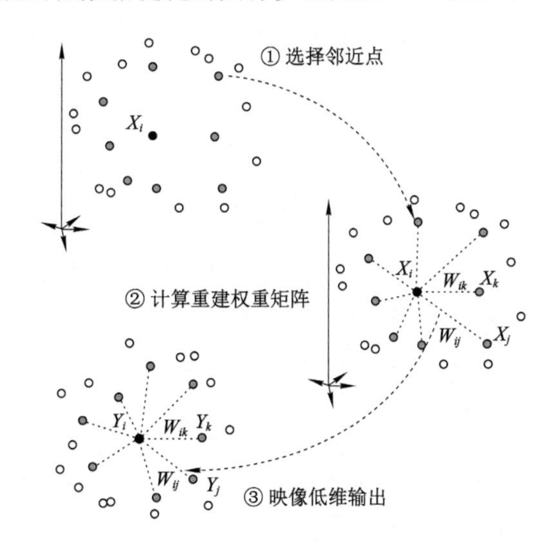

图 5-12　LLE 算法步骤

① 寻找每个样本数据的欧氏距离最近的 K 个点。

② 通过每个样本数据的邻近点求解该点的局部重构矩阵 $\boldsymbol{W}$。

误差函数定义为:

$$\min \varepsilon(W)=\sum_{i=1}^{N}\left|x_i-\sum_{j=1}^{K}w_{ij}x_{ij}\right| \tag{5-8}$$

式中,$x_{ij}(j=1,2,\cdots,K)$ 为 x_i 的第 j 个邻近点,w_{ij} 是 x_{ij} 的权重且需满足:$w_{ij}=0$,则表明数据点不是 x_i 的邻近点;$\sum_{j=1}^{K}w_{ij}=1$。则获取矩阵 $\boldsymbol{W}$ 的方法如下:

① 构造矩阵 $\boldsymbol{Z}=x_i-x_{ij}$;

② 获取 $\boldsymbol{Z}$ 的协方差矩阵 $\boldsymbol{Q}^i$:

$$\boldsymbol{Q}_{jm}^{i}=(x_i-x_{ij})^{\mathrm{T}}(x_i-x_{im}) \tag{5-9}$$

③ 求解 $\boldsymbol{Q}\cdot\boldsymbol{W}=\boldsymbol{I}$,采用拉格朗日乘子法,并结合权重满足的两个条件,即可得到局部

最优化重构矩阵：

$$w_j^i = \frac{\sum_{m=1}^{K} (\boldsymbol{Q}^i)_{jm}^{-1}}{\sum_{p=1}^{K} \sum_{q=1}^{K} (\boldsymbol{Q}^i)_{pq}^{-1}} \tag{5-10}$$

通常 $\boldsymbol{Q}^i$ 为奇异矩阵，为此，引入一个 $\boldsymbol{K}\times\boldsymbol{K}$ 单位矩阵 $\boldsymbol{I}$ 进行正则化处理，即：

$$\boldsymbol{Q}^i = \boldsymbol{Q}^i + r\boldsymbol{I} \tag{5-11}$$

式中，r 为正则化参数。

(3) 根据该样本数据的局部重构矩阵 $\boldsymbol{W}$ 和其邻近点，计算相应输出值 Y，Y 需要满足如下映射条件：

$$\min \varepsilon(Y) = \sum_{i=1}^{N} \left| y_i - \sum_{j=1}^{K} w_{ij} y_{ij} \right| \tag{5-12}$$

式中，$\varepsilon(Y)$为损失函数，$y_{ij}(j=1,2,\cdots K)$为 y_i 的第 K 个邻近点，它满足：

$$\sum_{i=1}^{N} y_i = 0, \frac{1}{N} \sum_{i=1}^{N} y_i y_i^{\mathrm{T}} = \boldsymbol{I} \tag{5-13}$$

式中，若 x_j 为 x_i 的邻近点，则 $w_{ij} = w_j^i$，否则 $w_{ij} = 0$，$\boldsymbol{I}$ 为 $m\times m$ 的单位矩阵，于是，式(5-12)改写为：

$$\min \varepsilon(Y) = \sum_{i=1}^{N} \sum_{j=1}^{N} M_{ij} y_i^{\mathrm{T}} y_j \tag{5-14}$$

式中，$\boldsymbol{M}=(\boldsymbol{I}-\boldsymbol{W})^{\mathrm{T}}(\boldsymbol{I}-\boldsymbol{W})$，它为稀疏半正定对称矩阵，为使损失函数值取得最小值，结合约束条件与拉格朗日乘子法，则有 $\boldsymbol{M}\boldsymbol{Y}^{\mathrm{T}}=\lambda\boldsymbol{Y}^{\mathrm{T}}$。

LLE 方法兼具非线性与线性方法的优点。实际中遇到的问题通常具有非线性特征，与线性方法相比，LLE 方法能更好地处理这类问题。传统非线性方法通常需要人为调节很多参数，参数选取很大程度上决定了应用的效果；多采用迭代算法，容易陷入局部极小；需要构建复杂的关系，收敛速度慢。而 LLE 方法可以克服这些不足，在保持原始数据的拓扑结构的同时，实现数据从高维到低维的映射。此外，LLE 算法易于实现，但是 LLE 算法不易于处理维度过多的数据。

（四）基于聚类的信息融合方法

1. 聚类分析概念

近几年来，随着地球物理勘探技术的快速发展，从地震数据中提取的属性种类和数量也越来越多，由于地震属性和储层参数之间的关系并非一一对应，不同的工区有着不同的储层，选择的地震属性也存在着差异。针对繁多的地震属性和不同的目标储层等问题，需要通过某种数学方法找到对目标储层敏感的最佳属性组合，从而提高地震属性储层预测的可靠性。

聚类分析(cluster analysis)，也称点群分析，是统计学中的一种划分算法，同时也是一种经典的信息融合算法。在融合过程中，可以将数据信息看成一个样品，然后将其划分为若干个类型，并将若干个类型合并成一个大的类型，从而达到多类归一的融合效果。

2. 聚类分析原理

聚类分析的基本思想如下：由于所研究的对象(样品或变量)存在着不同程度的相似性，根据这些样品的多个观测指标，找出一些能够度量样品间相似程度的统计量，并以此统计量作为划分类型的依据，把相似程度大的一些样品聚合为一类，即把关系密切的样品聚合到一个小的分类单元，关系疏远的样品聚合到一个大的分类单元，直到把所有的样品聚合完毕，形成一个由小及大的分类系统。

聚类分析使各样品聚集成类，且使各类之间的相似性尽量小，类内的相似性尽量大，按照相似程度的大小，将事物逐一归类。该方法所讨论的对象是很多样品，事先没有给定任何模式供参考，要求按照样本各自的属性值进行分类。从机器学习的角度来说，聚类分析是一个无监督的学习过程。目前，聚类分析是信息融合的一种经典算法，已经广泛应用于诸多领域中，如数据分析、模式识别、图像处理等。通过聚类分析结果，能发现各对象的全局分布模式以及对象间的相互关系。

聚类算法有很多种，包括基于划分的聚类、基于层次的聚类、基于神经网络的聚类、基于网格的聚类等，典型的聚类过程包括特征选取、聚类算法的设计或选择、有效性分析、结果解释四个基本步骤。

在一般的聚类分析中，通过最小距离将样本进行归类，某个样本要么完全属于要么完全不属于某类。然而，在很多情况下客观事物本身是无法用精确度量来表示的，即事物本身带有一定的模糊性，这种模糊性来源于两个方面：一方面，事物的某些属性本身具有确定性，但由于人们观测手段的局限性，或者人们认识过程和表达方式的局限性，使得在一定阶段人们对这些事物的认识具有模糊性；另一方面，由于客观事物的差异存在着中间过渡，存在着亦此亦彼的现象，这种现实中的模糊现象，导致划分不明确。为了研究这种模糊现象，需要用到模糊数学定量处理方法。在模糊数学中，用隶属函数来表达对象与模糊集合之间的从属关系。

3. 隶属度和隶属函数

设$U=\{x\}$是一个集合，$u_A(x)$是定义在U闭区间[0,1]之间的一个映射，即$u_A:U\to[0,1]$，$x\to u_A(x)$，则$u_A(x)$确定了U的一个子集A，于是称U为论域，A被称为U的模糊子集或者模糊集，u_A被称为A的隶属函数，$u_A(x)$被称为x对于A的隶属度，也可以记为$A(x)$。

上述表明，论域U上的子集A是由其隶属函数$u_A(x)$刻画的，$u_A(x)$的取值范围为闭区间[0,1]，$u_A(x)$的大小反映了x对于模糊集A的从属程度。

(1) 当$u_A(x)$的值接近于0，表示x从属于A的程度很低；

(2) 当$u_A(x)$的值越接近于0.5，表示x属于A的程度越模糊，当取值为0.5时，从属程度最模糊；

(3) 当$u_A(x)$的值接近于1，表示x从属于A的程度很高；

(4) 当$u_A(x)$的值域取$\{0,1\}$两个值时，A便退化为一个普通的子集，隶属函数则退化成一个特征函数，由此可以看出普通集合是模糊集合的特殊情形，而模糊集合是普通集合概念的推广。

4. 模糊C均值算法步骤

有了隶属度和模糊集合的概念，一个元素是否属于某个集合就不是硬性的了，在聚类分析问题中，可把聚类产生的类看成模糊集合，因此，每个样本点隶属于某一类的隶属度就是[0,1]区间里面的值，下面将C均值算法在模糊集合概念下进行改进，即模糊C均值算法(fuzzy C means，FCM)(张艳 等，2018；张阳 等，2015)。

FCM 融合流程如图 5-13 所示。

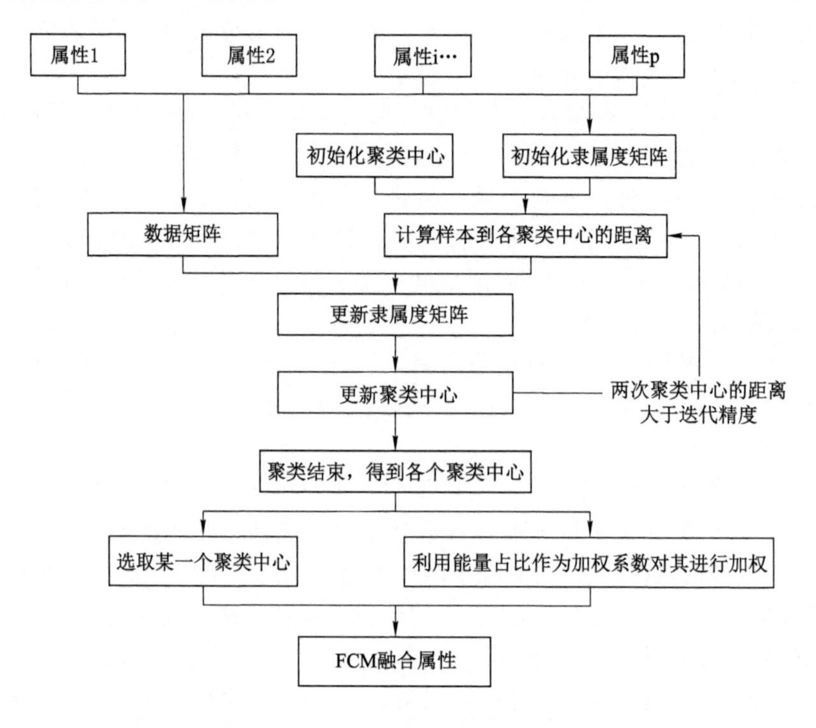

图 5-13　FCM 融合流程图

模糊 C 均值算法包括如下几个步骤：

(1) 初始化。对于样本数为 n 的总样本集设定聚类数和模糊系数，选择初始化聚类中心；设置迭代精度及迭代次数。

(2) 计算样本到各聚类中心的位置。

(3) 利用公式更新聚类中心。

(4) 利用公式更新隶属度矩阵。

(5) 如果算法达到迭代次数，或者每一类新的聚类中心与前一次的聚类中心的距离小于迭代精度，则算法收敛，聚类结束。否则，转入第二步操作，进行下一轮迭代，直到算法收敛。

(6) 得到 C 个聚类中心后，选取一个较好的聚类中心，或者针对 C 个聚类中心，采取能量占比作为加权系数对 C 个聚类中心进行加权融合处理，得到 *FCM* 融合属性。

模糊 C 均值算法通过最小化目标函数将数据进行划分，需要预先指定聚类数目 C，而实际中聚类数目通常是不确定的，对于不同的 C 值，算法获得的模糊划分也是不同的。为了获得聚类的最佳数目，可以初始化不同的 C 值，比较后选定较好的 C 值，即最佳聚类数目。

第三节　深部热储特征参数预测

深部热储特征参数预测主要分为储层物性参数预测及热物性参数预测，储层物性参数主要包括孔隙度、渗透率、岩性等参数。热物性参数包含大地热流值、地层温度、导热系数等参数，其中最关键的还是温度预测。基于地球物理属性的热储参数预测可以对大尺度有利热储进行圈定，主要使用非震属性；也可对小尺度的属性进行非线性映射得到物性参数，主要使用地震属性。井震联合反演主要针对储层物性参数的精细预测，对井、震数据要求较高。热物性参数预测主要对热相关的参数进行预测，最后得出研究区的温度场。

一、基于地球物理属性的热储特征参数预测

由于影响热储特征参数的因素有很多，热储特征参数与地球物理属性之间的关系也很复杂，所以很难直接建立它们之间的解析关系，更是很难用确定的函数表达式对热储物性参数进行描述。因此，需要通过有效的数学统计方法，将地球物理多属性应用于热储物性参数预测。需要注意的是，参与运算的地球物理属性尺度需要保持一致，如大尺度的电磁、重磁属性不能与小尺度的三维地震属性共同运算。

（一）回归算法

1. 多属性线性回归

假定已经对测井资料和地球物理资料做完准确标定，假设有三个不同地球物理属性与一条测井参数曲线，通过设定相同的采样率（一般以地球物理数据的采样率为标准），建立测井样点与地球物理属性样点的线性组合关系。用常规多变量回归技术建立每个属性采样点与目标测井样点的关系，如下式所示：

$$L(t)=w_0+w_1A_1(t)+w_2A_2(t)+\cdots+w_iA_i(t)+\cdots+w_nA_n(t) \tag{5-15}$$

式中，$L(t)$表示 t 时刻目标测井曲线的值；$A_i(t)$表示 t 时刻井旁道的第 i 个地球物理属性的数值；w_i 表示回归模型中第 i 个地球物理属性的权重系数；n 表示地球物理属性的总数。

回归模型中各地球物理属性的权值可以通过使均方预测误差达到最小来获得，即

$$E^2=\frac{1}{N}\sum_{i=1}^{N}(L_i-w_0-w_1A_{1i}-w_2A_{2i}-\cdots-w_nA_{ni})^2 \tag{5-16}$$

式中，$i=1,2,\cdots,N$ 表示数据时间序列；N 表示数据时间序列的总数；A_{ni} 表示第 n 个地震属性在第 i 个时间上的数值。可通过下式求解权重系数：

$$W=[A^{\mathrm{T}}A]^{-1}A^{\mathrm{T}}L \tag{5-17}$$

通过求得地震各属性的权重系数，应用上述回归分析方法，对地球物理属性数值做线性组合即可获得区域拟测井参数的预测结果。在井旁道抽取的不同地球物理属性的频带宽度相同，通过常规线性回归方程预测的拟测井参数的频带宽度应该和地球物理属性中频带宽度相同。由此可见，应用常规多线性回归预测的测井参数的分辨率将会和地球物理属性的分辨率相等，而地球物理属性的分辨率通常比原测井曲线的分辨率低，所以应用该回归计算方法会降低拟测井参数的分辨率。

为了提高拟测井曲线的分辨率，假定测井的每个样点与地球物理属性的一组相邻点有关。将常规线性回归方程式中的权重系数改为具有一定长度的褶积算子，式(5-15)可以改写成：

$$L(t)=w_0+w_1\cdot A_1(t)+w_2\cdot A_2(t)+\cdots+w_i\cdot A_i(t)+\cdots+w_n\cdot A_n(t) \tag{5-18}$$

式中的·表示褶积运算，w 为指定长度的褶积算子。

均方误差计算公式如下：

$$E^2=\frac{1}{N}\sum_{i=1}^{N}(L_i-w_0-w_1^*A_{1i}-w_2^*A_{2i}-\cdots-w_n^*A_{ni})^2 \tag{5-19}$$

引入褶积算子的线性回归算法与常规多元线性回归算法的计算结果有很大的不同，多属性回归方法因为引入了褶积算子，预测的测井参数就不再是线性的了，而是多地球物理属性与褶积算子褶积后的求和结果，该方法可以很大地提高测井参数的分辨率。

2. 偏最小二乘回归分析

偏最小二乘回归分析方法最早是由 Wold 和 Alban 首先提出来的，该方法不仅综合考虑了自变量的降维与信息综合，还考虑了使提取的新信息能最有效地代表因变量，且在处理小样本问题时具有明显优势。在提取主成分方面，偏最小二乘回归方法具有很好的解释效果，并且该方法能有效剔除因素之间的多重相关性。

偏最小二乘回归方法在统计应用中发挥着重要作用，其主要功能有以下几方面。

第一：偏最小二乘回归可以建立多因变量对多自变量的回归模型。

第二：应用常规多元回归无法解决的一些问题，可利用偏最小二乘回归获得解决。比如，常规多元回归无法去除自变量之间的多重相关性，这种相关性会对参数估计造成很大影响，增加模型误差，会影响模型的稳定性。长期以来，从事实际系统分析的工作人员在理论方法上都没有对变量多重相关问题给出满意的解释。为解决自变量之间的多重相关性问题，在偏最小二乘回归法中引入了一种有效的技术方法，能有效地克服系统建模中因变量存在多重相关性的不良作用。该方法就是通过识别系统中的信号和噪音，从因变量中分解和筛选出解释性最强的综合变量。

第三：偏最小二乘回归还可以实现多种数据分析方法的综合应用，被称为是第二代回归分析方法。偏最小二乘回归不仅建立了自变量与因变量之间的模型关系，还对数据结构进行了简化。这使得偏最小二乘回归分析在图形功能上十分强大，可以方便地在二维平面图上观察分析多维数据的特性。因此，输入多因变量与多自变量，通过偏最小二乘回归分析计算，便可以建立它们之间的回归模型，而且还可以直接在平面图上观察两组变量之间的相关关系和样本点间的相似性结构。

在多数的情况下，偏最小二乘回归因为集合了主成分分析、典型相关分析以及线性回归分析的优点，所以在建立回归方程时并不是应用所有的 r 个成分($t_1,t_2,\cdots,t_r$)建立回归方程，而是如 PCA 一样采用选取前 m 个主成分($m\leqslant r$)建立回归方程，这有益于建立更加稳健的回归模型，从而避免由于引入无意义信息造成错误预测结论事件的发生。

以孔隙度预测为例，首先需要将地震资料和测井资料连接起来，即做好井震标定；其次，通过设定适当的时窗计算各类地震属性，并优选出与孔隙度参数相关性较好的井旁道地震属性；最后，应用数学方法建立地震多属性与测井孔隙度参数的关系模型，并将其关系模型外推到整个储层空间。具体步骤为：

第一步，根据已钻井的岩性剖面和地质分层，通过人工合成记录做井震标定；

第二步，利用测井曲线作为约束条件进行波阻抗反演，并计算各类地震属性体；

第三步，优选出对储层孔隙度变化敏感的地震属性(如波阻抗、有效带宽、瞬时频率、能量半衰时、弧线长度等属性)；

第四步，应用多属性回归算法建立井上的孔隙度曲线与井旁道的地震属性的关系模型，并将该关系模型应用到整个储层空间。

（二）神经网络

地球物理属性能够从大量数据中提取与热储相关的各类属性，进而对热储特征参数的三维分布进行预测。神经网络具有自学习、自组织、并行性、容错性、自适应、联想功能、非线性映照等特性，为解决复杂问题提供了一种强有力的手段，并在信息处理、模式识别、预测评估等领域取得了瞩目的成果(张海涛 等,2022;侯贤沐 等,2022;徐鹏宇 等,2022)。

近年来，遗传算法、粒子算法、模拟退火法、蚁群算法等全局算法也广泛应用于小波神经网络结构的优化，进一步提升了网络的效率与精度。利用神经网络进行地震属性融合的常规流程一般是：首先进行属性优选，优选对热储特征最敏感的属性组合作为样本输入网络进行训练，调解各节点间的权值；网络训练收敛后，得到网络的权值和阈值，最后利用得到的网络对整个数据进行计算；用已知井检验得出结果，修改网络模型参数，最终得到储层参数或有利参数的预测结果。

人工神经网络(artificial neural network，ANN)是对人类大脑复杂的神经系统运用数学与物理方法进行抽象而建立的一种模型，简称神经网络。它是由大量神经元相互连接、传递信息构成的复杂网络结构。按照信息的传递方向，网络可分为前馈网络(信号单向传递)与反馈网络(信号双向流通)两种(图 5-14)。

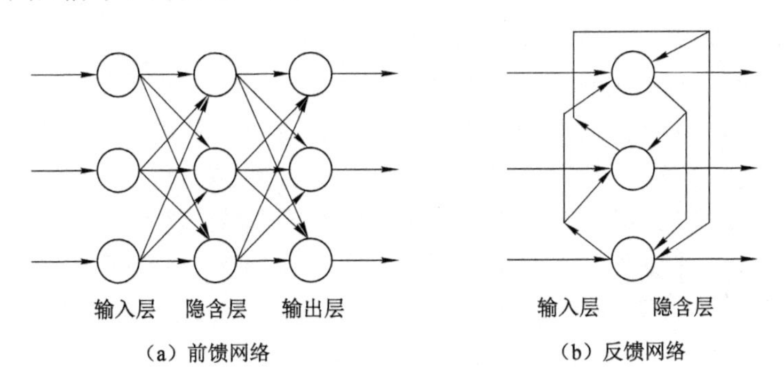

图 5-14　网络类型

误差反向传播神经网络(back propagation neural network，BPNN)是目前广泛应用的一种典型的前馈网络，具有如下优点：

① 非线性映照能力：当实际问题具有高度非线性时，BPNN 可以任意精度来逼近。

② 并行式分布处理：由于信息在网络中是分布储存且可以并行处理的，因此，具有较强的容错力和较快的运算速度。

③ 自学习和自适应能力：训练过程中，提取输入与输出规律，具有应用于一般情况的能力，即所谓的泛化能力。

④ 数据融合能力：可以同时处理多种数据。

⑤ 多变量系统：输入、输出系统的数目为任意的。

虽然 BPNN 具有很多优点，但在实际应用中仍存在局限性，如收敛速度慢、容易陷入局部极值。因此，需要对 BPNN 网络进行适当的改进。

小波神经网络(wavelet neural network，WNN)结合了 BPNN 的自学习与容错性和小波分析工具的变焦特性与时频局部特性，具有良好的储层预测能力。根据 BPNN 与小波函数的结合方式，可以分为两大类。

① 松散型。将输入信号利用小波变换进行处理，然后利用 BPNN 进行训练、学习，达到输出要求后，进行小波重建，得到最终输出。

② 紧致型。其结构与 BPNN 一致，只是利用小波函数替换隐含层的激活函数，是最常使用的一种形式。

WNN 具有如下优点（钟晗，2018）：

① 变焦特性与时频局部特性：小波函数经过尺缩与平移，可以更好地逼近函数，突出数据的细节信息；WNN 局部范围内逼近函数，收敛速度快，适应能力强。

② 不唯一性与唯一性：小波函数不止一个，需要根据实际问题选择不同的小波函数；小波函数拥有正交性，所逼近函数表达式唯一。

然而，WNN 缺点也很明显：

① 数据维度过大，训练样本呈指数增加，网络变得复杂，学习效率降低。

② 网络的性能依赖于参数的初始选择，不合适的尺度因子与平移因子将导致网络不收敛。

③ 如何针对实际情况选择自适应的小波函数。

④ WNN 仍然是梯度类算法，可能陷入全局极值。

遗传算法（genetic algorithm，GA）在计算过程中不依赖于梯度类算法，具有良好的全局寻优能力，它是通过模拟生物进化机制而形成的一种随机搜索算法。遗传算法优化小波神经网络（GA-WNN）的基本思想就是将 GA 和 WNN 结合起来，利用 GA 实现对 WNN 参数与结构的最优配置，在提高算法效率与精度的同时获得全局最优解。

遗传算法优化小波神经网络中，GA 擅长于全局寻优，而 WNN 拥有良好的时频局部特性，GA-WNN 兼备了两种算法的优点，在实现全局寻优的同时保持良好的局部优化求解，为复杂问题的求解提供了一种强有力的手段，其算法流程如图 5-15 所示（Zhao et al.，2015；Zhong et al.，2017）。

GA-WNN 集两种算法的优势于一体，具有较高的速率与精度。混合类算法一般兼备了多种算法的优点，是未来预测算法的发展方向。深部热储特征参数预测中神经网络选用混合类算法。

二、井震联合反演

地震反演是以地震资料作为基础数据，在测井、钻井及地质等资料的约束下，实现对地下岩层空间结构特征和储层物性的真实反映过程，即将界面上的地震常规数据反演成能与测井资料直接对比的岩层型波阻抗数据，最终实现对储层参数空间分布特征的准确预测。

地震反演是在地球物理原理指导下进行的储层预测技术，根据不同岩性的速度与密度信息都具有差异性，由速度与密度的乘积计算获得波阻抗，而不同岩层又由于其波阻抗差异产生地震反射波，将地震反射波定义为地震子波与反射系数的褶积，岩层界面的垂直反射系数定义为该岩层上、下岩性间的波阻抗差与波阻抗和之比，因此将地震反射剖面转换成地质地层波阻抗信息，是地震反演的实质。

地震反演技术是目前储层预测及综合解释的核心技术，其实质是在地质认识的基础上，融入更多信息实现对储层信息的反复认识，从而达到更进一步的地质认识，因此，应该

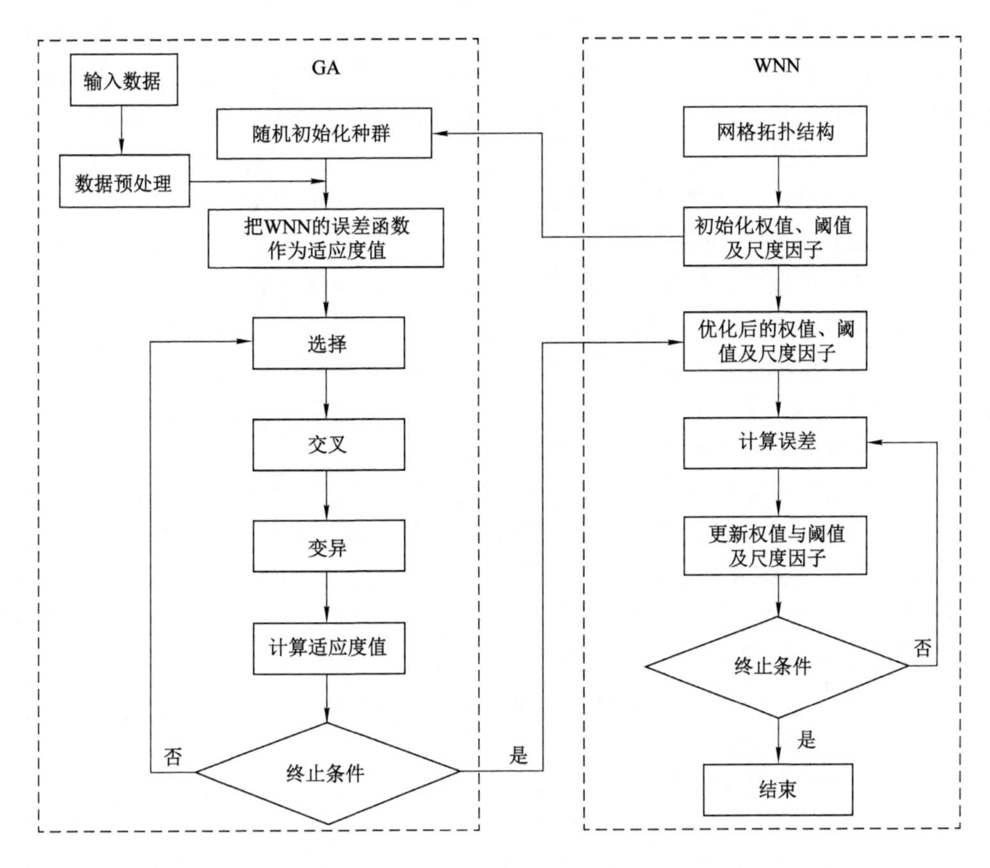

图 5-15 遗传算法优化小波神经网络算法流程图

将地震反演过程视为一个在地震、测井及地质等多维数据下协同验证、互相补充的过程，在不断的循环往复中，对前期数据进一步更新，深化认识。

（一）约束稀疏脉冲反演

约束稀疏脉冲反演是目前储层预测中使用最广泛的波阻抗反演技术，其以测井资料为约束，以地震道为基础，从测井出发，在井震标定基础上，通过地震解释断层及层位结合地质特征构建地质模型，在地质模型框架的控制下，进行内插外推得到波阻抗体，即波阻抗反演，反演结果分辨率融入测井信息，同时保持了一定的横向连续性。

约束稀疏脉冲反演，基于约束稀疏脉冲反褶积递推理论，认为地下岩层的反射系数序列分布是稀疏分布的，即由具有高斯分布特征的强反射系数与弱反射系数叠加组成。强反射系数从地质背景来讲，代表了地下不连续的分界面和岩性界面。反演过程主要为：由稀疏性原则，通过最大似然反褶积获得反射系数序列，反射系数与子波褶积得到合成地震，经过迭代优化，获得使合成地震与实际地震残差最小的反射系数序列，即合成地震最接近实际地震时的反射系数序列。

实现公式表示如下：

$$J=\sum|r_j|^p+\lambda^q(d_j-s_j)^q+a^2\sum(t_j-z_j)^2 \tag{5-20}$$

式中，等式左侧 J 是目标函数，即最小误差函数。等式右侧第一项是基础项，为反射系数的和。其中 r_i 表示为第 i 道的反射系数，是根据最大似然反褶积及 L1 范数反褶积理论，计算而得出的反射系数似然值；p 为 L 模因子，一般取 $p=1$。第二项是合成匹配项，为地震道与合成地震道的残差。其中，d_j 是地震道数据；s_j 是合成地震道数据；λ 是实际地震记录与合成地震记录的残差权重因子；q 是 L 模因子，一般取 $q=2$。第三项是约束项，为用户自己定义的约束趋势与波阻抗趋势之差的平方和。其中 t_j 是根据井曲线计算的波阻抗趋势；z_j 是波阻抗极大值和极小值之间的波阻抗值；a 是趋势权重因子，一般取 $a=1$。

约束稀疏脉冲反演具有广泛的应用领域。在开发初期，研究区储层较厚时，该反演可以为地质建模提供比较准确的非均质性、储层厚度和物性信息等，为之后的开发阶段做好基础。与普通的递推反演方法相比，该方法可以进一步通过测井曲线及地震层位内插外推得到的初始波阻抗体对反演起到约束控制作用，测井数据的确定性特征得到充分利用，测井、地震、层位数据的综合利用使得反演效果得到很大提升。

但是约束稀疏脉冲反演的一些缺点也是不容忽视的，反演的前提是假设地层的强反射系数都是稀疏分布的，但是实际应用中的地震道的反射系数大多是稠密分布的。并且该反演仍属于递推反演，地震数据的带宽、信噪比等对反演结果的制约仍然十分明显。在使用该方法前只有充分考虑了利弊，才能反演出好的结果。通常情况下，在进行地质统计学反演时，一般都会首先使用稀疏脉冲反演进行反演处理，这是因为该方法的技术特点决定了其使用范围的广泛性，并且可以为地质统计学反演方法奠定基础。

（二）地质统计学反演

地质统计学反演是基于克里金地质统计模拟方法的反演方法。它以地震记录、测井数据及地质信息为基础，以随机函数理论和克里金算法为核心，应用直方图分析、变差函数分析、相关分析等统计学方法，与传统反演方法相结合，在每个或多个地震道产生若干等概率的反演结果。克里金地质统计模拟方法根据实测数据及其空间结构信息，利用变差函数模拟出空间结构信息，同时为了保证空间数据的随机特性及结构特性，求解克里金方程组得到局部估算的加权因子，也就是加权线性估计克里金系数。在统计特性上由随机模拟得到的空间储层参数的概率是相同的，而且与实测数据结果的吻合度也是相同的。

地质统计学反演包括随机模拟和随机反演两大部分，随机模拟利用测井数据模拟出各种高分辨率的属性体（如伽马体、孔隙度、原始含水饱和度等），随机反演结合地震资料生成高分辨率的波阻抗体。地质统计学反演综合利用地震、测井、地质等资料，将地质统计模拟算法很好地运用到地震反演中，最终得到高分辨率的波阻抗体。反演中运用随机建模将会产生一系列的储层模型，从这些模型中选择出与原始地震数据最匹配的模型的过程，实际上是将储层特征与地震记录利用波阻抗联系起来，最终估算出储层参数特征的反演过程。地质统计学反演分为四个主要部分：变量的直方图分析、变差函数分析、变差函数的理论拟合及随机模拟迭代反演。

1．直方图分析

地质统计学反演是通过分析测井及地震数据的地质统计关系，以此来进行模拟处理的。可以通过建立区域化变量来分析和处理观测数据，从而建立起可靠的地质统计关系，得到估计方差。所谓区域化变量就是利用空间分布来描述一个自然现象的变量。观测数据与随机函数利用区域化变量可以联系起来，从而对于观测数据的研究可以变为对相应的随机函数的分析、处理，随机函数的统计量可以表达出观测数据的特性及空间变量的分布特征。区域化变量是随机特性与结构特性的有机结合。

通过分析观测数据的直方分布，可以得到研究区各地层属性参数(如伽马值、波阻抗、孔隙度等)的概率分布特征(如分布形态、值域、平均值、方差等)，从而得到描述属性空间分布的概率密度函数，最终在直方图的基础上实现储层参数的正态变化以及反演结果的正态反变换。计算概率密度函数的算法有四种，分别为：积累分布函数、高斯函数、对数高斯函数和均匀分布函数。反演时分别将研究所需要的地层属性参数的分布函数转换为高斯分布进行运算，然后将最终的计算结果通过反变换转换成初始的分布状态。

2. 变差函数分析

变差函数是地质统计反演中用来表达空间数据中各数据间关系的函数，继而利用变差函数就可以得出关于空间储层参数点之间的相关统计性函数。变差分析要结合研究区地质情况，选取符合实际的参数，使相关统计性函数能够正确地反映储层的各向异性及空间变化特征。变差函数的数学表达式是：

$$r(h)=\frac{1}{2N(h)}\sum_{i=1}^{N(h)}[Z(x_i)-Z(x_i+h)]^2 \tag{5-21}$$

式中，$r(h)$是变差函数；Z 是观测值；$Z(x)$表示区域化变量；h 是滞后距；$N(h)$表示距离为 h 的个数。在实践中，一般从样品中估计出实验变差函数 $r(h)$。根据变差函数 $r(h)$可以画出变差函数图(图 5-16)，变程、基台值及块金效应是三个重要特征值，利用理论模型拟合变差函数能够取得这三个值。

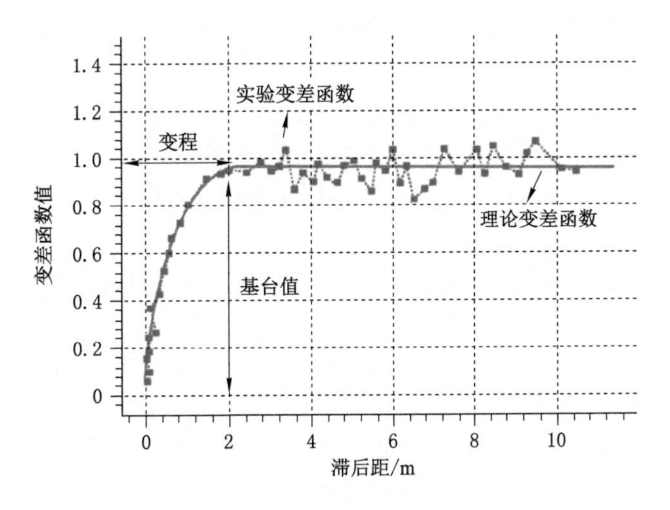

图 5-16　变差函数示意图

变程 a 是变差函数 $r(h)$达到平稳值时的滞后距离，该值表示在空间分布范围中，区域化变量分布的最大相关距离；块金效应是滞后距 $h=0$ 时变差函数 $r(h)$的最小值，表示空间中区域化变量的随机性部分；拱高表示空间中区域化变量的结构性部分；基台值为拱高与块金效应之和，是空间中区域化变量变异性总值，也就是变差函数大于变程的值。

变程 a 表示区域化变量的空间相关性，a 值越大，说明在空间分布上，区域化变量越相关，变化速度越慢，表现出较弱的随机性和较强的结构性，反之亦然。当基台值一定时，如果拱高越大，那么块金效应越小，在空间分布上，区域化变量表现出较弱的随机性和较强的结构性;反之,如果块金效应越大,那么拱高越小,在空间分布上,区域化变量会表现出较强的随机性和较差的结构性。

3. 变差函数的理论拟合

为了估算区域化变量中的未知值,需要利用理论的变差函数对实验得到的变差函数做拟合处理。拟合得到的模型将会直接运用到随机估算中。不同的地质情况下会得到不同形态的变差函数的散点分布图,然后利用较为相似的理论模型曲线就会得到最佳的结果。

实际工作中所用到的更加复杂的变差函数可以通过这些已有的理论模型套合而成。常用的随机模拟算法主要包括:可对一类连续变量进行模拟的序贯高斯模拟算法,可对两类连续变量进行综合分析的序贯高斯协模拟算法,可对两类连续变量进行综合分析的序贯高斯配置协模拟算法,可对三类连续变量进行综合分析的序贯指示模拟算法,可对一类离散变量进行模拟的岩性模拟算法以及可对两类离散变量进行模拟的带趋势岩性模拟算法。每种模拟算法都有自己的特点及适用性。在实际应用时,要依据具体的变量特征,优选合适的模拟算法来求取最优的模拟结果。

4. 随机模拟迭代反演

随机模拟是地质统计学反演中十分重要的一个环节。其原理是在随机模拟中引入随机函数,利用已知信息,使用相关随机模拟方法推算出一系列的等概率的随机储层模型。随机函数由分布函数和协方差函数组成,首先建立一个概率模型或随机过程,使它的参数等于问题的解;然后通过对模型或过程的观察或抽样试验来计算所求参数的统计特征,最后给出所求解的近似值。随机模拟可以实现全局最优化估计,实际应用中主要有以下三种模拟方法:

(1) 序贯法:序贯模拟可以用于局部条件的概率分布的估计。细分主要有序贯高斯模拟和序贯指示模拟,其前提是假设一定的随机模拟函数模型。

(2) 迭代法:为了让目标函数最小,对初始模型进行不断地修正。模拟退火法可以对其修正过程进行约束。

(3) 基于贝叶斯推论和马尔科夫链的蒙特卡洛算法,这是目前运用比较广泛的方法,其包含以下步骤:

① 在地质统计学参数分析中,利用概率密度函数反映参数的分布特征,利用变差函数求取其空间位置特征,通过分析已知地质背景,可以得到测井数据和岩石物理模型。

② 利用贝叶斯推论建立储层骨架模型,得到由多个概率分布函数合并后的后验有条件概率分布函数时,利用贝叶斯指示条件模拟可以实现地震测井双约束。

③ 通过反演,利用马尔可夫链-蒙特卡罗算法可以从后验有条件概率分布函数中获得各类物性参数(如岩性,波阻抗,孔隙度)的无偏样本集合,反演和协模拟的过程是一个迭代的过程。

④ 通过不确定性估计,利用已知的地下地质和参数信息,对产生的一系列待检验储层模型进行分析,降低不确定性和开发风险。

地质统计学反演产生多个等概率结果,各个结果之间的差异直接反映储层参数的随机性和不确定性。如果各个结果之间基本相同或者差异很小,这说明随机性或不确定因素较少,反演结果是可信的;如果各个结果之间显示出比较大的差异,这说明随机性或不确定因素较多,反演结果不可信,需要重新选取或修改函数模型,选取更为合适的参数,重新进行模拟和反演。

与其他的叠后反演方法相比，地质统计学反演具有显著的特点：其一，可以从反演结果直接显示储层物性及岩性的空间变化；其二，该反演结果和测井数据吻合度高，结合地震资料的一些有用信息，对预测薄储层有明显的优势；其三，地质统计模拟得出的结果更加符合地质规律；其四，该反演方法可以评价储层的不确定性。但是该反演运算处理是对三维数据体进行多次的整体反演模拟，计算机运算量相当庞大，人力研究分析工作量也非常大。并且该方法要求研究区内井分布均匀且要求井的数量，具有局限性，只能适用于勘探后期开发阶段。

（三）叠前 AVO 反演

传统的叠后波阻抗反演技术是以地震波垂直方式入射为前提并对叠后地震数据进行解释反演的技术，在这一过程中有可能把有效信息抵消掉，而叠前反演方法的出现弥补了这一缺点，尤其是 AVO(amplitude variation with offset)技术。AVO 是指振幅随着偏移距的变化而发生变化的关系，AVA(amplitude variation with incident angle)是指振幅随着入射角的变化而发生变化的关系。因地震波理论中偏移距与入射角是存在一定的转化关系的，所以在地震勘探中偏移距可以用入射角进行表示，所以 AVO 与 AVA 是同等的概念。AVO 技术的主要原理是振幅随偏移距变化而发生变化，通过分析这种变化从而达到岩性识别的目的。

叠前 AVO 反演的主要流程见图 5-17。依据测井分析得到的岩性划分、流体识别得到的敏感弹性参数及参数的分布特征，参考目标工区构造沉积背景，对叠前同时反演结果进行综合解释，通过测井建立岩石弹性参数与岩石物理属性（如孔隙度、饱和度等）之间的相互关系，在此基础上进行岩石物理属性的定量化研究，如图 5-18 所示，通过泊松比与纵波阻抗就能较好区分不同岩性。

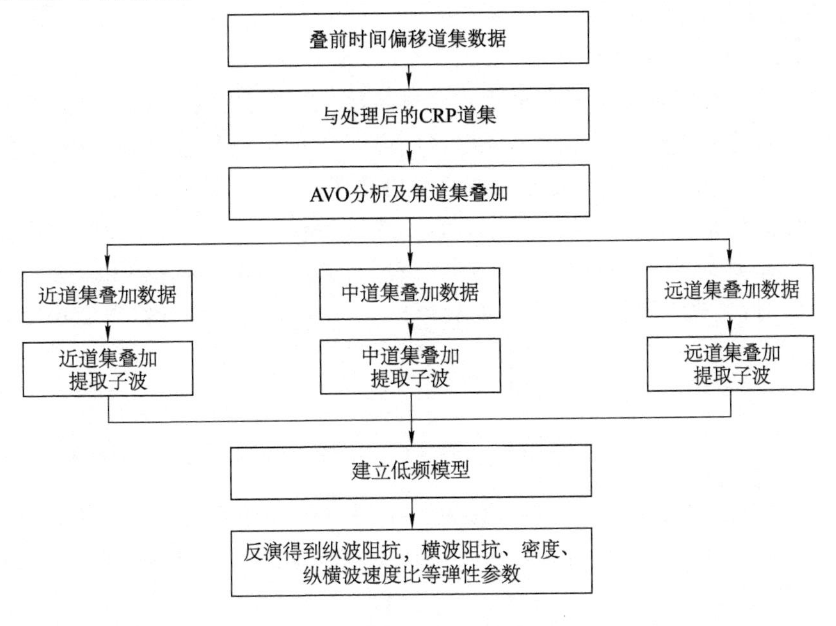

图 5-17　叠前 AVO 反演流程图

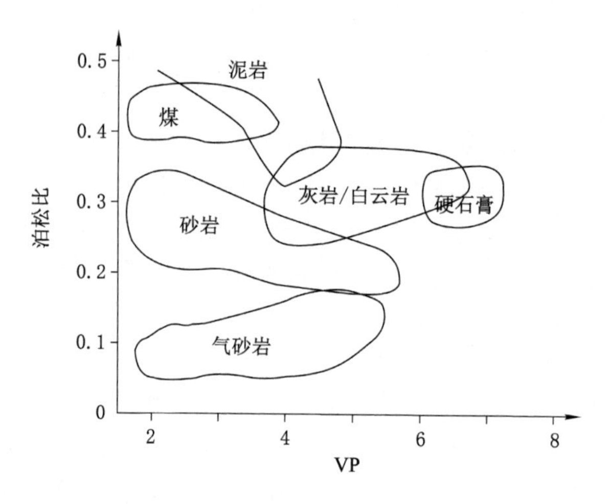

图 5-18　不同岩性与弹性参数的关系图

三、热物性参数预测

热物性参数预测包括大地热流值、地层温度、导热系数预测。其中，地层温度也是石油和天然气工业中一个极其重要的参数。油气资源的特性在很大程度上取决于温度，而温度数值通常用于储层和钻井模拟。在实践中，通常使用地温梯度图来获得所需位置的地热梯度值，然后计算感兴趣深度的地下温度。地热储层温度的研究也借鉴了上述油气工业的研究方法。

热储温度预测方法主要包括基于模型的温度预测、基于机器学习的温度预测和基于地层品质因子的温度预测。

（一）基于模型的温度预测

1. 基于物理模型的温度预测

大地热流值和地层温度是两个重要的地热参数，通常利用基于物理的模型进行研究分析。美国地热资源分析的地层温度主要由井底温度(BHT)测量值绘制。BHT 数据主要由油井和气井提供，其中的最高温度通常在完钻井深处。Blackwell 等将美国东北部的 BHT 数据与地层信息相结合，并使用一个简单的导热系数模型来产生地表热流图和地层温度图。在以往的地热研究中，采用广义导热率模型计算与 BHT 数据点相关的大地热流值。使用这个模型时，首先对测量的井底温度进行校正，并用以下公式计算温度梯度：

$$\left(\frac{\mathrm{d}T}{\mathrm{d}z}\right)=\frac{\mathrm{BHT}-T_{\mathrm{surf}}}{z} \tag{5-22}$$

式中，$\frac{\mathrm{d}T}{\mathrm{d}z}$代表温度梯度；BHT 代表井底温度；$T_{\mathrm{surf}}$ 代表地面温度；z 代表深度。

之后，主要根据地层层序对每口井位置处地层厚度和导热系数进行近似赋值。然后，计算地表与井的深度之间的平均导热系数。最后，通过以下方程计算大地热流值：

$$Q_{\mathrm{s}}=\bar{k}\left(\frac{\mathrm{d}T}{\mathrm{d}z}\right) \tag{5-23}$$

式中，$\bar{k}$ 代表岩石导热率；Q_{s} 代表大地热流值。

上述公式过于简化，仅代表了在地热能研究中使用的基于物理模型的主要理论框架。尽管基于物理的模型具有长期的适用性，但它们都有一些潜在的假设，可能会导致不确定性，从而导致不准确的预测。特别是，没有易于使用的方法来独立测量大地热流值参数，它仅通过导热系数模型进行近似。

Hokstad 等(2017)介绍了一种较为复杂的多参数地球物理联合反演方法预测地热储层温度。该方法利用冰岛 Reykjanes 地热田大地电磁法反演出的电阻率数据、重力勘探反演出的密度数据以及贝叶斯岩石物理反演结果预测深部热储 5 km 深的地层温度，预测的温度与地球化学方法揭示的以及最新的温度测井测量的温度非常接近。

2. 基于概率建模的温度预测

除了上述基于物理模型的温度预测方法外，有研究者开发了一种概率建模方法，以确定地热资源勘探领域和机器学习在地热能工业应用中的潜在风险。该研究开发了一种名为“Obsidian 黑曜石”的开源软件，它能够对大量地球物理数据集进行联合反演以输出概率结果。该研究获得了位于澳大利亚不同地区的丰富数据集，其中包含地层特征、局部温度信息和多个案例研究。除了三维地层温度图外，该软件还能够生成一个三维概率图，其中每个给定的点代表具有花岗岩类型的概率。

（二）基于机器学习的温度预测

机器学习是一种新兴技术，最近在一些与地质学和地球科学密切相关的领域的机器学习进展，极大地帮助了地热资源的勘探和钻探。例如，机器学习在表征地质力学性能、自动断层检测和解释、地球物理数据反演以及不同岩相的分类等方面具有较好的应用效果。Perozzi 等(2019)进一步深入研究并提出了机器学习方案，以加速地质解释(特别是测井数据)，从而降低地热勘探成本。

传统的基于物理的模型存在一些不确定性和简化假设的缺点，而机器学习模型与基于物理的模型一样具有多变量、小样本、非线性、高精度等优点，预测结果和基于物理的模型具有高度的可比性，甚至优于物理模型。

Rezvanbehbahani 等(2017)提出了一种机器学习方法，利用国际热流委员会提供的全球地热能量(GHF)数据，采用梯度增强回归树方法建模，平均相对误差为 15%。在这项研究中，尽管作者提供了一张初步地图，根据地热潜力注释了格陵兰岛最有利的位置，但没有利用井底温度数据。Assouline(2019)利用随机森林预测了三个重要的热变量(地温梯度、导热系数、热扩散率)，这对分析该地区的地热潜力至关重要。

Ishitsuka 等(2021)利用日本 Kakkonda 地热田的电阻率数据、地质和成矿边界信息以及微地震事件，基于已开发热储的数值模型，分别开展了基于贝叶斯估计和神经网络的机器学习预测深部热储温度的研究。该研究表明基于机器学习的方法预测温度的精度和数值模型预测的温度是一致的。该方法的缺点是需要较多已开发井的先验信息，井数量越多预测效果越好，在井较少的非开发区域，预测精度降低。

利用机器学习方法预测地热储层温度的最新研究成果是利用机器学习方法预测美国东北部地层温度和地热梯度。该研究评估了几种机器学习模型在预测地层温度和地热梯度参数方面的适用性，利用西弗吉尼亚州 58 口井的额外温度数据验证了所提出的 XG-Boost 和 DNN 模型。精度测量表明，机器学习模型与基于物理的模型具有高度的可比性，甚至优于基于物理模型的导热系数模型，XGBoost 和随机森林的地层温度预测精度最高。

此外，通过沿深度对 XGBoost 预测的温度进行线性回归，推导出了整个区域的地热梯度图，为优选地热开发潜力区提供了依据。

Shahdi(2021)等的研究方法仅利用了单井信息，即将 X（东西向坐标）、Y（南北向坐标）、Depth（地层埋深）、SurfTemp（地表温度）、BHTemp（井底温度）、导热系数与地层厚度的乘积等作为训练数据，没有利用对区域有约束能力的电阻率等地质信息。参考 Shahdi 等的研究方法，针对深部高温地热体温度进行预测，创新性地改进了用于训练的数据集，研发了基于机器学习的模型预测地层温度和地热梯度参数，获得了更高精度的温度预测模型，训练好的模型通过沿深度对模型预测的温度进行线性回归，推导出了整个区域的地热梯度图。具体实现如图 5-19 所示。

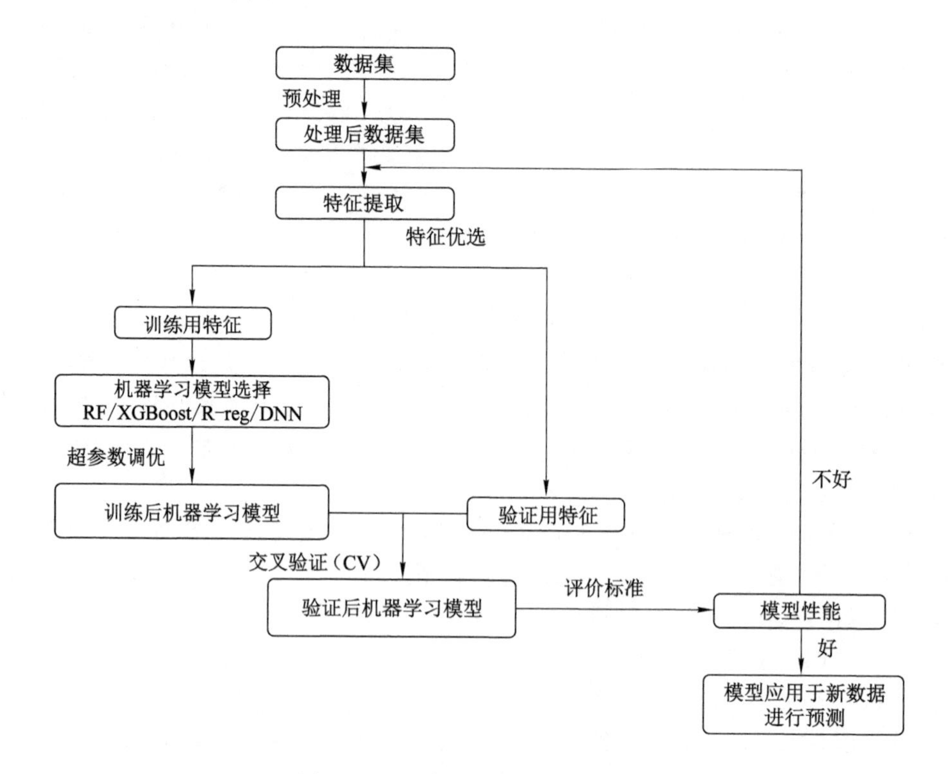

图 5-19　训练机器学习模型流程图

（三）基于地层品质因子的地层温度预测

地球物理学参数在温度的影响下会产生一定的变化，这是应用地球物理方法进行地热田调查的基础，而各种参数受温度的影响大小不同，因此不同种类的地球物理学方法在地热勘查中的效果是不同的。在地热作用下，岩石弹性波速度会降低，地震勘探中利用这一特性可以圈定热储层。但在可利用的地热资源深度范围内，由地层温度的变化导致的地震波速度变化并不明显，因此，利用地震波速度预测地热储层温度具有一定的局限性。

地层品质因子 Q 是指地震波能量的损耗率，是传播介质的非弹性性质反映，是岩石物理性质的重要参数，在了解地层的非弹性性质和推断其热力学状态上均有重要应用价值。在上地幔中，地震波速度的横向变化不过百分之几，而 Q 值的横向变化可能达到 50%～

100%,甚至更大。根据前人温度实验,随着温度的升高,岩石弹性波速度略有下降,而 Q 值的下降比较明显,尤其在 100 ℃以后,下降的幅度更大,因此 Q 值对地温的变化比对岩石弹性波速度更敏感。

具体步骤如下:

(1) 获得工区静校正后的 CMP 道集数据。

利用地震反射数据计算 Q 值,需要将地震数据校正到一个统一基准面上便于计算。因此,计算工区的 Q 值需要工区静校正后的 CMP 道集数据。

(2) 根据道集数据计算全时段 Q 值。

本方法采用谱比法计算 Q 值。其计算公式为:

$$Q=-\frac{1}{\pi\cdot\tau\cdot f}\ln\frac{a_2(f)}{a_1(f)} \tag{5-24}$$

式中,$a_1(f)$ 为参考子波的振幅谱;$a_2(f)$ 为滑动时窗内的振幅谱;f 为地震波频率,Hz;τ 为单程旅行时间,s。

利用 CMP 道集数据,设置单道或多道时窗。首先分析该时窗振幅谱,计算与参考振幅谱比值的对数;然后从浅到深移动时窗,保证时窗内有足够的重叠部分,分析振幅谱,计算与参考振幅谱比值的对数;最后由一系列的振幅谱的对数比率,估算全时段 Q 值。

(3) 反演并建立工区 Q 值模型。

对于一个三维工区而言,CMP 道集数据量很大,若逐道进行计算,计算量巨大。实际计算过程中,一般按照一定间隔均匀抽取一定数量的 CMP 线进行 Q 值计算,然后将这些 CMP 线作为控制线进行插值反演,进而得到全区的 Q 值模型。

(4) 建立地层温度 T 与 Q 值的函数关系。

岩石物理实验表明纵波的品质因子 Q 随压力的增加呈线性增加趋势,随温度的增加呈线性减小趋势,其关系式为:

$$Q=Q_0\left\{a_q\left[1+c_q\left(\frac{T}{20}-1\right)\right]\left(\frac{p}{p_1}-1\right)+b_q\left(\frac{T}{20}-1\right)\right\} \tag{5-25}$$

式中,Q_0 为纵波品质因子参数;a_q 为品质因子的压力系数;b_q 为品质因子的温度系数;c_q 为品质因子压力系数的温度系数;p 为压力值;p_1 为地区压力系数,一般取常数。由此式可以推导出:

$$T=\frac{20(Q-SQ_0)}{Q_0(c_qS+b_q)}+20 \tag{5-26}$$

其中

$$S=a_q\left(\frac{p}{p_1}-1\right) \tag{5-27}$$

由以上两式可以通过 Q 值和压力值求取地层温度值,但地层的压力值不易获得,因此需要建立地层温度 T 与地层品质因子 Q 直接的对应关系。

通常情况下通过钻孔温度测量获得井孔各地层温度,用多口井测温通过插值得到地温场。这种方法受井孔数量、分布均匀情况、井深影响,横向上由于钻孔数量少,精度难以保障;纵向上由于钻孔深度不一或受限,也无法保障深层地层温度的精度。

本方法首先获取工区内的地温测井数据,在测井位置对由 CMP 道集数据求取的 Q 值和地温测井获得的温度数据进行标定，从浅到深建立地层温度 T 与 Q 值之间的函数关系 $F(T,Q)$；然后利用上述函数关系计算测井位置的拟合地层温度，验证建立的 T-Q 关系的正确性，其数值应与测井获得的地层温度基本一致。

（5）由 Q 值模型求取地层温度模型

基于上述建立的 T-Q 函数关系，延拓到整个数据体地层温度的计算，可以由 Q 值模型求取该工区的地层温度模型。倘若工区存在多口地温测井，可以采用分区域的方法进行区域拟合计算，提高模型精度。

（6）获得目的层温度

根据地温模型可以获得目的层的温度，结合地震资料构造特征，可以有效预测热储层空间分布。

第四节 应用实例

一、非震类热储预测

高精度重磁勘探、大地电磁测试、背景噪声成像等非震类方法属于大尺度勘查方法，多以点测为主，以点连面，从而实现深部热储区域分布规律预测和评价。

（一）西藏古堆地热有利区预测

西藏古堆地热研究区位于西藏山南地区的措美县古堆乡，在研究区 35 km^2 范围内采用 EH04 低频（0.1～1 000 Hz）观测系统完成 363 个物理点的测量。由音频大地电磁三维反演电阻率数据体（图 5-20）可得，电阻率垂向变化呈低-高—中—低特征，反映出 4 层岩性电性结构。

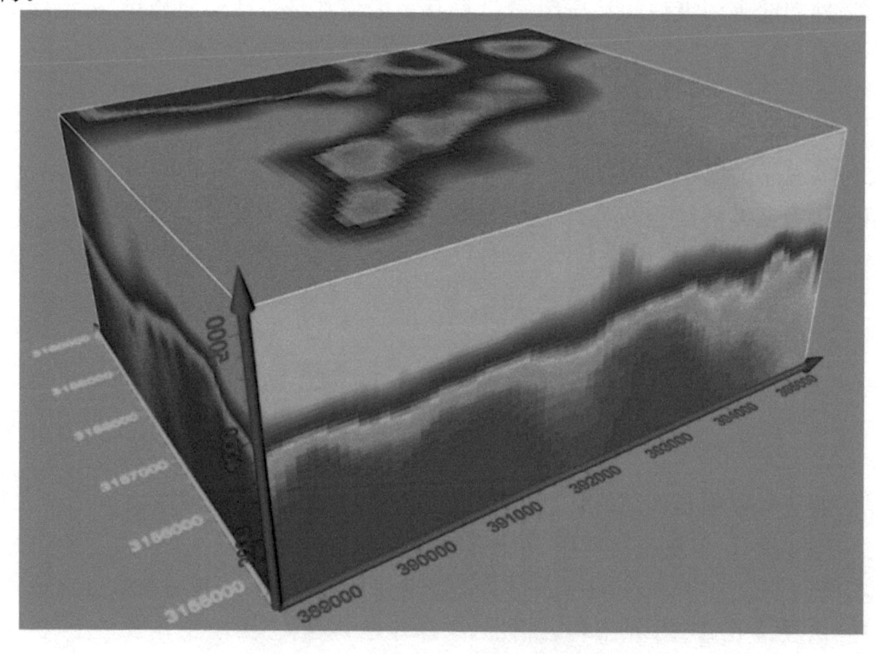

图 5-20 古堆地热音频大地电磁三维反演电阻率数据体

① 上部电阻率小于 20 Ω·m，底界埋深小于 100 m，反映浅部第四系含水覆盖层、风化裂隙层的电性特征。

② 中间相对高阻电性层电阻率受岩性、水热活动等影响，电阻率变化范围为 30～220 Ω·m，底界埋深变化较大，最浅 200 m，最深达 1 200 m。

③ 下层电阻率变化范围为 15～30 Ω·m，电阻率变化趋于平稳，为深部热异常过渡带。

④ 往下电阻率急剧降低至 10 Ω·m，反映岩石温度较高，是本次研究目的热异常层。

研究区内热田热储模型主要为基岩裂隙型热储类型。这类热田地下数千米有熔融和半熔融岩体存在，一般长宽约数公里，长比宽稍大些，这就是热田的热源。冰雪融水、大气降水及少量地表冷水沿深大断裂（通常是区域上的构造带）经深循环下渗流至基底热源加热，然后沿次一级的断裂破碎带（控热构造）通道升流至近地表地下形成热储，最后热流体从盖层薄弱处以温泉、热泉、喷泉等热显示方式向四周排泄。

对取自研究区岩石试样进行常温至 240 ℃温度区间的密度、电阻率、波速和磁场强度等物理参数进行测试分析。电阻率曲线如图 5-21 所示。电阻率随着温度的升高，呈明显下降趋势。控热构造附近因温度高、富水性好表现为低阻异常特征，西藏古堆地热有利区预测即圈定低阻异常区域。

(a) 岩石样本

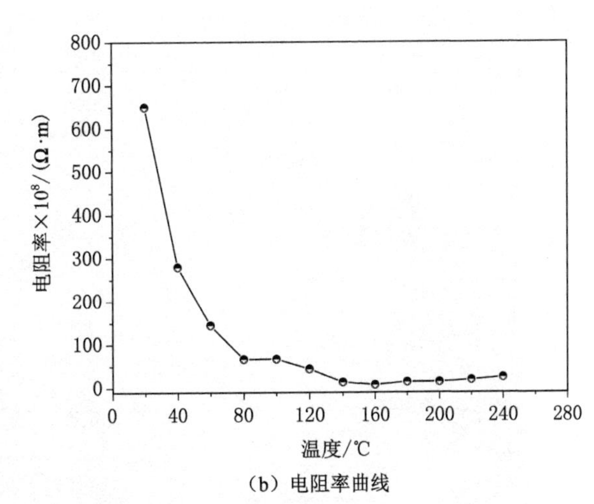

(b) 电阻率曲线

图 5-21　西藏古堆地热田岩石样本及电阻率曲线

将电阻率反演结果进行三维网格化，并进行类地震处理，X、Y、H 的网格化间距分别设置为 100 m、100 m、20 m。东西方向定义为 Line，共 54 条；南北为 Crossline，共 68 条。

由于研究区地形起伏较大，统一基准面设为 5 200 m，地面至统一基准面无数值，设为 0。由收集到的钻孔情况可知，研究区内钻孔深度较浅，一般深度在 500 m 处就有较好的温度显示，对埋深 500 m 进行层位划分。图 5-22 为 Line17 线剖面图，黑线为埋深 500 m 的层位。

为更好地统计电阻率平面分布趋势，对电阻率反演体进行沿层（埋深 500 m）均方根振幅属性提取，时窗选择为层位上、下各 100 m。平面均方根振幅属性如图 5-23 所示。

对沿层属性进行属性模式识别，由于研究区钻孔资料较少，通过文献收集到的钻孔类

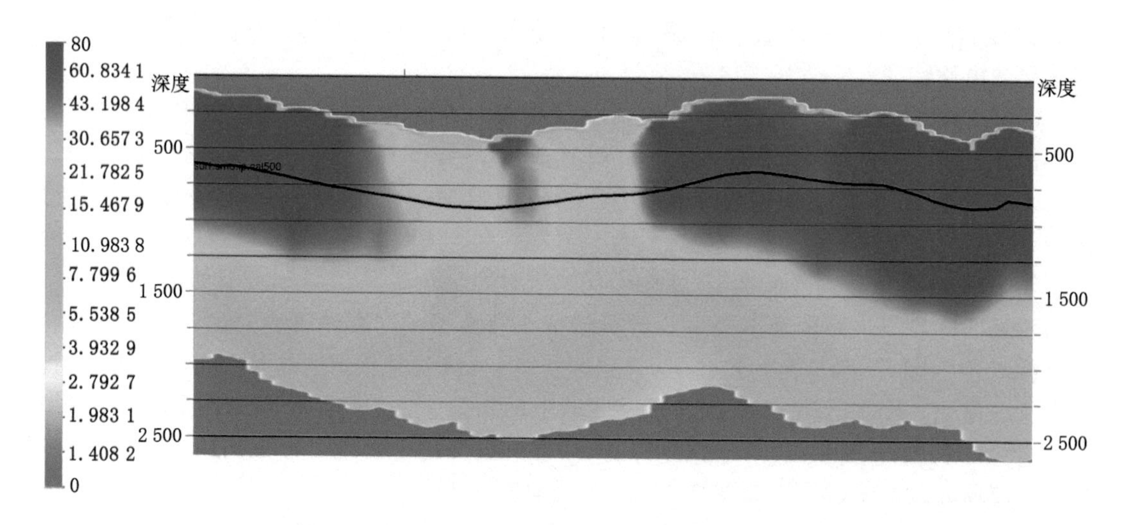

图 5-22　Line 17 剖面图及层位

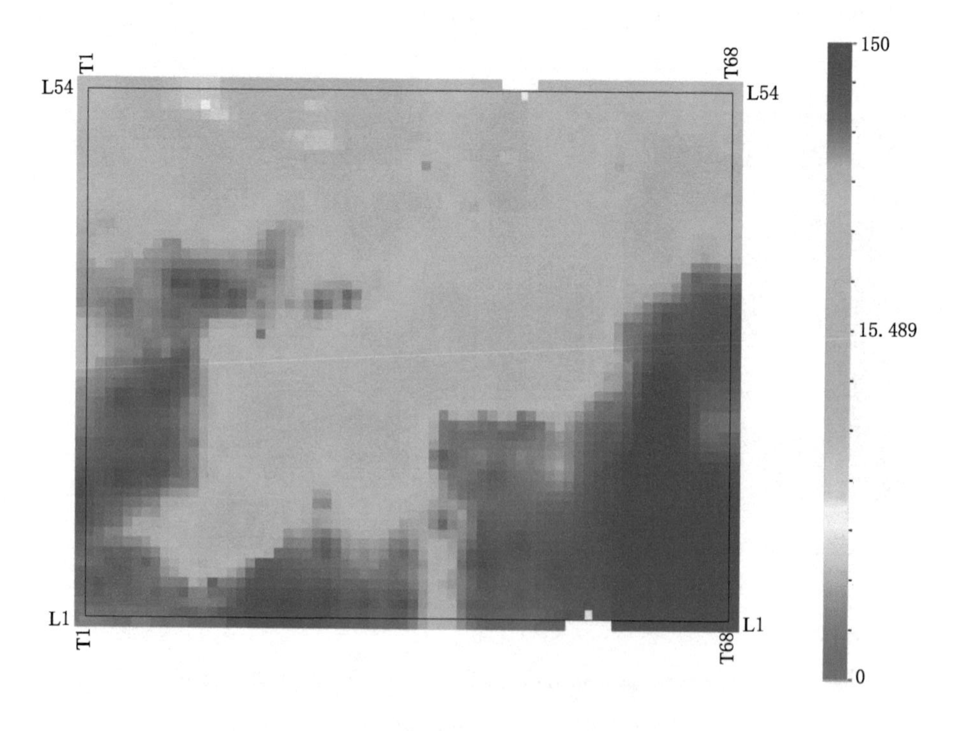

图 5-23　平面均方根振幅属性图

型单一，无法进行有样本监督面属性分析，因此开展无样本监督面属性分析，采用继承类 HC 属性分析法。结果如图 5-24 所示。红色为一类热储有利区，粉色为二类热储有利区，黄色为三类热储有利区，绿色为热储相对欠有利区。

ZK201、ZK301 等六口地热井有较好的地热显示，将其投到预测平面图中，六口井均位于一类热储有利区，与实际情况相符。

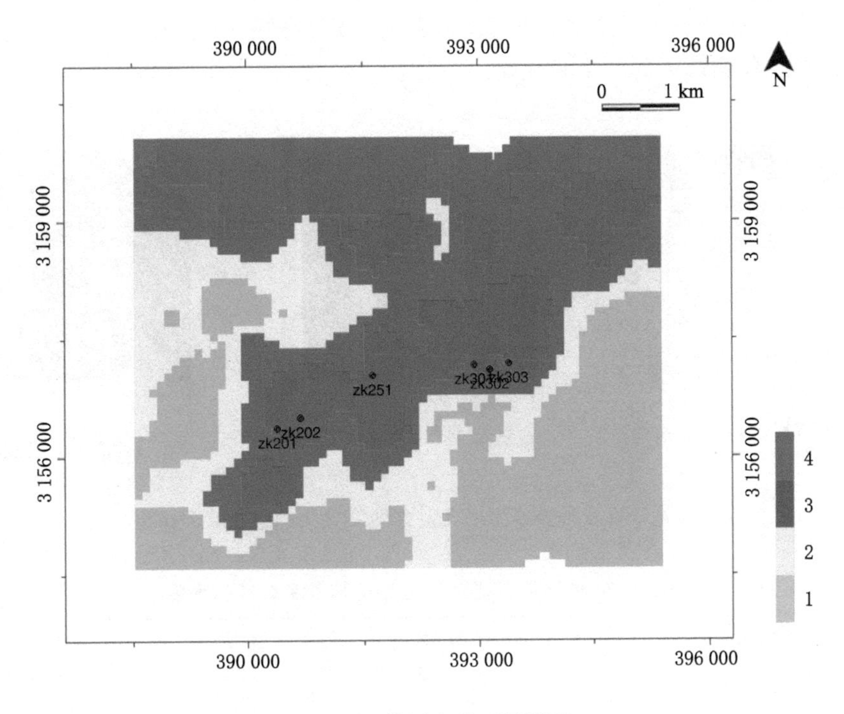

图 5-24　储层有利区预测图

（二）共和盆地干热岩有利区预测

据本章第一节，共和干热岩体具有“三高”（高电导率、高大地热流值、高放射性异常）、“一低”（低波速）、“两异常”（重、磁异常）等特点，重磁法、天然地震层析成像法、电磁法等可以作为区域圈定有利区的有效方法，但同时，单一地球物理方法存在一定局限性。利用相同尺度多种地球物理属性的融合分析，可以有效减少多解性，提供更合理的预测位置。

利用共和盆地区域三维大地电磁数据（简称为 MT 数据）与三维重力异常数据（简称为 MK 数据）进行融合分析（两种方法的采集及处理过程请参考第三章、第四章）。MT 数据为大地电磁反演后的电阻率体，为了更好地突出异常，进行了对数处理。MK 数据为反演后的剩余重力异常数据。

机器学习已经成为自动分析大量的、多变量数据的主要手段，可以识别出人工解释者在有限的时间内会忽略的模式。机器学习方法通常分为两类：无监督学习和有监督学习。理想情况下，学习算法将能够在数据集中找到类似的模式来区分这两类储层。在无监督机的情况下，数据中的模式被自动识别。模式是通过将全部数据集输入程序中自动计算的，不需要对数据进行任何标记。针对共和地热储层有利区的预测，在缺少地热储层的先验认识前提下，无法对数据进行有效学习，因此比较适合用无监督学习方法进行预测。

通过调研前人的研究工作以及相关岩石物理试验结果（第二章）可知，较低的电阻率值及负的重力异常往往对应着地热有利区。图 5-25 是通过无监督机器学习算法进行地热有利区预测的结果，一共设置了 4 种类别进行聚类分析，从图中可以看出在地热有利区预测中的暗红色区域为有利区，属于负的 MK 和低 MT 的交集区域，蓝色区域为地热次有利区，而浅蓝色为非有利区，黄色为有利区与非有利区过渡区。基于机器学习的结果，可以将地热有利区的定性认识(负重力异常和低电磁)提升到半定量的程度上来。图 5-25 和表 5-1 是基于地热有利区预测结果的半定量化显示与分析。

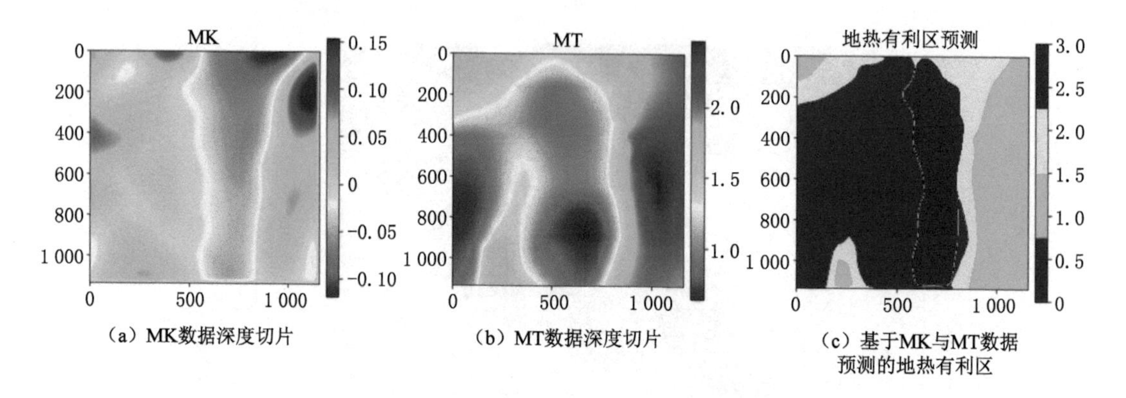

图 5-25　基于高斯混合模型的无监督学习方法的地热有利区预测图

表 5-1　4 种储层类型对应的 MK 与 MT 属性的均值

类型	MK	MT
1	0.012 842 99	1.056 153 48
2	0.044 521 03	2.098 302 25
3	−0.023 769 76	1.662 653 9
4	−0.050 514 06	1.028 902 16

对 4 种类型储层进行量化分析,如图 5-26 所示。图中的黑色圆点表示各个类型对应的 MK 与 MT 的均值。从图中可以看出地热有利区暗红色区域在 MT 与 MK 上分布的区间

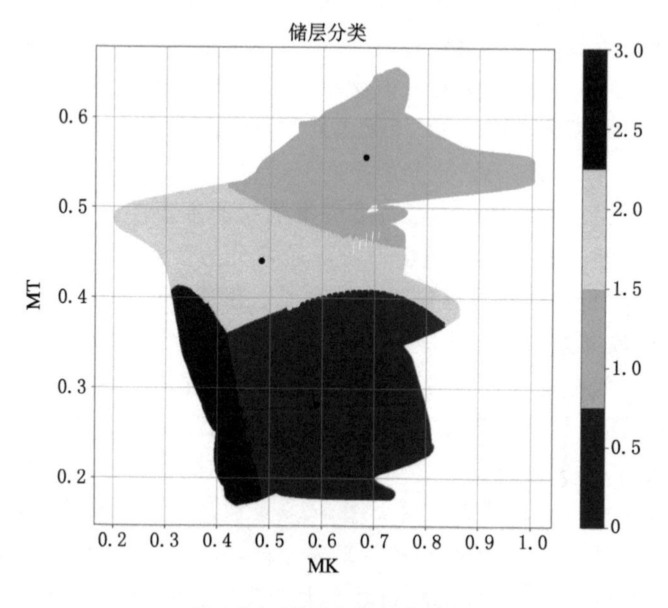

图 5-26　储层分类量化分析

范围以及大小。不同类型对应的 MT 与 MK 的均值如表 5-2 所示，4 对应的为地热有利区，3 对应的为过渡区、2 对应的为次非有利区、1 对应的为次有利区。

二、地震类热储预测

地震方法主要用来对热储层的构造分布、岩性组成、结构特征、厚度分布、埋藏条件以及接触关系等进行精细刻画和表征，地震勘探尺度比非震类要小，但精度更高，适合热储内部精细预测。地震类热储预测工区以共和盆地恰卜恰 4 km^2 三维工区为例，研究热储为共和盆地花岗岩型干热岩，三维地震的部署、采集、处理内容请参见第三章。

（一）精细构造解释

1. 地层特征

共和盆地周边不同时代的岩浆活动较频繁和强烈，盆地周边山区主要活动期分别有：兴凯期、加里东期、华力西期、印支期等；岩浆活动形式有侵入和喷发两种，且受地质构造的控制，以中酸性岩浆为主。盆地基底为印支期花岗岩，上覆地层的新近系及第四系砂岩、泥岩为主。岩性大多为花岗岩、闪长岩等。盆地内部沉积物大部分为全新世、更新世和上新世的沉积物。

据已有资料预测，本区地层由上至下依次为中晚更新世河流相砂砾卵石、早中更新世共和组、上新世临夏组、中新世咸水河组与中晚三叠世花岗岩。实钻资料揭露显示：

0～500 m 上部为较薄的中晚更新世河流相砂砾卵石，颗粒粗大，向下变细；中下部主体为早中更新世共和组。

500～1 500 m 左右为上新世临夏组与中新世咸水河组，岩性为灰黑色、青灰色及青灰色中厚层泥岩夹褐红色薄层泥岩与灰黄色、青灰色及杂色中厚层粉砂岩。泥岩完整性较好，砂岩颗粒较细。

1 500～6 000 m 左右为中晚三叠世花岗岩，主体岩性为花岗闪长岩、（黑云母）花岗岩、二长花岗岩和斑状（黑云母）二长花岗岩等。

2. 层位标定

合成地震记录是利用声波和密度数据计算各地层的阻抗值，从而得到地层间的反射系数，再通过子波与反射系数的褶积运算得到的。利用合成地震记录与井旁道的相关性来进行层位标定是目前地震资料解释中常用的方法。

利用工区内钻井 GH-01 井开展精细井震标定，花岗岩顶面是一大的阻抗界面，为低阻进高阻的一正反射系数界面，可以作为全区的标志层，从反射特征看，花岗岩顶面为两峰夹一谷反射，推断研究区地震子波为正常极性子波，花岗岩顶面为强波谷反射（图 5-27）。由此 T2 地震反射层（共和组底界）：地震上表现为一套中高频、中强振幅、连续性较好，能全区追踪。T3 地震反射层（临夏组底界）：地震上表现为一套中高频、较弱振幅、连续性较好，能全区追踪；T4 地震反射层（花岗岩顶面或咸水河组底界）：地震上表现为一套较高频、强振幅波谷反射、连续性好，能全区追踪（图 5-28）。

3. 断层解释

共和盆地断裂发育，以北西走向为主，少数为北北西走向、北北东走向、北东走向及南北走向；性质为逆冲断裂或逆冲推覆断裂，主要活动时期可分为燕山晚期和喜山期。共和盆地断裂在东西向上呈现出分段性，以北东走向的黄河断裂、北西走向的青海南山-卡里岗

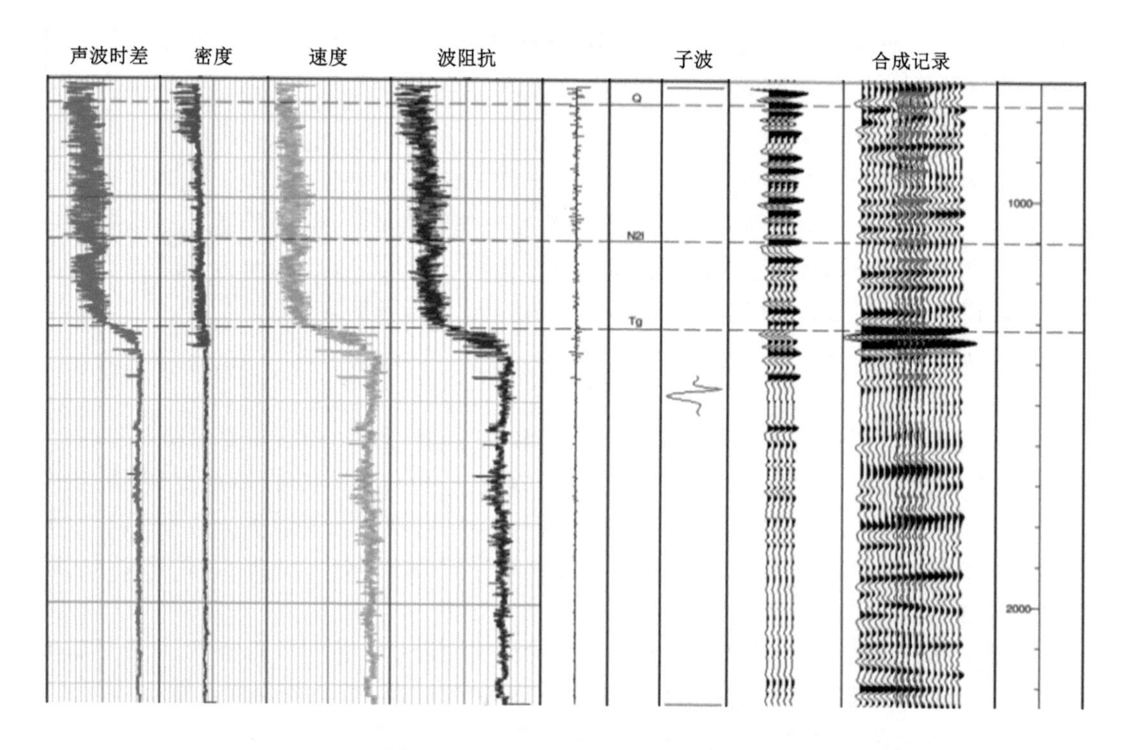

图 5-27　GH-01 井合成记录剖面图

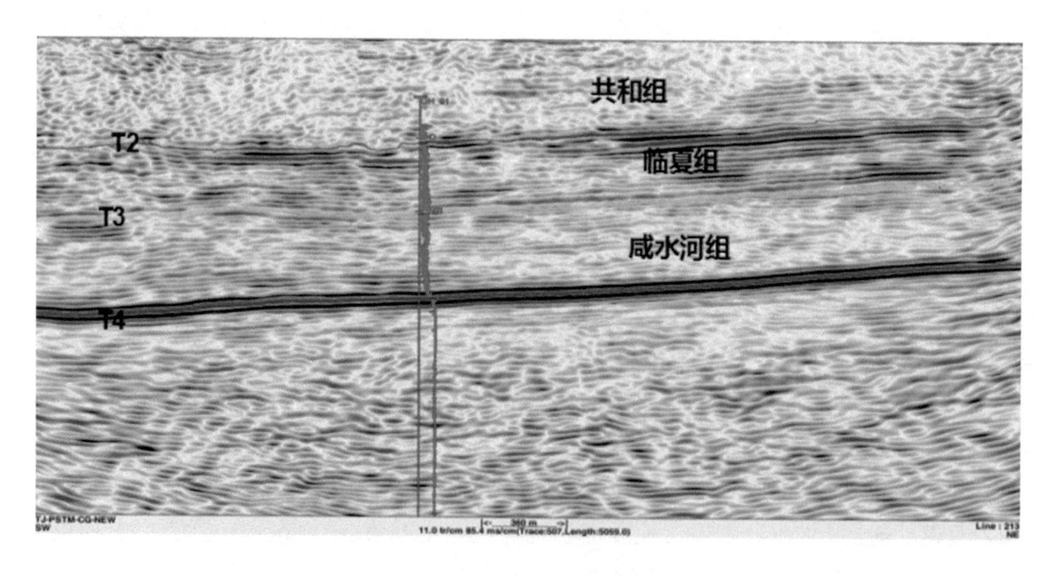

图 5-28　过 GH-01 井地震剖面图

断裂为界分为西、中、东三部分。

断层在剖面上最直观的表现形式为反射同相轴的错断，还表现为地震反射波组能量变化、地层产状突变、地震相位变化等。从研究区的剖面浏览就可以看出，工区断层断距小，断层特征不明显。在实际资料解释过程中，充分利用时间切片、相干切片、相干剖面、倾角图、三维可视化技术等，采用平面和立体相结合的方法提高断层解释精度。

在本次断层解释的过程中，主要应用以下技术达到对解释质量控制的作用：

① 直接利用地震剖面进行大断层解释；

② 对相干数据体进行浏览，初步了解断层的展布规律；

③ 分析地层倾角的变化，确定小断层；

④ 多剖面连续解释确定小断层；

⑤ 利用不同地震属性精确地解释断层。

重点尝试了利用相干属性、体曲率属性、纹理属性开展断裂系统预测。曲率属性表明，花岗岩顶面主要表现为地层的挠曲，轴线主要呈北东向[图 5-29(a)]；相干属性表明，花岗岩顶面仅 GH-01 井西侧发育一条规模较小的断层[图 5-29(b)]；纹理属性表明，花岗岩顶面整体连续，相关性好，也仅在 GH-01 井西侧和南侧相关较差，西侧表现为断层特征[图 5-29(c)]。

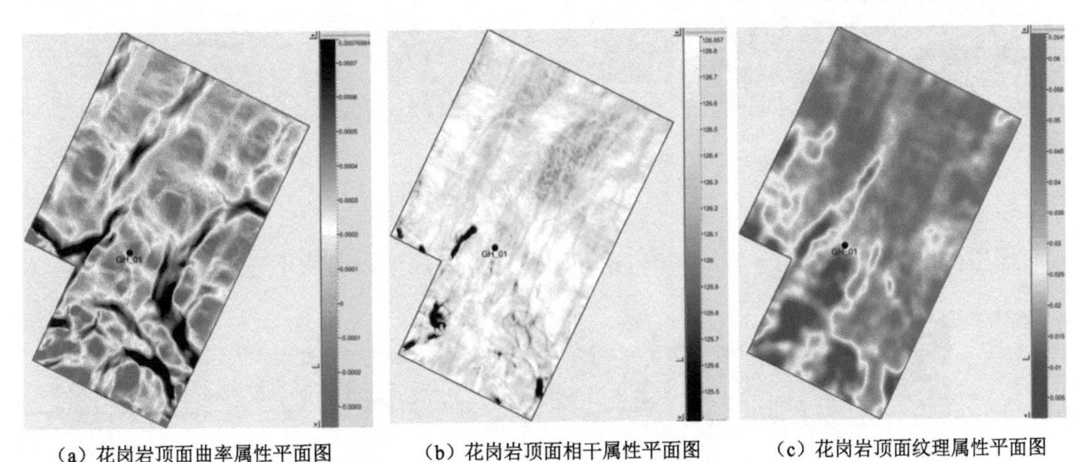

(a) 花岗岩顶面曲率属性平面图　　(b) 花岗岩顶面相干属性平面图　　(c) 花岗岩顶面纹理属性平面图

图 5-29　花岗岩顶面属性平面图

(二) 干热岩内部储层预测

1. 花岗岩内幕地震反射特征

从成果数据分析，花岗岩内部整体呈杂乱的弱反射，纵向上没有明显的波组特征，横向上变化也不明显，但从 GH-01 井的测井分析，花岗岩内部存在阻抗的差异，应该有一定的反射界面。本次研究，通过重构不同频段的地震数据，认为低频段地震数据有利于开展花岗岩内幕反射的研究(图 5-30)。10～20 Hz 地震数据，在纵向上有明显的两套大的相对连续界面，横向上能量和波形均存在一定的差异，更利于分析花岗岩内部横向变化及纵向分层变化。

基于重构的 10～20 Hz 地震数据，利用 GH-01 井标定(图 5-31)，花岗岩内幕共分四套地层，花岗岩内幕第一套地层，岩性从浅灰白色花岗岩变为浅肉红色二长花岗岩，表现为波谷反射，这套地层整体表现为一套较强的连续反射，全区能较好追踪；花岗岩内幕第二套地层，岩性从肉红色花岗岩变为灰色二长花岗岩，该套地层表现为界面较弱的连续反射；花岗岩内幕第三套地层(井上深度 2 200～2 800 m)，岩性表现为灰色二长花岗岩浅和肉红色花岗岩互层，地震上表现为波谷反射，这套地层整体表现为较强的连续反射。花岗岩内幕第

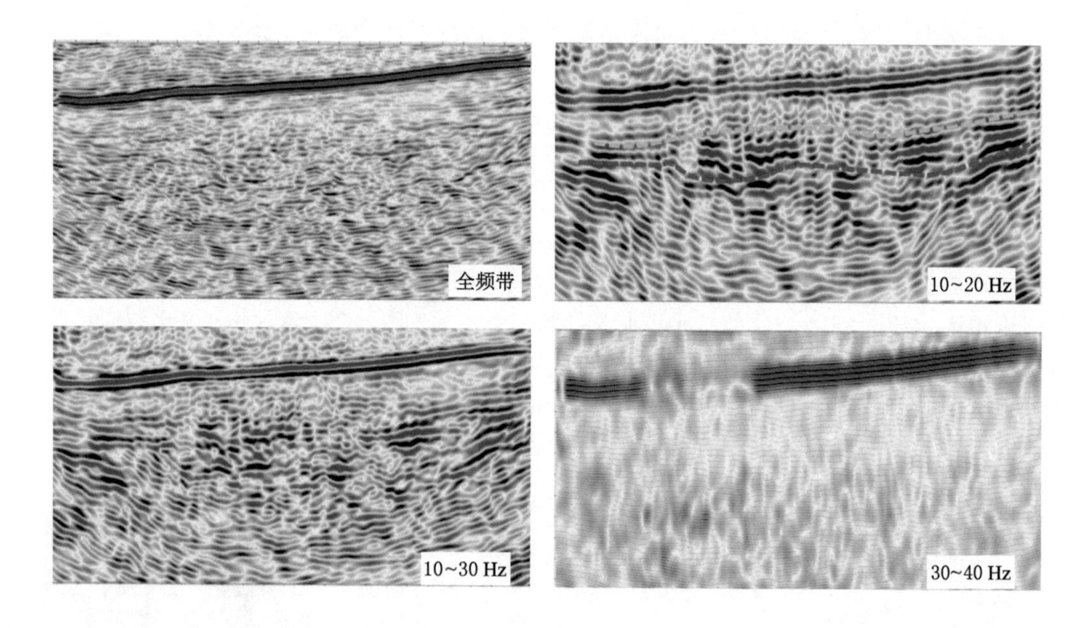

图 5-30　不同频段地震剖面图

四套地层(井上深度 2 800～4 000 m),这套地层整体表现为较弱的不连续反射。

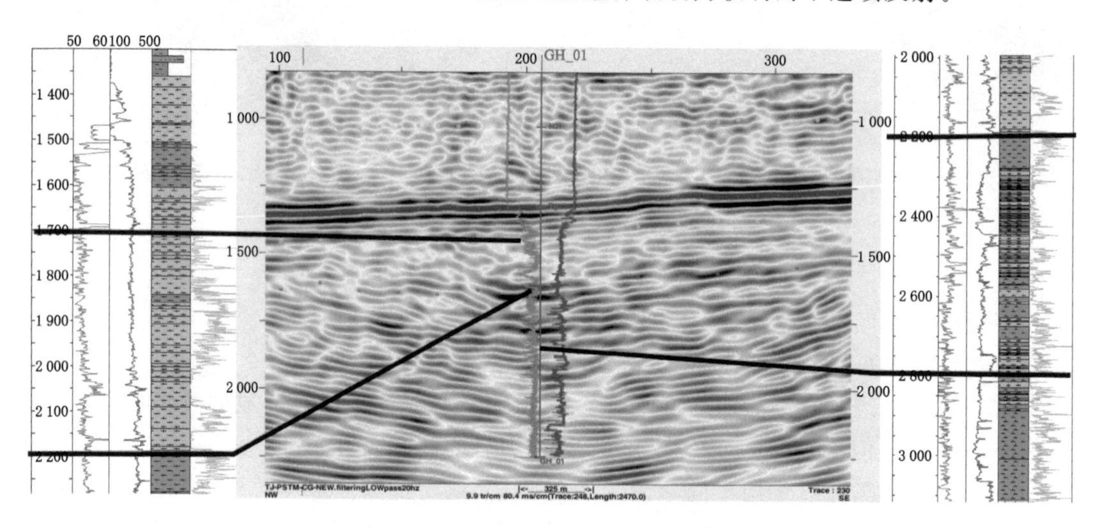

图 5-31　10～20 Hz 地震数据 GH-01 井标定图

2. 花岗岩内幕岩性展布分析

本次研究,主要优选最大相关性属性和均方根振幅属性对内幕岩性横向变化开展预测。重点分析 GH-01 井温度大于 140 ℃的下部两套地层,即第三套和第四套地层。

第三套地层(图 5-32),从最大相关性属性看,工区中部相关性好,呈北东-南西点片状展布,从均方根振幅属性看,工区强能量区也呈北东-南西点片状不均匀分布。

第四套地层(图 5-33),从最大相关性属性看,与第三套地层比较相似,从均方根振幅属性看,工区内强能量区呈点片状不均匀分布。

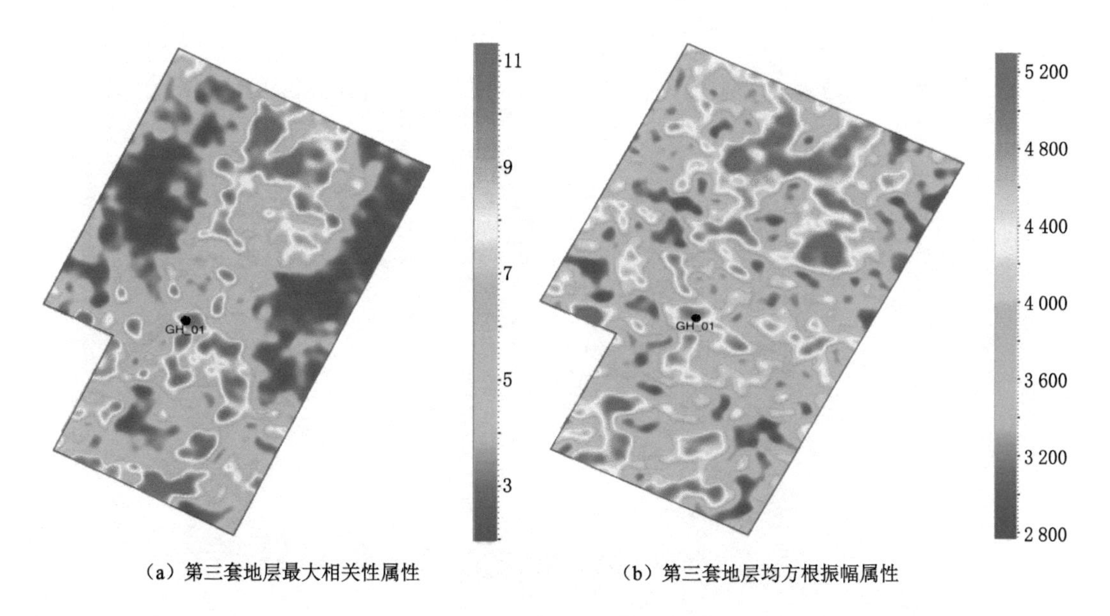

（a）第三套地层最大相关性属性　　（b）第三套地层均方根振幅属性

图 5-32　第三套地层属性平面图

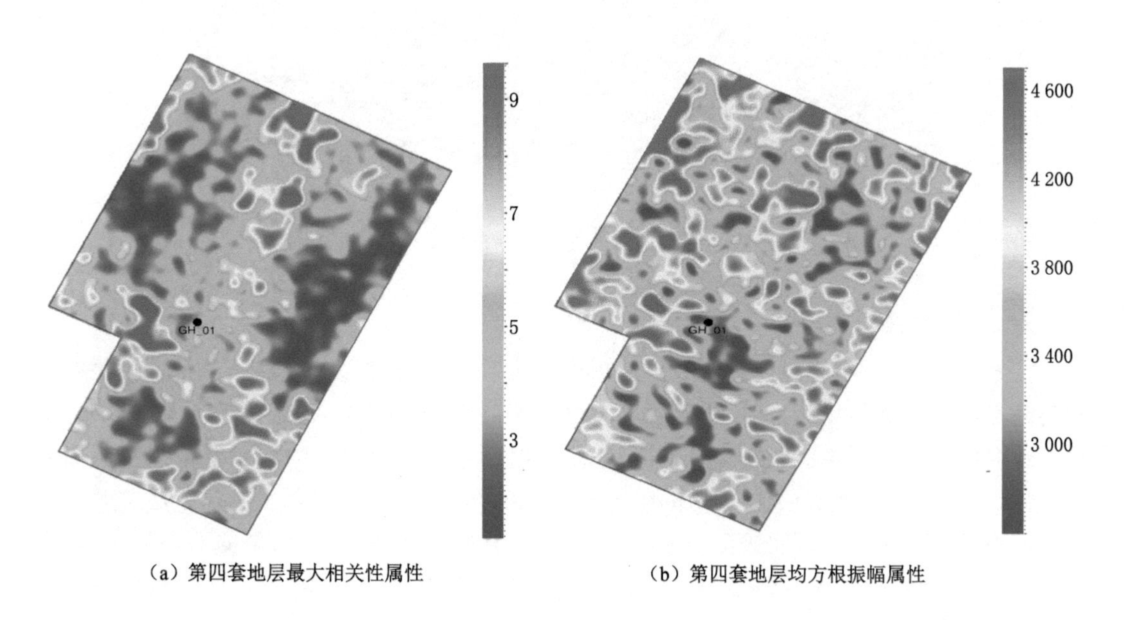

（a）第四套地层最大相关性属性　　（b）第四套地层均方根振幅属性

图 5-33　第四套地层属性平面图

3. 花岗岩内幕裂缝展布分析

利用基于方差属性体的蚂蚁追踪技术和玫瑰图分析技术，开展微裂缝预测。图 5-34 为内幕四套地层顶部的蚂蚁体沿层属性平面图，黄色为地震轴有较明显响应的微断裂，浅蓝色为地震轴上没有明显响应的裂缝。

从蚂蚁体属性看，第三套地层裂缝更加发育，呈北西向展布，第四套地层裂缝最为发育，也呈北西向展布。

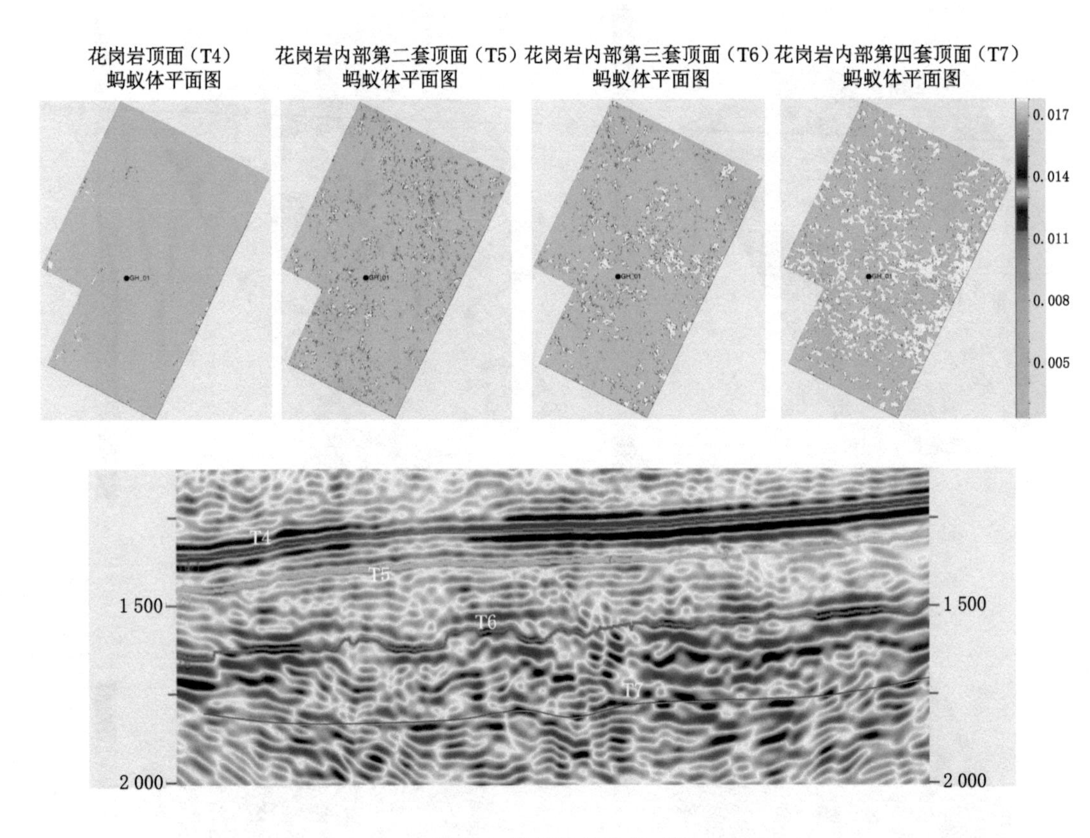

图 5-34　蚂蚁体属性平面图

三、温度预测

在地质力学中，断层与褶皱之间是存在相互关系的，这种关系称为褶皱相关断裂构造。断层是在调节褶皱作用过程中岩层不同部位应变差异而产生的，断裂作用从属于褶皱变形。地层褶皱区域往往也是断裂发育区，因此可以通过识别地层上的褶皱区域来预测断裂发育带。Roberts 将地震层位的曲率用于断层研究，结果表明，曲率对于界定断层和断层的几何形态具有重要作用。褶皱可分为向斜与背斜，背斜的曲率为正，向斜的曲率为负，而且褶皱越厉害，曲率值越大。通过对地层曲率属性转化为断裂带的指示信息，然后将该信息作为先验信息更新到地质模型中去，进行地热储层综合预测。

图 5-35 是利用曲率属性对基底层位进行的层位断裂带的识别，地层等值线由综合地球物理解释成果确定。从地质角度看，断裂对地热能够起到良好的传导作用。因此，对裂缝带的预测可以间接地指示出地热储层。而背斜相对于向斜，在轴部更容易发育张裂缝，因此把背斜区域作为首要的断裂带进行识别，如图中暖色所示区域。且地温测井中的 4 口井有 3 口是在断裂发育区，即地热储层区域。

有了断裂区域的预测，下一步工作是将断裂信息更新到已经建好的地温地质模型框架中去，图 5-36(a)是根据基底层位建立的地质框架模型，(b)是根据测井上的温度曲线进行空间插值产生的地温初始模型。图 5-35 中的断裂预测信息可以提供空间插值的变差函数，

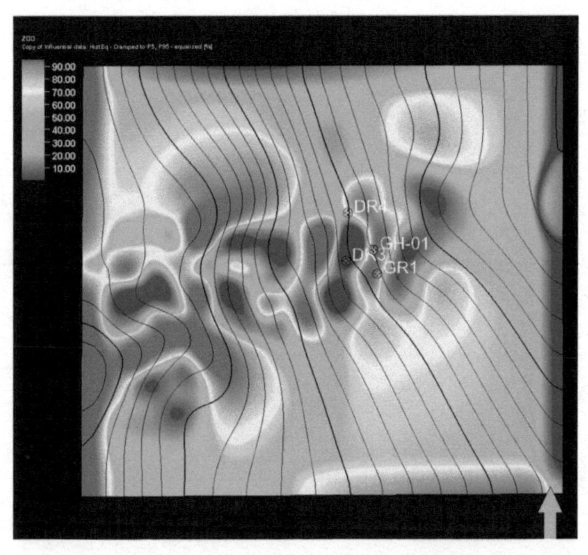

图 5-35　利用层位曲率属性识别断裂带

红色区域为正曲率，对应背斜区域，蓝色区域为负曲率，对应向斜区域

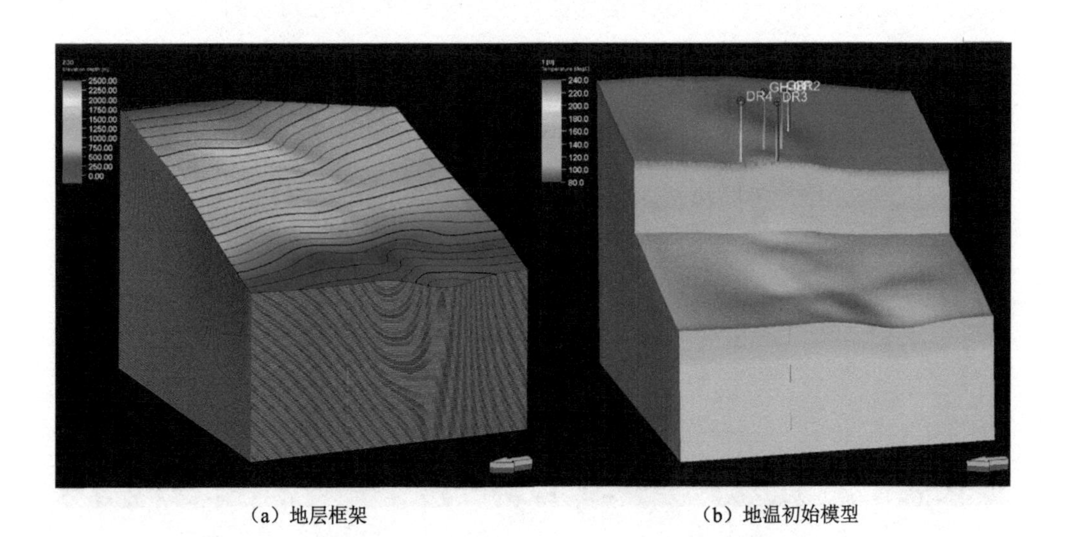

（a）地层框架　　　　（b）地温初始模型

图 5-36　地层框架与地温初始模型

通过变差函数来约束地温的空间插值。变差函数如图 5-37 所示。

平面上的变差函数一般分为主方向和次方向。主方向上的变差函数主要反映了属性变化的趋势方向，而次方向与主方向垂直，反映的是最小相关距离。主方向与次方向共同确定了相关范围，即在这个范围内的数据插值可以用两个变差函数来计算。图 5-37 中红色曲线是次方向上的变差函数，蓝色曲线是主方向上的变差函数。变差函数反映的数据在空间上的相关关系，是进行空间插值的重要依据。

更新后的地温模型如图 5-38(b)所示，从图中可以看出，更新后的地温模型保留了初始地温模型中的温度趋势，整体上从基底到底部温度是逐步上升的，而且断裂发育带也对温

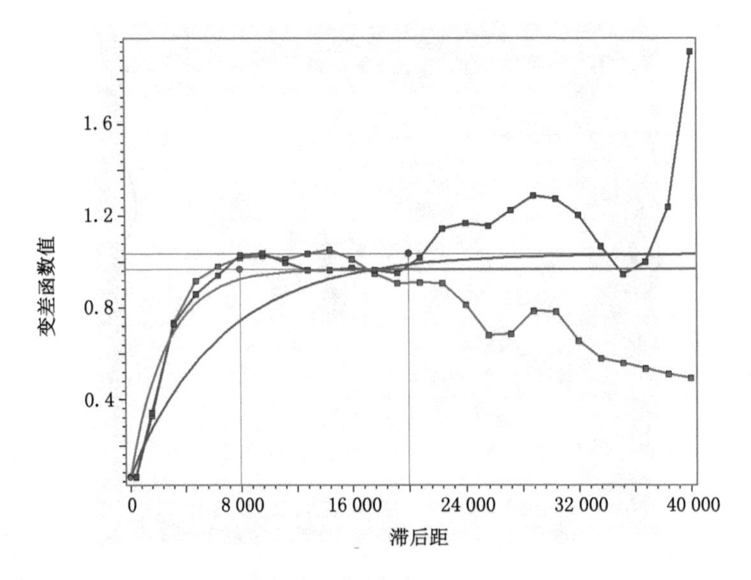

图 5-37 基于断裂预测的变差函数

度预测起到了约束作用。这说明基于信息更新的温度预测方法是可行的。

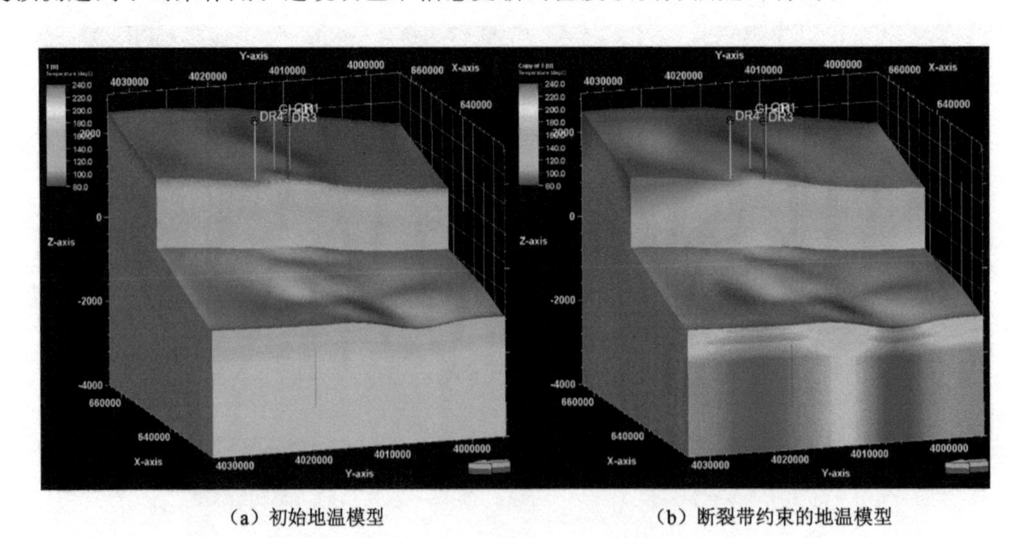

(a) 初始地温模型 (b) 断裂带约束的地温模型

图 5-38 地热温度预测模型

图 5-39 是过 DR3、GR1、GH-01 和 DR4 的地温预测剖面，并叠合测井温度曲线显示，从图中可以看出，地温预测结果与井上的地温趋势是一致的。图 5-39(b)是基底上的温度预测结果，可以看出四口井除了 GR1 外其他三口井都在相对高温区域，说明预测结果与井上的温度分布具有较好的一致性。

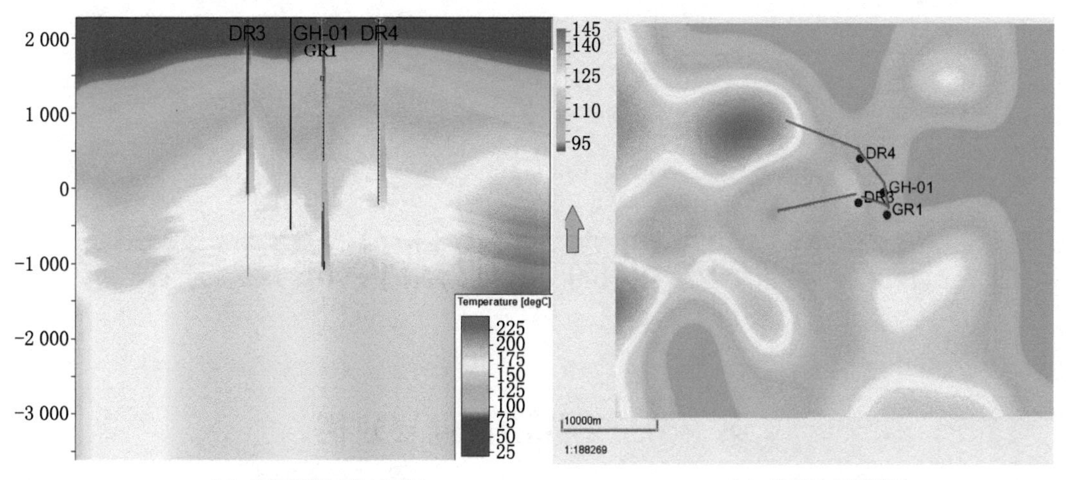

（a）地温预测过井剖面图　　（b）基底温度预测图

图 5-39　地温预测过井剖面图与基底温度预测图

第六章　深部高温地热体储层建模

第一节　勘探阶段储层建模

一、静态建模理论与方法

建模的数据精确度决定了构造模型的精度，储层的模型数据主要来源于测井、地震和岩心等数据。井数据主要包含井位、井斜和井深等信息，能对井筒采集的数据进行真实还原；测井数据来源于电法测井、声波测井、放射性测井、地层倾角测井、井温测井、生产测井以及随钻测井等多种方法，其解释成果主要包含储层物性参数估算、岩性识别、岩石力学工程参数评价以及井壁与井旁裂缝评价等，可作为研究井筒周围地层、岩石及流体特征的重要数据支撑和建模的约束条件；地震数据包括地震解释的断层数据、层面数据以及从地震数据体中提取或经特殊处理后获得的地震属性数据等，这些数据可以反映地层构造特征、储层内部结构特征、储层物性分布特征以及振幅、速度、波阻抗等地震属性数据体的空间变化等；岩心数据包括岩心照片、岩心描述以及岩心钻孔分析数据等，是岩性解释、岩相划分、裂缝发育特征描述、储层质量评价以及隔夹层识别等的第一手资料。在建模过程中，岩心数据主要作为测井数据的标定和刻度。

在建模前应对断层面数据、井数据及地质构造数据等进行详细的质量检查，并对与实际地质情况存在差别的位置进行修正处理，如断层数据、井位坐标及井身轨迹等。另外，测井解释的储层物性分布、地层分层以及岩心-测井-地震-试井解释结果的准确与否都会影响储层建模的精度，如断层解释数据呈现不规则的锯齿状或两两相交等均需进行相应处理。

二、建模方法

20 世纪 80 年代，已有学者开始对三维地质建模进行研究，提出了随机模拟储层建模方法，Calson 构建了同地下结构有关的三维概念模型；Ekoule 解决了三维物体非凸轮廓线的重建问题；Bak、Smith 等提出了三维模型和地学信息的三维表示。直到 90 年代初“三维地质建模”的概念才被加拿大学者 Houlding 正式提出；随后，针对地质数据本身具有的不确定性和不连续性的特点，Mallet 提出了“离散光滑插值”算法，使得构造建模的地质曲面技术得到了突破，同时，美国 T-surf 公司基于离散光滑插值算法设计了 GOCAD 三维地质建模软件(geologic object computer aided design)；之后，大量学者进行了三维数据的可视化、空间数据模型与空间数据结构、三维矢量化地图的数据结构等方面的研究；杜睿等(2021)提出结合空间插值拟合技术进行快速建模的方法，并参考地震勘探地质解释剖面进行地层面的调整，有助于提高可视化效果，为三维地质建模理论的发展做出了一定的贡献。

由于工程钻探价格昂贵，在深层地热资源勘探开发领域，能够获得的有用钻孔较少。因此，为增强数据结构性能，通常需要对原始采样数据进行插值拟合。所谓插值就是指在满足某种变异函数的前提下，寻找有限区域已知离散数据附近的拟合点，从而在整个研究区范围内生成足够多的连续、分布均匀的数据点。由于不同的插值方法有不同的适应条件，在深部热储地质建模中，一般采用普通克里金插值和离散光滑插值等(汪集旸 等，2012)。

1. 克里金插值

克里金(Kriging)计算权值的方式是通过引入一个以距离为自变量的半变差函数来实现的，确定权值后即可确定待测点的位置，从而确定待测点处的最佳线性估计值。克里金插值考虑了所有观测点的空间分布结构特点，与传统插值方法相比，其插值结果更接近实际情况。其算法如下：设 $x_i(i=1,2,\cdots,n)$ 为空间数据点的坐标，$Z_i(i=1,2,\cdots,n)$ 表示其对应的观测值。对于某点 x_0 处的值记为 $Z(x_0)$，则 $Z^*(x_0)$ 可由克里金插值公式计算得到。

克里金插值公式如下：

$$Z^*(x_0)=\sum_{i=1}^{n}\lambda_i Z(x_i) \tag{6-1}$$

权重 λ_i 由方差最小和无偏性估计来唯一确定一组 λ_i 值：

$$\begin{cases} E[Z(x_0)-Z^*(x_0)]=0 \\ \mathrm{Var}[Z(x_0)-Z^*(x_0)]=\min \end{cases} \tag{6-2}$$

$$\begin{cases} \sum_{i=1}^{n}\lambda_i\gamma(x_i-x_0)+\mu=\gamma(x_i-x_0) \\ \sum_{i=1}^{n}\lambda_i=1 \end{cases} \tag{6-3}$$

式中，$\gamma(x_i-x_0)$ 表示点 (x_1,x_0) 处的偏差；μ 表示期望。一般采用确定的权值进行克里金插值计算，多次试验后发现普通克里金插值能够很好地拟合研究区地质信息的变化规律，并能准确估计未知点变量。

2. 离散光滑插值

离散光滑插值(discrete smooth interpolation，DSI)是 Mallet 教授针对 CAD 平面制图软件在地质构造数据内插建模上的不足提出的，其基本内容是：首先建立一个相互联系的自然体网格，然后利用网格结点的邻接关系，完成从已知结点函数值到未知结点函数值的估算。离散光滑插值作为 SKUA 的特色插值技术，在 SKUA 软件的构造建模和速度建模中得到了成熟的应用(李德威 等，2015)。

现将 DSI 算法的理论基础简述如下：假设 $G=G(S)$ 为曲线多边形，$\Omega=\Omega(S)$ 为曲线多边形上的顶点集合，$N=|\Omega|$ 为在 Ω 上的点，$\varphi(k)$ 为定义在 $k\in\Omega$ 上的函数，只在 Ω 的子集上 $\varphi(k)$ 为已知的，φ 为一个 n 维列矩阵，$\boldsymbol{\varphi}=[\varphi(1),(2),\cdots,\varphi(n)]^{\mathrm{T}}$。为了方便讨论，将 $\boldsymbol{\varphi}$ 矩阵分为矩阵 $\boldsymbol{\varphi}_{\mathrm{I}}$ 和 $\boldsymbol{\varphi}_{\mathrm{L}}$(其中 $\boldsymbol{\varphi}_{\mathrm{I}}$ 为已知矩阵，$\boldsymbol{\varphi}_{\mathrm{L}}$ 为未知矩阵)。

$$\boldsymbol{\varphi}=\begin{bmatrix}\varphi_1\\ \varphi_2\end{bmatrix}\Leftrightarrow\begin{cases}\boldsymbol{\varphi}_{\mathrm{I}}=\begin{bmatrix}\varphi(i_1)\\ \vdots\\ \varphi(i_n)\end{bmatrix},i_\alpha\in I\,\forall\alpha\\ \boldsymbol{\varphi}_{\mathrm{L}}=\begin{bmatrix}\varphi(I_1)\\ \vdots\\ \varphi(I_m)\end{bmatrix},i_\beta\in I\,\forall\beta\end{cases}\tag{6-4}$$

首先，要找出使 $R^*(\varphi)=R(\varphi)+\rho(\varphi)=\min$ 的 $\varphi(k)$ 函数[其中，$R(\varphi)$ 为全局粗糙度，$\rho(\varphi)$ 为线性约束]，并利用 $\varphi(k)$ 函数对曲面进行估计。

(1) 粗糙度

$R(\varphi|k)$ 是局部粗糙度，$R(\varphi)$ 为全局粗糙度

$$R(\varphi\mid k)=\left|\sum_{\alpha\in N(k)}V^\alpha(k)\varphi(\alpha)\right|^2\tag{6-5}$$

$$R(\varphi)=\sum_k\mu(k)R(\varphi\mid k)\tag{6-6}$$

式中，$\{V^\alpha(k)\}$ 为给定的权系数，其值为整数；$N(k)$ 为节点 k 的邻域；$\mu(k)$ 为在 Ω 上给定的非负权函数。

从上述式中可以得到 $R(\varphi)$ 是根据 $V^\alpha(k)$ 和 $\mu(k)$ 确定的。

(2) 最小平方的线性约束 $\rho(\varphi)$

对于 n 维矩阵 $\mathbf{A}_i$ 和一个常数 b_i，定义有：

$$\mathbf{A}_i\varphi\cong b_i\tag{6-7}$$

上式中"$\cong$"代表一个正系数 w_i^2，$\omega_i^2=|\mathbf{A}_i\varphi-b_i|^2$ 应尽可能小。假如存在这种约束，违反度 $\rho(\varphi)$ 定义为：

$$\rho(\varphi)=\sum\omega_i^2\,|\mathbf{A}_i\varphi-b_i|^2\tag{6-8}$$

(3) 问题解决

由 $\varphi(k)$ 函数($k\in\Omega$)插值所组成的值域中确定出使 $R^*(\varphi)=R(\varphi)+\rho(\varphi)$ 值最小的一个数，然后将 $R^*(\varphi)$ 展开有：

$$R^*(\varphi)=\boldsymbol{\varphi}^{\mathrm{T}}\boldsymbol{W}^*\varphi-2\boldsymbol{\varphi}^{\mathrm{T}}\boldsymbol{Q}+\beta^2\tag{6-9}$$

式中，$\boldsymbol{W}^*$ 为对称半正定矩阵；$\boldsymbol{Q}$ 为列矩阵；β^2 为非负系数。

其中

$$R(\varphi)=\boldsymbol{\varphi}^{\mathrm{T}}\boldsymbol{W\varphi}\tag{6-10}$$

$$\boldsymbol{W}^*=\sum w_i^2\mathbf{A}_i^{\mathrm{T}}\mathbf{A}_i+\boldsymbol{W}\tag{6-11}$$

$$\boldsymbol{Q}=\sum w_i^2\mathbf{A}_i^2b_i\tag{6-12}$$

$$\beta^2=\sum_i w_i^2b_i^2\tag{6-13}$$

依据上述分析把 $\boldsymbol{\varphi}$ 矩阵划分为 $\boldsymbol{\varphi}_{\mathrm{I}}$ 和 $\boldsymbol{\varphi}_{\mathrm{L}}$ 两个矩阵，能够得到矩阵 $\boldsymbol{W}^*$ 和矩阵 $\boldsymbol{Q}$ 两个矩阵。

$$\boldsymbol{\varphi}=\begin{bmatrix}\boldsymbol{\varphi}_{\mathrm{I}}\\ \boldsymbol{\varphi}_{\mathrm{L}}\end{bmatrix}\Rightarrow\boldsymbol{W}^*=\begin{bmatrix}W_{\mathrm{II}}^* & W_{\mathrm{IL}}^*\\ W_{\mathrm{LI}}^* & W_{\mathrm{LL}}^*\end{bmatrix}\qquad\boldsymbol{Q}=\begin{bmatrix}Q_{\mathrm{I}}\\ Q_{\mathrm{L}}\end{bmatrix}\tag{6-14}$$

根据$\dfrac{\partial R^{*}(\varphi)}{\partial \varphi_{\mathrm{I}}}=0$能够得到离散光滑插值方程，方程解的集合$\{(i):i\in I\}$为问题的解集：

$$_{\mathrm{II}}\boldsymbol{\varphi}_{\mathrm{I}} \quad \psi_{\mathrm{I}} \tag{6-15}$$

$$\psi_{\mathrm{I}}=-W_{\mathrm{IL}}^{*}\varphi_{\mathrm{L}}+Q_{\mathrm{I}} \tag{6-16}$$

综合分析上面的数学求解过程，可以知道离散光滑插值(DSI)的基本思想是找出一个$\varphi(k)$函数使$R^{*}(\varphi)$达到最小值，其值完全依赖于权函数$V^{\alpha}(k)$和$\mu(k)$的取值，其中II方阵秩的唯一性决定了DSI插值法解的唯一性。

三、构造建模

构造模型反映储层的空间格架。构造模型由断层模型和层面模型组成，主要内容包括三个方面：第一，通过地震及钻井解释的断层数据，建立断层模型；第二，在断层模型控制下，建立各个地层顶底的层面模型；第三，以断层及层面模型为基础，建立一定网格分辨率的等时三维地层网格体模型。后续的储层属性建模及图形可视化，都将基于该网格模型进行。

（一）断层模型的建立

断层模型实际是表示断层空间位置、产状及发育模式(截切关系)的三维断层面，断层建模的主要工作就是把构造解释的断层数据转换成断层柱面网格模型，再进一步处理断层之间的交切关系，建立断层模型。主要根据地震断层解释数据，包括断层多边形、断层Stick，以及井断点数据，通过一定的数学插值，并根据断层间的截切关系对断面进行编辑处理。一般断层建模包括以下主要环节。

1. 建模准备

收集整理工区断层数据信息，包括断层多边形、断层Stick、井断点数据等，并根据构造图(剖面和平面)落实建模工区内每条断层的类型、产状、发育层位及断层间的切割关系等。

2. 断面插值

断面插值过程即是将数据准备阶段整理、导入的断层数据，通过一定的插值方法计算生成断层面。插值过程一般需要选择井断点数据作为校正条件(插值结果必须与断点吻合)，同时需要设置断面Pillar条数、Pillar控制点个数、光滑程度、垂向延伸长度等参数。

空间三维曲面一般可采用三角网、结构化网格面等多种方式来构建。在一体化的构造建模系统中，一般采用由Pillar控制的样条曲面来构建断面。单个断面由若干纵向的骨架线条(Pillar)组成，每条Pillar又由数个关键点控制其形态(一般2～5个关键点)。Pillar的条数与控制点个数越少，描述的断面形态越简单。较多的Pillar条数与控制点，可描述更复杂的断面形态。

3. 断面模型编辑

断面模型编辑的主要目的，一是调整断面形态，使其与各类断层描述信息协调一致，如铲式断层等；二是设定断层间的切割关系，如简单相交、Y形相交断层等，可通过编辑断面Pillar来实现。正确编辑、处理断面形态及断层间接触关系是非常繁琐的工作环节，特别是在断层条数多、接触关系复杂的情况下。不同商业化建模软件的断面模型编辑功能各有所长，优秀的建模软件能轻松、高效地帮助人们完成此项工作。

（二）层面模型的建立

构造层面模型为地层界面的三维分布，叠合的构造层面模型即为地层格架模型。层面建模的一般步骤包括骨架网格的创建、关键层面的插值建模、层面内插等三个环节，即首先创建骨架网格，断层通过多条“断层柱”来表征，然后根据地震解释层面数据建立关键层面的模型，最后在关键层面控制下依据井分层数据内插小层或单层层面。

1. 骨架网格创建

骨架网格为一套综合断层模型及平面网格剖分方案的三维网格格架，由网格化断面、上/中/下三个骨架网格面构成。建立骨架网格的目的，是为层面与地层建模建立一套辅助的角点网格支撑系统。层面与地层模型将在该网格系统的支持下建立，这与修建房屋时搭建的脚手架及房梁有同样的作用。

将断层面中线投影在二维视图中，并设置网格大小、$I/J/K$ 网格趋势线、块分割线、网格边界线等。设置完成后，即可得到中面骨架网格剖分结果。该结果决定了后续层面插值及地层建模的平面网格大小及网格形态。另外，中面骨架网格创建参数非常丰富，例如对地质目标体数模网格化时，可将断层按 Z 字形处理，并按块设置网格个数或进行局部加密网格等。

中面骨架网格创建成功后会自动生成顶、底骨架网格面及网格化断面。其中，顶、底骨架剖面连接了各断面的顶、底位置。网格形态是根据中面骨架网格及断层面 Pillar 趋势变化而来的。

2. 关键层面的插值建模

关键层面主要是指地震解释级别较高的层面，一般为地热储层与盖层之间的分界面、时代地层的分界面等。这些界面一般能进行较好地识别与解释。这些关键层面模型的建立，可作为储层内部结构面内插建模的趋势控制。

关键层面的建模数据主要为地震层面数据和井分层数据，通过数据插值而建立模型。算法的关键是能有效地整合井分层数据与地震层面数据。插值算法既可为数理统计方法（如样条插值法、离散光滑插值法以及多重网格收敛法等），也可为克里金方法（如具有外部漂移的克里金方法、贝叶斯克里金方法等）。

层面插值中一般需要设置如下参数：

（1）层面设置：选择插值层面，并设置层面之间的接触关系，包括整合型、超覆型、前积-剥蚀型、不连续型等；

（2）原始数据选择：选择参与插值的井分层点以及地震层位解释数据，等等。

（3）断层影响范围设置：真实的地下断层错断位置在垂向上为一定宽度的断裂破碎带，而构造建模一般以断面的形式来近似表示断层，也就是说层面是直接与断面相交的。由于地震层位解释数据在断层附近的准确性不高，因此，在建模过程中，需要在断面附近设置一定距离的数据无效域，表示该区域的地震数据可信度不高，插值过程将不予考虑，同时该区域将按周围有效区的层面趋势延伸插值到断面位置。

（4）其他参数：包括选择插值算法、设置平滑次数等。

3. 层面内插

在关键层面建立之后，便可以其作为顶、底趋势面，对其内部的结构面进行层面内插，建立各层的层面构造模型。插值方法可为样条插值法、最小曲率法等。

由于地层内部的层面与顶、底趋势面的接触关系可能不同，顶底趋势面对内插层面的控制方式不同。因此，在内插前，需要首先判别地层的发育类型，确定地层层面之间的接触关系。

（三）三维网格化地层模型的建立

在断层模型和层面模型建立的基础上，针对各层面间的地层格架进行三维网格化（3D griding），将三维地质体分成若干个网格（一般为几百万至几千万个网格），即可建立三维网格化地层模型。在地质建模中，三维网格类型主要有正交网格（XY 平面正交）与角点网格两类。正交网格是常见网格类型，其计算速度快，构建方式简单，但正交网格不能很好地表述断层的错断情况，在断层断失部位容易形成构造特征失真。角点网格克服了正交网格在处理断层方面的局限性，在断层处理、复杂地层接触关系等方面的处理较为完善，目前是地质建模与数模软件的主流应用网格技术。

地层网格化过程应注意以下几个方面。

1. 平面网格设置

（1）网格大小

在平面上，分别沿 X、Y 方向划分网格。网格大小应根据研究目标区的地质体规模及井网井距而定。平面网格一般以井间内插 4～8 个网格为宜，如对于 200 m 井网，平面网格大小一般为 25 m×25 m～50 m×50 m。虽然网格尺寸越小，意味着模型越精细，但也要避免一味追求精细而造成的误区，如热储体评价阶段，井距一般在 1 km 以上。如果将平面网格大小设置为 10 m×10 m，这并没有从实质上提高模型精度，只是简单增加了网格大小，模型运算时将需要更多的存储空间与计算时间。

（2）网格方向

平面上的 X、Y 方向不一定是东西与南北向。一般地，X 方向与工区的长轴方向平行，Y 方向与工区的短轴方向平行。

2. 垂向网格设置

（1）网格大小

垂向网格大小可视研究目的而定，一般为 0.1～0.5 m。如需表征 0.2 m 厚度侵入体或夹层的空间分布，则垂向网格最小应保证 0.2 m 的厚度，否则在三维模型中难于表述侵入体或夹层。

（2）网格层（layer）的等时原则

在划分垂向网格层时，如同层面内插过程，同样需要遵循等时原则。网格划分方式包括如下几种方式：

按比例划分网格：在地层顶、底面为整合类型时，一般采用等比例式网格划分，此时需设置垂向网格个数。

按厚度划分网格：在地层顶、底面为不整合类型时，采用不等比例式网格划分，此时需设置垂向单网格层厚度，并以整合面为趋势。如果顶、底面均为不整合类型，则需要设置参考趋势面。

四、相建模

储层相建模是指成岩相、流动单元、裂缝等地质单元的建模，是三维储层地质建模的一项重要内容。目前可用于储层相建模的方法很多，其中序贯指示模拟法和截断高斯模拟法等随机建模方法被广泛使用。

1. 序贯指示模拟

序贯指示模拟的基础为指示克里金，其不同点在于序贯指示模拟法是随机访问每个未知节点，在未知节点处建立条件累计概率分布(ccdf)，并随机抽样获得每个节点模拟结果值。每个节点的 ccdf 的求取，需要应用指示克里金方法。相应地，序贯指示模拟法包括一般的序贯指示模拟、具有局部趋势的序贯指示模拟、同位协同指示模拟等。这些方法的参数设置与相应的指示克里金方法大部分相同，区别在于序贯指示模拟还需进行以下参数设置。

(1) 随机种子数的设定

随机种子数决定了内部算法随机数的产生，将会影响序贯模拟随机访问的网格顺序及从后验累计概率的随机抽样。采用相同的种子数的两次随机模拟将得到同样的模拟结果。随机种子数一般为较大的奇数值。

(2) 模拟次数的设置

模拟实现个数的设置，决定于当前参数设置下模拟实现的个数。

(3) 序贯参数设置

序贯参数设置包括如下几方面内容：

① 已模拟节点的最大个数。对某个未知网格点模拟估值时，将把井点与已模拟网格点模拟值作为已知信息。当已模拟网格点过多时，将会屏蔽井点对估值的贡献，所以必须设定每次参与计算的已模拟网格点最大数目。

② 多级网格模拟。同样，为了减小序贯过程中已模拟网格点的影响，可采用多级网格的模拟策略。算法将首先采用大的数据邻域模拟较稀疏网格，例如在每十个节点为间隔的位置处进行模拟，这样变差函数模型中变程较大部分的空间结构将得到恢复；接着，在逐级减小的邻域内模拟剩余网格点。一般采用 2～3 级模拟即可。

(4) 模拟结果后处理

序贯指示模拟算法不能很好再现相边界形态，模拟结果一般会出现星点现象，因此需要对模拟结果进行平滑处理。平滑算法类型较多，如高斯平滑等。

2. 截断高斯模拟

截断高斯模拟方法适合于相带呈排序分布的情况。其建模流程大致如下：

(1) 井数据网格化及相序设置

① 井数据网格化

选择参与模拟的井，并将单井相数据根据建模网格层进行网格化采样，生成沿井轨迹的网格化相数据。

② 相体积百分比统计

选择待模拟的相类型，设置各相类型的相序。

(2) 相比例设置

根据不同的算法要求，需设置不同的相比例及相比例曲线。

① 全局相比例

在整个研究区内统计各相类型的体积百分比。

② 垂向相概率(比例)曲线分析

通过井数据统计并绘制垂向各相类型体积百分比曲线，查看垂向上相比例变化规律，并根据体积百分比曲线编制各相类型随深度变化的概率函数曲线。一般建模软件均提供数据统计与函数曲线绘制功能模块。

③ 平面相概率趋势分析

平面相概率趋势即各相类型的体积百分比的平面分布图，作为随机模拟时的平面约束。平面相概率趋势图数据，可通过提取井点处各相类型在垂向的体积百分比，并进行网格化插值获得。

④ 三维相概率趋势分析

三维相概率趋势即为各相类型的三维概率数据体(三维体的每个网格值为相类型对应的概率值)，作为随机模拟时的三维趋势。可通过地震属性与沉积相的概率关系统计，将地震数据体转化为各相类型的三维概率数据体。

(3) 地质模式趋势设置

在目前各类主流建模软件中，对序贯高斯模拟算法及流程作了较大扩展，主要特点是增加了综合各种地质模式的建模功能，可将垂向、平面及三维确定的地质模式按趋势的形式综合到模拟过程中，体现地质模式对建模过程的控制作用，同时减小建模的随机性。上述算法模型与一般截断高斯算法并没有本质区别，只是把趋势按地质模式直接给出。

(4) 高斯域变差函数模型求取

在正确设置相序及比例曲线的基础上，建模软件系统内部将把井点离散的相代码转换为高斯域值(0～1)。此时，在各井所处的网格点处，不再是相代码值，而是连续的高斯域值，据此可求取对应的变差函数模型(模型一般为高斯类型)。该模型将作为后续模拟的唯一变差函数模型(序贯指示模拟需要分相求取并设置变差函数)。

(5) 克里金算法、序贯以及模型后处理参数设置

同序贯指示模拟算法部分，这里不再详述。

五、属性建模

属性建模包括孔隙度、渗透率和饱和度等建模，其建模步骤类似于岩相(离散型变量)建模。常用的方法为相控建模，即首先建立沉积相、储层结构或流动单元模型，然后根据不同沉积相(砂体类型或流动单元)的储层参数定量分布规律，分相(砂体类型或流动单元)进行井间插值或随机模拟，建立储层参数分布模型。

(一) 数据分析与变换

数据分析与变换是储层参数建模的基础，数据分析揭示了储层参数的分布规律，如相控及趋势控制原则应以数据分析结果为依据；同时数据变换对数据进行灵活处理，使之能满足各类建模算法的要求。

一般建模软件提供数据统计与趋势分析功能模块，对建模人员而言，需要完成的工作主要是设置数据变换流程，进行统计及趋势分析，而具体的数据变换是在软件内部自动完成。其步骤为：

第一步：通过统计直方图查看建模数据的原始分布，一般会对数据分布的前后端进行截断，目的是滤掉不合理的奇异值(截断变换)，使数据近似呈正态分布。

第二步：对过滤了奇异值的数据进行地质趋势分析，一般包括垂向压实成岩趋势、垂向沉积趋势、平面横向趋势、地质体内部趋势以及三维体趋势等(趋势变换)等。

第三步：对减去趋势后的数据进行统计分析，并根据建模算法的需要对数据进行变换。例如序贯高斯模拟算法要求数据服从标准正态分布，对渗透率参数建模时，就需要对数据做对数和标准正态分布变换。

上述流程为一般情况，实际建模过程中应具体问题具体分析。

（二）储层参数建模

针对深部热储来说，储层参数建模(属性建模)是储层刻画表征、储量计算和储层评价的前提和基础。储层参数建模包括地震属性的地质变换、数理统计插值方法、克里金插值方法等确定性建模与序贯高斯模拟、序贯指示模拟、分形随机模拟等随机性建模。常用的方法为序贯高斯模拟，包括基本的序贯高斯模拟、整合趋势的序贯高斯模拟、同位协同高斯模拟等。

1. 基本的序贯高斯模拟

以基本的克里金方法为基础，不考虑趋势，也不考虑二级变量(如地震信息)。建模设置与基本克里金插值基本相同，仅需要增加以下设置：

(1) 随机种子数的设定

随机种子数决定了内部算法随机数的产生，将会影响序贯模拟随机访问的网格顺序及从后验累计概率的随机抽样。采用相同的种子数的两次随机模拟将得到同样的模拟结果。随机种子数一般为较大的奇数值。

(2) 正态得分变换设置

通过变换，使模拟的储层参数符合高斯分布，以能应用高斯模拟方法进行建模；建模后，进行反变换。

(3) 模拟次数的设置

模拟实现个数的设置，决定在当前参数设置下模拟实现的个数。

(4) 序贯参数设置

序贯参数设置包括如下几方面内容：

① 已模拟节点的最大个数。对某个未知网格点模拟估值时，将把井点与已模拟网格点模拟值作为已知信息。当已模拟网格点过多时，将会屏蔽井点对估值的贡献，所以必须设定每次参与计算的已模拟网格点最大数目(一般缺省为12个)。

② 多级网格模拟。同样，为了减小序贯过程中已模拟网格点的影响，可采用多级网格的模拟策略。算法将首先采用大的数据邻域模拟较稀疏网格，例如在每十个节点为间隔的位置处进行模拟，这样变差函数模型中变程较大部分的空间结构将得到恢复；接着，在逐级减小的邻域内模拟剩余网格结点。一般采用2～3级模拟即可。

2. 整合趋势的序贯高斯模拟

以具有趋势的克里金为基础，整合趋势进行储层参数的序贯高斯模拟。建模设置为在具有趋势的克里金方法的设置基础上，增加上述四项设置，即随机种子数的设定、正态得分变换设置、模拟次数的设置、序贯参数设置。

3. 同位协同高斯模拟

以同位协同克里金为基础，整合二级变量(如地震属性)进行储层参数的随机模拟。建模设置在同位协同克里金方法的设置基础上，增加四项设置，即：随机种子数的设定、正态得分变换设置、模拟次数的设置、序贯参数设置。

六、模型粗化

储层模型网格内的属性值可反映储层以及流体的分布变化特征，其中网格的精细程度关系到储层物性和流体分布特征的精确度。但由于数值模拟软件的限制，需通过地质模型粗化技术，用较大的网格来代替多个精细小网格。

储层物性粗化中，孔隙度、饱和度等标量属性一般采用体积加权平均或厚度加权等方法进行粗化处理。但由于渗透率具有向量属性，且存在各向异性，其粗化方法有所不同，主要有以下两种方法：

1. 简单平均法

简单平均法包含幂指数平均法、算术平均法、几何平均法和调和平均法，简单平均法粗化渗透率属性的算法相对比较简单，有些简单平均算法会考虑渗透率在各个方向上的差异。每种具体平均算法的计算公式有所不同，可以按照网格长度、网格厚度、网格面积、网格体积等加权平均。

2. 复合平均法

算术平均与几何平均等简单平均粗化方法虽然算法简单、运算速度快，但不能考虑网格排列方式与流动方向之间的关系对模型粗化的影响，难以有效反映储层的各向异性问题。而将不同的简单平均法进行组合，可以形成精细网格属性粗化复合算法。

第二节　开发阶段储层建模

在深部热储开发阶段热储参数是动态变化的，因此建立的模型也是动态的。深部热储低渗致密复杂多变的储层条件以及低孔、低渗等恶劣的物性，严重制约其有效开发。国内外有许多学者针对致密储层低孔、低渗、非均质性以及储层情况复杂等特点的三维地质建模展开相关研究。

水力压裂作为一种相对低成本、高效率的储层开发改造方法，主要目标是，在对目的层周围的主应力场进行有效认识的基础上，使围岩沿着特定方向产生破裂，此类破裂将会引起微震事件。结合青海共和盆地恰卜恰干热岩地热资源开发示范基地实际情况，在深部地热资源开发过程中，需要使用储层压裂改造方法增大注入井与生产井之间缝网的连通性，以提高循环取热能力，以达到提取更大的地热能产量的目的。

一、动态建模理论与方法

储层建模是以数据库作为基础的，数据的丰富程度以及准确性在很大程度上决定着所建模型的精度。从数据来源看，建模数据包含岩心、测井、地震、试井、开发动态、热储参数、地球物理属性等方面的数据。

1. 岩石物理实验数据

室内岩石物理实验数据是储层开发建模必不可少的，是建模过程中的基础数据。在研究区，采集岩心或岩样，开展高温高压条件下的岩石物理实验，研究不同温压条件下深部热储的物理力学性质（岩性、物性、力学特性等），建立地球物理场（电阻率、极化率、磁化率、波速等)与深部热储之间的关联关系,并确定其随热储参数的变化规律。

2. 动态数据

动态数据主要为单井测试及井间动态监测数据。动态数据反映的储层信息包括两个方面,其一为储层连通性信息,可作为储层建模的硬数据,其二为储层渗透率数据,因其为井筒周围一定范围内的渗透率平均值,精度相对较低,一般作为储层建模的软数据。

3. 剖面和平面成果与数据

在三维建模前,需要首先对研究区进行二维剖面解释和二维平面研究,包括岩相、储层厚度、孔隙度、渗透率等。这些成果既要以成果图表示,在建模过程中作为参考(即地质指导),还应表达为网格化数据体,用作三维建模的趋势约束。特别注意的是,三维建模需要与一维井解释、二维剖面和平面研究互动进行,不是简单地从一维井到三维模型。

4. 微震数据

不同沉积盆地的岩层处于不同的应力状态和流体压力中。它们的变化会形成新的裂缝网络。在水力压裂过程中,多孔弹性介质的应力变化不仅产生新的裂缝网络,还导致其在地层中生长发育。与此密切相关的现象是微震事件的发生。对水力压裂产生的微震事件进行研究,微震事件在时间和空间域的解释,为深入了解多孔弹性介质的行为和属性提供了基础。

(1) 微震事件空间时间复杂度

微地震监测技术提供了表征由于水力压裂增产施工而形成的人工裂缝网络的方法,它能增大储层面积以优化渗流面积。水力压裂过程中注入的压裂液引起储层应力场变化,导致储层岩石破裂并释放能量,能量以地震波的形式传播,可由部署在地面的检波器记录。对记录到的微地震数据进行处理,可确定与破裂有关的震级大小和发生位置。和天然地震类似,微震活动具有时空递归的复杂性。一个复杂网络框架下的地震的统计研究已被用来阐明不同尺度下微震事件递归的行为。

(2) 三维地震曲率属性

确定储层断层或裂缝方位以及水平应力方向直接而有效的方法是利用成像测井获得的玫瑰图,而在叠后地震数据中提取曲率这种几何属性是间接预测裂缝的有效方法。

曲率体和蚂蚁体以及相对阻抗可用来研究储层裂缝分布及水平地应力方向,获得与储层地质力学性质相关的信息,以指导压裂施工。另外,利用三维地震资料对小断层和裂缝的表征可以确定局部水平应力方向和识别出可能影响水力裂缝延伸的潜在压裂屏障,辅助解释微地震监测结果。

曲率属性测量的是地震数据的构造形状,最大正曲率图可突出显示背斜,尤其是背斜的枢纽带。有分析表明岩石中具有最大曲率值区域与具有最大应变值区域之间具有正相关的关系,可以利用三维地震曲率属性来预测裂缝。

在三维地震沿层曲率属性图上解释断层或裂缝线性特征,并使用解释的线性特征生成与成像测井相似的裂缝方位玫瑰图是确定断层或裂缝方位的替代方法。尽管曲率可以用来测量相对弯曲、构造变形和可能的裂缝,我们仍需要根据井壁崩落、成像测井和方位各向异性等信息估计现今应力场。

(3) 断层属性体计算

在储层建模预测与刻画表征中,了解断层几何分布是最基础也是最关键的。断层的存在可能带来钻井地质危害,也可能影响钻井的完井。局部应力方向与区域应力方向的偏离可能由局部小断层的存在引起,这种局部小断层往往会影响水力压裂裂缝的延伸。

蚂蚁追踪算法是在边缘探测体内提取出仅代表断层的特征。蚂蚁追踪的最终结果为类似断层特征相对应的地震属性体,被用来识别储层中存在的断层,并提供局部应力变化信息。应力变化表现为地震波速度变化,这可由地震振幅检测。因此,不表现为明显的同相轴错断的地震非连续性(discontinuities),也可以指示应力增大(低于地震分辨率的断层,仍具构造负载)区域,这些区域在水力压裂的有效应力作用下更容易释放应变(夏才初,1996)。

(4) 微震与裂缝预测

利用离散断裂网络(DFN)模型是在自然裂缝储层中产生流动性行之有效的方法。传统上,DFN 需要裂缝数据的条件处于亚米级,如取心测井、岩性和测井成像,几十米的规模和较大的地震属性,几何分析,修复构造的应变模型。因为微震数据存在于储层的钻孔和地震属性规模之间,为描述储层压裂裂缝的特征提供了一个有价值的对比工具和有效的裂缝模型约束 SRV(stimulated reservoir volume)。

由于水力裂缝的延伸受天然断层影响显著,在研究岩性对水力裂缝延伸的控制作用的同时,必须同时研究天然断层的分布以区分水力裂缝的延伸是受岩性、天然断层等单一因素影响还是同时受两者的影响。

前人的研究表明:储层的岩性和天然断层或裂缝对水力裂缝的延伸影响显著(Fisher,2012)。天然断层影响水力裂缝的延伸。在天然断层不发育的区域,储层岩性对水力裂缝的延伸具有主导控制作用。由于硬质岩具有比软质岩更好的脆性,水力裂缝的延伸一般将被限定在硬质岩分布区域内;在天然断层发育区,储层岩性和天然断层均影响水力裂缝的延伸,水力裂缝在硬质岩分布区延伸时,如果存在与井轨迹(如水平井)平行或近乎平行的天然断层,天然断层将成为压裂屏障,阻止水力裂缝的继续延伸(Garcia,2013)。通过对微地震数据的处理和解释可获得水力裂缝的准确走向,以及裂缝的空间形状、尺寸等数据,还可给出水力裂缝带中流体通道的图像。

二、建模方法

1. 基于矩张量反演的热储层信息获取方法

开展矩张量反演需要基于岩石破裂伴随的微地震地球物理数据,而在向热储层进行注入测试岩体失稳破裂过程中,破裂机制、震源参数及破裂能量等信息均可通过矩张量方法求解(Gilbert,1971)。矩张量表示作用在一点上等效体力的一阶矩,包含了地震的辐射能量信息及有关剪切破裂成分和各向同性成分的节面方向信息,当震源的尺度远小于观测距离和地震波波长时震源可视为点源,此时震源的非弹性变形特征可用矩张量来描述(图 6-1)(Knopoff,1970)。

基于地震震源的表示论和点源假设,在监测端 k 接收到的波形位移振幅 u_k 为:

$$u_k(x,t)=\frac{\partial G_{ki}(x,t\cdot,\xi,t')^*}{\partial \zeta_j}M_{ij}(\zeta,t')=G_{ki}(x,t\cdot,\xi,t')^*M_{ij}(\zeta,t') \qquad (6\text{-}17)$$

其中,* 号表示卷积运算;$G_{ki}(x,t;\xi,t')$为弹性动力学格林函数,是由单位脉冲集中力引起的位移场,即震源 ξ 处、t'时刻、j 方向的点力在监测点 x 处、$t\cdot$ 时刻、i 方向所产生的位移。

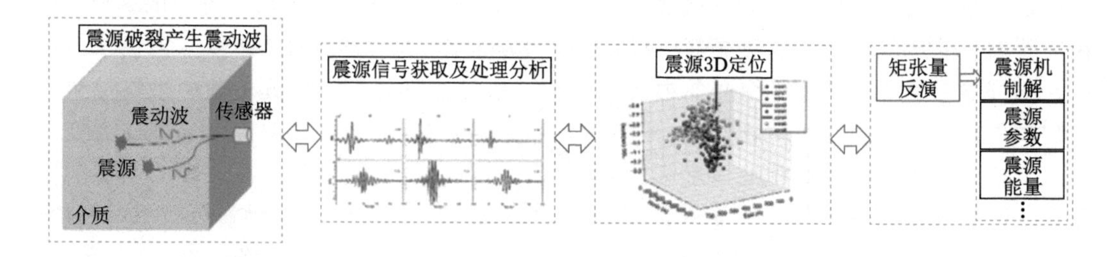

图 6-1　矩张量反演机制示意图(吴顺川 等,2016)

$$M_{ij}=\begin{pmatrix} m_{11} & m_{12} & m_{13} \\ m_{21} & m_{22} & m_{23} \\ m_{31} & m_{32} & m_{33} \end{pmatrix} \tag{6-18}$$

式(6-18)为震源的矩张量,m_{ij} 为常数,代表二阶矩张量 M_{ij} 的分量。若 $i=j$,表明力和力臂在同一方向,为无矩单力偶;若 $i\neq j$,表明力作用于 i 方向,力臂在 j 方向,为一个力矩为 m_{ij} 的单力偶。如图 6-2 所示,由于点源角动量守恒,所以矩张量成为二阶对称张量,9 个分量中只有 6 个独立分量。再假设震源为同步震源[矩张量所有分量都具有相同的时间函数 $s(t')$],此时式(6-17)可改写为:

$$u_k(x,t)=(G_{ki,j}(x,t\cdot,\xi,t')^* s(t'))M_{ij} \tag{6-19}$$

式中,$s(t')$为震源时间函数,表征震源时间及强度信息。若假设等效力作用时间短暂,为一个纯脉冲函数,则 $G_{ki,j}(x,t\cdot,\xi,t')\delta(t')=G_{ki,j}$,式(6-19)可变为线性方程:

$$u_k(x,t)=G_{ki,j}M_{ij} \tag{6-20}$$

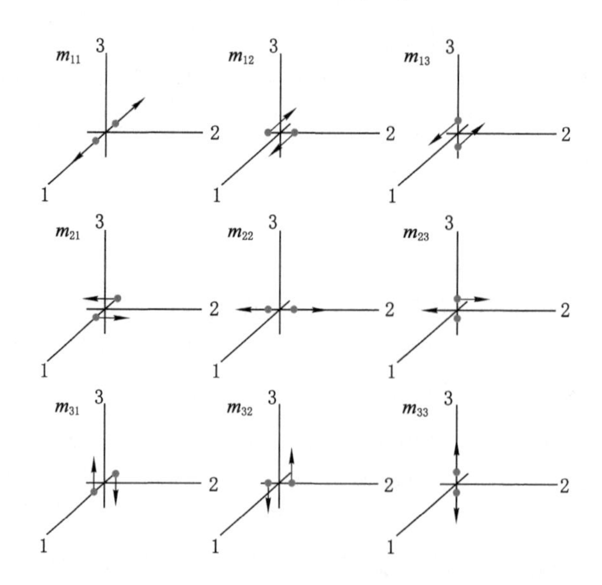

图 6-2　二阶矩张量的 9 个分量

将矩张量分解为各向同性部分(ISO)、纯双力偶(DC)和补偿线性矢量偶极成分(CLVD)的方法,其中各向同性部分可由 3 个相等的特征值矩阵表示,在岩体工程中其可表示理想爆炸源(特征值为正值)或内缩源(特征值为负值),双力偶成分是由两个线性矢量偶极组合而成的,可以代表岩体的剪切破坏或者断层的相对错动机制,补偿线性矢量偶极成分是深部地震中的一种作用机制(图 6-3)。

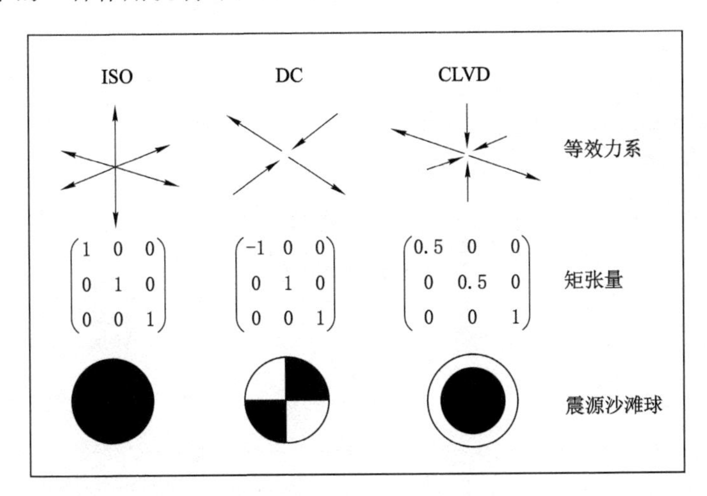

图 6-3　主轴坐标系下矩张量分解

更进一步,利用表示体积成分与剪切成分的比值(R)来量化矩张量破裂类型(Foulger et al., 2004):

$$R = \frac{\mathrm{tr}(M) \times 100}{|\mathrm{tr}(M)| + \sum_{k=1}^{3} |m_k^*|} \tag{6-21}$$

式中,m_k^* 为矩张量偏量部分的 3 个特征值。若 $R>30$,表明该震源以张拉破裂为主;若 $-30 \leqslant R \leqslant 30$,表明震源以剪切破裂为主;$R<-30$,为内缩源。

基于矩张量反演的储层信息获取方法的核心是通过开展弹性介质中震源波的获取及处理分析等,基于所得到的波形信息求解震源位置坐标,最后求得矩张量解,同时再利用得到的矩张量解反演岩体介质破裂的震源机制解、震源参数及震源破裂能量等信息。随着岩石力学的不断发展,对岩石内部破裂机制的研究逐渐深入,得到岩石裂纹萌生、扩展、贯通及相互作用的内部损伤演化过程和规律及其与应力之间的对应关系,从而应用于工程中指导生产。

2. 基于矩张量反演储层动态建模方法

矩张量反演是深部热储建模信息获取的主要方法。如何基于数量有限的井信息而获取更多的储层参数,建立准确有效的高温地热体模型,是深部热储建模所需突破的瓶颈问题。开展深部高温地热体评价的核心是为地热资源的开发提供依据(王贵玲 等,2015)。震源机制信息是微震表征水力裂缝的关键参数,可确定水力裂缝的走向、倾角等重要参数。结合震源参数计算获得的震源半径,可定量描述水力裂缝的走向、倾角、破裂长度等。震源机制反演,可提供震源机制沙滩球,并提供破裂机制(张性、剪切、压缩)和裂缝面形态参数(走向、倾角、开度等)的定量描述(图 6-4)。

在此基础上,基于震源机制分析岩体破裂性质,即水力裂缝主要是剪切或张性破裂以

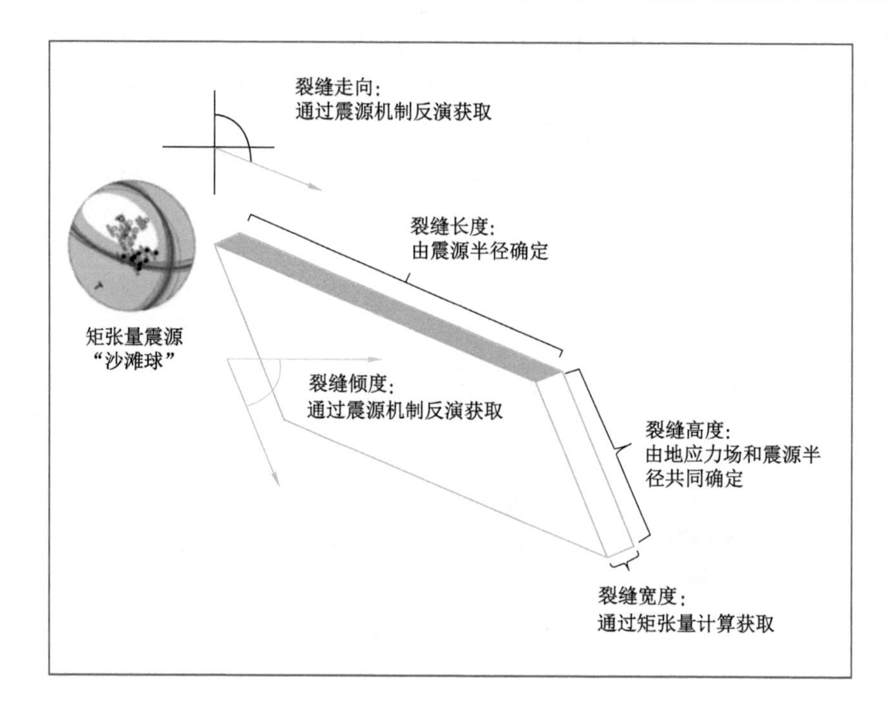

图 6-4 "沙滩球"震源机制指示的地层信息

及 ISO、CLVD 和 DC 成分比例,这是准确获取深部高温地热体建模参数的基础(图 6-5)。

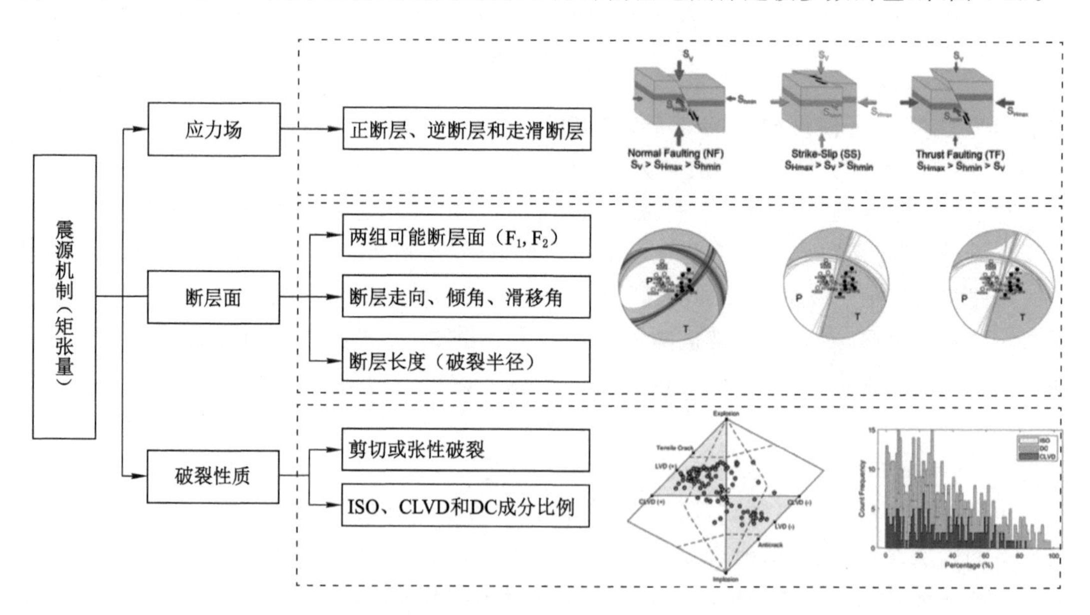

图 6-5 矩张量反演获取建模主要参数示意图

(1) 获取近井区域结构面分布信息

与沉积岩不同,在对花岗岩型、碳酸盐岩型的深层热储开展 3D、2D 地震勘探时,往往由于缺乏反射面,深部高温地热体中的大尺寸结构面分布难以被有效获取。此外,声波远探测测井往往也会由于深部热储层温度较高，影响仪器精度难以获取有效的探测信号。共和盆地恰卜恰干热岩场地部分地球物理探测结果如图 6-6 所示。

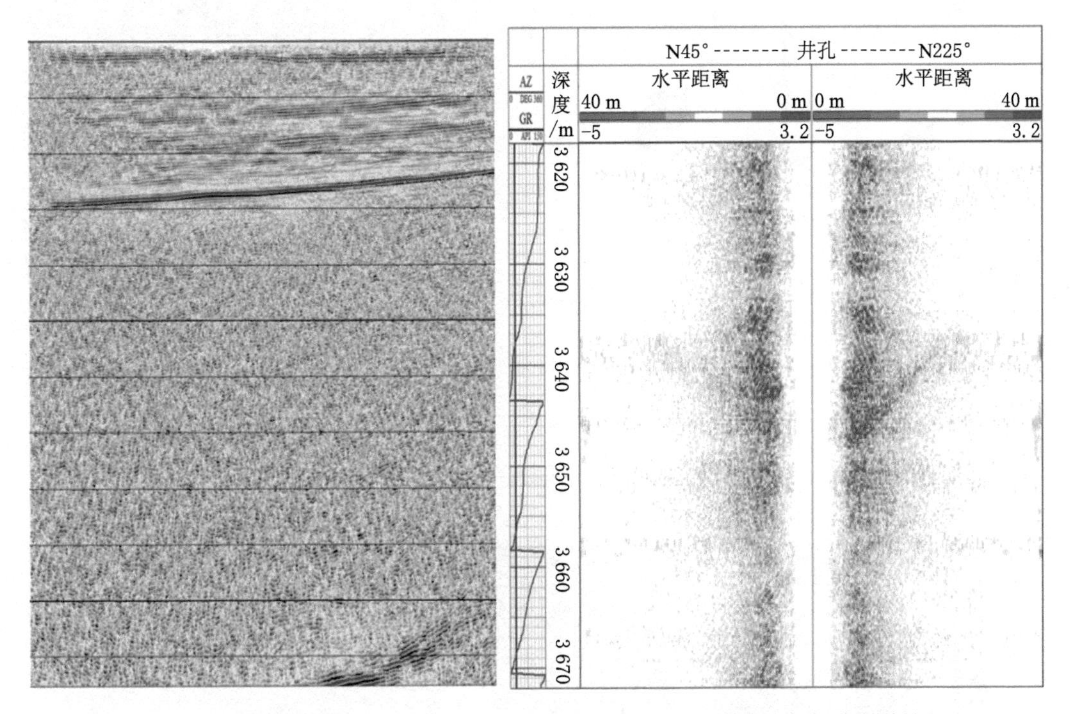

(a) 地震勘探结果图　　(b) 干热岩探采结合井声波远探测结果

图 6-6　共和盆地恰卜恰干热岩场地部分地球物理探测结果

在频率域滤波和人工拾取波形初至的基础上，首先对干热岩水力压裂微地震事件进行精确定位，其次利用格林函数综合波形位移振幅和极性等参数，进行基于 P 波振幅和极性的震源机制矩张量反演（用矩张量反演的方法计算各个余震事件的震源机制），获得包含破裂机制（张性、剪切、压缩）和裂缝面形态参数（走向、倾角、开度等）的反演事件震源机制"沙滩球"，以及表示不同破裂机制占比的 T-k 分布图。若连续多个"沙滩球"的震级（能量）相近且相对较大，指示的破裂面方向一致且剪切-张拉占比相近，即可判断近井区域发育有结构面（图 6-7）。

根据水力裂缝的延伸长度，以及解译出破裂面的宽度，进一步结合成像测井、岩心分析结果以及蚂蚁体进行约束（图 6-8），可对近井区域原生结构面进行一定判断，为动态建模获取直接可利用的参数信息。

（2）获取地应力分布

基于微地震矩张量反演，获取水力裂缝破裂面的破裂机制信息和破裂形态信息。经典岩石断裂力学表明（Irwin et al.，1957）：水力裂缝总是沿着最大主应力方向，或是垂直于最小主应力方向延伸。通过连续多个包含震源机制信息微地震事件"沙滩球"可获取破裂面的形态信息，基于此获取地应力的分布信息。实际高温地热体地应力分布极为复杂，难以用简单的三向主地应力进行简化。采用矩张量法反演对于精确刻画场区地应力具有重要

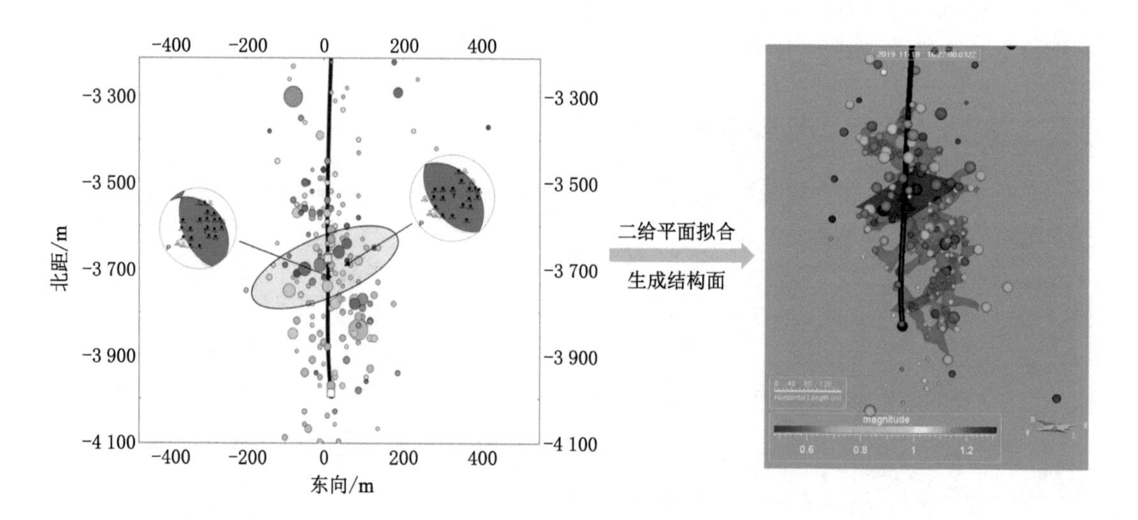

图 6-7　基于微地震矩张量反演拟合结构面

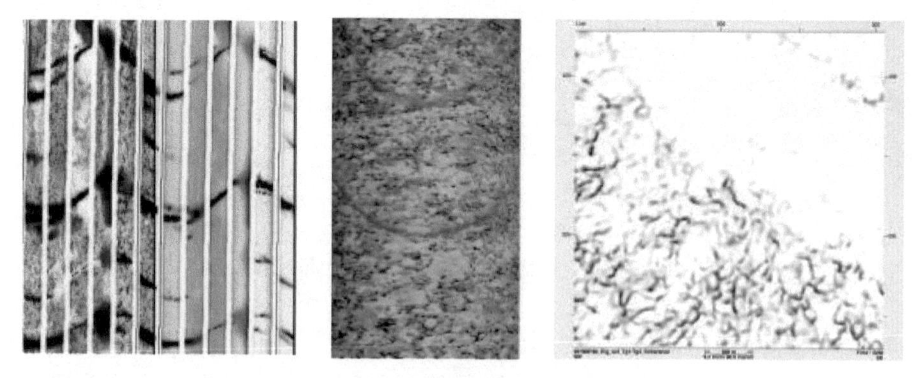

图 6-8　深部高温地热体中的结构面显示

意义。同时，地应力反演对消除震源机制的多解性意义重大(图 6-9)。

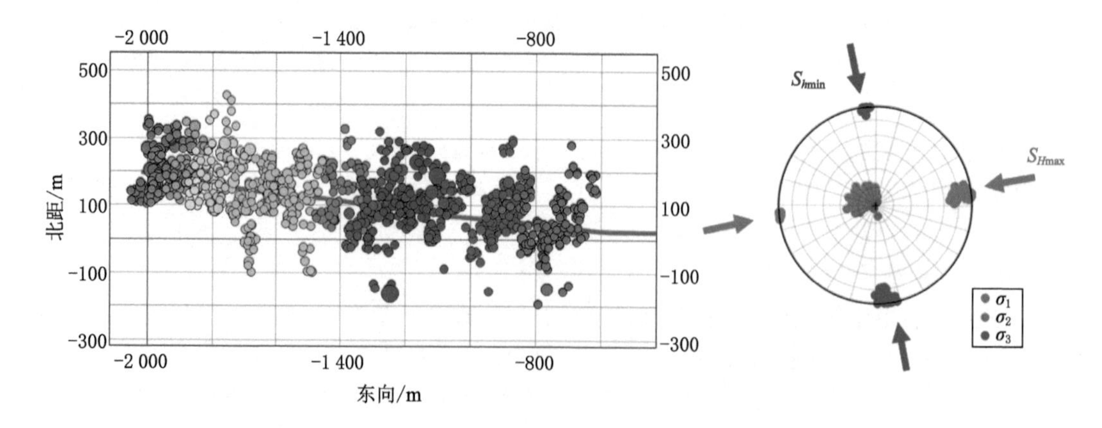

图 6-9　基于微地震矩张量反演获取深部热储层地应力场

三、裂缝建模

根据裂缝特征可将裂缝分为大尺度、中尺度和小尺度裂缝。裂缝建模方法分为确定性建模和随机性建模，确定性建模根据地震方法确定大尺度裂缝，随机性建模利用已知信息用随机模拟的方法呈现中小尺度的裂缝。

裂缝最主要的三个参数包括：裂缝方位、裂缝大小、裂缝强度。裂缝的方位和强度信息可通过测井成像的数据得到，而裂缝大小可通过地震数据、测井数据或者露头等信息获得。水力压裂产生的裂缝受地层三向应力制约，裂缝的延伸方向与地层中最大主应力方向平行，而垂直于最小主应力，测量出水力裂缝的延伸方向也就知道了地层应力的方向。

深部高温地热体建模过程中目的层段取心资料和成像测井项目极少，因此，大多数裂缝的识别只能依靠地球物理方法。通过参考以往常规测井识别裂缝的方法，将其应用于研究区，判别裂缝的存在。通过标定发现根据深浅双侧向电阻率的高低及其差异性质识别裂缝产状具有一定效果，这是由于地层中裂缝对地层电阻率的影响非常大，裂缝导电路径曲折度和导电截面积变化率一般都比孔隙小，电阻率值明显下降。统计结果表明：高角度裂缝发育区声波曲线并无异常，电阻率为幅度较大的正差异，电阻率值较高，微球幅度变化很大；低角度裂缝发育区声波测井异常增大，中子、密度曲线相关性较好，电阻率差异小，裂缝呈负差异特征或基本无差异。识别结果与岩心分析结果吻合程度较好。研究通过地震的手段分析储层裂缝的空间展布。以钻井取心获得的裂缝参数为硬数据，以地震数据提取的曲率体、蚂蚁体、相干体等属性数据为软数据，采用趋势序贯指示法插值建立裂缝概率模型，结合生产动态数据对概率模型进行优化，以优化模型为约束，建立离散裂缝片的三维空间分布模型。

四、属性建模

基于已构建的三维地质构造模型和岩相模型，实现三维属性建模。对三维模型中所包含的已录入井的测井曲线进行粗化，采用三维空间插值方法并以三维地震数据体为基准进行约束，对声波时差曲线、GR 曲线等相关数据进行三维预测，并以此为基础进行储层地质力学参数的三维预测。

1. 孔隙度模型

在具体的热储开发数值模拟工作中，依据热储内裂缝的不同物理描述，当前的数值模型主要可分为三类：单孔隙度模型、双孔隙度模型和多孔隙度模型。其中单孔隙度模型在宏观上均化了裂缝和基岩的物性参数，从而将热储层视为均匀的多孔介质，其计算量较小，但单孔隙度多孔介质采用的是局部热平衡假设，不能描述介质和裂缝流体之间的对流换热；双孔隙度模型将热储分为两个均质的多孔介质子区域，即高孔隙度的裂缝区和低孔隙度的基岩区，虽然这种模型仍采用局部热平衡假设，但分别处理基岩区温度和裂缝流体区温度，因此，能够近似处理流体和岩石之间的对流换热，应用较为广泛；多孔隙度模型考虑了实际热储层中裂缝的几何形状和空间分布，通过设定地质物理参数在空间的分布函数实现了较为精确的模拟，但这需要大量的实际工程数据支持，当前还未得到广泛应用。

结合以上对比，综合考虑计算精度与效率，本次研究采用双孔隙度等效连续介质模型，即将热储层视为由孔隙度、渗透率较大的裂缝介质和孔隙度、渗透率较小的基岩基质组成，水流在裂缝、基岩内均可流动。

2. 渗透率模型

建立渗透率模型的过程与建立孔隙度模型具有一定的相似性。主要的数据来源为岩石样品的实测渗透率数值。得到渗透率数值后，将渗透率数值与孔隙度进行回归分析，得到相应的渗透率曲线。通过线性回归得到渗透率曲线之后，对渗透率曲线进行粗化处理，并将相应数值与井轨迹所穿过的网格进行匹配，使得每个网格单元都被赋予一个渗透率值。然后对粗化的数据进行变差函数调节，使主、次变程同时拟合到最佳。再在岩性边界以及岩相模型的约束下完成渗透率模型的建立。

值得提及的是：基于地质统计学，若以地质蜂窝体积图像显示依据裂缝网络模型计算出的裂缝渗透率分布，全渗透张量就可以按照在每个单元格中的裂缝模型数量根据裂缝方向和大小计算出来。此渗透率为裂缝网络渗透率，有别于岩石基质渗透率，可获得的属性包括裂缝孔隙度和渗透率各向异性。

五、生产动态模拟分析

在地热资源开采时，实际过程中孔隙压力的变化必然会影响储层岩石骨架发生形变，导致储层岩石物性参数发生改变，其中最明显和最重要的就是孔隙度和渗透率的变化。实际开采过程中，孔隙度和渗透率都处于一个动态变化的过程之中，一方面多孔介质骨架有效应力变化，使得孔隙度和渗透率发生变化，另一方面孔隙度和渗透率的变化使得孔隙中流体的流动过程发生变化、孔隙压力也同样发生改变，因此在研究深部热储注水生产动态流固耦合模拟时，必须建立孔隙度和渗透率动态变化模型。

考虑任意复杂的致密热储生产动态模型分析方法如下：

① 整理生产井资料。根据井生产动态数据计算平均地层压力、规整化时间、规整化产量、规整化产量积分以及规整化产量积分导数。

② 绘制实测生产动态曲线。根据生产井地质资料和微地震资料选择井生产动态模型进行曲线初拟合，考虑储层非均质性把预设物性参数赋到模型中，把基于生产动态模型绘制的理论曲线和实测曲线绘制在同一双对数坐标系上，并根据拟合情况进行相应参数调整，得到井初步解释结果。

③ 确定最终拟合值。根据生产井地质资料和地震资料对初拟合结果进行合理性分析，甄别不合理储层参数或模型参数，通过多次反复对比调整，同时考虑模型解释多解性，得到曲线拟合效果较好且参数合理的井解释结果。

④ 确定深部热储参数。根据拟合参数结果最后确定压裂改造区范围、井控半径、井控储量等参数。

第三节　典型示范区储层地质模型

一、青海共和盆地储层静态建模

1. 三维地质建模

聚类分析指将物理或抽象对象的集合分组为由类似的对象组成的多个类的分析过程。其目的就是将属性空间的一个点集划分为不同的子类或子集，并计算每个子类的统计特征值。在实际操作时，不是所有的空间单元都参与到子类划分中，只需要选择研究区域内的一个样板区来进行聚类分析，获取不同子类的特征值。进行聚类分析前只需要给出子类的个数。聚类分析完成后，可以采用最大似然法 MLC(maximum likelihood classification)判断研究区域的任意一个空间单元(网格)属于哪一个子类。根据每个子类的均值和协方差矩阵，基于 Bayesian 判别准则和多元属性空间高斯分布的假设，MLC 方法能计算每一个单元属于不同子类的概率。MLC 方法假设每个子类的先验概率都是相同的，当然，也可以赋给每个子类不同的先验概率。对某一空间单元来说，它所属的子类就是概率最大的那个子类，落入同一个子类的那些空间单元可以认为易发性相等。

例如，在依据三维地震数据开展深部热储三维地质建模过程中，原始地震数据包含了倾角、方位角等信息。通过对每一个包含倾角、方位角信息的采样点计算其相似性值，再对每一个点只保留最小的相似性值(称之为最大似然体)及对应的倾角、方位角值。最后针对相似性做全区归一，使之更能够反映断层的线性关系。最大似然地层信息获取技术流程见图 6-10。

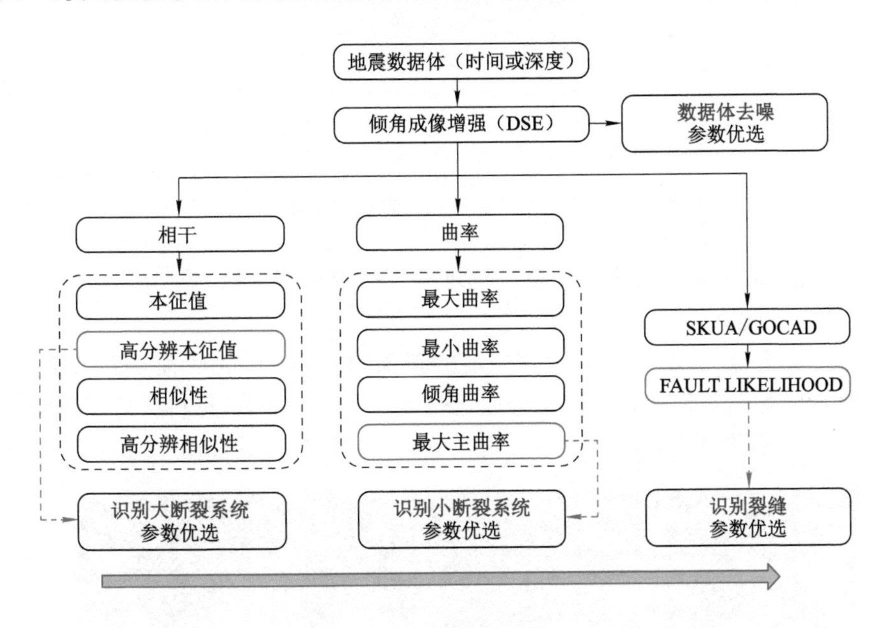

图 6-10　数据处理技术流程

结合钻井、测井、录井等数据，建立干热岩开发场地岩心模型，如图 6-11 所示。共和盆地恰卜恰干热岩开发场地岩性主要包括亚砂土、亚黏土、砂砾石、含砾粗砂、粉砂质泥岩、二长花岗岩、粗砂泥、泥岩、正长花岗岩、花岗闪长岩等。

2. 构造建模

研究区三维地震工区覆盖范围较小，但已解释的深度域层位和断层可用于建立小尺度高精度三维地质模型；研究区二维地震测线、大地电磁等资料覆盖范围较大，可建立大尺度区域地质模型。

(1) 大尺度区域地质构造建模

根据已经收集到的共和盆地地球物理勘探资料，研究区内共有 7 条二维地震剖面与 23 口井。首先根据 7 条二维地震数据解释的基底的深度域层位与 23 口井的井分层数据，利用收敛插值(即多项式插值)算法进行空间插值生成三维空间层位。由于二维地震剖面上对

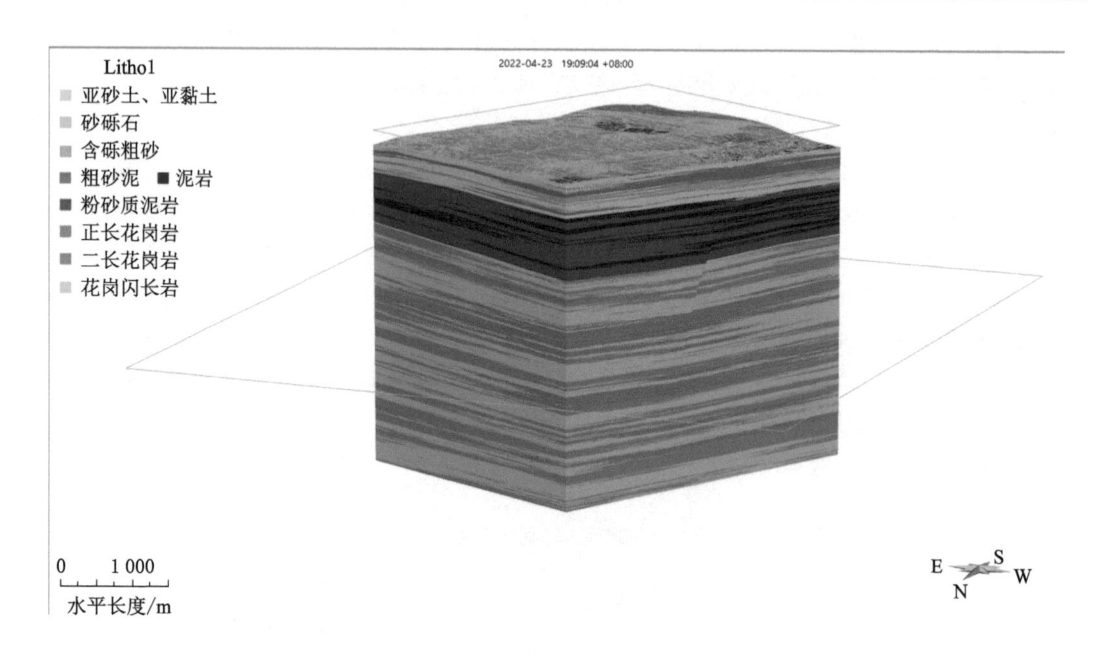

图 6-11 共和盆地恰卜恰干热岩开发场区地层模型

断层的解释数据相对层位比较稀疏，进行空间插值难以控制其收敛性，因此仅利用层位数据进行构造模型的建立。

以空间插值生成的顶面作为构造模型的顶面，构造模型的底面层位设置为深度为 −4 km 的平面。然后等比例在顶面与底面之间或分出 200 个微层，将构造模型剖分成细小的网格单元，为后期的属性建模提供最佳模拟单元。其构造模型如图 6-12 所示。

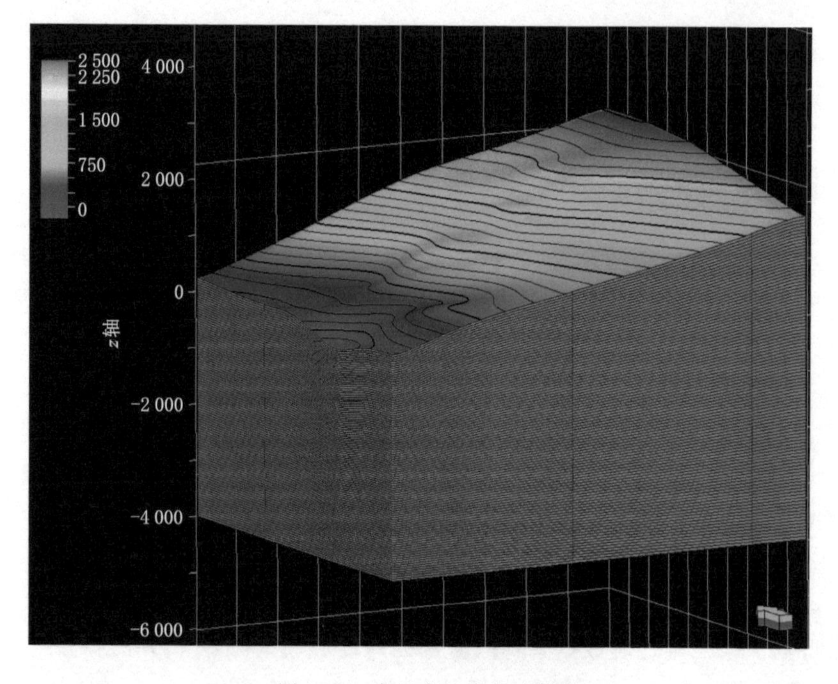

图 6-12 大尺度区域构造模型

（2）小尺度局部构造建模

研究区三维地震工区覆盖范围较小，已解释3套深度域层位和6条大断层，建立了小尺度高精度三维地质构造模型（图6-13）。

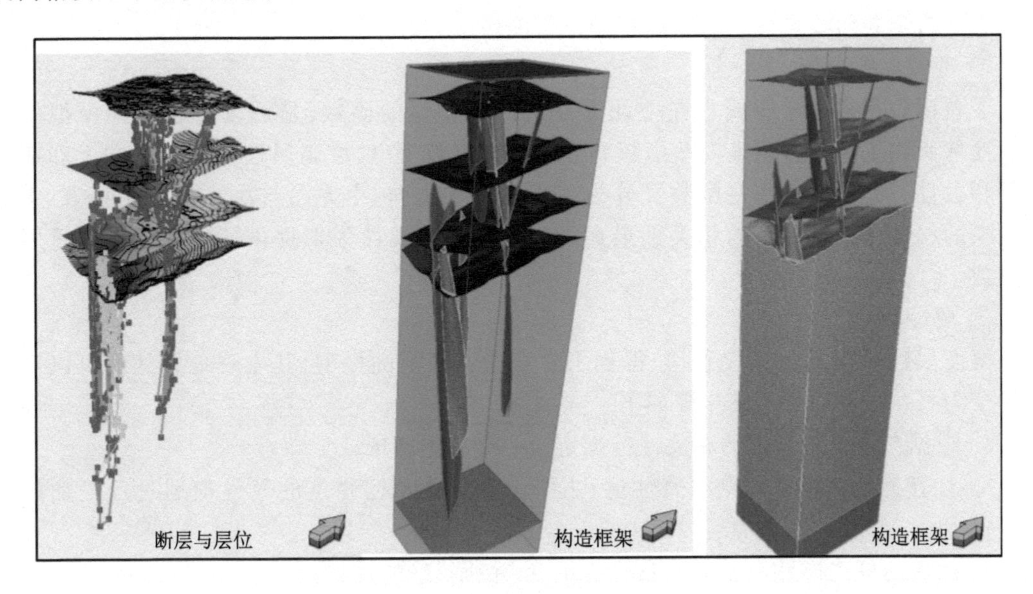

图6-13　热储小尺度高精度构造模型

进一步综合三维地震勘探结果（图6-14），建立青海共和盆地恰卜恰干热岩开发场地构造模型（图6-15）。

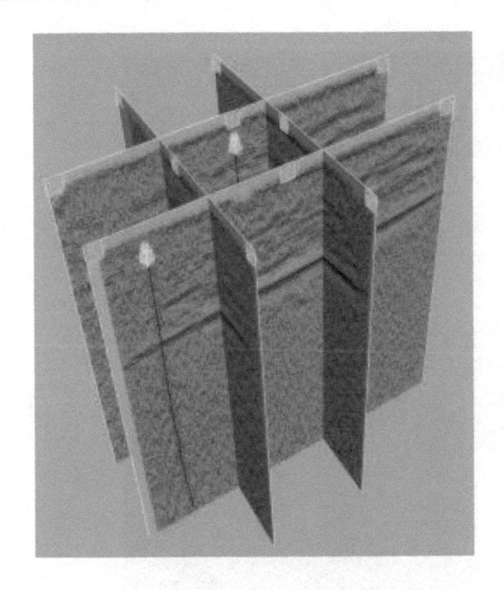

图6-14　场区三维地震结果

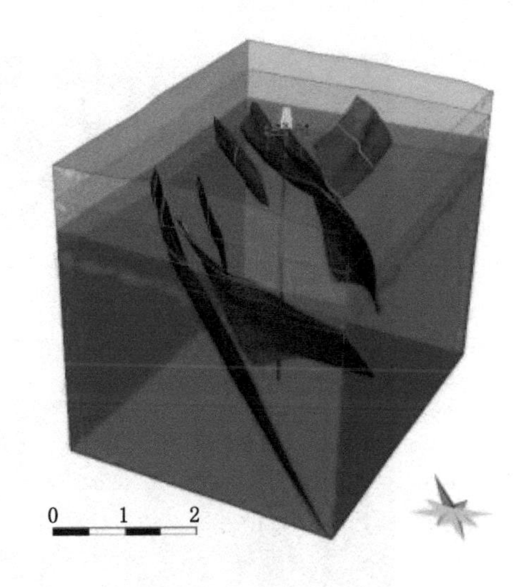

图6-15　场地构造模型

（3）属性建模

在构造框架的基础上进行属性建模，主要分为以下几个步骤：测井温度曲线粗化、变差函数分析和属性插值。

① 测井温度曲线粗化

井中的采样间隔一般是0.125 m，而地震上的采样间隔一般是5 m。理论上，将测井数据采样到地震尺度需要对数据按比例进行调整，以代表地质建模的比例。一般采用加权平均的方法将测井曲线采样的数据赋存到地质网格中去。

② 变差函数分析

变差函数是描述地质属性在空间上变化的相关性的函数，是后续进行属性模拟的基础。变差函数主要分为垂直变差函数和横向变差函数，分别控制属性模拟在垂向上和横向上的相关性。其中横向变差函数又分为主方向和次方向，主方向与次方向互相垂直，主方向反映的属性在该方向上的相关性最大。变差函数为属性模拟提供了空间插值的重要权重参数。

③ 属性插值

温度属性采用反距加权平均，得到了一个非常平滑的模型，其中一口井的值可以平滑地转变为另一口井的值。其步骤如下：

a. 根据三个变差函数的相关性范围定义一个三维椭球；

b. 计算椭球体类未知点的属性值，主要由椭球体类已知点的属性值通过反距加权法求得；

c. 然后随机选择另一个未填充的单元格，并执行②的过程；

d. 按照上述步骤进行，直到网格内的所有单元格都被赋值。

这种方法得到的是一个平均意义上的温度模型，即是一个较为光滑的温度属性模型。温度属性模型如图6-16所示，可以看出随着深度的增加温度也随之增加，该方法也可以反映出温度在横向上的变化。热储厚度模型见图6-17。

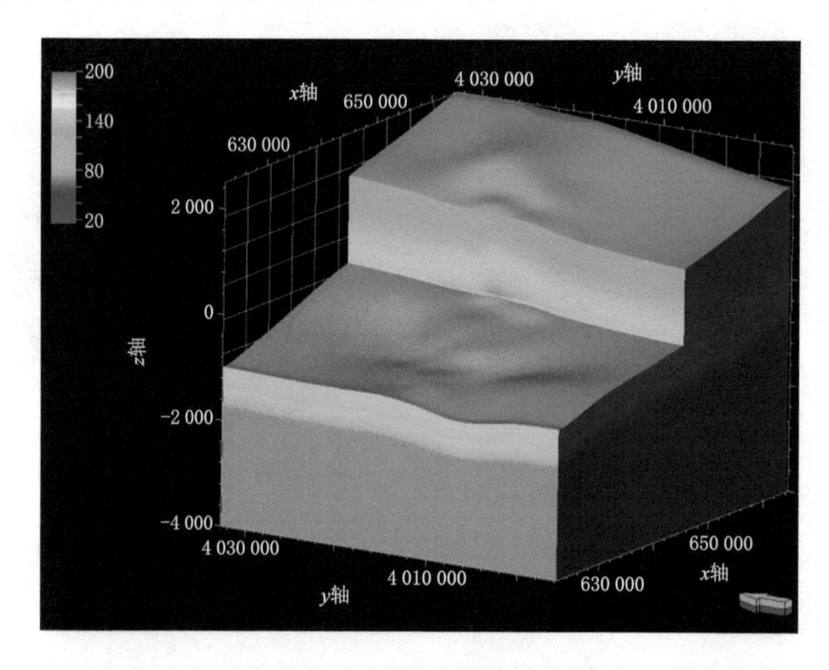

图6-16 温度属性模型

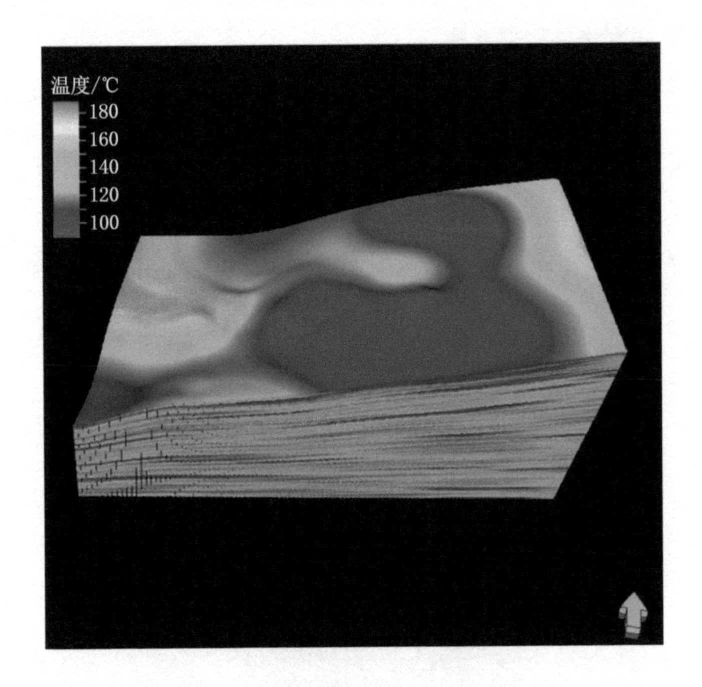

图 6-17　热储厚度模型

按照相似的方法建立场地开发之前的孔隙度模型(图 6-18)。

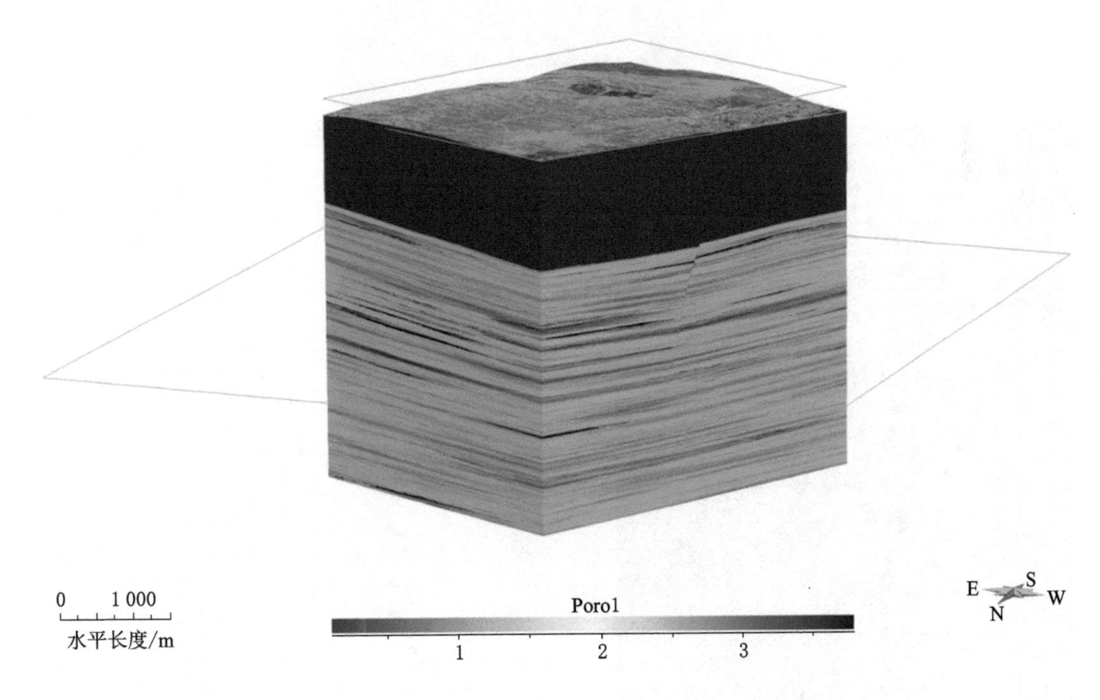

图 6-18　共和盆地恰卜恰干热岩开发场地孔隙度模型

二、青海共和盆地储层动态建模

通过对压裂或DFIT微地震地球物理数据开展矩张量反演，以震源机制分析为基础，以动态发展的裂缝模型为框架，根据不同破裂机制的事件，由单独的微地震事件建立包含能量参数和形态参数的离散裂缝网络(discrete fracture networks，DFN)模型，以及连续裂缝网络(continuous fracture networks，CFN)模型(图6-19)。在缺少测井和岩心数据的前提下，构建近井区域甚至是场区深部高温地热体动态模型，该方法流程示意图见图6-20。

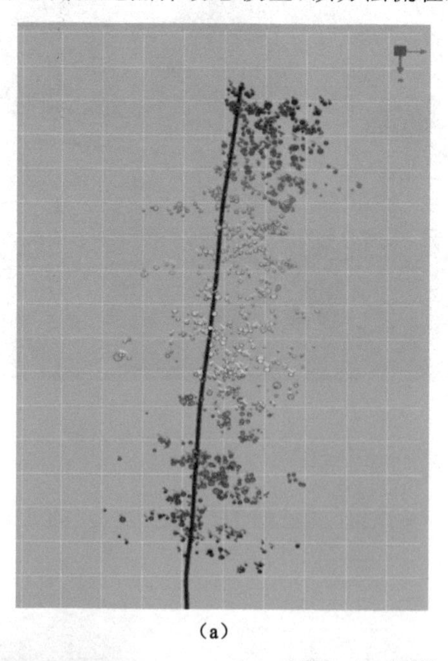

(a)

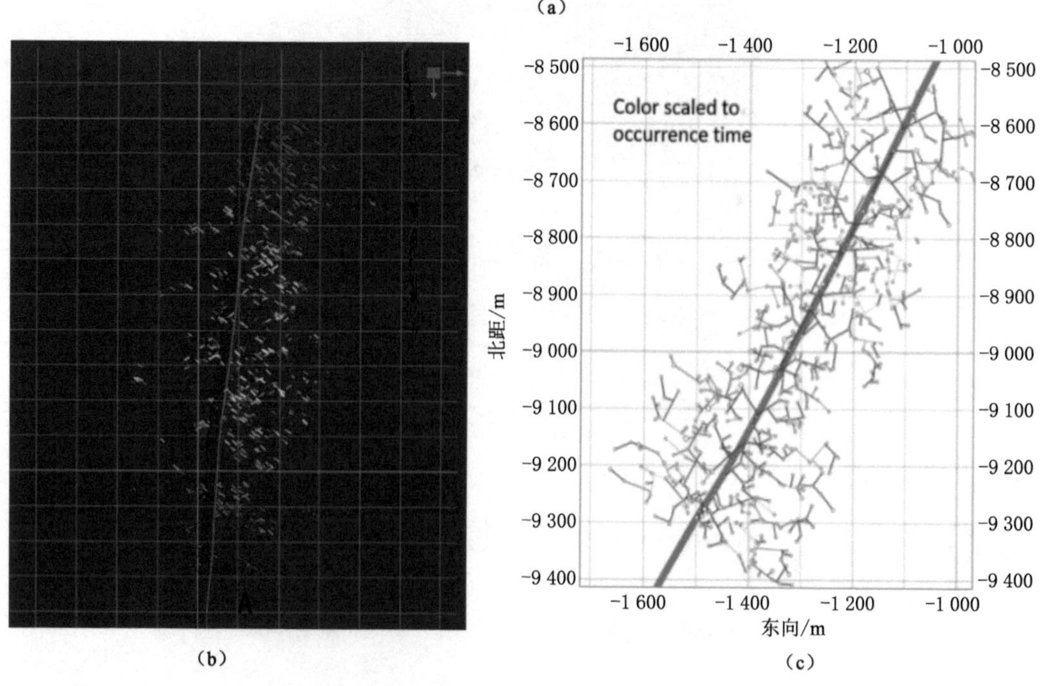

(b) (c)

图6-19 微地震事件、DFN模型、CFN模型示意图

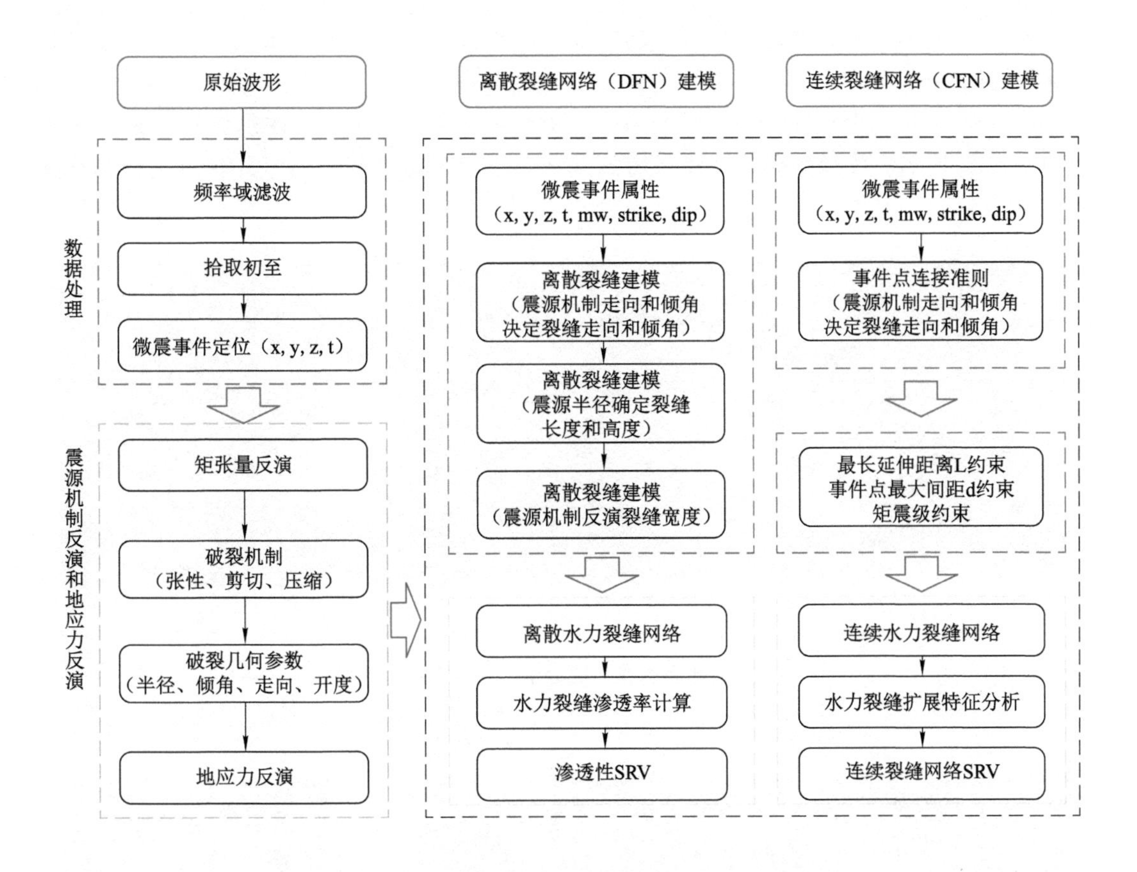

图 6-20　基于微地震矩张量反演的裂缝模型构建方法

进一步地基于地质统计学，若以地质蜂窝体积图像显示依据裂缝网络模型计算出的裂缝渗透率分布，全渗透张量就可以按照在每个单元格中的裂缝模型数量根据裂缝方向和大小计算出来。此渗透率为裂缝网络渗透率，有别于岩石基质渗透率，可获得的属性包括裂缝孔隙度和渗透率各向异性(图 6-21)。

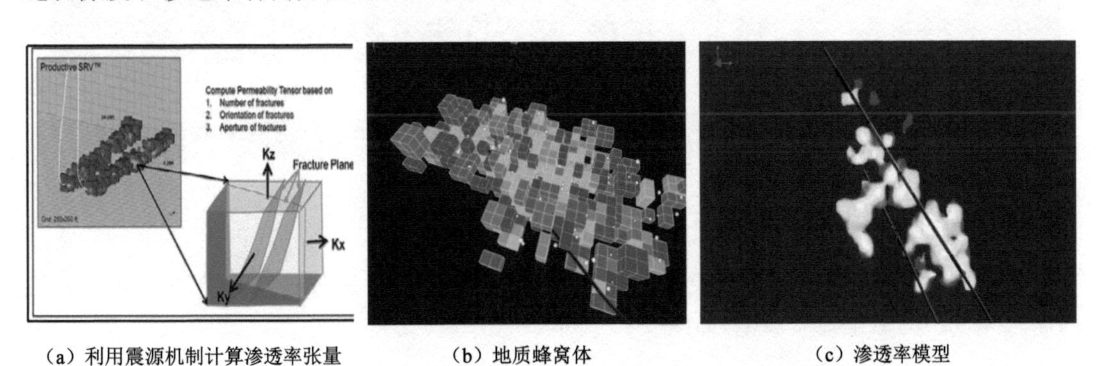

(a) 利用震源机制计算渗透率张量　　(b) 地质蜂窝体　　(c) 渗透率模型

图 6-21　基于微地震矩张量反演的渗透率模型构建

图 6-22 显示了共和盆地恰卜恰干热岩开发场地某干热岩开发井水力压裂微地震事件及其裂缝网络动态演化结果。图 6-23 显示了该井某压裂阶段的储层改造体积(stimulated reservoir volume, SRV)的演化过程。在此基础上,获取经过压裂后的热储层渗透率的模型如图 6-24 所示。渗透率模型是建立增强型地热系统井组过程中后续井靶点选择的重要依据。

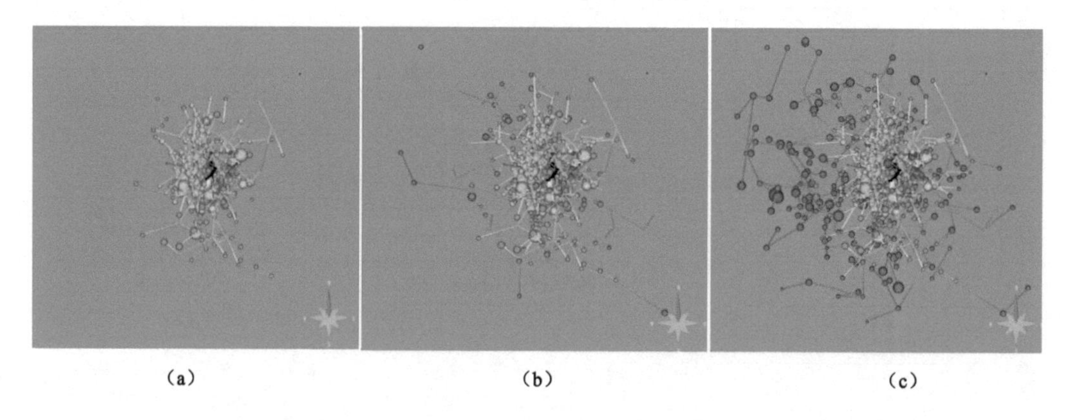

图 6-22　微地震事件表征的水力裂缝动态演化过程

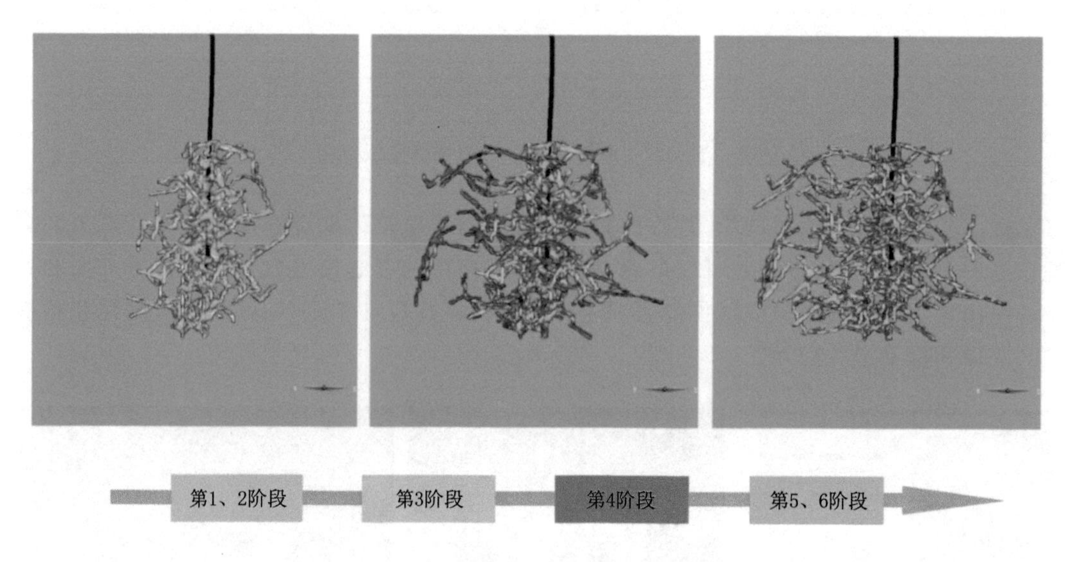

图 6-23　有效储层裂缝改造体积演化过程

如前所述,将微地震矩张量反演与三维地震勘探相结合,进一步完善了场区大尺度结构面(含断层)的三维地质模型,如图 6-25 所示。

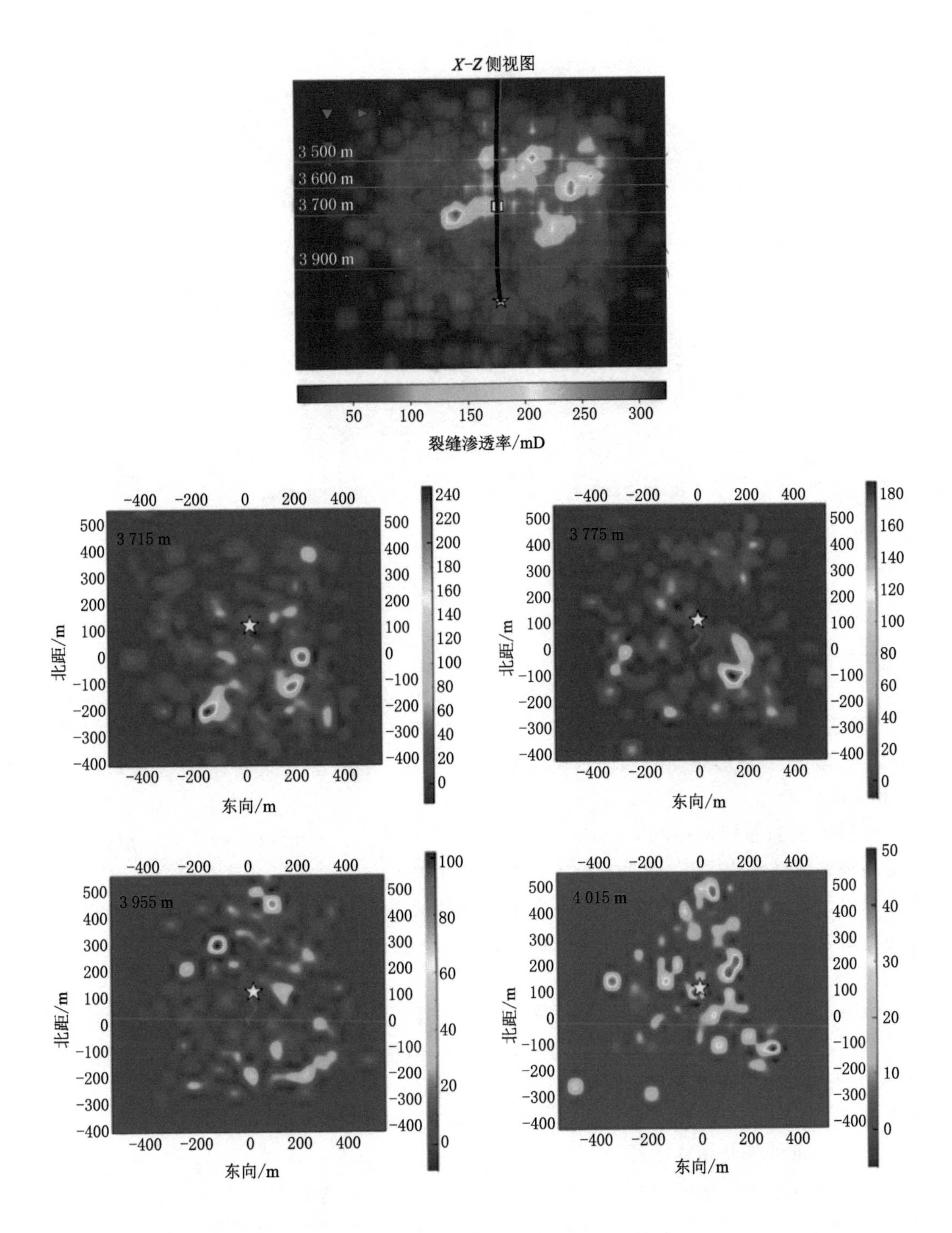

图 6-24　压裂后的热储层渗透率的模型

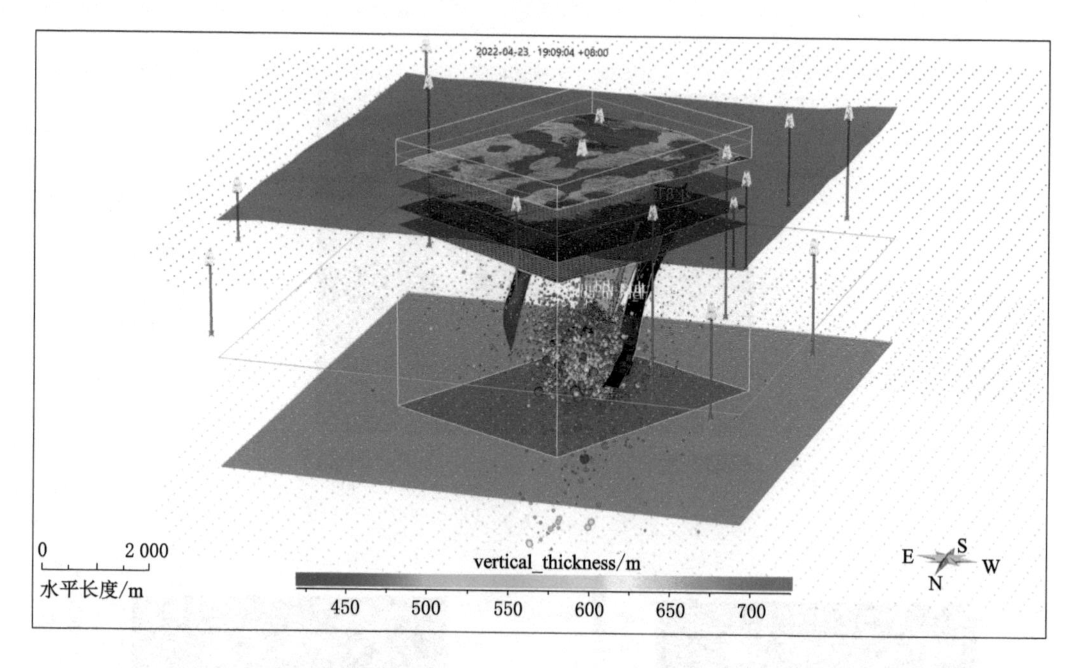

图 6-25 共和盆地恰卜恰干热岩开发场区三维地质模型

三、西藏古堆地热地质模型

MT/AMT 现场处理的目的是获得反映构造走向和倾向方向的视电阻率、相位等异常参数，即获得 TE、TM 两极化模式的实测响应。这部分工作在野外资料采集的同时进行现场同步处理，主要内容包括时域向频域信号的转化，主阻抗张量元素的计算，全频域视电阻率、相位的计算。

经过编辑和静校正后的数据，反映的还是地下介质电阻率与频率的关系，与地下结构不是简单的线性对应关系，而是一种复杂的非线性关系。反演通过一系列复杂的计算把频率域数据转化为某一地球物理模型(电阻率与深度的关系)，该模型按一定的标准逼近地下的地电结构，为定量解释提供模型。AMT 反演可分为一维反演、二维反演。

① Bostick 反演

Bostick 反演是 MT 最早使用的反演方法。它是在理想模型条件下从理论公式推导出来的单频点直接反演方法，因此算法简单，速度快，但受干扰影响大，使用条件一般不能满足，可以用来初步了解地电分布，并为其他二维反演方法提供初始模型。Bostick 反演是一种半定量反演方法，比二维反演精度低，能揭示剖面宏观电性特征。

② 二维非线性共轭梯度反演

二维非线性共轭梯度反演(NLGG)，以一维 Bostick 反演的结果为初始模型，反复迭代，得到最终反演断面(图 6-26)。本次主要采用二维反演和二维成像结果用于数据解释。

基于以岩层间电阻率差异为基础的电磁法勘探，反演的过程就是根据实测不同频率的视电阻率、相位响应来恢复可能的大地地电结构，从恢复的地电断面上去追踪分析一些构造地质现象。这种恢复的地电断面一般以地层电阻率随深度变化的形式展现。在本区进行的三维 MT/AMT 勘探，区别于二维 MT/CEMP 勘探的核心部分就是实现三维反演处

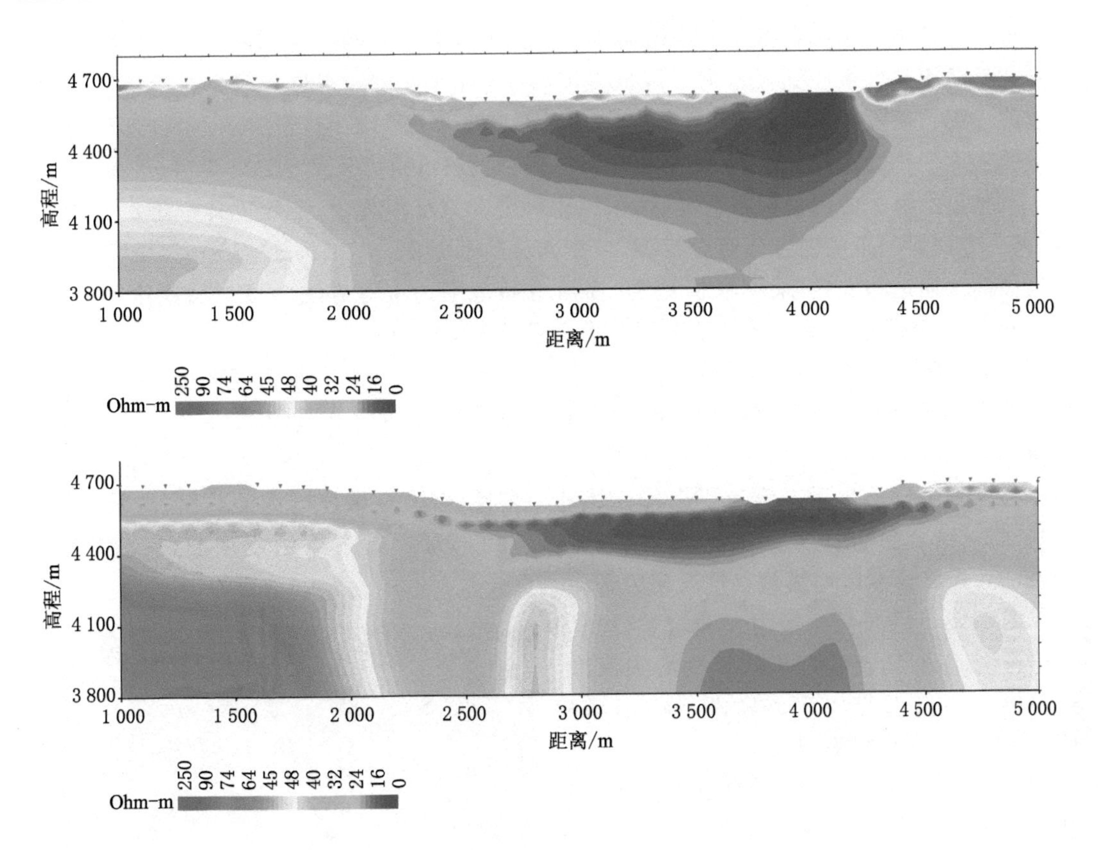

图 6-26　某测线 BOSTICK 反演和非线性 NLGG 反演结果对比

理，获得的三维反演结果如图 6-27 所示。

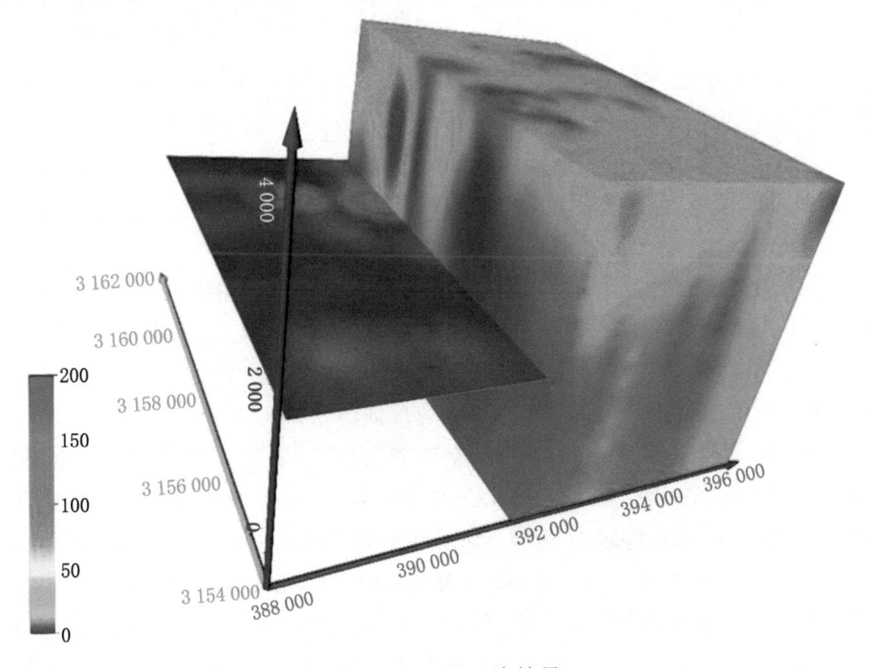

图 6-27　三维反演结果

重力异常是地下所有密度不均匀地质体引起的重力效应的叠加反映，直接使用布格重力异常反演则其多解性更大。为了降低反演多解性，对重力异常进行了异常分离和剥离。通过前述工作消除了浅层界面、基底内部及深部密度界面的影响，最终求取反映目标层位上下的密度变化的重力异常，从而为提高目标层位的三维重力反演创造了条件。

三维重力反演使用目标重力异常，采用相对密度差反演方法，三维立体模型剖分为纵、横、垂三方向等间距的立方体组合模型，模型剖分单元为 50 m×50 m×50 m。反演采用多次迭代逐次逼近的方式，采用极值范围、反演空间范围约束等方法。拟合精度达到 0.1×10^{-5} m/s^2。反演结果中密度模型采用海拔高程垂向坐标。

古堆工区地表平均海拔在 4 600 m，为复杂山地，地表、地下岩石密度变化情况复杂，识别地热所引起的重力异常存在困难，为了研究中浅层地热田分布情况，进行了三维重力反演。

三维重力反演采用三维重磁力物性快速层离反演法，在掌握已知地热田、地质等资料的基础上，结合磁力异常及重力异常特征，对重力异常进行三维密度反演，反演深度为 2 000 m，最终为本区地热赋存情况研究提供数据。

图 6-28 为古堆三维重力反演求解得到的三维密度体图示，反演结果归算到海拔深度。地热田上方所引起的重力异常特征不尽相同，有的受水热蚀变作用引起局部重力高，在三维反演结果中会出现剩余密度正异常；有的受外界条件的影响，会显示局部重力低异常，在三维反演结果中会出现剩余密度负异常。因此需要结合 AMT 电法异常，磁力异常，钻井、地质等资料来具体划分本区的地热赋存情况。

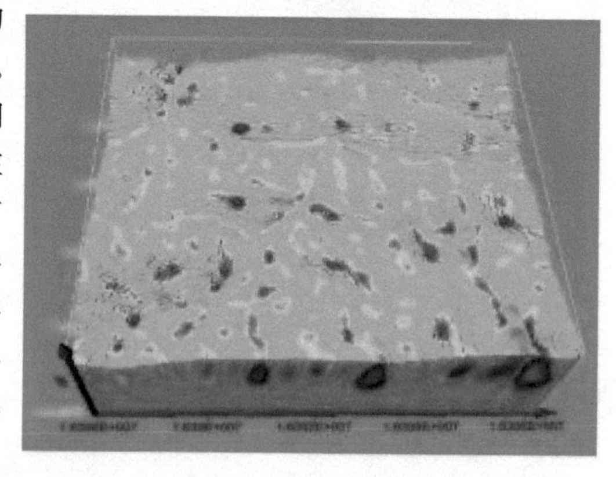

图 6-28　古堆三维物性反演密度分布图

对于磁力反演，与重力反演同样存在三维反演比二维反演更加符合地下实际地质情况的现象，三维磁力反演比二维剖面反演在正反演模型计算时充分考虑了三维体的磁力影响，理论上其获得的模型解更加精确、更加合理，所以三维磁力正反演是磁力反演解释方法创新的研究方向。

磁力异常是地下所有磁性不均匀地质体引起的磁异常效应的叠加反映。在反演之前，对磁异常进行了初步处理，去除了上延背景异常场。由于地层、岩石的磁性特征和磁异常场源效应的特点，其深浅层异常特征差异明显，而且磁性场源差异性显著，故对磁异常的反演不必使用异常剥离的手段，通过松弛约束式的反演方法即可获得较好效果。

三维磁力反演采用三维重磁力物性快速层离反演法，在了解掌握钻井、地质等资料的基础上，结合 AMT 反演结果、重力异常及磁力异常特征，对磁力异常进行三维磁化率反演，三维立体模型剖分采用正方体组合模型，剖分单元为 50 m×50 m×50 m。反演采用多次迭代逼近的方式，反演深度为 2 000 m，最终为地热赋存分布研究提供基础。

图 6-29 为古堆三维磁力反演求解得到的三维磁化率立体图，反演结果归算到海拔深度。火山岩受热蚀变后有可能失去磁性，并且发生硅化、黄铁矿化等水热蚀变作用，因此有

不少地热田低负磁力异常，具体需要结合 AMT 电法异常特征，重力异常特征，钻井、地质等资料来具体划分地热赋存有利区。

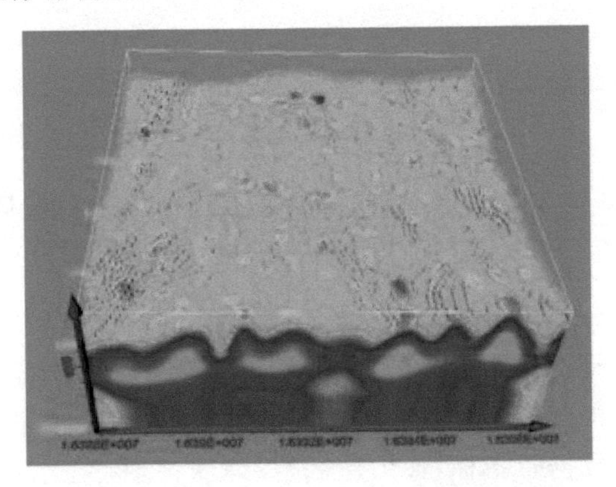

图 6-29　古堆三维物性反演磁化率分布图

第七章　深部高温地热体储层评价

地热资源储层评价是贯穿地热勘查和开发全过程的一项关键工作，它对于确定地热可开发量、优化开发模式、提高开发效率以及保证开发安全等具有重要作用。在评价过程中，需要考虑多方面的评价数据及指标，如地质因素、地球物理特征、工程场地条件、地下温度场、化学组成、储层裂缝网络和经济因素等，制定综合评价指标，采用适宜的评价方法和技术，确定指标权重，对采集的数据进行准确分析、处理和评估，达到准确评价地热资源量和质量的目的。不同地热勘查和开发阶段所具有的资料完整程度有所不同，地热资源的评价方法也不尽相同。

由于我国深部地热资源勘探开发起步较晚，目前尚处于前期的资源勘查阶段，有关地热赋存前景目标区的预测和开发靶区的优选评价研究十分薄弱，至今尚未形成一套行之有效、值得广泛借鉴的深部热储评价理论和方法。本次研究优选了深部高温地热体储层评价指标，利用有利区带层系分析法(play fairway analysis)对深部高温地热储层及资源量进行了评价。

第一节　深部高温地热体储层评价方法

一、深部高温地热体储层评价指标

(一) 地质条件

1. 地温梯度

地下温度随深度增加，而增加的速度即为地温梯度，以平均地温梯度而言，每往下 1 km 约上升 30 ℃，当地下温度出现异常高值时，所计算出来的地温梯度会高于平均值，故地温梯度与热源密切相关。

2. 大地热流值

大地热流值是能够直接反映地热背景，评价一个地区地热资源好坏的基础参数。大地热流值高可能是由于该地区构造活动强烈或构造-热事件年龄小；而构造稳定的古老块体，往往其大地热流值较低。根据目前全国大地热流数据可以发现，中国大地热值分布很不均匀，但总体上呈现“东高西低、西南高西北低”的特点，其中藏南地区、滇西地区、南海及东海局部地区热流值大于 75 mW/m^2，个别地区高达 304 mW/m^2，属于高热流区；其次为四川盆地，南方沿海盆地华北南部、松辽盆地北部、江苏北部、渤海湾盆地等地区热流的平均值在 65～75 mW/m^2；新疆的塔里木盆地、准噶尔盆地、四川盆地北部以及松辽盆地北部等地区热流的平均值为 30～50 mW/m²，为冷盆，依据大陆现有的热流特征，认为大地热流值>70 mW/m² 时较好。一般情况下，当某个地区地温梯度>3 ℃/100 m 时，即将该地区视为地热异常区，中国不同地区的地温梯度取值区别较大。根据大地热流与地温梯度和地表温度可以推算出地下一定深度范围的热储层温度条件。

3. 热储岩性

热储岩性对人工压裂造储具有重要影响，人工压裂造储效果的好坏直接决定干热岩项目是否能够持续、安全且经济地运行。目前全球干热岩热储岩性多为花岗岩，除此之外，还包括碳酸盐岩、砂岩及变质岩。

花岗岩类通常硬度较大、结构致密且渗透率极低。其富含的高放射性元素（U、Th）衰变产生的热量被认为是干热岩地热资源的重要热来源，但与此同时，岩性与热能聚散也存在一定的相关性。美国 Fenton Hill EGS 项目干热岩地热系统建于前寒武纪岩体中，岩性为均质黑云母花岗闪长岩；日本 Ogachi EGS 项目区，上部 200 m 为古近纪-新近纪凝灰岩，下部为花岗岩和花岗闪长岩；英国 Rosemanowes 增强型地热系统项目区为早二叠世花岗岩岩基；法国 Soultz 增强型地热系统项目上部为古近纪-新近纪沉积砂岩，下部为古生代花岗岩；澳大利亚 Cooper 盆地上覆地层厚度为 3 668 m，为中元古代变质沉积岩，下部为年代较新的花岗岩；青海共和盆地恰卜恰地区的岩石岩性则为印支晚期花岗岩。

碳酸盐岩热储通常呈层状分布，具有明显层理结构及可溶性，在高热流值背景下，与高浓度 CO_2、H_2S 等深部存在的酸性气体反应，促使碳酸盐岩发生深部溶蚀，增加岩石孔隙度和渗透性。欧洲阿尔卑斯褶皱带磨拉石盆地以碳酸盐岩为盆地的主要热储层，德国 Unterhaching、奥地利 Altheim 及瑞士 St. Gallen 干热岩项目主要是中生界碳酸盐岩储层。随着 EGS 技术的不断拓展，利用人工造储提取深部热量时，往往选取更易于改造的热储，此时，高热流值背景下的中-厚层碳酸盐岩热储通常作为优质的干热岩热储。这是由于碳酸盐岩在水力压裂或酸化压裂过程中都易发生溶蚀，并且对于中-厚层碳酸盐岩热储，其构造裂隙通常而言密集短小且分布均匀，在人工压裂下可形成较为均匀的裂隙型热储，有利于深层地热能的开采。

砂岩类热储层其大部分是由于该干热岩项目并未钻遇至花岗岩层或部分钻遇至斑状花岗岩层，一般把其上部具有埋深合适、温度高、热导率大、裂隙少等特性的沉积岩地层作为储层。

（二）工程场地条件

1. 地应力

人工储层建造是干热岩体开发最关键的步骤，且直接关系到 EGS 工程的成本和经济性，多年来国际上多采用巨型水力压裂法建造人工储层。地应力决定着储层内天然裂隙的形态，可以利用天然裂隙反演人工裂隙的形态；地应力的大小还影响破裂岩石的压力，是水力压裂施工时的重要因素。因此，确切掌握干热岩体的天然应力状态是建造人工储层的重要环节。

2. 储层压裂门限值

储层压裂门限值也称为岩层起裂压力，是评价热储岩性是否易于人工压裂的指标，主要由开发场地的应力状态决定。尽管还没有足够的资料来确定 EGS 地热开发的最佳应力状态，但从已有示范工程来看，储层压裂门限值为在十几或几十个兆帕。如美国 Fenton

Hill 的起裂压力值为 19 MPa；法国 Soultz 场地的 GPK2 和 GPK3 这 2 个钻孔的起裂压力值分别为 15.5 MPa 和 16 MPa；德国 Landan 压力值为 13 MPa；澳大利亚 Cooper 盆地 Habanero-1 井的起裂压力值为 58 MPa；瑞士 Basel-1 井的起裂压力值为 29.6 MPa；德国 Groose 场地的起裂压力值为 58.6 MPa。有学者通过研究表明，花岗岩的起裂压力为 20.4 MPa。一般情况下，干热岩储层压裂应优先使其原生裂隙张开，次之再考虑压裂岩石本身制造的新的裂隙系统。

3. 诱发地震

高压注水诱发的地震易对财产及人身安全造成危害。澳大利亚 Cooper Basin EGS 曾在 2013 年实现兆瓦级发电，但由于为了减小诱发地震的损害，将地点选在了远离人烟处，最终因成本过高而关停。瑞士 Basel EGS 在进行注水工作时，随着注水量和注水压力的不断增大，诱发了 3 次地震，致使项目关停并进行灾害补偿。Pohang EGS 模仿 Soultz 的成功模式，但由于距离人口聚集地过近，因诱发地震关停。此外，德国 Landau EGS、美国 Geysers EGS、瑞士 Gallen EGS 等项目都因诱发地震而停止。因此，EGS 工程选址与人类活动区的远近也是需要考虑因素之一。

（三）裂缝条件

1. 裂缝密度

裂缝密度是衡量裂缝发育程度的参数，主要有线密度、面密度和体积密度三种表示方法。线密度是指裂缝法线方向上单位长度的裂缝条数，定义为线密度＝条数/长度，裂缝间距与线密度具有倒数关系，表示为：间距 S_j＝长度/条数。裂缝密度或裂缝间距的获取通常利用岩心和露头裂缝测量数据建立经验关系，从而间接求取宏观构造的裂缝密度或者裂缝间距。

2. 裂缝宽度

从岩样上直接测量获得的裂缝宽度，实际上是地面卸压之后裂缝张开后的宽度，一般会比地下真实的裂缝宽度大很多，因此一般需要用间接方法来获取更接近地下真实情况的裂缝宽度。目前计算裂缝宽度的预测方法主要是通过储层岩石的弹性力学参数、上覆岩石压力和地层压力计算出裂缝法向的有效应力 W_1，根据每组裂缝的应力敏感曲线去预测该组裂缝在储层条件下的宽度。

3. 裂缝的渗流能力

根据简化的平板流立方定律可计算裂缝导流系数与裂缝宽度之间的关系：

$$T=\frac{\eta b^3}{12} \tag{7-1}$$

式中，η 为与裂缝宽度、裂缝初始接触面积有关的无量纲参数，无因次；b 为裂缝宽度，m；T 为裂缝的导流系数，m^3。

4. 裂缝的方位角

裂缝在储层中的发育方向通常用倾角和走向两个参数来表征，倾角是指裂缝面与水平面间形成的锐角 α，走向是指裂缝和水平面的交线与正北方向的夹角 β。根据裂缝的倾角和走向可以得到裂缝面的法线方向（垂直于裂缝面向外）：

$$n=[\cos\beta\sin\alpha \quad -\sin\beta\sin\alpha \quad \cos\alpha] \tag{7-2}$$

在二维平面问题中，在 x-y 平面上并不能体现裂缝的倾角（认为 $\alpha=90°$），仅能体现裂缝的方位角因素，因此二维平面中的裂缝面法线方向简化为：

$$\boldsymbol{n}=[n_1 \quad n_2]^{\mathrm{T}}=[\cos\beta - \sin\beta]^{\mathrm{T}} \tag{7-3}$$

裂缝的方位从岩层上也能大致测量到，但能获得的有效数据量不多，并不能准确地表征不同构造部位和层位的裂缝方向变化，因此通常需要结合测井解释和区域应力场分布等多种方法进行综合分析判断。

（四）地球物理特征

1. 壳内低速高导层埋深

中国大陆地壳西厚东薄、南厚北薄。青藏高原地壳平均厚度 60～65 km，周边地壳厚度 48～60 km，中部唐古拉山中段最厚可达 80 km，与青藏高原相差 15～20 km；中国东部地区地壳厚度 30～35 km，东南沿海地区地壳厚度 30～35 km，与青藏高原相差约 30 km；南海中央海盆地壳的平均厚度为 4.9 km，中国大陆地壳平均厚度为 47.6 km，大大超过全球地壳 39.2 km 的平均厚度。随着超宽频带大地电磁测深、地震层析成像等技术的快速发展，中国大陆地壳分层结构的特点不断得以揭示，壳内低速高导层的存在不断得以肯定。

2. 居里面深度

利用磁法数据可以反演计算居里面深度，反映岩石圈的热状态而非地质构造界面。居里面深度与地温梯度转换关系如下：

$$D=\Delta T/G$$

式中，D 为居里面深度；ΔT 为居里点温度与地表温度的差值；G 为平均地温梯度。

该式表明居里面深度与地温梯度存在反比例关系，即居里面深度浅，表明深部热源上涌，其携带热量较高，对应着地温梯度也较高。

3. MT 电磁

利用天然交变电磁场来研究地球电性结构，电阻率与温度的变化相关性良好，是通过电阻率反演温度的基础。多利用 MT 圈定储热范围与控热控水构造，了解热储温度状况，研究深部地质构造。

4. 重力异常

重力异常与热异常往往具有很好的相关性，地温与盆地基岩的起伏存在相关关系，而重力异常能很好地反映基岩起伏，因此通过重力测量确定基岩隆起和凹陷及埋深，可以间接寻找地热。重力高值区经常与较高的沉降速率和地壳形变有关，也可能与断层产生的渗透率水平升高有关。同时重力数据可以通过指示地表不明显的侵入活动来补充地质图信息。

5. 地震波速度

地震勘探主要基于弹性波理论来完成勘探，常用的弹性波包括纵波（P 波）和横波（S 波），其中，P 波是一种推进波，其传播方向与震动方向一致；S 波是剪切波，传播方向与震动方向垂直且只能在固体介质中传播。岩石的物性特征会发生很大变化，随着温度的升高，岩石的纵波速度降低，横波速度也逐渐减小且趋于零。此外，由于地热储层中蒸汽和裂缝的存在，弹性波速度进一步衰减。

（五）经济条件

1. 可开采资源量

通常在估算可开采能源部分时设定岩体的平均温度只下降 10 ℃，则从温度为 200 ℃、体积为 1 km^3 的立方岩体中可开采的热能为 2.5×10^{13} kJ，而其四周则含有 4×10^{14} kJ 的热能。干热岩可开采量不应低于该岩体本身可开采的资源量，以能够采出大于周边岩体的资源量为最佳。实际计算中，应尽可能通过数值模拟的方法计算。

2. 钻井深度

钻井深度以干热岩最佳开采温度 200 ℃ 等温线深度为量化依据。钻井深度一方面影响钻探经济性，另一方面影响钻探施工难易程度。目前国内外干热岩开采深度主要集中在 3～5 km，澳大利亚 Cooper 盆地 4.25 km，法国 Soultz 场地 3～4.75 km，温度均大于 200 ℃。

3. 可发电量

利用干热岩发电是干热岩开发利用的主要目标。从现有 EGS 工程发电潜力或装机容量看，1984 年美国 Fenton Hill 建成了世界上第一座高温岩体地热发电站，装机容量为 10 MWe；法国 Soultz 场地在首次示范生产（发电量 1.5 MWe）基础上开展发电量 20～30 MWe 的规模化电力生产；2013 年澳大利亚在 Cooper 盆地 Hobanero 场地新建的 EGS 示范性工程装机容量为 1 MWe，具备扩展到 25 MWe 的发电潜力；目前最大的干热岩发电项目是加州旧金山北部的 The Geysers，该项目包含 18 个地热电站，合计装机容量达到了 845 MWe。我国目前尚无商业规模的干热岩发电工程，仅在少数干热岩钻井，如河北省唐山市马头营项目实现了干热岩试验性发电（芥晓飞 等，2018，李翔 等，2022）等在唐山马买营地区干热岩项目采取 ORC 系统进行了试验性发电，发电功率达 201 kWe，所以，在我国建立一座 1 MWe 级装机容量的干热岩示范电站应是近期的主要目标，发电潜力应不低于 10 MWe（李胜涛 等，2018）。

二、深部高温地热体储层评价方法

目前，深部高温地热体储层评价方法众多，如综合指数法、TOPSIS 法、层次分析法（AHP）、RSR 法、模糊综合评价法、灰色系统法等，每种方法都有其独特之处及适用范围。在选择适当的评价方法时，需要考虑评价的对象、目的以及可靠性等因素，并找到最合适的模型来进行分析和计算。除了选择合适的评价方法外，确保数据的可靠性和指标的合适性也是非常关键的。同时，评价方法的合理性和公正性也需要得到保障，避免因主观因素的影响而导致评价出现偏差。

（一）层次分析法

层次分析法又称多层次权重分析法，是一种解决多目标的复杂问题的定性与定量相结合的决策分析方法，该方法将定量分析与定性分析结合起来，用决策者的经验判断各衡量目标能否实现的标准之间的相对重要程度，可提供决策者选择方案的充分信息，减少决策错误之风险性，并合理地给出每个决策方案的每个标准的权数，利用权数求出各方案的优劣次序，比较有效地应用于那些难以用定量方法解决的问题。评价指标具有明显的层次性，将与评价（决策）有关的元素分解成目标、准则和方案等层次，在此基础上进行定性与定量相结合的评价方法，通过系统规划和评价将复杂现象和决策思维过程系统化、模型化、数量化。

层次分析法的重点是将决策问题分解为若干个层次，并确定每个层次中包含的若干个影响因素，以及实现决策目标的几个备选方案。在层次分析法最简化的模型中，层次结构分为目标层、准则层、方案层等三个层次。在处理较为复杂的多目标决策优化问题时，影响决策目标的因素往往还可以细分为多个子因素，从而形成一个介于准则层和方案层之间的子准则层，子准则层中包含的各子因素通过影响上层因素间接影响决策目标。

在层次分析法中，处在层次结构第一层的称为“目标层”，即为该优化决策问题的总目标。该层只有一个因素组成，即多目标决策优化问题的预期目标。第二层为准则层，该层的各因素是与目标层相关性最大的若干个因素，是实现优化决策问题的最主要的中间环节。通过层次分析法计算得出的、该层各因素的相对权重，反映了该因素对决策目标影响的相对重要性。第三层是根据实际需要，对某个准则层中的因素进行分解，并再次分层形成的子准则层；通过层次分析法计算得出的子准则层各因素的相对权重，是该子因素在上一层因素中的相对权重，反映了该子因素对对应因素影响的相对重要性。第四层是实现决策目标的、可供选择的具体方案，因此被称为“方案层”或“措施层”。类似地，对于每一个子因素而言，该层的每个解决方案都是该子因素的下一层子因素，方案层通过子准则层的各因素影响准则层，再通过准则层的各因素最终影响决策目标的实现。

AHP 法在评价阶段常与德菲法(Delphi)合用，寻求、收集专家意见，称为 DHP(delphi hierarchy process)。根据问卷调查所得之结果，建立成对比较矩阵。AHP 法的优点在于能将复杂问题系统化，有助于决策者评价决定各方案的优先顺序，或选择出最适当方案的优点，然而其方法仍有缺失的部分。缺点在于判断的感觉模糊，并且 1～9 的评价尺度过于细琐，而拥有不同背景的专家其着眼点会有所不同，会导致结果可能存在一定差异。

(二) 有利区带层系分析法

有利区带层系分析法(play fairway analysis，PFA)是石油行业首创并广泛使用的一种有利区带勘探预测方法，它整合了区域或盆地规模的数据，以系统的方式确定勘探目标(区块)。然后询问这些数据，以突出可能性最高的区域(前景区)。它比传统勘探方法提供了更高的技术严谨性，即使在数据稀少或不完整的情况下，也有助于基于风险的定量决策。PFA 概念涵盖了指示地热活动的多个参数的整合，以识别地热开发最有前景的潜力区域。

过去由于资料有限，地热的勘探主要靠野外温泉露头、温度指示矿物、热流测试、钻井温度测量等。随着大量数据的积累，地热研究者开始采用类似石油勘探领域综合沉积体系、烃源岩、储层、盖层、圈闭等数据资料预测和评价潜在油气藏分布有利区带的分析方法来预测潜在有利地热分布区带。

自 2014 年以来，美国能源部一直使用 PFA 法搜索地热系统的潜在位置，它将地质因素与现有的社会经济数据相结合，为评估和绘制地热潜力提供了一种新的方法。Faulds 等(2018)利用 PFA 在考虑构造背景、断层活动年龄、断距、断裂活动速率、渗透率、热源以及这些参数不同权重的基础上预测了最有潜力地热系统的分布和勘探目标。Ito 等(2017)综合重力、断裂、火山、地下水、地化、温度、电阻等资料，通过线性模型联合定量表征地热关键资源参数(如异常高地热、渗透率和流体)，并计算出地热前景区开发的成功概率，采用该预测方法成功地预测了夏威夷地区地热资源的潜力分布。

有利区带层系分析法可分为三个阶段。第一阶段包括收集研究区地质、地球物理、地球化学资料，分析地热田的特征，绘制详细的地热潜力图，圈定可能的地热勘查靶区；第二阶段包括评价地热靶区，选择最有希望的开发场地，开展详细的勘查研究，改进“多准则评价方法”，选择有利的钻探目标；第三阶段包括钻井试验，开展各种分析工作以确定地热田的潜在规模及商业潜力。

第二节　深部高温地热体地热资源量评价方法

深部高温地热体资源量评价是地热资源可持续开发利用的一项必不可少的工作。地热资源合理评价开发是制定国家地热资源发展战略的重要基础，也是助推地热行业高质量发展的必要保障。通过评价深部高温地热体的资源储量和分布情况可以明确该区域的地热潜力，而地热储层资源量估算为合理开发利用地热资源提供科学依据。

根据前文的深部高温地热体类型划分，其资源量评价也可分为水热型地热资源量评价和干热岩型地热资源量评价。目前我国乃至全球范围内，水热型地热资源仍是地热领域开发的重点，其技术不断进步、理论研究丰富、评价体系全面，根据场地勘查的不同程度，可以选取地表热量法、热储法（又称体积法）、解析法等不同评价方法。而对于干热岩地热资源来说，其影响因素众多，评价方法复杂，还未形成一套拥有较强适用性的资源评价体系。研究人员基于区域地质、矿产地质及水文地质循序渐进的调查勘查理念和地热资源地质勘查规范（GB/T 11615—2010）等，将我国干热岩资源调查评价工作阶段划分为全国陆域干热岩资源调查评价、区域级干热岩资源调查评价、地区级干热岩资源调查评价、场地级干热岩资源调查评价和工程级干热岩资源调查评价 5 大阶段。按干热岩资源调查评价精度由低到高，依次称之为 E、D、C、B、A 级干热岩资源评价。

在地热资源量评价过程中，通过地质勘探、综合地球物理测量、岩石力学试验等方法获得相关储层参数，以三维热储模型为基础，综合分析热储的空间分布及边界条件，进行参数优化并对参数进行敏感性分析。地热资源建模不同于油气和矿产资源，其建模过程需要考虑温度参数对资源量估算的影响。因此，如何高精度刻画温度场则是深部高温地热体资源量评价的重点和难点。

一、温度场刻画

物质系统内各个点上温度的集合称为温度场。它是时间和空间坐标的函数，反映了温度在空间和时间上的分布。温度场有两大类。一类是“稳定状态温度场”，亦称“稳定温度场”“定常温度场”，是指不随时间而变化的温度场。按物体空间坐标个数的不同，有一维、二维和三维稳定状态温度场之分。与非稳定状态温度场相比，大多比较简单而易于求解。另一类是“非稳定状态温度场”，亦称“非稳定温度场”“不稳定温度场”或“不定常温度场”，是指随着时间的推延而不断发生变化的温度场。按物体空间坐标个数的不同，有一维、二维和三维非稳定状态温度场之分。与稳定状态温度场相比，大多比较复杂，且往往不易于求解。

地温场（地热场）是地球内部空间各点在某一瞬间温度值的总和。若在地温场内某点温度随时间而变化，则为非稳定地温场；而不随时间变化的地温场则为稳定地温场。影响地温场分布因素较多，预测评价困难。了解和掌握地壳内部温度场的分布、热流值的变化和地温梯度的变化，不仅有助于分析和研究地热资源的成因，而且直接关系到地热资源量的估算精度及勘探开发工作的成效。地壳内部温度场的分布受诸多因素的制约，地球深部热量不断向地表传导是形成地温场的决定因素，地壳内部各种岩石的热物理参数的差异，影响着地温场的分布形态。地壳浅部地下水分布很广，地下水易流动，且有大的热容量。地下水的运动形成热对流，这是影响地温场分布的另一个因素。在地壳中，岩浆侵入形成局部的高温异常，它与围岩进行热交换，构成非稳定的温度分布。地层中的放射性元素也是构成热源的主要因素。此外，地温场的分布还受到区域构造形态、地形起伏、沉积与侵蚀作用，以及地表温度变化等诸多因素的影响。

（一）综合地球物理刻画

基于地震解释和反演软件平台，开展基于地震的重磁电联合反演相关数据准备和模型搭建，在地震构造解释的基础上，开展地震数据反演，进行地震属性分析，建立利用地震反演属性数据估算共网格单元其他地球物理方法初值的关联关系模型或引用相关的经验公式并确定相应的未知系数；利用地震构造解释结果，建立联合反演所需的初始先验反演模型，进行网格剖分共网格单元处理，并利用地震属性数据估算重磁电联合反演共网格单元充填的初值，实施重磁电震联合反演，获得用于求取干热岩体温度参数的多元地球物理属性数据。

进一步，基于联合反演获得的重磁电震属性数据体，求取同地震反演数据体相同采样间隔、道间距和起止深度的重磁电属性（密度、电阻率、磁化率等）数据，使得重磁电震属性数据能够在空间上直接对比、处理和解释。在地球物理属性数据标准化处理的基础上，结合温度测井、岩石物理实验等先验数据信息，开展地球物理属性数据温度响应敏感性分析，优选敏感地球物理属性数据，并选用合适的数据融合方法（代数法、统计回归法、聚类法、神经网络法等），开展多元地球物理属性数据融合处理（两种或多种属性数据之间的融合），进而获取精细刻画深部干热岩体温度场空间分布所需且含敏感信息的地球物理属性数据体或拟属性数据体。

之后根据岩石物理实验（获得地球物理属性参数随地层温度的变化规律）和测井约束地球物理资料处理（获得测温曲线与其他测井曲线以及井旁地球物理属性道之间的相关关系），利用主成分分析、线性拟合、统计回归、神经网络等方法，建立地球物理场与干热岩体温度场之间相互转换的线性和非线性关联关系模型。

在干热岩体构造解释的基础上，圈定研究区干热岩体分布范围和边界，提取干热岩体所在范围内地球物理属性数据，根据之前建立的关联关系模型，直接把地球物理属性数据转化为干热岩地层温度数据，实现深部干热岩体温度场分布高精度预测。利用距离倒数乘、克里金、最小曲率、多元回归等插值方法，对所获得深部干热岩地层温度数据体，进行网格内插平滑处理，并采用变密度、彩色、切片和切线等可视化显示方法，精细刻画深部干热岩体温度场分布，揭示其展布规律，分析其形成原因。

（二）热物理学场刻画

1. 热传导方程与换热边界

物体内部的温度分布取决于物体内部的热量交换，以及物体与外部介质之间的热量交换，一般认为是与时间相关的。物体内部的热交换采用以下的热传导方程（傅立叶方程）来描述。

$$\rho c\,\frac{\partial T}{\partial t}=\frac{\theta}{\partial x}\left(\lambda_x\,\frac{\partial T}{\partial x}\right)+\frac{\theta}{\partial y}\left(\lambda_y\,\frac{\partial T}{\partial y}\right)+\frac{\theta}{\partial z}\left(\lambda_z\,\frac{\partial T}{\partial z}\right)+\overline{Q} \tag{7-4}$$

式中，ρ 为密度，kg/m^3；c 为比热容，J/(kg・K)；λ_x、λ_y、λ_z 为导热系数，W/(m・K)；T 为温

度,℃;t 为时间,s;Q 为内热源密度的平均值,W/m³。

对于各向同性材料,不同方向上的导热系数相同,热传导方程可写为以下形式:

$$\rho c \frac{\partial T}{\partial t}=\lambda \frac{\partial^2 T}{\partial x^2}+\lambda \frac{\partial^2 T}{\partial y^2}+\lambda \frac{\partial^2 T}{\partial z^2}+\overline{Q} \tag{7-5}$$

除了热传导方程,计算物体内部的温度分布,还需要指定初始条件和边界条件。初始条件是指物体最初的温度分布情况,即

$$T_{t=0}=T_0(x,y,z) \tag{7-6}$$

边界条件是指物体外表面与周围环境的热交换情况。在传热学中一般把边界条件分为三类。

(1) 给定物体边界上的温度,称之为第一类边界条件。

物体表面上的温度或温度函数为已知,即

$$T|_s=T_s \text{ 或 } T|_s=T_s(x,y,z,t) \tag{7-7}$$

(2) 给定物体边界上的热量输入或输出,称之为第二类边界条件。

物体表面上的热流密度已知,即

$$\left(\lambda_x \frac{\partial T}{\partial x}n_x+\lambda_y \frac{\partial T}{\partial y}n_y+\lambda_z \frac{\partial T}{\partial z}n_z\right)\bigg|_s=q_s \tag{7-8}$$

或

$$\left(\lambda_x \frac{\partial T}{\partial x}n_x+\lambda_y \frac{\partial T}{\partial y}n_y+\lambda_z \frac{\partial T}{\partial z}n_z\right)\bigg|_s=q_s(x,y,z,t) \tag{7-9}$$

(3) 给定对流换热条件,称之为第三类边界条件。

物体与其相接触的流体介质之间的对流换热系数和介质的温度为已知,即

$$\lambda_x \frac{\partial T}{\partial x}n_x+\lambda_s \frac{\partial T}{\partial y}n_y+\lambda_s \frac{\partial T}{\partial z}n_z=h(T_f-T_s) \tag{7-10}$$

式中,h 为换热系数,W/(m²·K);T_s 是物体表面的温度;T_f 是介质温度。

如果边界上的换热条件不随时间变化,物体内部的热源也不随时间变化,在经过一定时间的热交换后,物体内各点温度也将不随时间变化,即$\frac{\partial T}{\partial t}=0$,这类问题称为稳态热传导问题。稳态热传导问题并不是温度场不随时间的变化,而是指温度分布稳定后的状态。随时间变化的瞬态热传导方程就退化为稳态热传导方程,三维问题的稳态热传导方程为:

$$\frac{\partial}{\partial x}\left(\lambda_x \frac{\partial T}{\partial x}\right)+\frac{\partial}{\partial y}\left(\lambda_y \frac{\partial T}{\partial y}\right)+\frac{\partial}{\partial z}\left(\lambda_z \frac{\partial T}{\partial z}\right)+\overline{Q}=0 \tag{7-11}$$

对于各向同性的材料,可以得到以下方程,称之为泊松(Poisson)方程:

$$\frac{\partial^2 T}{\partial x^2}+\frac{\partial^2 T}{\partial y^2}+\frac{\partial^2 T}{\partial z^2}+\frac{\overline{Q}}{\lambda}=0 \tag{7-12}$$

考虑物体不包含内热源的情况,各向同性材料中的温度场满足拉普拉斯(Laplace)方程:

$$\frac{\partial^2 T}{\partial x^2}+\frac{\partial^2 T}{\partial y^2}+\frac{\partial^2 T}{\partial z^2}=0 \tag{7-13}$$

在分析稳态热传导问题时,不需要考虑物体的初始温度分布对最后的稳态温度场的影响,因此不必考虑温度场的初始条件,而只需考虑换热边界条件。计算稳态温度场实际上

是求解偏微分方程的边值问题。温度场是标量场，将物体离散成有限单元后，每个单元结点上只有一个温度未知数，比弹性力学问题要简单。进行温度场计算时有限单元的形函数与弹性力学问题计算时的完全一致，单元内部的温度分布用有限单元的形函数表示，由单元结点上的温度来确定。由于实际工程问题中的换热边界条件比较复杂，在许多场合下也很难进行测量，如何定义正确的换热边界条件是温度场计算的一个难点。

2. 稳态温度场分析的一般有限元列式

前面已经介绍了有限元方法可以用来分析场的分布问题，稳态温度场计算是一个典型的场问题。可以采用虚功方程建立弹性力学问题分析的有限元格式，推导出的单元刚度矩阵有明确的力学含义。在这里，介绍如何用加权余量法(weighted residual method)建立稳态温度场分析的有限元列式。

微分方程的边值问题，可以一般地表示为未知函数 u 满足微分方程组：

$$A(u)=\begin{Bmatrix} A_1(u) \\ A_2(u) \\ \vdots \end{Bmatrix}=0(\text{在域}\ \Omega\ \text{内}) \tag{7-14}$$

未知函数 u 还满足边界条件

$$B(u)=\begin{Bmatrix} B_1(u) \\ B_2(u) \\ \vdots \end{Bmatrix}=0(\text{在边界}\ \Gamma\ \text{上}) \tag{7-15}$$

如果未知函数 u 是上述边值问题的精确解，则在域中的任一点上 u 都满足微分方程组[式(7-14)]，在边界的任一点上都满足边界条件[式(7-15)]。对于复杂的工程问题，这样的精确解往往很难找到，需要设法寻找近似解。所选取的近似解是一簇带有待定参数的已知函数，一般表示为

$$\overline{u}\approx=\sum_{i=1}^{n}N_i a_i=Na \tag{7-16}$$

式中，a_i 为待定系数；N_i 为已知函数，被称为试探函数。试探函数要取自完全的函数序列，是线性独立的。由于试探函数是完全的函数序列，任一函数都可以用这个序列来表示。

采用这种形式的近似解不能精确地满足微分方程组和边界条件，所产生的误差就称为余量。

微分方程组(7-14) 的余量为

$$R=A(Na) \tag{7-17}$$

边界条件(7-15) 的余量为

$$\overline{R}=B(Na) \tag{7-18}$$

选择一簇已知的函数，使余量的加权积分为零，强迫近似解所产生的余量在某种平均意义上等于零。

$$\int_{\Omega}W_j^{\mathrm{T}}R\,\mathrm{d}\Omega+\int_{\Gamma}\overline{W}_j^{\mathrm{T}}\overline{R}\,\mathrm{d}\Gamma=0 \tag{7-19}$$

式中，W_j 和 $\overline{W}_i$ 称为权函数。通过式(7-19)可以选择待定的参数 a_i。

这种采用使余量的加权积分为零来求得微分方程近似解的方法称为加权余量法。对权函数的不同选择就得到了不同的加权余量法，常用的方法包括配点法、子域法、最小二乘

法、力矩法和伽辽金法(Galerkin method)。在很多情况下，采用伽辽金法得到的方程组的系数矩阵是对称的，在这里也采用伽辽金法建立稳态温度场分析的一般有限元列式。在伽辽金法中，直接采用试探函数序列作为权函数，取 $W_j = N_j$，$\overline{W}_j = -N_j$。

3. 三角形单元的有限元列式

二维温度场问题计算中所采用的三角形单元(图 7-1)可使用相同的形函数：

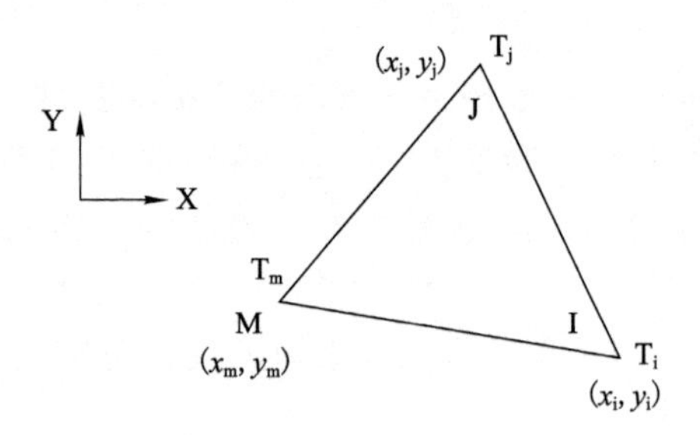

图 7-1　三角形单元

$$N_i = \frac{1}{2A}(a_i + b_i x + c_i y) \tag{7-20}$$

$$N_j = \frac{1}{2A}(a_j + b_j x + c_j y) \tag{7-21}$$

$$N_m = \frac{1}{2A}(a_m + b_m x + c_m y) \tag{7-22}$$

$$a_i = x_j y_m - x_m y_j \quad b_i = y_j - y_m \quad c_i = x_m - x_j \tag{7-23}$$

$$a_j = x_m y_i - x_i y_m \quad b_j = y_m - y_i \quad c_j = x_i - x_m \tag{7-24}$$

$$a_m = x_i y_j - x_j y_i \quad b_m = y_i - y_j \quad c_m = x_j - x_i \tag{7-25}$$

$$\begin{bmatrix} 1 & x_i & y_i \\ 1 & x_j & y_j \\ 1 & x_m & y_m \end{bmatrix} = [T] \tag{7-26}$$

$$|\ T\ | = 2A \tag{7-27}$$

单元内的温度分布用结点上的温度值表示为

$$T = [N_i \quad N_j \quad N_m] \begin{Bmatrix} T_i \\ T_j \\ T_m \end{Bmatrix} \tag{7-28}$$

在三角形单元上，采用伽辽金法可得

$$\int_A [N]^{\mathrm{T}} \left[\frac{\partial}{\partial x}\left(\lambda_x \frac{\partial T}{\partial x}\right) + \frac{\partial}{\partial y}\left(\lambda_y \frac{\partial T}{\partial y}\right) + \overline{Q} \right] \mathrm{d}A = 0 \tag{7-29}$$

$$[N]^{\mathrm{T}} \frac{\partial}{\partial x}\left(\lambda_x \frac{\partial T}{\partial x}\right) = \frac{\partial}{\partial x}\left([N]^{\mathrm{T}} \lambda_x \frac{\partial T}{\partial x}\right) - \lambda_x \frac{\partial [N]^{\mathrm{T}}}{\partial x} \frac{\partial T}{\partial x} \tag{7-30}$$

假定单元内的导热系数为常数，则

$$-\int_A \lambda_x \frac{\partial [N]^{\mathrm{T}}}{\partial x} \frac{\partial T}{\partial x} \mathrm{d}A = -\lambda_x \int_A \frac{1}{4A^2} \begin{Bmatrix} b_i \\ b_j \\ b_m \end{Bmatrix} [b_i \quad b_j \quad b_m] \begin{Bmatrix} T_i \\ T_j \\ T_m \end{Bmatrix} \mathrm{d}A$$

$$=-\frac{\lambda_z}{4A^2}\begin{bmatrix} b_i^2 & b_ib_j & b_ib_m \\ b_ib_j & b_j^2 & b_jb_m \\ b_ib_m & b_jb_m & b_m^2 \end{bmatrix}\begin{Bmatrix} T_i \\ T_j \\ T_m \end{Bmatrix} \tag{7-31}$$

$$[N]^{\mathrm{T}}\frac{\partial}{\partial y}\left(\lambda_y\frac{\partial T}{\partial y}\right)=\frac{\partial}{\partial y}\left([N]^{\mathrm{T}}\lambda_y\frac{\partial T}{\partial y}\right)-\lambda_y\frac{\partial[N]^{\mathrm{T}}}{\partial y}\frac{\partial T}{\partial y} \tag{7-32}$$

$$-\int_A\lambda_y\frac{\partial[N]^{\mathrm{T}}}{\partial y}\frac{\partial T}{\partial y}\mathrm{d}A=-\lambda_y\int_A\frac{1}{4A^2}\begin{Bmatrix} c_i \\ c_j \\ c_m \end{Bmatrix}[c_i \quad c_j \quad c_m]\begin{Bmatrix} T_i \\ T_j \\ T_m \end{Bmatrix}\mathrm{d}A$$

$$=-\frac{\lambda_y}{4A^2}\begin{bmatrix} c_i^2 & c_ic_j & c_ic_m \\ c_ic_j & c_j^2 & c_jc_m \\ c_ic_m & c_jc_m & c_m^2 \end{bmatrix}\begin{Bmatrix} T_i \\ T_j \\ T_m \end{Bmatrix} \tag{7-33}$$

单元的刚度矩阵为：

$$[K]^e=\frac{\lambda_x}{4}\begin{bmatrix} b_i^2 & b_ib_j & b_ib_m \\ b_ib_j & b_j^2 & b_jb_m \\ b_ib_m & b_jb_m & b_m^2 \end{bmatrix}+\frac{\lambda_y}{4}\begin{bmatrix} c_i^2 & c_ic_j & c_ic_m \\ c_ic_j & c_j^2 & c_jc_m \\ c_ic_m & c_jc_m & c_m^2 \end{bmatrix} \tag{7-34}$$

显然，单元的导热矩阵是对称的。

如果单元的内部热源为常数，由内部热源产生的温度载荷项为

$$\int_A[N]^{\mathrm{T}}\overline{Q}\mathrm{d}A=\overline{Q}\int_A\begin{Bmatrix} N_i \\ N_j \\ N_m \end{Bmatrix}\mathrm{d}A=\frac{\overline{Q}A}{3}\begin{Bmatrix} 1 \\ 1 \\ 1 \end{Bmatrix} \tag{7-35}$$

由格林(Green)公式可得：

$$\int_A\left[\frac{\partial}{\partial x}\left([N]^{\mathrm{T}}\lambda_x\frac{\partial T}{\partial y}\right)+\frac{\partial}{\partial y}\left([N]^{\mathrm{T}}\lambda_y\frac{\partial T}{\partial y}\right)\right]\mathrm{d}A=\oint_S\left([N]^{\mathrm{T}}\lambda_x\frac{\partial T}{\partial x}n_x+[N]^{\mathrm{T}}\lambda_y\frac{\partial T}{\partial y}n_y\right)\mathrm{d}S$$

为方便起见，把换热边界统一表示为第三类换热边界：

$$\int_A\left[\frac{\partial T}{\partial x}\left([N]^{\mathrm{T}}\lambda_x\frac{\partial T}{\partial y}\right)+\frac{\partial T}{\partial y}\left([N]^{\mathrm{T}}\lambda_y\frac{\partial T}{\partial y}\right)\right]\mathrm{d}A=\oint_S h[N]^{\mathrm{T}}(T_f-T_s)\mathrm{d}S$$

$$=\oint_S h[N]^{\mathrm{T}}T_f\mathrm{d}S-\oint_S h[N]^{\mathrm{T}}[N]\{T\}^e\mathrm{d}S \tag{7-36}$$

如果在单元边上存在热交换，各条边上的边界换热条件在单元刚度矩阵中生成的附加项为：

$$[K]^e=\frac{hl_{ij}}{6}\begin{bmatrix} 2 & 1 & 0 \\ 1 & 2 & 0 \\ 0 & 0 & 0 \end{bmatrix} \tag{7-37}$$

$$[K]^e=\frac{hl_{jm}}{6}\begin{bmatrix} 0 & 0 & 0 \\ 0 & 2 & 1 \\ 0 & 1 & 2 \end{bmatrix} \tag{7-38}$$

$$[K]^e=\frac{hl_{mi}}{6}\begin{bmatrix} 2 & 0 & 1 \\ 0 & 0 & 0 \\ 1 & 0 & 2 \end{bmatrix} \tag{7-39}$$

由边界换热条件生成的温度载荷向量为：

$$\{P\}^{e}=\frac{hT_{f}l_{ij}}{2}\begin{Bmatrix}1\\1\\0\end{Bmatrix} \tag{7-40}$$

$$\{P\}^{e}=\frac{hT_{f}l_{jm}}{2}\begin{Bmatrix}0\\1\\1\end{Bmatrix} \tag{7-41}$$

$$\{P\}^{e}=\frac{hT_{f}l_{mi}}{2}\begin{Bmatrix}1\\0\\1\end{Bmatrix} \tag{7-42}$$

二、深部地热资源量评价方法

深部地热资源量评价方法主要分为静态和动态评价方法，静态评价方法的结果为静态资源量，又称稳态资源量、基础资源量、干热岩资源总量、干热岩资源基数，常采用体积法进行计算；动态评价方法的结果为可采资源量，又称技术资源量、动态资源量，常采用数值模拟方法进行计算。

静态评价方法包括平面裂隙法、地表热通量法、岩浆热量均衡法、体积法、类比法等。动态评价方法包括衰减曲线法、解析法和数值模拟法等。所有评价方法在计算中都要考虑热储和地热流体的基本几何或物性参数，如热储的体积、孔隙度及渗透率、岩石和流体的密度、比热、地温等。这些参数受区域地温场、地质构造、热储岩性、水动力条件等的控制而呈现空间变化，可视为具有一定空间变化规律的随机变量，其变化程度与不确定度有关。此外，虽然区域地热地质条件是确定的，但地热地质信息是通过物探或有限的钻孔测量获取的稀散的数据。在这种局限下，以观测到的或假定的概率分布来描述这些随机参数也是可取的，而合理的参数描述则有利于提高评价结果的可信度。自 2000 年以来，关于热储参数不确定性的分析和描述受到了广泛关注，并通过采用随机方法将这些参数赋入计算模型，将其引入地热资源评价中，在体积法和数值模拟法中均有应用，可给出评价结果的不确定性，或被单独定义为“随机评价方法”。这些随机评价方法包括不确定性传递解析法、随机极大似然法、集合卡尔曼滤波法、多项式响应曲面模型及蒙特卡罗模拟等。其中，蒙特卡罗模拟方法除可描述随机参数外，还可以量化评价结果的不确定性，比另一种评价结果不确定性的主流方法——线性分析方法更简单、更快速，因而得到了广泛应用。特别是对于资料较少的地热勘查初级阶段，能够给出更为客观的估算结果；对于大区域地热资源的评价，可根据地质调查数据的增加不断提高对参数描述的准确度，有效节约调查成本。

动态评价方法中，针对干热岩型热储的评价，水压致裂后储层概念模型是计算干热岩可采资源量的关键。常用储层概化模型包括：等效孔隙介质、双空隙率、双渗透率、多重相互作用连续统一体、有效连续统一体以及离散裂隙网络模型。

（一）地表热流量法

地表热流量法适用于勘探程度低且无法使用体积法进行地热资源量计算的情况，其原理是根据地热田中地表散发到大气中的热量来估算地热资源量，计算结果往往比实际情况偏小。

地表热流量法在有地温泉出露的地区适用性较强，新西兰的地球物理研究人员曾运用地表热流法对新西兰 Wairakei 地区地热田的地热资源量进行初步评价，日本研究人员也曾使用该方法评价日本泷上町地区地热田的地热资源量。在这种计算方式下，地热资源量等于地热田通过地表向外散发的热量，包括通过岩石散发的热量和通过温泉、热泉和热喷气孔等方式向外部散发的热量。

（二）体积法

体积法又称热储法，是热水资源评价最为常用的方法，主要用于有一定数量的地热钻井且有一定的地热井资料的计算中，一般在层状热储的计算中较为常见。该方法可计算热储的总热量、热流体的流体量和其赋存的热量，并且可以按一定的比例来估算可以采取的地热资源量，从而估计地热田的地热资源潜力。其计算结果与所选取的参数的来源有着密不可分的联系。该方法认为地热资源的储量等于岩石中储存的热量和热流体（即水）中的热量之和。

在使用体积法计算地热资源量时，应先确定所要计算地热田的热储的面积和范围，以及所要计算或者评价地热田的基准面的深度。地热田的计算面积最好以热储层温度的不同来划分。如果对热储温度的分布不清楚时，可以采用浅层温度和地温梯度的异常范围来对地热田的范围进行大致的划分。有条件时也可以采用地球物理勘探的手段来进行更为准确的划分。在确定完计算范围后，应根据热储层的几何形状（比如顶、底板埋深和厚度）、温度以及孔隙度在空间范围内的变化情况，考虑勘探程度的高低，可将计算面积进一步划分为若干个小区域，对每个区域的各项参数分别进行选取计算，最后将各个小区域的计算结果累加即可得到较为符合实际情况的地热田资源量。用体积法计算热储的热量时，将热储区分为干热岩型和水热型热储，并利用不同的公式进行计算。

应用体积法计算水热型热储资源量时，岩石和水的比热、密度和孔隙度都可在实验室取得较准确的数据，不仅适用于孔隙型热储，而且也适用于裂隙型热储。水热型热储体积法地热资源储量计算公式为：

$$Q = V(T - T_0)[\rho_r c_r (1 - \Phi) + \rho_w c_w \Phi] \tag{7-43}$$

可回收热量：

$$Q_{Re} = Q R_E \tag{7-44}$$

热储中水量：

$$Q_w = V \phi \tag{7-45}$$

热水中热量：

$$Q_{Re} = V(T - T_0) \rho_w c_w \Phi \tag{7-46}$$

上述式中，Q 为地热静态资源量，即热储中所含热量，kJ；Q_w 为热储中储存的容积水量；Q_{Re} 为可回收热量，即用热储法算得的资源量中所能开采出来的部分，kJ；R_E 为回收率，即可回收热量与地热资源量之比，%；V 为热储体积，m^3；ρ_r、ρ_w 分别是岩石和水的密度，kg/m^3；T 为指定体积内岩石和水的平均温度，℃；T_0 为基准温度，℃；c_r、c_w 分别为岩石和水的比热，J/(kg・℃)；Φ 为岩石孔隙度，%。

干热岩所储存的地热资源量主要取决于干热岩的温度以及干热岩岩石的热物性。显而易见，干热岩的地热资源就是贮存在岩石体中的热量，根据水热型地热资源量计算方法中的热储法原理，不难得出干热岩地热资源量的计算公式：

$$Q = V(T - T_0)\rho_r c_r \tag{7-47}$$

干热岩地热资源量评价最直接的参数是深部热储的温度。在不同深度，影响其温度分布的参数有：地表温度 T_0、地表所观测到的热流值 q_0、岩石生热率 A、岩石热导率 K。其中，T_0 可以由年平均气温获得，地表热流值以及岩石生热率、岩石热导率可通过室内实验获得。

（三）解析法

解析法又称为解析模型法，该方法适用于勘探程度较低且可利用的资料较少的情况。解析法将热储中的地热流体即水流概化为均质、各向同性、等厚、各处的初始水压相等的无边界或只有直线边界的承压含水层，且把水流当作非稳定流，通过泰斯公式来计算单井的降深、水位（即水压随开采时间的变化量），并计算得出在给定压力条件下可以开采的热流体的流量。当地热田中有多个地热井时，可采用叠加原理来进行计算。利用该方法所得到的地热资源的储量与实际情况有较大出入，使用条件较苛刻，一般情况不推荐使用。

（四）比拟法

比拟法又称为类比法，顾名思义，是利用已知的地热田的地热资源量来估计现有的类似地热田的地热资源量的方法。这种方法的局限性也比较明显，需要两个地热田的地热特征以及形成条件极其相似时才可使用。同时，该方法所得到的结果与实际情况也不一定相符合。

（五）最大降深法

该方法也称为统计分析法或动态分析法，其适用于开采阶段中或已开采的地热田的资源量计算。其计算原理是基于现有的、长期的对于某一地热田的观测数据和资料，通过地下水位下降与地热流量开采量的关系，确定水位每下降 1 m 时地热流体的可开采量 q，推测在最大降深时可以利用的地热水资源量，可以通过数学模型建立回归方程等统计方法来获取所需的 q 值。此方法与实际情况较为符合。

（六）数值模拟法

该方法适用于勘探程度较高，且已经具有一定的开采规模、一定时期的开采历史，有着较为齐全且完备的现场资料及地热资源量的统计。由于其模拟方法以及使用软件的不同会导致其模拟方程以及模拟结果的不同，所以此处不给出模拟方程，常见的模拟方程以《地热资源地质勘查规范》(GB/T 11615—2010)附录 C 中的为主。一般而言，采用数值模拟法的关键在于地热田数值模型的建立以及求解方法的选取。主要的求解方法包括有限差分法、有限单元法和边界元法等。

（七）蒙特卡罗法

蒙特卡罗法又称统计模拟法、随机抽样法，它是 20 世纪中期提出的一种基于概率统计理论的数值计算方法。其原理是：首先，根据欲研究的物理系统的性质，建立一个描述该系统特性的概率模型或随机过程，使其参数等于问题的解；然后，从概率密度函数出发进行随机抽样，计算所求参数的统计特征；最后，给出解的近似值，解的精确度由估计值的标准偏差表示。

描述参数的概率分布有多种，其中最为常用的是对数正态分布和三角形分布。以体积法为例，热能计算结果的不确定性主要来自热储体积、温度、基准温度、岩石孔隙度及水和岩石密度等参数的不确定性。除基准温度外，这些参数皆通过地质、地球物理、地球化学、测井等手段获得。基准温度为区域气温长期观测均值，因地理和其他因素影响，可能与局部平均温度存在一定差异。

为量化这些参数的不确定性，可假定各参数服从某一特定概率并根据实测值拟合确定。如较为常用的三角概率密度分布，要求为每个参数赋3个数值，分别为三角形概率密度的最小、最大和最可能的估计值。以热储温度为例，图7-2中t_1为热储最低温度，t_3为热储最高温度，t_2为热储最可能温度，t为热储平均温度，σ_t为标准偏差。t和$t+\Delta t$之间的黑色区域的面积代表热储温度位于二者之间时的概率。然后，基于这些三角形概率密度，用蒙特卡罗方法产生大量随机数，并经统计分析而计算热能的概率密度。蒙特卡罗法计算结果通常表示为频率直方图（概率密度函数）和累积分布函数，给出一系列统计值，如热能的均值、中值、最可能值、标准偏差、变化范围等，进而可得到热能估计的置信区间。

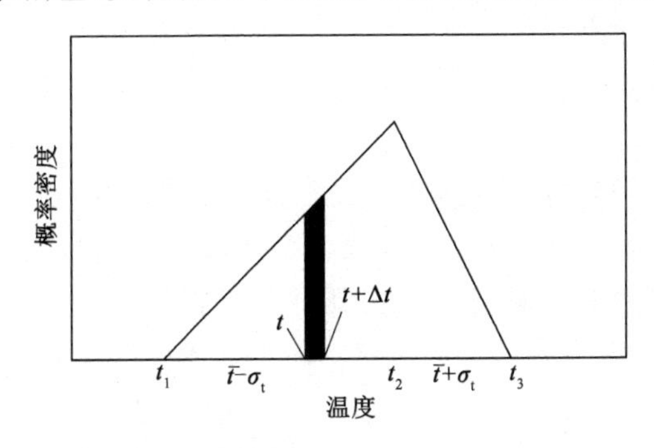

图7-2　热储温度三角形分布示意图

第三节　典型示范区储层评价实例分析

一、深部地热评价指标优选

（一）青海共和盆地干热岩型地热资源指标优选

地热的存在需要热源，潜在地热开发区的地理位置和周边地区的人文经济因素具有相关性。花岗岩作为致密性岩体，基质渗透率很小，天然裂缝的渗透率要比储层基质的渗透率高1～2个数量级，是主要的储集空间和流动通道，EGS工程主要通过水力压裂打开新裂缝或者错动已有裂缝以增强储层渗透率。结合共和盆地干热岩开发的实际情况，评价指标可概括为：热、地球物理特征、裂缝系统（天然裂缝＋水力裂缝）。

1. 关于热指标的数据集

（1）地温梯度

地温梯度是衡量地下温度变化快慢的度量，通常用恒温带以下每深入地下100 m所增加的温度值来表示。我国规定地温梯度超过3.5 ℃/100 m的即视为地热异常区，地热异常通常表现形式包括地温异常、热流值异常、地震异常、岩浆及火山活动异常等。异常区面积可能为几平方千米，热流量的水平变化多呈突变形式。《地球科学大辞典》给出的深部地热地温梯度区间值，将深部地热资源的品级划分为高级（80 ℃/km）、中级（50 ℃/km）和低级（30 ℃/km）。美国则将地温梯度大于45 ℃/km的地区定义为“易于开发的高地温梯度区”。

(2) 大地热流值

大地热流是表征区域地热状态的综合性热参数,它能确切地反映一个地区地热场的特征,同时又是能反映发生在地层深处各种作用过程同能量平衡的信息。青海省整体的大地热流分布具有明显的差异性,其平均大地热流值 55.8 mW/m^2,而恰卜恰地区大地热流值介于 93.3～111.0 mW/m^2,平均值为 102.2 mW/m^2。

(3) 盖层厚度

盖层作为产热层的保温层,就像保温箱一样保护着热储层的温度,可以是很好的保护热储层热量的低热导率地层,也可以是一定埋深的较厚的沉积层。盖层越厚,热量散失越少,温度也就越高。勘探钻井的花费是主要开销,其费用与钻井深度成正比,因此地层沉积物越深,越不适合作为地热勘探的地点。

2. 关于地球物理特征的数据集

(1) 地震数据

地震勘探分为主动源和被动源地震勘探,主动源地震勘探可以揭示岩石密度、孔隙度、成分、边界和不连续面以及流体赋存区域,被动源地震勘探利用地球内部活动噪声来刻画活动断层以及渗透区(剪切波分裂)或者定位脆性韧性接触带,指示震源深度,S 波阴影区可以用来预测岩体部分熔融或者岩浆房的位置。使用地震勘探建立地层品质因子 Q 值、地震波速度与温度的关系。

(2) 磁力异常

磁法勘探以介质磁性差异为基础,研究地磁场变化规律。不同磁化强度的岩矿石会造成所在区域的磁异常。根据异常的分布特征和分布规律以及与地质体的关系,可做出相应的地质解释。在地热区,热储中铁磁性矿物可能会被水热蚀变后而失去磁性,在磁法勘探中表现为负磁异常;岩浆岩侵入沉积岩地层时经常能反映出正磁异常,而岩浆岩作为热源,又是地热形成的主要控制因素之一。在部分高温地热田,已发现磁性强度减弱是由磁性矿物的蚀变引起的。西藏羊八井地热田花岗岩、火山岩和片麻岩均具有磁性,但受水热蚀变后均发生消磁,该区还普遍存在硅化、高岭土化、绿泥石化、黄铁矿化等强水热蚀变作用,加之热田区第四系覆盖较厚(200～500 m),所以,羊八井地热田在航磁和地面磁测图上均反映为低的负磁异常。

(3) 重力异常

重力异常变化与物质组成、地质构造有关,也与温度场相关。以蒸汽热泉为主的地热区通常呈现重力负异常。西藏羊八井地热田位于一 NE 向展布的断陷盆地中,盆地南北两侧山体出露基岩,热田区第四系厚度可达数百米。由于羊八井地热田湿蒸汽量约占热储总量的 7%,而且下部可能存在岩浆囊,所以该地区重力总体反映为"负异常"。热田南部对应重力梯度带,出露多处温沸泉,推测为断裂破碎带。

(4) 微地震矩张量

微地震监测利用水力压裂致使岩石破裂时产生的地震波场,反演 P、S 波初至、相位或能量等定位事件发生的空间位置,通过微地震事件云图及椭球拟合长轴方向,确定裂缝网络延展方向。微地震监测可以提供裂缝网络几何尺寸,结合测井、岩石地球物理参数、地震数据等信息综合分析,评估压裂效果,估算压裂体积;裂缝空间展布信息刻画成像结合岩石力学参数、地应力分析可对裂缝网络渗透率进行估算。矩张量是一个含有多个分量的矩阵，每个分量代表不同的震源参数。通过矩张量的计算，可获取震源机制、裂缝破裂方位、事件能量等，为进一步建立包含渗透率等参数的裂缝模型提供条件。

3. 关于裂缝系统的数据集

水力压裂通过将高压液体注入改造的目标地层，促成岩石内弱接触面滑动而形成裂缝。水平井多段压裂后，井轨迹周围几百米范围内可形成复杂的裂缝网络，在地层压力差作用下可成为流体运移通道。

（1）地应力

在原生裂隙极不发育、相对均质和各向同性的高温花岗岩体中，水力压裂产生的裂缝严格地受地应力场的控制，裂缝的扩展方向一般都垂直于最小主应力方向；水平应力差的大小会显著影响裂缝的延伸路径，水平应力差值越大，水力裂缝延伸路径的曲率就会越大。而水平应力差越小，裂缝延伸和转向所需的净压力越小，裂缝网络的复杂度越高，进而可以制造足够大的换热面积。

（2）测井

通过对裂缝在常规测井曲线和成像测井曲线上的特征研究，利用电阻率差比法、3种孔隙度比值法、综合概率法可以实现对裂缝的识别。基于常规测井资料的深浅电阻率差比值K可以定性识别裂缝型储层，利用微电阻率扫描成像可以准确计算裂缝的产状以及对裂缝各参数进行定量评价。

（3）天然裂缝

现今的深部地热储层都发育着不同程度的天然裂缝，天然裂缝有大天然裂隙、不规则天然裂缝等多种赋存状态，各种状态的天然裂缝在压裂过程中的作用机理不同，在深部地热资源开发过程中，水力压裂产生的人工裂缝会与天然裂缝交互形成复杂的裂缝网络。人工裂缝与天然裂缝交互一般有三种状态：人工裂缝可能沿着天然裂缝延伸、人工裂缝被天然裂缝阻挡、人工裂缝穿过天然裂缝而延伸。在交互过程中，压裂液的黏度、天然裂缝的发育程度、人工裂缝与天然裂缝的逼近角度等因素都会影响裂缝网络的发育。

数据集根据当地特定地质、水文和构造条件进行选择，具体选择见图7-3。

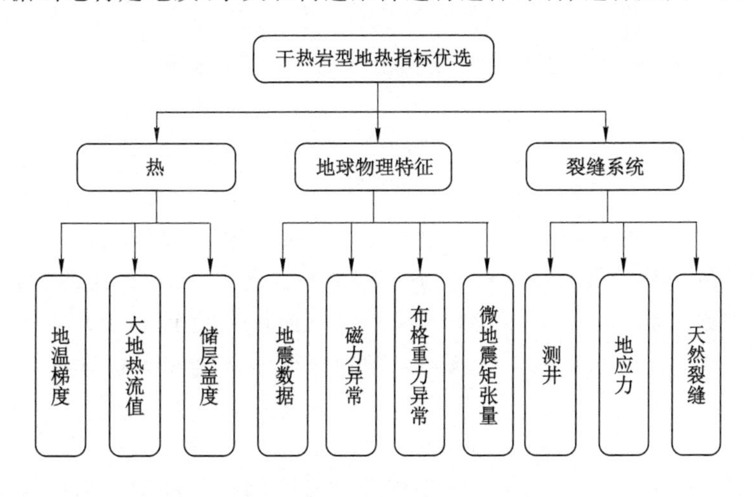

图7-3　青海共和评价指标及其数据集

(4) 指标权重分配

评价指标优选完成后，需要对个指标进行权重分配，分别确定每个元素内部、每个成分的元素之间以及成分之间的权重水平，这是一个由相互关联、相互制约的众多因素构成的复杂系统，可使用层次分析法解决该问题。

根据AHP原理，划分出层次结构。其中第一层为目标层，第二层为准则层，第三层为方案层。评价时，求出各指标权重，再进行综合评分，计算公式为：

$$P=\sum_{i=1}^{n}P_iA_i(i=1,2,3,\cdots,n) \tag{7-48}$$

式中，P 为干热岩勘探开发场地选址评价综合评分值；n 为评价指标的总数；P_i 为第 i 个评价指标的给定指数值，每个评价指标根据评价等级定为3级，依据"好""中""差"分别赋值为9、6、3；A_i 为第 i 个评价指标的权重，根据AHP输出结果确定。依据建立的指标体系，通过各指标层和各单一指标相互之间重要性的对比，采用"1～9"标度对其进行赋值，建立重要性对比判断矩阵。计算方法为：以 A 表示目标，其所支配的下一层因子为 $u_1,u_2,\cdots,u_n$，a_{ij} 表示元素 u_i 到 u_j 相对于目标的重要性的比例标度，采用"1～9"标度对其进行赋值，标度含义如表7-1所示。

表7-1 "1～9"标度含义

标度	含义
1	表示2个因子相比，具有同等重要性
3	表示2个因子相比，前者比后者稍重要
5	表示2个因子相比，前者比后者明显重要
7	表示2个因子相比，前者比后者强烈重要
9	表示2个因子相比，前者比后者极端重要
2、4、6、8	表示1、3、5、7、9相邻判断的中间值
上述值的倒数	表示2个因子相比，后者比前者重要的程度

由此对于目标 A，由 n 个因子两两之间相对重要性的比较得到一个判断矩阵，即

$$A=(a_{ij})_{n\times n}=\begin{bmatrix}1 & a_{12} & \cdots & a_{1n}\\ 1/a_{12} & 1 & \cdots & a_{2n}\\ \vdots & \vdots & \vdots & \vdots\\ 1/a_{1n} & 1/a_{2n} & \cdots & 1\end{bmatrix} \tag{7-49}$$

通过求解判断矩阵的最大特征根，得到相应的特征向量，进而得到每个指标对应权重。计算方法为：根据因子 $u_1,u_2,\cdots,u_n$，对于某一准则的判断矩阵 A，求出其对于该准则的相对权重向量 $W=(w_1,w_2,\cdots,w_n)^T$。通过求解判断矩阵 A 的最大特征根 λ_{max}，得到相应的特征向量 W，即：

$$AW=\lambda_{max}W \tag{7-50}$$

这时，W 的分量$(w_1,w_2,\cdots,w_n)$就是相应于 n 个因子的权重。为确保评价层次排序的合理性，还需对判断矩阵的评定结果进行一致性检验。一致性较差时，需对矩阵进行重新调整。

将各准则层下的指标权重进行加权计算，计算方法为：假定已求出第 $k-1$ 层上 n 个元素相对于总目标的权重向量为

$$W^{(k-1)}=(w_1^{k-1},w_2^{k-1},\cdots,w_n^{k-1})^{\mathrm{T}} \tag{7-51}$$

第 k 层上某一元素对第 $k-1$ 层上各元素的相对权重向量为

$$P^{(k)}=(p_1^{(k)},p_2^{(k)},\cdots,p_l^{(k)})^{\mathrm{T}} \tag{7-52}$$

则第 k 层上元素对总目标的合成权重为

$$W^{(k)}=P^{(k)}W^{(k-1)} \tag{7-53}$$

进而可得递推合成权重为

$$W^{(k)}=P^{(k)}P^{(k-1)}\cdots W^{(k-1)} \tag{7-54}$$

本项目建立的判断矩阵和权重见表 7-2 至表 7-5。

表 7-2　准则层指标重要性判断矩阵与权重($\lambda_{\max}=3.014\ 2$)

指标	热指标	地球物理指标	裂缝指标	相对权重 W_i
热指标	1	0.142 9	0.2	0.075 4
地球物理指标	7	1	2	0.590 7
裂缝指标	5	0.5	1	0.333 8

表 7-3　方案层热指标重要性判断矩阵与权重($\lambda_{\max}=3.085\ 7$)

热指标	地温梯度	大地热流值	盖层厚度	相对权重 W_i
地温梯度	1	4	5	0.665 0
大地热流值	0.25	1	3	0.231 0
储层厚度	0.2	0.333	1	0.103 8

表 7-4　方案层地球物理指标重要性判断矩阵与权重($\lambda_{\max}=4.042\ 9$)

地球物理指标	地震数据	磁力异常	重力异常	微震矩张量	相对权重 W_i
地震数据	1	5	5	3	0.554 9
磁力异常	0.2	1	1	0.333 3	0.096 6
重力异常	0.2	1	1	0.333 3	0.096 6
微地震矩张量	0.333 3	3	3	1	0.251 6

表 7-5　方案层裂缝指标重要性判断矩阵与权重($\lambda_{\max}=3.038\ 5$)

裂缝指标	地应力	测井	天然裂缝	相对权重 W_i
地应力	1	3	0.333 3	0.260 4
测井	0.333 3	1	0.2	0.106 1
天然裂缝	3	5	1	0.633 3

（二）西藏山南水热型地热资源指标优选

相比于干热岩高温地热体的评价，水热型地热资源评价则更注重储层中流体的作用，热量输送到地表需要流体，流体在地下的提取和补充需要渗透性。与干热岩相比，地下流体是真实存在的介质，基于地球物理手段的储层信息，诸如电阻率、重力等的获取方法的会发生显著的变化。在此基础上结合地下水部分矿物含量可对水热型热储进行较为全面的评价。

1. 关于热指标的数据集

（1）地温梯度

根据西藏自治区地热资源分布图显示，山南地区地热资源主要集中在南山林地热田，贡嘎县和桑日县也存在许多待开发的地热资源，其地热温度普遍在 50 ℃以上，最高可达到 150 ℃，绝大部分地表泉水温度超过 80 ℃。地温梯度一般在 2.5～5 ℃/100 m 之间，这一梯度的高低会受到当地地质结构、地下水流动的因素的影响。

（2）电阻率

地壳的电阻率测量可以作为地下流体饱和度、温度、盐度的敏感指标。在某些同时存在电阻率和地下温度数据的区域，高温流体饱和地层的电阻率比周围淡水饱和岩石的低一个数量级。因此电阻率可以作为地热区和非地热区地下岩石饱和状态的可靠指标。

（3）SiO_2 温标

SiO_2 温标是目前广泛用于推算地下热储温度的一种方法，天然水中溶解的 SiO_2 一般不受其他离子的影响，也不受络合物的形成和挥发散失的影响，并且沉降速度受温度降低影响较小，因此硅的浓度可以较好地指示地下热储的温度。

2. 关于流体的数据集

（1）水位高程和补给

地下水是一种良好的热能载体，在不断运动中，通过吸收和释放热量，为围岩降温、升温，形成规模不等，形式各异的地热田。热田中水位的变化除与季节性、开采量的大小有直接关系外，还与区域内单井出水量、降深、含水层的富水程度及地质构造有关。

（2）矿化度

矿化度是决定地热水用途的重要指标。《地下水资源储量分类分级》(GB/T 15218—2021)将地下水划分为 5 类：矿化度小于 1 000 mg/L 的为淡水，1 000～3 000 mg/L 的为微咸水，3 000～10 000 mg/L 的为咸水，以上 3 种可作为生活饮用水；矿化度在 10 000～50 000 mg/L 的为盐水，可作为农业和工业用水，适当处理后也可作为生活饮用水；矿化度大于 50 000 mg/L 的为卤水，不宜饮用。矿化度过低，说明水流补给充分，热交换较快，通常地层水温度不会太高；矿化度过高，则存在腐蚀和结垢风险。

（3）硬度

硬度反映了水中多价金属离子含量的总和，水的硬度也是开发利用地下热水的一项重要指标。硬度过高的水会对人体健康和工业生产造成危害。工业用水若硬度过大，在回收或循环利用的过程中，在管道壁及设备壁会产生结垢，缩小管道与设备的流通面积，减少循环水流量，甚至堵塞管道及设备，给生产造成严重后果。

3. 关于渗透率的数据集

（1）断裂裂隙

断裂裂隙可以为地下热源向上传导提供通道，将深部热源通过对流的方式带到地表，同时由于断裂自身的张扭性特征可允许热水在其中流动或者直接成为地热储层。

（2）断层

断层作为热和水的双向通道，是影响地热资源品质的重要条件，断层深度大，可以更好地沟通热源和水源，有利于形成温度更高的水热型地热系统；而断层宽度大，可以形成更大体积的水热对流通道和热储层，有利于形成规模更大的地热系统。张性断层和张扭性断层对地热系统的形成有利，尤其是断层交汇区，有利于大规模热储的沉积。

西藏山南评价指标可概括为热、流体、渗透率（图 7-4）。

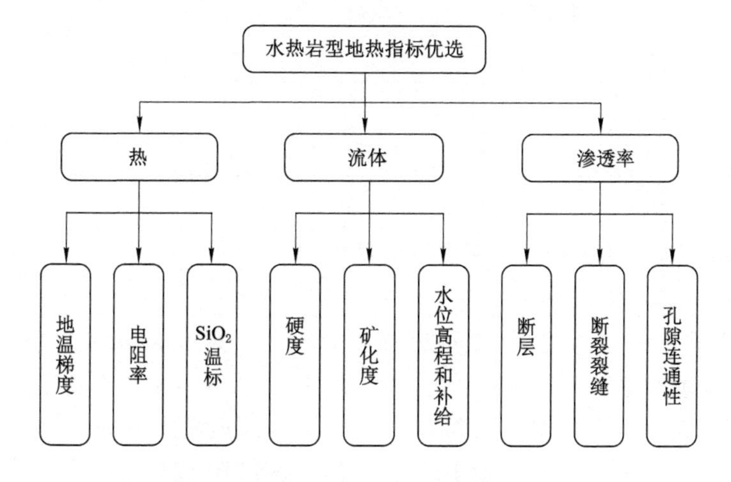

图 7-4　西藏山南评价指标及其数据集

（3）指标权重分配

西藏山南地区与青海共和盆地一样，采用了层次分析法对其指标进行了权重分配。建立的判断矩阵和权重见表 7-6 至表 7-9。

表 7-6　准则层指标重要性判断矩阵与权重（$\lambda_{max}=3.0438$）

指标	热指标	流体	渗透率	相对权重 W_i
热指标	1	0.125	0.333	0.076 7
流体	8	1	5	0.736 9
渗透率	3	0.2	1	0.186 2

表 7-7　方案层热指标重要性判断矩阵与权重（$\lambda_{max}=3.0385$）

热指标	地温梯度	电阻率	SiO_2 温标	相对权重 W_i
地温梯度	1	0.2	0.333 3	0.106 1
电阻率	5	1	3	0.633 3
SiO_2 温标	3	0.333 3	1	0.260 4

表 7-8 方案层流体指标重要性判断矩阵与权重($\lambda_{max}=3.0000$)

流体指标	水位高程和补给	矿化度	硬度	相对权重 W_i
水位高程和补给	1	3	3	0.600 0
矿化度	0.333	1	1	0.199 9
硬度	0.333	1	1	0.199 9

表 7-9 方案层渗透率指标重要性判断矩阵与权重($\lambda_{max}=3.0093$)

渗透率指标	断裂裂隙	断层	孔隙连通性	相对权重 W_i
断裂裂隙	1	0.1667	0.25	0.089 2
断层	6	1	2	0.586 9
孔隙连通性	4	0.5	1	0.323 7

二、青海共和盆地恰卜恰地区资源量估算

(一) 地质条件概括

共和盆地处于中国大陆内部的局部高热流区，东北部热流值达 123.1～136.6 mW/m^2；平均地温梯度较高，一般为 4.5～7 ℃/100 m，井下最高可达 8.8 ℃/100 m。盆地周缘沿主要断裂带有多处温泉出露，已超过 60 ℃的温泉有 6 处，甚至有高达 96.6 ℃的沸泉(当地沸点 92 ℃)。此外，恰卜恰地区上面塔迈-阿乙亥地区有北西及北北西向两组断裂发育，沿断裂带有多处上升泉分布，在断裂交接部位的阿乙亥沟口地区多形成温泉，水温达 42 ℃。

(二) 地球物理特征

我们对青海共和盆地进行了地球物理勘探工作，其钻孔布置呈东西向和南北向十字交叉，MT 大地电磁测深剖面沿着钻孔布置方向各部署两条剖面，实际勘查剖面控制了恰卜恰地区东西长约 18 km，南北向长约 12 km。分析勘探期间的测温工作，测温曲线呈很好的线性增长趋势，随着深度增加，岩体温度稳定增加，地温梯度达 6.1 ℃/100 m。恰卜恰地区钻孔揭露花岗岩铀、钍、钾含量低。从放射性数据看出恰卜恰干热岩体放射性偏低，因此放射性生热对干热岩资源量的贡献率很小。另外，结合项目实施期间干热岩钻孔岩心放射性测试，对比大地背景值得出铀含量平均值在 2.04 μg/g，钍含量平均值在 7.76 μg/g，钾含量平均值在 2.04%。钻探和大地电磁测深控制的共和盆地干热岩勘查区面积近 230 km^2。钻孔揭露显示 2 100 m 以下为温度 150 ℃以上的干热岩，本次干热岩资源估算厚度为 2.1～6.0 km，其中 2.1～3.7 km 段干热岩温度为实测数据，3.7～6 km 段干热岩温度为估算数据(张盛生等，2018)。

(三) 参数数据

结合实施的 4 眼干热岩勘查孔的地球物理勘探资料和室内岩石物理、力学试验数据，确定计算参数的大小。

岩石密度：花岗岩密度取平均值 2 700 kg/m^3。

岩石比热：平均值 795 J/(kg · ℃)。

岩石温度：恰卜恰地区目前的钻探深度为 3 705 m，揭露的孔底温度为 236 ℃。根据当前钻探能力，估算 4～6 km 范围内深部岩石温度。根据共和盆地恰卜恰地区干热岩钻孔平均地温梯度，从 3 705 m 作为计算层顶温度起算，得出 4 000 m、5 000 m、6 000 m 深度岩石的温度分别为 254.3 ℃、315.3 ℃、376.3 ℃。

(四) 干热岩资源量估算

共和盆地钻探控制的勘查区 2.1～6.0 km 层位干热岩资源量，使用体积法来进行估算，根据确定的各项参数将已知数据代入式(7-47)，经估算(表 7-10)，恰卜恰地区 2 100～3 700 m 在 230 km^2 范围内干热岩资源储量为 67.93×10^{18} J，换算成标准煤 23.21×10^8 t。2 100～6 000 m 范围内干热岩储量为 130.88×10^{18} J，换算成标准煤 44.72×10^8 t。

表 7-10　恰卜恰地区干热岩资源量估算表

计算层位/m	计算厚度/m	顶板岩石温度/℃	计算深度岩石温度/℃	热量/(10^{18} J)	标准煤/(10^8 t)	备注
2 100～3 700	1 600	150	236	67.93	23.21	实测
3 700～4 000	300	236	254.3	2.71	0.93	
4 000～5 000	1 000	254.3	315.3	30.12	10.29	估算
5 000～6 000	1 000	315.3	376.3	30.12	10.29	

(五) 干热岩资源可采资源量估算

共和盆地恰卜恰干热岩资源可采资源量计算参照汪集旸等(2012)的我国干热岩资源量计算和蔺文静等(2012)的我国陆区干热岩资源潜力估算方法进行了估算(表 7-11)。

表 7-11　共和盆地恰卜恰地区干热岩资源可采资源量估算

计算层位/m	恰卜恰干热岩资源基数(100%)		可采资源上限(40%)		可采资源中值(20%)		可采资源下限(2%)	
	地热能/(10^{18} J)	标准煤/(10^8 t)	地热能/(10^{18} J)	标准煤/(10^8 t)	地热能/(10^{18} J)	标准煤/(10^8 t)	地热能/(10^{18} J)	标准煤/(10^8 t)
2 100～3 700	67.93	23.21	23.17	9.28	13.59	4.64	1.36	0.46
3 700～4 000	2.71	0.93	1.08	0.37	0.54	0.19	0.05	0.02
4 000～5 000	30.12	10.29	12.05	4.12	6.02	2.06	0.60	0.21
5 000～6 000	30.12	10.29	12.05	4.12	6.02	2.06	0.60	0.21
合计	130.87	44.71	52.35	17.89	26.17	8.94	2.62	0.89

参考文献

白利舸,2022.干热岩储层时移地球物理监测与深度学习预测[D].长春:吉林大学.

白旭明,李海东,陈敬国,等,2015.可控震源单台高密度采集技术及应用效果[J].中国石油勘探,20(6):39-43.

曹丹平,印兴耀,张繁昌,等,2009.多尺度地震资料联合反演方法研究[J].地球物理学报,52(4):1059-1067.

曹磊,杨刚,2013.基于测井资料的岩石物理学正反演技术[J].物探与化探,37(1):171-174.

曹彦荣,宋涛,韩红庆,等,2017.用广域电磁法勘查深层地热资源[J].物探与化探,41(4):678-683.

曹袁,瞿成松,徐丹,2012.岩土热响应试验中的温度研究[C]//第九届全国工程地质大会,2012-10-21,青岛.北京:中国地质学会,252-256.

陈昌昕,严加永,周文月,等,2020.地热地球物理勘探现状与展望[J].地球物理学进展,35(4):1223-1231.

陈飞,2020.电法勘探在地热勘查中的应用初探[J].内蒙古煤炭经济,(2):213.

陈浩,肖宝珠,张庆阳,等,2022.高密度电阻率法在地热勘查中的应用[J].冶金管理,447(13):49-51.

陈怀玉,闫晋龙,孙健,等,2020.综合物探方法在中深层地热勘查中的应用[J].矿产勘查,11(8):1708-1714.

陈金龙,罗文行,窦斌,等,2021.涿鹿盆地三维多裂隙地质模型地温场数值模拟[J].地质科技通报,40(3):22-33.

陈敬国,白旭明,叶秋焱,等,2014.二连盆地乌兰花凹陷火成岩区三维地震采集技术[J].中国石油勘探,19(5):65-72.

陈军,陈岩,2001.地震属性分析在储层预测中的应用[J].石油物探,40(3):94-99.

陈雄,2016.地球物理方法在干热岩勘查中的应用研究[D].长春:吉林大学.

陈煊,李德春,须振华,等,2008.地震勘探技术在地热勘探中的应用[J].工程勘察,233(12):57-59.

陈永鹏,2021.深部地热勘查技术方法的研究进展[J].低碳世界,11(9):74-75.

陈玉鑫,唐明帅,2021.地震背景噪声互相关方法应用研究综述[J].地震研究,44(4)594-606

陈作,许国庆,蒋漫旗,等,2019.国内外干热岩压裂技术现状及发展建议[J].石油钻探技术,47(6):1-8.

陈召曦,孟小红,郭良辉,等,2012.基于GPU并行的重力、重力梯度三维正演快速计算及反演策略[J].地球物理学报,55(12):4069-4077.
崔翰博,唐巨鹏,姜昕彤,2019.自然冷却和遇水冷却后高温花岗岩力-声特性试验研究[J].固体力学学报,40(6):571-582.
崔健,殷梅,申维,等,2018.分形校正理论在减弱物探数据体积效应中的应用[J].地质学刊,42(3):401-406.
崔玉贵,姜月华,刘林,等,2020.高密度电法在江西于都黄麟地区地热勘查中的应用[J].华东地质,41(4):368-374.
戴前伟,陈勇雄,侯智超,2013.大地电磁测深数据互参考处理的应用研究[J].物探化探计算技术,2013,35(2):147-154.
邓龙鑫,陈建宏,2022.基于博弈论的主客观组合权重 TOPSIS 采矿方法优选[J].黄金科学技术,30(2):282-290.
邓志文,2006.复杂山地地震勘探[M].北京:石油工业出版社.
杜威,董金生,陈祥忠,等,2022.基于改进 Parker-Oldenburg 界面反演方法计算青海省居里面深度 [J].地球物理学报,65(3):1096-1106.
付世豪,2021.煤系页岩储层水力裂缝穿层扩展模型及应用研究[D].北京:中国石油大学(北京).
甘浩男,蔺文静,闫晓雪,等,2020.粤中隐伏岩体区地热赋存特征及热异常成因分析[J].地质学报,94(7):2096-2106.
高卓亚,2020.地震勘探在雄安新区地热调查中的应用研究[D].北京:中国地质大学(北京).
苟量,张少华,余刚,等,2022.光纤地球物理技术的发展现状与展望[J].石油物探,61(1):15-31.
郭磊,王宏友,吴博,2014.高密度三维地震勘探采集参数分析[J].科技创新导报,22:196-197.
郭信,2020.重磁勘探方法在石油勘察中的应用研究[J].石化技术,27(10):143-144.
郝梦成,2019.位场异常数据处理技术研究及应用[D].长春:吉林大学.
郝守玲,赵群,2004.裂缝介质对 P 波方位各向异性特征的影响:物理模型研究[J].勘探地球物理进展,(3):189-194.
何继善,2010.广域电磁测深法研究[J].中南大学学报(自然科学版),41(3):1065-1072.
何继善,2020.广域电磁法理论及应用研究的新进展[J].物探与化探,44(5):985-990.
何雪琴,邓清海,高宗军,等,2019.遥感技术在干热岩选区中的应用:以鲁东地区为例[J].山东国土资源,35(6):67-73.
何志勇,黄世超,徐光发,等,2020.物探方法在贵州地热生态环境勘查中的应用研究[J].环境科学与管理,45(12):129-133.
贺建鹏,2022.大地电磁测深法在地热勘查中的应用[J].矿业装备,123(3):78-80.
衡亮,2017.地震解释技术现状及发展趋势[J].化工管理,439(5):275.
洪爱花,2017.地热资源勘查开发工作现状及对策浅析[J].建筑工程技术与设计,(11):6116.
侯贤沐,王付勇,宰芸,等,2022.基于机器学习和测井数据的碳酸盐岩孔隙度与渗透率预测[J].吉林大学学报(地球科学版),52(2):644-653.
胡剑,苏正,吴能友,等,2014.增强型地热系统热流耦合水岩温度场分析[J].地球物理学进展，29(3)：1391-1398.

胡子旭，2022. 裂隙干热岩体水力压裂过程数值模拟研究与应用[D]. 长春：吉林大学.

黄诚，2011. 重磁勘探的持续发展与牛顿《原理》的完整应用的序言[C]//资源与灾害地球物理论坛，2011-11-01，中国陕西西安. 西安：陕西省地球物理学会：184-190.

黄德济，何振华，赵宪，1996. 多波层位对比的原则与方法[J]. 物探与化探计算技术，18(3)：194-205.

黄金辉，付秀琪，田华，等，2020. 用于国内干热岩勘查的多种航空物探方法探讨[J]. 内江科技，41(7)：21.

黄力军，陆桂福，刘瑞德，等，2004. 电磁测深方法在深部地热资源调查中的应用[J]. 物探与化探，28(6)：493-495.

贾红义，陈建平，谭明友，等，2003. 重磁电震联合反演在合肥盆地勘探中的应用[J]. 石油地球物理勘探，38(6)：680-686.

姜晓宇，张研，甘利灯，等，2020. 花岗岩潜山裂缝地震预测技术[J]. 石油地球物理勘探，(3)：694-704.

姜梓萌，2013. 长白山地区地热资源综合地球物理研究[D]. 长春：吉林大学.

蒋国华，吴军波，2018. 高密度电法在始兴县某地热温泉中的应用[J]. 城市建设理论研究(电子版)，255(9)：61.

蒋恕，王帅，祁士华，等，2020. 基于大数据分析的地热勘探潜力区预测方法的新进展[J]. 高校地质学报，26(1)：111-120

蒋喜昆，2022. 大地电磁探测在华北复杂城区地热调查中的应用研究[J]. 中国煤炭地质，34(增刊)：152-158.

焦新华，吴燕冈，2009. 重力与磁法勘探[M]. 北京：地质出版社.

黎明，李国敏，杨辽，等，2006. 陕西渭北东部岩溶热水运移数值模型研究[J]. 中国科学(D辑)，(增刊)：33-38.

李成立，陈树民，姜传金，2015. 重磁勘探基础理论与资料处理解释方法[M]. 北京：科学出版社.

李丛，张平，代磊，等，2021. 综合物探在中深层地热勘查的应用研究[J]. 地球物理学进展，36(2)：611-617.

李德威，王焰新，2015. 干热岩地热能研究与开发的若干重大问题[J]. 中国地质大学学报，40(11)：1858-1869.

李根生，武晓光，宋先知，等，2022. 干热岩地热资源开采技术现状与挑战[J]. 石油科学通报，7(3)：343-364.

李广才，李培，姜春香，等，2023. 我国城市地球物理勘探方法应用进展[J]. 地球物理学进展，1-19.

李洪嘉，2020. 综合电法在地热田勘探中的应用：以丹东金山地区为例[J]. 工程地球物理学报，17(4)：462-469.

李杰，2020. 大地电磁与地热资料二维联合反演研究[D]. 北京：中国地质大学(北京).

李庆忠，1993. 走向精确勘探的道路[M]. 北京：石油工业出版社.

李胜涛，张森琦，贾小丰，等，2018. 千热岩勘查开发工程场地选址评价指标体系研究[J]. 中

国地质调查,5(2):64-72
李桐林,张镕哲,朴英哲,2016.部分区域约束下的交叉梯度多重地球物理数据联合反演[J].地球物理学报,59(8):2979-2988.
李翔,齐晓飞,上官拴通,等,2022.ORC发电系统在干热岩试验性发电中的应用[J].中国煤炭地质,34(7):12-15.
李星海,2017.磁法勘探方法优势分析[J].世界有色金属,485(17):193-195.
李毅,2019.水利水电工程地质勘测方法[J].低碳世界,9(7):71-72.
李云平,刘金连,林治模,等,2002.合肥盆地重磁资料处理及重磁震联合反演[J].石油实验地质,24(3):261-266.
李正文,李琼,2002.油气储集层地震综合预测及应用研究[J].石油地球物理勘探,37(增刊):93-96.
李舟波,孟令顺,梅忠武,2006.资源综合地球物理勘查[M].北京:地质出版社.
廖建华,2018.综合地球物理勘查技术在地热勘查中的应用探究[J].地球,272(12):87.
林涛,2022.青海共和深部热储地球物理联合反演方法研究[D].长春:吉林大学.
蔺文静,王贵玲,邵景力,等,2021.我国干热岩资源分布及勘探:进展与启示[J].地质学报,95(5):1366-1381.
凌璐璐,苏正,吴能友,2015.增强型地热系统开采过程中热储渗透率对温度场的影响[J].可再生能源,33(1):82-90.
凌璐璐,苏正,翟海珍,等,2015.西藏羊易EGS开发储层温度场与开采寿命影响因素数值模拟研究[J].新能源进展,3(5):367-374.
凌云,高军,孙德胜,等,2005.宽/窄方位角勘探实例分析与评价(一)[J].石油地球物理勘探,40(3):305-308.
凌云研究小组,2003.宽方位角地震勘探应用研究[J].石油地球物理勘探,38(4):350-357.
刘光鼎,肖一鸣,1987.油气沉积盆地的综合地球物理研究石油物探资料的处理与解释[M].武汉:武汉地质学院出版社.
刘贺娟,缪秀秀,朱正文,等,2020.一种花岗岩微观裂缝结构识别和微观渗流分析方法:CN110210176B[P].2020-11-24.
刘瑞德,2008.地热田电磁法勘查与应用技术研究[D].北京:中国地质大学(北京).
刘天佑,1993.松辽盆地构造演化的重磁场特征分析[J].地球科学,18(4):489-496.
刘玮,2023.瞬变电磁法在地球物理勘探中的应用研究[J].能源与节能,(3):219-221.
刘晓,唐春,甘建军,等,2018.高密度电法在江西吉安某地区地热勘查中的应用[C]//2018年全国工程地质学术年会论文集.北京:科学出版社:4.
刘耀光,1982.松辽盆地地热场特征与油气勘探的关系 [J].石油勘探与开发,(3):29-34.
刘益中,李成立,周锡明,等,2012.区域航磁资料在预测松辽盆地北部区域地温场中的应用[J].地球物理学报,55(3):1063-1069.
刘云祥,司华陆,庞恒昌,等,2019.超深层重磁电勘探技术研究新进展[C]//中国石油学会石油物探专业委员会,中国地球物理学会勘探地球物理委员会.中国石油学会2019年物探技术研讨会论文集:991-993.
龙作元,薛国强,周楠楠,等,2009.贵德盆地深部地热资源地球物理评价[J].地球物理学进展,24(6):2261-2266.
陆川,王贵玲,2015. 干热岩研究现状与展望[J]. 科技导报,33(19):13-21.
陆基孟,1993. 地震勘探原理[M]. 东营:石油大学出版社.
鹿清华,张晓熙,何祚云,2012. 国内外地热发展现状及趋势分析[J]. 石油石化节能与减排,2(1):39-42.
吕天江,陈先童,黄启霖,等,2021. 不同物质(土质、岩质)的岩石滑坡体高密度电法异常特征区别[J]. 贵州地质,38(4):419-429.
罗生银,窦斌,田红,等,2020. 自然冷却后与实时高温下花岗岩物理力学性质对比试验研究[J]. 地学前缘,27(1):178-184.
罗天雨,刘全稳,刘元爽,等,2017. 干热岩压裂开发技术现状及展望[J]. 中外能源,22(10):23-27.
毛翔,国殿斌,罗璐,等,2019. 世界干热岩地热资源开发进展与地质背景分析[J]. 地质论评,65(6):1462-1472.
闵丹,2018. 重磁方法在国内外金属矿中的研究进展[J]. 世界有色金属,509(17):264-265.
牛璞,韩江涛,曾昭发,等,2021. 松辽盆地北部地热场深部控制因素研究:基于大地电磁探测的结果[J]. 地球物理学报,64(11):4060-4074.
潘兴祥,秦宁,曲志鹏,等,2013. 叠前深度偏移层析速度建模及应用[J]. 地球物理学进展,28(6):3080-3085.
裴发根,张小博,王绪本,等,2021. 综合地球物理勘探在齐齐哈尔地区低温地热系统调查中的应用:以 HLD1 井为例[J]. 地球物理学进展,36(4):1432-1442.
裴江云,何樵登,1994. 基于 Kjartansson 模型的反 Q 滤波[J]. 地球物理学进展,9(1):90-99.
彭国民,刘展,2020. 电磁和地震联合反演研究现状及发展趋势[J]. 石油地球物理勘探,55(2):465-474,234.
彭淼,谭捍东,姜枚,等,2013. 基于交叉梯度耦合的大地电磁与地震走时资料三维联合反演[J]. 地球物理学报,56(8):2728-2738.
钱绍湖,1999. 高分辨率地震采集技术[M]. 北京:中国地质大学.
任磊,薛宝林,罗晓春,等,2020. 物探技术在河北西部山区深部地热勘查定井中的应用效果[J]. 矿产勘查,11(9):1981-1985.
任丽,孟小红,刘国峰,2013. 重力勘探及其应用[J]. 科技创新导报,260(8):240-243.
任宇飞,强璐,白婷,等,2023. 变尺度分形技术在致密砂岩储层裂缝识别中的应用:以鄂尔多斯盆地东仁沟区块长 7 储层为例[J]. 中外能源,28(5):31-37.
沈春强,索荣辉,2020. 基于灰色理论的地热资源温度预测[J]. 煤炭技术,39(12):44-46.
施行觉,夏从俊,吴永钢,1998. 储层条件下波速的变化规律及其影响因素的实验研究[J]. 地球物理学报,41(2):234-241.
施行觉,徐果明,靳平,等,1995. 岩石的含水饱和度对纵、横波速及衰减影响的实验研究[J]. 地球物理学报,38(增刊):281-287.
石晓巅,武治盛,冯子军,等,2021. 不同结构形式的后期热液充填裂隙花岗岩常温下物理力学性质研究[J]. 岩石力学与工程学报,40(1):147-157.

时光伟,2015.地热资源勘查开发工作现状及对策研究[J].中国科技博览,(11):389-389.

苏小鹏,2020.干热岩裂缝渗流及储层水力压裂缝网扩展机理研究[D].重庆:重庆大学.

隋少强,章惠,2019.多种非震技术在沈北新区某工区地热勘查中的应用[J].技术与市场,26(10):59-65.

孙冰,2006.我国深层地热资源的认识与勘探方法建议[J].中国煤炭地质,18(增刊):20-22.

孙党生,雷炜,李洪涛,等,2002.高分辨率地震勘探在地热资源勘查中的应用[J].勘察科学技术,(6):55-59.

索孝东,张锐锋,石东阳,等,2023.综合物探技术在河套盆地深层油气勘探中的先导性应用:以临河坳陷为例[J].地球科学,48(2):749-763.

单俊峰,陈振岩,回雪峰,等,2005.辽河坳陷西部凹陷坡洼过渡带岩性油气藏形成条件[J].石油勘探与开发,32(6):42-45.

谭现锋,刘肖,马哲民,等,2023.干热岩储层裂隙准确识别关键技术探讨[J].钻探工程,(2):47-56.

唐显春,王贵玲,张代磊,等,2023.青藏高原东北缘活动构造与共和盆地高温热异常形成机制[J].地球学报,44(1):7-20.

唐钊,2018.长白山玄武岩覆盖区综合地球物理解释[D].长春:吉林大学.

田红军,张光大,刘光迪,等,2020.黔北台隆区地热勘探中广域电磁法的应用效果[J].物探与化探,44(5):1093-1097.

屠世杰,2010.高精度三维地震勘探中的炮密度、道密度选择:YA高精度三维勘探实例[J].石油地球物理勘探,45(6):926-935.

汪集旸,胡圣标,庞忠和,等,2012.中国大陆干热岩地热资源潜力评估[J].科技导报,30(32):25-31.

王芳,2004.重磁勘探方法新技术[J].地质与资源,13(3):184-186.

王风帆,吴云帆,孔敏,等,2022.图像处理技术在位场数据边界识别中的应用进展[J].海洋测绘,42(1):36-40.

王家华,赵巍,2010.基于统计岩石物理学的直接岩石物理反演[J].复杂油气藏,3(4):6-9.

王建明,2017.金属矿电法勘探技术的应用进展[J].新疆有色金属,40(3):38-40.

王军成,赵振国,高士银,等,2023.综合物探方法在滨海县月亮湾地热资源勘查中的应用[J].物探与化探,47(2):321-330.

王贵玲,马峰,蔺文静,等,2015.干热岩资源开发工程储层激发研究进展[J].科技导报,33(11):103-107.

王林飞,熊盛青,何辉,等,2011.非地震地球物理软件发展现状与趋势[J].物探与化探,35(6):837-844.

王涛,胡彩萍,李志民,等,2021.电法勘探在济南西部地热勘查中的应用[J].山东国土资源,37(3):61-66.

王文闯,李合群,2012.混合法Q吸收补偿[J].石油地球物理勘探,47(2):244-248.

王修敏,2008.多分量地震属性研究及在K71区块油气检测中的应用[D].北京:中国石油大学(北京):15-18.

王永涛,杨战军,王学慧,等,2020.时频电磁多属性图像融合预测油气技术及应用[J].物探与化探 44(5):1221-1225.

王泽峰,李勇根,许辉群,等,2022.基于深度学习的三种地震波阻抗反演方法比较[J].石油地球物理勘探,57(6):1296-1303.

王子豪,2016.高精度重力剖面测量重力勘探应用研究[J].科技与创新,56(8):102-103.

危志峰,陈后扬,吴西全,2020.广域电磁法在宜春某地地热勘查中的应用[J].物探与化探,44(5):1009-1018.

渥·伊尔马滋,2006.地震资料分析[M].刘怀山,等译.北京:石油工业出版社.

吴佳文,胡祥云,黄国疏,等,2023.地热资源电磁法勘探现状及展望[J].地球学报,44(1):191-199.

吴顺川,黄小庆,陈钒,等,2016.岩体破裂矩张量反演方法及其应用[J].岩土力学,37(增刊):1-18.

吴强,2018.地球物理方法在地热勘探中的应用研究[D].成都:成都理工大学.

吴星辉,2022.不同受热温度花岗岩遇水冷却后物理力学特性与损伤机理研究[D].北京:北京科技大学.

吴云霞,吕凤军,邢立新,等,2019.独山城地区多元信息干热岩预测模型[J].吉林大学学报(地球科学版),49(3):880-892.

吴真玮,曾昭发,李静,等,2015.基于重磁场特征的松辽盆地基底岩性研究[J].地质与勘探,51(5):939-945.

吴志强,骆迪,曾天玖,等,2014.南黄海海相油气地震勘探难点分析与对策建议[J].海相油气地质,19(3):8-17.

席卓恒,2022.综合物探方法在贵州浅层地热资源勘察中的应用效果[J].地下水,44(2):47-50.

夏才初,1996.岩石结构面的表面形态特征研究[J].工程地质学报,4(3):71-78.

肖勇,2017.增强地热系统中干热岩水力剪切压裂THMC耦合研究[D].成都:西南石油大学.

谢里夫 R E,吉尔达特 L P,1999.勘探地震学[M].北京:石油工业出版社.

谢文苹,路睿,张盛生,等,2020.青海共和盆地干热岩勘查进展及开发技术探讨[J].石油钻探技术,48(3):77-84.

解元,徐能雄,秦严,等,2019.遇水快速冷却与自然冷却对高温花岗岩物理性质影响实验研究[J].工程勘察,47(4):1-5.

徐鹏宇,吕正祥,李响,等,2022.基于极限学习机的碳酸盐岩储层测井评价方法[J].大庆石油地质与开发,41(6):1-10.

徐淑合,刘怀山,童思友,等,2003.准噶尔盆地沙漠区地震检波器耦合研究[J].青岛海洋大学学报,33(5):783-790.

徐天吉,2012.纵横波高精度匹配方法研究与应用[D].成都:成都理工大学.

徐小丽,高峰,张志镇,等,2015.实时高温下加载速率对花岗岩力学特性影响的试验研究[J].岩土力学,36(8):2184-2192.

许飞龙,夏明强,戴家生,等,2020.物探技术在地热井勘探中的应用探讨[J].科技风,415(11):6.

许力,马润勇,潘爱芳,等,2021.激电测深和CSAMT法在陕西石泉地热勘查中的综合探测[J].河南科学,39(1):68-75.

薛海飞,董守华,陶文朋,2010.可控震源地震勘探中的参数选择[J].物探与化探,34(2):185-190.

阳飞舟,崔永福,李青,2009.地震属性分类及其应用[J].内蒙古石油化工,35(2):94-97.

杨吉龙,胡克,2001.干热岩(HDR)资源研究与开发技术综述[J].世界地质,(1):43-51.

杨丽,孙占学,高柏,等,2016.干热岩资源特征及开发利用研究进展[J].中国矿业,25(2):16-20.

杨亚斌,荆磊,徐梦龙,等,2022.陆域重力勘探进展[J].物探化探计算技术,44(6):722-741.

杨冶,姜志海,岳建华,等,2019.干热岩勘探过程中地球物理方法技术应用探讨[J].地球物理学进展,34(4):1556-1567.

俞寿朋,1993.高分辨率地震勘探[M].北京:石油工业出版社.

袁刚,单玉孟,王黎,等,2021.高精度大地电磁方法在地热构造勘探中的应用[J].工程技术研究,6(20):1-3.

袁桂琴,熊盛青,孟庆敏,等,2011.地球物理勘查技术与应用研究[J].地质学报,85(11):1744-1805.

姚华建,徐果明,肖翔,等,2004.基于图像分析的双台面波相速度频散曲线快速提取方法[J].地震地磁观测与研究,25(1):1-8.

曾华霖,2005.重力场与重力勘探[M].北京:地质出版社.

曾昭发,陈雄,李静,等,2012.地热地球物理勘探新进展[J].地球物理学进展,27(1):168-178.

张德祯,2017.关于我国增强型干热岩地热系统(EGS)靶区选择及勘查开发问题[J].地热能,(4):3-7.

张海涛,杨小明,陈阵,等,2022.基于增强双向长短时记忆神经网络的测井数据重构[J].地球物理学进展,37(3):1214-1222.

张洪伟,万志军,周长冰,等,2021.干热岩高温力学特性及热冲击效应分析[J].采矿与安全工程学报,38(1):138-145.

张华,2011.磁法勘探反演技术及应用研究[D].邯郸:河北工程大学.

张进铎,杨平,王云雷,2006.地震信息的谱分解技术及其应用[J].勘探地球物理进展,(4):235-238.

张军华,郑旭刚,王伟,等,2009.面元细分处理资料的分辨率定量评价[J].油气地球物理,7(3):14-17.

张敏,李振春,2007.偏移速度分析与建模方法综述[J].勘探地球物理进展,(6):421-427.

张森琦,付雷,张杨,等,2020.基于高精度航磁数据的共和盆地干热岩勘查目标靶区圈定[J].天然气工业,40(9):156-169.

张森琦,贾小丰,张杨,等,2017.黑龙江省五大连池尾山地区火山岩浆囊探测与干热岩地热地质条件分析[J].地质学报,91(7):1506-1521.

张森琦,文冬光,许天福,等,2019.美国干热岩"地热能前沿瞭望台研究计划"与中美典型EGS场地勘查现状对比[J].地学前缘,26(2):321-334.

张森琦,严维德,黎敦朋,等,2018.青海省共和县恰卜恰干热岩体地热地质特征[J].中国地质,2018,45(6):1087-1102.

张淑梅,柴斌,张国伟,等,2014.地热资源调查中的地震勘探技术研究[J].地质装备,15(1):28-29.

张玮,詹仕凡,张少华,等,2010.石油地球物理勘探技术进展与发展方向[J].中国工程科学,12(5):97-101,112.

张艳,张春雷,成育红,等,2018.基于机器学习的多地震属性沉积相分析[J].特种油气藏,25(3):13-17.

张阳,邱隆伟,李际,等,2015.基于模糊C均值地震属性聚类的沉积相分析[J].中国石油大学学报(自然科学版),39(4):53-61.

张永刚,2002.地震波阻抗反演技术的现状和发展[J].石油物探,41(4):385-390.

张云花,孟红星,2006.高分辨率三维地震勘探观测系统设计研究[J].中国煤炭地质,18(增刊):53-56.

赵丛,朱琳,李怀渊,等,2018.航空和地面综合地球物理方法开展干热岩探测研究[J].矿产勘查,9(5):938-946.

赵贤正,张玮,邓志文,等,2014.复杂地质目标的2.5次三维地震勘探方法[J].石油地球物理勘探,49(6):1039-1047.

赵贤正,张玮,邓志文,2009.富油凹陷精细地震勘探技术[M].北京:石油工业出版社.

赵振海,2021.综合物探方法在浅层地热勘查中的应用[D].兰州:兰州大学.

郑福龙,2013.基于GPS定位的高精度重、磁勘探研究[D].成都:成都理工大学.

郑克棪,陈梓慧,等,2017.中国干热岩开发:任重而道远[J].中外能源,22(2):21-25.

郑人瑞,周平,唐金荣,2017.欧洲地热资源开发利用现状及启示[J].中国矿业,26(5):13-19.

钟晗,2018.地震属性在储层预测中的应用研究[D].北京:中国石油大学(北京).

种照辉,闫仑,高喜才,等,2020.天然裂隙储层水力裂缝扩展及渗流形态研究[J].采矿与安全工程学报,37(6):1263-1273.

周超,2016.花岗岩地区深部地热电磁法探测研究:以福建沿海地区为例[D].北京:中国科学院大学.

周丽芬,2012.大地电磁与地震数据二维联合反演研究[D].北京:中国地质大学(北京).

周权,王莉蓉,等,2021.地球物理勘探技术的发展及应用[J].中国金属通报,(5):240-241.

周永波,蔡兰花,滕光亮,等,2020.快速确定区域地热资源靶区的勘查方法及应用[J].勘察科学技术,231(4):53-57.

朱怀亮,胥博文,刘志龙,等,2019.大地电磁测深法在银川盆地地热资源调查评价中的应用[J].物探与化探,43(4):718-725.

庄庆祥,郑霜高,姜兆钧,等,2020.浅析中国深部高温岩体地震地质异常响应[J].能源与环境,163(6):11-14.

AMINZADEH F, TAFTI T A, MAITY D, et al., 2013. An integrated methodology for sub-surface fracture characterization using microseismic data: a case study at the NW Geysers[J]. Computers & Geosciences, 54: 39-49.

ABOUD E,LASHIN A,ZAIDI F,et al.,2023. Audio magnetotelluric and gravity investigation of the high-heat-generating granites of midyan terrane,northwest Saudi Arabia [J]. Applied Sciences,13(6):3429.

AFSHAR A,NOROUZI G H,MORADZADEH A,et al.,2017. Curie point depth,geothermal gradient and heat-flow estimation and geothermal anomaly exploration from integrated analysis of aeromagnetic and gravity data on the sabalan area,NW Iran[J]. Pure and Applied Geophysics,174(3):1133-1152.

ALQAHTANI F,ABRAHAM E M,ABOUD E,et al.,2022. Two-dimensional gravity inversion of basement relief for geothermal energy potentials at the harrat rahat volcanic field,Saudi Arabia,using particle swarm optimization[J]. Energies,15(8):2887.

AN B Z,ZENG Z F,SUN B Y,et al.,2023. Study on geothermal genesis mechanism and model in the western margin of Ordos Basin[J]. Energies,16(4):1784.

ARS J M,TARITS P,HAUTOT S,et al.,2019. Joint inversion of gravity and surface wave data constrained by magnetotelluric:application to deep geothermal exploration of crustal fault zone in felsic basement[J]. Geothermics,80:56-68.

ASSOULINE D,MOHAJERI N,GUDMUNDSSON A,et al.,2019. A machine learning approach for mapping the very shallow theoretical geothermal potential[J]. Geothermal Energy,7(1):1-50.

AYLING B F,HINZ N H,2020. Developing a conceptual model and power capacity estimates for a low-temperature geothermal prospect with two chemically and thermally distinct reservoir compartments, Hawthorne, Nevada, USA [J]. Geothermics, 87:101870.

BARBOSA V C F,SILVA J B C,1994. Generalized compact gravity inversion[J]. GEOPHYSICS,59(1):57-68.

BEDROSIAN P A,2007. MT+,integrating magnetotellurics to determine earth structure, physical state,and processes[J]. Surveys in Geophysics,28(2):121-167.

BIOT M A,1956. Thermoelasticity and irreversible thermodynamics[J]. Journal of Applied Physics,27(3):240-253.

CABRERA-PÉREZ I.,SOUBESTRE J,D'AURIA L,et al.,2023. Ambient noise tomography of Gran Canaria island (Canary Islands) for geothermal exploration[J]. Geothermics,108:102609.

CAGNIARD L,1953. Basic theory of the magneto-telluric method of geophysical prospecting[J]. Geophysics,18(3):605-635.

CARRILLO J,PEREZ-FLORES M A,GALLARDO L A,et al.,2021. Joint inversion of gravity and magnetic data using correspondence maps with application to geothermal fields[J]. Geophysical Journal International,228(3):1621-1636.

CASTAGNA J P,BATZLE M L,EASTWOOD R L,1985. Relationships between compressional-wave and shear-wave velocities in clastic silicate rocks[J]. Geophysics,50(4):571-581.

CASTAGNA,J P,BATZLE M L,EASTWOOD R L,1985. Relationship between compressional and shear-wave velocities in clastic silicate rocks[J]. Geophysics,50,551-570.

CANDANSAYAR M E,TEZKAN B,2008. Two-dimensional joint inversion of radiomagnetotelluric and direct current resistivity data[J]. Geophysical Prospecting, 56(5): 737-749.

CHEN Q,SIDNEY S,1997. Seismic attribute technology for reservoir forecasting and monitoring[J]. The Leading Edge,16(5):445-448.

CHEN Y K, SAVVAIDIS A, FOMEL S, et al. , 2023. Denoising of distributed acoustic sensing seismic data using an integrated framework[J]. Seismological Research Letters, 94(1):457-472.

CHENG Y X,ZHANG Y J,2020. Experimental study of fracture propagation:the application in energy mining[J]. Energies,13(6):1411.

COLOMBO D, KEHO T, MCNEICE G, 2012. Integrated seismic-electromagnetic workflow for sub-basalt exploration in northwest Saudi Arabia[J]. The Leading Edge,31(1): 42-52.

DONG S Q,ZENG L,DU X,et al. ,2022. An intelligent prediction method of fractures in tight carbonate reservoirs [J]. Petroleum Exploration and Development, 49(6): 1364-1376.

ELMASRY A,ABDEL ZAHER M,MADANI A,et al. ,2022. Exploration of geothermal resources utilizing geophysical and borehole data in the Abu Gharadig Basin of Egypt's Northern Western Desert [J]. Pure and Applied Geophysics,179(12):4503-20.

FATTI J L,SMITH G C,VAIL P J,et al. ,1994. Detection of gas in sandstone reservoirs using AVO analysis: a 3-D seismic case history using the Geostack technique[J]. Geophysics,59(9):1362-1376.

FAULDS J E. ,CRAIG J W,HINZ N H,et al. ,2018. Discovery of a blind geothermal system in southern Gabbs Valley,western Nevada,through application of the play fairway analysis at multiple scales [C]. Transactions-Geothermal Resources Council, 42: 452-465.

FEDI M,RAPOLLA A,1999. 3-D inversion of gravity and magnetic data with depth resolution[J]. Geophysics,64(2):452-460.

FISHER M K, WARPINSKI N R, 2012. Hydraulic fracture height growth: real data[J]. SPE Prodution and Operations,27(1):8-19.

FOULGER G R, JULIAN B R, HILL D P, et al. , 2004. Non-double-couple microearthquakes at Long Valley caldera,California,provide evidence for hydraulic fracturing[J]. Journal of Volcanology and Geothermal Research,132(1):45-71.

FOURIER D,2017. Introduction to digital rock physics and predictive rock properties of reservoir sandstone [J]. IOP Conference Series: Earth and Environmental Science, 62:012022.

FRANZ G, MOORKAMP M, JEGEN M, et al. , 2021. Comparison of different coupling methods for joint inversion of geophysical data:a case study for the Namibian continental margin[J]. Journal of Geophysical Research:Solid Earth,126(12):1-28.

FREGOSO E,GALLARDO L A C,2009. Cross-gradients joint 3D inversion with applications to gravity and magnetic data[J]. Geophysics,74(4):L31-L42.

FREY M,BOSSENNEC C,SASS I,2023. Mapping buried fault zones in a granitic pluton using aeromagnetic data[J]. Pure and Applied Geophysics,1-15.

GALLARDO L A,2007. Multiple cross-gradient joint inversion for geospectral imaging [J]. Geophysical Research Letters,34(19):L19301.

GALLARDO L A,MEJU M A,2004. Joint two-dimensional DC resistivity and seismic travel time inversion with cross-gradients constraints[J]. Journal of Geophysical Research:Solid Earth,109(B3):B03311.

GALLARDO L A,MEJU M A,2011. Structure-coupled multiphysics imaging in geophysical sciences[J]. Reviews of Geophysics,49(1):RG1003.

GARCIA X, NAGEL F, ZHANG F, et al. , 2013. Revisiting vertical hydraulic fracture propagation Through layered formations-A numerical evaluation[C]//The 47th US Rock Mechanics/Geomechanics Symposium,San Francisco,CA,USA.

GILBERT F,1971. Excitation of the normal modes of the Earth by earthquake sources[J]. Geophysical Journal International,22(2):223-226.

GOODACRE A K,1980. Estimation of the minimum density contrast of a homogeneous body as an aid to the interpretation of gravity anomalies[J]. Geophysical Prospecting,28 (3):408-414.

GUNTHER T,RUCKER C,2006. A new joint inversion approach applied to the combined tomography of DC resistivity and seismic refraction data[C]//Symposium on the Application of Geophysics to Engineering and Environmental Problems 2006. Environment and Engineering Geophysical Society:1196-1202.

GUILLEN A,MENICHETTI V,1984. Gravity and magnetic inversion with minimization of a specific functional[J]. Geophysics,49(8):1354-1360.

GUI Z X,DUAN T Y,YUAN-YUAN Y I ,et al. ,2007. On Pwave seismic detection methods for fractured reservoirs[J]. Journal of Oil and Gas Technology,29(4):75-79.

GUO X L,YAN B,ZENG J Y,et al. ,2022. Seismic anisotropic fluid identification in fractured carbonate reservoirs[J]. Energies,15(19):7184.

HABER E, OLDENBURG D, 1997. Joint inversion: a structural approach[J]. Inverse Problems,13(1):63-77.

HASBI H G F,HAMDANI M R,PRASETYO A B T,et al. ,2020. Application of numerical simulation to update conceptual model and resource assessment of songa-wayaua geothermal field[J]. IOP Conference Series: Earth and Environmental Science, 417 (1):012014.

HEINCKE B, JEGEN M, MOORKAMP M, et al. ,2017. An adaptive coupling strategy for joint inversions that use petrophysical information as constraints[J]. Journal of Applied Geophysics,136:279-297.

HOKSTAD K, TANAVASUU-MILKEVICIENE K, 2017. Temperature prediction by multigeophysical inversion: application to the IDDP-2 well at Reykjanes, Iceland[J]. Geotherm Resource Council,41,1141-52.

HOU Z L,WEI X H,HUANG D N,et al. ,2015. Full tensor gravity gradiometry data inversion:performance analysis of parallel computing algorithms[J]. Applied Geophysics, 12(3):292-302.

HUNT C P,BANERJEE S K,HAN J M,et al. ,1995. Rock-magnetic proxies of climate change in the loess-palaeosol sequences of the western Loess Plateau of China[J]. Geophysical Journal International,123(1):232-244.

ISHITSUKA K,KOBAYASHI Y,WATANABE N,et al. ,2021. Bayesian and neural network approaches to estimate deep temperature distribution for assessing a supercritical geothermal system: evaluation using a numerical model[J]. Natural Resources Research,30(5):3289-3314.

ISHITSUKA K,MOGI T,SUGANO K,et al. ,2018. Resistivity-based temperature estimation of the kakkonda geothermal field,Japan,using a neural network and neural kriging[J]. IEEE Geoscience and Remote Sensing Letters,15(8):1154-1158.

ITO G,FRAZER N,LAUTZE N,et al. ,2017. Play fairway analysis of geothermal resources across the state of Hawaii: 2. Resource probability mapping[J]. Geothermics, 70:393-405.

JIANG D D, 2021. Inversion of gravity and magnetic data and geothermal genesis in Changbai Mountain Volcanic Area[D]. Chang chun:Jilin University.

KALSCHEUER T,BLAKE S,PODGORSKI J E,et al. ,2015. Joint inversions of three types of electromagnetic data explicitly constrained by seismic observations:results from the central Okavango Delta,Botswana[J]. Geophysical Journal International,202(3): 1429-1452.

KANA J D,DJONGYANG N,RAÏDANDI D,et al. ,2015. A review of geophysical methods for geothermal exploration[J]. Renewable and Sustainable Energy Reviews,44: 87-95.

KEBEDE H,ALEMU A,KEVIN M,et al. ,2022. Magnetic anomaly patterns and volcano-tectonic features associated with geothermal prospect areas in the Ziway-Shala Lakes Basin,Central Main Ethiopian Rift [J]. Geothermics,105:102484.

KNOPOFF L, RANDALL M J,1970. The compensated linear-vector dipole: A possible mechanism for deep earthquakes [J]. Journal of Geophysical Research, 75 (26): 4957-4963.

KOKETSU K,2016. An overview of joint inversion in earthquake source imaging[J]. Journal of Seismology,20(4):1131-1150.

KRAWCZYK C M,STILLER M,BAUER K,et al. ,2019. 3-D seismic exploration across the deep geothermal research platform Groß Schönebeck north of Berlin/Germany[J].

Geothermal Energy,7(1):1-18.

LAST B J, KUBIK K, 1983. Compact gravity inversion[J]. GEOPHYSICS, 48(6): 713-721.

LI L,ZHANG G Z,PAN X P,et al. ,2022. Anisotropic poroelasticity and AVAZ inversion for in situ stress estimate in fractured shale-gas reservoirs[J]. IEEE Transactions on Geoscience and Remote Sensing,60:1-13.

LIU X J,ZHU H L,LIANG L X,2014. Digital rock physics of sandstone based on micro-CT technology[J]. Chinese Journal of Geophysics,57(4):1133-1140.

LI Y G,OLDENBURG D W,1998. 3-D inversion of gravity data[J]. GEOPHYSICS,63(1):109-119.

LI Y G,OLDENBURG D W,1996. 3-D inversion of magnetic data[J]. GEOPHYSICS,61(2):394-408.

LÜSCHEN E,GÖRNE S,VON HARTMANN H,et al. ,2015. 3D seismic survey for geothermal exploration in crystalline rocks in Saxony,Germany[J]. Geophysical Prospecting,63(4):975-989.

MAJER E L. BARIA R,STRAK M,et al. ,2007. Induced seismicity associated with enhanced geothermal systems[J]. Geothermics,36(3):185-222.

MALDONADO-CRUZ E,Pyrcz M J,2022. Fast evaluation of pressure and saturation predictions with a deep learning surrogate flow model[J]. Journal of Petroleum Science and Engineering,212:110244.

MANDOLESI E,JONES A G,2014. Magnetotelluric inversion based on mutual information[J]. Geophysical Journal International,199(1):242-252.

MCKENZIE D,JACKSON J,PRIESTLEY K,2005. Thermal structure of oceanic and continental lithosphere[J]. Earth and Planetary Science Letters,233(3/4):337-349.

MOORKAMP M,HEINCKE B,JEGEN M,et al. ,2011. A framework for 3-D joint inversion of MT,gravity and seismic refraction data[J]. Geophysical Journal International,184(1):477-493.

MOORKAMP M,2017. Integrating electromagnetic data with other geophysical observations for enhanced imaging of the earth:a tutorial and review[J]. Surveys in Geophysics,38(5):935-962.

MULLER P, TOURATIER M, 1981. Dispersion of longitudinal waves in a rectangular transversely isotropic wave-guide[J]. Wave Motion,3(2):181-202.

NAYAK A,AJO-FRANKLIN J,2021. Distributed acoustic sensing using dark fiber for array detection of regional earthquakes[J]. Seismological Research Letters, 92(4): 2441-2452.

NINASSI A,LE MEUR O,LE CALLET P,et al,2008. On the performance of human visual system based image quality assessment metric using wavelet domain[C]//SPIE Proceedings,Human Vision and Electronic Imaging XIII. San Jose,CA. SPIE.

OLDENBURG D W,1974. The inversion and interpretation of gravity anomalies[J]. Geophysics,39(4):526-536.

OLDENBURG D W,1974. The inversion and interpretation of gravity anomalies[J]. GEOPHYSICS,39(4):526-536.

OLIVER-OCAÑO F M,GALLARDO L A,ROMO-JONES J M,et al. ,2019. Structure of the Cerro Prieto Pull-apart basin from joint inversion of gravity,magnetic and magnetotelluric data[J]. Journal of Applied Geophysics,170:103835.

PARKER R L,1973. The rapid calculation of potential anomalies[J]. Geophysical Journal of the Royal Astronomical Society,31(4):447-455.

PAROLAI S, PICOZZI M, RICHWALSKI S M, et al. ,2005. Joint inversion of phase velocity dispersion and H/V ratio curves from seismic noise recordings using a genetic algorithm,considering higher modes[J]. Geophysical Research Letters,32:L01303.

PEROZZI L,GUGLIELMETTI L,MOSCARIELLO A,2019. Minimizing geothermal exploration costs using machine learning as a tool to drive deep geothermal exploration [R]. AAPG European Region, 3rd Hydrocarbon Geothermal Cross Over Technology Workshop.

PILKINGTON M,2009. 3D magnetic data-space inversion with sparseness constraints[J]. GEOPHYSICS,74(1):L7-L15.

PORTNIAGUINE O,ZHDANOV M S,2002. 3-D magnetic inversion with data compression and image focusing[J]. GEOPHYSICS,67(5):1532-1541.

PORTNIAGUINE O,ZHDANOV M S,1999. Focusing geophysical inversion images[J]. GEOPHYSICS,64(3):874-887.

PUSSAK M,BAUER K,STILLER M,et al. ,2014. Improved 3D seismic attribute mapping by CRS stacking instead of NMO stacking:Application to a geothermal reservoir in the Polish Basin[J]. Journal of Applied Geophysics,103:186-198.

REZVANBEHBAHANI S,STEARNS L A,KADIVAR A,et al. ,2017. Predicting the geothermal heat flux in Greenland:a machine learning approach[J]. Geophysical Research Letters,44(24):12271-12279.

ROWEIS S T,SAUL L K,2000. Nonlinear dimensionality reduction by locally linear embedding[J]. Science,290:2323-2326.

RUGER A,1998. Variation of P-wave reflectivity with offset and azimuth in anisotropic media[J]. Geophysics,63(3):935-947.

SAIBI H, AMROUCHE M, BATIR J, et al. , 2022. Magnetic and gravity modeling and subsurface structure of two geothermal fields in the UAE[J]. Geothermal Energy, 10 (1):1-25.

SANCHEZ-PASTOR P, OBERMANN A, REINSCH T, et al. , 2021. Imaging high-temperature geothermal reservoirs with ambient seismic noise tomography, a case study of the Hengill geothermal field,SW Iceland[J]. Geothermics,96:102207.

SAUL L K,ROWEIS S T,2008. An introduction to locally linear embedding[J]. Journal of Machine Learning Research,7:1-13.

SHAHDI A,LEE S,KARPATNE A,et al.,2021. Exploratory analysis of machine learning methods in predicting subsurface temperature and geothermal gradient of Northeastern United States[J]. Geothermal Energy,9(1):1-22.

SHI F G,FENG G H,et al.,2013. Numerical simulation and parameter analysis on low-temperature geothermal system in homogeneous porous medium[J]. Applied Mechanics and Materials,409/410:578-583.

SHI Z J, HOBBS R W, MOORKAMP M, et al.,2017. 3-D cross-gradient joint inversion of seismic refraction and DC resistivity data[J]. Journal of Applied Geophysics,141:54-67.

SILVA DIAS F J,BARBOSA V C,SILVA J B,2007. 2D gravity inversion of a complex interface in the presence of interfering sources[J]. GEOPHYSICS,72(2):I13-I22.

SILVA DIAS F J,BARBOSA V C,SILVA J B,2009. 3D gravity inversion through an adaptive-learning procedure[J]. GEOPHYSICS,74(3):9-21.

SILVA J B C,BARBOSA V C F,2006. Interactive gravity inversion[J]. GEOPHYSICS,71(1):J1-J9.

SIMPSON F,BAHR K,2005. Practical magnetotellurics[M]. New York:Cambridge University Press.

SUN J J,LI Y G,2014. Adaptive Lp inversion for simultaneous recovery of both blocky and smooth features in a geophysical model[J]. Geophysical Journal International,197(2):882-899.

SUN J J,LI Y G,2015. Multidomain petrophysically constrained inversion and geology differentiation using guided fuzzy c-means clustering[J]. GEOPHYSICS,80(4):1-18.

SPICHAK V V,2020. Modern methods for joint analysis and inversion of geophysical data[J]. Russian Geology and Geophysics,61(3):341-357.

SPICHAK V,MANZELLA A,2009. Electromagnetic sounding of geothermal zones[J]. Journal of Applied Geophysics,68(4):459-478.

SPICHAK V V,ZAKHAROVA O K,2022. Application of the electromagnetic geothermometer in geothermics and geothermal exploration[J]. Russian Geology And Geophysics,63(9):1078-1092.

STEWART R R,1990. Joint P and P-SV Inversion:The CREWES Research Report[R].

TABASI S,TEHRANI P S,RAJABI M,et al.,2022. Optimized machine learning models for natural fractures prediction using conventional well logs[J]. Fuel,326:124952.

THOMSEN L,1986. Weak elastic anisotropy[J]. Geophysics,51(10):1954-1966.

TIAN B Q,DING Z F,YANG L M,et al.,2022. Microtremor survey method:a new approach for geothermal exploration[J]. Frontiers in Earth Science,10:817411.

TIKHONOV A N,1950. On determining electrical characteristics of the deep layers of the Earth's crust[C]//Dokl. Akad. Nauk. SSSR.,73:295-297.

VAN DER MEER F,HECKER C,VAN RUITENBEEK F,et al.,2014. Geologic remote sensing for geothermal exploration:A review[J]. International journal of applied earth observation and geoinformation,2014,33:255-269.

VAN DOK R R,GAISER J E,JACKSON A R,et al. ,1997. 2-D converted-wave proceing: Wind river basin case history[J]. SEG Expanded Abstracts,16(1):1206-1209.

WALL H, SCHAARSCHMIDT A, KÄMMLEIN M, et al. , 2019. Subsurface granites in the Franconian Basin as the source of enhanced geothermal gradients: a key study from gravity and thermal modeling of the Bayreuth Granite[J]. International Journal of Earth Sciences,108(6):1913-1936.

WANG S Y, TAN M J, WU H Y, et al. , 2022. A digital rock physics-based multiscale multicomponent model construction of hot-dry rocks and microscopic analysis of acoustic properties under high-temperature conditions[J]. SPE Journal,27(5):3119-3135.

WANG Z,ZENG Z F,LIU Z,et al. ,2021. Heat flow distribution and thermal mechanism analysis of the Gonghe Basin based on gravity and magnetic methods[J]. Acta Geologica Sinica - English Edition,95(6):1892-1901.

WAWERZINEK B, BUNESS H, HARTMANN H, et al. , 2021. S-wave experiments for the exploration of a deep geothermal carbonate reservoir in the German Molasse Basin [J]. Geothermal Energy,9(1):1-21.

WYLLIE M R J,GREGORY A R,GARDNER L W,1956. Elastic wave velocities in heterogeneous and porous media[J]. Geophysics,21(1):41-70.

XING P J,MCLENNAN J,MOORE J,2020. In-situ stress measurements at the Utah frontier observatory for research in geothermal energy (FORGE) site[J]. Energies,13(21): 5842.

XU L X, LIU C H, 2008. Some Properties of Periodogram of Autoregressive Integrated Moving Average Process[J]. Journal of Modern Transportation,16(4):414-418.

YASIN Q,DING Y,BAKLOUTI S,et al. ,2022. An integrated fracture parameter prediction and characterization method in deeply-buried carbonate reservoirs based on deep neural network[J]. Journal of Petroleum Science and Engineering,208:109346.

YASIN Q,MAJDAŃSKI M,AWAN R S,et al. ,2022. An analytical hierarchy-based method for quantifying hydraulic fracturing stimulation to improve geothermal well productivity[J]. Energies,15(19):7368.

YIN X Y,QIN Q P,ZONG Z Y,2016. Simulation of elastic parameters based on the finite difference method in digital rock physics[J]. Chinese Journal of Geophysics, 59(10): 3883-3890.

ZHANG J,LI J Y,CHEN X H,et al. ,2021. Robust deep learning seismic inversion with a priori initial model constraint[J]. Geophysical Journal International,225(3):2001-2019.

ZHANG J,MORGAN F D,1996. Joint seismic and electrical tomography[C]. Proceedings of EEGS symposium on applications of geophysics to engineering and environmental problems keystone,Colorado:391-396.

ZHANG R Z,LI T L,DENG X H,et al. ,2020. Two-dimensional data-space joint inversion of magnetotelluric, gravity, magnetic and seismic data with cross-gradient constraints

[J]. Geophysical Prospecting,68(2):721-731.

ZHANG R Z,LI T L,LIU C,et al. ,2022. 3-D joint inversion of gravity and magnetic data using data-space and truncated Gauss-Newton methods[J]. IEEE Geoscience and Remote Sensing Letters,19:1-5.

ZHANG X B,HU Q H,2018. Development of geothermal resources in China:a review[J]. Journal of Earth Science,29(2):452-467.

ZHANG Y F,ZHANG F,YANG K,et al. ,2022. Effects of real-time high temperature and loading rate on deformation and strength behavior of granite[J]. Geofluids:1-11.

ZHANG Z S,JAFARPOUR B,LI L L,2014. Inference of permeability heterogeneity from joint inversion of transient flow and temperature data[J]. Water Resources Research,50(6):4710-4725.

ZHAO J W,ZENG Z F,ZHOU S,et al. ,2023. 3-D inversion of gravity data of the central and eastern Gonghe Basin for geothermal exploration[J]. Energies,16(5):2277.

ZHAO X J,WANG M F,WANG J,et al,2015. Application research on fault diagnosis of the filter unit based onIntelligent algorithm of GA and WNN[J]. The Open Mechanical Engineering Journal,9(1):922-926.

ZHAO X Y,ZENG Z F,WU Y G,et al. ,2020. Interpretation of gravity and magnetic data on the hot dry rocks (HDR) delineation for the enhanced geothermal system (EGS) in Gonghe town,China[J]. Environmental Earth Sciences,79(16):1-13.

ZHDANOV M S,2002. Geophysical inverse theory and regularization problems[M]. Amsterdam:Elsevier Science.

ZHONG H,LIU Y,ZHOU L K,et al. ,2017. An effective method to predict porosity using GA-WNN hybrid algorithm [C]//International Geophysical Conference, 17-20 April 2017,Society of Exploration Geophysicists and Chinese Petroleum Society:753-756.

ZHOU X X,GHASSEMI A,CHENG A H D,2009. A three-dimensional integral equation model for calculating poro- and thermoelastic stresses induced by cold water injection into a geothermal reservoir[J]. International Journal for Numerical and Analytical Methods in Geomechanics,33(14):1613-1640.

ZHOU J, MENG X, GUO L, et al. ,2015. Three-dimensional cross-gradient joint inversion of gravity and normalized magnetic source strength data in the presence of remanent magnetization[J]. Journal of Applied Geophysics,119:51-60.

ZHU J,JIN S,YANG Y,et al. ,2022. Geothermal resource exploration in magmatic rock areas using a comprehensive geophysical method[J]. Geofluids,1-12.

ZHU T Y,HARRIS J M,2014. Modeling acoustic wave propagation in heterogeneous attenuating media using decoupled fractional Laplacians [J]. Geophysics, 79 (3): T105-T116.

ZHU Y P, TSVANKIN I, 2006. Plane-wave propagation in attenuative transversely isotropic media[J]. Geophysics,71(2):T17-T30.